Ae

After Effects CC 影视后期制作标准教程

微课版 第2版

互联网+数字艺术教育研究院 ◎ 策划
于众 梁娜 ◎ 主编
周秀丽 万文兵 ◎ 副主编

人民邮电出版社
北京

图书在版编目（CIP）数据

After Effects CC影视后期制作标准教程 : 微课版 / 于众，梁娜主编. -- 2版. -- 北京 : 人民邮电出版社，2021.11(2024.2重印)
（“创新设计思维”数字媒体与艺术设计类新形态丛书）
ISBN 978-7-115-56156-5

Ⅰ. ①A… Ⅱ. ①于… ②梁… Ⅲ. ①图像处理软件一教材 Ⅳ. ①TP391.413

中国版本图书馆CIP数据核字(2021)第048698号

内容提要

本书系统地介绍了 After Effects CC 2019 的基本操作方法和影视后期制作技巧，内容包括 After Effects 入门知识、图层的应用、蒙版的应用、应用时间轴制作效果、文字创建与制作效果、应用效果、跟踪与表达式、抠像、添加声音效果、制作三维合成效果、渲染与输出及商业案例实训等。

本书将案例融入软件功能的介绍中，在介绍基础知识和基本操作后，精心设计了课堂案例，力求通过课堂案例演练，使读者快速掌握软件的应用技巧；并且通过课后习题实践，拓展读者的实际应用能力。在本书的最后一章，编者精心安排了专业设计公司的 5 个精彩案例，力求通过这些案例的制作，提高读者影视后期制作的能力。

本书适合作为高等院校数字媒体艺术专业 After Effects 课程的教材，也可作为 After Effects 自学人员的参考书。

◆ 主　　编　于　众　梁　娜
副 主 编　周秀丽　万文兵
责任编辑　许金霞
责任印制　王　郁　马振武

◆ 人民邮电出版社出版发行　　北京市丰台区成寿寺路 11 号
邮编　100164　　电子邮件　315@ptpress.com.cn
网址　https://www.ptpress.com.cn
三河市君旺印务有限公司印刷

◆ 开本：787×1092　1/16
印张：17.5　　2021 年 11 月第 2 版
字数：479 千字　　2024 年 2 月河北第 5 次印刷

定价：59.80 元

读者服务热线：(010)81055256　印装质量热线：(010)81055316
反盗版热线：(010)81055315
广告经营许可证：京东市监广登字 20170147 号

前言 FOREWORD

编写目的

After Effects 功能强大、易学易用，深受广大影视制作爱好者和影视后期设计师的喜爱。为了让读者能够快速且牢固地掌握 After Effects 的使用方法，并制作出优质的视频，我们几位长期在本科院校从事艺术设计教学的教师与专业设计公司经验丰富的设计师合作，并于 2016 年 3 月出版了本书的第 1 版。截至 2020 年年底，已有近百所院校将第 1 版图书作为教材使用，并受到广大师生的好评。随着 After Effects 软件版本的更新和视频所涉及领域的扩大，我们几位编者再次合作完成本书第 2 版的编写工作。本书以 After Effects CC 2019 为软件版本，增加了短片、广告、MG 风动画等设计案例，编者希望通过本书能够快速提升读者的创意思维与设计能力。

内容特点

本书按照“课堂案例—软件功能解析—课堂练习—课后习题”的思路编排内容，且在本书最后一章设置了专业设计公司的 5 个精彩案例，以帮助读者综合应用所学知识。

课堂案例：精心挑选课堂案例，通过对课堂案例的详细解析，读者能够快速掌握软件的基本操作，熟悉案例设计的基本思路。

软件功能解析：在对软件的基本操作进行讲解后，通过对软件具体功能的详细解析，读者能够系统地掌握软件各功能的应用方法。

课堂练习和课后习题：为帮助读者巩固所学知识，本书设置了“课堂练习”以提升读者的设计能力，还设置了难度略有提升的“课后习题”以拓展读者的实际应用能力。

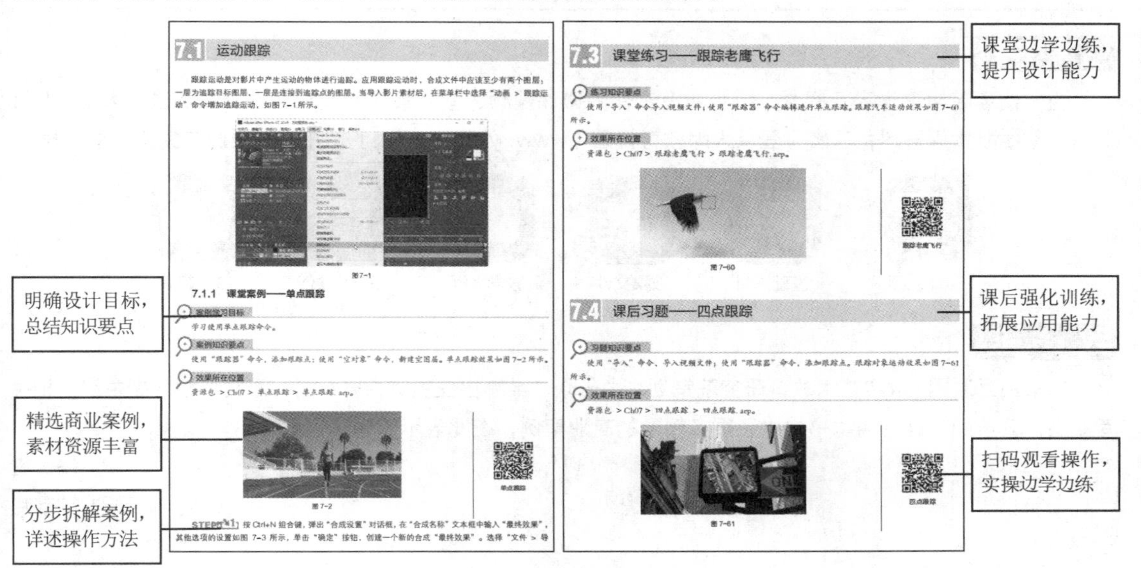

FOREWORD

学时安排

本书的参考学时为 62 学时，讲授环节为 40 学时，实训环节为 22 学时。各章的参考学时参见以下学时分配表。

章	课程内容	学时分配/学时	
		讲　授	实　训
第 1 章	After Effects 入门知识	2	
第 2 章	图层的应用	4	2
第 3 章	蒙版的应用	2	2
第 4 章	应用时间轴制作效果	4	2
第 5 章	文字创建与制作效果	2	2
第 6 章	应用效果	8	2
第 7 章	跟踪与表达式	2	2
第 8 章	抠像	2	2
第 9 章	添加声音效果	2	2
第 10 章	制作三维合成效果	4	2
第 11 章	渲染与输出	2	
第 12 章	商业案例实训	6	4
学时总计/学时		40	22

资源下载

为方便读者线下学习及教学，书中所有案例的微课视频、基础素材和效果文件，以及教学大纲、PPT 课件、教学教案等资料，读者可登录人邮教育社区（www.ryjiaoyu.com），在本书页面中免费下载使用。

微课视频

基础素材

效果文件

教学大纲

PPT 课件

教学教案

致　谢

本书由互联网+数字艺术教育研究院策划，由于众、梁娜担任主编，周秀丽、万文兵担任副主编。相关专业制作公司的设计师为本书提供了很多精彩的商业案例，在此表示感谢。

编　者

2021 年 5 月

目录 CONTENT

第 1 章　After Effects 入门知识　1

1.1　After Effects 概述　2
1.2　After Effects 的应用领域　2
1.2.1　动态图形制作　2
1.2.2　视频包装制作　2
1.2.3　视觉特效制作　3
1.3　After Effects 的工作界面　3
1.3.1　菜单栏　3
1.3.2　工具栏　3
1.3.3　“项目”面板　4
1.3.4　“时间轴”面板　4
1.3.5　浮动面板　4
1.3.6　“合成”面板　4
1.4　软件相关的基础知识　5
1.4.1　像素比　5
1.4.2　分辨率　6
1.4.3　帧速率　6
1.4.4　安全框　7
1.4.5　场　8
1.4.6　运动模糊　8
1.4.7　帧混合　9
1.4.8　抗锯齿　9
1.5　文件格式以及视频的输出　10
1.5.1　常用图形图像文件格式　10
1.5.2　常用视频压缩编码格式　11
1.5.3　常用音频压缩编码格式　13
1.5.4　视频输出的设置　14
1.6　视频文件的打包设置　15

第 2 章　图层的应用　16

2.1　理解图层的概念　17
2.2　图层的基本操作　17
2.2.1　课堂案例——飞舞组合字　17
2.2.2　将素材放置到“时间轴”的多种方式　22
2.2.3　改变图层上下顺序　23
2.2.4　复制图层和替换图层　23
2.2.5　给图层加标记　24
2.2.6　让图层自动适合合成图像尺寸　26
2.2.7　图层与图层对齐和自动分布功能　26
2.3　图层的 5 个基本变化属性和关键帧动画　27
2.3.1　课堂案例——空中飞机　27
2.3.2　了解图层的 5 个基本变化属性　30
2.3.3　利用位置属性制作位置动画　34
2.3.4　加入“缩放”动画　35
2.3.5　制作“旋转”动画　37
2.3.6　了解“锚点”的功用　38
2.3.7　添加“不透明度”动画　39
2.4　课堂练习——运动的线条　40
2.5　课后习题——运动的圆圈　41

第 3 章　蒙版的应用　42

3.1　初步了解蒙版　43
3.2　设置蒙版　43
3.2.1　课堂案例——粒子文字　43
3.2.2　使用蒙版设计图形　49
3.2.3　调整蒙版图形形状　51
3.2.4　蒙版的变换　52
3.3　蒙版的基本操作　52
3.3.1　课堂案例——粒子破碎效果　52
3.3.2　编辑蒙版的多种方式　57
3.3.3　在“时间轴”面板中调整蒙版的属性　59
3.3.4　用蒙版制作动画　63
3.4　课堂练习——调色效果　66
3.5　课后习题——流动的线条　66

CONTENT

第 4 章　应用时间轴制作效果　67

4.1　时间轴　68
4.1.1　课堂案例——粒子汇集文字　68
4.1.2　使用时间轴控制播放速度　71
4.1.3　设置声音的时间轴属性　71
4.1.4　使用入和出属性　72
4.1.5　时间轴上的关键帧　72
4.1.6　颠倒时间　73
4.1.7　确定时间调整基准点　73
4.2　重置时间　73
4.2.1　应用重置时间命令　73
4.2.2　重置时间的方法　74
4.3　理解关键帧的概念　75
4.4　关键帧的基本操作　75
4.4.1　课堂案例——旅游广告　75
4.4.2　关键帧自动记录器　78
4.4.3　添加关键帧　78
4.4.4　关键帧导航　79
4.4.5　选择关键帧　79
4.4.6　编辑关键帧　80
4.5　课堂练习——花开放　83
4.6　课后习题——水墨过渡效果　83

第 5 章　文字创建与制作效果　84

5.1　创建文字　85
5.1.1　课堂案例——打字效果　85
5.1.2　文字工具　87
5.1.3　文字层　88
5.2　文字效果　89
5.2.1　课堂案例——烟飘文字　89
5.2.2　“基本文字”效果　93
5.2.3　“路径文字”效果　93
5.2.4　“编号”效果　94
5.2.5　“时间码”效果　94
5.3　课堂练习——飞舞数字流　94
5.4　课后习题——运动模糊文字　95

第 6 章　应用效果　96

6.1　初步了解效果　97
6.1.1　为图层添加效果　97
6.1.2　调整、删除、复制和暂时关闭效果　98
6.1.3　制作关键帧动画　99
6.1.4　使用效果预置　100
6.2　模糊和锐化　100
6.2.1　课堂案例——闪白效果　100
6.2.2　高斯模糊　108
6.2.3　定向模糊　108
6.2.4　径向模糊　108
6.2.5　快速方框模糊　109
6.2.6　锐化滤镜　109
6.3　颜色校正　110
6.3.1　课堂案例——水墨画效果　110
6.3.2　亮度和对比度　114
6.3.3　曲线　114
6.3.4　色相/饱和度　115
6.3.5　课堂案例——修复逆光照片　116
6.3.6　颜色平衡　117
6.3.7　色阶　118
6.4　生成　119
6.4.1　课堂案例——动感模糊文字　119
6.4.2　高级闪电　125
6.4.3　镜头光晕　126
6.4.4　课堂案例——透视光芒　126
6.4.5　单元格图案　132
6.4.6　棋盘　132
6.5　扭曲　133
6.5.1　课堂案例——放射光芒　133
6.5.2　凸出　137
6.5.3　边角定位　137
6.5.4　网格变形　138
6.5.5　极坐标　138
6.5.6　置换图　138
6.6　杂色和颗粒　139

CONTENT

6.6.1 课堂案例——降噪 139
6.6.2 分形杂色 141
6.6.3 中间值（旧版） 142
6.6.4 移除颗粒 142
6.7 模拟 143
6.7.1 课堂案例——气泡效果 143
6.7.2 泡沫 145
6.8 风格化 147
6.8.1 课堂案例——手绘效果 147
6.8.2 查找边缘 150
6.8.3 发光 151
6.9 课堂练习——保留颜色 151
6.10 课后习题——随机线条 152

第 7 章 跟踪与表达式 153

7.1 跟踪运动 154
7.1.1 课堂案例——单点跟踪 154
7.1.2 单点跟踪 157
7.1.3 课堂案例——跟踪对象运动 158
7.1.4 多点跟踪 161
7.2 表达式 162
7.2.1 课堂案例——放大镜效果 162
7.2.2 创建表达式 165
7.2.3 编写表达式 166
7.3 课堂练习——跟踪老鹰飞行 166
7.4 课后习题——四点跟踪 167

第 8 章 抠像 168

8.1 抠像效果 169
8.1.1 课堂案例——促销广告 169
8.1.2 颜色差值键 171
8.1.3 颜色键 172
8.1.4 颜色范围 173
8.1.5 差值遮罩 173
8.1.6 提取 173
8.1.7 内部/外部键 174
8.1.8 线性颜色键 174
8.1.9 亮度键 175
8.1.10 高级溢出抑制器 175
8.2 外挂抠像 175
8.2.1 课堂案例——复杂抠像 176
8.2.2 Keylight（1.2） 178
8.3 课堂练习——洗衣机广告 179
8.4 课后习题——运动鞋广告 179

第 9 章 添加声音效果 180

9.1 将声音导入影片 181
9.1.1 课堂案例——为女孩短片添加背景音乐 181
9.1.2 声音的导入与监听 182
9.1.3 声音长度的缩放 183
9.1.4 声音的淡入淡出 183
9.2 声音效果面板 184
9.2.1 课堂案例——为青春短片添加背景音乐 184
9.2.2 倒放 185
9.2.3 低音和高音 185
9.2.4 延迟 186
9.2.5 变调与合声 186
9.2.6 高通/低通 186
9.2.7 调制器 186
9.3 课堂练习——为影片添加声音特效 187
9.4 课后习题——为桥影片添加背景音乐 187

第 10 章 制作三维合成效果 188

10.1 三维合成 189
10.1.1 课堂案例——特卖广告 189
10.1.2 转换成三维图层 191
10.1.3 变换三维图层的位置 192
10.1.4 变换三维图层的旋转属性 193
10.1.5 三维视图 194
10.1.6 以多视图方式观测三维空间 195
10.1.7 坐标体系 197
10.1.8 三维图层的材质属性 198
10.2 应用灯光和摄像机 199
10.2.1 课堂案例——星光碎片 199

CONTENT

10.2.2 创建和设置摄像机 210
10.2.3 利用工具移动摄像机 211
10.2.4 摄像机和灯光的入点与出点 211
10.3 课堂练习——旋转文字 212
10.4 课后习题——冲击波 212

第 11 章 渲染与输出 213

11.1 渲染 214
11.1.1 “渲染队列”面板 214
11.1.2 渲染设置选项 215
11.1.3 设置输出模块 217
11.1.4 渲染和输出的预置 218
11.1.5 编码和解码问题 219
11.2 输出 220
11.2.1 输出标准视频 220
11.2.2 输出合成项目中的某一帧 220

第 12 章 商业案例实训 221

12.1 制作汽车广告 222
12.1.1 案例分析 222
12.1.2 案例设计 222
12.1.3 案例制作 222
12.2 制作科技片头 232
12.2.1 案例分析 232
12.2.2 案例设计 232
12.2.3 案例制作 233
12.3 制作端午节宣传片 241
12.3.1 案例分析 241
12.3.2 案例设计 242
12.3.3 案例制作 242
12.4 制作探索太空栏目 252
12.4.1 案例分析 252
12.4.2 案例设计 252
12.4.3 案例制作 252
12.5 制作城市夜生活纪录片 262
12.5.1 案例分析 262
12.5.2 案例设计 262
12.5.3 案例制作 263
12.6 课堂练习——制作体育运动短片 271
12.7 课后习题——制作 MG 风动画 272

第1章 After Effects 入门知识

本章对 After Effects 的概况和应用领域、工作界面、软件相关的基础知识、文件格式、视频输出、视频文件的打包设置进行详细讲解。读者通过对本章的学习，可以快速了解并掌握 After Effects 的入门知识，为后面的学习打下坚实的基础。

课堂学习目标

- 了解 After Effects 的概况
- 了解 After Effects 的应用领域
- 熟悉 After Effects 的工作界面
- 熟悉软件相关的基础知识
- 熟悉文件格式以及视频输出
- 掌握视频文件的打包设置

1.1 After Effects 概述

After Effects 简称“AE”，是由 Adobe 公司开发的一款动态图形和视觉特效制作软件。After Effects 拥有强大的视频编辑和动画制作工具，可以创建影片字幕、片头、片尾和过渡，可以完成视频特效设计制作和动画设计制作等工作。After Effects 深受影视后期及动画设计人员和影视制作爱好者的喜爱，适用于电视台、影视后期公司、动画制作公司、新媒体工作室等视频编辑和设计机构。

1.2 After Effects 的应用领域

随着互联网技术和 After Effects 产品的发展，After Effects 的应用领域越来越广泛。下面简单介绍 After Effects 的主要应用领域。

1.2.1 动态图形制作

动态图形（Motion Graphic）简称 MG 动画，是一种融合了图形设计与影视动画的语言，在视觉表现上基于平面设计的原理，在技术上融入影视动画制作的方法。动态图形的表现形式非常丰富，主要应用领域包括动态标志、商业广告、节目包装、影视片头、展览展示等。应用 After Effects 强大的功能，可以制作出多样的动态图形效果，如图 1-1 所示。

图 1-1

1.2.2 视频包装制作

视频包装制作主要包括对影视、电视节目、广告、宣传片等项目的包装制作，应用 After Effects 拥有的视频编辑和动画制作工具，可以创建影片字幕、片头、片尾和过渡，可以利用关键帧或表达式将任何内容转换为动画，从而获得丰富的表现效果，出色地完成视频包装任务，如图 1-2 所示。

图 1-2

1.2.3　视觉特效制作

应用 After Effects 强大的视频特效编辑工具和命令，可以在视频中设计制作令人震撼的特殊效果，包括移除不需要的物体以及制作火焰、下雨、爆炸等多种特殊效果，还可以创建 VR 视频，让受众沉浸其中，如图 1–3 所示。

图 1–3

1.3　After Effects 的工作界面

After Effects CC 2019 允许用户定制工作界面的布局，用户可以根据工作的需要移动和重新组合工作界面中的工具栏和面板，如图 1–4 所示。下面介绍工作界面的组成要素。

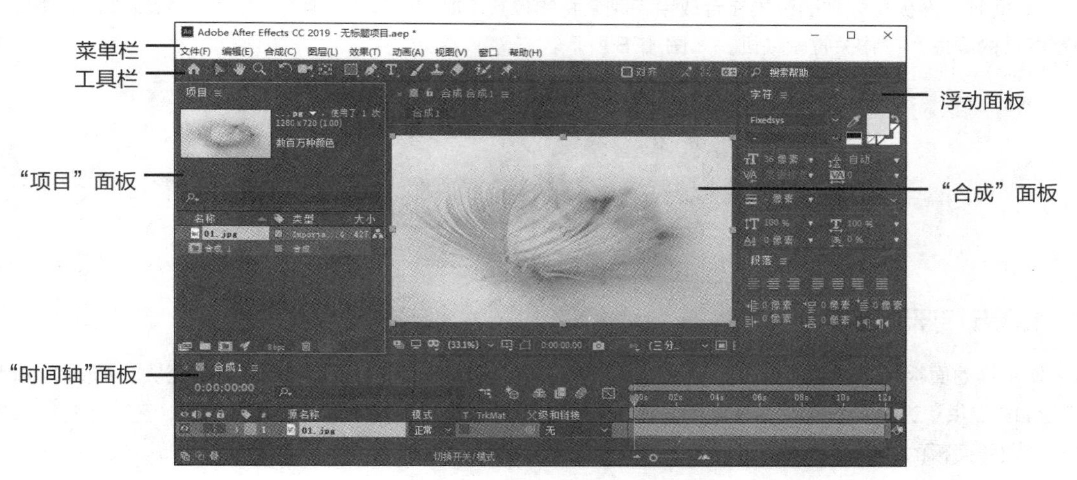

图 1–4

1.3.1　菜单栏

菜单栏几乎是所有软件都有的重要界面要素之一，它包含了软件全部功能的命令操作。After Effects CC 2019 提供了 9 项菜单，分别为文件、编辑、合成、图层、效果、动画、视图、窗口、帮助，如图 1–5 所示。

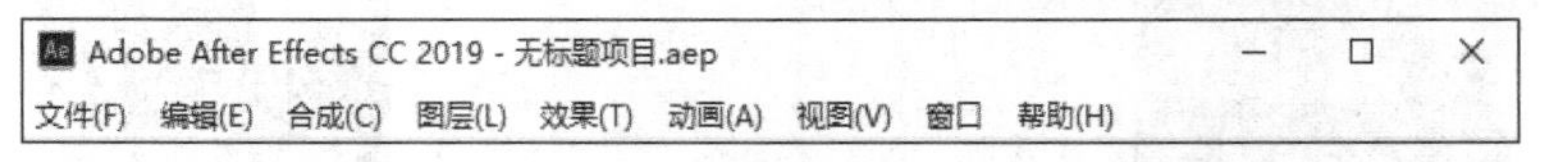

图 1–5

1.3.2　工具栏

工具栏中包括了经常使用的工具，有些工具按钮不是单独的按钮，在其右下角有三角标记的都含有多重工具选项，例如，在“矩形”工具上按住鼠标左键不放，即会展开新的按钮选项，拖曳鼠标可进行选择。

工具栏中的工具如图 1–6 所示，包括“选取”工具、“手形”工具、“缩放”工具、“旋转”工具、“统一摄像机”工具、“向后平移（锚点）”工具、“矩形”工具、“钢笔”工具、“横排文字”工具、“画笔”工具、“仿制图章”工具、“橡皮擦”工具、“Roto 笔刷”工具、“自由位置定位”工具、“本地轴模式”工具、“世界轴模式”工具、“视图轴模式”工具。

图 1-6

1.3.3 “项目”面板

导入 After Effects CC 2019 中的所有文件、创建的所有合成文件、图层等，都可以在“项目”面板中找到，并可以清楚地看到每个文件的名称、类型、大小、帧速率、媒体持续时间、入点、出点、注释和文件路径等，当选中某一个文件时，可以在“项目”面板的上部查看对应的缩略图和属性，如图 1-7 所示。

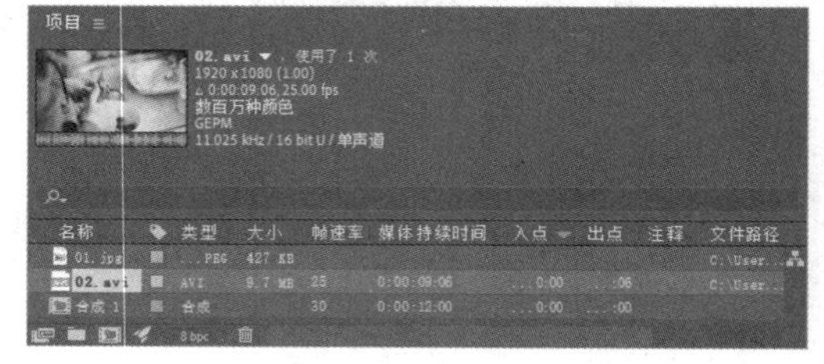

图 1-7

1.3.4 “时间轴”面板

“时间轴”面板可以精确设置在合成中各种素材的位置、时间、效果和属性等，可以合成影片，还可以调整图层的顺序和制作关键帧动画，如图 1-8 所示。

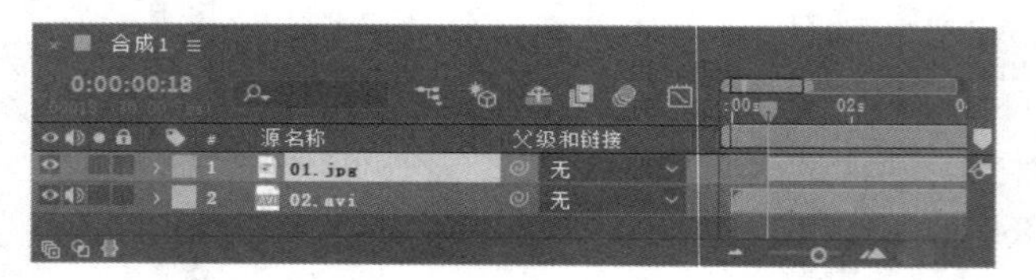

图 1-8

1.3.5 浮动面板

使用浮动面板可以查看、组合和更改资源。但屏幕的大小有限，为了尽量使工作区最大，After Effects CC 2019 提供了许多种自定义工作区的方式，如可以通过“窗口”菜单显示、隐藏面板，还可以通过拖曳鼠标来调整面板的大小以及重新组合面板，如图 1-9 和图 1-10 所示。

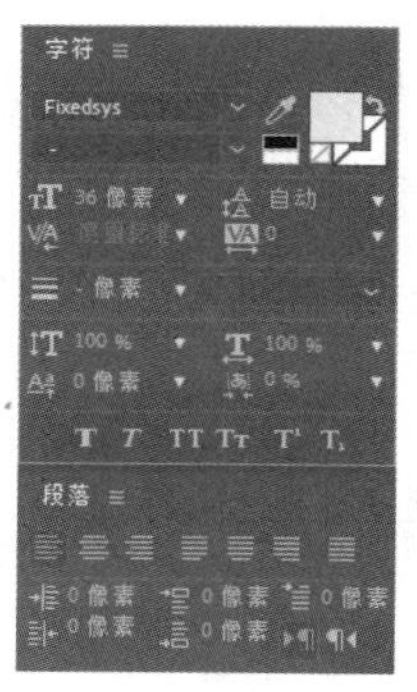

图 1-9

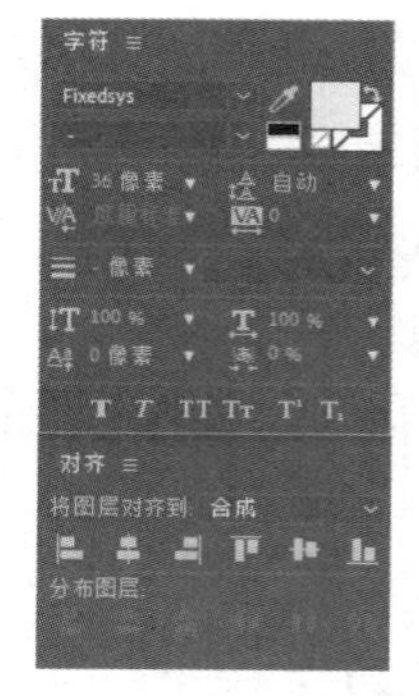

图 1-10

1.3.6 “合成”面板

“合成”面板可直接显示素材组合效果处理后的合成画面。该面板不仅具有预览功能，还可以对素材进行编辑（如缩放大小和分辨率），调整面板的显示比例、视图模式、当前时间和显示标尺及图层线框等，它是 After Effects CC 2019 中非常重要的工作面板，如图 1-11 所示。

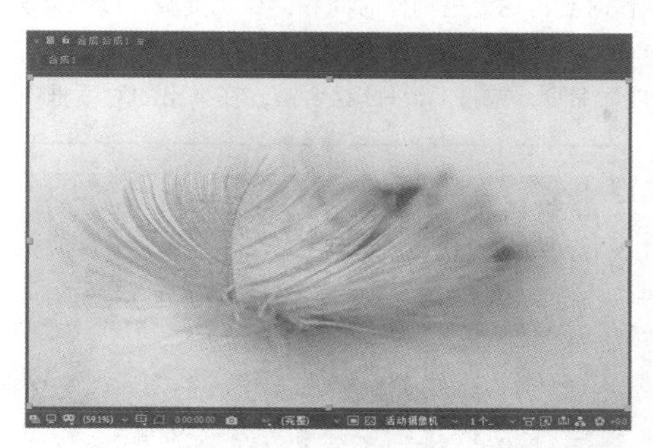

图 1-11

1.4 软件相关的基础知识

在常见的影视制作中，素材的输入和输出格式设置不统一，视频标准多样化，都会导致视频产生变形、抖动等错误，还会出现视频分辨率和像素比的相关问题。这些都是在制作前需要了解清楚的。

1.4.1　像素比

不同规格的视频像素的长宽比是不一样的，在计算机中播放时，使用方形像素比；在电视上播放时，使用 D1/DV PAL（1.09）的像素比，以保证在实际播放时画面不变形。

选择"合成 > 新建合成"命令，在打开的对话框中设置相应的像素比，如图 1-12 所示。

选择"项目"面板中的视频素材，选择"文件 > 解释素材 > 主要"命令，打开图 1-13 所示的对话框，在这里可以对导入的素材进行设置，如设置透明度、帧速率、场和像素比等。

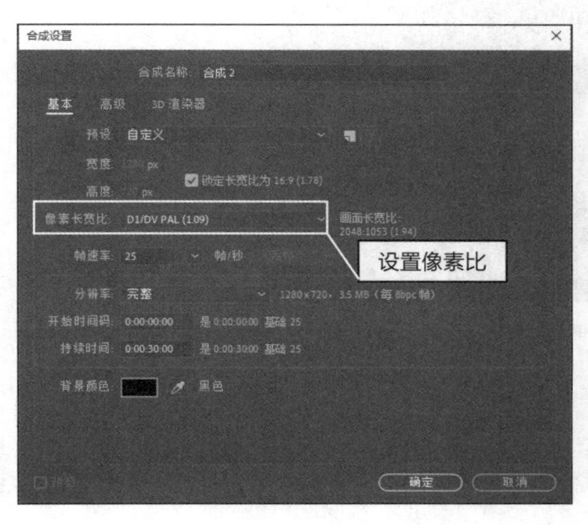

图 1-12

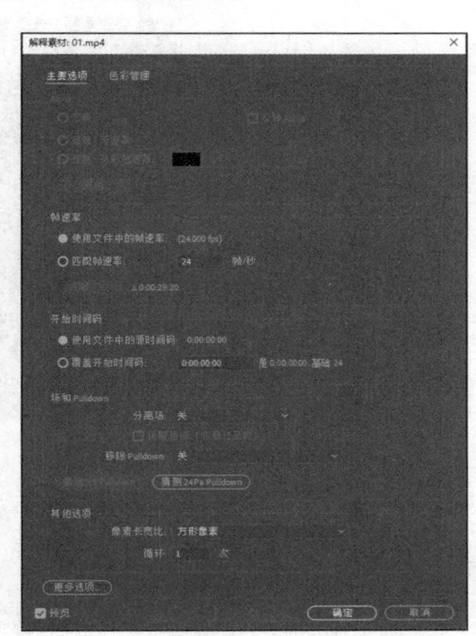

图 1-13

1.4.2 分辨率

过大分辨率的图像在制作时会占用大量制作时间和计算机资源，过小分辨率的图像则会使图像在播放时清晰度不够。

选择“合成 > 新建合成”命令，或按 Ctrl+N 组合键，在弹出的对话框中进行设置，如图 1-14 所示。

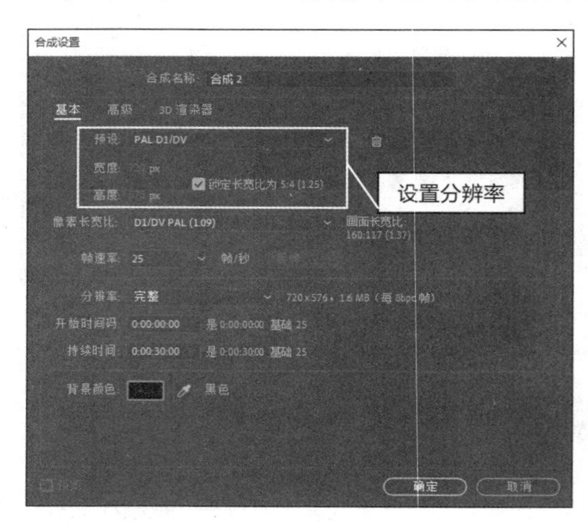

图 1-14

1.4.3 帧速率

PAL 制电视的播放设备是每秒播放 25 幅画面，也就是帧速率为 25 帧每秒，只有使用正确的播放帧速率才能流畅地播放动画。过高的帧速率会导致资源浪费，过低的帧速率会使画面播放不流畅而产生抖动。

选择“文件 > 项目设置”命令，或按 Ctrl+Alt+Shift+K 组合键，在弹出的对话框中设置帧速率，如图 1-15 所示。

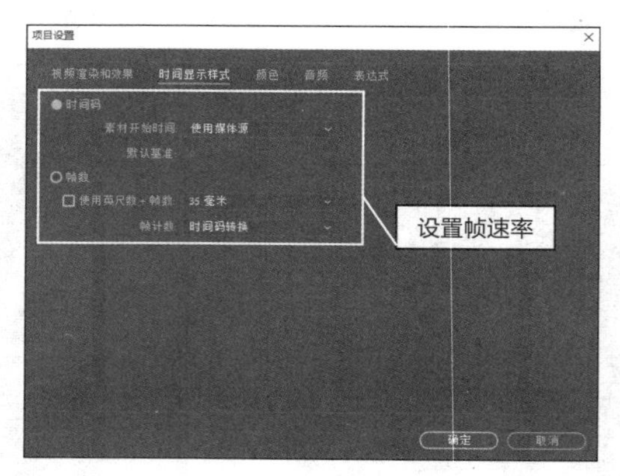

图 1-15

这里设置的是时间线的显示方式。如果要按帧制作动画可以选择帧方式显示，这样不会影响最终的动画帧速率。

也可选择“合成 > 新建合成”命令，在弹出的对话框中设置帧速率，如图 1–16 所示。

选择“项目”面板中的视频素材，选择“文件 > 解释素材 > 主要”命令，在弹出的对话框中改变帧速率，如图 1–17 所示。

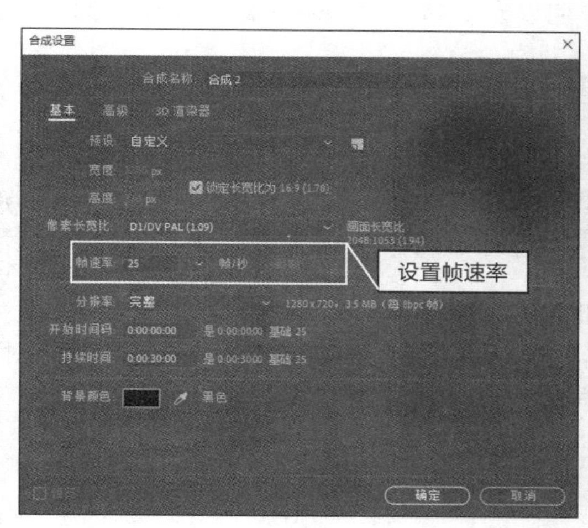

图 1–16

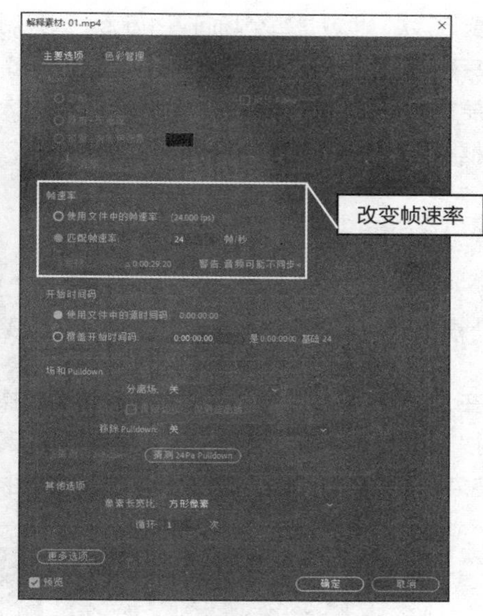

图 1–17

如果是动画序列，需要将帧速率设置为每秒 25 帧；如果是动画文件，则不需要修改帧速率，因为动画文件会自动包含帧速率信息，并且会被 After Effects 识别，如果修改这个设置会改变原有动画的播放速度。

1.4.4　安全框

安全框是画面可以被用户看到的范围。“安全框”以外的部分电视设备将不会显示，“安全框”以内的部分可以保证被完全显示。

单击“选择网格和参考线选项”按钮，在弹出的列表中选择“标题/动作安全”选项，即可打开安全框参考可视范围，如图 1–18 所示。

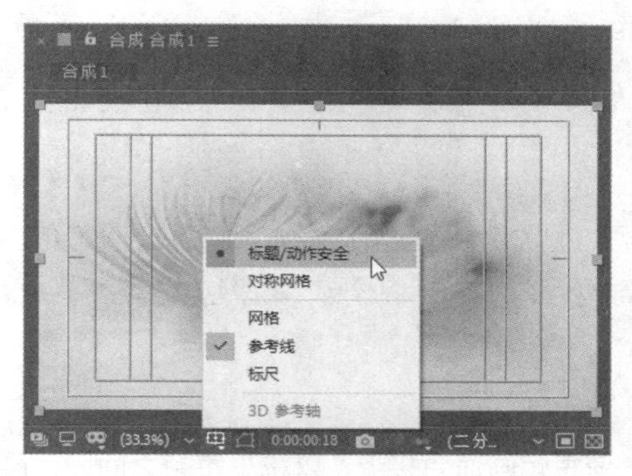

图 1–18

1.4.5 场

场是隔行扫描的产物，扫描一帧画面时由上到下扫描，先扫描奇数行，再扫描偶数行，两次扫描完成一幅图像。由上到下扫描一次叫作一个场，一幅画面需要两个场扫描来完成。在每秒 25 帧图像时，由上到下扫描需要 50 次，也就是每个场间隔 1/50s。如果制作奇数行和偶数行间隔 1/50s 的有场图像，就可以在隔行扫描的每秒 25 帧的电视上显示 50 幅画面。画面多了自然流畅，跳动的效果就会减弱，但是场会加重图像锯齿。

要在 After Effects 中将有“场”的文件导入，可以选择“文件 > 解释素材 > 主要”命令，在弹出的对话框中进行设置即可，如图 1-19 所示。

提示

这个步骤叫作“分离场”，如果选择“高场优先”，并且在制作中加入了后期效果，那么在最终渲染输出时，输出文件必须带场才能将低场加入后期效果；否则“低场”会自动丢弃，图像质量也就只有一半。

在 After Effects 中输出有场的文件的相关操作如下。

按 Ctrl+M 组合键，弹出“渲染队列”面板，单击“最佳设置”按钮，在弹出的“渲染设置”对话框的“场渲染”下拉列表中选择输出场的方式，如图 1-20 所示。

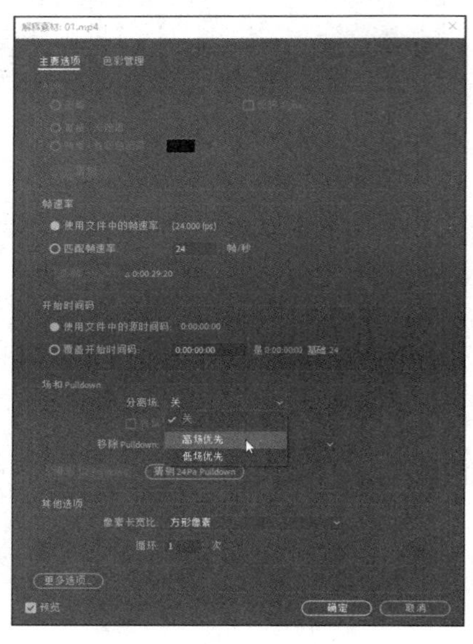

图 1-19

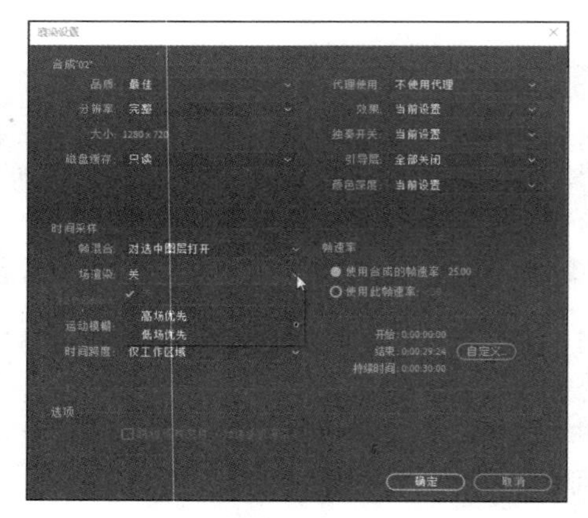

图 1-20

提示

如果使用场渲染方法生成动画，则动画在电视上播放时会出现因为场错误而导致的问题。这说明素材使用的是下场，需要选择动画素材后按 Ctrl+F 组合键，在弹出的对话框中选择低场。

1.4.6 运动模糊

运动模糊会产生拖尾效果，使每帧画面更接近，以减少每帧之间因为画面差距大而引起的闪烁或抖动，但这要牺牲图像的清晰度。

按 Ctrl+M 组合键，弹出“渲染队列”面板，单击“最佳设置”按钮，在弹出的“渲染设置”对话框中设置运动模糊，如图 1–21 所示。

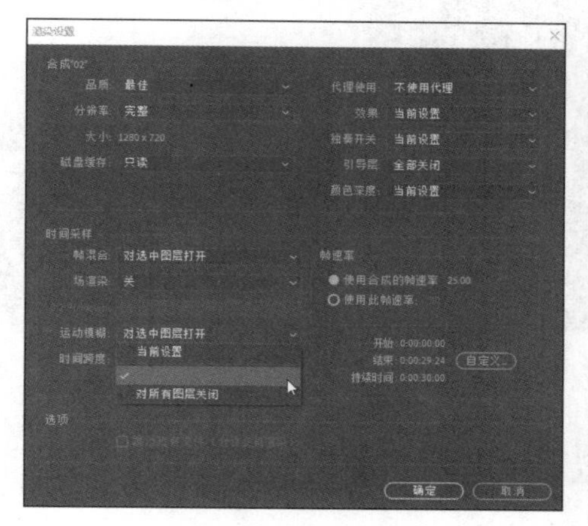

图 1–21

1.4.7　帧混合

帧混合是用来消除画面轻微抖动的方法，有场的素材也可以用帧混合来抗锯齿，但效果有限。在 After Effects 中，帧混合设置如图 1–22 所示。

按 Ctrl+M 组合键，弹出“渲染队列”面板，单击“最佳设置”按钮，在弹出的“渲染设置”对话框中设置帧混合参数，如图 1–23 所示。

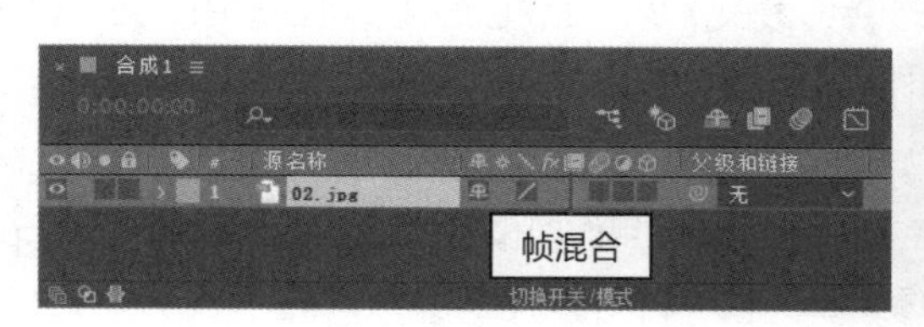

图 1–22

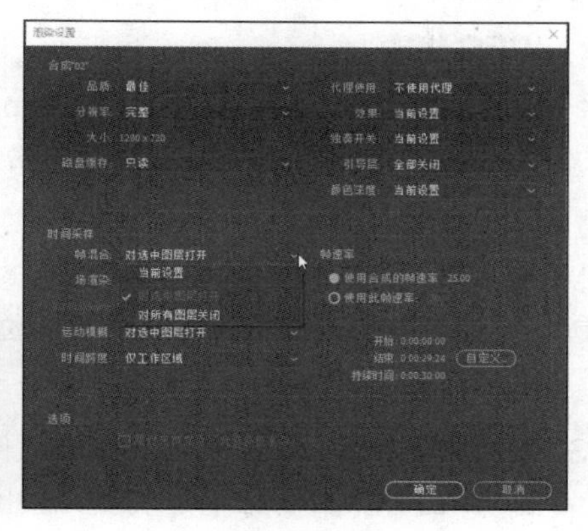

图 1–23

1.4.8　抗锯齿

锯齿的出现会使图像粗糙、不精细。提高图像质量是解决锯齿的主要办法，但有场的图像只能通过添加模糊、牺牲清晰度来抗锯齿。

按 Ctrl+M 组合键，弹出“渲染队列”面板，单击“最佳设置”按钮，在弹出的“渲染设置”对话框中设置抗锯齿参数，如图 1–24 所示。

如果是矢量图像，可以单击按钮，一帧一帧地对矢量重新计算分辨率，如图 1–25 所示。

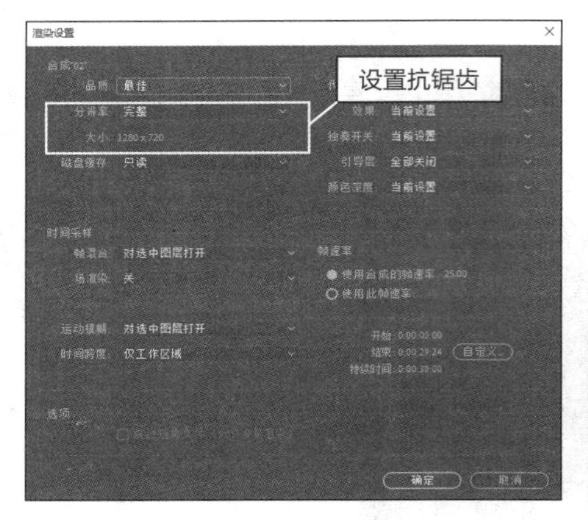

图 1-24

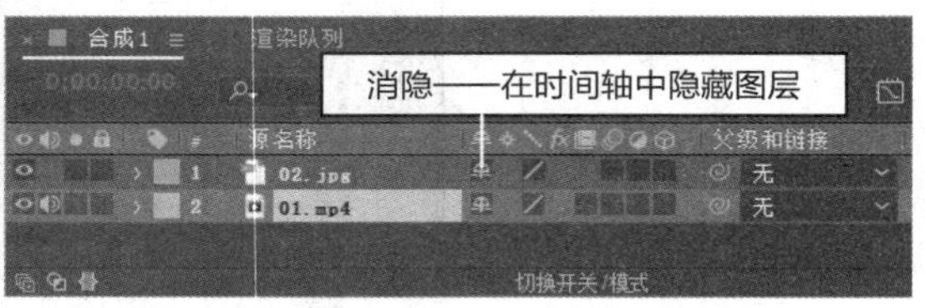

图 1-25

1.5 文件格式以及视频的输出

在 After Effects 中，可输出图形图像文件格式、常用视频压缩编码格式、常用音频压缩编码格式等多种文件格式，还可以根据视频输出的设置设置视频。

1.5.1 常用图形图像文件格式

1. GIF 格式

图像互换格式（graphics interchange format，GIF）是 CompuServe 公司开发的存储 8 位图像的文件格式，支持图像的透明背景，采用无失真压缩技术，多用于网页制作和网络传输。

2. JPEG 格式

联合图像专家小组（joint photographic experts group，JPEG）格式是采用静止图像压缩编码技术的图像文件格式，是目前网络上应用较广的图像格式，支持不同程度的压缩比。

3. BMP 格式

BMP 格式最初是 Windows 操作系统的画笔使用的图像格式，现在已经被多种图形图像处理软件所支持和使用。它是位图格式，有单色位图、16 色位图、256 色位图、24 位真彩色位图等。

4. PSD 格式

PSD 格式是 Adobe 公司开发的图像处理软件 Photoshop 使用的图像格式。它能保留 Photoshop 制作流程中各图层的图像信息，现在有越来越多的图像处理软件开始支持这种文件格式。

5. FLM 格式

FLM 格式是 Premiere 输出的一种图像格式。Adobe Premiere 将视频片段输出成序列帧图像，每帧的左下角为时间编码，以 SMPTE 时间编码标准显示，右下角为帧编号，可以在 Photoshop 软件中对其进行处理。

6. TGA 格式

TGA（tagged graphics）格式属于一种图形、图像数据的通用格式，其结构比较简单，在多媒体领域具有很大影响，是计算机生成图像向电视转换的一种首选格式。

7. TIFF 格式

TIFF（tag image file format）格式是一种可以存储高质量图像的位图格式，通常用于存储照片等高质量图像。TIFF 格式与 JPEG 格式和 PNG 格式一样，受到业界广泛欢迎。

8. DXF 格式

DXF（drawing-exchange files）格式是一种开放的矢量数据格式，DXF 格式由于拥有较强的通用性，因此被广泛使用。

9. PIC 格式

PIC（picture）格式是一种可以记录和存储影像信息的格式，其使用针对性较强，常用于工程制图中。

10. PCX 格式

PCX（PC paintbrush exchange）格式是 Z-soft 公司为存储画笔软件产生的图像而建立的图像文件格式，是位图文件的标准格式，是一种基于 PC 绘图程序的专用格式。

11. EPS 格式

EPS（encapsulated postscript）格式几乎支持所有的图形和页面排版程序。EPS 格式用于在应用程序间传输 PostScript 语言图稿。在 Photoshop 中打开其他程序创建的包含矢量图形的 EPS 文件时，Photoshop 会对此文件进行栅格化，将矢量图形转换为像素。EPS 格式支持多种颜色模式和剪贴路径，但不支持 Alpha 通道。

12. RLA/RPF 格式

RLA/RPF 格式是一种可以包括 3D 信息的文件格式，通常用于三维软件在特效合成中的后期合成。该格式可以包括对象的 ID 信息、*z* 轴信息、法线信息等。RPF 相对 RLA 来说，其可以包含更多的信息，是一种较先进的文件格式。

1.5.2 常用视频压缩编码格式

1. AVI 格式

音频视频交错（audio video interleaved，AVI）格式就是可以将视频和音频交织在一起进行同步播放的格式。这种视频格式的优点是图像质量好，可以跨多个平台使用；缺点是文件过于庞大，更加糟糕的是压缩标准不统一，因此经常会遇到高版本 Windows 媒体播放器播放不了采用早期编码编辑的 AVI 格式视频，而低版本 Windows 媒体播放器又播放不了采用最新编码编辑的 AVI 视频的情况。

2. DV-AVI 格式

目前非常流行的数码摄像机就是使用 DV-AVI（digital video AVI）格式记录视频数据的。DV-AVI 格式可以通过计算机的 IEEE 1394 端口传输视频数据到计算机，也可以将计算机中编辑好的视频数据回录到数码摄像机中。这种视频格式的文件扩展名一般也是.avi，所以人们习惯地称它为 DV-AVI 格式。

3. MPEG 格式

动态图像专家组（moving picture expert group，MPEG）格式是常见的 VCD、SVCD、DVD 使用的格式。MPEG 文件格式是运动图像的压缩算法的国际标准，它采用了有损压缩方法，从而减少运动图像中的冗余信息。MPEG 的压缩方法说得更加深入一点就是保留相邻两幅画面绝大多数相同的部分，而把后续图像中和前面图像中冗余的部分去除，从而达到压缩的目的。目前 MPEG 格式有 3 个压缩标准，分别是 MPEG-1、MPEG-2 和 MPEG-4。

- MPEG-1：它是针对 1.5Mbit/s 以下数据传输速率的数字存储媒体运动图像及其伴音编码而设计的国际标准，也就是通常所见到的 VCD 制式格式。这种视频格式的文件包括.mpg、.mlv、.mpe、.mpeg 文件及 VCD 资源包中的.dat 文件等。
- MPEG-2：其设计目标为获得高级工业标准的图像质量以及更高的传输速率。这种格式主要应用于 DVD/SCVD 的制作（压缩），同时在一些 HDTV（high definition television，高清晰度电视）和一些高要求视频编辑、处理上也有相当的应用。这种视频格式的文件包括.mpg、.mlv、.mpe、.mpeg、.m2v 文件及 DVD 资源包中的.vob 文件等。
- MPEG-4：MPEG-4 是为了播放流式媒体的高质量视频而专门设计的，它可以利用很窄的带宽，通过帧重建技术压缩和传输数据，以求使用最少的数据获得最佳的图像质量。MPEG-4 最有吸引力的地方在于它能够保存接近于 DVD 画质的小视频文件。这种视频格式的文件扩展名包括.asf、.mov、.DivX 和.AVI 等。

4. H.264 格式

H.264 是由 ISO/IEC 与 ITU-T 组成的联合视频组（joint video team，JVT）制定的新一代视频压缩编码标准。在 ISO/IEC 中，该标准命名为高级视频编码（advanced video coding，AVC），作为 MPEG-4 标准的第 10 个选项，在 ITU-T 中正式命名为 H.264 标准。

H.264 和 H.261、H.263 一样，也是采用离散余弦变换（discrete cosine transform，DCT）编码加差分脉冲编码调制（differential pulse code modulation，DPCM）的差分编码，即混合编码结构。同时，H.264 在混合编码的框架下引入新的编辑方式，提高了编辑效率，更贴近实际应用。

H.264 没有烦琐的选项，而是力求简洁的“回归基本”。它不但具有比 H.263++更好的压缩性能，还具有适应多种信道的能力。

H.264 应用广泛，可满足各种不同速率、不同场合的视频应用，具有良好的抗误码和抗丢包的处理能力。

H.264 的基本系统无须使用版权，具有开放的性质，能很好地适应 IP 和无线网络的使用环境。这对目前 Internet 传输多媒体信息、移动网传输宽带信息等都具有重要意义。

H.264 标准使运动图像压缩技术上升到了一个更高的阶段，在较低带宽上提供高质量的图像传输是 H.264 的应用亮点。

5. DivX 格式

DivX 格式是由 MPEG-4 衍生出的另一种视频编码（压缩）标准，也就是通常所说的 DVDrip 格式。它在采用 MPEG-4 压缩算法的同时又综合了 MPEG-4 与 MP3 各方面的技术，即使用 DivX 压缩技术对 DVD 盘片的视频图像进行高质量压缩，使用 MP3 和 AC3 对音频进行压缩，然后将视频与音频合成并加上相应的外挂字幕文件而形成的视频格式。其画质接近 DVD，但容量只有 DVD 的几分之一。

6. MOV 格式

MOV 格式是由美国 Apple 公司开发的一种视频格式，默认的播放器是苹果的 Quick Time Player。MOV 格式具有较高的压缩率和较完美的视频清晰度等特点，但是其最大的特点还是跨平台性，即不仅能支持 macOS，还能支持 Windows 系列。

7. ASF 格式

ASF（advanced streaming format）格式是微软为了与现在的 Real Player 竞争而推出的一种视频格式，用户可以直接使用 Windows Media Player 对该格式的文件进行播放。由于它使用了 MPEG-4 的压缩算法，所以压缩率和图像的质量都很不错。

8. RM 格式

Networks 公司制定的音频/视频压缩规范称为 Real Media（RM）格式，用户可以使用 Real Player 和 Real One Player 对符合 Real Media 技术规范的网络音频/视频资源进行实时播放，并且 Real Media 可以根据不同的网络传输速率制定出不同的压缩率，从而在低速率的网络上实时传送和播放影像数据。这种格式的另一个特点是用户使用 Real Player 或 Real One Player 播放器可以在不下载音频/视频内容的条件下实现在线播放。

9. RMVB 格式

这是一种由 RM 视频格式升级延伸出的新视频格式，它的先进之处在于 RMVB 视频格式打破了原 RM 格式那种平均压缩采样的方式，在保证平均压缩比的基础上合理利用资源，即静止和动作场面少的画面场景采用较低的编码速率，这样可以留出更多的带宽空间，而这些带宽会在出现快速运动的画面场景时被利用。这样在保证静止画面质量的前提下，大幅提高了运动图像的画面质量，使图像的画面质量和文件大小之间达到巧妙的平衡。

1.5.3 常用音频压缩编码格式

1. CD 格式

当今音质最好的音频格式是 CD 格式。在大多数播放软件的“打开文件类型”中，都可以看到*.cda 文件，这就是 CD 音轨。标准 CD 格式采用 44.1kHz 的采样频率，速率为 88kbit/s，16 位量化位数，因为 CD 音轨可以说是近似无损的，所以它的声音非常接近原声。

CD 资源包可以在 CD 唱片机中播放，也能用各种播放软件来重放。一个 CD 音频文件是一个*.cda 文件，这只是一个索引信息，并不真正包含声音信息，所以不论 CD 音乐长短，在计算机上看到的*.cda 文件都是 44 字节长。

提示

不能直接将 CD 格式的.cda 文件复制到硬盘上播放，需要使用像 EAC 这样的抓音轨软件，把 CD 格式的文件转换成 WAV 格式。如果资源包驱动器质量过关，而且 EAC 的参数设置得当，就基本上可以说是无损抓音频，因此推荐大家使用这种方法。

2. WAV 格式

WAV 格式是微软公司开发的一种声音文件格式，它符合 RIFF（resource interchange file format）文件规范，用于保存 Windows 平台的音频资源，被 Windows 平台及其应用程序支持。WAV 格式支持 MSADPCM、CCITT ALAW 等多种压缩算法，以及多种音频位数、采样频率和声道。标准格式的 WAV 文件和 CD 格式一样，也采用 44.1kHz 的采样频率，速率为 88kbit/s，16 位量化位数。

3. MP3 格式

MP3 格式诞生于 20 世纪 80 年代的德国。所谓的 MP3 指的是 MPEG 标准中的音频部分，也就是 MPEG 音频层。根据压缩质量和编码处理的不同，可以将声音分为 3 层，分别对应*.mp1、*.mp2、*.mp3 这 3 种声音文件。

提示

MPEG 音频文件的压缩是一种有损压缩，MPEG3 音频编码具有 10：1～12：1 的高压缩率，能基本保持低音频部分不失真，但是牺牲了声音文件中 12～16kHz 高音频这部分的质量来换取文件的缩小。

相同长度的音乐文件用 MP3 格式存储，一般只有 WAV 格式文件的 1/10，而音质次于 CD 格式或 WAV 格式的声音文件。

4. MIDI 格式

MIDI（musical instrument digital interface）格式允许数字合成器与其他设备交换数据。MIDI 文件并不是一段录制好的声音，而是记录声音的信息，然后告诉声卡如何再现音乐的一组指令。这样 MIDI 文件每存 1min 的音乐只用 5～10KB 的存储空间。

MIDI 文件主要用于原始乐器作品、流行歌曲的业余表演、游戏音轨以及电子贺卡等。*.mid 文件重放的效果完全依赖声卡的档次，*.mid 格式的最大用处是在计算机作曲领域。*.mid 文件可以用作曲软件写出，也可以通过声卡的 MIDI 口把外接乐器演奏的乐曲输入计算机里，制成*.mid 文件。

5. WMA 格式

WMA（windows media audio）格式文件的音质要强于 MP3 格式的。WMA 格式和日本 YAMAHA 公司开发的 VQF 格式一样，以减少数据流量但保持音质的方法来实现比 MP3 更高的压缩率，WMA 的压缩率一般可以达到 1∶18 左右。

WMA 的另一个优点是内容提供商可以通过数字版权管理（digital rights management，DRM）方案（如 Windows Media Rights Manager 7）加入防复制保护。这种内置的版权保护技术可以限制播放时间和播放次数，甚至可以限制播放的机器等，这对被盗版搅得焦头烂额的音乐公司来说是一个福音。另外，WMA 还支持音频流（stream）技术，适合在线播放。

WMA 格式在录制时可以对音质进行调节。同一格式，音质好的可与 CD 媲美，压缩率较高的可用于网络广播。

1.5.4 视频输出的设置

按 Ctrl+M 组合键，弹出“渲染队列”面板，单击“输出组件”选项右侧的“无损”按钮，弹出“输出模块设置”对话框，在这个对话框中可以对视频的输出格式及其相应的编码方式、视频大小、比例以及音频等进行输出设置，如图 1-26 所示。

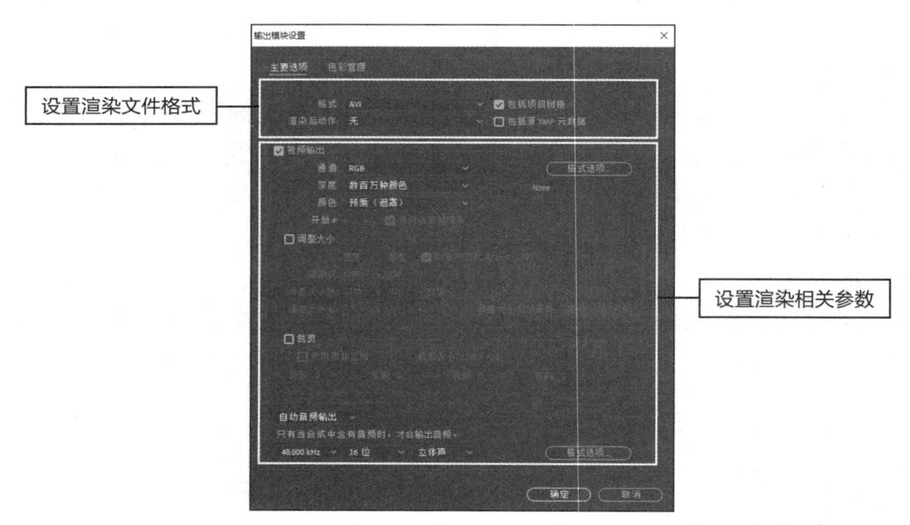

图 1-26

格式：在文件格式下拉列表中可以选择输出格式和输出图序列，一般使用 TGA 格式的序列文件，输出样品成片可以使用 AVI 和 MOV 格式，输出贴图可以使用 TIF 和 PIC 格式。

格式选项：输出图片序列时，可以选择输出颜色位数；输出影片时，可以设置压缩方式和压缩比。

1.6 视频文件的打包设置

在一些由团体进行的影视合成或者编辑中，用到的素材可能分布在硬盘的各个地方，从而使在一些设备上打开工程文件的时候会碰到部分文件丢失的情况。如果要一个一个去把素材找出来并复制显然很麻烦，而使用“打包”命令可以自动把文件收集在一个目录中打包。

这里主要介绍 After Effects 的打包功能。选择“文件 > 整理工程 (文件) > 收集文件”命令，在弹出的对话框中单击“收集”按钮，完成打包操作，如图 1-27 所示。

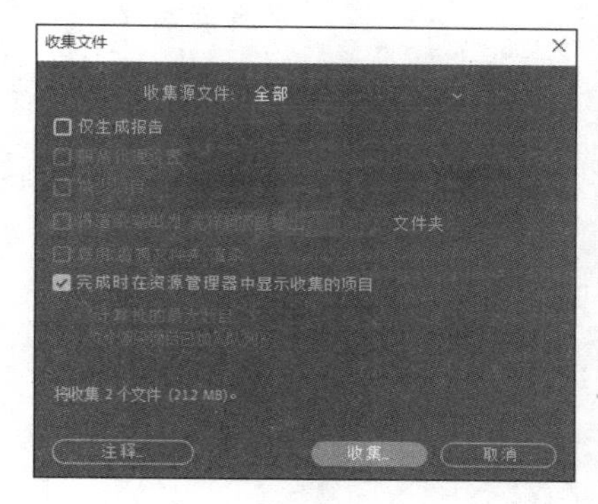

图 1-27

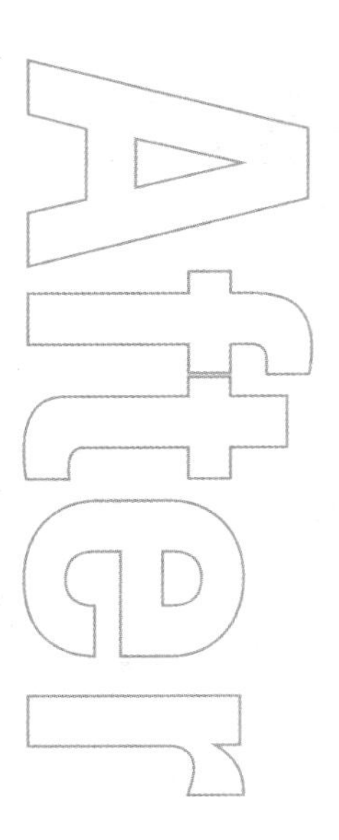

Chapter 2

第 2 章 图层的应用

本章对 After Effects 中图层的应用与操作进行详细讲解。读者通过对本章的学习，可以充分理解图层的概念，熟悉图层的基本操作方法，并掌握图层的 5 个基本变化属性和关键帧动画。

课堂学习目标

- 理解图层的概念
- 熟悉图层的基本操作方法
- 掌握图层的 5 个基本变化属性和关键帧动画

2.1 理解图层的概念

在 After Effects 中无论是创作合成动画，还是进行效果处理等操作，都离不开图层，因此制作动态影像的第一步就是了解和掌握图层。“时间轴”面板中的素材都是以图层的方式按照上下位置关系依次排列组合的，如图 2-1 所示。

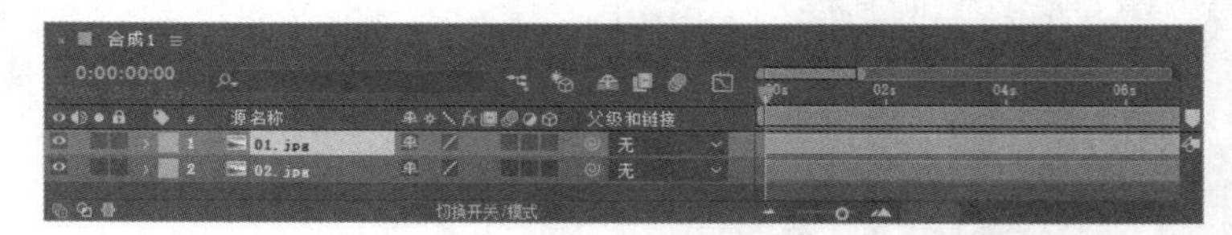

图 2-1

可以将 After Effects 软件中的图层想象为一层层叠放的透明胶片，上一层有内容的地方将遮盖住下一层的内容，上一层没有内容的地方则露出下一层的内容，上一层的部分处于半透明状态时，将依据半透明程度混合显示下层内容。这是图层最简单、最基本的概念。图层与图层之间还存在更复杂的合成组合关系，如叠加模式、蒙版合成方式等。

2.2 图层的基本操作

图层有改变图层上下顺序、复制图层与替换图层、给图层加标记、让图层自动适合合成图像尺寸、图层与图层对齐和自动分布等多种基本操作。

2.2.1 课堂案例——飞舞组合字

案例学习目标

学习使用文字的动画控制器来实现丰富多彩的文字特效动画。

案例知识要点

使用“导入”命令，导入文件；新建合成并命名为“飞舞组合字”，为文字添加动画控制器，同时设置相关的关键帧制作文字飞舞并最终组合效果；为文字添加“斜面 Alpha”“阴影”命令制作立体效果。飞舞组合字效果如图 2-2 所示。

图 2-2

飞舞组合字

效果所在位置

资源包 > Ch02 > 飞舞组合字 > 飞舞组合字.aep。

1. 输入文字

STEP 1 按 Ctrl+N 组合键，弹出“合成设置”对话框，在“合成名称”文本框中输入“最终效果”，其他选项的设置如图 2-3 所示，单击“确定”按钮，创建一个新的合成“最终效果”。选择“文件 > 导入 > 文件”命令，在弹出的“导入文件”对话框中，选择资源包中的“Ch02 > 飞舞组合字 > (Footage) > 01.jpg”文件，如图 2-4 所示，单击“导入”按钮，导入背景图片，并将其拖曳到“时间轴”面板中。

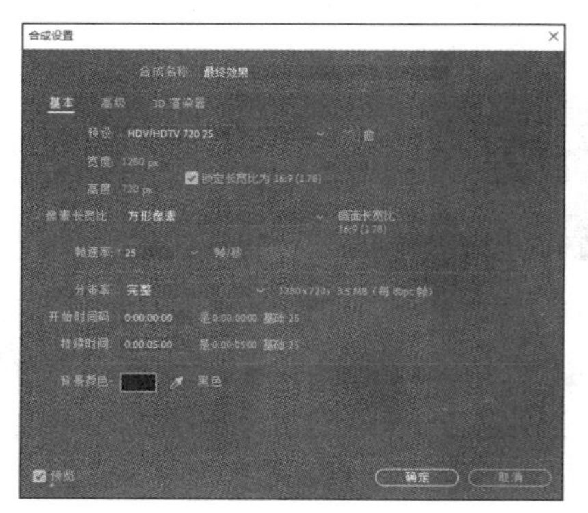

图 2-3

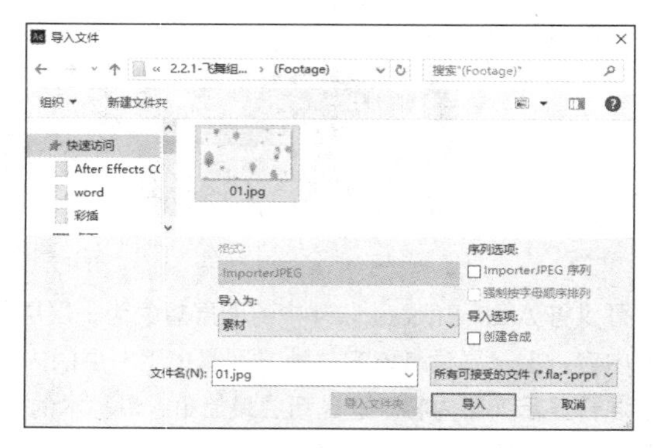

图 2-4

STEP 2 选择“横排文字”工具**T**，在“合成”面板中输入文字“3 月 12 日 全民植树节”，在“字符”面板中，设置“填充颜色”为黄绿色（其 R、G、B 的值分别为 182、193、0），其他选项的设置如图 2-5 所示。“合成”面板中的效果如图 2-6 所示。

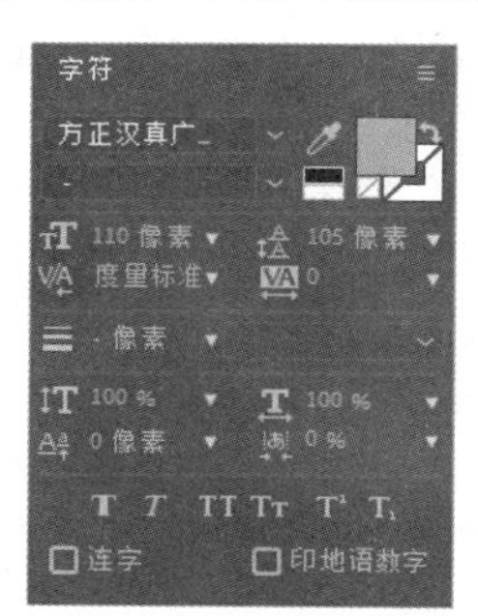

图 2-5

图 2-6

STEP 3 选中文字“3 月 12 日”，在“字符”面板中设置文字参数，如图 2-7 所示。“合成”面板中的效果如图 2-8 所示。

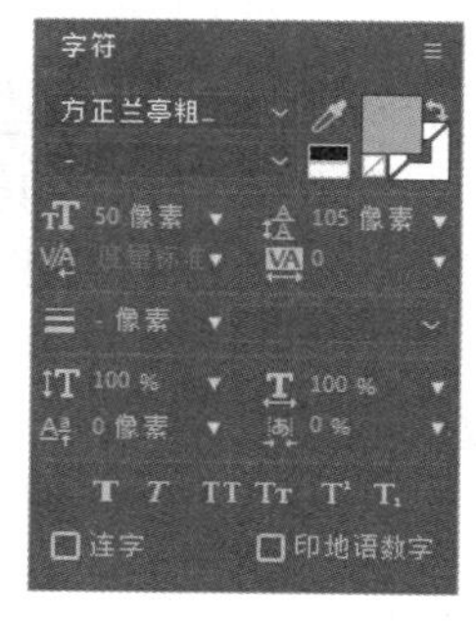

图 2-7

图 2-8

STEP 4 选中文字图层，单击“段落”面板中的“右对齐文本”按钮，如图 2-9 所示。“合成”面板中的效果如图 2-10 所示。

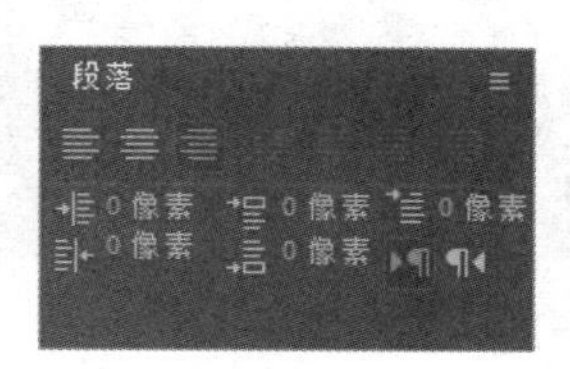

图 2-9

图 2-10

2. 添加关键帧动画

STEP 1 展开文字图层“变换”属性，设置“位置”选项的数值为 911、282，如图 2-11 所示。“合成”面板中的效果如图 2-12 所示。

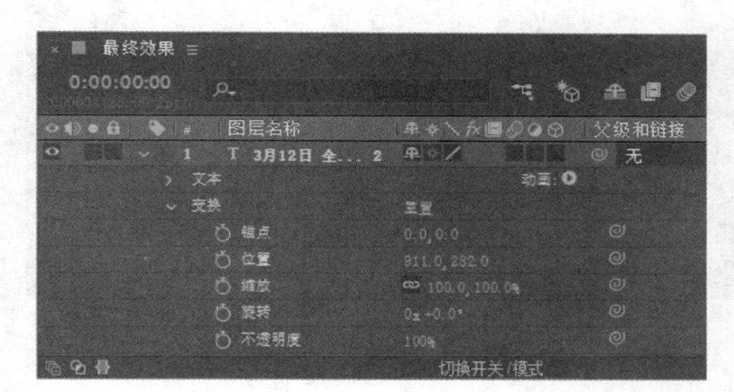

图 2-11

图 2-12

STEP 2 单击“动画”右侧的按钮，在弹出的选项中选择“锚点”，如图 2-13 所示。在“时间轴”面板中会自动添加一个“动画制作工具 1”选项，设置“锚点”选项的数值为 0、-30，如图 2-14 所示。

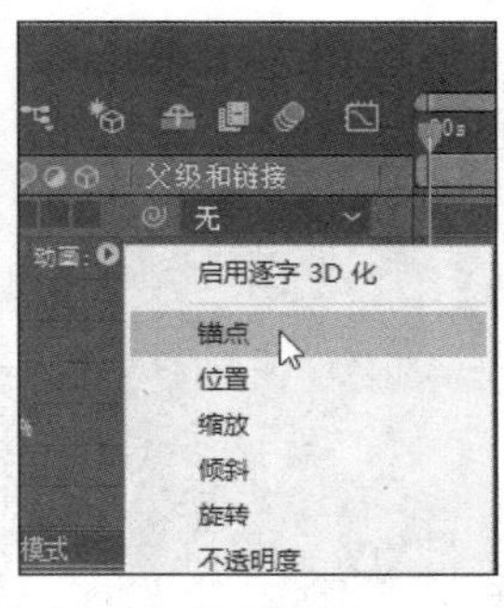

图 2-13

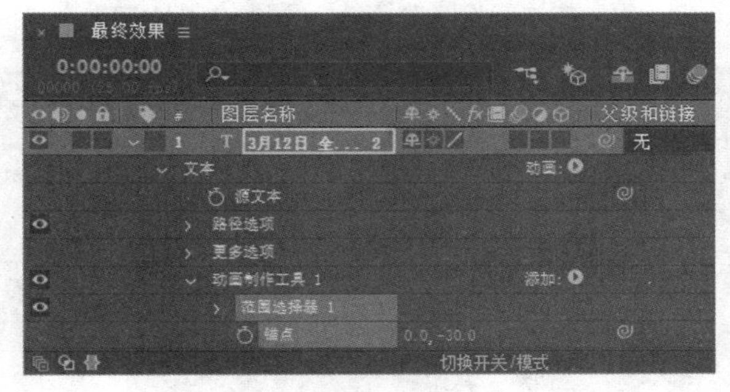

图 2-14

STEP 3 按照上述方法再添加一个“动画制作工具 2”选项。单击“动画制作工具 2”右侧的“添加”按钮，在弹出的菜单中选择“选择器 > 摆动”选项，如图 2-15 所示。展开“摆动选择器 1”属性，设置“摇摆/秒”选项的数值为 0，设置“关联”选项的数值为 73%，如图 2-16 所示。

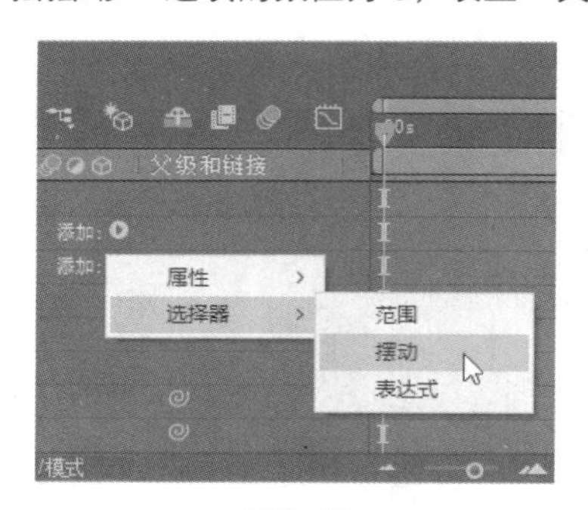

图 2-15

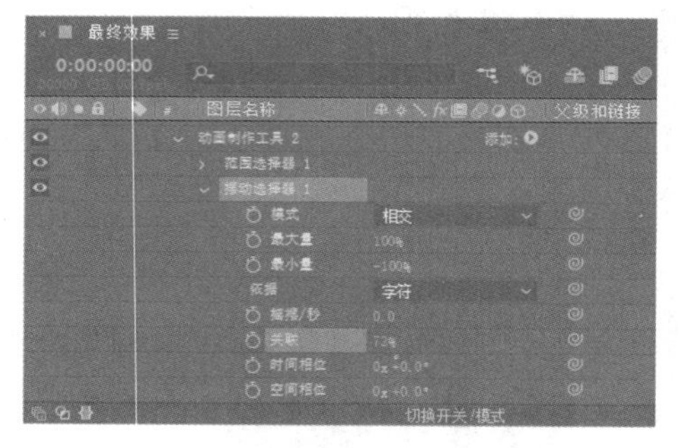

图 2-16

STEP 4 再次单击“添加”按钮，添加“位置”“缩放”“旋转”“填充色相”选项，分别选择后再设定各自的参数值，如图 2-17 所示。在“时间轴”面板中，将时间标签放置在 3s 的位置，分别单击这 4 个选项左侧的“关键帧自动记录器”按钮，如图 2-18 所示，记录第 1 个关键帧。

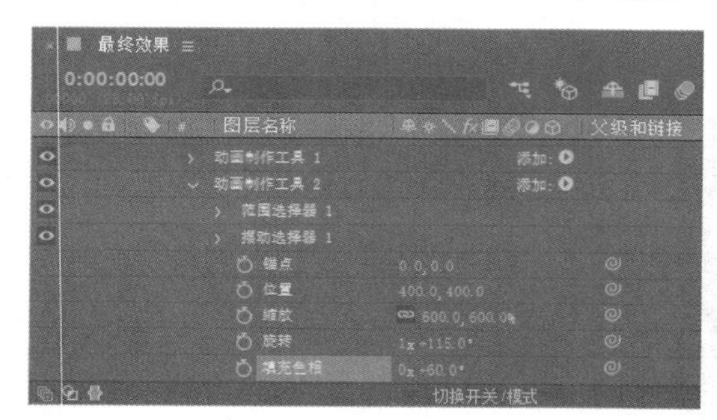

图 2-17

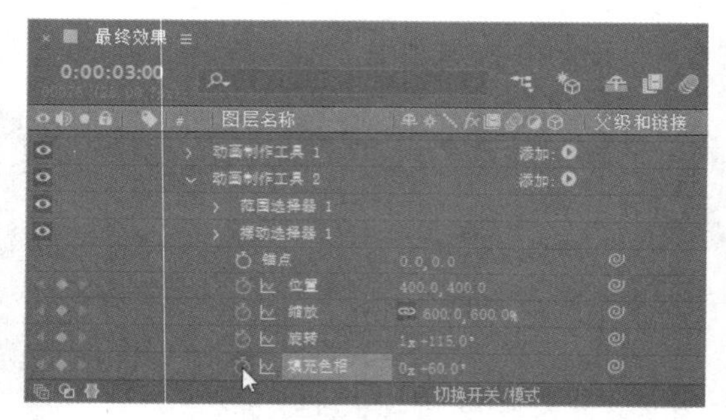

图 2-18

STEP 5 在“时间轴”面板中，将时间标签放置在 4s 的位置，设置“位置”选项的数值为 0、0，“缩放”选项的数值为 100%、100%，“旋转”选项的数值为 0、0，“填充色相”选项的数值为 0、0，如图 2-19 所示，记录第 2 个关键帧。

STEP 6 展开“摆动选择器 1”属性，将时间标签放置在 0s 的位置，分别单击“时间相位”和“空间相位”选项左侧的“关键帧自动记录器”按钮，记录第 1 个关键帧。设置“时间相位”选项的数值为 2、0，“空间相位”选项的数值为 2、0，如图 2-20 所示。

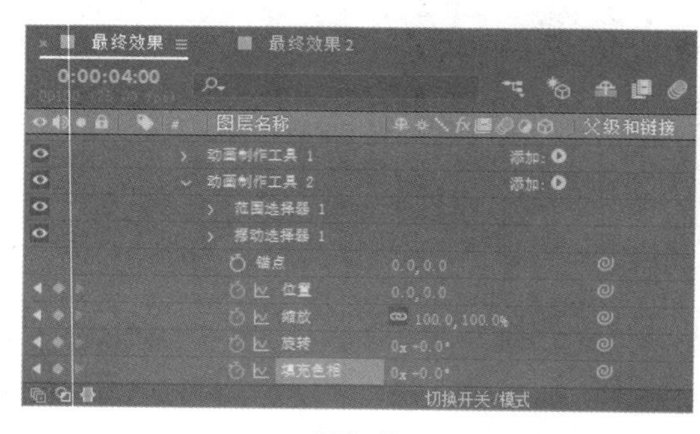

图 2-19

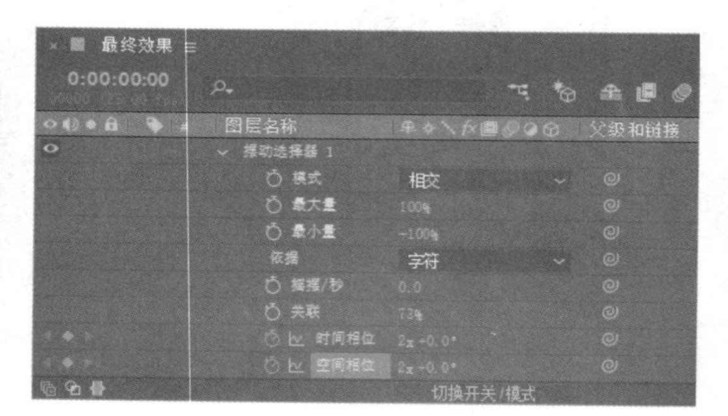

图 2-20

STEP 7 将时间标签放置在 1s 的位置，如图 2-21 所示。在“时间轴”面板中，设置“时间相位”

选项的数值为 2、200，“空间相位”选项的数值为 2、150，如图 2-22 所示，记录第 2 个关键帧。将时间标签放置在 2s 的位置，设置“时间相位”选项的数值为 3、160，“空间相位”选项的数值为 3、125，如图 2-23 所示，记录第 3 个关键帧。将时间标签放置在 3s 的位置，设置“时间相位”选项的数值为 4、150，“空间相位”选项的数值为 4、110，如图 2-24 所示，记录第 4 个关键帧。

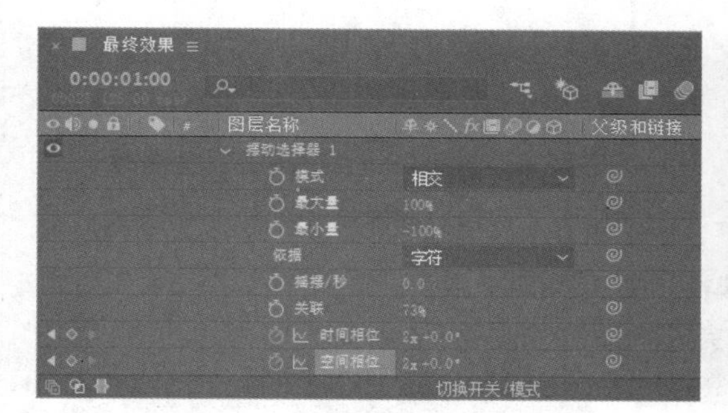

图 2-21

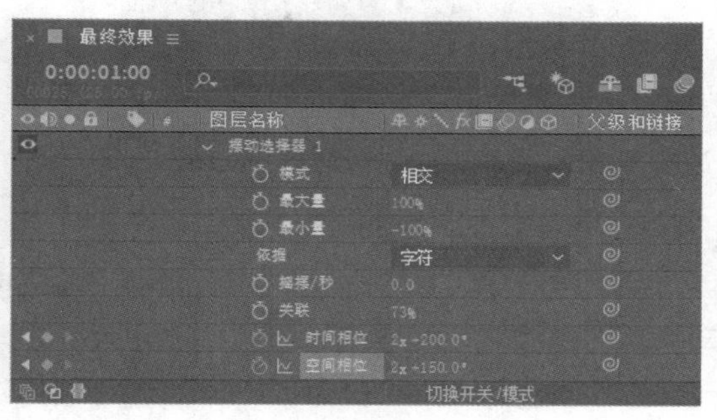

图 2-22

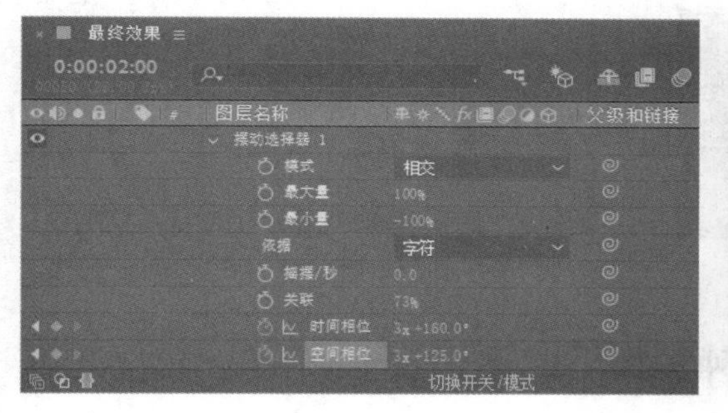

图 2-23

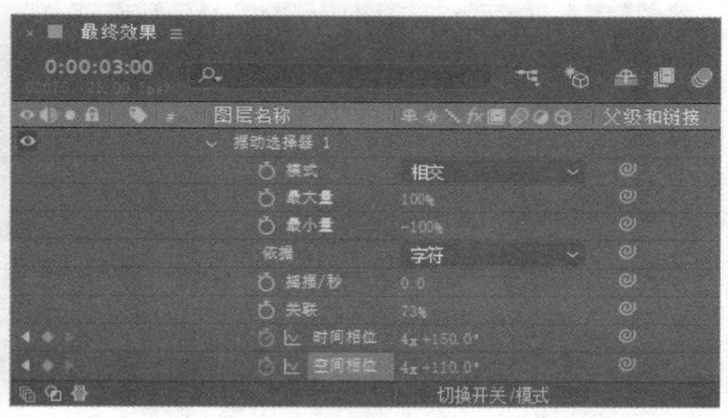

图 2-24

3．添加立体效果

STEP 1 选中文字图层，选择“效果 > 透视 > 斜面 Alpha”命令，在“效果控件”面板中设置参数，如图 2-25 所示。“合成”面板中的效果如图 2-26 所示。

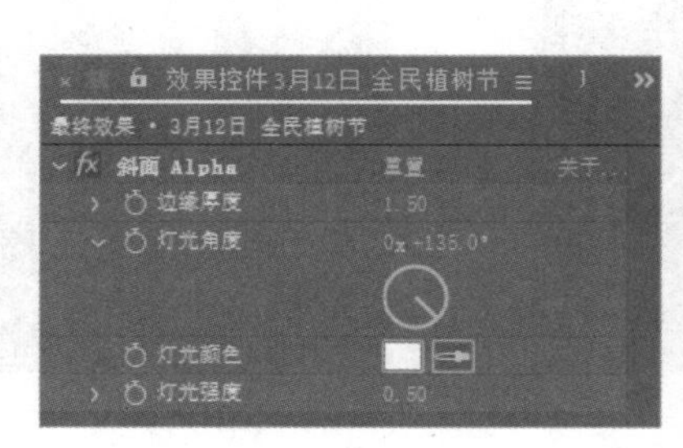

图 2-25

图 2-26

STEP 2 选择“效果 > 透视 > 投影”命令，在“效果控件”面板中设置参数，如图 2-27 所示。“合成”面板中的效果如图 2-28 所示。

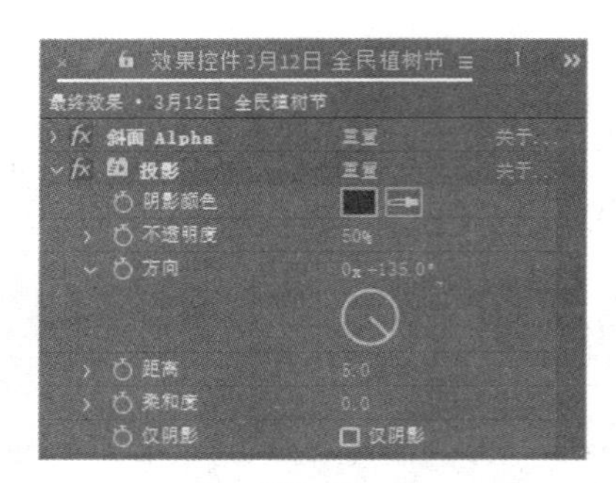

图 2-27

图 2-28

STEP 3 在“时间轴”面板中单击“运动模糊”按钮，将其激活。单击“文字”层右侧的“运动模糊”按钮，如图 2-29 所示。飞舞组合字制作完成，如图 2-30 所示。

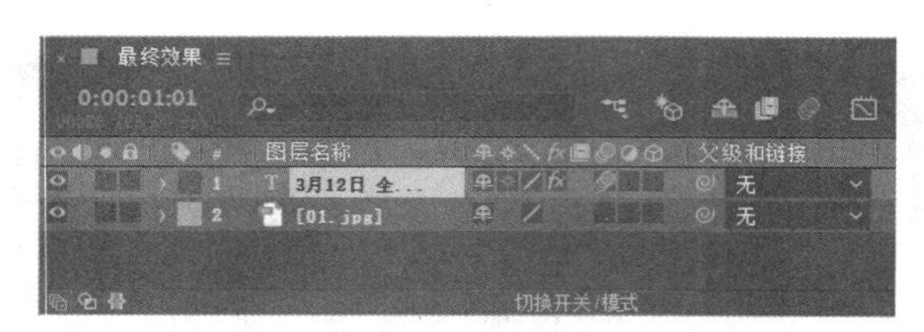

图 2-29

图 2-30

2.2.2 将素材放置到“时间轴”的多种方式

素材只有放入“时间轴”面板中才可以编辑。将素材放入“时间轴”面板中的方法如下。

方法一：将素材直接从“项目”面板拖曳到“合成”面板中，如图 2-31 所示。使用这种方法可以直观地确定素材在合成画面中的位置。

方法二：从“项目”面板拖曳素材到合成图层上，如图 2-32 所示。

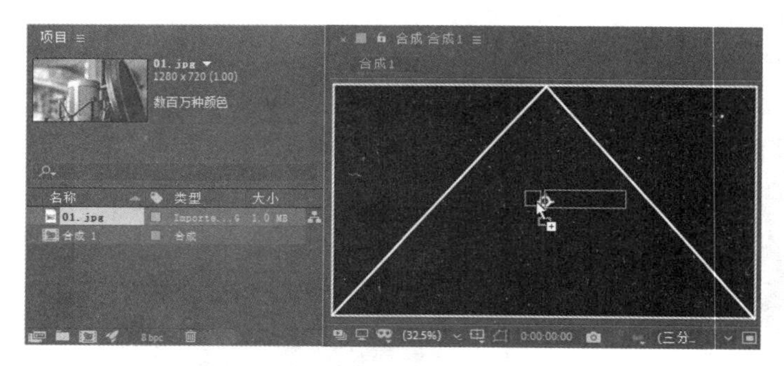

图 2-31

图 2-32

方法三：将素材从“项目”面板拖曳到“时间轴”面板区域，在未松开鼠标时，“时间轴”面板中会显示一条蓝色线，它所在的位置决定素材可以置入哪一层，如图 2-33 所示。

方法四：将素材从“项目”面板拖曳到“时间轴”面板区域，在未松开鼠标时，不仅会出现一条蓝色线决定素材可以置入哪一层，同时还会在时间标尺处显示时间标签决定素材入场的时间，如图 2–34 所示。

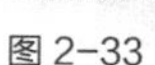

图 2–33

图 2–34

方法五：在“项目”面板中选中素材，按 Ctrl+/组合键将所选素材置入当前“时间轴”面板中。

方法六：在“项目”面板中双击素材，通过“素材”面板打开素材，单击 { 、 } 两个按钮设置素材的入点和出点，再单击“波纹插入编辑”按钮或者“叠加编辑”按钮，插入“时间轴”面板，如图 2–35 所示。

图 2–35

2.2.3 改变图层上下顺序

方法一：在“时间轴”面板中，选中图层，如图 2–36 所示，上下拖曳到适当的位置，可以改变图层顺序，注意观察蓝色水平线的位置，如图 2–37 所示。

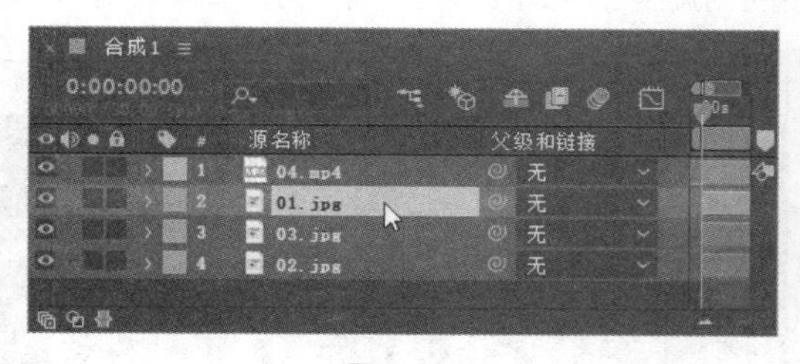

图 2–36

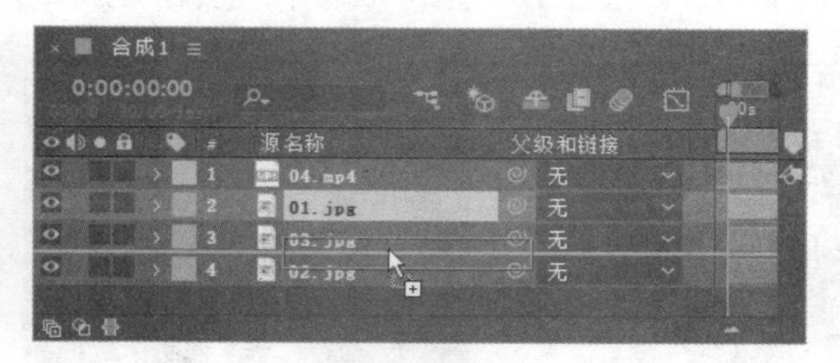

图 2–37

方法二：在“时间轴”面板中，选中图层，通过菜单和快捷键移动上下层位置。

选择“图层 > 排列 > 将图层置于顶层”命令，或按 Ctrl+Shift+] 组合键，将图层移到最上方。

选择“图层 > 排列 > 使图层前移一层”命令，或按 Ctrl+] 组合键，将图层往上移一层。

选择“图层 > 排列 > 使图层后移一层”命令，或按 Ctrl+[组合键，将图层往下移一层。

选择“图层 > 排列 > 将图层置于底层”命令，或按 Ctrl+Shift+[组合键，将图层移到最下方。

2.2.4 复制图层和替换图层

1. 复制图层的方法一

STEP 1 选中图层，选择“编辑 > 复制”命令或按 Ctrl+C 组合键复制图层。

STEP 2 选择“编辑 > 粘贴”命令或按 Ctrl+V 组合键粘贴图层，粘贴出来的新图层将保持开始所选图层的所有属性。

2. 复制图层的方法二

选中图层，选择“编辑 > 重复”命令或按 Ctrl+D 组合键快速复制图层。

3. 替换图层的方法一

在“时间轴”面板中，选中需要替换的图层，在“项目”面板中，在按住 Alt 键的同时，拖曳替换的新素材到“时间轴”面板中，如图 2-38 所示。

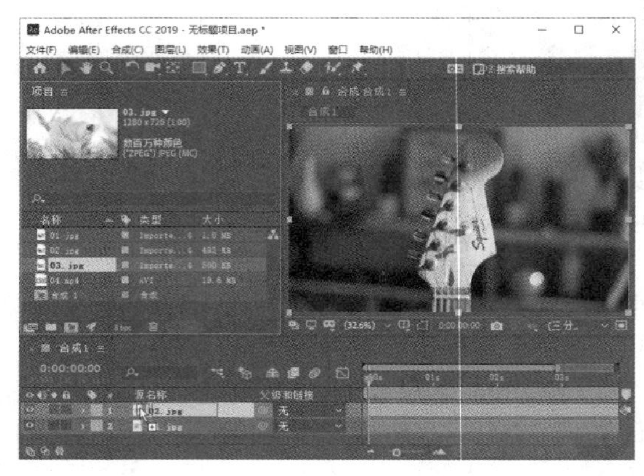

图 2-38

4. 替换图层的方法二

STEP 1 在“时间轴”面板中，选中需要替换的图层，单击鼠标右键，在弹出的菜单中选择“显示 >在项目流程图中显示图层”命令，如图 2-39 所示，打开“流程图”窗口。

STEP 2 在“项目”面板中，将替换的新素材拖曳到流程图面板中目标层图标上方，如图 2-40 所示。

图 2-39

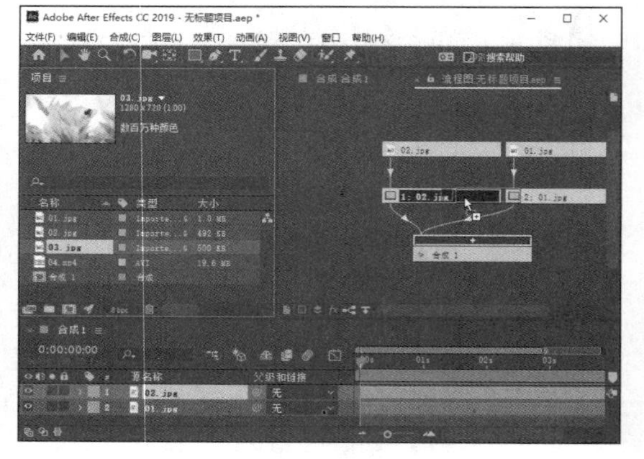

图 2-40

2.2.5 给图层加标记

标记功能对声音素材来说具有特殊的意义。例如，在某个高音，或者某个鼓点处，设置层标记，在整个创作过程中，可以快速、准确地知道某个时间位置发生了什么。

1. 添加图层标记

STEP 1 在"时间轴"面板中，选中图层，并移动当前时间标签到指定时间点上，如图 2-41 所示。

图 2-41

STEP 2 选择"图层 > 标记 > 添加标记"命令或按数字键盘上的*键添加图层标记，如图 2-42 所示。

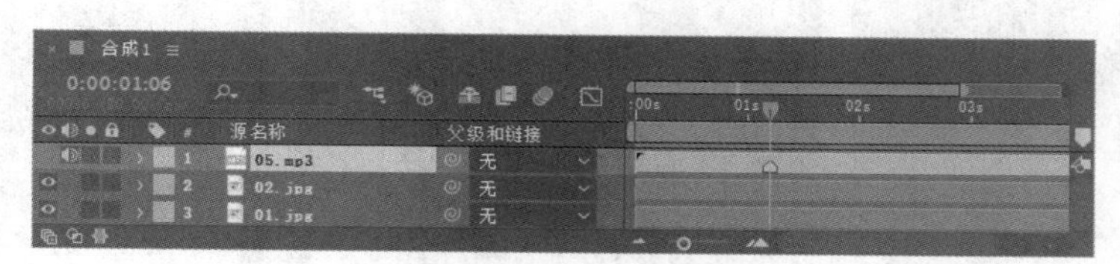

图 2-42

提 示

*在视频创作过程中，视觉画面总是与音乐匹配，选择背景音乐图层，按数字键盘上的 0 键预听音乐。注意一边听一边在音乐变化时按数字键盘上的*键设置标记作为后续动画关键帧位置参考，停止音乐播放后将呈现所有标记。*

2. 修改图层标记

单击并拖曳图层标记到新的时间位置上即可修改图层标记；或双击图层标记，打开"图层标记"对话框，在"时间"文本框中输入目标时间，精确修改图层标记的时间位置，如图 2-43 所示。

另外，为了更好地识别各个标记，可以给标记添加注释。双击标记，在打开的"图层标记"对话框的"注释"处输入说明文字，如"标记开始"，如图 2-44 所示。

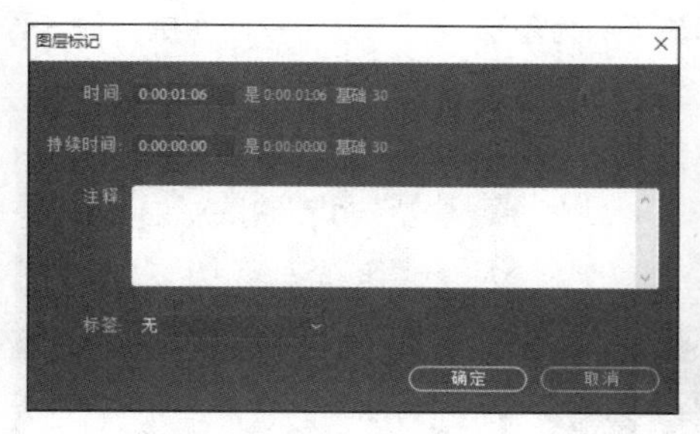

图 2-43

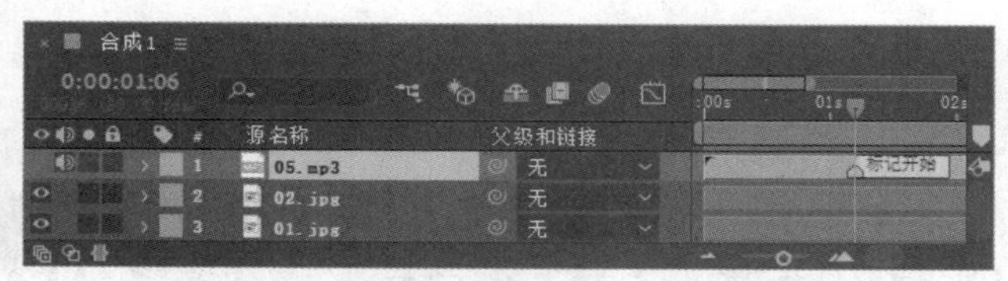

图 2-44

3. 删除图层标记

方法一：在目标标记上单击鼠标右键，在弹出的菜单中选择"删除此标记"或者"删除所有标记"命令。

方法二：在按住 Ctrl 键的同时，将鼠标指针移至标记处，当鼠标指针变为✂（剪刀）符号时，单击即可删除标记。

2.2.6 让图层自动适合合成图像尺寸

- 选中图层，选择“图层 > 变换 > 适合复合”命令，或按 Ctrl+Alt+F 组合键，使图层尺寸完全配合图像尺寸。如果图层的长宽比与合成图像的长宽比不一致，将导致图层图像变形，如图 2-45 所示。
- 选择“图层 > 变换 > 适合复合宽度”命令，或按 Ctrl+Alt+Shift+H 组合键，使图层宽与合成图像宽适配，如图 2-46 所示。
- 选择“图层 > 变换 > 适合复合高度”命令，或按 Ctrl+Alt+Shift+G 组合键，使图层高与合成图像高适配，如图 2-47 所示。

图 2-45

图 2-46

图 2-47

2.2.7 图层与图层对齐和自动分布功能

选择“窗口 > 对齐”命令，打开“对齐”面板，如图 2-48 所示。

“对齐”面板上的按钮第一行从左到右分别为：“左对齐”按钮、“水平对齐”按钮、“右对齐”按钮、“顶对齐”按钮、“垂直对齐”按钮、“底对齐”按钮。第二行从左到右分别为：“按顶分布”按钮、“垂直均匀分布”按钮、“按底分布”按钮、“按左分布”按钮、“水平均匀分布”按钮和“水平方向右分布”按钮。

STEP 1 在“时间轴”面板中，同时选中图层 1～图层 4 所有文本图层。选中图层 1，按住 Shift 键的同时选中图层 4，如图 2-49 所示。

STEP 2 单击“对齐”面板中的“水平对齐”按钮，将所选中的图层水平居中对齐；再次单击“垂直均匀分布”按钮，以“合成”面板画面位置最上层和最下层为基准，平均分布中间两层，使其垂直间距一致，如图 2-50 所示。

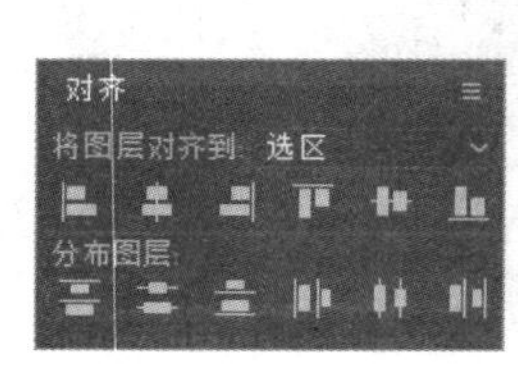

图 2-48

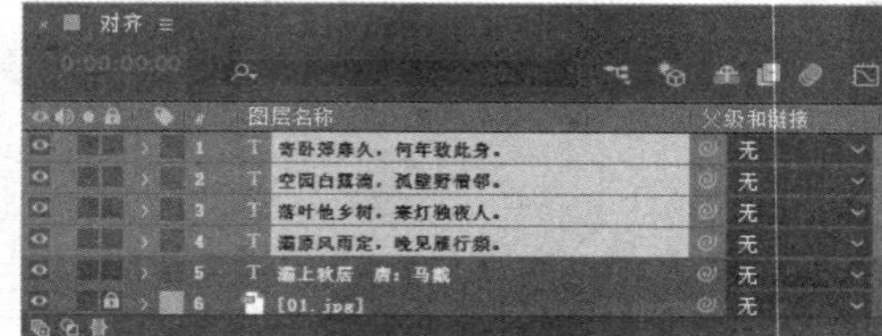

图 2-49

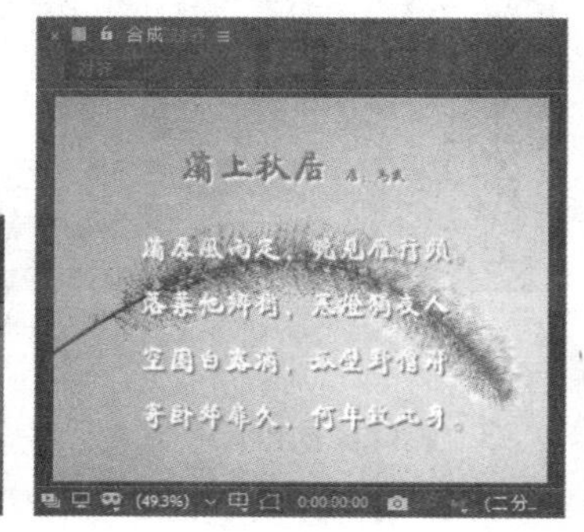

图 2-50

2.3 图层的 5 个基本变化属性和关键帧动画

在 After Effects CC 2019 中，图层有 5 个基本变化属性，添加不同的属性可以制作出不同的变化效果，同时还可以为属性添加关键帧制作属性变化动画效果。下面将对图层的 5 个基本变化属性和为属性添加关键帧进行讲解。

2.3.1 课堂案例——空中飞机

案例学习目标

学习使用图层的 5 个基本变化属性和关键帧动画。

案例知识要点

使用“导入”命令，导入素材；使用“缩放”属性和“位置”属性，制作飞机动画；使用“阴影”命令，为飞机添加投影效果。空中飞机效果如图 2-51 所示。

效果所在位置

资源包 > Ch02 > 空中飞机 > 空中飞机. aep。

图 2-51

空中飞机

STEP 1 按 Ctrl+N 组合键，弹出“合成设置”对话框，在“合成名称”文本框中输入“最终效果”，其他选项的设置如图 2-52 所示，单击“确定”按钮，创建一个新的合成“最终效果”。选择“文件 > 导入 > 文件”命令，在弹出的“导入文件”对话框中，选择资源包中的“Ch02 > 空中飞机 > (Footage) > 01.jpg、02.png、03.png”文件，单击“导入”按钮，导入图片到“项目”面板中，如图 2-53 所示。

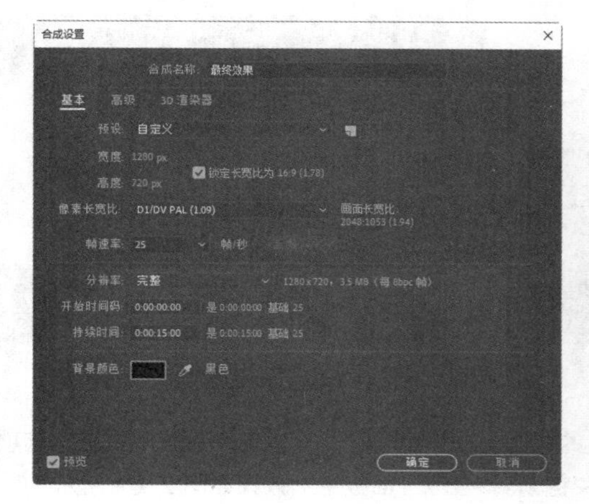

图 2-52

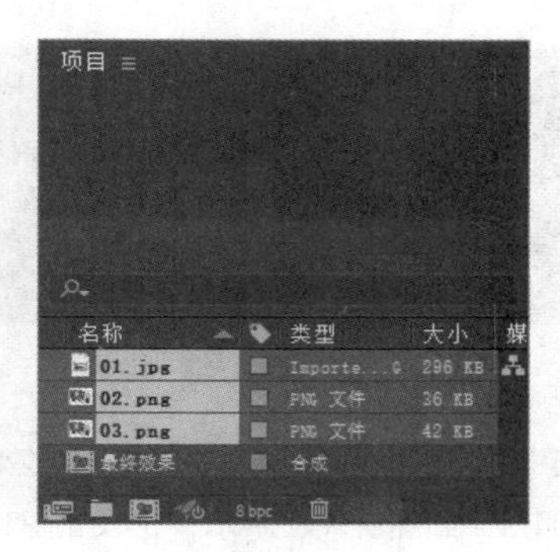

图 2-53

STEP 2 在“项目”面板中，选中“01.jpg”和“02.png”文件并将它们拖曳到“时间轴”面板中，如图 2-54 所示。“合成”面板中的效果如图 2-55 所示。

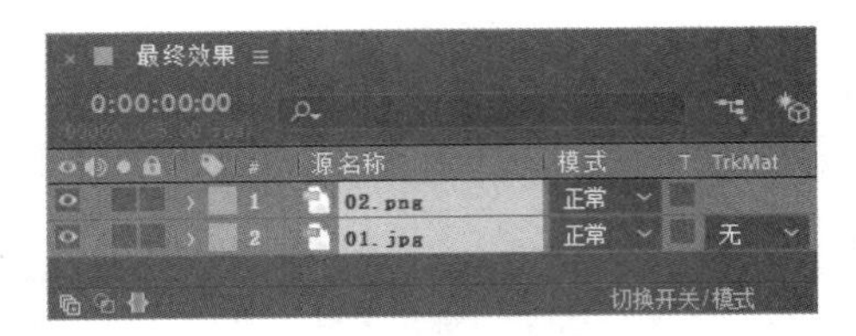

图 2-54

图 2-55

STEP 3 选中“02.png”图层，按 S 键，展开“缩放”属性，设置“缩放”选项的数值为 50%，如图 2-56 所示。“合成”面板中的效果如图 2-57 所示。

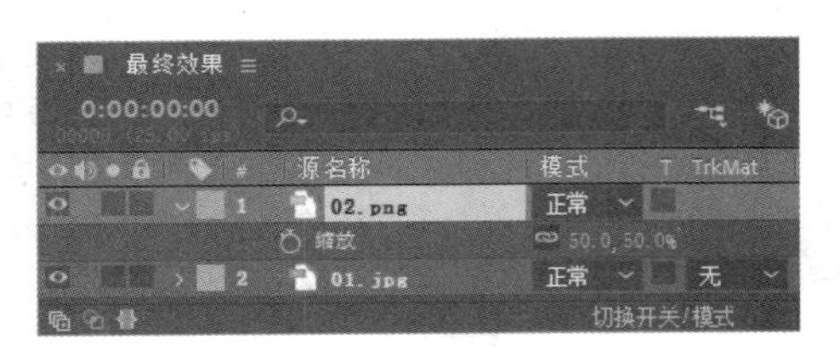

图 2-56

图 2-57

STEP 4 保持时间标签在 0s 的位置，按 P 键，展开“位置”属性，设置“位置”选项的数值为 1110.9、135.5，单击“位置”选项左侧的“关键帧自动记录器”按钮，如图 2-58 所示，记录第 1 个关键帧。“合成”面板中的效果如图 2-59 所示。

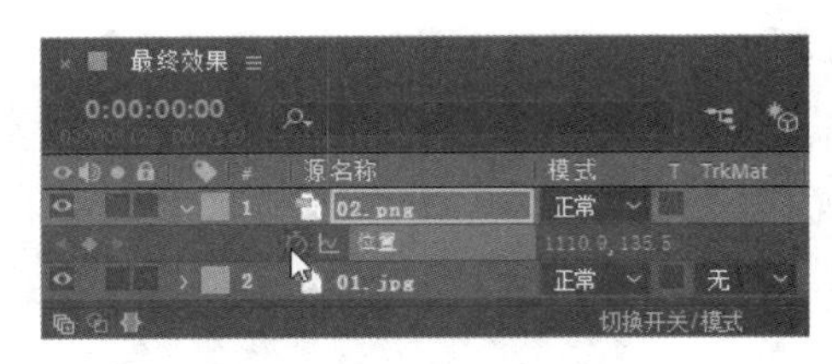

图 2-58

图 2-59

STEP 5 将时间标签放置在 14:24s 的位置。在“时间轴”面板中，设置“位置”选项的数值为 100.8、204.9，如图 2-60 所示，记录第 2 个关键帧。“合成”面板中的效果如图 2-61 所示。

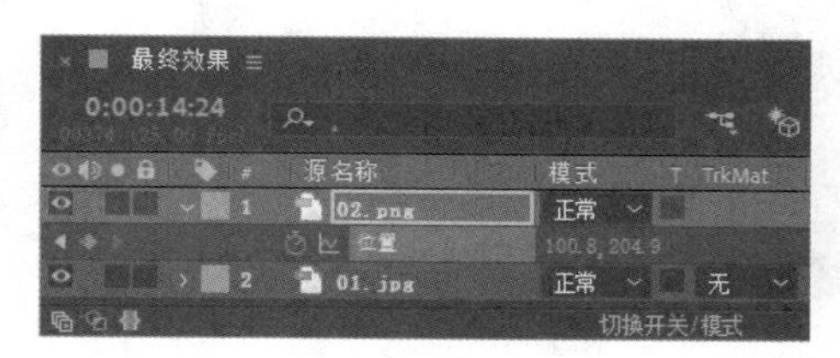

图 2-60

图 2-61

STEP 6 将时间标签放置在 5s 的位置，如图 2-62 所示。选择“选取”工具，在“合成”面板中拖曳飞机到适当的位置，如图 2-63 所示，记录第 3 个关键帧。

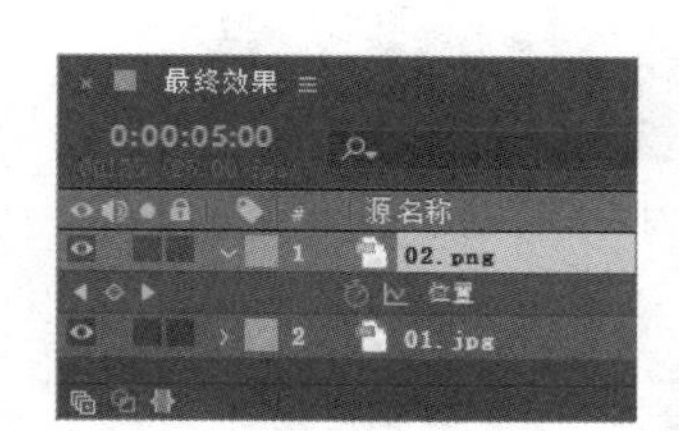

图 2-62

图 2-63

STEP 7 将时间标签放置在 10s 的位置，在“合成”面板中拖曳飞机到适当的位置，如图 2-64 所示，记录第 4 个关键帧。将时间标签放置在 12:17s 的位置，在“合成”面板中拖曳飞机到适当的位置，如图 2-65 所示，记录第 5 个关键帧。

图 2-64

图 2-65

STEP 8 选中“02.png”图层，选择“效果 > 透视 > 投影”命令，在“效果控件”面板中，将“阴影颜色”设为黄色（其 R、G、B 的值分别为 255、210、0），其他选项的设置如图 2-66 所示。“合成”面板中的效果如图 2-67 所示。

STEP 9 在“项目”面板中，选中“03.png”文件并将其拖曳到“时间轴”面板中，如图 2-68 所示。按照上述方法制作“03.png”图层。空中飞机制作完成，如图 2-69 所示。

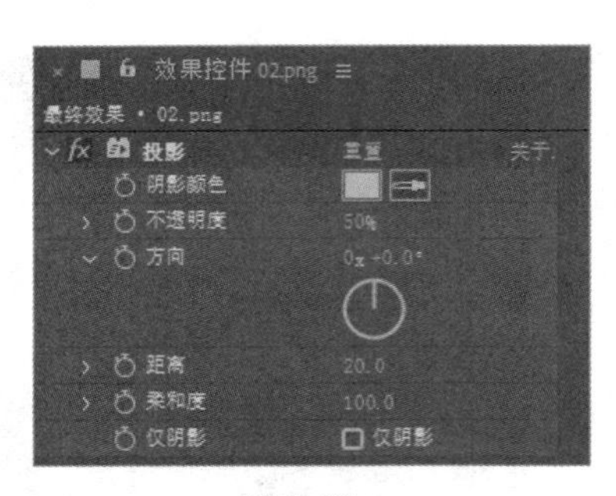

图 2-66

图 2-67

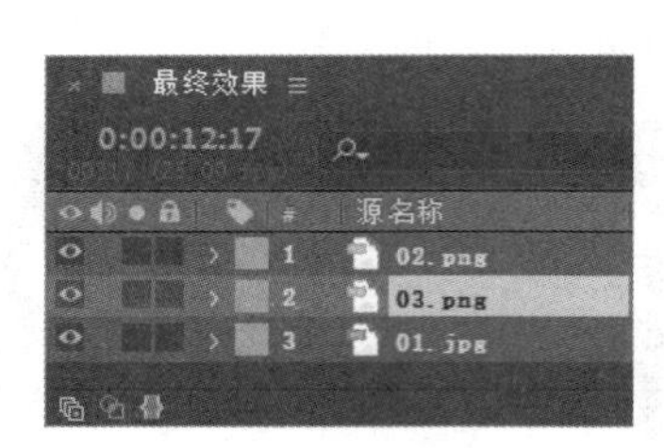

图 2-68

图 2-69

2.3.2　了解图层的 5 个基本变化属性

除了单独的音频图层以外，各类型图层至少有 5 个基本变化属性，它们分别是锚点、位置、缩放、旋转和不透明度。可以单击“时间轴”面板中图层色彩标签左侧的小三角形按钮▶展开变换属性标题，再次单击“变换”左侧的小三角形按钮▶展开其各个变换属性的具体参数，如图 2-70 所示。

图 2-70

1. 锚点属性

无论一个图层的面积有多大，当其位置需要移动、旋转和缩放时，都是依据一个点来操作的，这个点就是锚点。

选中需要的图层，按 A 键打开“锚点”属性，如图 2-71 所示。以锚点为基准，如图 2-72 所示，旋转操作如图 2-73 所示，缩放操作如图 2-74 所示。

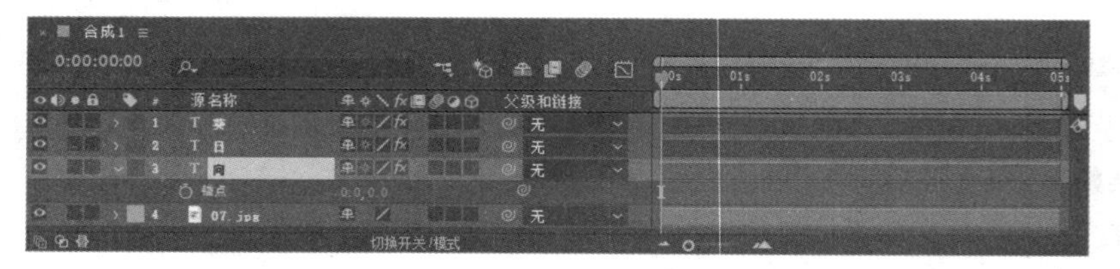

图 2-71

图 2-72

图 2-73

图 2-74

2．位置属性

选中需要的图层，按 P 键打开“位置”属性，如图 2-75 所示；以锚点为基准，如图 2-76 所示；在图层的位置属性后方的数字上拖曳鼠标（或单击输入需要的数值），如图 2-77 所示；松开鼠标，效果如图 2-78 所示。

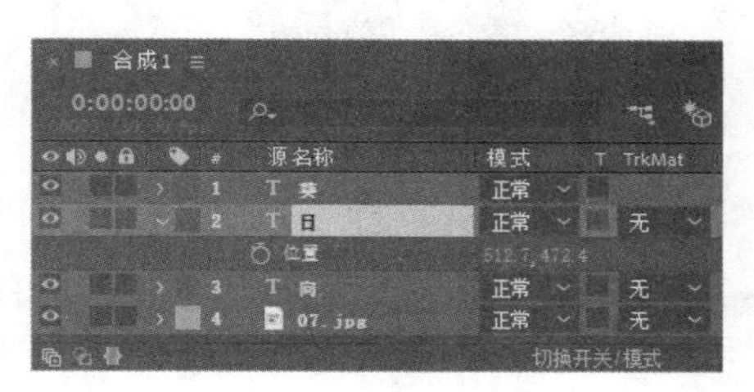

图 2-75

图 2-76

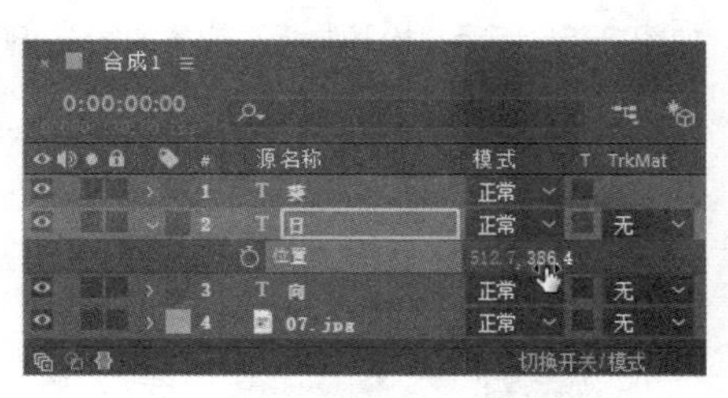

图 2-77

图 2-78

普通二维图层的位置属性由 x 轴向和 y 轴向两个参数组成，如果是三维图层，则由 x 轴向、y 轴向和 z 轴向 3 个参数组成。

提示

在制作位置动画时，为了保持移动时的方向性，可以选择“图层 > 变换 > 自动定向”命令，打开“自动定向”对话框，选择“沿路径定向”选项来实现。

3．缩放属性

选中需要的图层，按 S 键，展开“缩放”属性，如图 2-79 所示；以锚点为基准，如图 2-80 所示；在图层的缩放属性后方的数字上拖曳鼠标（或单击输入需要的数值），如图 2-81 所示；松开鼠标，效果如图 2-82 所示。

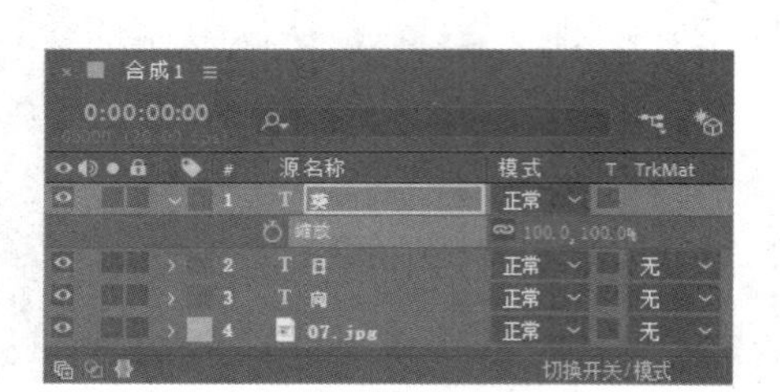

图 2-79

图 2-80

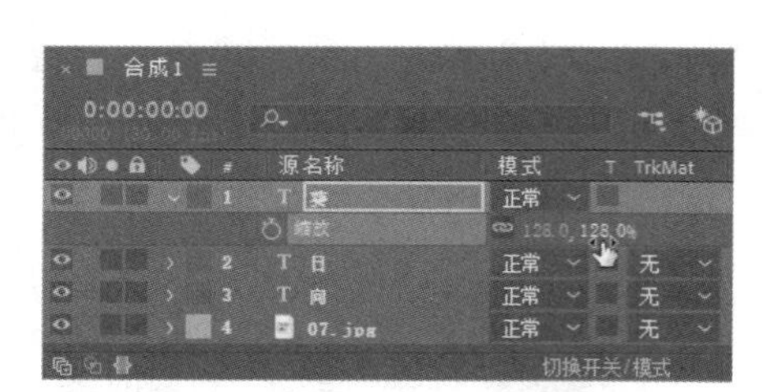

图 2-81

图 2-82

普通二维图层缩放属性由 x 轴向和 y 轴向两个参数组成，如果是三维图层，则由 x 轴向、y 轴向和 z 轴向 3 个参数组成。

4．旋转属性

选中需要的图层，按 R 键打开“旋转”属性，如图 2-83 所示；以锚点为基准，如图 2-84 所示；在图层的旋转属性后方的数字上拖曳鼠标（或单击输入需要的数值），如图 2-85 所示；松开鼠标，效果如图 2-86 所示。

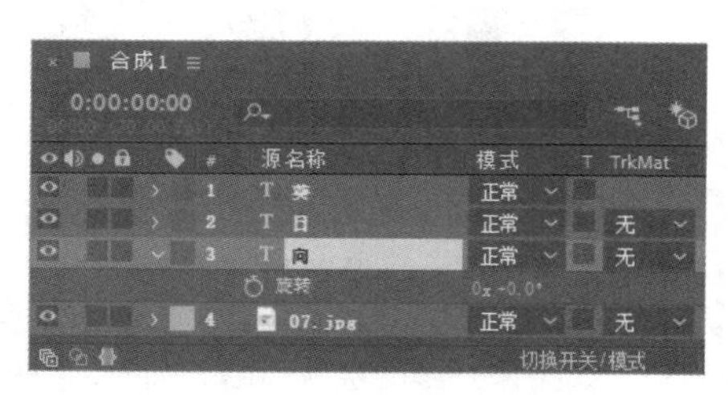

图 2-83

图 2-84

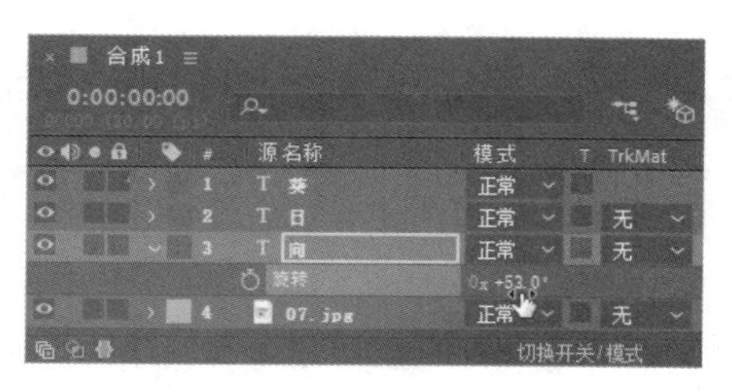

图 2-85

图 2-86

普通二维图层旋转属性由圈数和度数两个参数组成，如“1×+180°”。如果是三维图层，旋转属性将增加为 4 个：方向可以同时设定 *x*、*y*、*z* 3 个轴向，*x* 轴旋转仅调整 *x* 轴向旋转，*y* 轴旋转仅调整 *y* 轴向旋转，*z* 轴旋转仅调整 *z* 轴向旋转，如图 2-87 所示。

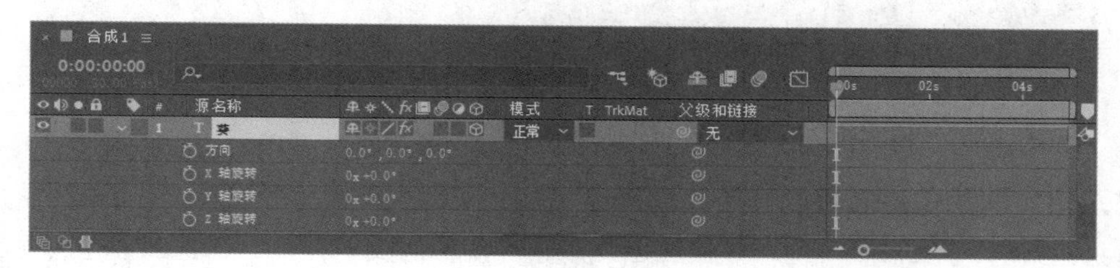

图 2-87

5. 不透明度属性

选中需要的图层，按 T 键，展开“不透明度”属性，如图 2-88 所示；以锚点为基准，如图 2-89 所示；在图层的“不透明度”属性后方的数字上拖曳鼠标（或单击输入需要的数值），如图 2-90 所示；松开鼠标，效果如图 2-91 所示。

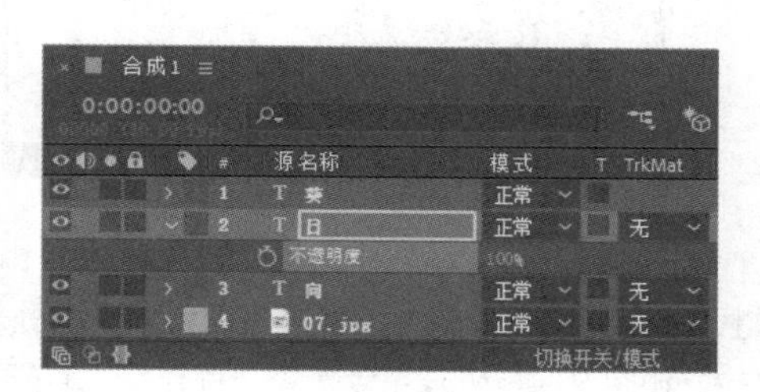

图 2-88

图 2-89

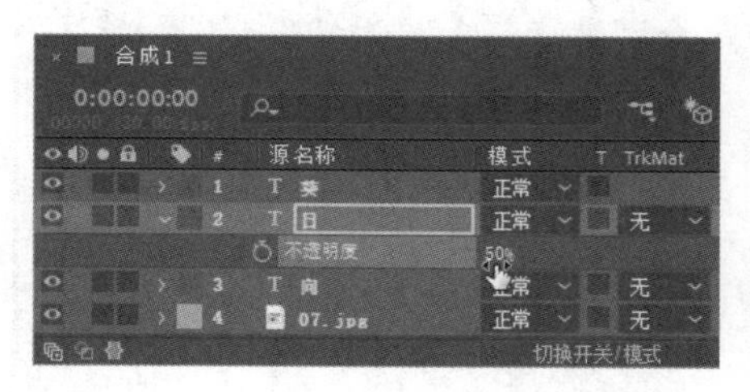

图 2-90

图 2-91

可以在按住 Shift 键的同时，按下显示各属性的快捷键来自定义组合显示属性。例如，只想看见图层的“位置”和“不透明度”属性，可以在选中图层之后，按 P 键，然后在按住 Shift 键的同时，按 T 键完成，如图 2-92 所示。

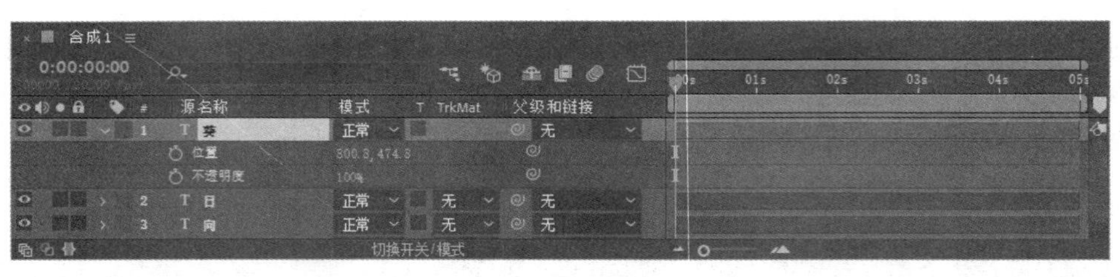

图 2-92

2.3.3 利用位置属性制作位置动画

选择“文件 > 打开项目”命令，或按 Ctrl+O 组合键，弹出“打开”对话框，选择资源包中的“基础素材 > Ch02 > 纸飞机 > 纸飞机.aep”文件，如图 2-93 所示，单击“打开”按钮，打开此文件，如图 2-94 所示。

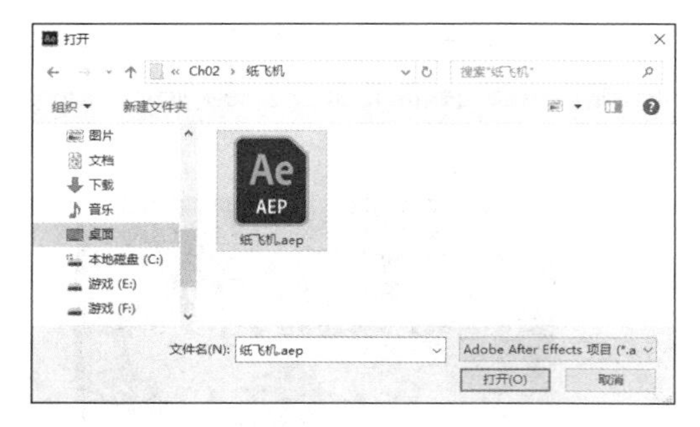

图 2-93

图 2-94

在“时间轴”面板中，选中“02.png”图层，按 P 键，展开“位置”属性，确定当前时间标签处于 0s 的位置，调整“位置”属性的 x 值和 y 值分别为 94 和 632，如图 2-95 所示；或选择“选取”工具，在“合成”面板中将“纸飞机”图形移动到画面的左下方位置，如图 2-96 所示。单击“位置”属性名称左侧的“关键帧自动记录器”按钮，开始自动记录位置关键帧信息。

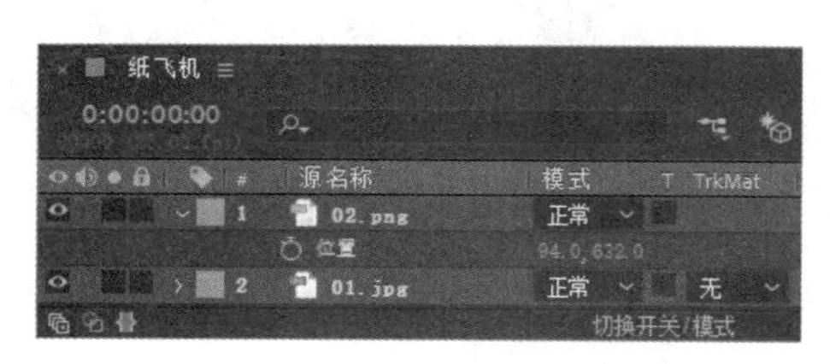

图 2-95

图 2-96

按 Alt+Shift+P 组合键也可以实现上述操作，此组合键可以在任意地方添加或删除“位置”属性关键帧。

移动时间标签到 4:24s 的位置，调整“位置”属性的 x 值和 y 值分别为 1164 和 98，或选择“选取”工具，在“合成”面板中将“纸飞机”图形移动到画面的右上方位置，在“时间轴”面板当前时间下，“位置”属性将自动添加一个关键帧，如图 2-97 所示；在“合成”面板中显示动画路径，如图 2-98 所示。按 0 键，进行动画预览。

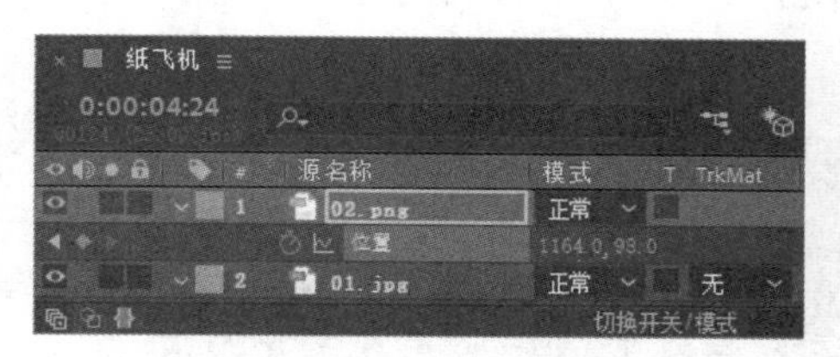

图 2-97

图 2-98

1. 手动方式调整“位置”属性

方法一：选择“选取”工具，直接在“合成”面板中拖曳图层。

方法二：在“合成”面板中拖曳图层时，按住 Shift 键，以水平或垂直方向移动图层。

方法三：在“合成”面板中拖曳图层时，按住 Alt+Shift 组合键，将使图层的边逼近合成图像边缘。

方法四：以一个像素点移动图层可以使用上、下、左、右 4 个方向键实现；以 10 个像素点移动图层可以在按住 Shift 键的同时按上、下、左、右 4 个方向键实现。

2. 数字方式调整“位置”属性

方法一：当鼠标指针呈现形状时，在参数值上按下并左右拖曳鼠标可以修改值。

方法二：单击参数将出现输入框，可以在其中输入具体数值。输入框也支持加减法运算，例如可以输入“+20”，在原来的轴向值上加上 20 个像素，如图 2-99 所示；如果是减法，则输入“1184-20”。

方法三：在属性标题或参数值上单击鼠标右键，在弹出的菜单中，选择“编辑值”命令，或按 Ctrl+Shift+P 组合键，弹出“位置”对话框。在该对话框中可以调整具体参数值，并且可以选择调整所依据的尺寸，如像素、英寸、毫米、源的%、合成的%，如图 2-100 所示。

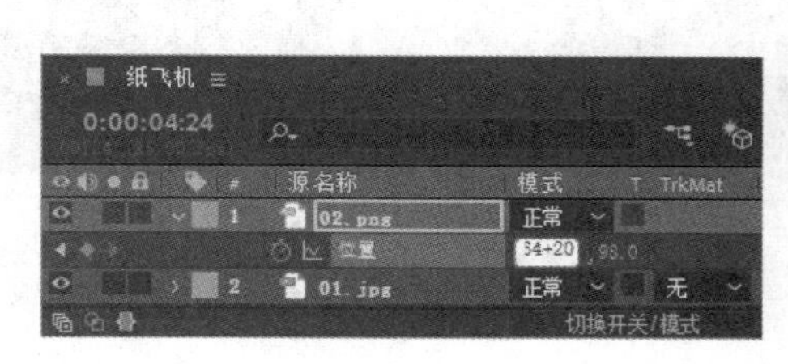

图 2-99

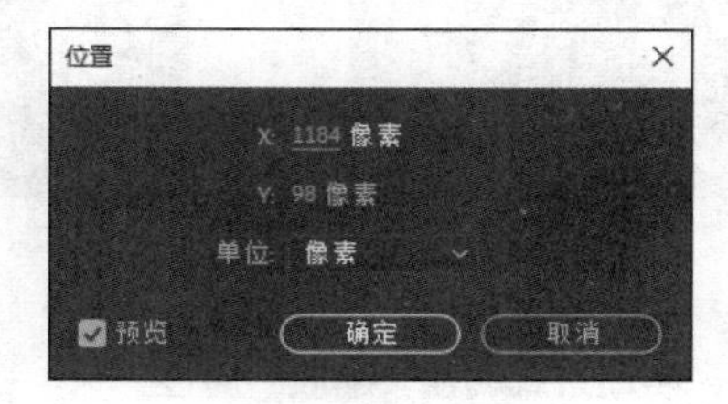

图 2-100

2.3.4 加入“缩放”动画

在“时间轴”面板中，选中“02.png”图层，在按住 Shift 键的同时，按 S 键，展开“缩放”属性，如图 2-101 所示。

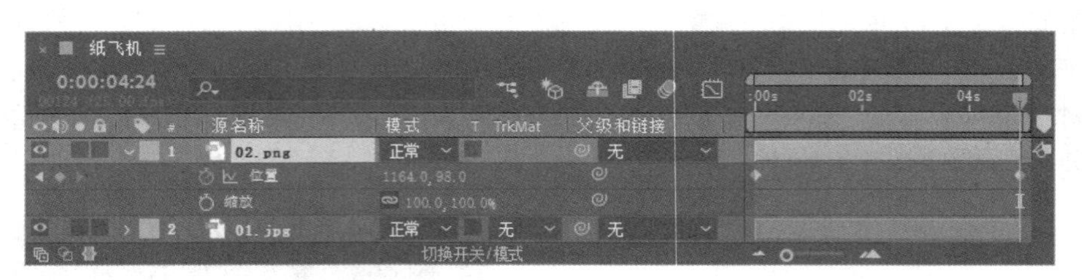

图 2-101

将时间标签放在 0s 的位置，在“时间轴”面板中，单击“缩放”属性名称左侧的“关键帧自动记录器”按钮，开始记录缩放关键帧信息，如图 2-102 所示。

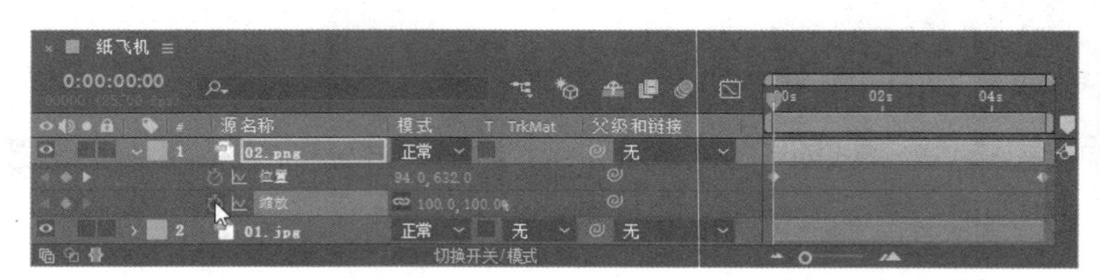

图 2-102

按 Alt+Shift+S 组合键也可以实现上述操作，此组合键还可以在任意地方添加或删除“缩放”属性关键帧。

移动时间标签到 4:24s 的位置，将 x 轴向和 y 轴向缩放值都调整为 130%，或者选择“选取”工具，在“合成”面板中拖曳图层边框上的变换框进行缩放操作，如果同时按 Shift 键则可以实现等比例缩放，还可以观察“信息”面板和“时间轴”面板中的“缩放”属性了解表示具体缩放程度的数值，如图 2-103 所示。“时间轴”面板当前时间下的“缩放”属性会自动添加一个关键帧，如图 2-104 所示。按 0 键，预览动画。

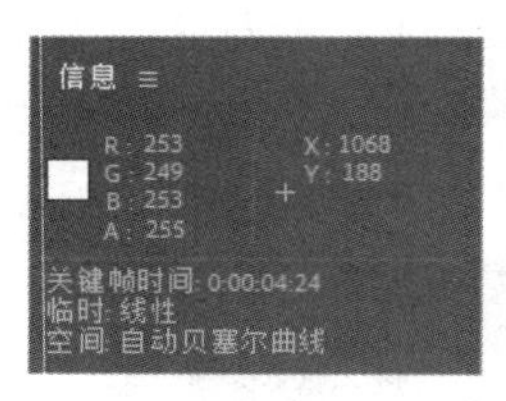

图 2-103

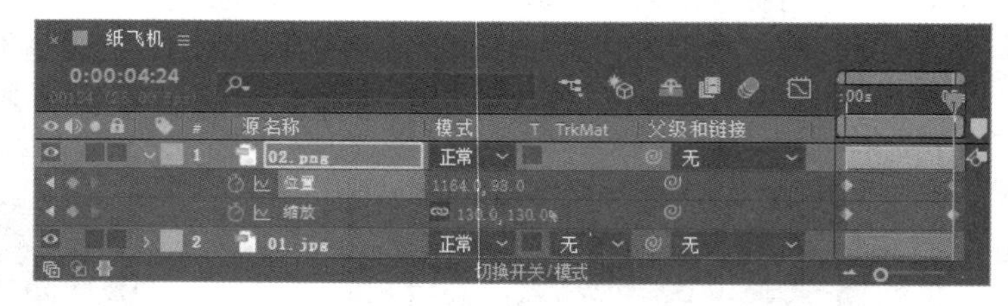

图 2-104

1. 手动方式调整“缩放”属性

方法一：选择“选取”工具，直接在“合成”面板中拖曳图层边框上的变换框进行缩放操作，如果同时按住 Shift 键，则可以实现等比例缩放。

方法二：可以通过按住 Alt 键的同时按 +（加号）键实现以 1%递增缩放百分比，也可以通过按住 Alt 键的同时按 −（减号）键实现以 1%递减缩放百分比；如果要以 10%为递增或者递减调整，只需要在按下上述组合键的同时按下 Shift 键即可，例如 Shift+Alt+ − 组合键。

2. 数字方式调整“缩放”属性

方法一：当鼠标指针呈现形状时，在参数值上按下并左右拖曳鼠标可以修改缩放值。

方法二：单击参数将弹出输入框，可以在其中输入具体数值。输入框也支持加减法运算，例如，可以输入“+3”，在原有的值上加 3%，如果是减法，则输入“130-3”，如图 2-105 所示。

方法三：在属性标题或参数值上单击鼠标右键，在弹出的菜单中选择“编辑值”命令，在弹出的“缩放”对话框中进行设置，如图 2-106 所示。

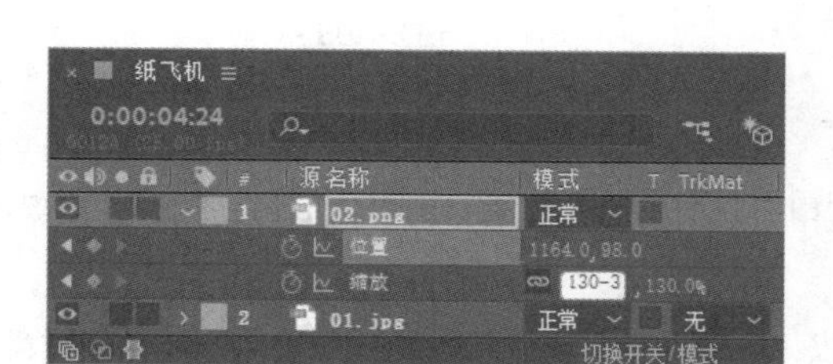

图 2-105

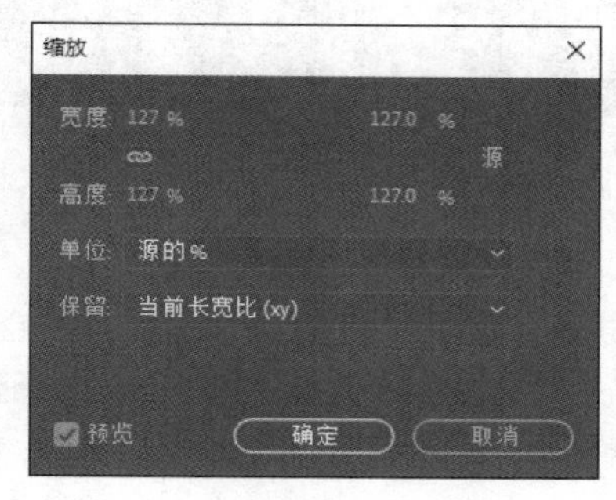

图 2-106

提示

如果使缩放值变为负值，将实现图像翻转特效。

2.3.5　制作“旋转”动画

在“时间轴”面板中，选中“02.png”图层，在按住 Shift 键的同时，按 R 键，展开“旋转”属性，如图 2-107 所示。

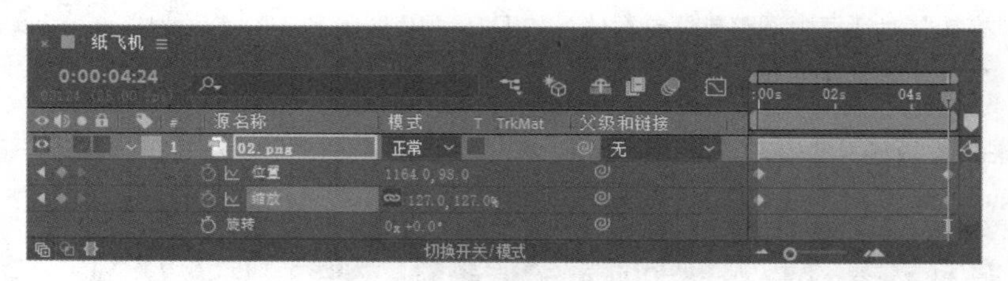

图 2-107

将时间标签放置在 0s 的位置，单击“旋转”属性名称左侧的“关键帧自动记录器”按钮，开始记录旋转关键帧信息。

提示

按 Alt+Shift+R 组合键也可以实现上述操作，此组合键还可以在任意地方添加或删除“旋转”属性关键帧。

移动时间标签到 4:24s 的位置，调整“旋转”属性值为“0 × +180° ”，旋转半圈，如图 2-108 所示；或者选择“旋转”工具，在“合成”面板中以顺时针方向旋转图层，同时可以观察“信息”面板和“时间轴”面板中的“旋转”属性了解具体旋转圈数和度数，效果如图 2-109 所示。按 0 键，预览动画。

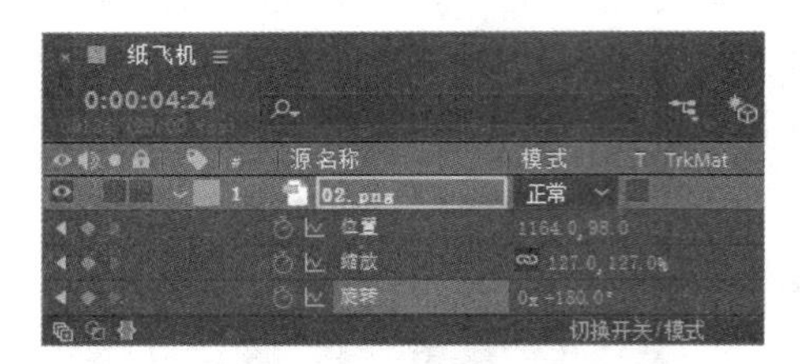

图 2-108

图 2-109

1. 手动方式调整“旋转”属性

方法一：选择“旋转”工具，在“合成”面板中以顺时针方向或者逆时针方向旋转图层，如果同时按住 Shift 键，将以 45° 为调整幅度。

方法二：可以通过数字键盘的+（加号）键实现以 1° 顺时针方向旋转图层，也可以通过数字键盘的-（减号）键实现以 1° 逆时针方向旋转图层；如果要以 10° 旋转调整图层，只需要在按下上述快捷键的同时按下 Shift 键即可，例如 Shift+数字键盘的 - 组合键。

2. 数字方式调整“旋转”属性

方法一：当鼠标指针呈现形状时，在参数值上按下并左右拖曳鼠标可以修改参数值。

方法二：单击参数将弹出输入框，可以在其中输入具体数值。输入框也支持加减法运算，例如可以输入“+2”，在原有的值上加 2° 或者 2 圈（取决于是在度数输入框还是在圈数输入框中输入）；如果是减法，则输入“45-10”。

方法三：在属性标题或参数值上单击鼠标右键，在弹出的菜单中选择“编辑值”命令，或按 Ctrl+Shift+R 组合键，在弹出的“旋转”对话框中调整具体参数值，如图 2-110 所示。

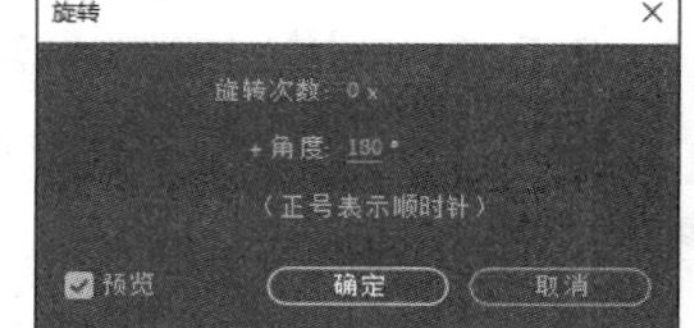

图 2-110

2.3.6 了解“锚点”的功用

在“时间轴”面板中，选中“02.png”图层，在按住 Shift 键的同时，按 A 键，展开“锚点”属性，如图 2-111 所示。

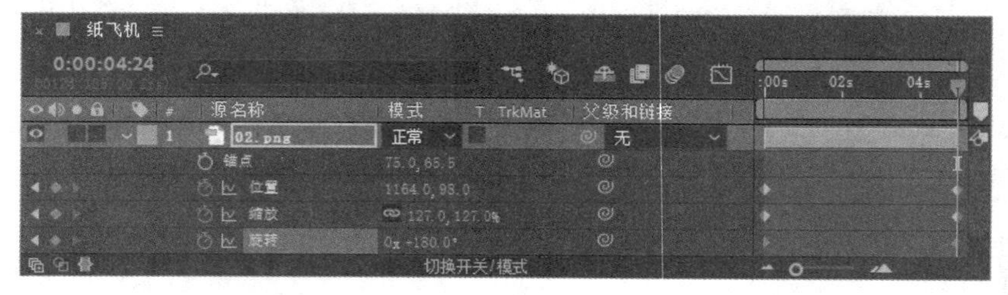

图 2-111

改变“锚点”属性中的第一个值为 0，或者选择“向后平移（锚点）”工具，在“合成”面板中单击并移动锚点，同时观察“信息”面板和“时间轴”面板中的“锚点”属性值了解具体位置移动参数，如图 2-112 所示。按 0 键，预览动画。

图 2-112

锚点的坐标是相对于图层，而不是相对于合成图像的。

1. 手动方式调整“锚点”属性

方法一：选择“向后平移（锚点）”工具，在“合成”面板中单击并移动轴心点。

方法二：在“时间轴”面板中双击图层，将图层在“图层”面板中打开，选择“选取”工具或者选择“向后平移（锚点）”工具，单击并移动轴心点，如图 2-113 所示。

2. 数字方式调整“锚点”属性

方法一：当鼠标指针呈现形状时，在参数值上按下并左右拖曳鼠标可以修改参数值。

方法二：单击参数将弹出输入框，可以在其中输入具体数值。输入框也支持加减法运算，例如可以输入“+30”，在原有的值上加 30 像素；如果是减法，则输入“360-30”。

方法三：在属性标题或参数值上单击鼠标右键，在弹出的菜单中选择“编辑值”命令，在弹出的“锚点”对话框中调整具体参数值，如图 2-114 所示。

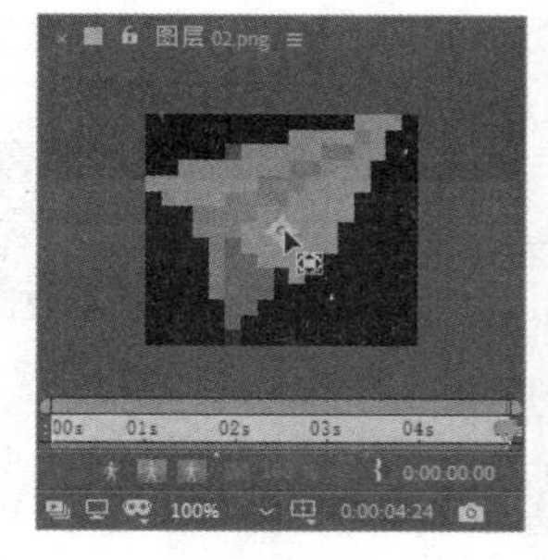

图 2-113

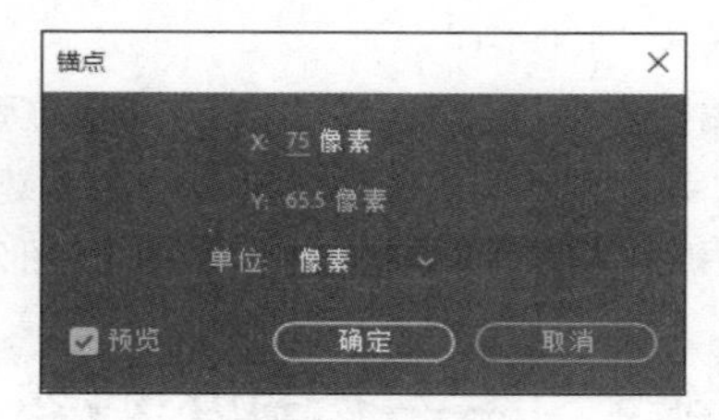

图 2-114

2.3.7 添加“不透明度”动画

在“时间轴”面板中，选中“02.png”图层，在按住 Shift 键的同时，按 T 键，展开“不透明度”属性，如图 2-115 所示。

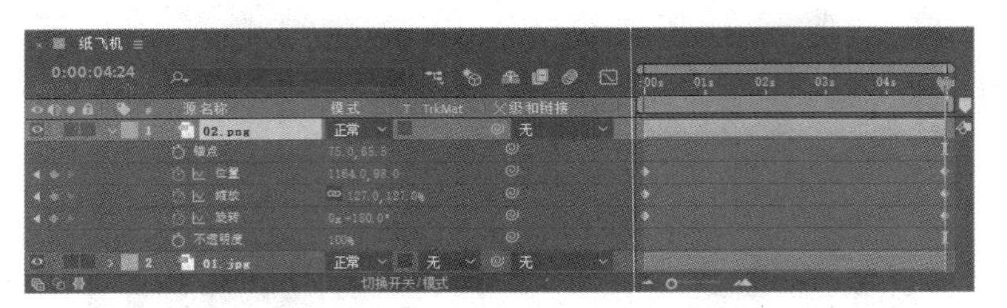

图 2-115

将时间标签放置在 0s 的位置，将“不透明度”属性值调整为 100%，使图层完全不透明。单击“不透明度”属性名称左侧的“关键帧自动记录器”按钮，开始记录不透明关键帧信息。

提示

按 Alt+Shift+T 组合键也可以实现上述操作，此组合键还可以在任意地方添加或删除“不透明度”属性关键帧。

移动时间标签到 4:24s 的位置，调整“不透明度”属性值为 0%，使图层完全透明，注意观察“时间轴”面板当前时间下的“不透明度”属性会自动添加一个关键帧，如图 2-116 所示。按 0 键，预览动画。

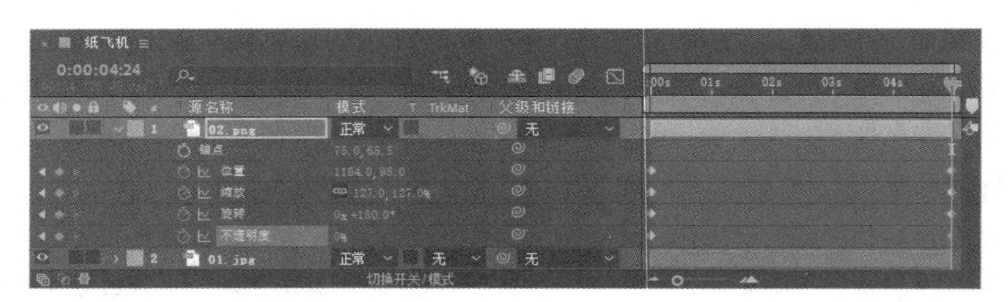

图 2-116

数字方式调整“不透明度”属性如下。

方法一：当鼠标指针呈现形状时，在参数值上按下并左右拖曳鼠标可以修改参数值。

方法二：单击参数将弹出输入框，可以在其中输入具体数值。输入框也支持加减法运算，例如可以输入“+20”，就是在原有的值上增加 10%；如果是减法，则输入“100-20”。

方法三：在属性标题或参数值上单击鼠标右键，在弹出的菜单中选择“编辑值”命令或按 Ctrl+Shift+O 组合键，在弹出的“不透明度”对话框中调整具体参数值，如图 2-117 所示。

图 2-117

2.4 课堂练习——运动的线条

练习知识要点

使用“粒子运动场”命令、“变换”命令、“快速模糊”命令制作线条效果；使用“缩放”属性制作缩放效果。运动的线条效果如图 2-118 所示。

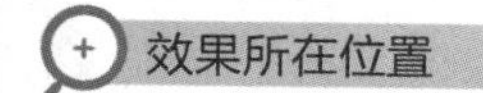

效果所在位置

资源包 > Ch02 > 运动的线条 > 运动的线条. aep。

图 2-118

运动的线条

2.5 课后习题——运动的圆圈

习题知识要点

使用“导入”命令，导入素材；使用“位置”属性，制作箭头运动动画；使用“旋转”属性，制作圆圈运动动画。运动的圆圈效果如图 2-119 所示。

效果所在位置

资源包 > Ch02 > 运动的圆圈 > 运动的圆圈. aep。

图 2-119

运动的圆圈

After Effects CC

Chapter 3

第 3 章 蒙版的应用

本章主要讲解蒙版的相关知识，包括使用蒙版设计图形、调整蒙版图形形状、蒙版的变换、编辑蒙版的多种方式等。通过对本章的学习，读者可以掌握蒙版的使用方法和应用技巧，并通过蒙版功能制作出绚丽的视频效果。

课堂学习目标

- 初步了解蒙版
- 掌握设置蒙版的方法
- 掌握蒙版的基本操作方法

3.1 初步了解蒙版

蒙版其实就是一个由封闭的贝塞尔曲线构成的路径轮廓，轮廓之内或之外的区域就是抠像的依据，如图 3-1 所示。

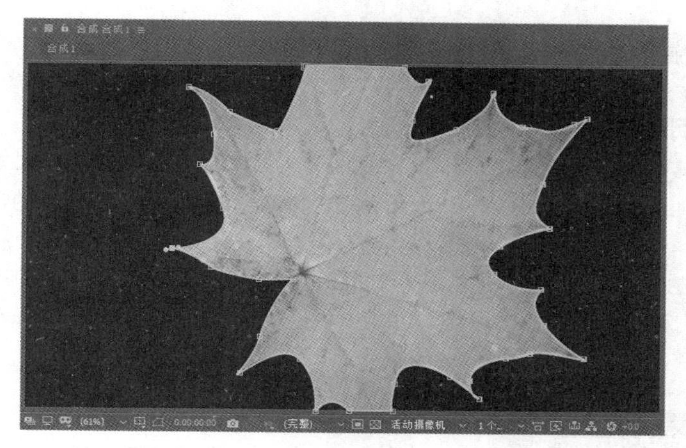

图 3-1

虽然蒙版是由路径组成的，但是千万不要误认为路径只是用来创建蒙版的，它还可以用在描绘勾边效果处理、沿路径制作动画效果等方面。

3.2 设置蒙版

通过设置蒙版，可以将两个以上的图层合成并制作出一个新的画面。蒙版可以在“合成”面板和“时间轴”面板中调整。

3.2.1 课堂案例——粒子文字

案例学习目标

学习使用 Particular 制作粒子属性控制和调整蒙版图形。

案例知识要点

使用“新建合成”命令，建立新的合成并命名；使用“横排文字”工具，输入并编辑文字；使用“色阶”命令和“色相/饱和度”命令，调整背景图亮度和色调；使用“Particular”命令，制作粒子发散效果；使用“矩形”工具，制作蒙版效果。粒子文字效果如图 3-2 所示。

效果所在位置

资源包 > Ch03 > 粒子文字 > 粒子文字.aep。

图 3-2

1. 输入文字并制作粒子

STEP 1 按 Ctrl+N 组合键，弹出“合成设置”对话框，在“合成名称”文本框中输入“文字”，其他选项的设置如图 3-3 所示，单击“确定”按钮，创建一个新的合成“文字”。

粒子文字

STEP 2 选择“横排文字”工具T，在“合成”面板中输入英文“COLD CENTURY”，选中英文，在“字符”面板中设置“填充颜色”为白色，其他参数设置如图 3-4 所示。“合成”面板中的效果如图 3-5 所示。

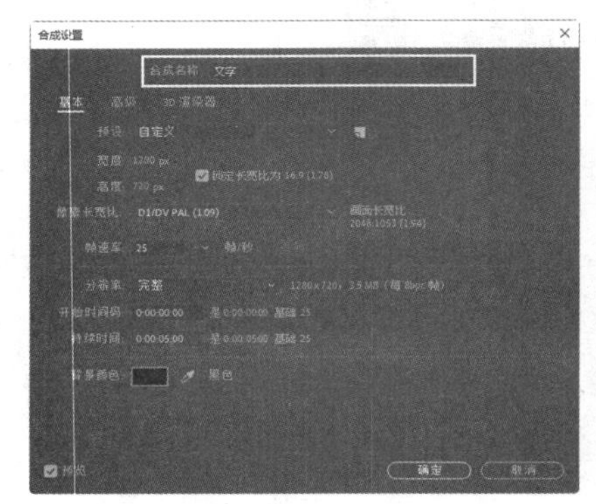

图 3-3

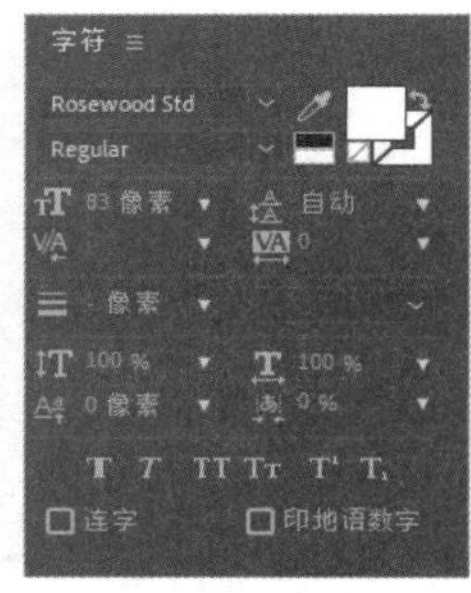

图 3-4

图 3-5

STEP 3 再次创建一个新的合成并命名为“最终效果”，如图 3-6 所示。选择“文件 > 导入 > 文件”命令，弹出“导入文件”对话框，选择资源包中的“Ch03 > 粒子文字 > (Footage) > 01.mp4”文件，单击“导入”按钮，导入“01.mp4”文件，并将其拖曳到“时间轴”面板中，如图 3-7 所示。

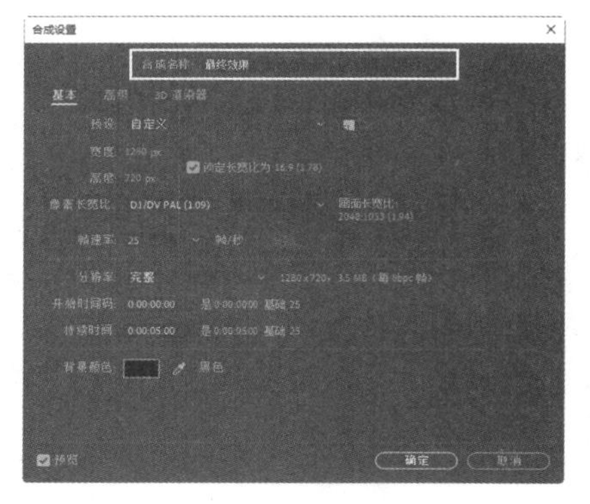

图 3-6

图 3-7

STEP 4 选中“01.mp4”图层，按 S 键，展开“缩放”属性，设置“缩放”选项的数值为 74%，如图 3-8 所示。“合成”面板中的效果如图 3-9 所示。

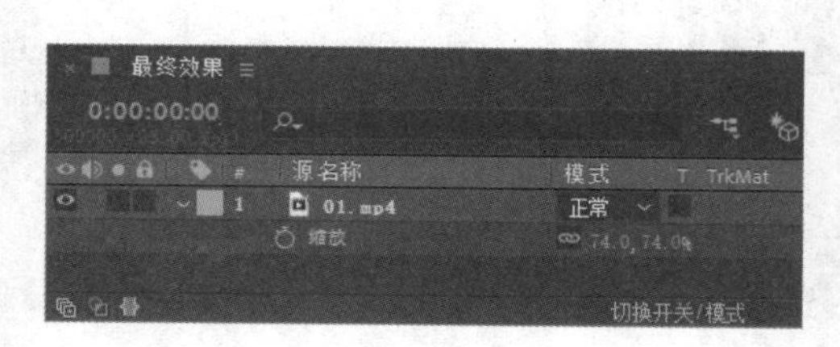

图 3-8

图 3-9

STEP 5 在“项目”面板中，选中“文字”合成并将其拖曳到“时间轴”面板中，单击“文字”图层左侧的眼睛按钮，关闭该图层的可视性，如图 3-10 所示。单击“文字”图层右侧的“3D 图层”按钮，打开三维属性，如图 3-11 所示。

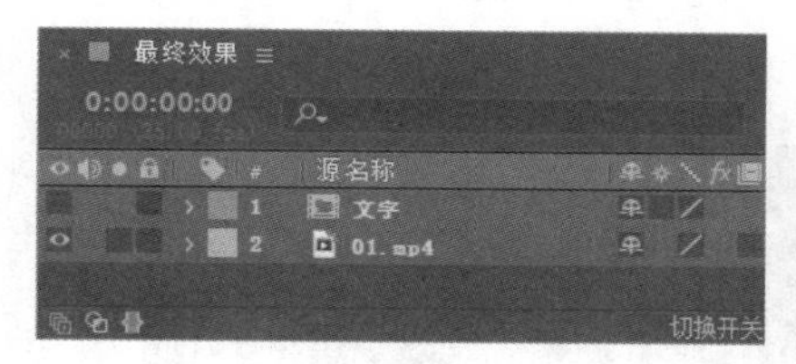

图 3-10

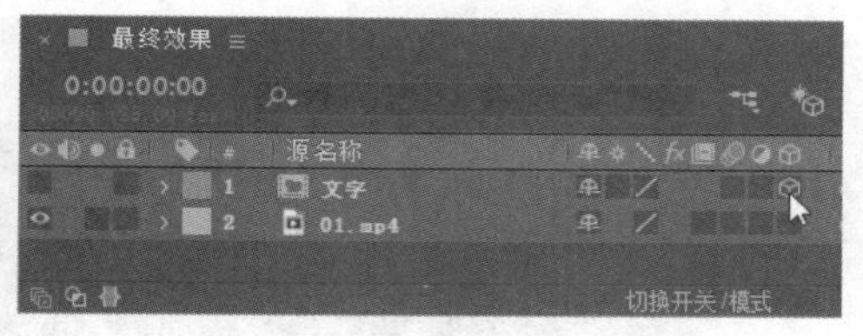

图 3-11

STEP 6 在当前合成中新建立一个黑色纯色图层“粒子 1”。选中“粒子 1”图层，选择“效果 > Trapcode > Particular”命令，展开“发射器”属性，在“效果控件”面板中设置参数，如图 3-12 所示。展开“粒子”属性，在“效果控件”面板中设置参数，如图 3-13 所示。

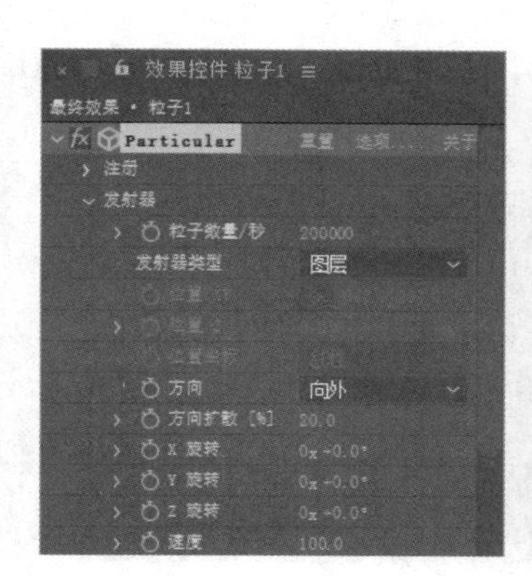

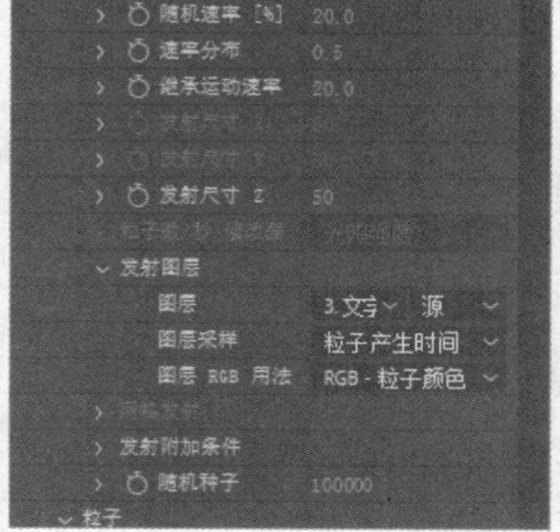

图 3-12

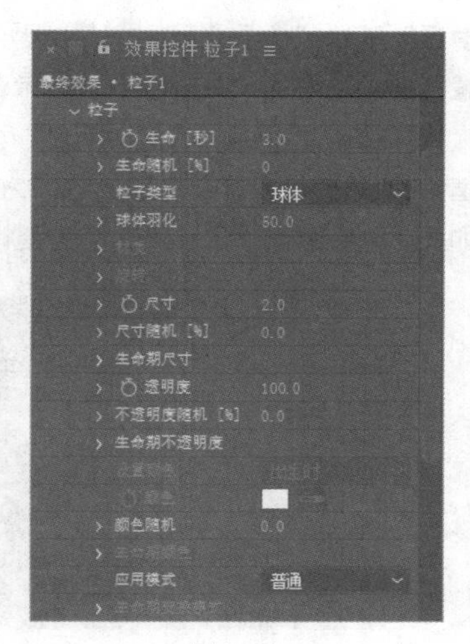

图 3-13

STEP 7 展开“物理学”选项下的“气”属性，在“效果控件”面板中设置参数，如图 3-14 所示。展开“气”选项下的“扰乱场”属性，在“效果控件”面板中设置参数，如图 3-15 所示。

STEP 8 展开“渲染”选项下的“运动模糊”属性，单击“运动模糊”右边的下拉按钮，在弹出的下拉列表中选择“开”，如图 3-16 所示。设置完成后，在“时间轴”面板中自动生成一个灯光层，如图 3-17 所示。

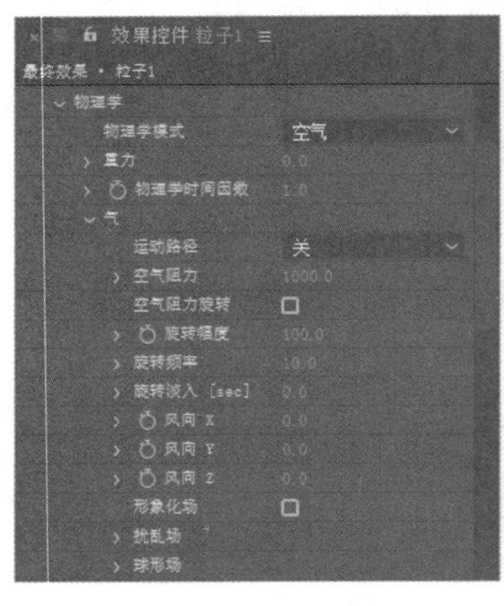

图 3-14

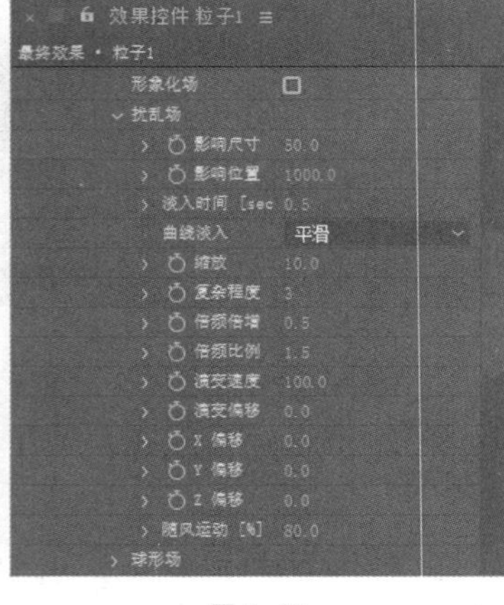

图 3-15

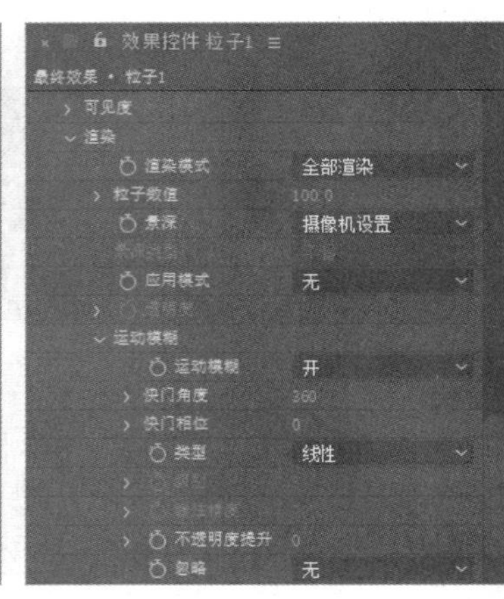

图 3-16

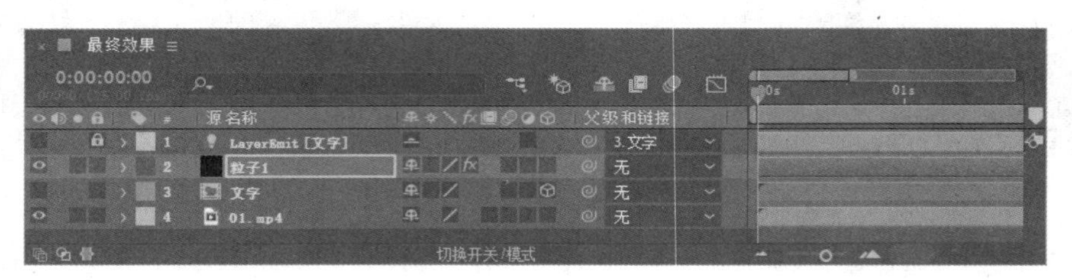

图 3-17

STEP 9 选中“粒子 1”图层，将时间标签放置在 0s 的位置。在“时间轴”面板中，分别单击“发射器”下的“粒子数量/秒”“物理学/气”下的“旋转幅度”，以及“扰乱场”下的“影响尺寸”和“影响位置”选项左侧的“关键帧自动记录器”按钮，如图 3-18 所示，记录第 1 个关键帧。

STEP 10 在“时间轴”面板中，将时间标签放置在 1s 的位置。设置“粒子数量/秒”选项的数值为 0，“旋转幅度”选项的数值为 50，“影响尺寸”选项的数值为 20，“影响位置”选项的数值为 500，如图 3-19 所示，记录第 2 个关键帧。

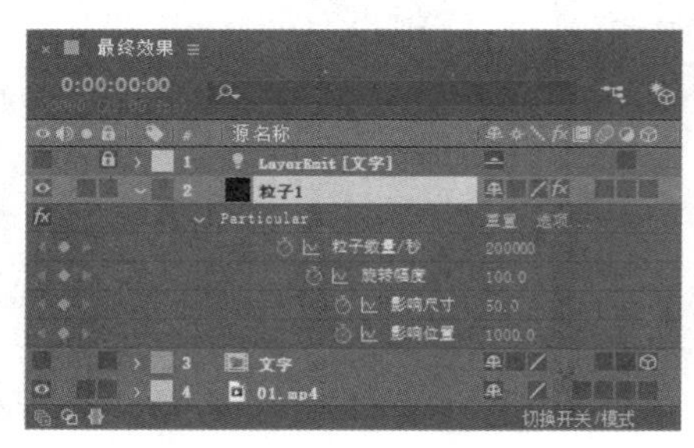

图 3-18

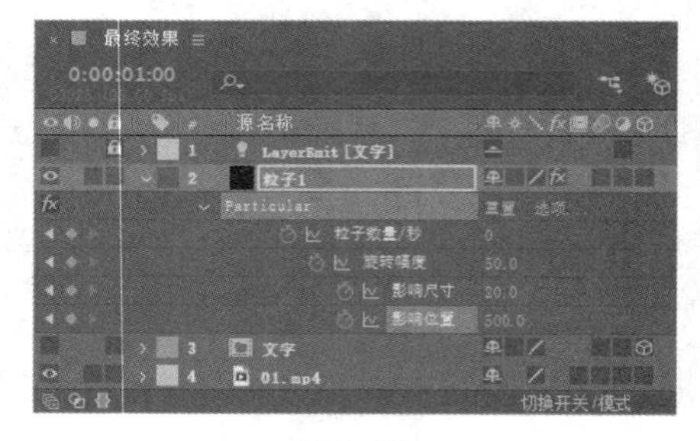

图 3-19

STEP 11 将时间标签放置在 3s 的位置。在“时间轴”面板中，设置“旋转幅度”选项的数值为

30，“影响尺寸”选项的数值为 5，“影响位置”选项的数值为 5，如图 3-20 所示，记录第 3 个关键帧。

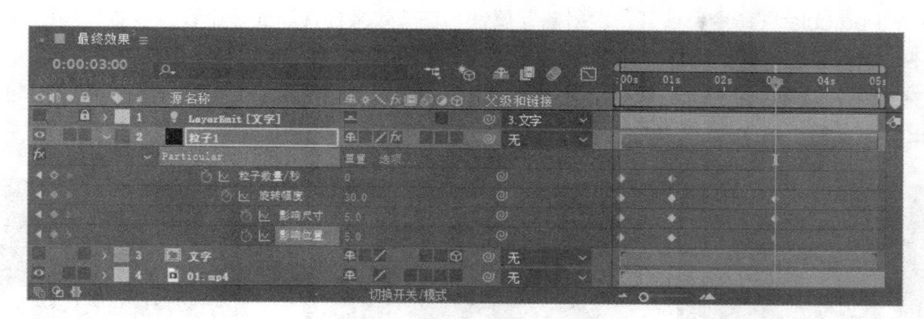

图 3-20

2. 制作形状蒙版

STEP 1 在“项目”面板中，选中“文字”合成并将其拖曳到“时间轴”面板中，将时间标签放置在 2s 的位置，按 [键设置动画的入点，如图 3-21 所示。在“时间轴”面板中，选中“图层 1”图层，选择“矩形”工具，在“合成”面板中拖曳鼠标绘制一个矩形蒙版，如图 3-22 所示。

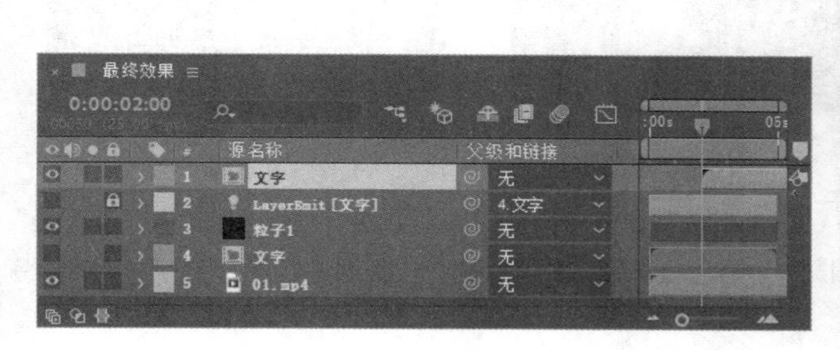

图 3-21

图 3-22

STEP 2 选中“图层 1”图层，按 M 键两次，展开“蒙版”属性。单击“蒙版路径”选项左侧的“关键帧自动记录器”按钮，如图 3-23 所示，记录第 1 个“蒙版路径”关键帧。将时间标签放置在 4s 的位置。选择“选取”工具，在“合成”面板中，同时选中“蒙版形状”右边的两个控制点，将控制点向右拖曳到图 3-24 所示的位置，在 4s 的位置再次记录 1 个关键帧。

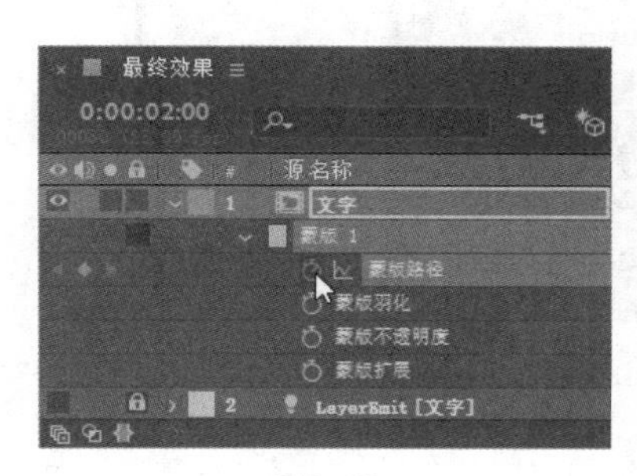

图 3-23

图 3-24

STEP 3 在当前合成中新建立一个黑色纯色图层“粒子 2”。选中“粒子 2”图层，选择“效果 > Trapcode > Particular”命令，展开“发射器”属性，在“效果控件”面板中设置参数，如图 3-25 所示。展开“粒子”属性，在“效果控件”面板中设置参数，如图 3-26 所示。

STEP 4 展开“物理学”属性，设置“重力”选项的数值为-100，展开“气”属性，在“效果控件”面板中设置参数，如图 3-27 所示。

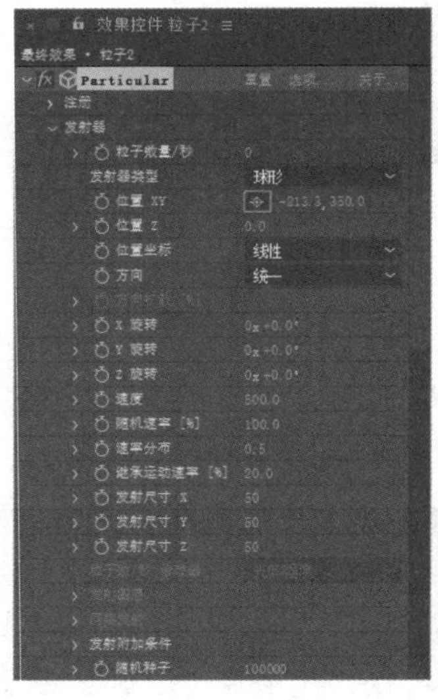

图 3-25

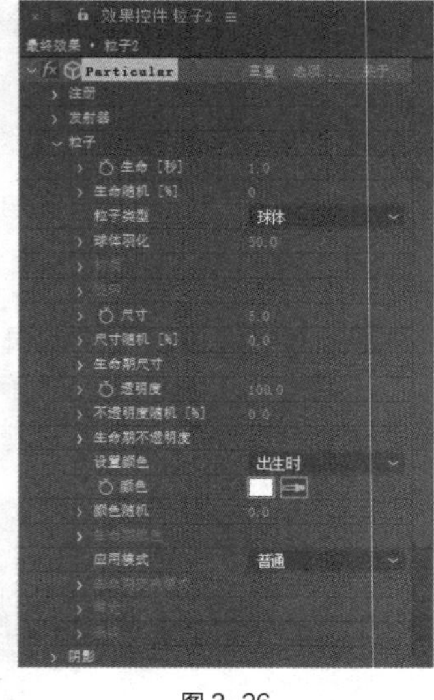

图 3-26

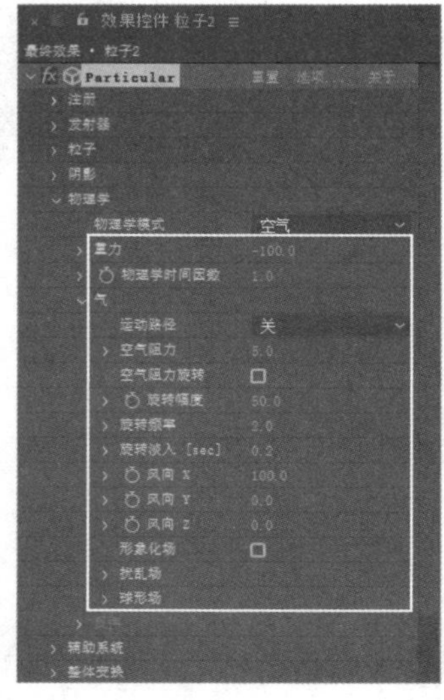

图 3-27

STEP 5 展开“扰乱场”属性，在“效果控件”面板中设置参数，如图 3-28 所示。展开“渲染”选项下的“运动模糊”属性，单击“运动模糊”右边的下拉按钮，在弹出的下拉列表中选择“开”，如图 3-29 所示。

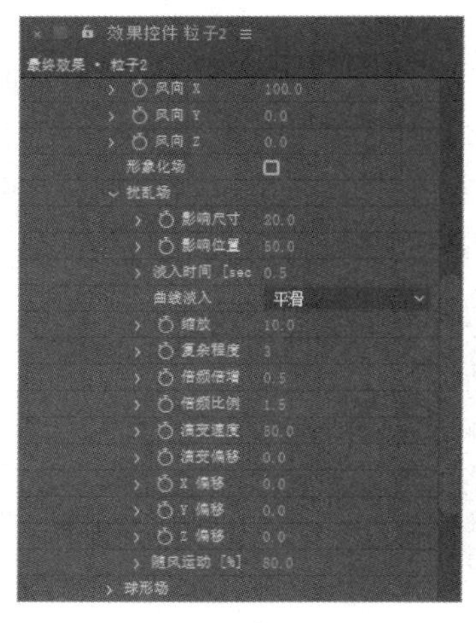

图 3-28

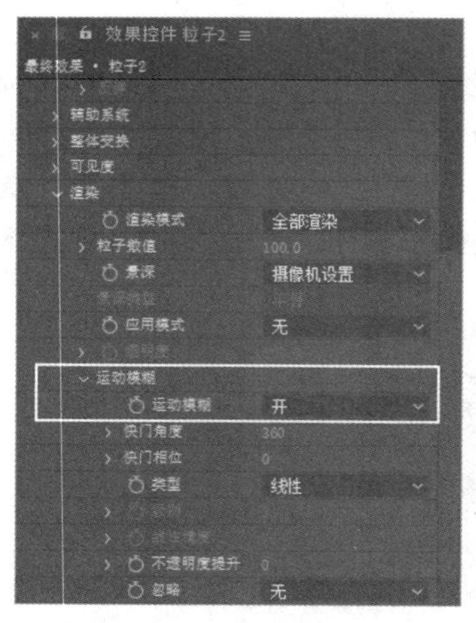

图 3-29

STEP 6 在“时间轴”面板中，将时间标签放置在 0s 的位置，在“时间轴”面板中，分别单击“发射器”下的“粒子数量/秒”和“位置 XY”选项左侧的“关键帧自动记录器”按钮，记录第 1 个关键帧，如图 3-30 所示。在“时间轴”面板中，将时间标签放置在 2s 的位置，在“时间轴”面板中，设置“粒子数量/秒”选项的数值为 5000，“位置 XY”选项的数值为 213.3、350，如图 3-31 所示，记录第 2 个关键帧。

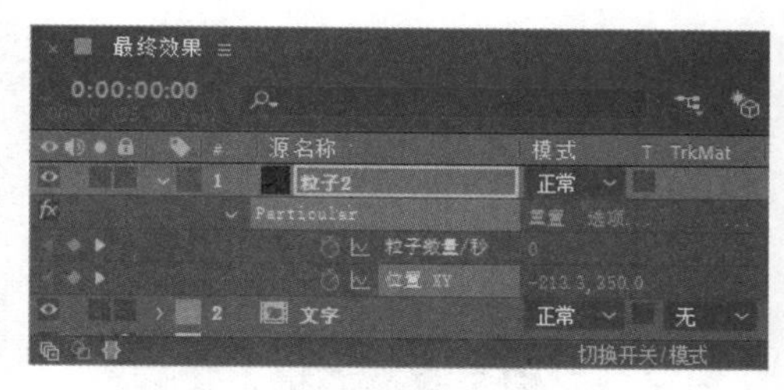

图 3-30

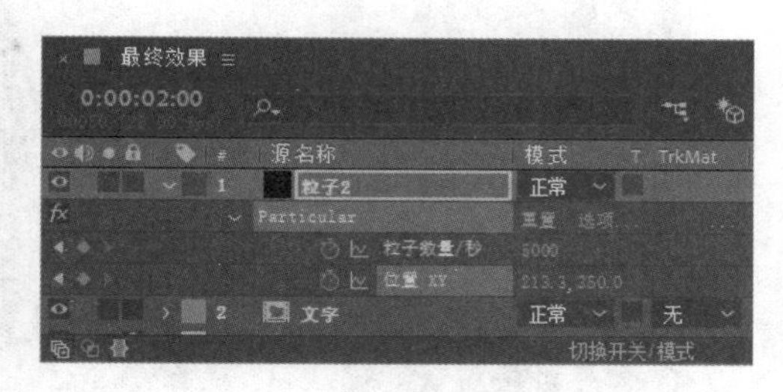

图 3-31

STEP 7 在“时间轴”面板中，将时间标签放置在 3s 的位置，在“时间轴”面板中，设置“粒子数量/秒”选项的数值为 0，“位置 XY”选项的数值为 1066.7、350，如图 3-32 所示，记录第 3 个关键帧。

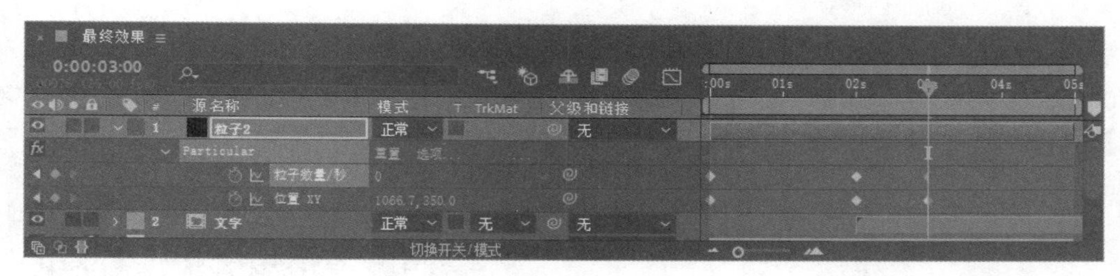

图 3-32

STEP 8 粒子文字制作完成，如图 3-33 所示。

图 3-33

3.2.2 使用蒙版设计图形

STEP 1 在“项目”面板中单击鼠标右键，在弹出的菜单中选择“新建合成”命令，弹出“合成设置”对话框，在“合成名称”文本框中输入“蒙版”，其他选项的设置如图 3-34 所示，设置完成后，单击“确定”按钮创建合成。

STEP 2 在“项目”面板中单击鼠标右键，在弹出的菜单中选择“导入 > 文件”命令，在弹出的对话框中，选择资源包中的“基础素材 > Ch03 > 02.jpg～05.jpg”文件，单击“打开”按钮，文件被导入“项目”面板中，如图 3-35 所示。

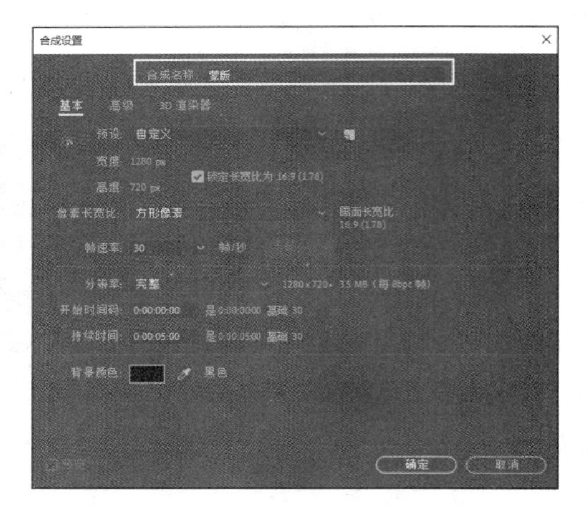

图 3-34

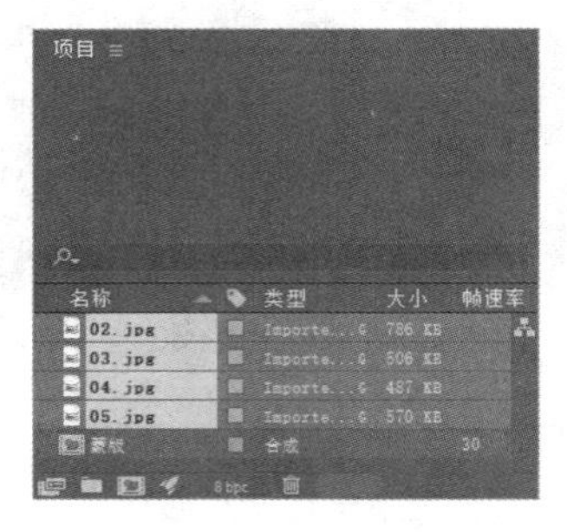

图 3-35

STEP 3 保持“项目”面板中文件的选取状态，在“时间轴”面板中，分别单击“05.jpg”图层和“04.jpg”图层左侧的“眼睛”按钮，隐藏图层。选中“03.jpg”图层，如图 3-36 所示；选择“钢笔”工具，在“合成”面板中绘制一个蒙版形状，效果如图 3-37 所示。

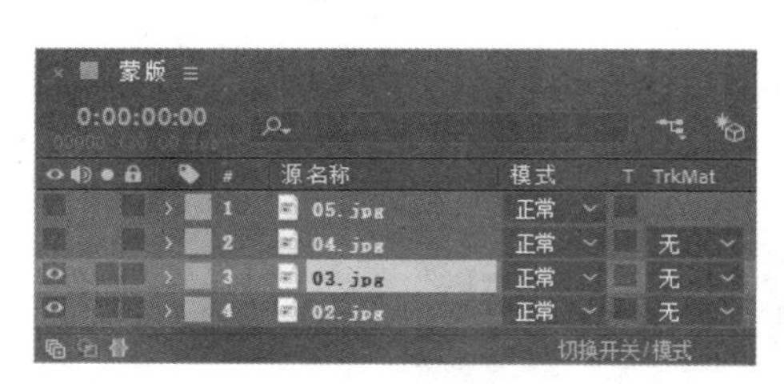

图 3-36

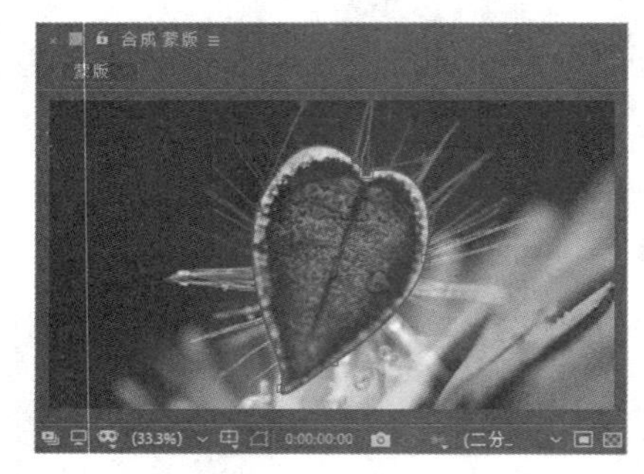

图 3-37

STEP 4 选中“04.jpg”图层，单击该图层左侧的方框，显示该图层，如图 3-38 所示；选择“椭圆”工具，在“合成”面板中拖曳鼠标绘制圆形蒙版，效果如图 3-39 所示。

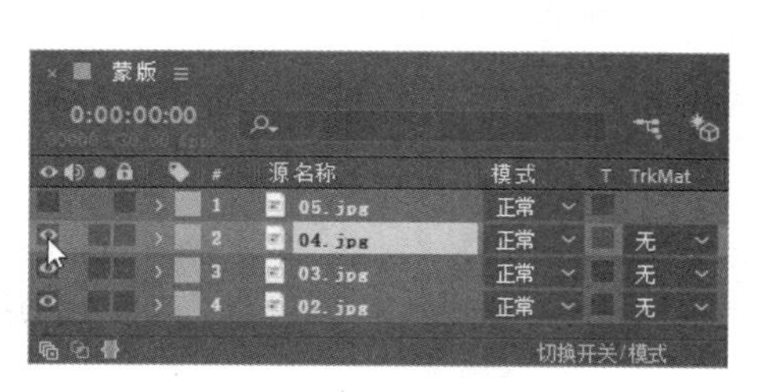

图 3-38

图 3-39

STEP 5 选中“05.jpg”图层，单击该图层左侧的方框，显示该图层，如图 3-40 所示；选择“星形”工具，在“合成”面板中绘制一个星形蒙版，如图 3-41 所示。

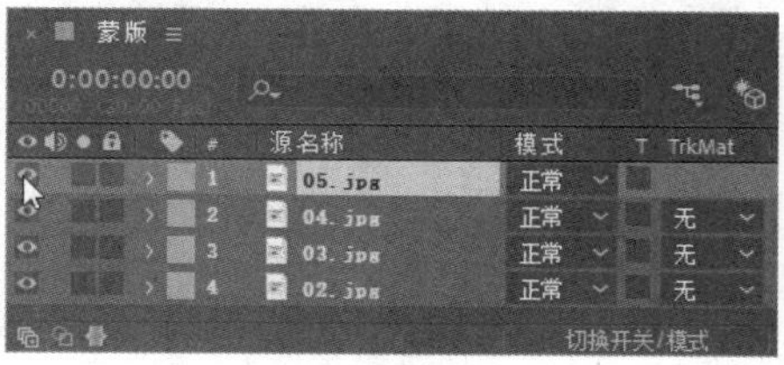

图 3-40

图 3-41

3.2.3　调整蒙版图形形状

STEP 1　选择“钢笔”工具，在“合成”面板中绘制蒙版图形，如图 3-42 所示。使用“转换‘顶点’”工具，单击一个节点，该节点处的线段转换为折角；在节点处拖曳鼠标可以拖出调节手柄，拖曳调节手柄可以调整线段的弧度，如图 3-43 所示。

图 3-42

图 3-43

STEP 2　使用“添加‘顶点’”工具和“删除‘顶点’”工具添加或删除节点。选择“添加‘顶点’”工具，移动鼠标到需要添加节点的线段处，然后单击，则该线段会添加一个节点，如图 3-44 所示；选择“删除‘顶点’”工具，单击任意节点，则节点被删除，如图 3-45 所示。

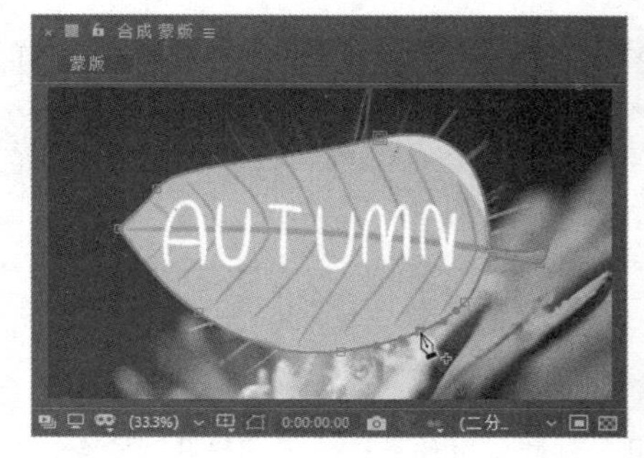

图 3-44

图 3-45

STEP 3　使用“蒙版羽化”工具对蒙版进行羽化。选择“蒙版羽化”工具，将鼠标指针移动到该线段上，鼠标变为时，如图 3-46 所示，单击鼠标添加一个控制点。拖曳控制点可以对蒙版进行羽化，如图 3-47 所示。

图 3-46

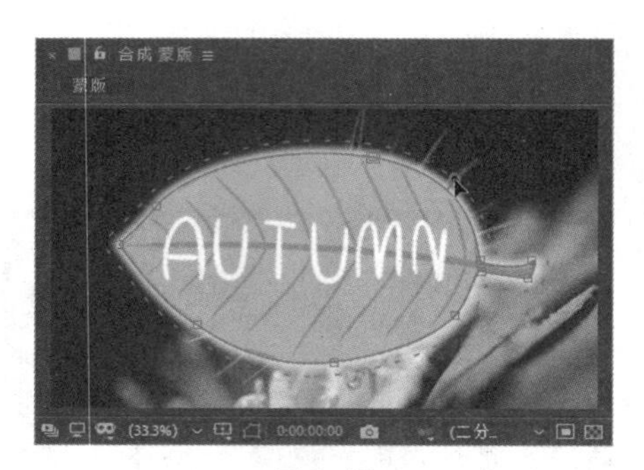

图 3-47

3.2.4 蒙版的变换

选择“选取”工具，在蒙版边线上双击鼠标，会创建一个蒙版控制框，将鼠标指针移动到边框的右上角，出现旋转鼠标指针时，拖曳鼠标可以对整个蒙版图形进行旋转，如图 3-48 所示；将鼠标指针移动到边线中心点的位置，出现双向键头时，拖曳鼠标可以调整该边框的位置，如图 3-49 所示。

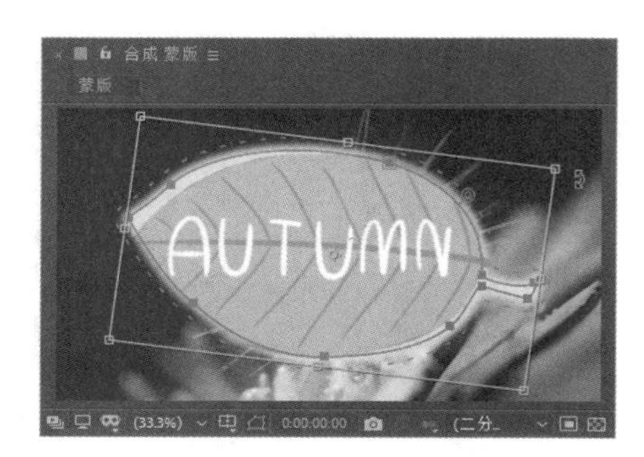

图 3-48

图 3-49

3.3 蒙版的基本操作

在 After Effects 中，可以使用多种方式来编辑蒙版，还可以在“时间轴”面板中调整蒙版的属性，用蒙版制作动画。下面对这些蒙版的基本操作进行详细讲解。

3.3.1 课堂案例——粒子破碎效果

案例学习目标

学习使用蒙版操作。

案例知识要点

使用“渐变”命令，制作渐变效果；使用“矩形”工具，制作蒙版效果；使用“碎片”命令，制作图片粒子破碎效果。粒子破碎效果如图 3-50 所示。

效果所在位置

资源包 > Ch03 > 粒子破碎效果 > 粒子破碎效果.aep。

图 3-50

粒子破碎效果

STEP 1 按 Ctrl+N 组合键，弹出“合成设置”对话框，在“合成名称”文本框中输入“渐变条”，其他选项的设置如图 3-51 所示，单击“确定”按钮，创建一个新的合成“渐变条”。选择“图层 > 新建 > 纯色”命令，弹出“纯色设置”对话框，在“名称”文本框中输入“渐变条”，将“颜色”设置为黑色，单击“确定”按钮，在“时间轴”面板中新增一个黑色纯色图层，如图 3-52 所示。

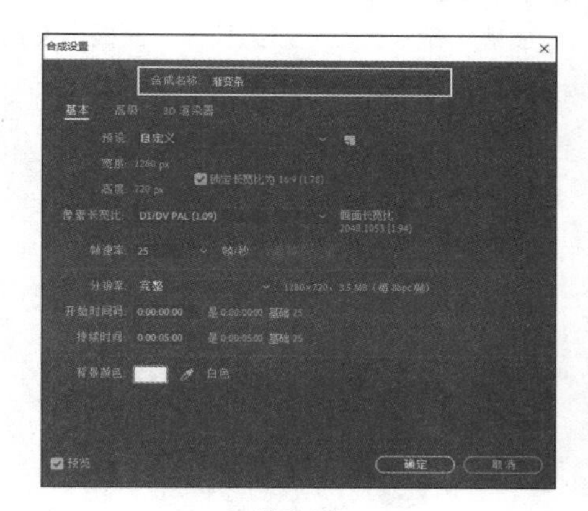

图 3-51

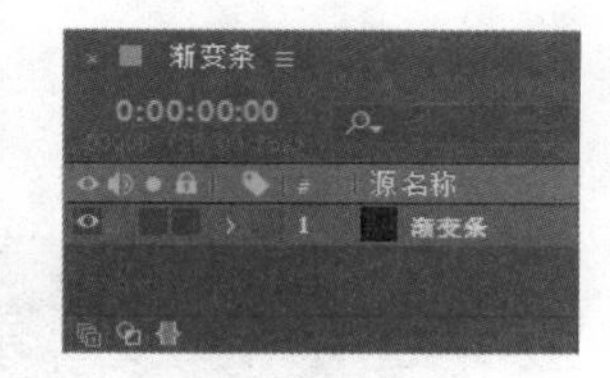

图 3-52

STEP 2 选中“渐变条”图层，选择“效果 > 生成 > 梯度渐变”命令，在“效果控件”面板中，设置“起始颜色”为黑色、“结束颜色”为白色，其他参数设置如图 3-53 所示，设置完成后，“合成”面板中的效果如图 3-54 所示。

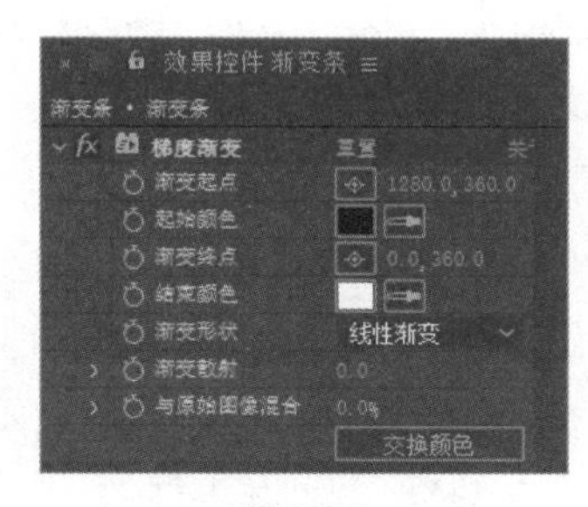

图 3-53

图 3-54

STEP 3 选择“矩形”工具，在“合成”面板中拖曳鼠标绘制一个矩形蒙版，如图 3-55 所示。按 Ctrl+N 组合键，弹出“合成设置”对话框，在“合成名称”文本框中输入“噪波”，单击“确定”按钮，创建一个新的合成“噪波”。选择“图层 > 新建 > 纯色”命令，弹出“纯色设置”对话框，在“名称”

文本框中输入“噪波”，将“颜色”设置为黑色，单击“确定”按钮，在“时间轴”面板中新增一个黑色纯色图层，如图 3-56 所示。

图 3-55

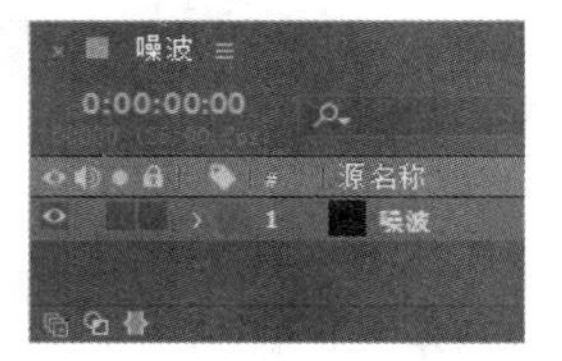

图 3-56

STEP 4 选中“噪波”图层，选择“效果 > 杂色和颗粒 > 杂色”命令，在“效果控件”面板中设置参数，如图 3-57 所示。选择“效果 > 颜色校正 > 曲线”命令，在“效果控件”面板中设置参数，如图 3-58 所示。

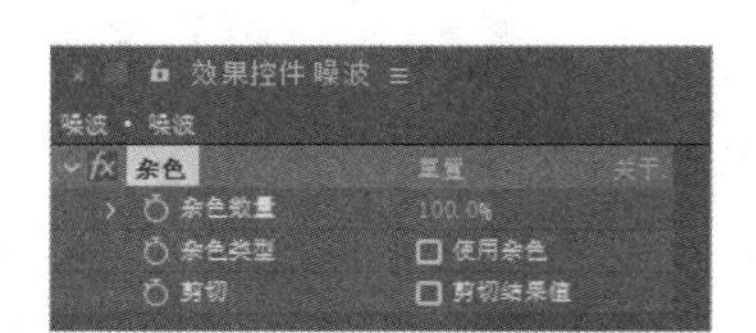

图 3-57

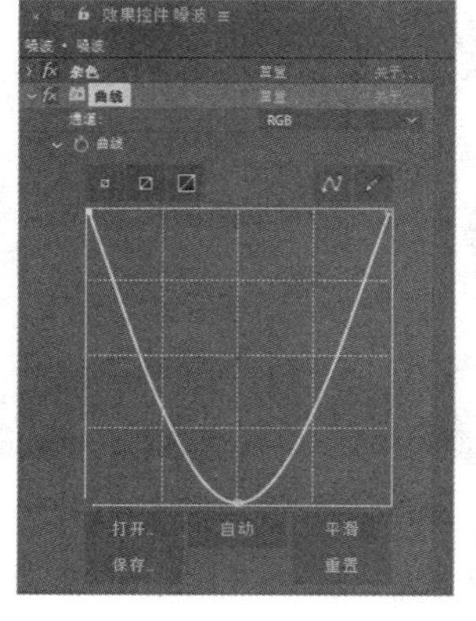

图 3-58

STEP 5 按 Ctrl+N 组合键，弹出“合成设置”对话框，在“合成名称”文本框中输入“图片”，单击“确定”按钮，创建一个新的合成“图片”。选择“文件 > 导入 > 文件”命令，在弹出的“导入文件”对话框中，选择资源包中的“Ch03 > 粒子破碎效果 > (Footage) > 01.jpg”文件，如图 3-59 所示，单击“导入”按钮，导入文件，并将其拖曳到“时间轴”面板中，如图 3-60 所示。

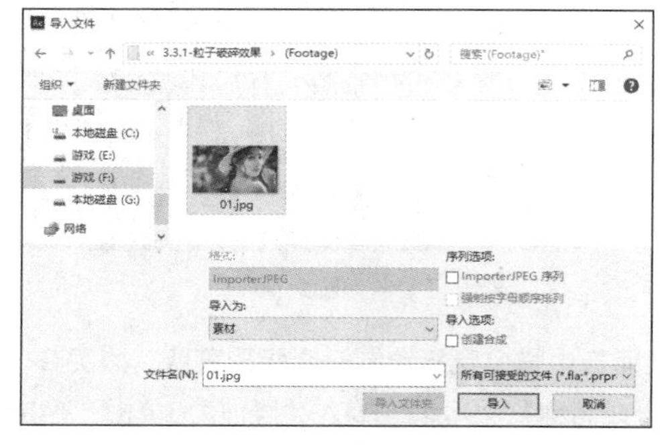

图 3-59

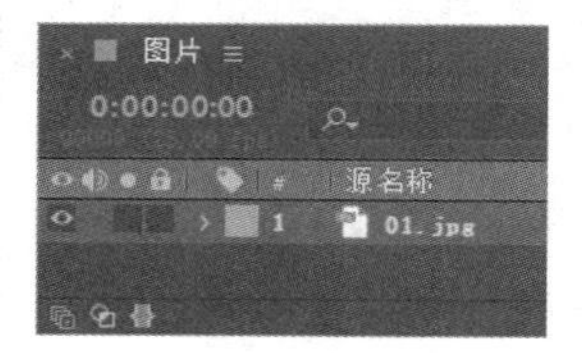

图 3-60

STEP 6 选中“01.jpg”图层，按 S 键，展开“缩放”属性，设置“缩放”选项的数值为 110%，如图 3-61 所示。“合成”面板中的效果如图 3-62 所示。

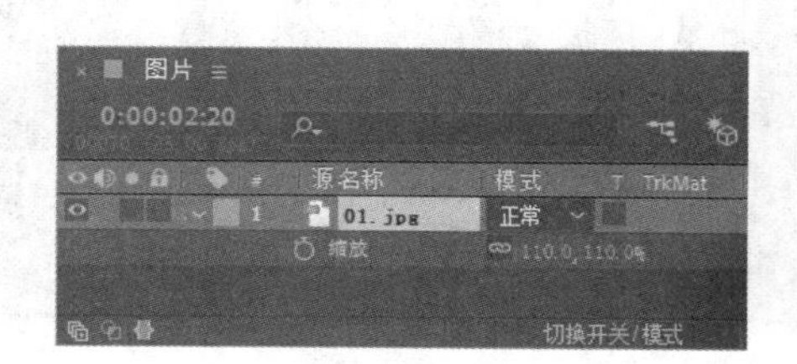

图 3-61

图 3-62

STEP 7 按 Ctrl+N 组合键，弹出“合成设置”对话框，在“合成名称”文本框中输入“最终效果”，单击“确定”按钮，创建一个新的合成“最终效果”。在“项目”面板中，选中“渐变条”“噪波”“图片”合成并将其拖曳到“时间轴”面板中，图层的排列如图 3-63 所示。分别单击“渐变条”和“噪波”图层左侧的眼睛按钮，关闭“渐变条”和“噪波”两图层的可视性，如图 3-64 所示。

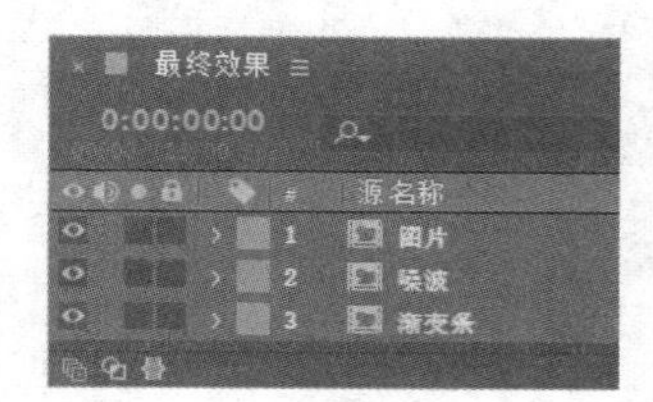

图 3-63

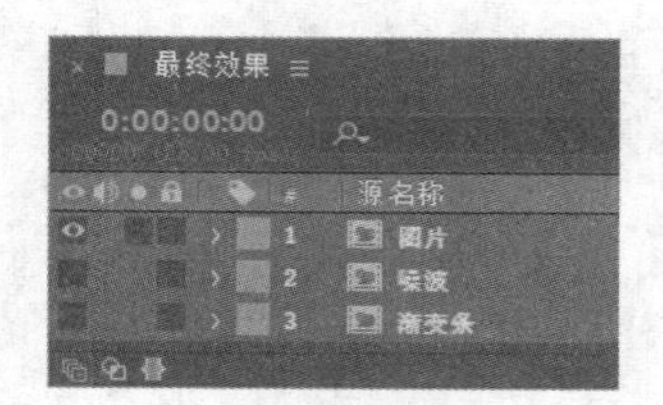

图 3-64

STEP 8 选中“图片”图层，选择“效果 > 模拟 > 碎片”命令，在“效果控件”面板中，将“视图”改为“已渲染”模式，展开“形状”“作用力 1”属性，在“效果控件”面板中进行参数设置，如图 3-65 所示。“合成”面板中的效果如图 3-66 所示。

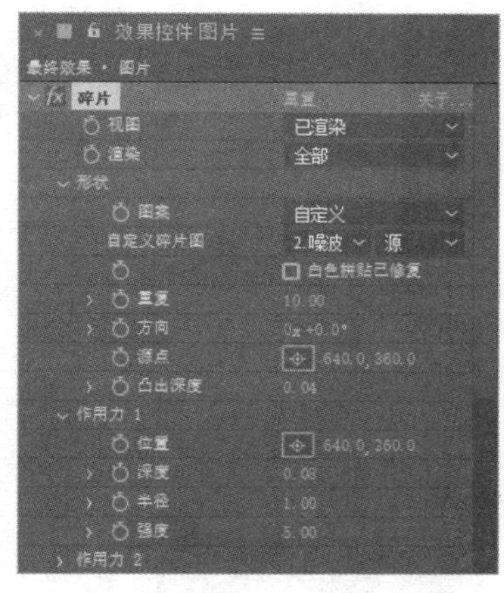

图 3-65

图 3-66

STEP 9 展开“渐变”“物理学”“摄像机位置”属性，在“效果控件”面板中进行参数设置，如

图 3-67 所示。“合成”面板中的效果如图 3-68 所示。

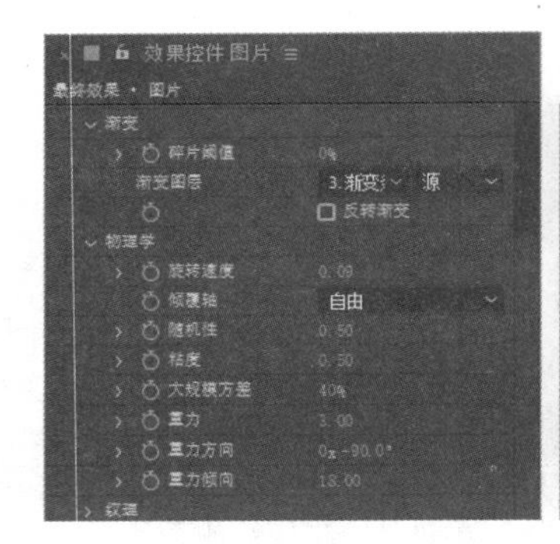

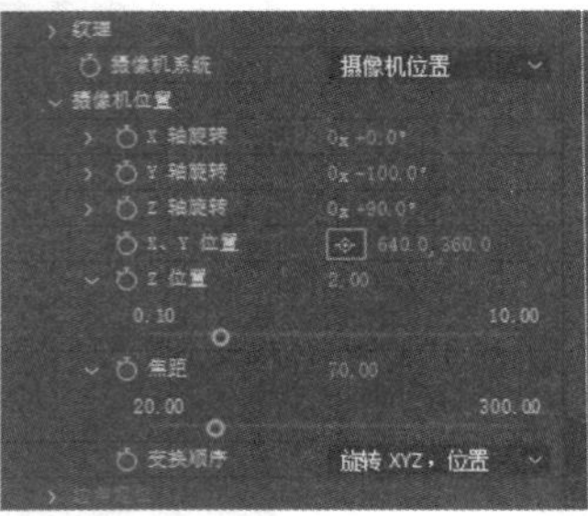

图 3-67

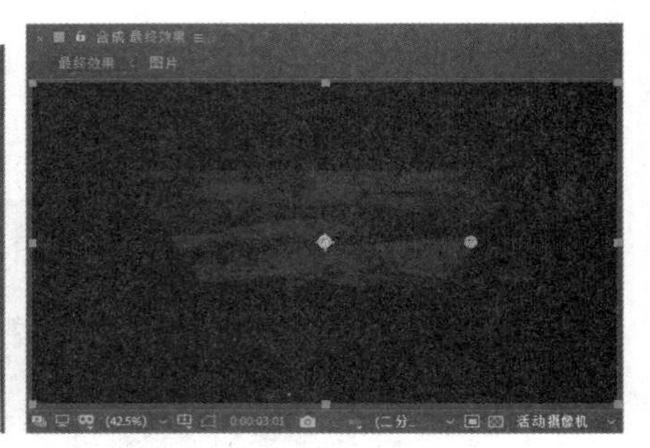

图 3-68

STEP 10 将时间标签放置在 0s 的位置，在“效果控件”面板中，分别单击“渐变”下的“碎片阈值”、“物理学”下的“重力”，以及“摄像机位置”下的“X 轴旋转”“Y 轴旋转”“Z 轴旋转”“焦距”选项左侧的“关键帧自动记录器”按钮，如图 3-69 和图 3-70 所示，记录第 1 个关键帧。

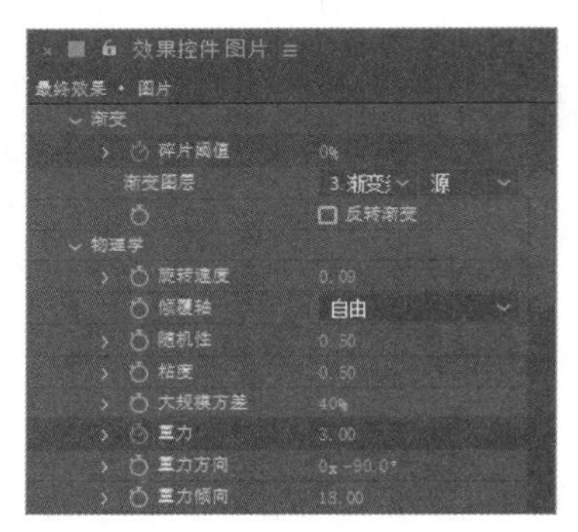

图 3-69

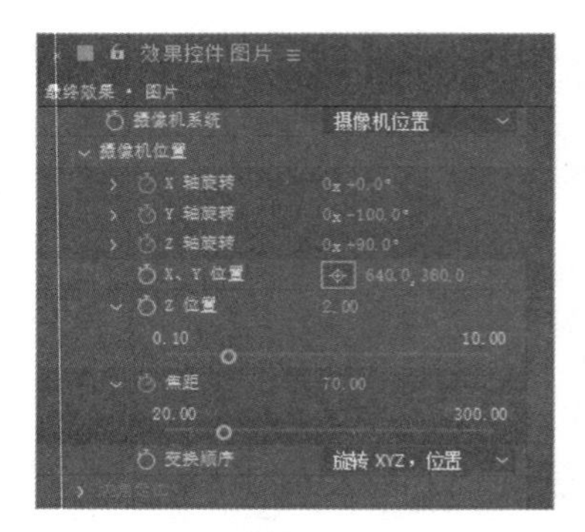

图 3-70

STEP 11 将时间标签放置在 3:10s 的位置，在“效果控件”面板中，设置“碎片阈值”选项的数值为 100%，“重力”选项的数值为 2.7，如图 3-71 所示；设置“X 轴旋转”选项的数值为 0、-60，“Y 轴旋转”选项的数值为 0、-45，“Z 轴旋转”选项的数值为 0、15，“焦距”选项的数值为 100，如图 3-72 所示，记录第 2 个关键帧。

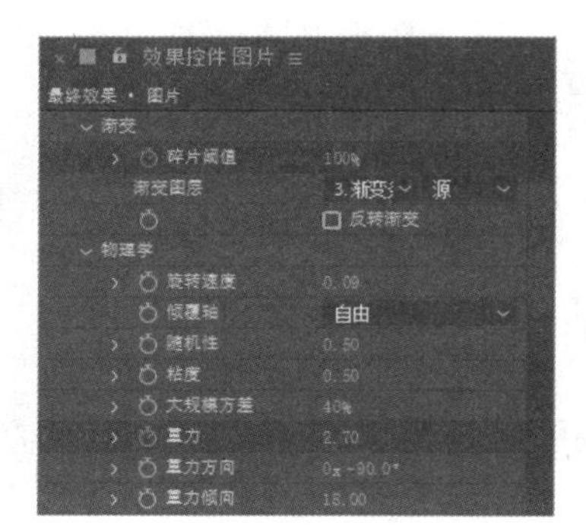

图 3-71

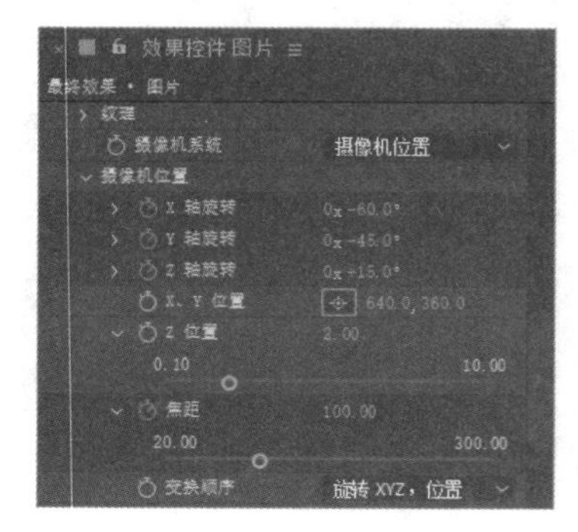

图 3-72

STEP 12 将时间标签放置在 4:24s 的位置，在“效果控件”面板中，设置“重力”选项的数值为 100，如图 3-73 所示，记录第 3 个关键帧。粒子破碎制作完成，如图 3-74 所示。

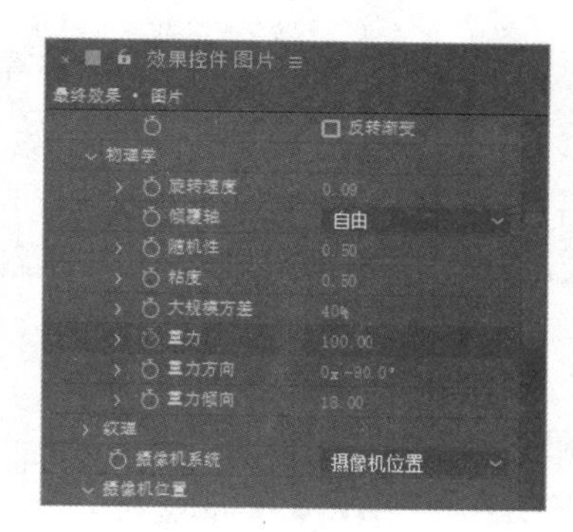

图 3-73

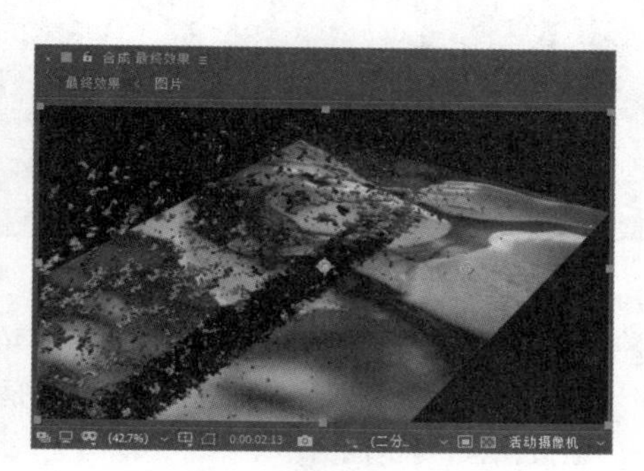

图 3-74

3.3.2　编辑蒙版的多种方式

“工具”面板中除了创建“蒙版”工具，还提供了多种修整编辑“蒙版”的工具。

“选取”工具：使用此工具可以在“合成”面板或者“图层”面板中选择和移动路径点或者整个路径。

“添加‘顶点’”工具：使用此工具可以增加路径上的节点。

“删除‘顶点’”工具：使用此工具可以减少路径上的节点。

“转换‘顶点’”工具：使用此工具可以改变路径的曲率。

“蒙版羽化”工具：使用此工具可以改变蒙版边缘的柔化。

由于在“合成”面板中可以看到很多图层，所以在其中调整蒙版很有可能遇到干扰，不方便操作。建议双击目标图层，然后到“图层”面板中对蒙版进行各种操作。

1. 点的选择和移动

使用“选取”工具，选中目标图层，然后直接单击路径上的节点，可以通过拖曳鼠标或利用键盘上的方向键来实现位置移动；如果要取消选择，只需要在空白处单击鼠标即可。

2. 线的选择和移动

使用“选取”工具，选中目标图层，然后直接单击路径上两个节点之间的线，可以通过拖曳鼠标或利用键盘上的方向键来实现位置移动；如果要取消选择，只需要在空白处单击鼠标即可。

3. 多个点或者多条线的选择、移动、旋转和缩放

使用“选取”工具，选中目标图层，首先单击路径上第一个点或第一条线，然后在按住 Shift 键的同时，单击其他的点或者线，实现同时选择的目的。也可以通过拖曳一个选区，用框选的方法进行多点、多线的选择，或者是全部选择。

同时选中这些点或者线之后，在被选的对象上双击鼠标就可以形成一个控制框。在这个控制框中，可以非常方便地进行位置移动、旋转或者缩放等操作，如图 3-75、图 3-76 和图 3-77 所示。

图 3-75

图 3-76

图 3-77

全选路径的快捷方法描述如下。

- 通过鼠标框选的方法，将路径全选，但是不会出现控制框，如图 3-78 所示。
- 在按住 Alt 键的同时单击路径，即可完成路径的全选，但是同样不会出现控制框。
- 在没有选择多个节点的情况下，在路径上双击鼠标，即可全选路径，并出现一个控制框。
- 在"时间轴"面板中，选中有"蒙版"的图层，按 M 键，展开"蒙版路径"属性，单击该属性的名称或"蒙版"名称即可全选路径，此方法也不会出现控制框，如图 3-79 所示。

图 3-78

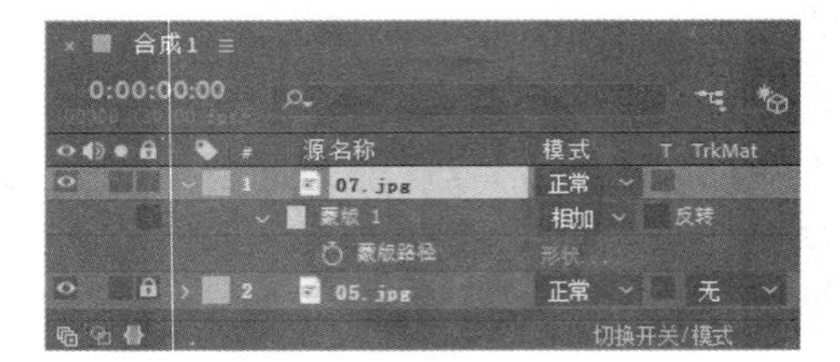

图 3-79

将节点全部选中，选择"图层 > 蒙版和形状路径 > 自由变换点"命令，或按 Ctrl+T 组合键，会出现控制框。

4. 多个蒙版上下层的调整

当图层中含有多个蒙版时，就存在上下层的关系，此关系关联到非常重要的部分——蒙版混合模式的选择，因为 After Effects 处理多个蒙版的先后次序是从上至下的，所以上下关系的排列直接影响最终的混合效果。

在"时间轴"面板中，直接选中某个蒙版的名称，然后上下拖曳即可改变层次，如图 3-80 所示。

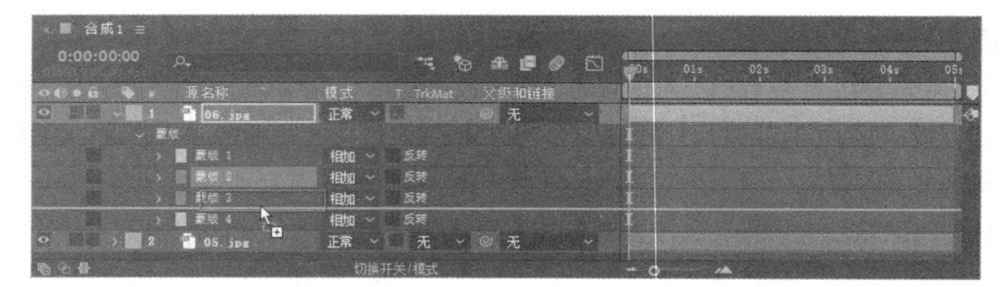

图 3-80

在“合成”面板或者“图层”面板中，可以选中一个蒙版，然后选择以下菜单命令，调整蒙版层次。

选择“图层 > 排列 > 将蒙版置于顶层”命令，或按 Ctrl+Shift+] 组合键，将选中的蒙版放置到顶层。

选择“图层 > 排列 > 将蒙版前移一层”命令，或按 Ctrl+] 组合键，将选中的蒙版往上移动一层。

选择“图层 > 排列 > 将蒙版后移一层”命令，或按 Ctrl + [组合键，将选中的蒙版往下移动一层。

选择“图层 > 排列 > 将蒙版置于底层”命令，或按 Ctrl+ Shift+ [组合键，将选中的蒙版放置到底层。

3.3.3 在“时间轴”面板中调整蒙版的属性

蒙版不只是一个轮廓那么简单，在“时间轴”面板中，可以对蒙版的其他属性进行详细设置和动画处理。

单击图层标签颜色左侧的小箭头按钮，展开图层属性，其中如果图层上含有蒙版，就可以看到蒙版，单击蒙版名称左侧的小箭头按钮，即可展开各个蒙版路径，单击其中任意一个蒙版路径颜色左侧的小箭头按钮，即可展开关于此蒙版路径的属性，如图 3-81 所示。

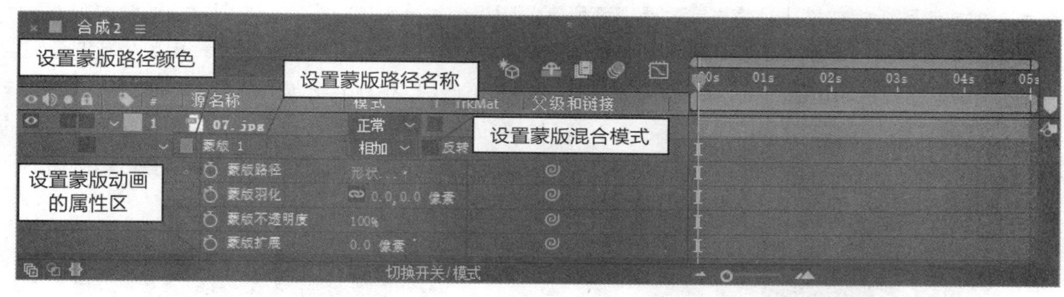

图 3-81

选中某图层，连续按两次 M 键，可展开此图层蒙版路径的所有属性。

设置蒙版路径颜色：单击“蒙版颜色”按钮，可以弹出颜色对话框，选择适合的颜色加以区别。

设置蒙版路径名称：按 Enter 键即可出现修改输入框，修改完成后再次按 Enter 键即可。

设置蒙版混合模式：当本图层含有多个蒙版时，可以在此选择各种混合模式。需要注意的是，多个蒙版的上下层次关系对混合模式产生的最终效果有很大影响。After Effects 处理的过程是从上至下逐一处理。

- 无：选择此模式的路径将不会起到蒙版作用，仅仅作为路径存在，作为勾边、光线动画或者路径动画的依据，如图 3-82 和图 3-83 所示。

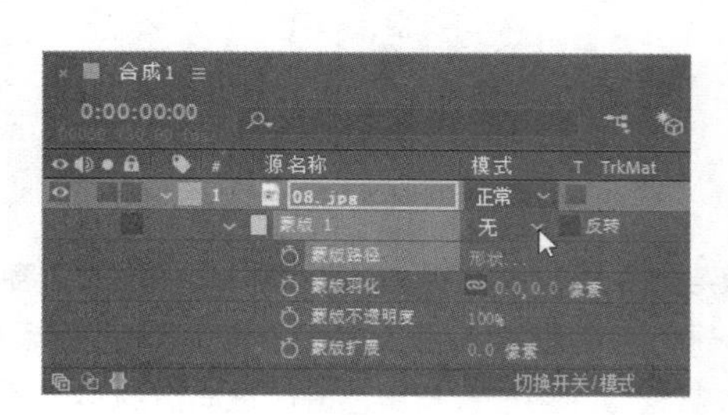

图 3-82

图 3-83

- 相加：蒙版相加模式，将当前蒙版区域与其上的蒙版区域进行相加处理，对于蒙版重叠处的不透明度，则采取在非重叠不透明度的基础上以相加的方式处理。例如，某蒙版作用前，蒙版重叠区域画面的不透明度为 50%，如果当前蒙版的不透明度是 50%，运算后最终得出的蒙版重叠区域画面的不透明度是 70%，如图 3-84 和图 3-85 所示。

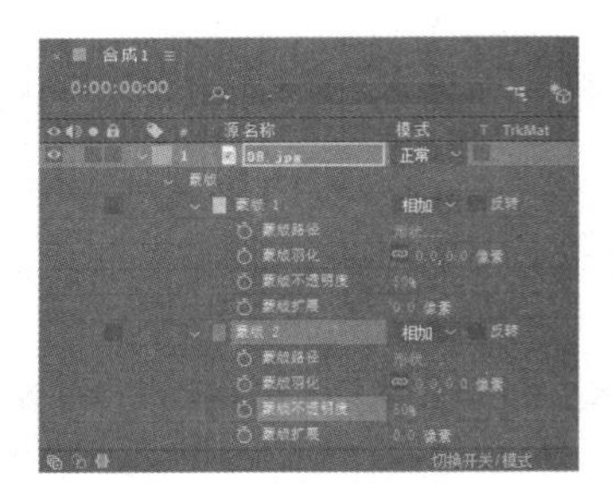

图 3-84

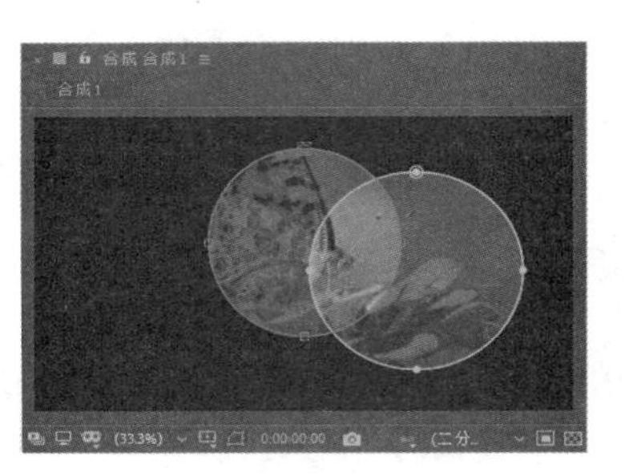

图 3-85

- 相减：蒙版相减模式，将当前蒙版上面所有蒙版组合的结果进行相减，当前蒙版区域内容不显示。如果同时调整蒙版的不透明度，则不透明度值越高，蒙版重叠区域内越透明，因为相减混合完全起作用；而不透明度值越低，蒙版重叠区域内变得越不透明，相减混合越来越弱，如图 3-86 和图 3-87 所示（上、下两个蒙版不透明度都为 100%的情况）。例如，某蒙版作用前，蒙版重叠区域画面的不透明度为 80%，如果当前蒙版设置的不透明度是 50%，运算后最终得出的蒙版重叠区域画面的不透明度为 40%，如图 3-88 和图 3-89 所示。

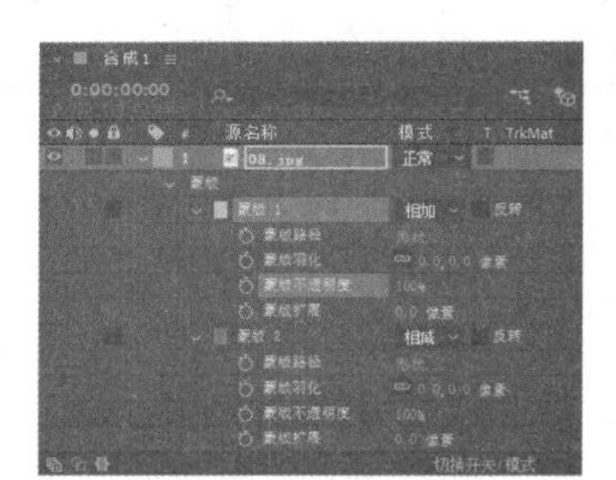

图 3-86

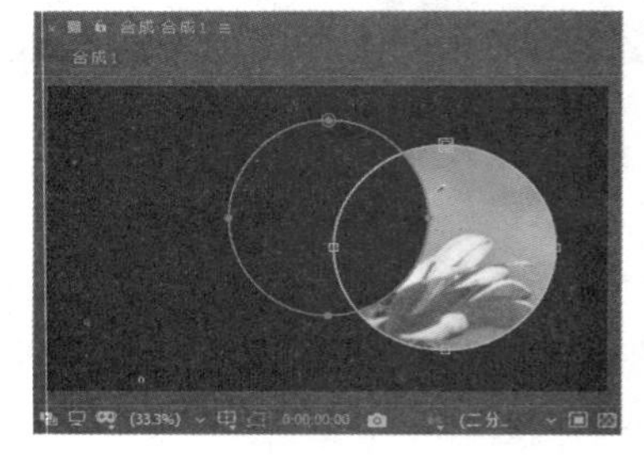

图 3-87

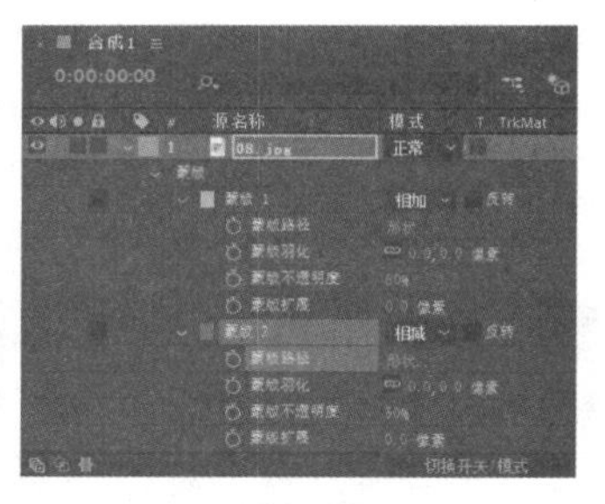

图 3-88

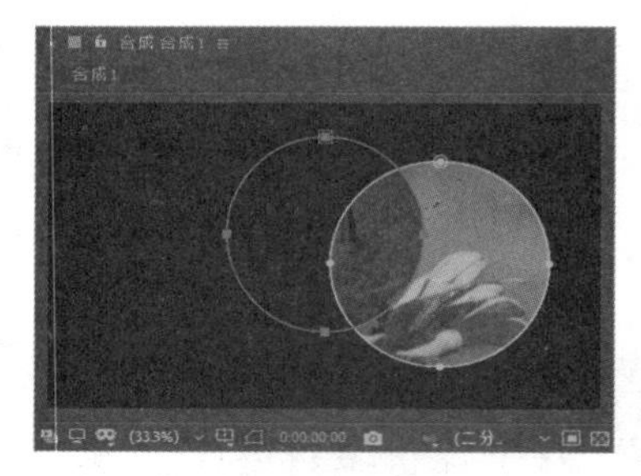

图 3-89

- 交集：采取交集方式混合蒙版，只显示当前蒙版与上面所有蒙版组合的结果相交部分的内容，相交区域内的透明度是在上面蒙版的基础上再进行一个百分比运算，如图 3-90 和图 3-91 所示（上、下两个蒙版不透明度都为 100%的情况）。例如，某蒙版作用前，蒙版重叠区域画面的不透明度为 60%，如果当前蒙版设置的不透明度为 50%，则运算后最终得出的蒙版重叠区域画面的不透明度为 30%，如图 3-92 和图 3-93 所示。

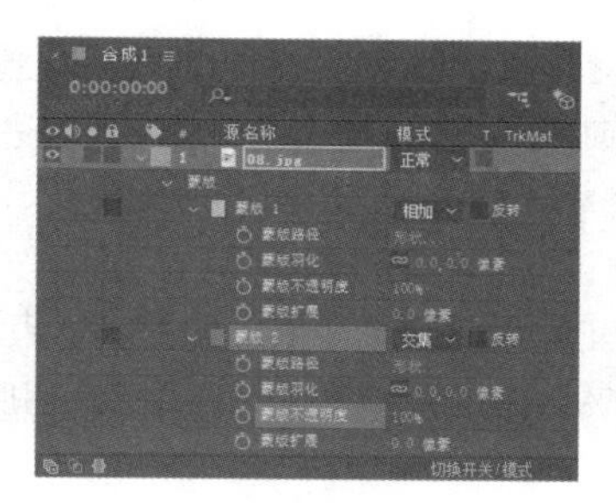

图 3-90

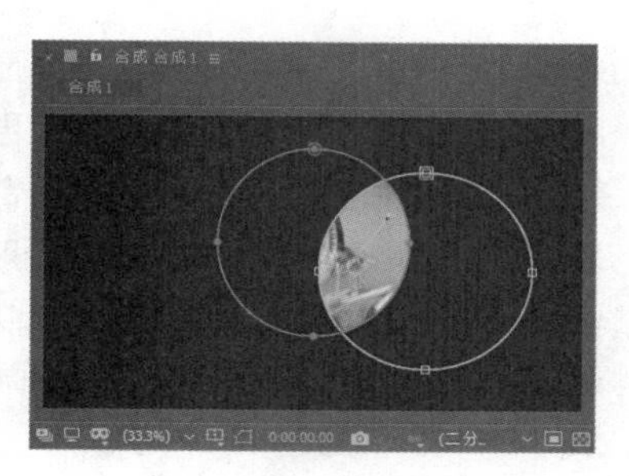

图 3-91

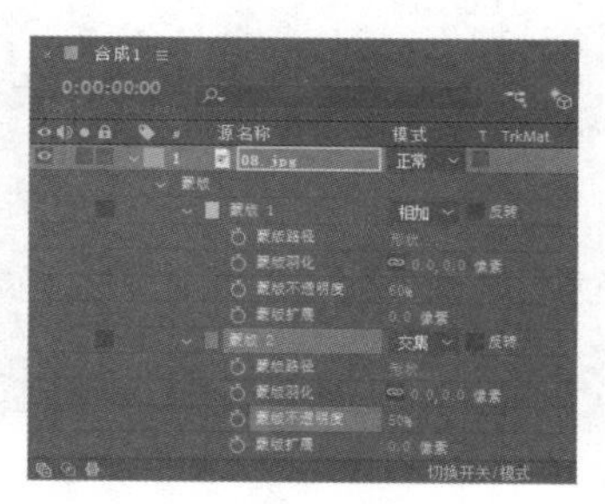

图 3-92

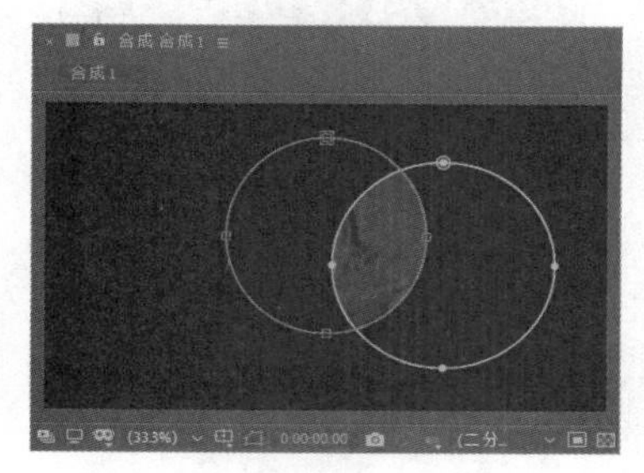

图 3-93

- 变亮：对于可视区域范围，此模式与“相加”模式一样，但是对于蒙版重叠处的不透明度，则采用较高的不透明度值。例如，某蒙版作用前，蒙版重叠区域画面的不透明度为 60%，如果当前蒙版设置的不透明度为 80%，运算后最终得出的蒙版重叠区域画面的不透明度为 80%，如图 3-94 和图 3-95 所示。

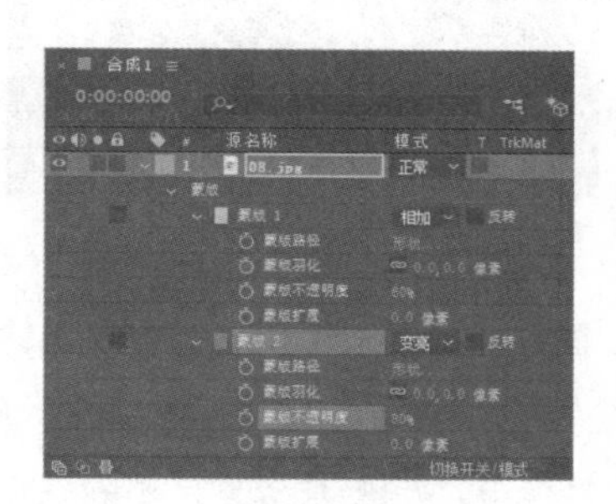

图 3-94

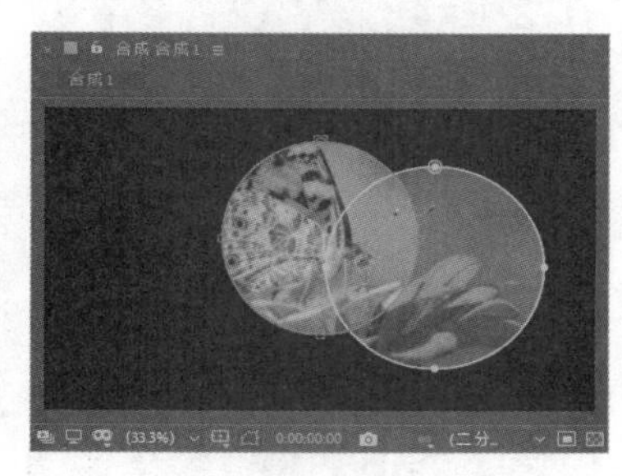

图 3-95

- 变暗：对于可视区域范围，此模式与“相减”模式一样，但是对于蒙版重叠处的不透明度采用较低的不透明度值。例如，某蒙版作用前，蒙版重叠区域画面的不透明度是 40%，如果当前蒙版设置的不透明度为 100%，运算后最终得出的蒙版重叠区域画面的不透明度为 40%，如图 3-96 和图 3-97 所示。

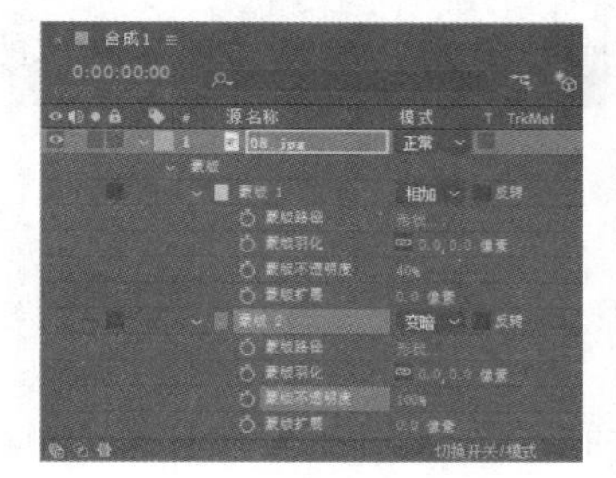

图 3-96

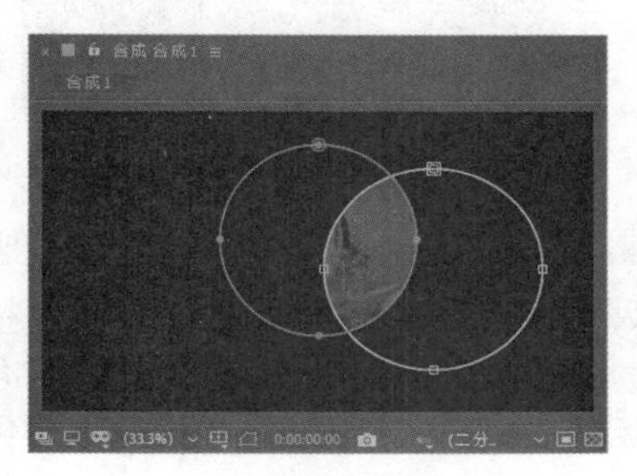

图 3-97

- 差值：此模式对于可视区域采取的是并集减交集的方式。也就是说，先将当前蒙版与上面所有蒙版组合的结果进行并集运算，然后再将当前蒙版与上面所有蒙版组合的结果相交部分进行相减。关于不透明度，与上面所有蒙版组合的结果未相交部分采取当前蒙版的不透明度设置，相交部分采用二者之间的差值，如图 3-98 和图 3-99 所示（上、下两个蒙版不透明度都为 100%的情况）。例如，某蒙版作用前，蒙版重叠区域画面的不透明度为 40%，如果当前蒙版设置的不透明度为 60%，运算后最终得出的蒙版重叠区域画面的不透明度为 20%，当前蒙版未重叠区域的不透明度为 60%，如图 3-100 和图 3-101 所示。

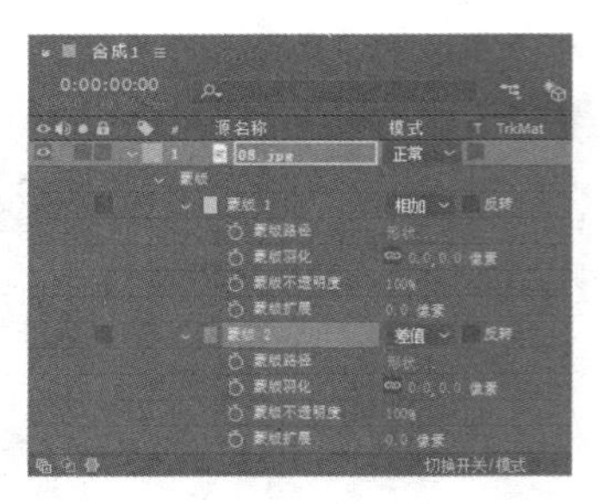

图 3-98

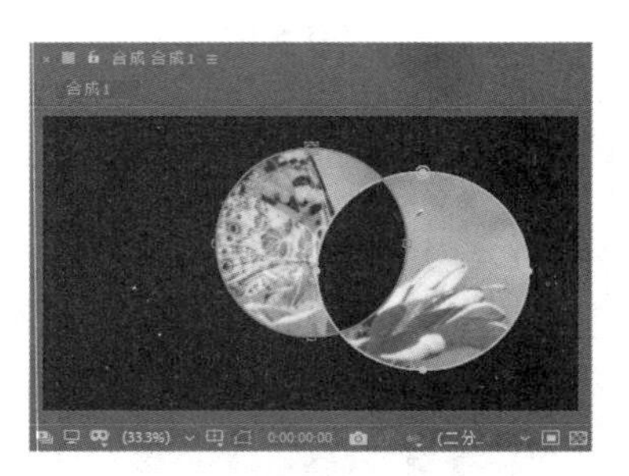

图 3-99

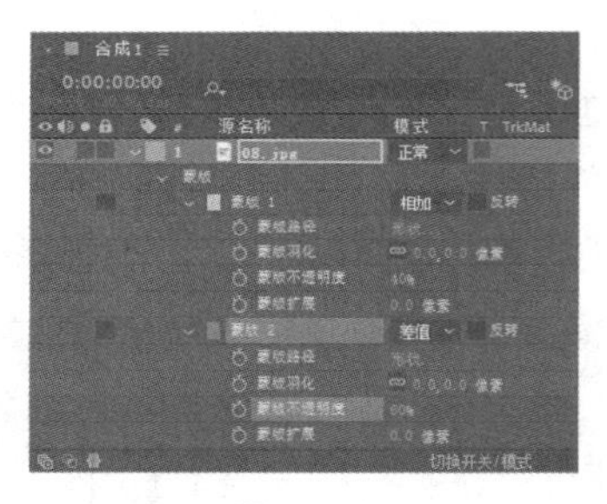

图 3-100

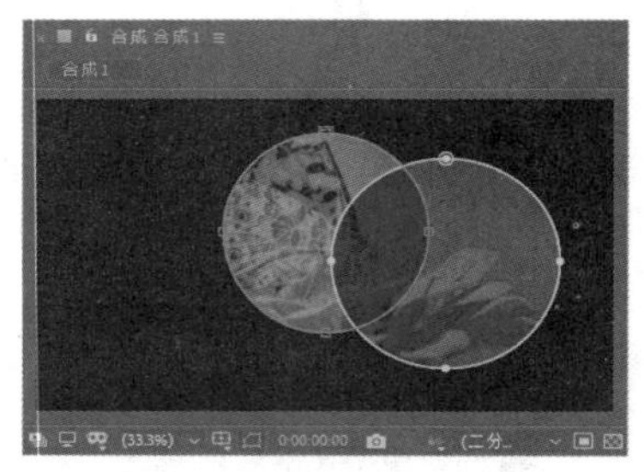

图 3-101

反转：将蒙版进行反向处理，如图 3-102 和图 3-103 所示，图 3-102 是未激活反转时的情况，图 3-103 是激活了反转时的情况。

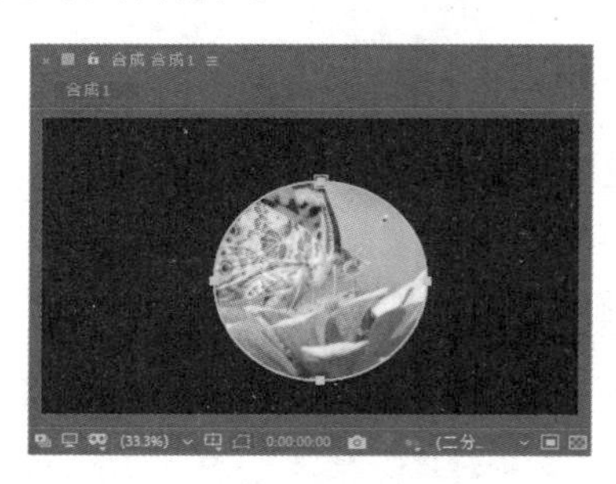

图 3-102

图 3-103

设置蒙版动画的属性区：在此可以为蒙版属性添加关键帧。

蒙版路径：该属性可用于设置蒙版的形状。单击右侧的“形状”文字按钮，弹出“蒙版形状”对话框，操作同选择“图层 > 蒙版 > 蒙版形状”命令一样。

蒙版羽化：蒙版羽化控制，可以通过羽化蒙版得到更自然的融合效果，并且 x 轴向和 y 轴向可以有不同的羽化程度。单击按钮，可以将两个轴向锁定和释放，如图 3-104 所示。

蒙版不透明度：蒙版不透明度的调整，如图 3-105 和图 3-106 所示，图 3-105 是不透明度为 100%时的情况，图 3-106 是不透明度为 50%时的情况。

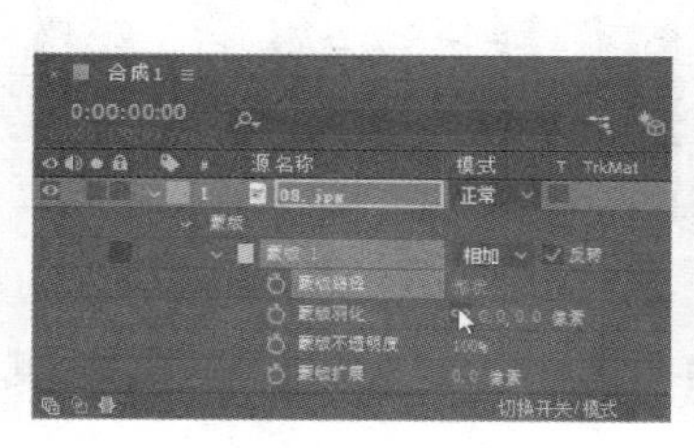

图 3-104

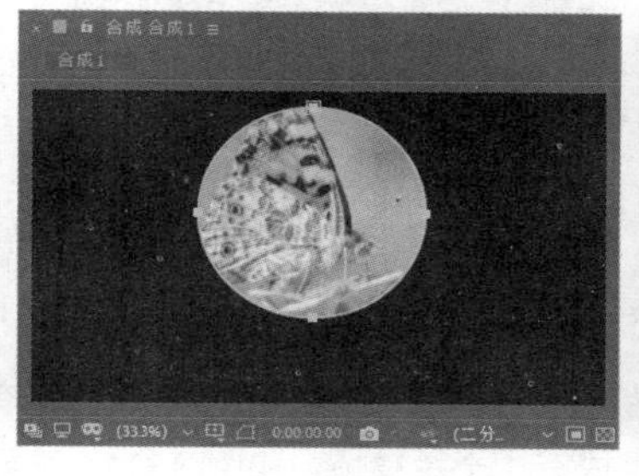

图 3-105

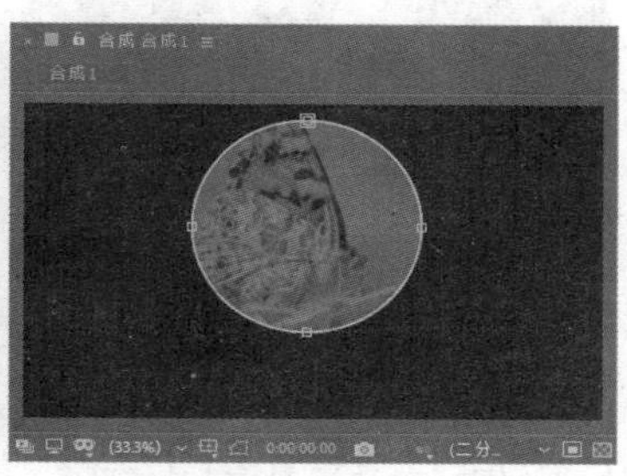

图 3-106

蒙版扩展：调整蒙版的扩展程度，正值为扩展蒙版区域，负值为收缩蒙版区域，如图 3-107 和图 3-108 所示，图 3-107 是蒙版扩展设置为 100 时的情况，图 3-108 是蒙版扩展设置为-100 时的情况。

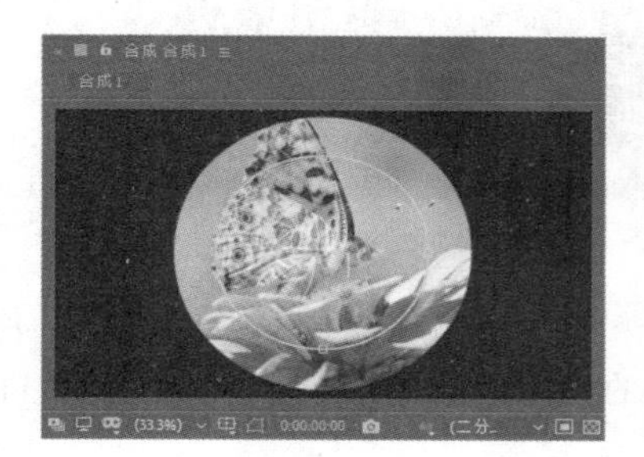

图 3-107

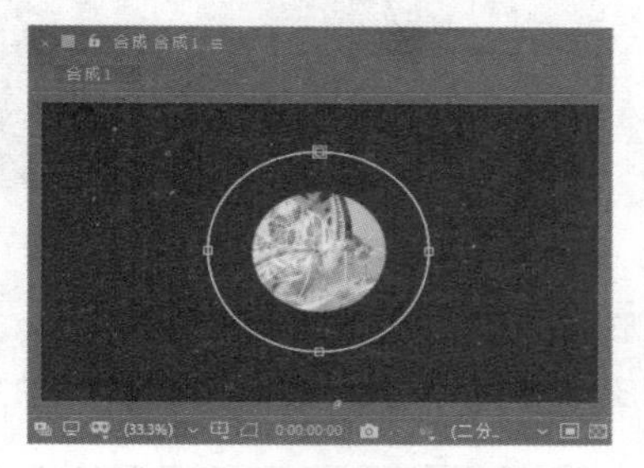

图 3-108

3.3.4 用蒙版制作动画

STEP 1 在“时间轴”面板中，选择图层，选择“工具”面板中的“多边形”工具，在“合成”面板中，拖曳鼠标绘制 1 个多边形蒙版，如图 3-109 所示。

STEP 2 在“工具”面板中，选择“添加‘顶点’”工具，在刚刚绘制的多边形蒙版上添加 5 个节点，如图 3-110 所示。

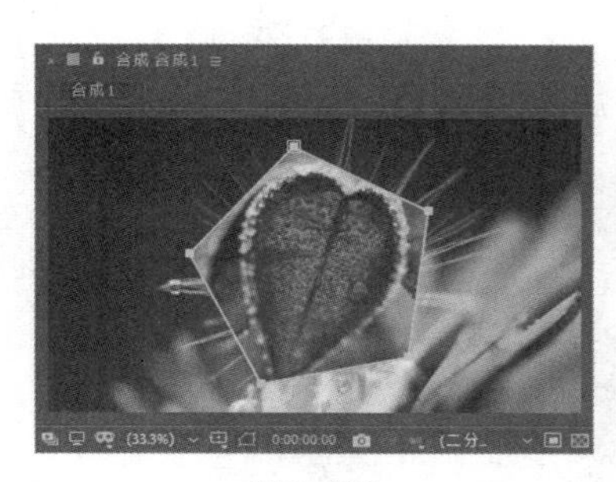

图 3-109

图 3-110

STEP 3 选择“选取”工具，以框选的方式选择新添加的节点，如图 3-111 所示，按住 Shift 键的同时，框选其他新添加的节点。选择“图层 > 蒙版和形状路径 > 自由变换点”命令，出现控制框，如图 3-112 所示。

STEP 4 按住 Ctrl+Shift 组合键的同时，将左上角的控制点向右下方拖曳，效果如图 3-113 所示。

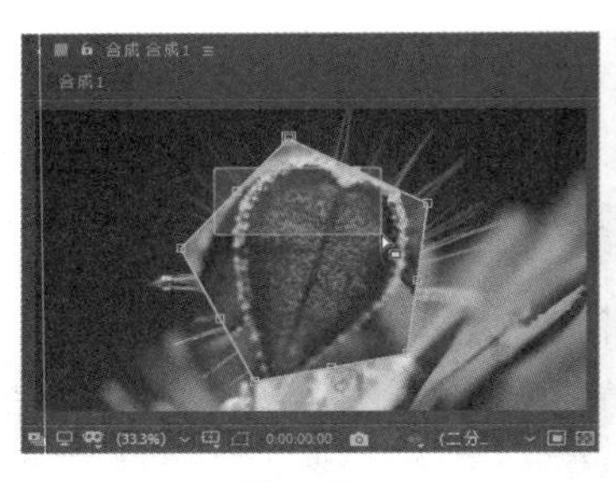
图 3-111

图 3-112

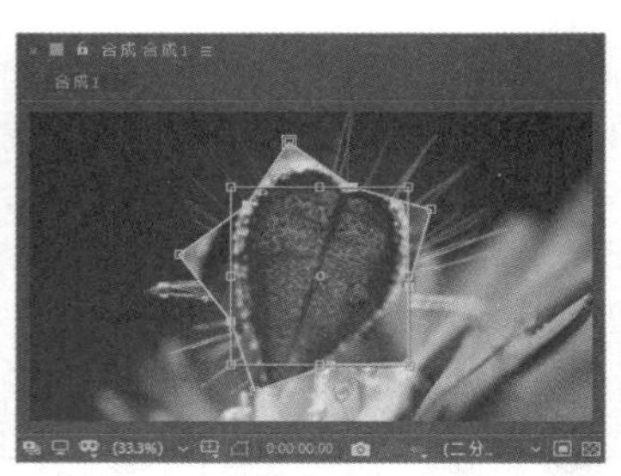
图 3-113

STEP 5 在“时间轴”面板中，按两次 M 键，展开蒙版的所有属性，单击“蒙版路径”属性左侧的“关键帧自动记录器”按钮，生成第 1 个关键帧，如图 3-114 所示。

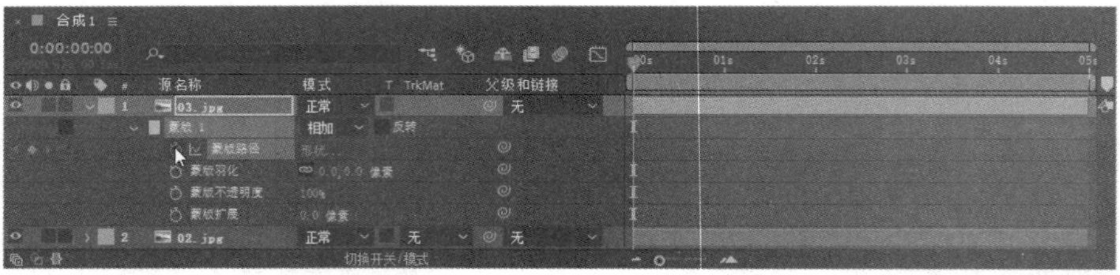

图 3-114

STEP 6 将当前时间标签移动到 3s 的位置，选择最外侧的 5 个节点，如图 3-115 所示，按 Ctrl+T 组合键，出现控制框，按住 Ctrl+Shift 组合键的同时，将左下角的控制点向右上方拖曳，效果如图 3-116 所示。

图 3-115

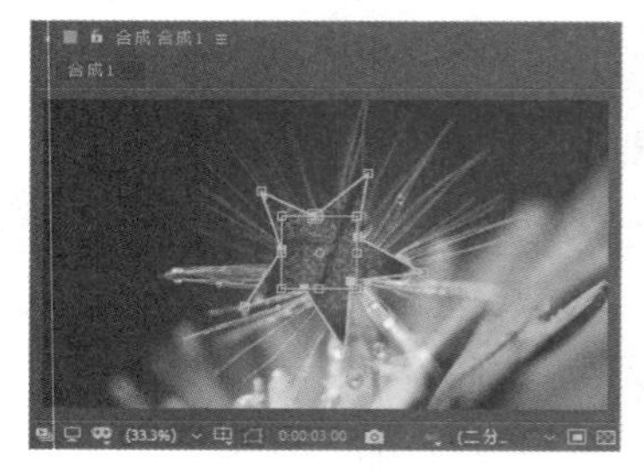
图 3-116

STEP 7 在“时间轴”面板中，“蒙版路径”属性自动生成第 2 个关键帧，如图 3-117 所示。

图 3-117

STEP 8 选择“效果 > 生成 > 描边”命令，在“效果控件”面板中进行设置，为蒙版路径添加描边效果，如图 3-118 所示。

STEP 9 选择“效果 > 风格化 > 发光”命令，在“效果控件”面板中进行设置，为蒙版路径添加发光效果，如图 3–119 所示。

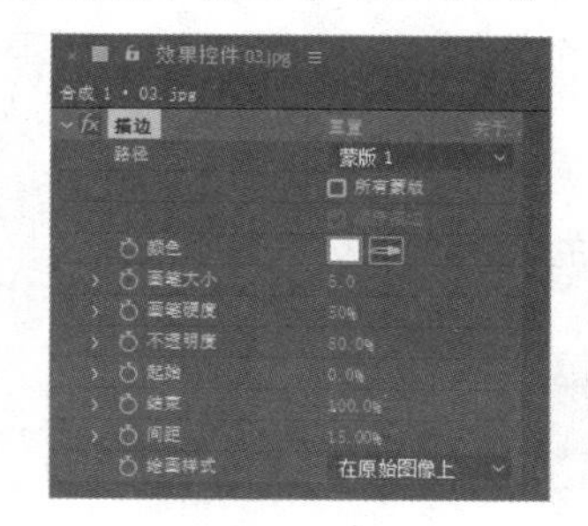

图 3–118

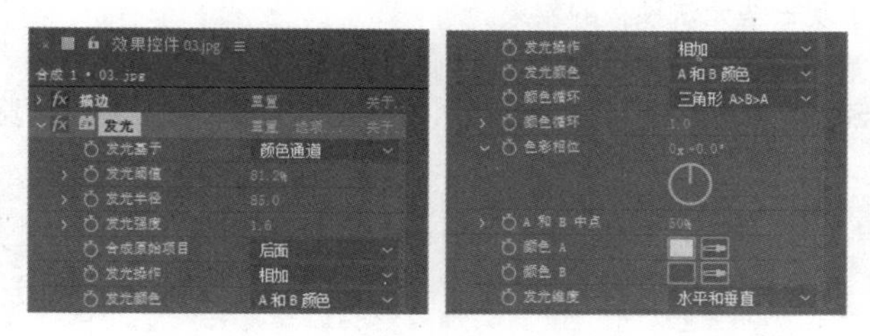

图 3–119

STEP 10 按 0 键，预览蒙版动画，按任意键结束预览。

STEP 11 在“时间轴”面板中单击“蒙版路径”属性名称，同时选中两个关键帧，如图 3–120 所示。

STEP 12 选择“窗口 > 蒙版插值”命令，打开“蒙版插值”面板，在面板中进行设置，如图 3–121 所示。

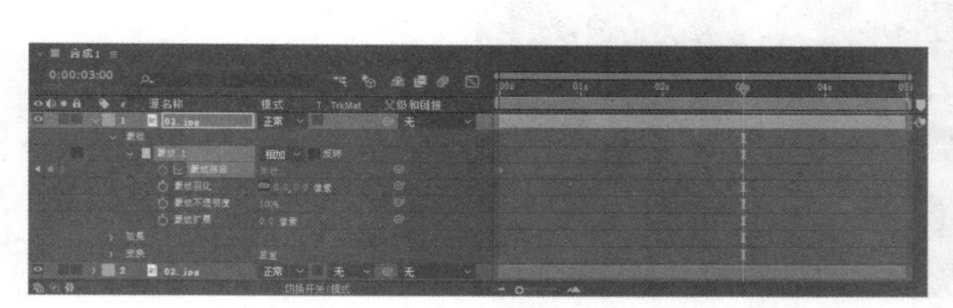

图 3–120

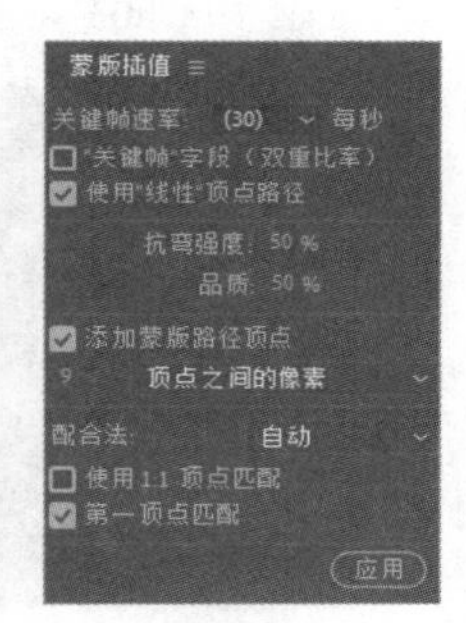

图 3–121

关键帧速率：决定每秒内在两个关键帧之间产生多少个关键帧。

“关键帧”字段（双重比率）：选中此复选框，关键帧数目会增加到设定在“关键帧速率”中的两倍，因为关键帧是按场计算的。还有一种情况会在场中生成关键帧，那就是当“关键帧速率”设置的值大于合成项目的帧速率时。

使用“线性”顶点路径：选中此复选框，路径会沿着直线运动，否则就是沿曲线运动。

抗弯强度：在节点变化过程中，可以通过这个值的设定决定是采用拉伸的方式还是弯曲的方式处理节点变化，此值越高就越不采用弯曲的方式。

品质：质量设置。如果值为 0，那么第一个关键帧的点必须对应第二个关键帧的那个点。例如，第一个关键帧的第 8 个点必须对应第二个关键帧的第 8 个点做变化。如果值为 100，那么第一个关键帧的点可以模糊地对应第二个关键帧的任何点。这样，越高的值得到的动画效果越平滑、越自然，但是计算的时间越长。

添加蒙版路径顶点：选中此复选框，将在变化过程中自动增加蒙版节点。第一个选项是数值设置，第二个选项是选择 After Effects 提供的 3 种增加节点的方式。“顶点之间的像素”，每多少个像素增加一个节点，如果前面的数值设置为 18，则每 18 个像素增加一个节点；“总顶点数”，决定节点的总数，如果前面的数值设置为 60，则由 60 个节点组成一个蒙版；“轮廓的百分比”，以蒙版的周长的百分比距离放置节点，如果前面的数值设置为 5，则表示每隔 5%蒙版的周长的距离放置一个节点，最后蒙版将由 20 个节点构成，如果设置 1%，则最后蒙版将由 100 个节点构成。

配合法：前一个关键帧的节点与后一个关键帧的节点动画过程中的匹配设置。配合法有 3 个选项可供用户选择：“自动”，自动处理；“曲线”，当蒙版路径上有曲线时选用此选项；“多角线”，当蒙版路径上没有曲线时选用此选项。

使用 1:1 顶点匹配：使用 1:1 的对应方式，如果前后两个关键帧里的蒙版的节点数目相同，此选项将强制节点绝对对应，即第 1 个节点对应第 1 个节点，第 2 个节点对应第 2 个节点，但是如果节点数目不同，则会出现一些无法预料的效果。

第一顶点匹配：决定是否强制起始点对应。

STEP 13 单击“应用”按钮应用设置，按 0 键，预览优化后的蒙版动画。

3.4 课堂练习——调色效果

练习知识要点

使用“色阶”命令，调整图像的亮度；使用“定向模糊”命令，调整图像的模糊度；使用“钢笔”工具，添加蒙版效果；使用“模式”选项，设置图层混合模式。调色效果如图 3-122 所示。

效果所在位置

资源包 > Ch03 > 调色效果 > 调色效果. aep。

图 3-122

调色效果

3.5 课后习题——流动的线条

习题知识要点

使用“钢笔”工具，绘制线条效果；使用“3D Stroke”命令，制作线条描边动画；使用“发光”命令，制作线条发光效果；使用“Starglow”命令，制作线条流光效果。流动的线条效果如图 3-123 所示。

效果所在位置

资源包 > Ch03 > 流动的线条 > 流动的线条. aep。

图 3-123

流动的线条

第 4 章 应用时间轴制作效果

应用时间轴制作效果是 After Effects 的重要功能，本章详细讲解时间轴、重置时间、关键帧的概念、关键帧的基本操作等内容。读者学习本章内容后，能够应用时间轴制作效果。

课堂学习目标

- 掌握时间轴和重置时间的操作方法
- 理解关键帧的概念
- 掌握关键帧的基本操作方法

4.1 时间轴

通过控制时间轴，可以把以正常速度播放的画面加快或减慢，甚至反向播放，还可以产生一些非常有趣的或者富有戏剧性的动态图像效果。

4.1.1 课堂案例——粒子汇集文字

案例学习目标

学习使用输入文字，在文字上添加滤镜和动画倒放效果。

案例知识要点

使用“横排文字”工具，编辑文字；使用“CC Pixel Polly”命令，制作文字粒子特效；使用“发光”命令、“Shine”命令，制作文字发光；使用“时间伸缩”命令，制作动画倒放效果。粒子汇集文字效果如图 4-1 所示。

效果所在位置

资源包 > Ch04 > 粒子汇集文字 > 粒子汇集文字.aep。

图 4-1

粒子汇集文字

1. 输入文字并添加效果

STEP 1 按 Ctrl+N 组合键，弹出“合成设置”对话框，在“合成名称”文本框中输入“粒子发散”，其他选项的设置如图 4-2 所示，单击“确定”按钮，创建一个新的合成“粒子发散”。

STEP 2 选择“横排文字”工具T，在“合成”面板中输入文字“午夜都市”。选中文字，在“字符”面板中设置文字参数，如图 4-3 所示。“合成”面板中的效果如图 4-4 所示。

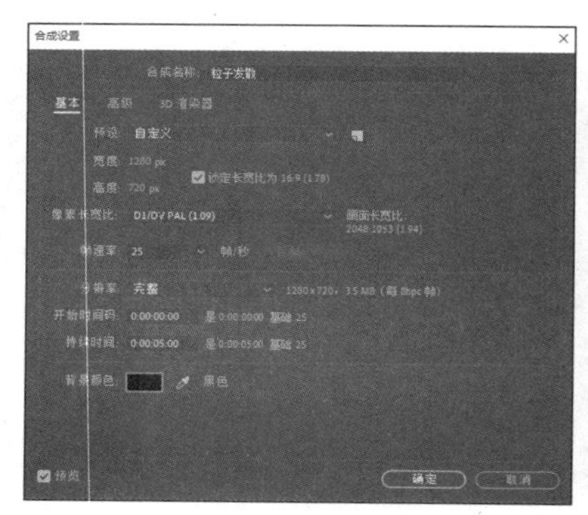

图 4-2

图 4-3

图 4-4

STEP 3 选中文字图层，选择“效果 > 模拟 > CC Pixel Polly”命令，在“效果控件”面板中进行参数设置，如图 4-5 所示。“合成”面板中的效果如图 4-6 所示。

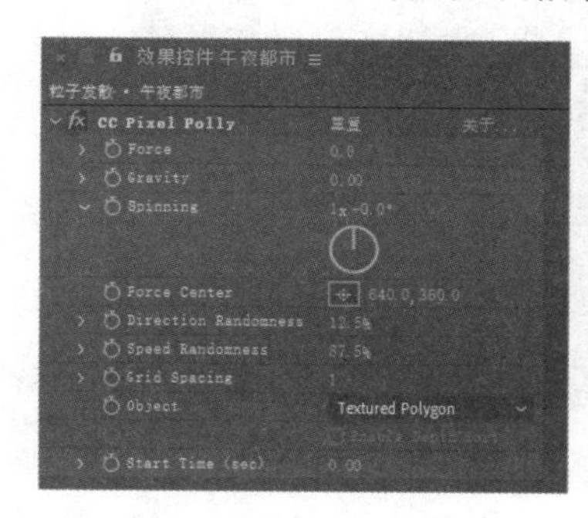

图 4-5

图 4-6

STEP 4 将时间标签放置在 0s 的位置，在“效果控件”面板中，单击“Force”选项左侧的“关键帧自动记录器”按钮，如图 4-7 所示，记录第 1 个关键帧。将时间标签放置在 4:24s 的位置，在“效果控件”面板中，设置“Force”选项的数值为-0.6，如图 4-8 所示，记录第 2 个关键帧。

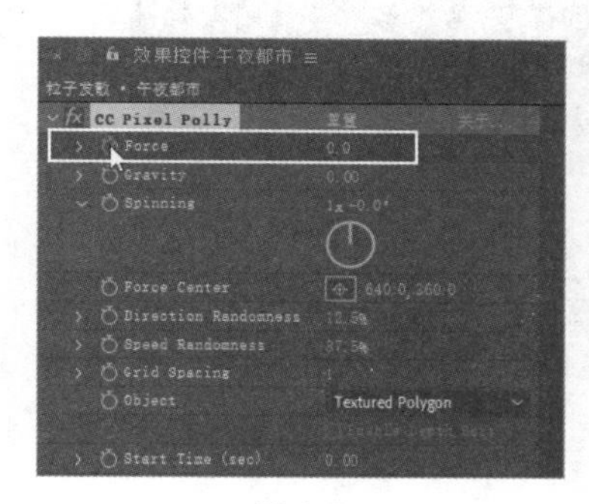

图 4-7

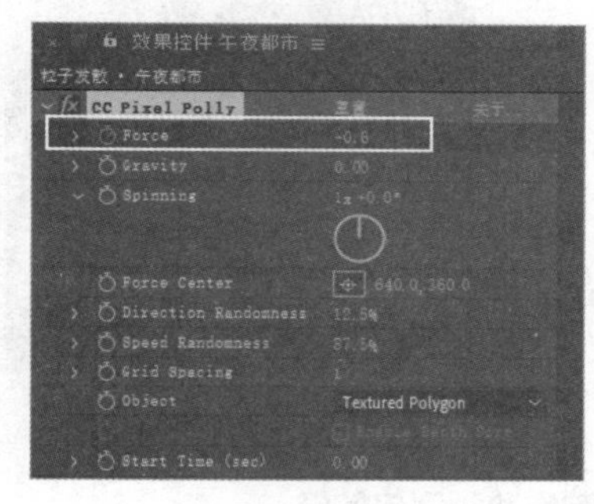

图 4-8

STEP 5 将时间标签放置在 3s 的位置，在“效果控件”面板中，单击“Gravity”选项左侧的“关键帧自动记录器”按钮，如图 4-9 所示，记录第 1 个关键帧。将时间标签放置在 4s 的位置，在“效果控件”面板中，设置“Gravity”选项的数值为 3，如图 4-10 所示，记录第 2 个关键帧。

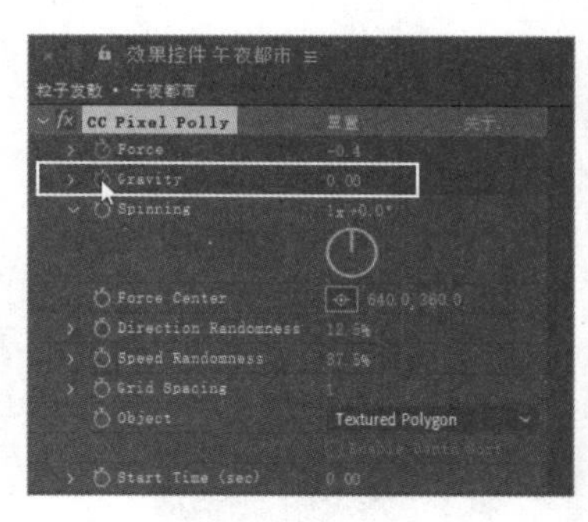

图 4-9

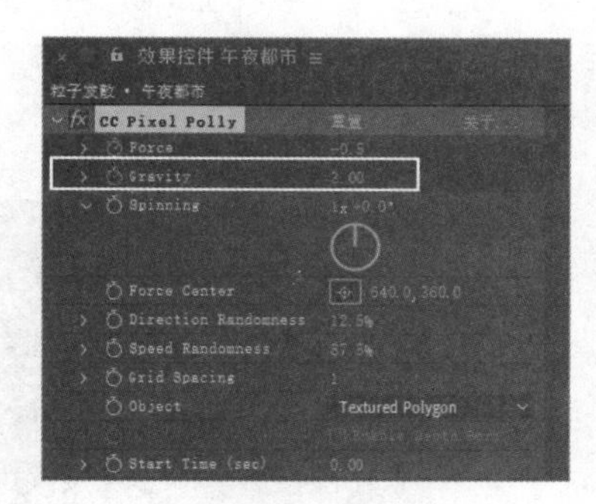

图 4-10

STEP 6 将时间标签放置在 0s 的位置，选择“效果 > 风格化 > 发光”命令，在“效果控件”面板中，设置“颜色 A”为红色（其 R、G、B 的值分别为 255、0、0），“颜色 B”为橙黄色（其 R、G、B 的值分别为 255、114、0），其他参数设置如图 4-11 所示。“合成”面板中的效果如图 4-12 所示。

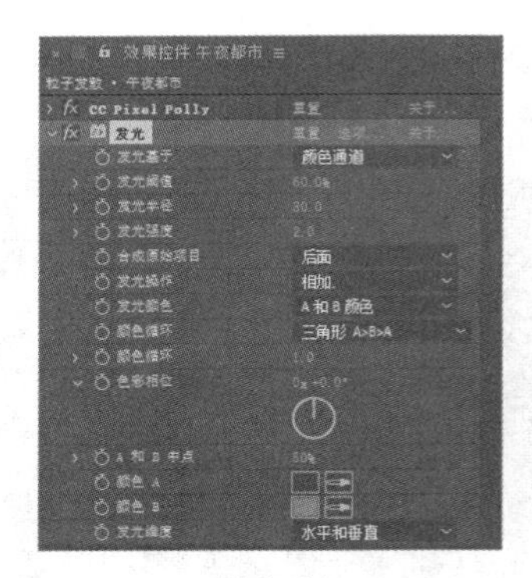

图 4-11

图 4-12

STEP 7 选择“效果 > Trapcode > Shine”命令，在“效果控件”面板中进行参数设置，如图 4-13 所示。“合成”面板中的效果如图 4-14 所示。

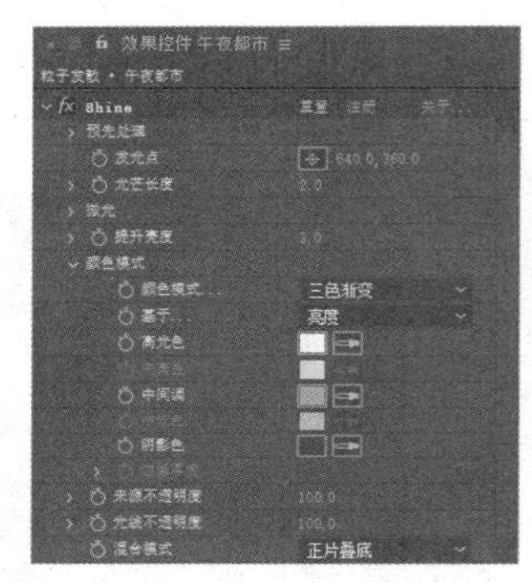

图 4-13

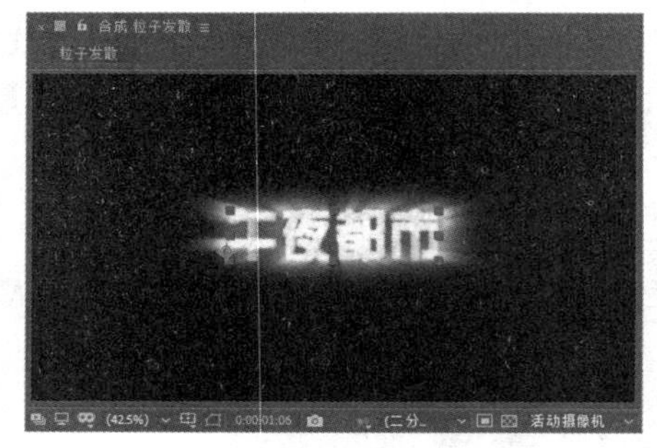

图 4-14

2．制作动画倒放效果

STEP 1 按 Ctrl+N 组合键，弹出“合成设置”对话框，在“合成名称”文本框中输入“粒子汇集”，其他选项的设置如图 4-15 所示，单击“确定”按钮，创建一个新的合成“粒子汇集”。

STEP 2 选择“文件 > 导入 > 文件”命令，在弹出的“导入文件”对话框中，选择资源包中的“Ch04 > 粒子汇集文字 > (Footage) > 01.mp4”文件，单击“导入”按钮，文件被导入“项目”面板中。在“项目”面板中选中“粒子发散”合成和“01.mp4”文件，将它们拖曳到“时间轴”面板中，图层的排列如图 4-16 所示。

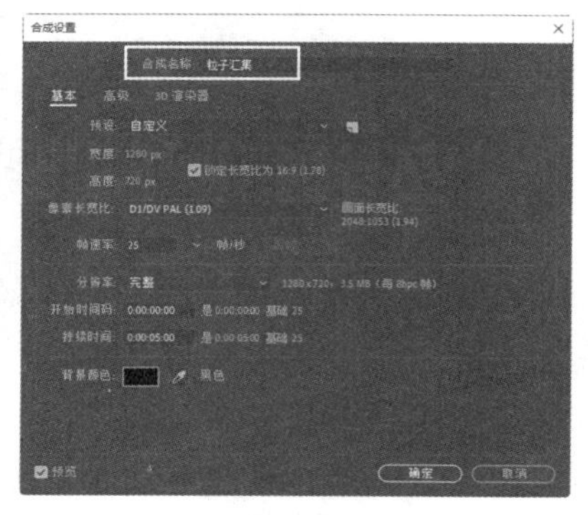

图 4-15

图 4-16

STEP 3 选中“粒子发散”图层，选择“图层 > 时间 > 时间伸缩”命令，弹出“时间伸缩”对话框，设置“拉伸因数”选项的数值为-100%，如图 4-17 所示，单击“确定”按钮。时间标签自动移到 0s 位置，如图 4-18 所示。

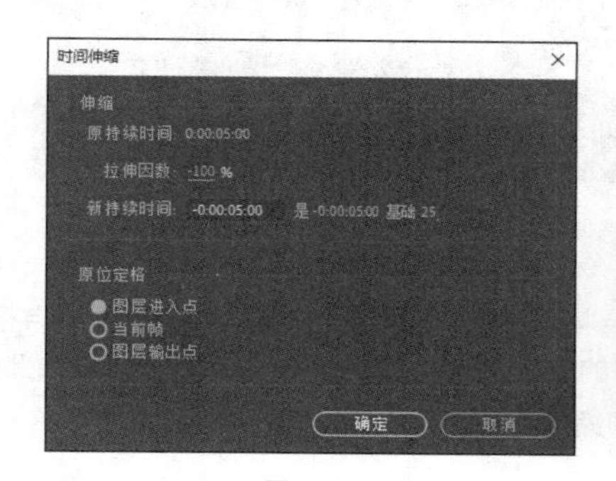

图 4-17

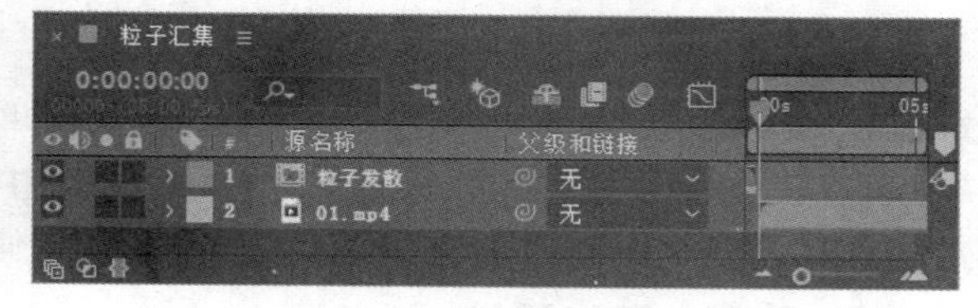

图 4-18

STEP 4 按 [键将素材对齐，如图 4-19 所示，实现倒放功能。粒子汇集文字制作完成，如图 4-20 所示。

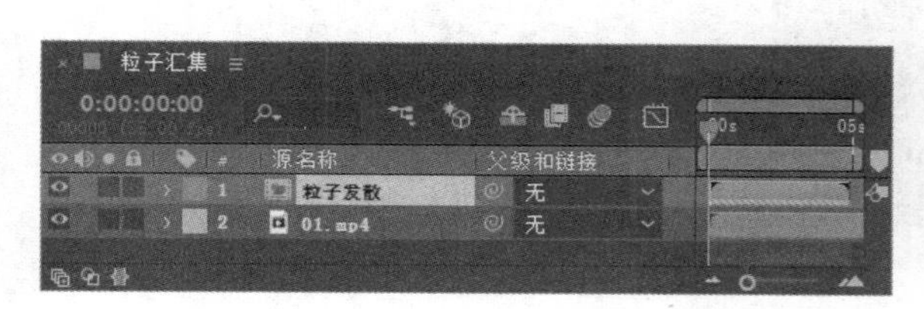

图 4-19

图 4-20

4.1.2　使用时间轴控制播放速度

选择“文件 > 打开项目”命令，或按 Ctrl+O 组合键，在弹出的“打开”对话框中，选择资源包中的“基础素材 > Ch04 > 时间调整 > 时间调整.aep”文件，单击“打开”按钮打开文件。

在“时间轴”面板中，单击按钮，展开“伸缩”属性，如图 4-21 所示。“伸缩”属性可以加快或者减慢动态素材的播放速度，默认情况下伸缩值为 100%，代表以正常速度播放片段；小于 100%时，会加快播放速度；大于 100%时，将减慢播放速度。不过时间伸缩不可以形成关键帧，因此不能制作时间变速的动画效果。

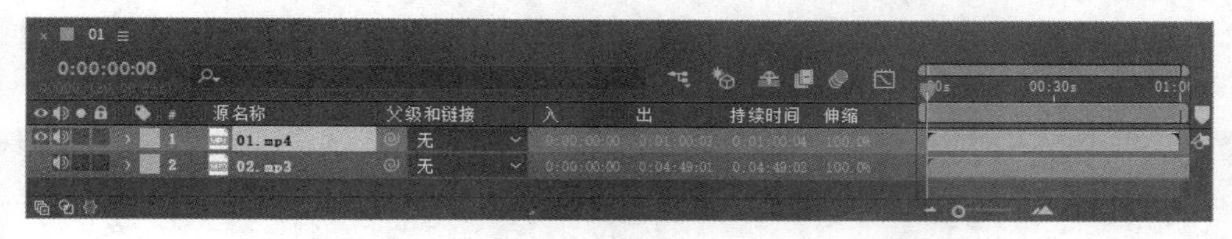

图 4-21

4.1.3　设置声音的时间轴属性

除了视频，在 After Effects 中还可以对音频应用伸缩功能。调整音频图层中的伸缩值，随着伸缩值的变化，可以听到声音的变化，如图 4-22 所示。

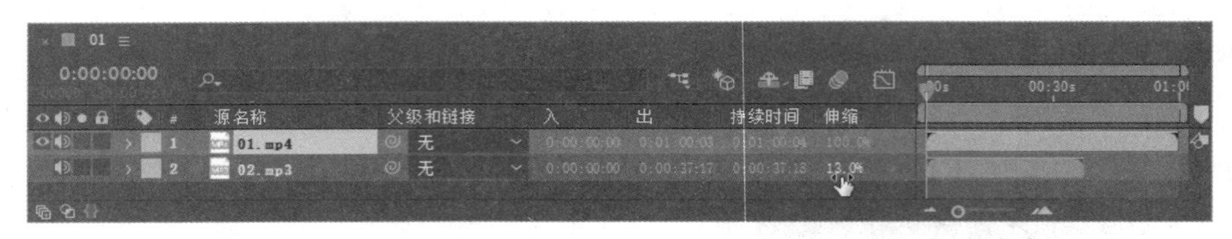

图 4-22

如果某个素材图层同时包含音频和视频信息，在调整伸缩值时，希望只影响视频信息，而音频信息保持正常速度播放，就需要将该素材图层复制一份，两个图层中的一个图层关闭视频信息，但保留音频部分，不改变伸缩值；另一个关闭音频信息，保留视频部分，调整伸缩值。

4.1.4 使用入和出属性

入和出属性不但可以方便地控制图层的入点和出点信息，而且隐藏了一些快捷功能，通过它们同样可以改变素材片段的播放速度，改变伸缩值。

在“时间轴”面板中，调整当前时间标签到某个时间位置，在按住 Ctrl 键的同时，单击入或出属性的参数，即可改变素材片段播放的时间，如图 4-23 所示。

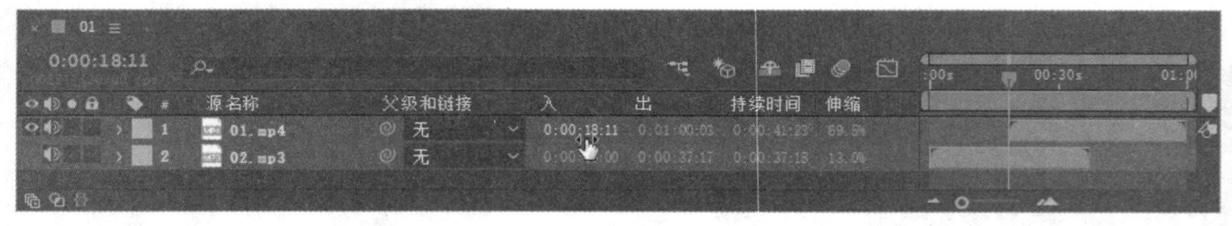

图 4-23

4.1.5 时间轴上的关键帧

如果素材图层上已经制作了关键帧动画，那么在改变其伸缩值时，不仅会影响其本身的播放速度，关键帧之间的时间距离还会随之改变。例如，将伸缩值设置为 50%，原来关键帧之间的时间距离就会缩短一半，关键帧动画的播放速度同样也会加快一倍，如图 4-24 所示。

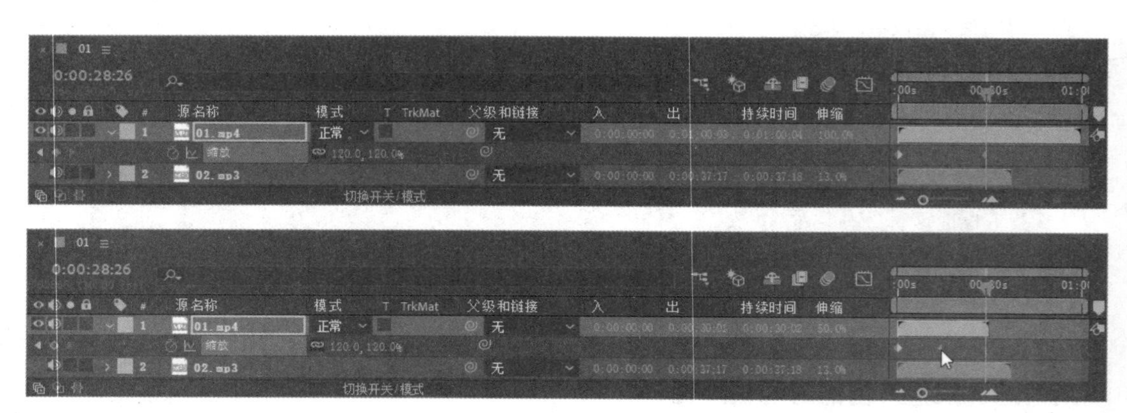

图 4-24

如果不希望改变伸缩值时影响关键帧时间位置，则需要全选当前图层的所有关键帧，然后选择“编辑 > 剪切”命令，或按 Ctrl+X 组合键，暂时将关键帧信息剪切到系统剪贴板中，调整伸缩值，在改变素材图层的播放速度后，选取使用关键帧的属性，再选择“编辑 > 粘贴”命令，或按 Ctrl+V 组合键，将关键帧粘贴回当前图层。

4.1.6　颠倒时间

在视频节目中，经常会看到倒放的动态影像，把伸缩值调整为负值即可实现。例如，保持片段原来的播放速度，只是倒放，将伸缩值设置为-100%即可。

当伸缩属性设置为负值时，图层上出现了蓝色的斜线，表示已经颠倒了时间。但是图层会移动到别的地方，这是因为在颠倒时间的过程中，是以图层的入点为变化基准的，所以反向时导致位置上的变动，将其拖曳到合适位置即可，如图 4-25 所示。

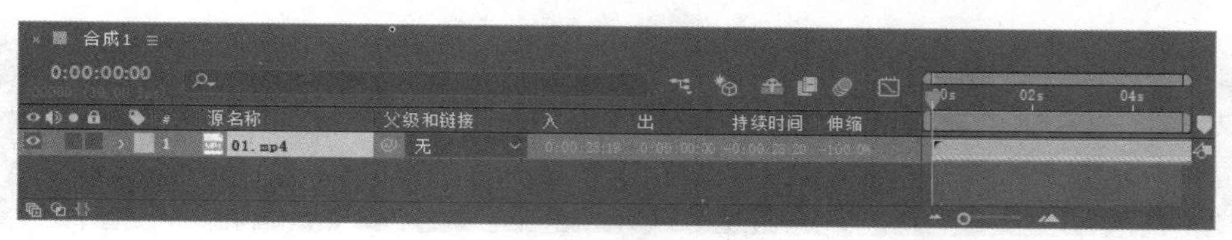

图 4-25

4.1.7　确定时间调整基准点

在伸缩时间的过程中，读者可以发现变化时的基准点在默认情况下是以入点为基准的，特别是在颠倒时间的练习中能更明显地感受到这一点。其实在 After Effects 中，时间调整的基准点同样是可以改变的。

单击伸缩参数，弹出“时间伸缩”对话框，在“原位定格”设置区域可以设置改变时间伸缩值时图层变化的基准点，如图 4-26 所示。

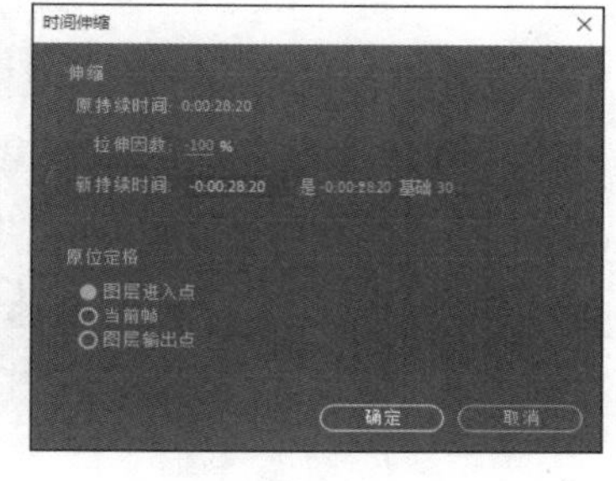

图 4-26

图层进入点：以图层入点为基准，也就是在调整过程中，固定入点位置。

当前帧：以当前时间标签为基准，也就是在调整过程中，同时影响入点和出点位置。

图层输出点：以图层出点为基准，也就是在调整过程中，固定出点位置。

4.2　重置时间

重置时间可以随时重新设置素材片段播放速度。与伸缩不同的是，它可以设置关键帧，创作各种时间变速动画。重置时间可以应用在动态素材上，如视频素材图层、音频素材图层和嵌套合成等。

4.2.1　应用重置时间命令

在“时间轴”面板中选中视频素材图层，选择“图层 > 时间 > 启用时间重映射”命令，或按 Ctrl+Alt+T 组合键，激活“时间重映射”属性，如图 4-27 所示。

添加“时间重映射”后会自动在视频层的入点和出点位置加入两个关键帧，入点位置关键帧记录了片段 0s 这个时间，出点位置关键帧记录了片段最后的时间，即 28:15s。

图 4-27

4.2.2 重置时间的方法

STEP 1 在“时间轴”面板中，移动时间标签到 10s 的位置，单击“在当前时间添加或移除关键帧”按钮，如图 4-28 所示，生成 1 个关键帧，这个关键帧记录了片段 10s 这个时间。

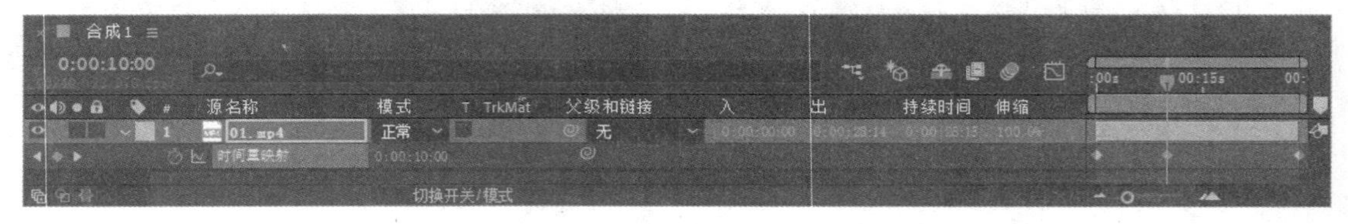

图 4-28

STEP 2 将刚刚生成的关键帧往左边拖曳到 5s 的位置，这样得到的结果是从开始一直到 5s 位置，会播放片段 0s 到 10s 的内容。因此，从开始到第 5s 时，素材片段会快速播放，而过了 5s 以后，素材片段会慢速播放，因为最后的关键帧并没有发生位置移动，如图 4-29 所示。

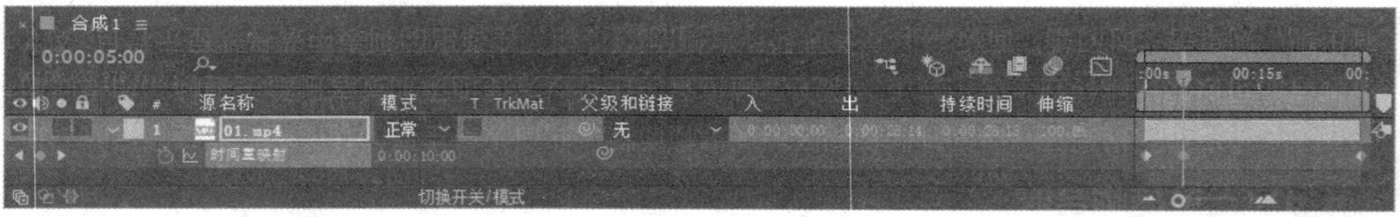

图 4-29

STEP 3 按 0 键预览动画效果，按任意键结束预览。

STEP 4 再次将时间标签移动到 10s 的位置，单击“在当前时间添加或移除关键帧”按钮，生成 1 个关键帧，这个关键帧记录了片段 13:22s 这个时间，如图 4-30 所示。

图 4-30

STEP 5 将记录了片段 13:22s 的这个关键帧移动到 3s 的位置，会播放片段 0s 到 13:22s 的内容，速度非常快；然后从 3s 到 5s 的位置，反向播放片段 13:22s 到 10s 的内容；过了 5s 直到最后，会重新播放片段 10s 到 28:15s 的内容，如图 4-31 所示。

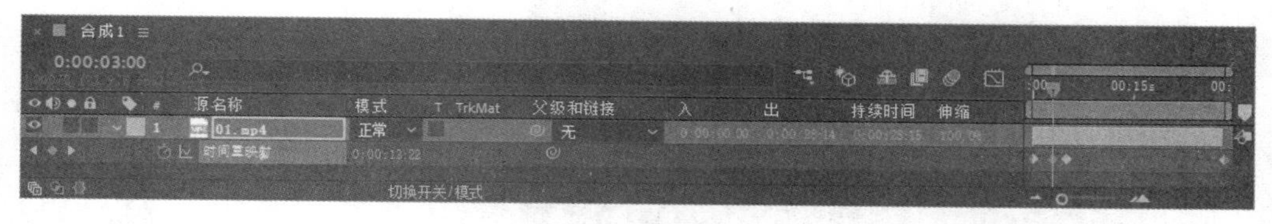

图 4-31

STEP 6 单击“时间轴”面板中的“图表编辑器”按钮，切换到“图形编辑器”模式，调整这些关键帧的运动速率，可调整播放速度，如图 4-32 所示。

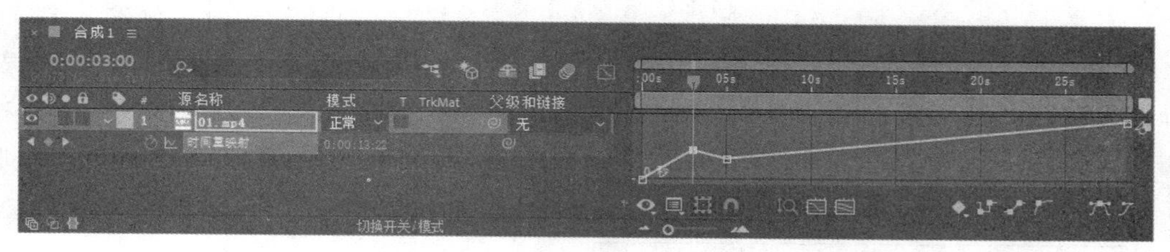

图 4-32

4.3 理解关键帧的概念

在 After Effects 中，把包含关键信息的帧称为关键帧。锚点、旋转和不透明度等所有能够用数值表示的信息都包含在关键帧中。

在制作电影时，通常要制作许多不同的片段，然后将各片段连接在一起。每一个片段的开头和结尾都要做一个标记，这样在看到标记时就知道这一段内容是什么。

After Effects 依据前后两个关键帧，识别动画开始和结束的状态，并自动计算中间的动画过程（此过程也叫插值运算），产生视觉动画。这也就意味着，要产生关键帧动画，就必须拥有两个或两个以上有变化的关键帧。

4.4 关键帧的基本操作

在 After Effects 中，可以添加、选择和编辑关键帧，还可以使用关键帧自动记录器来记录关键帧。下面将对关键帧的基本操作进行具体讲解。

4.4.1 课堂案例——旅游广告

案例学习目标

学习使用关键帧制作飞机运动效果。

案例知识要点

使用图层编辑飞机位置或方向；使用“动态草图”命令绘制动画路径并自动添加关键帧；使用“平滑器”命令自动减少关键帧。旅游广告效果如图 4-33 所示。

效果所在位置

资源包 > Ch04 > 旅游广告 > 旅游广告.aep。

图 4-33

旅游广告

STEP 1 按 Ctrl+N 组合键，弹出“合成设置”对话框，在“合成名称”文本框中输入“效果”，其他选项的设置如图 4-34 所示，单击“确定”按钮，创建一个新的合成“效果”。选择“文件 > 导入 > 文件”命令，在弹出的“导入文件”对话框中，选择资源包中的“Ch04 > 旅游广告 > (Footage) > 01.jpg、02.png～04.png”文件，单击“导入”按钮，导入图片到“项目”面板中，如图 4-35 所示。

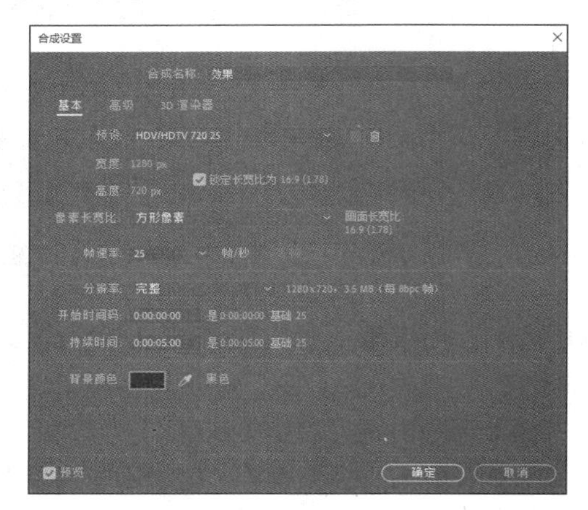

图 4-34

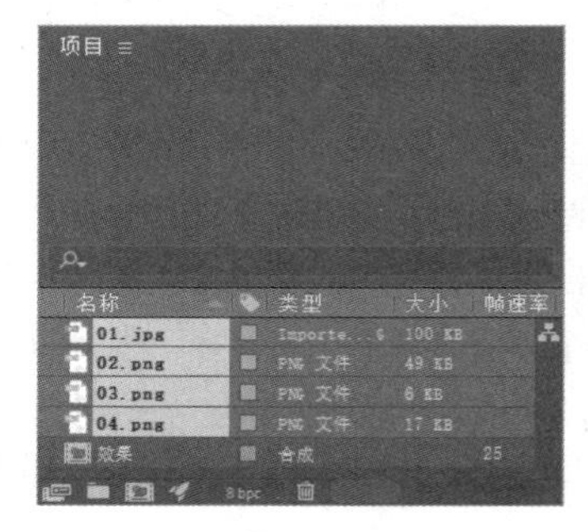

图 4-35

STEP 2 在“项目”面板中，选中“01.jpg”“02.png”“03.png”文件，并将它们拖曳到“时间轴”面板中，图层的排列如图 4-36 所示。选中“02.png”图层，按 P 键，展开“位置”属性，设置“位置”选项的数值为 705、334，如图 4-37 所示。

STEP 3 选中“03.png”图层，选择“向后平移（锚点）”工具，在“合成”面板中按住鼠标左键，调整飞机的中心点位置，如图 4-38 所示。

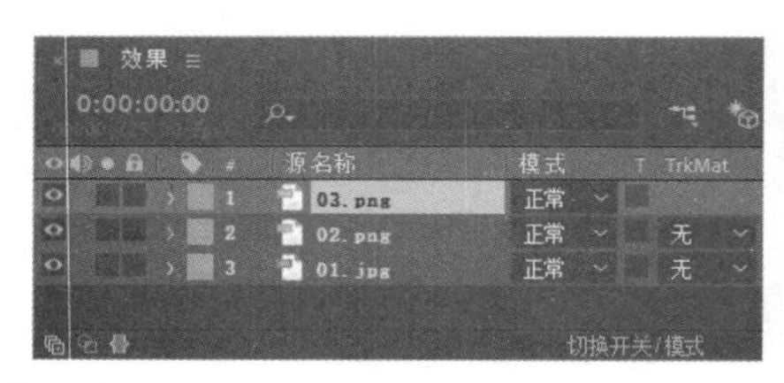

图 4-36

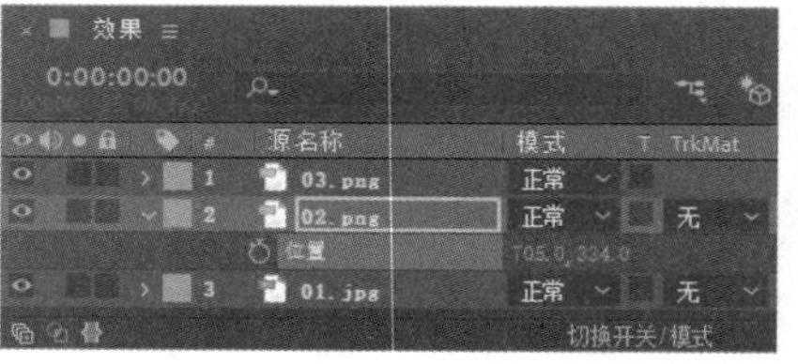

图 4-37

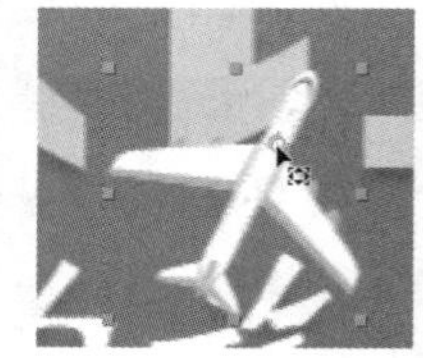

图 4-38

STEP 4 按 P 键，展开“位置”属性，设置“位置”选项的数值为 909、685，如图 4-39 所示。按 R 键，展开“旋转”属性，设置“旋转”选项的数值为 0、+57，如图 4-40 所示。“合成”面板中的效果如图 4-41 所示。

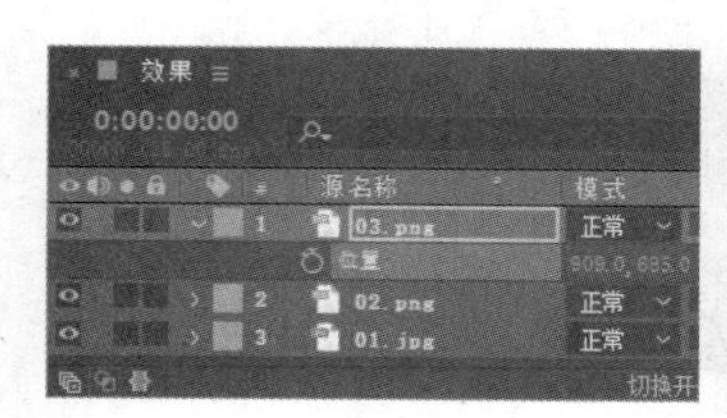

图 4-39

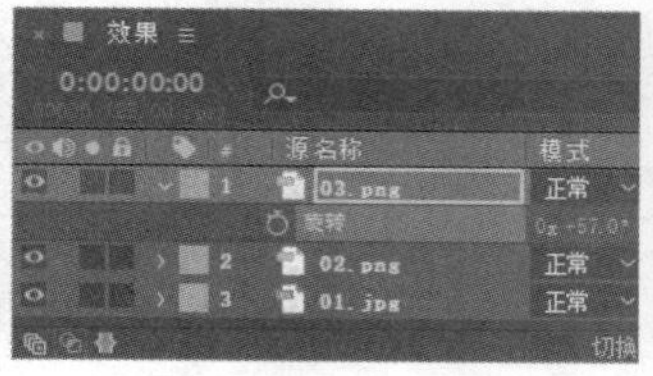

图 4-40

图 4-41

STEP 5 选择“窗口 > 动态草图”命令，弹出“动态草图”面板，在面板中设置参数，如图 4-42 所示，单击“开始捕捉”按钮。当“合成”面板中的鼠标指针变成“十”字形状时，在面板中绘制运动路径，如图 4-43 所示。

图 4-42

图 4-43

STEP 6 选择“图层 > 变换 > 自动定向”命令，弹出“自动方向”对话框，在对话框中选择“沿路径定向”选项，如图 4-44 所示，单击“确定”按钮。“合成”面板中的效果如图 4-45 所示。

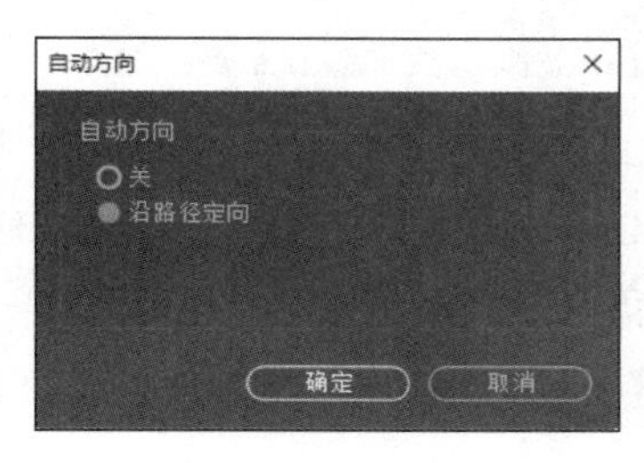

图 4-44

图 4-45

STEP 7 按 P 键，展开“位置”属性，单击属性名称，用框选的方法选中所有关键帧。选择“窗口 > 平滑器”命令，打开“平滑器”面板，在面板中设置参数，如图 4-46 所示，单击“应用”按钮。“合成”面板中的效果如图 4-47 所示。制作完成后，动画就会更加流畅。

STEP 8 在“项目”面板中选中“04.png”文件，将其拖曳到“时间轴”面板中，如图 4-48 所示。“合成”面板中的效果如图 4-49 所示。旅游广告制作完成。

图 4-46

图 4-47

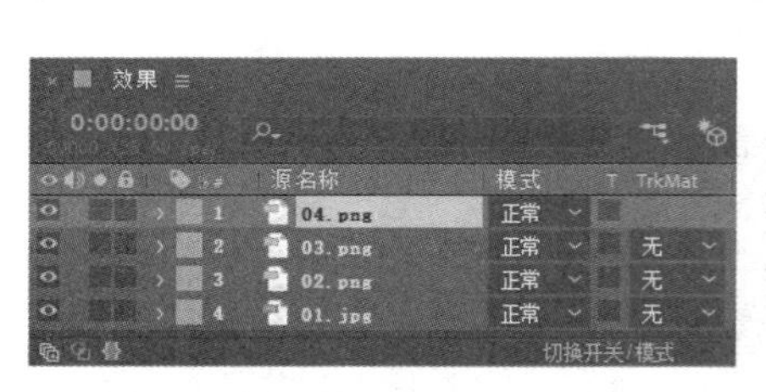

图 4-48

图 4-49

4.4.2 关键帧自动记录器

After Effects 提供了非常丰富的功能用于调整和设置图层的各个属性，但是在普通状态下这种设置被看作针对整个持续时间，如果要进行动画处理，则必须单击“关键帧自动记录器”按钮，记录两个或两个以上的、含有不同变化信息的关键帧，如图 4-50 所示。

图 4-50

关键帧自动记录器为启用状态时，After Effects 将自动记录当前时间标签下该图层该属性的任何变动，形成关键帧。如果关闭关键帧自动记录器，则该属性所有已有的关键帧将被删除，由于缺少关键帧，动画信息丢失，再次调整属性时，将被视为针对整个持续时间的调整。

4.4.3 添加关键帧

添加关键帧的方法有很多，基本方法是首先激活某属性的关键帧自动记录器，然后改变属性值，在当前时间标签处形成关键帧，具体操作步骤如下。

STEP 1 选中某图层，单击小三角形按钮或按属性的快捷键，展开图层的属性。

STEP 2 将时间标签移动到建立第 1 个关键帧的时间位置。

STEP 3 单击某属性左侧的“关键帧自动记录器”按钮，当前时间标签位置将产生第 1 个关键帧，调整此属性到合适值。

STEP 4 将时间标签移动到建立下一个关键帧的时间位置，在“合成”面板或者“时间轴”面板中调整相应的图层属性，关键帧将自动产生。

STEP 5 按 0 键，预览动画。

如果某图层的蒙版属性打开了关键帧自动记录器，那么在“图层”面板中调整蒙版时也会产生关键帧信息。

另外，单击“时间轴”控制区中关键帧面板中间的按钮，可以添加关键帧；如果是在已经有关键帧的情况下单击此按钮，则删除已有的关键帧，其组合键是 Alt+Shift+属性快捷键，如 Alt+Shift+P 组合键。

4.4.4 关键帧导航

在上一小节中，提到了“时间轴”控制区的关键帧面板，此面板最主要的功能就是关键帧导航，通过关键帧导航可以快速跳转到上一个或下一个关键帧位置，还可以方便地添加或者删除关键帧。如果此面板没有出现，则单击“时间轴”面板左上方合成名称右侧的按钮，在弹出的列表中选择“显示栏目>A/V 功能”命令，即可打开此面板，如图 4-51 所示。

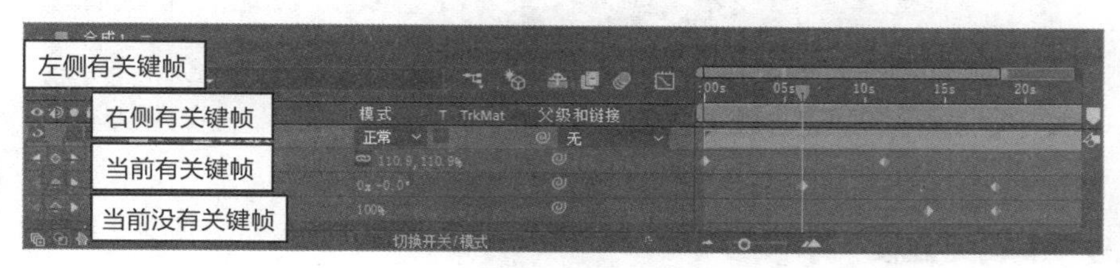

图 4-51

要对关键帧进行导航操作，就必须将关键帧呈现出来，按 U 键，可展示图层中所有关键帧动画信息。

按钮：单击此按钮将跳转到上一个关键帧位置，其快捷键是 J。

按钮：单击此按钮将跳转到下一个关键帧位置，其快捷键是 K。

关键帧导航按钮仅针对本属性的关键帧进行导航，快捷键 J 和 K 则可以针对画面中展现的所有关键帧进行导航，这是有区别的。

“在当前时间添加或移除关键帧”按钮：当前无关键帧，单击此按钮将生成关键帧。

“在当前时间添加或移除关键帧”按钮：当前已有关键帧，单击此按钮将删除关键帧。

4.4.5 选择关键帧

1. 选择单个关键帧

在“时间轴”面板中，展开某个含有关键帧的属性，单击某个关键帧，此关键帧即被选中。

2. 选择多个关键帧

方法一：在“时间轴”面板中，按住 Shift 键的同时，逐个选择关键帧，即可选择多个关键帧。

方法二：在“时间轴”面板中，用鼠标拖曳出一个选取框，选取框内的所有关键帧即被选中，如图 4-52 所示。

图 4-52

3. 选择所有关键帧

单击图层属性名称，即可选择所有关键帧，如图 4-53 所示。

图 4-53

4.4.6 编辑关键帧

1. 编辑关键帧值

在关键帧上双击，在弹出的对话框中进行设置，如图 4-54 所示。

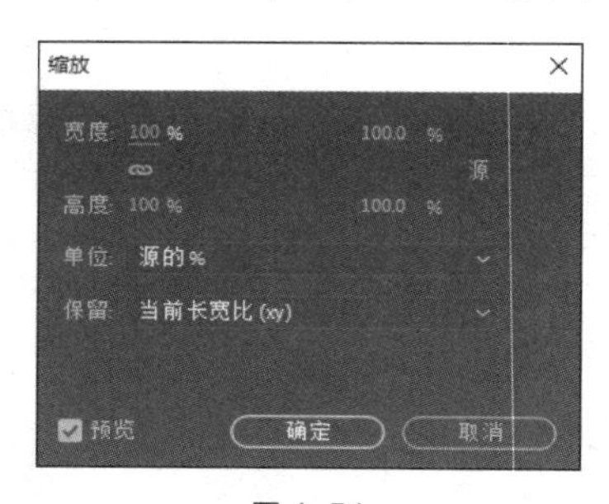

图 4-54

双击不同属性的关键帧，弹出的对话框中呈现的内容也会不同。图 4-54 为双击“缩放”属性关键帧时弹出的对话框。

要在“合成”面板或者“时间轴”面板中调整关键帧，就必须选中当前关键帧，否则编辑关键帧将变成生成新的关键帧，如图 4-55 所示。

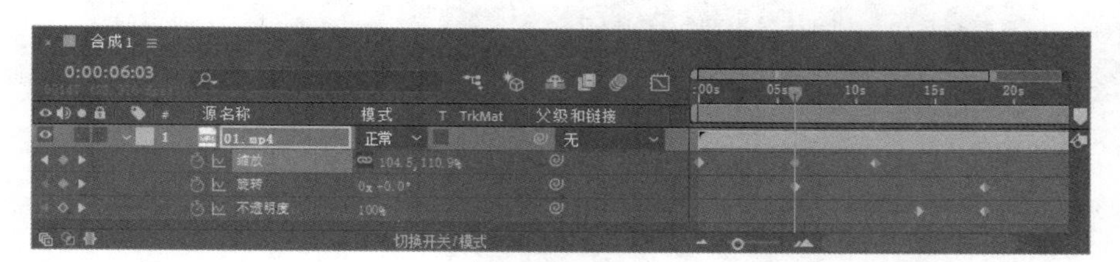

图 4-55

在按住 Shift 键的同时，移动当前时间标签，当前时间标签将自动对齐最近的一个关键帧；如果在按住 Shift 键的同时，移动关键帧，关键帧将自动对齐当前时间标签。

要同时改变某属性的几个或所有关键帧的值，则需要同时选中几个或者所有关键帧，并确定当前时间标签刚好对齐选中的某一个关键帧，如图 4-56 所示。

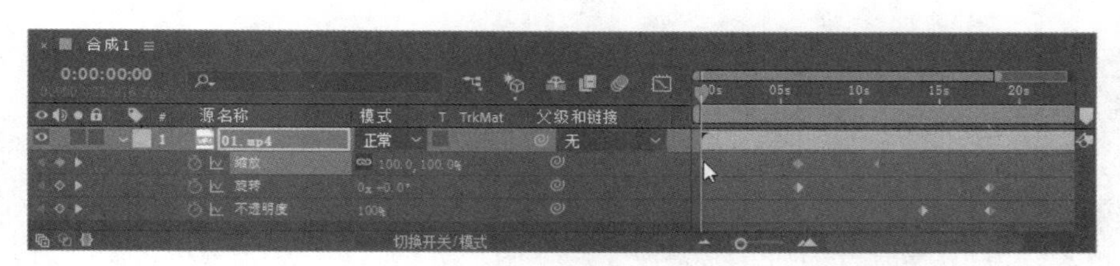

图 4-56

2. 移动关键帧

选中单个或者多个关键帧，按住鼠标左键，将其拖曳到目标时间位置即可移动关键帧；还可以在按住 Shift 键的同时，锁定到当前时间标签位置。

3. 复制关键帧

复制关键帧可以大大提高创作效率，避免一些重复性的操作，但是在粘贴操作前一定要注意当前选择的目标图层、目标图层的目标属性，以及当前时间标签所在位置，因为这是粘贴操作的重要依据。具体操作步骤如下。

STEP 1 选中要复制的单个或多个关键帧，甚至是多个属性的多个关键帧，如图 4-57 所示。

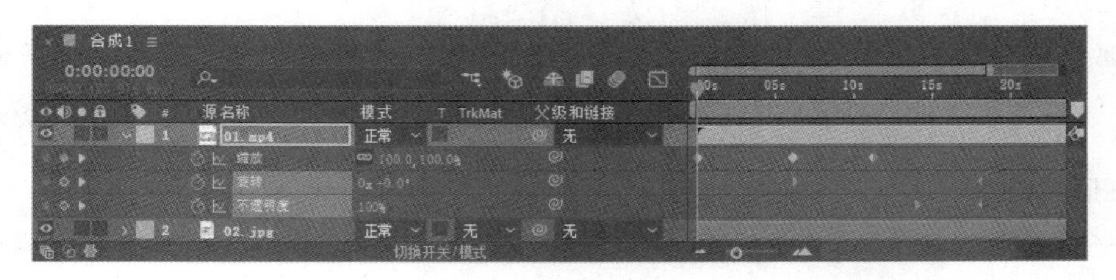

图 4-57

STEP 2 选择“编辑 > 复制”命令，复制选中的多个关键帧。选择目标图层，将时间标签移动到目标时间位置，如图 4-58 所示。

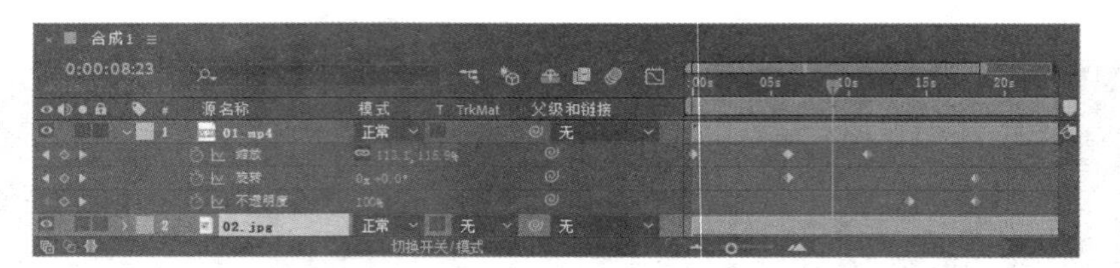

图 4-58

STEP 3 选择“编辑 > 粘贴”命令，将复制的关键帧粘贴，按 U 键显示所有关键帧，如图 4-59 所示。

图 4-59

关键帧的复制和粘贴不仅可以在本图层属性上执行，也可以将其粘贴到其他图层相同属性上，这要求两个属性的数据类型必须一致。例如，将某个二维图层的“位置”动画信息复制并粘贴到另一个二维图层的“锚点”属性上，由于两个属性的数据类型一致（都是 x 轴向和 y 轴向的两个值），所以可以实现复制和粘贴操作。只要在粘贴操作前，确定选中目标图层的目标属性即可，如图 4-60 所示。

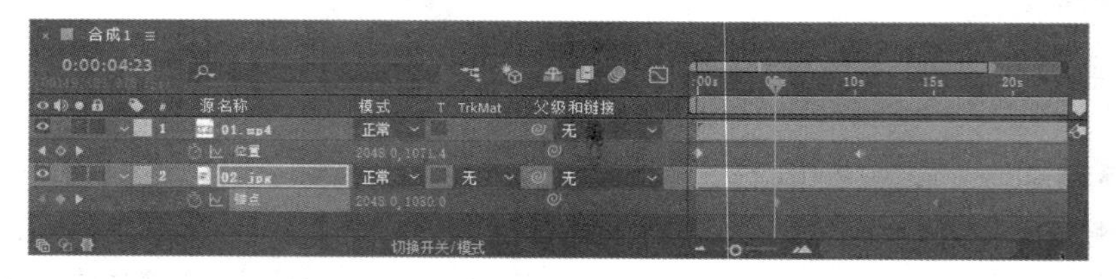

图 4-60

如果粘贴的关键帧与目标图层上的关键帧在同一时间位置，粘贴的关键帧将覆盖目标图层上原来的关键帧。另外，图层的属性值在无关键帧时也可以进行复制，这通常用于不同图层间属性的统一操作。

4．删除关键帧

方法一：选中需要删除的单个或多个关键帧，选择“编辑 > 清除”命令，进行删除操作。

方法二：选中需要删除的单个或多个关键帧，按 Delete 键，即可完成删除。

方法三：当前时间标签所在位置的关键帧，“时间轴”面板中的“在当前时间添加或移除关键帧”按钮呈◆状态，单击此状态下的该按钮或按 Alt+Shift+属性快捷键（如 Alt+Shift+P 组合键），将删除当前关键帧。

方法四：如果要删除某属性的所有关键帧，则单击属性的名称选中全部关键帧，然后按 Delete 键；或者单击关键帧属性左侧“关键帧自动记录器”按钮，将其关闭，也会起到删除关键帧的作用。

4.5 课堂练习——花开放

练习知识要点

使用“导入”命令导入视频与图片；使用“缩放”属性制作缩放效果；使用“位置”属性改变形状位置；使用“色阶”命令调整颜色；使用“启用时间重映射”命令添加并编辑关键帧。花开放效果如图 4-61 所示。

效果所在位置

资源包 > Ch04 > 花开放 > 花开放. aep。

图 4-61

花开放

4.6 课后习题——水墨过渡效果

习题知识要点

使用“复合模糊”命令，制作快速模糊；使用“重置图”命令，制作置换效果；使用“不透明度”属性，添加关键帧并编辑不透明度；使用“矩形”工具，绘制蒙版形状效果。水墨过渡效果如图 4-62 所示。

效果所在位置

资源包 > Ch04 > 水墨过渡效果 > 水墨过渡效果. aep。

图 4-62

水墨过渡效果

After Effects CC

Chapter

5

第 5 章 文字创建与制作效果

本章对创建文字的方法和文字效果的制作方法进行详细讲解。读者学习本章内容后，可以掌握 After Effects 的文字创建技巧。

课堂学习目标

- 掌握创建文字的操作方法
- 掌握文字效果的制作方法

5.1 创建文字

在 After Effects CC 2019 中创建文字非常方便，有以下两种方法。

方法一：单击工具箱中的“横排文字”工具T，在打开的列表中进行选择，如图 5-1 所示。

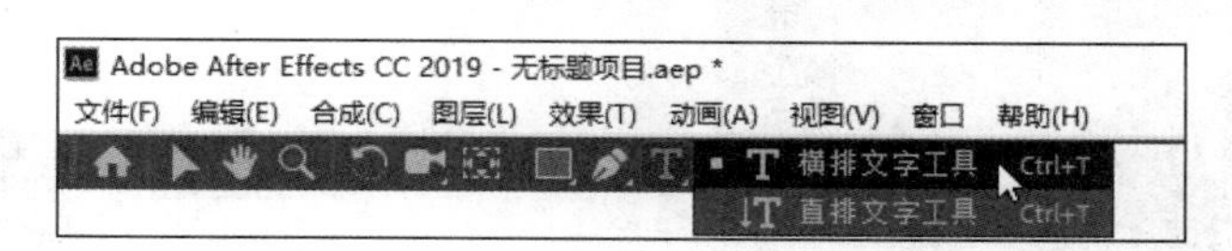

图 5-1

方法二：选择“图层 > 新建 > 文本”命令，或按 Ctrl+Alt+Shift+T 组合键，如图 5-2 所示。

图 5-2

5.1.1 课堂案例——打字效果

案例学习目标

学习输入、编辑文字的操作方法。

案例知识要点

使用“横排文字”工具，输入文字并编辑；使用“文字处理器”命令，制作打字动画。打字效果如图 5-3 所示。

效果所在位置

资源包 > Ch05 > 打字效果 > 打字效果. aep。

图 5-3

打字效果

STEP 1 按 Ctrl+N 组合键，弹出“合成设置”对话框，在“合成名称”文本框中输入“效果”，其他选项的设置如图 5-4 所示，单击“确定”按钮，创建一个新的合成“效果”。选择“文件 > 导入 > 文件”命令，在弹出的“导入文件”对话框中，选择资源包中的“Ch05 > 打字效果 > (Footage) > 01.avi”文件，单击“导入”按钮，视频被导入“项目”面板中，如图 5-5 所示。将视频拖曳到“时间轴”面板中。

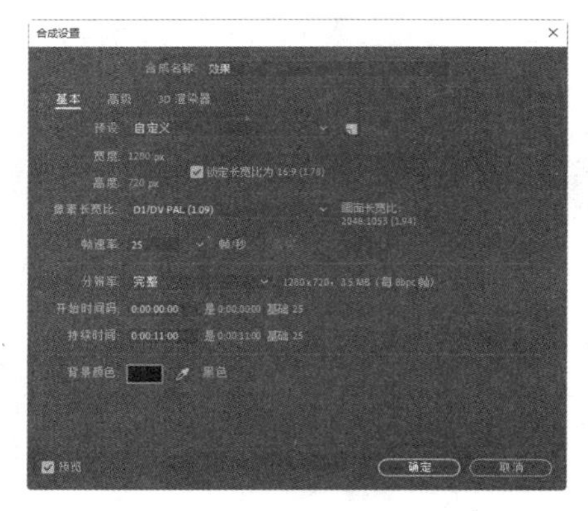

图 5-4

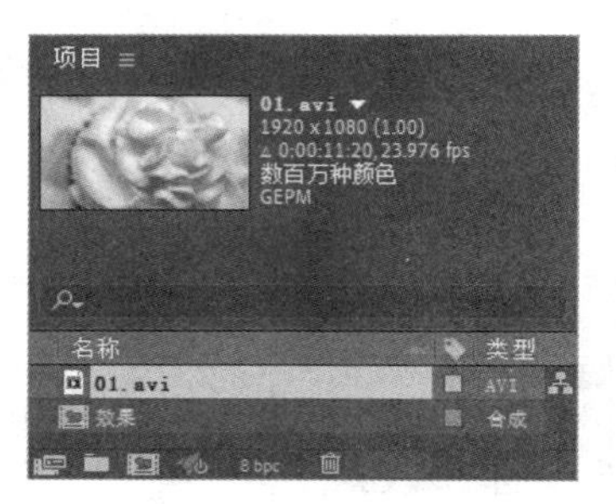

图 5-5

STEP 2 选中“01.avi”图层，按 S 键，展开“缩放”属性，设置“缩放”选项的数值为 73%，如图 5-6 所示。“合成”面板中的效果如图 5-7 所示。

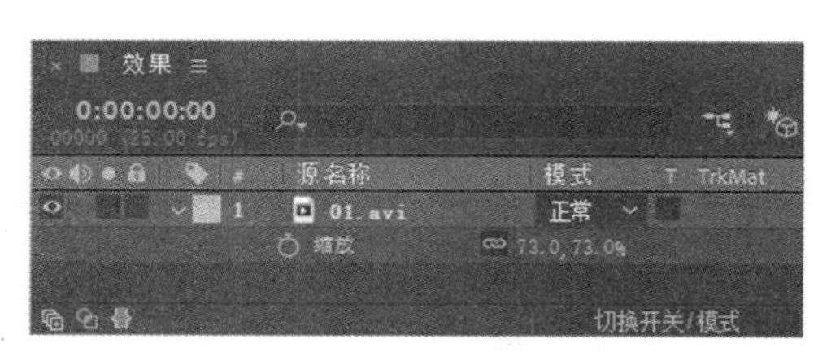

图 5-6

图 5-7

STEP 3 选择“横排文字”工具 T，在“合成”面板中输入文字“对美食的喜爱，会让你感受到世界的美好。”选中文字，在“字符”面板中设置文字参数，如图 5-8 所示。“合成”面板中的效果如图 5-9 所示。

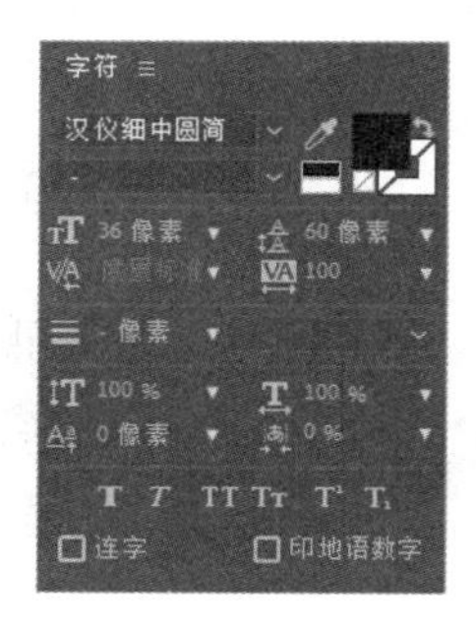

图 5-8

图 5-9

STEP 4 选中文字图层，将时间标签放置在 0s 的位置，选择“窗口 > 效果和预设”命令，打开

"效果和预设"面板，单击"动画预设"文件夹左侧的小箭头按钮将其展开，双击"Text > Multi-line > 文字处理器"命令，如图 5-10 所示，应用效果。"合成"面板中的效果如图 5-11 所示。

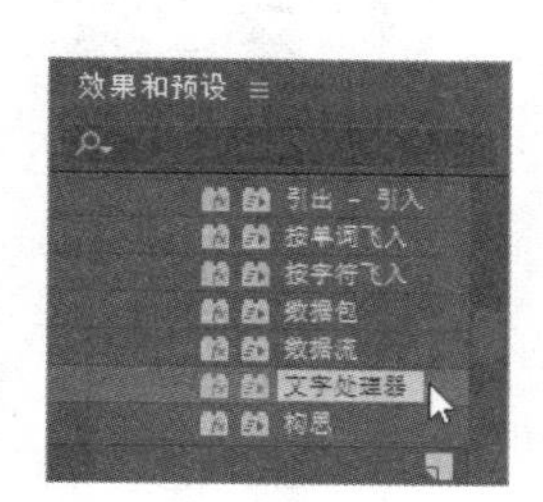

图 5-10

图 5-11

STEP 5 选中文字图层，按 U 键，展开所有关键帧，如图 5-12 所示。将时间标签放置在 6s 的位置，按住 Shift 键的同时，将第 2 个关键帧拖曳到时间标签所在的位置，并设置"滑块"选项的数值为 100，如图 5-13 所示。

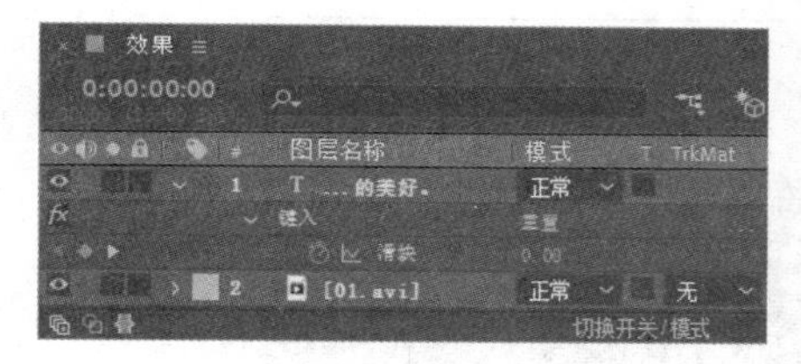

图 5-12

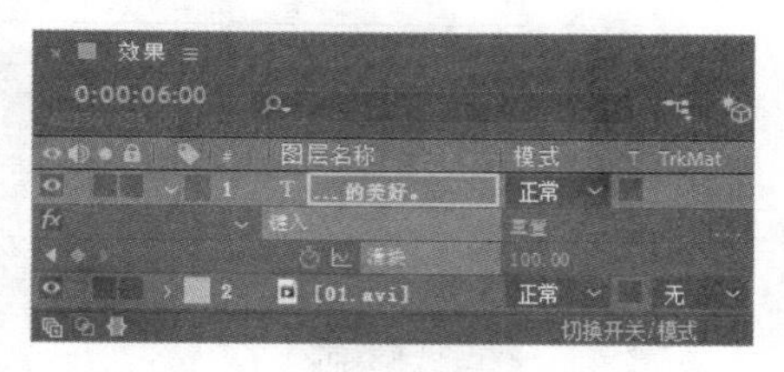

图 5-13

STEP 6 按 T 键，展开"不透明度"属性，单击"不透明度"选项左侧的"关键帧自动记录器"按钮，如图 5-14 所示，记录第 1 个关键帧。将时间标签放置在 8s 的位置，在"时间轴"面板中设置"不透明度"选项的数值为 0%，如图 5-15 所示，记录第 2 个关键帧。

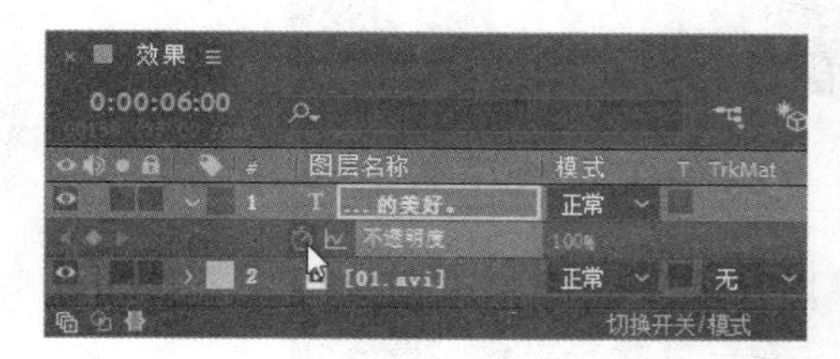

图 5-14

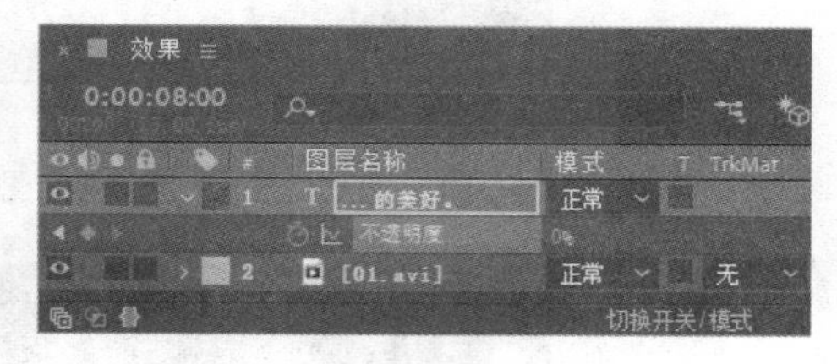

图 5-15

STEP 7 打字效果制作完成，如图 5-16 所示。

5.1.2 文字工具

工具箱中提供了建立文本的工具，包括"横排文字"工具和"直排文字"工具，用户可以根据需要创建水平文字和垂直文字，如图 5-17 所示。"字符"面板提供了字体类型、字号、颜色、字间距、行间距和比例关系等设置选项。"段落"面板提供了文本左对齐、中心对齐和右对齐等段落设置选项，如图 5-18 所示。

图 5-16

图 5-17

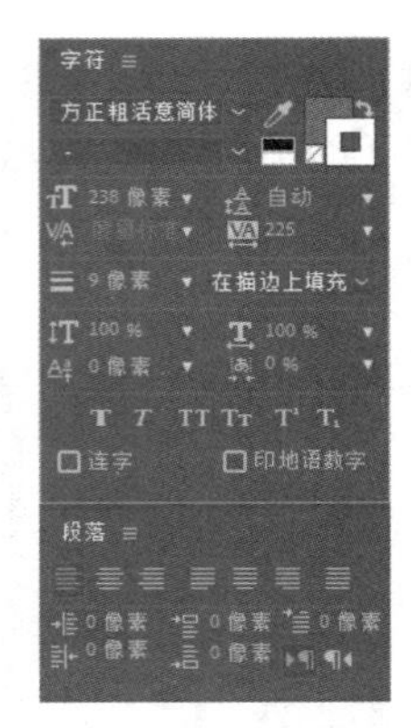

图 5-18

5.1.3 文字层

在菜单栏中选择“图层 > 新建 > 文本”命令，可以建立一个文字层，如图 5-19 所示。建立文字层后，可以直接在“合成”面板中输入需要的文字，如图 5-20 所示。

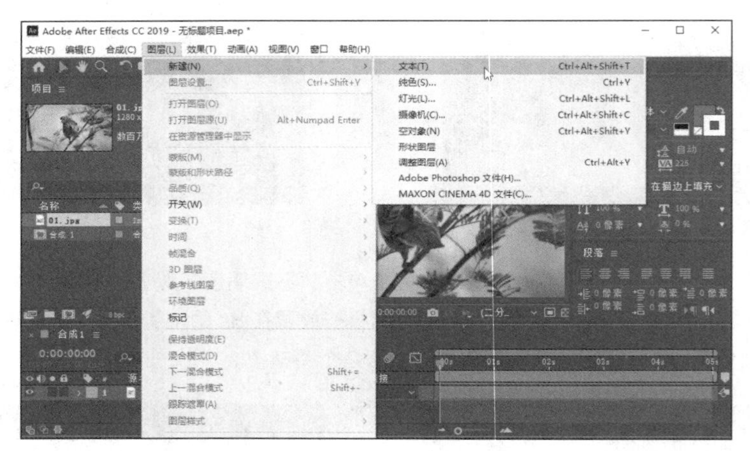

图 5-19

图 5-20

5.2 文字效果

After Effect CC 2019 保留了旧版本中的一些文字效果，如基本文字和路径文字，这些效果主要用于创建一些单纯使用“文字”工具不能实现的效果。

5.2.1 课堂案例——烟飘文字

案例学习目标

学习制作文字效果。

案例知识要点

使用“横排文字”工具，输入文字；使用“分形杂色”命令，制作背景效果；使用“矩形”工具，制作蒙版效果；使用“复合模糊”命令、“置换图”命令，制作烟飘效果。烟飘文字效果如图 5-21 所示。

效果所在位置

资源包 > Ch05 > 烟飘文字 > 烟飘文字.aep。

图 5-21

烟飘文字

1. 输入文字与添加噪波

STEP 1 按 Ctrl+N 组合键，弹出“合成设置”对话框，在“合成名称”文本框中输入“文字”，单击“确定”按钮，创建一个新的合成“文字”，如图 5-22 所示。

STEP 2 选择“横排文字”工具 T，在“合成”面板中输入文字“Urban Night”。选中文字，在“字符”面板中设置“填充颜色”选项为蓝色（其 R、G、B 的值分别为 0、132、202），其他参数设置如图 5-23 所示。“合成”面板中的效果如图 5-24 所示。

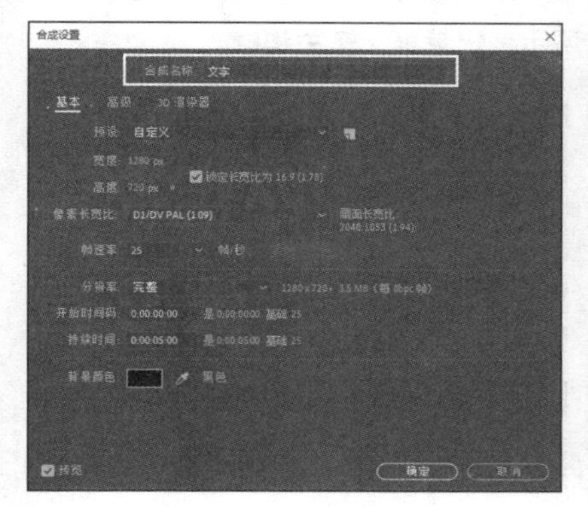

图 5-22

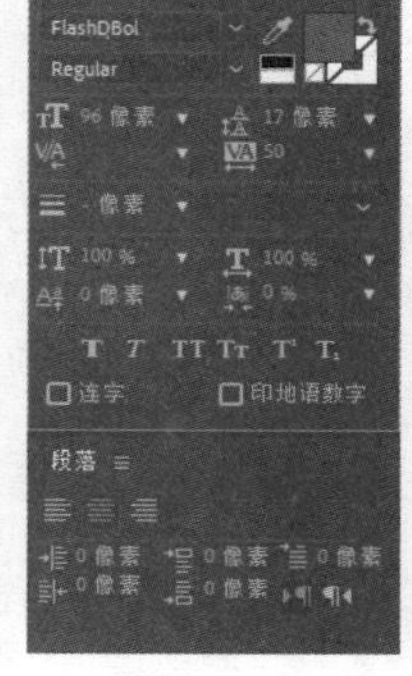

图 5-23

Urban Night

图 5-24

STEP 3 按 Ctrl+N 组合键，弹出“合成设置”对话框，在“合成名称”文本框中输入“噪波”，单击“确定”按钮。创建一个新的合成“噪波”。选择“图层 > 新建 > 纯色”命令，弹出“纯色设置”对话框，如图 5-25 所示，在“名称”文本框中输入文字“噪波”，将“颜色”设为灰色（其 R、G、B 的值均为 135），单击“确定”按钮。在“时间轴”面板中新增一个灰色纯色图层，如图 5-26 所示。

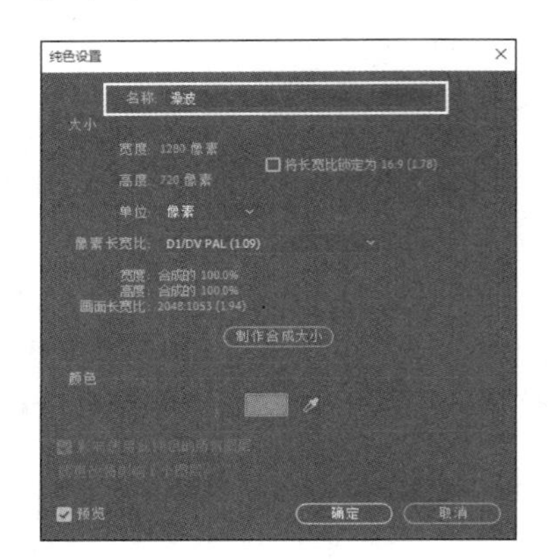

图 5-25

图 5-26

STEP 4 选中“噪波”图层，选择“效果 > 杂色和颗粒 > 分形杂色”命令，在“效果控件”面板中进行参数设置，如图 5-27 所示。“合成”面板中的效果如图 5-28 所示。

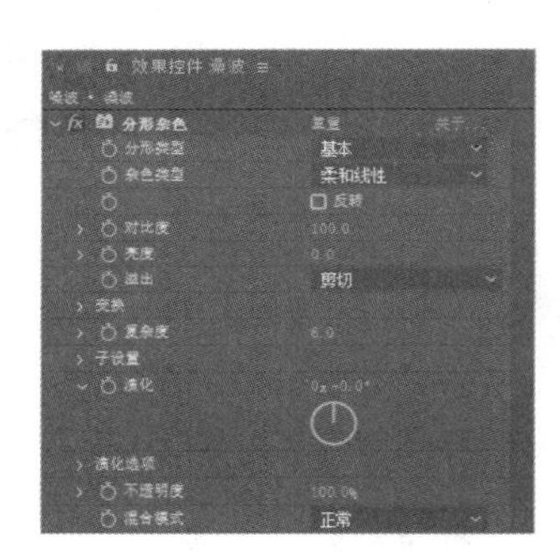

图 5-27

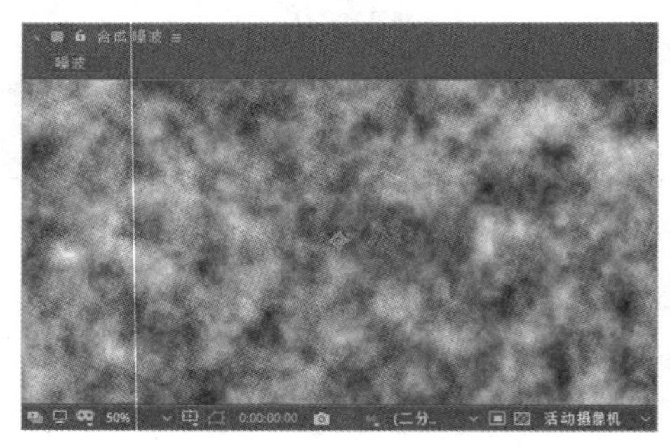

图 5-28

STEP 5 将时间标签放置在 0s 的位置，在“效果控件”面板中，单击“演化”选项左侧的“关键帧自动记录器”按钮，如图 5-29 所示，记录第 1 个关键帧。将时间标签放置在 4:24s 的位置，在“效果控件”面板中，设置“演化”选项的数值为 3、0，如图 5-30 所示，记录第 2 个关键帧。

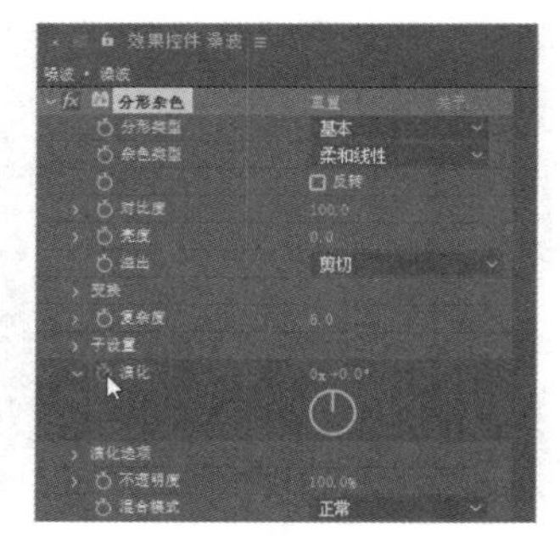

图 5-29

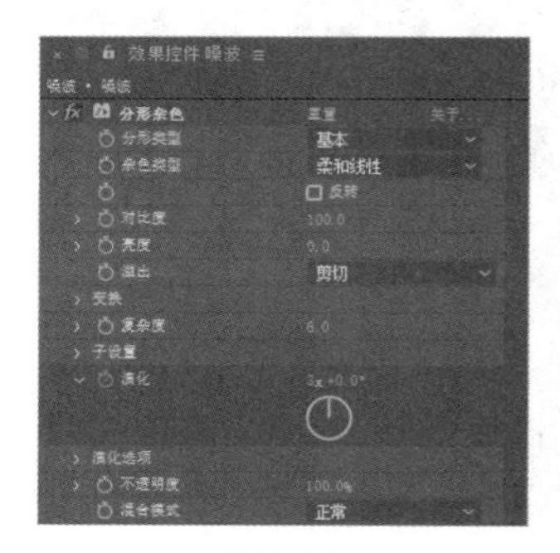

图 5-30

2. 添加蒙版效果

STEP 1 选择“矩形”工具，在“合成”面板中拖曳鼠标绘制 1 个矩形蒙版，如图 5-31 所示。按 F 键，展开“蒙版羽化”属性，设置“蒙版羽化”选项的数值为 140，如图 5-32 所示。

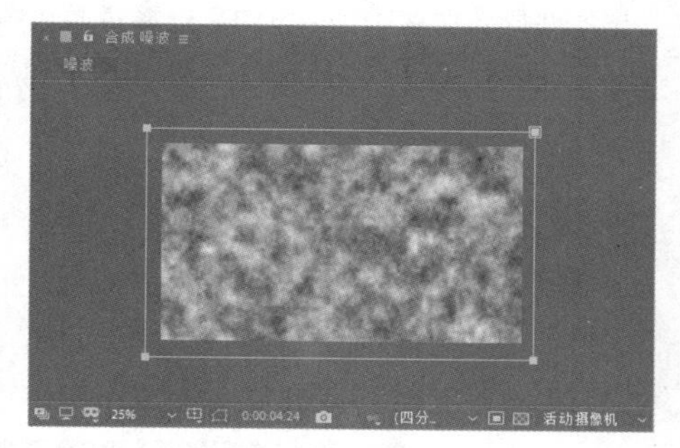

图 5-31

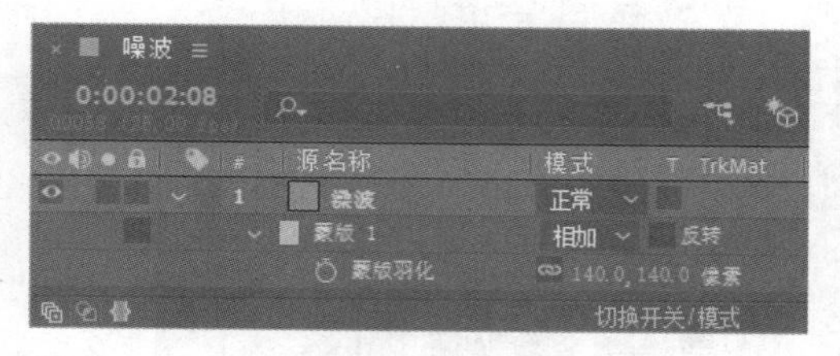

图 5-32

STEP 2 将时间标签放置在 0s 的位置，选中“噪波”图层，按两次 M 键，展开“蒙版”属性，单击“蒙版路径”选项左侧的“关键帧自动记录器”按钮，如图 5-33 所示，记录第 1 个蒙版形状关键帧。将时间标签放置在 4:24s 的位置，选择“选取”工具，在“合成”面板中同时选中蒙版左侧的两个控制点，将控制点向右拖曳到适当的位置，如图 5-34 所示，记录第 2 个蒙版形状关键帧。

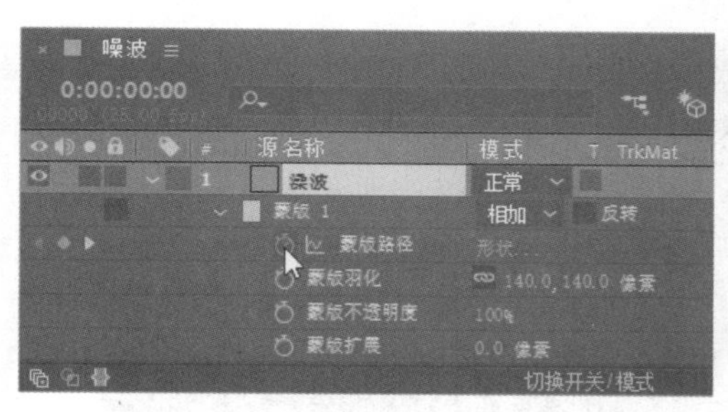

图 5-33

图 5-34

STEP 3 按 Ctrl+N 组合键，创建一个新的合成，命名为“噪波 2”。选择“图层 > 新建 > 纯色”命令，新建一个灰色纯色图层，命名为“噪波 2”。与前面制作合成“噪波”的步骤一样，添加“分形杂色”效果并添加关键帧。选择“效果 > 颜色校正 > 曲线”命令，在“效果控件”面板中调节曲线的参数，如图 5-35 所示。调节后，“合成”面板中的效果如图 5-36 所示。

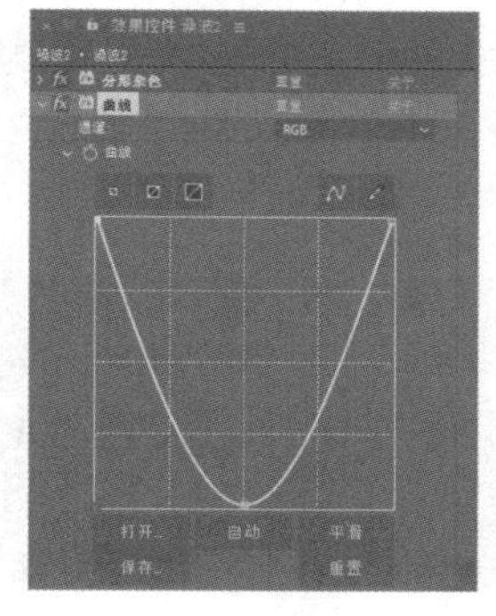

图 5-35

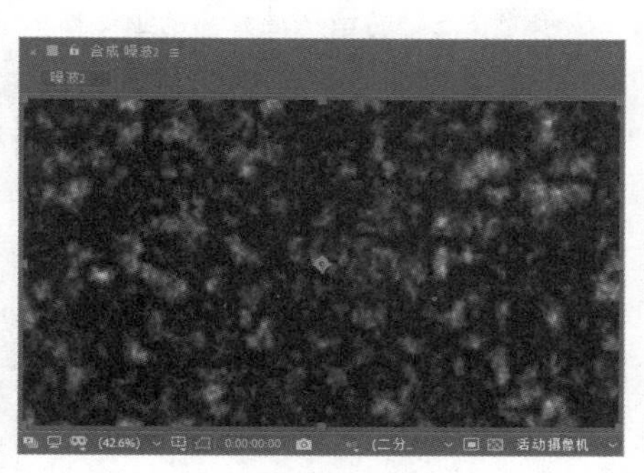

图 5-36

STEP 4 按 Ctrl+N 组合键，弹出“合成设置”对话框，在“合成名称”文本框中输入“最终效果”，单击“确定”按钮，创建一个新的合成“最终效果”，如图 5-37 所示。在“项目”面板中，分别选中“文字”“噪波”“噪波 2”合成并将它们拖曳到“时间轴”面板中，图层的排列如图 5-38 所示。

STEP 5 选择“文件 > 导入 > 文件”命令，在弹出的“导入文件”对话框中，选择资源包中的“Ch05 > 烟飘文字 > (Footage) > 01.mp4”文件，单击“导入”按钮，导入背景视频，并将其拖曳到“时间轴”面板中，如图 5-39 所示。

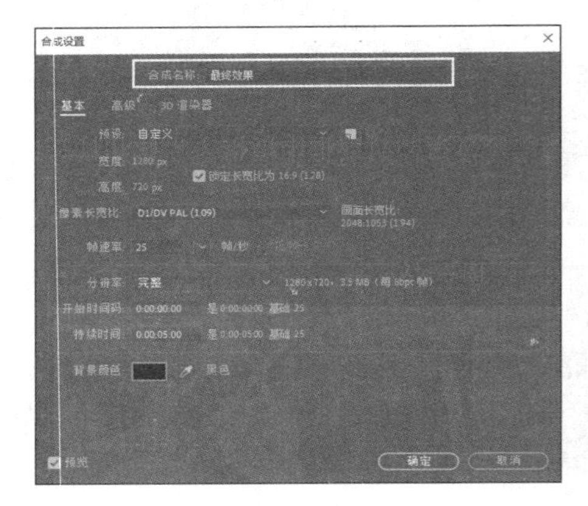

图 5-37

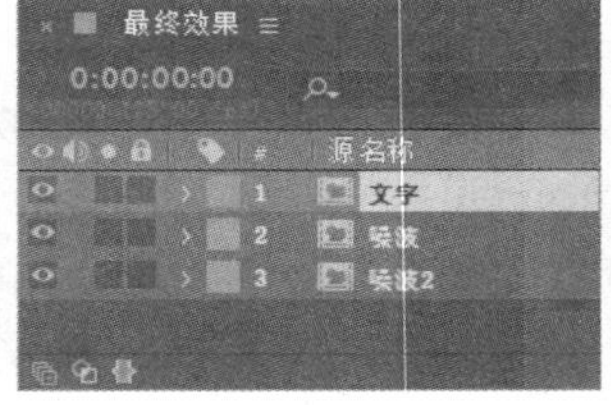

图 5-38

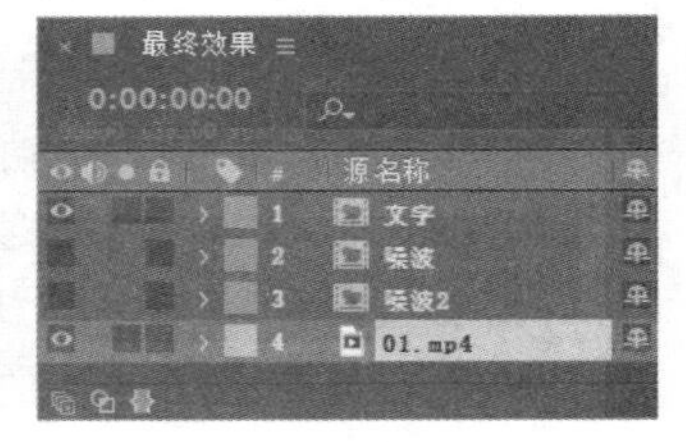

图 5-39

STEP 6 分别单击“噪波”和“噪波 2”图层左侧的眼睛按钮，将图层隐藏。选中文字图层，选择“效果 > 模糊和锐化 > 复合模糊”命令，在“效果控件”面板中进行参数设置，如图 5-40 所示。“合成”面板中的效果如图 5-41 所示。

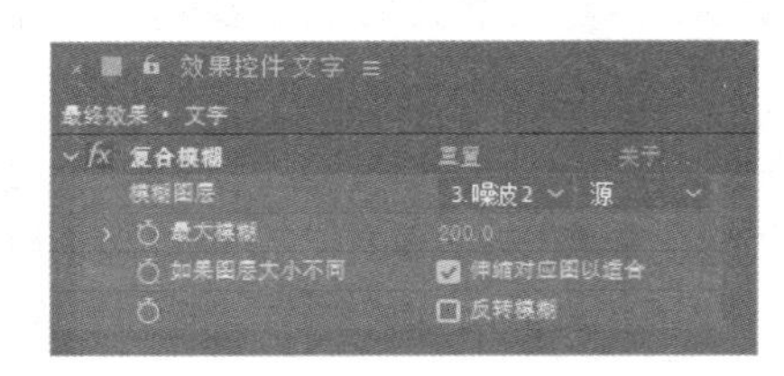

图 5-40

图 5-41

STEP 7 在“效果控件”面板中，单击“最大模糊”选项左侧的“关键帧自动记录器”按钮，如图 5-42 所示，记录第 1 个关键帧。将时间标签放置在 4:24s 的位置，在“效果控件”面板中，设置“最大模糊”选项的数值为 0，如图 5-43 所示，记录第 2 个关键帧。

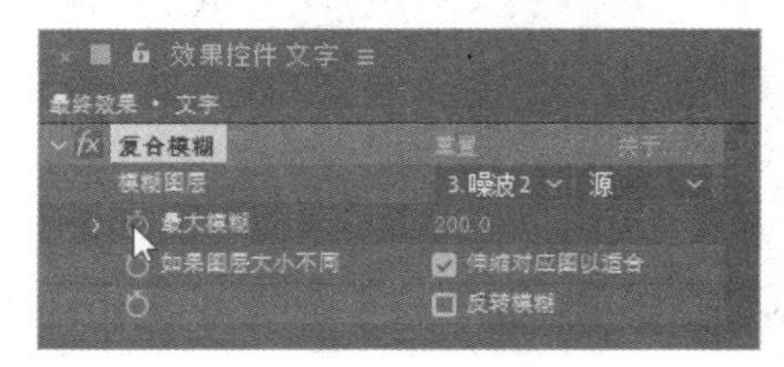

图 5-42

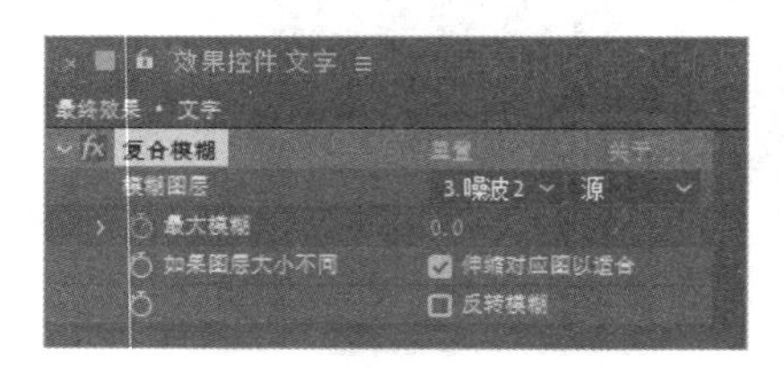

图 5-43

STEP 8 选择“效果 > 扭曲 > 置换图”命令，在“效果控件”面板中进行参数设置，如图 5-44 所示。烟飘文字制作完成，效果如图 5-45 所示。

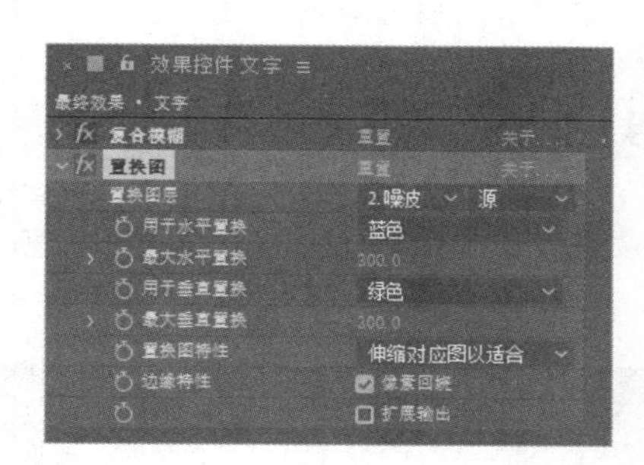

图 5-44

图 5-45

5.2.2 “基本文字”效果

“基本文字”效果用于创建文本或文本动画，可以指定文本的字体、样式、方向以及排列，如图 5-46 所示。

该效果还可以将文字创建在一个现有的图像图层中。如图 5-47 所示，通过单击选中“在原始图像上合成”复选框，可以将文字与图像融合在一起，如果取消选中该复选框，则只使用文字；还可以设置位置、填充与描边、大小、跟踪和排列等信息。

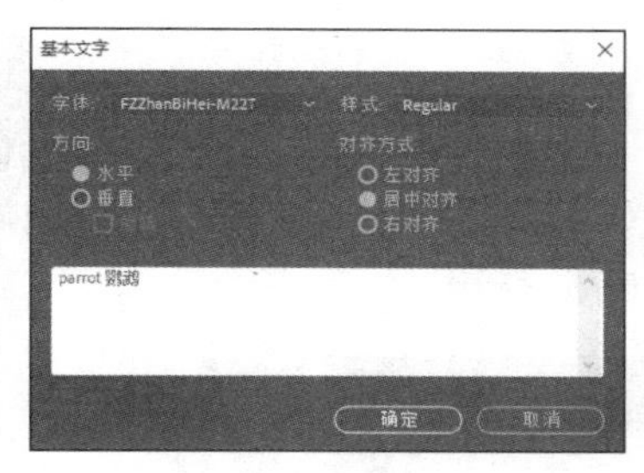

图 5-46

图 5-47

5.2.3 “路径文字”效果

“路径文字”效果用于制作字符沿某一条路径运动的动画效果。该效果的对话框中提供了字体和样式设置，如图 5-48 所示。

“路径文字”效果的“效果控件”面板中还提供了信息、路径选项、填充和描边、字符、段落、高级等设置，如图 5-49 所示。

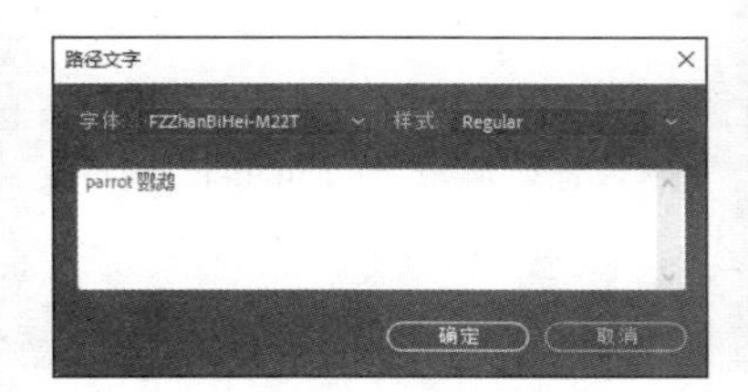

图 5-48

图 5-49

5.2.4 “编号”效果

“编号”效果用于生成不同格式的随机数或序数，如小数、日期和时间码，甚至是当前日期和时间（在渲染时）。使用“编号”效果可以创建各种各样的计数器。序数的最大偏移是 30000。“编号”效果适用于 8-bpc 颜色。在“编号”对话框中可以设置字体、样式、方向和对齐方式等，如图 5-50 所示。

“编号”效果的“效果控件”面板中还提供格式、填充和描边、大小和字符间距等设置，如图 5-51 所示。

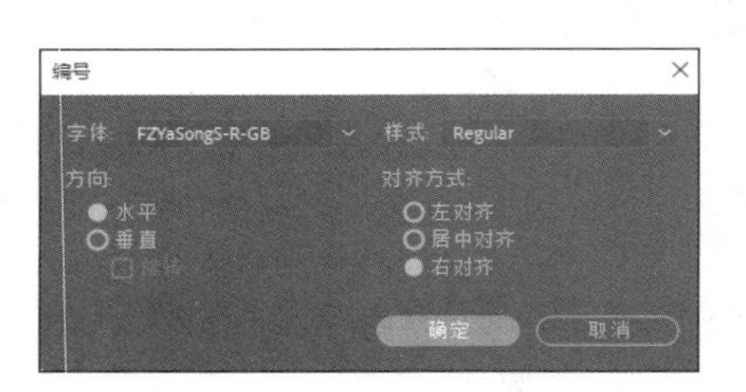

图 5-50

图 5-51

5.2.5 “时间码”效果

“时间码”效果主要用于在素材图层中显示时间信息或者关键帧上的编码信息，它还可以将时间码的信息译成密码并保存于图层中以供显示。在“时间码”效果的“效果控件”面板中可以设置显示格式、时间源、文本位置、文字大小、文本颜色、方框颜色、不透明度等，如图 5-52 所示。

图 5-52

5.3 课堂练习——飞舞数字流

练习知识要点

使用“横排文字”工具，输入文字并编辑；使用“导入”命令，导入文件；使用“Particular”命令，制作飞舞数字。飞舞数字流效果如图 5-53 所示。

效果所在位置

资源包 > Ch05 > 飞舞数字流 > 飞舞数字流.aep。

图 5-53

飞舞数字流

5.4 课后习题——运动模糊文字

习题知识要点

使用“导入”命令，导入素材；使用“镜头光晕”命令，添加光晕效果；使用“模式”选项，编辑图层的混合模式。运动模糊文字效果如图 5-54 所示。

效果所在位置

资源包 > Ch05 > 运动模糊文字 > 运动模糊文字.aep。

图 5-54

运动模糊文字

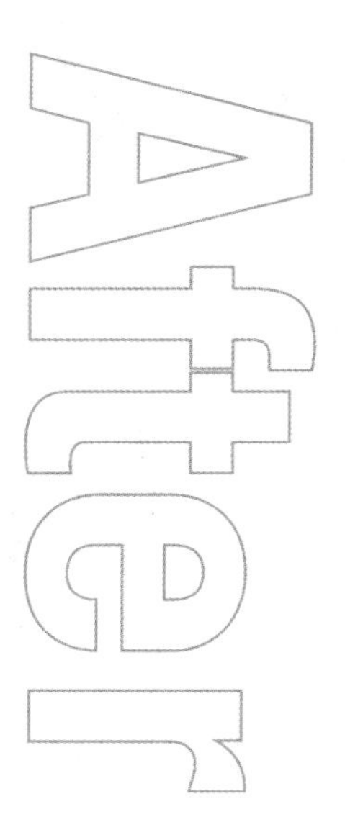

第6章 应用效果

本章主要介绍 After Effects 的各种效果控制面板，以及其应用方式和参数设置，对有实用价值、存在一定难度的效果将重点讲解。通过对本章的学习，读者可以快速了解并掌握 After Effects 效果制作的精髓。

课堂学习目标

- 了解效果
- 掌握模糊、锐化、颜色校正、生成、扭曲、杂色和颗粒的相关操作方法
- 掌握模拟和风格化的操作方法

6.1 初步了解效果

After Effects 软件自带了许多效果，包括音频、模糊和锐化、颜色校正、扭曲、键控、模拟、风格化和文字等。效果不仅能对影片进行丰富的艺术加工，还可以提高影片的画面质量和播放效果。

6.1.1 为图层添加效果

为图层添加效果的方法很简单，方式也有很多种，可以根据情况灵活应用。

方法一：在“时间轴”面板中，选中某个图层，选择“效果”命令中的各项效果命令即可。

方法二：在“时间轴”面板中的某个图层上单击鼠标右键，在弹出的菜单中选择“效果”中的各项滤镜命令即可。

方法三：选择“窗口 > 效果和预设”命令，打开“效果和预设”面板，如图 6-1 所示，从分类中选中需要的效果，然后拖曳到“时间轴”面板中的某图层上即可。

方法四：在“时间轴”面板中，选择某图层，然后选择“窗口 > 效果和预设”命令，打开“效果和预设”面板，双击分类中选中的效果即可。

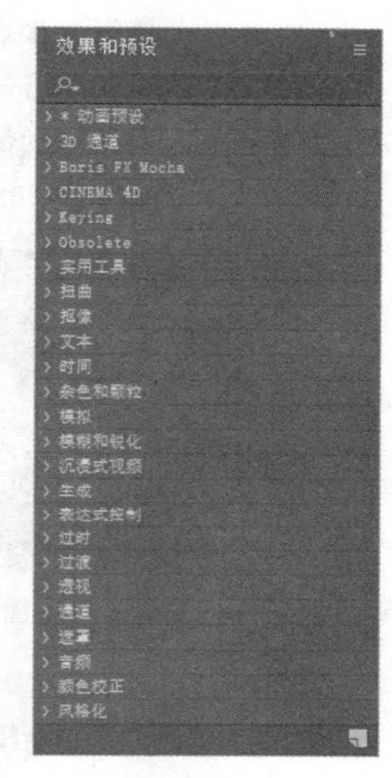

图 6-1

图层中的一个效果常常不能完全满足创作需要。只有使用以上描述的任意一种方法，为图层添加多个效果，才可以制作出复杂而千变万化的效果。但是，在同一图层应用多个效果时，一定要注意上下顺序，因为不同的顺序可能会有完全不同的画面效果，如图 6-2 和图 6-3 所示。

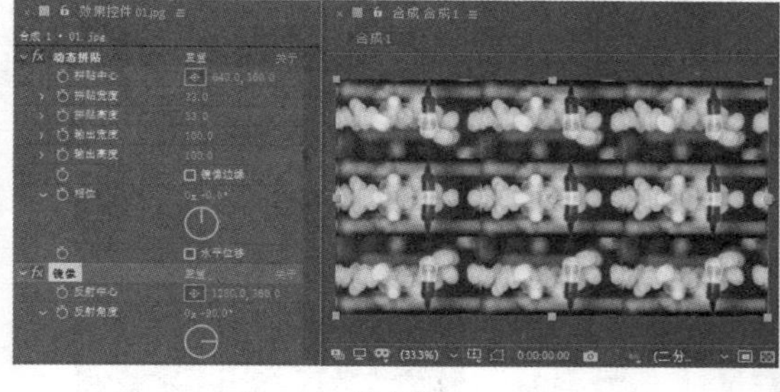

图 6-2

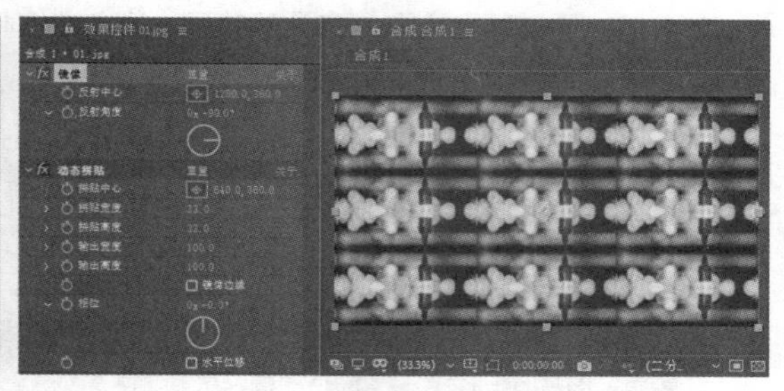

图 6-3

改变效果顺序的方法也很简单，只要在“效果控件”面板或者“时间轴”面板中，上下拖曳所需的效果到目标位置即可，如图 6-4 和图 6-5 所示。

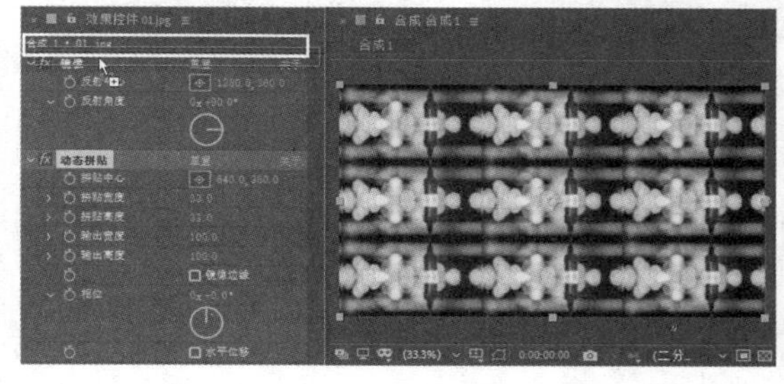

图 6-4

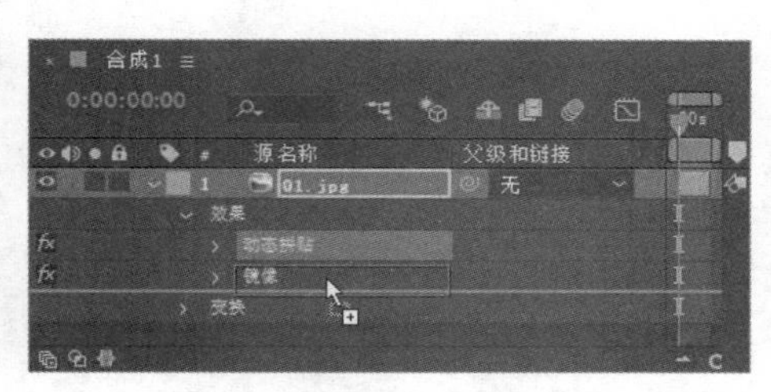

图 6-5

6.1.2 调整、删除、复制和暂时关闭效果

1. 调整效果

在为图层添加效果时，一般会自动打开“效果控件”面板，如果并未打开该面板，可以选择“窗口 > 效果控件”命令，将“效果控件”面板打开。

After Effects 有多种效果，且各个效果功能有所不同，调整效果的方法分为 5 种。

方法一：通过位置点定义调整效果。位置点定义一般用来设置效果的中心位置。调整的方法有两种：一种是直接调整后面的参数值；另一种是单击按钮，在“合成”面板中的合适位置单击，效果如图 6-6 所示。

方法二：通过调整数值来调整效果。将鼠标放置在某个选项右侧的数值上，鼠标指针变为时，上下拖曳鼠标可以调整数值，如图 6-7 所示；也可以直接在数值上单击将其激活，然后输入需要的数值。

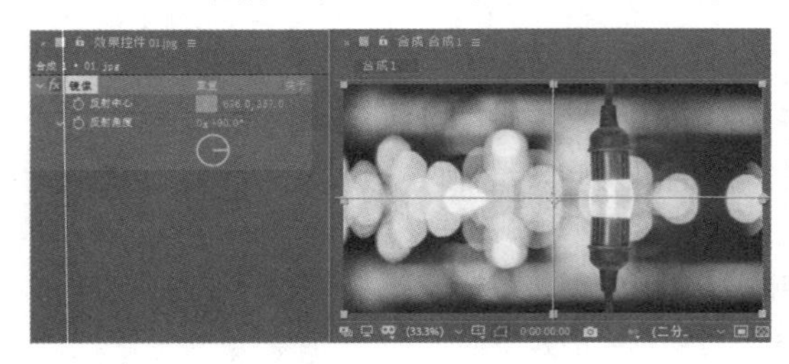

图 6-6

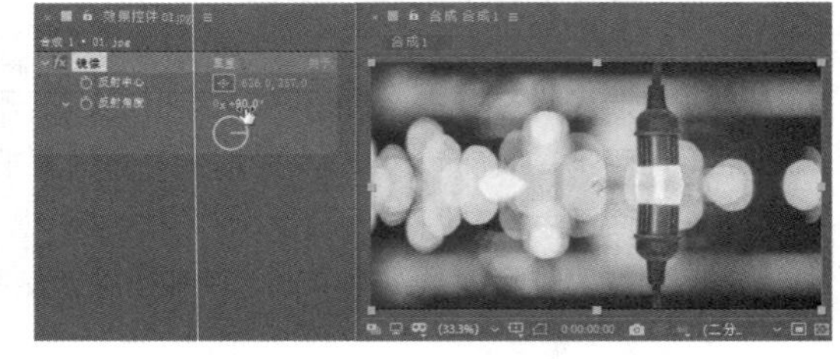

图 6-7

方法三：通过调整滑块来调整效果。左右拖曳滑块可调整数值。不过需要注意：滑块并不能显示参数的极限值。例如，复合模糊效果，虽然在调整滑块中看到的调整范围是 0～100，但是如果用直接输入数值的方法调整，最大值能输入 4000，因此在滑块中看到的调整范围一般是常用的数值段，如图 6-8 所示。

方法四：通过颜色选取框来调整效果。颜色选取框主要用于选取或者改变颜色，单击将弹出图 6-9 所示的色彩选择对话框。

方法五：通过角度旋转器来调整效果。这种方法一般与角度和圈数设置有关，如图 6-10 所示。

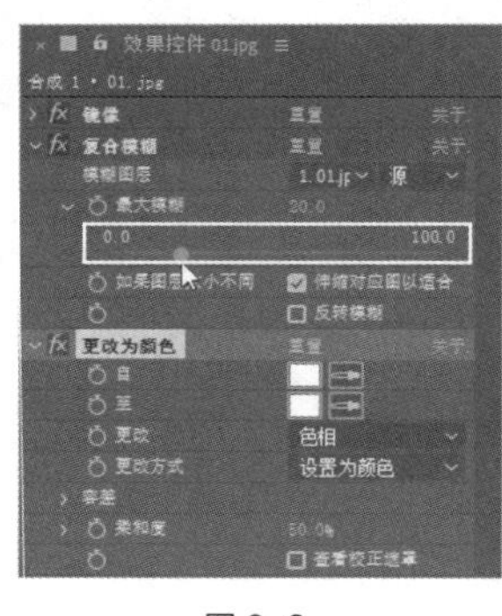

图 6-8

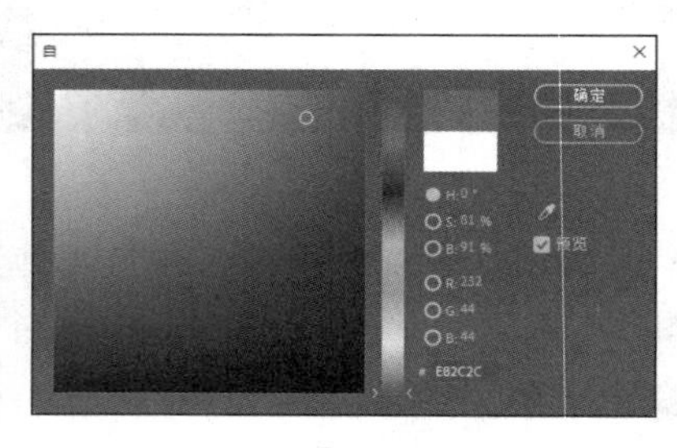

图 6-9

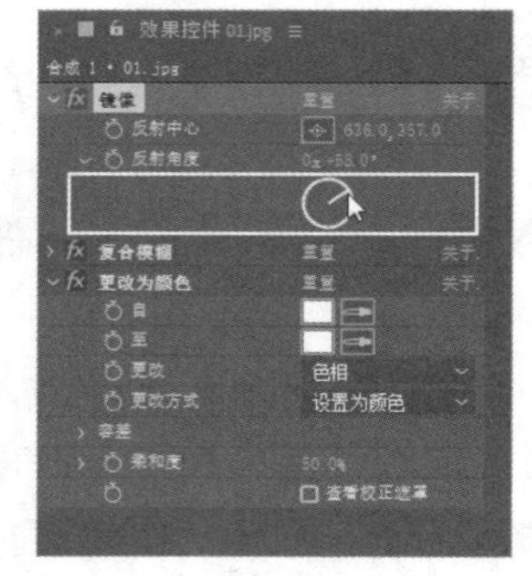

图 6-10

2. 删除效果

删除效果只需要在“效果控件”面板或者“时间轴”面板中选择某个效果名称，按 Delete 键即可。

提示

在“时间轴”面板中快速展开效果的方法：选中含有效果的图层，按 E 键。

3. 复制效果

如果只是在本图层中复制效果，只需要在“效果控件”面板或者“时间轴”面板中选中效果，按 Ctrl+D 组合键即可。

如果是将效果复制到其他图层使用，可以执行以下操作步骤。

STEP 1 在“效果控件”面板或者“时间轴”面板中选中原图层的一个或多个效果。

STEP 2 选择“编辑 > 复制”命令，或者按 Ctrl+C 组合键，完成效果的复制操作。

STEP 3 在“时间轴”面板中，选中目标图层，然后选择“编辑 > 粘贴”命令，或按 Ctrl+V 组合键，完成效果的粘贴操作。

4. 暂时关闭效果

“效果控件”面板或者“时间轴”面板中的 fx 开关，可以暂时关闭某一个或某几个效果，使其不起作用，如图 6-11 和图 6-12 所示。

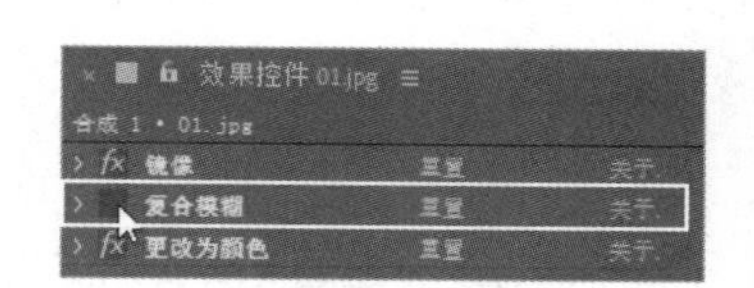

图 6-11

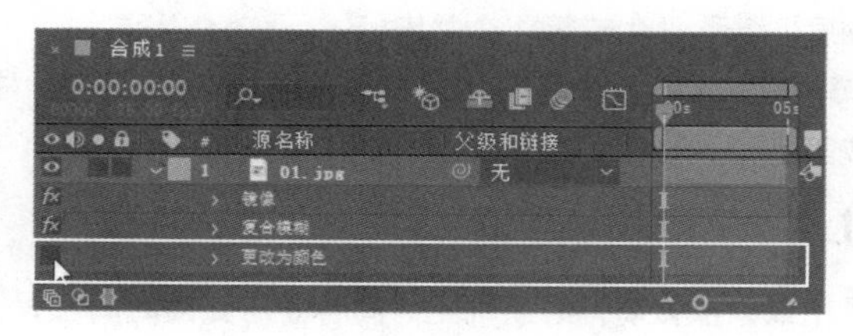

图 6-12

6.1.3　制作关键帧动画

1. 在“时间轴”面板中制作动画

STEP 1 在“时间轴”面板中选中某图层，选择“效果 > 模糊和锐化 > 高斯模糊”命令，添加高斯模糊效果。

STEP 2 按 E 键出现效果属性，如图 6-13 所示，单击“高斯模糊”效果名称左侧的小箭头按钮，展开各项具体参数设置。

STEP 3 单击“模糊度”左侧的“关键帧自动记录器”按钮，生成 1 个关键帧，如图 6-14 所示。

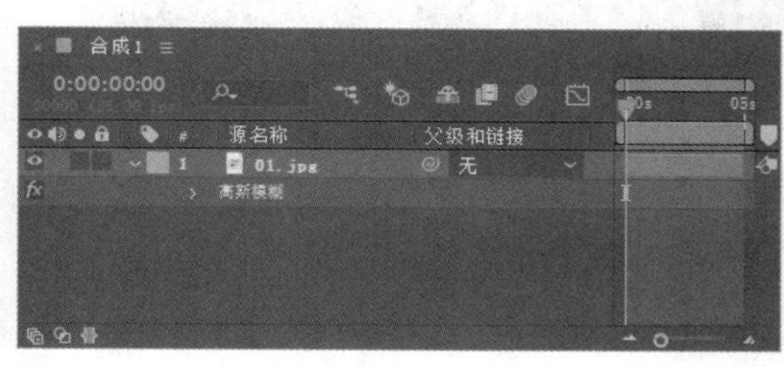

图 6-13

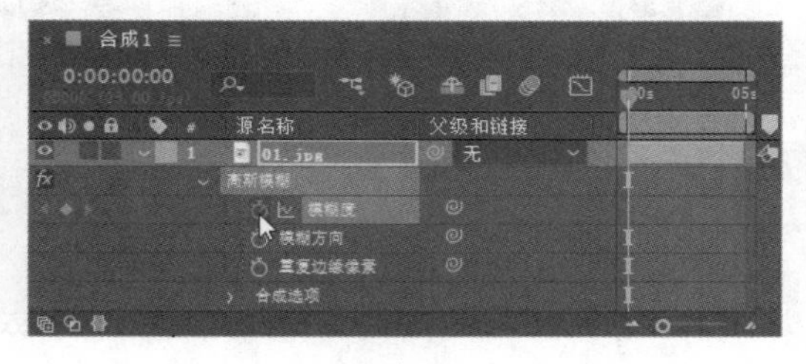

图 6-14

STEP 4 将时间标签移动到另一个时间位置，调整“模糊度”的数值，After Effects 将自动生成第 2 个关键帧，如图 6-15 所示。

STEP 5 按 0 键，预览动画。

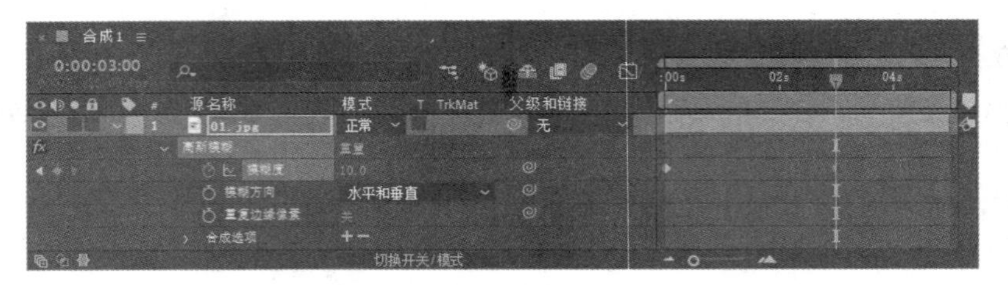

图 6-15

2. 在“效果控件”面板中制作关键帧动画

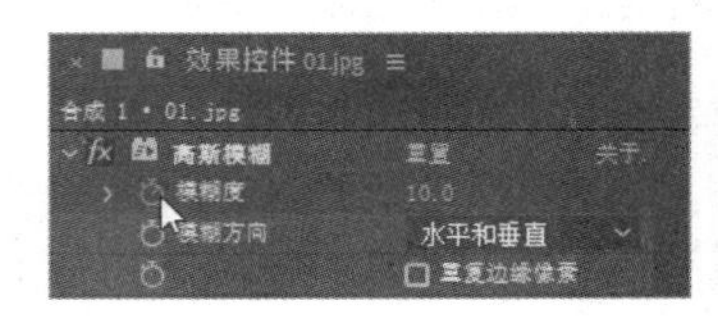

图 6-16

STEP 1 在“时间轴”面板中选中某图层，选择“效果 > 模糊和锐化 > 高斯模糊”命令，添加高斯模糊效果。

STEP 2 在“效果控件”面板中，单击“模糊度”左侧的“关键帧自动记录器”按钮，如图 6-16 所示，或在按住 Alt 键的同时，单击“模糊度”名称，生成第 1 个关键帧。

STEP 3 将时间标签移动到另一个时间位置，在“效果控件”面板中，调整“模糊度”的数值，自动生成第 2 个关键帧。

6.1.4 使用效果预置

在赋予效果预置前，必须确定时间标签所处的时间位置，因为赋予的效果预置如果含有动画信息，将会以当前时间标签位置为动画的起始点，如图 6-17 和图 6-18 所示。

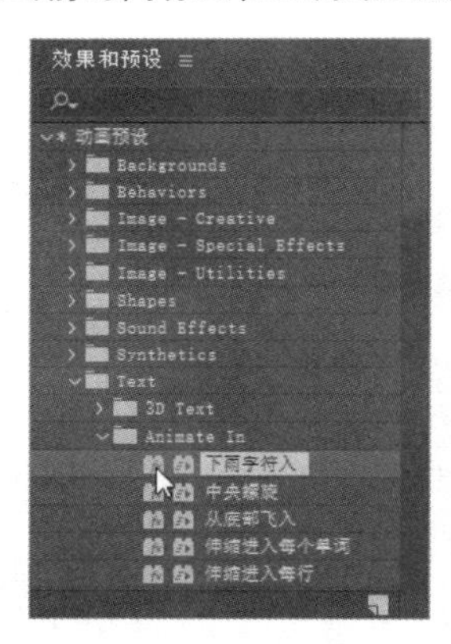

图 6-17

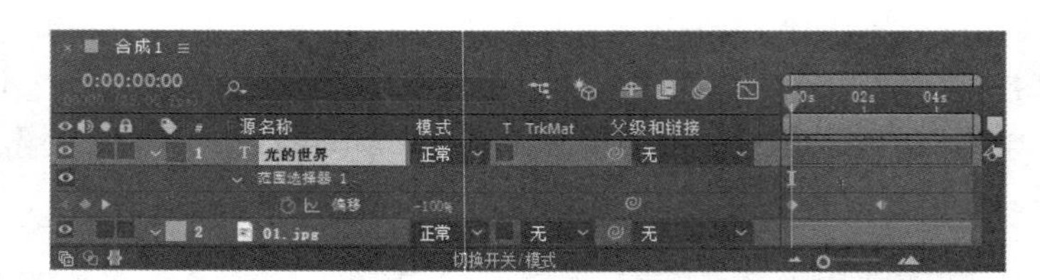

图 6-18

6.2 模糊和锐化

模糊和锐化效果用来使图像模糊和锐化。模糊效果是常用的效果之一，也是一种简便、易行的改变画面视觉效果的途径。动态画面需要“虚实结合”，这样即使是平面的合成，也能给人空间感和对比感，更能让人产生联想，还可以使用模糊来提升画面质量，有时很粗糙的画面经过处理后也会有良好的效果。

6.2.1 课堂案例——闪白效果

案例学习目标

学习使用多种模糊效果。

案例知识要点

使用“导入”命令，导入素材；使用“快速方框模糊”命令、“色阶”命令，制作图像闪白；使用“投影”命令，制作文字的投影效果；使用“效果和预设”面板，制作文字动画效果。闪白效果如图 6-19 所示。

效果所在位置

资源包 > Ch06 > 闪白效果 > 闪白效果. aep。

图 6-19

闪白效果

1. 导入素材

STEP 1 按 Ctrl+N 组合键，弹出“合成设置”对话框，在“合成名称”文本框中输入“最终效果”，其他选项的设置如图 6-20 所示，单击“确定”按钮，创建一个新的合成“最终效果”。

STEP 2 选择“文件 > 导入 > 文件”命令，在弹出的“导入文件”对话框中，选择资源包中的“Ch06 > 闪白效果 > (Footage) > 01.jpg～07.jpg”共 7 个文件，单击“导入”按钮，图片被导入“项目”面板中，如图 6-21 所示。

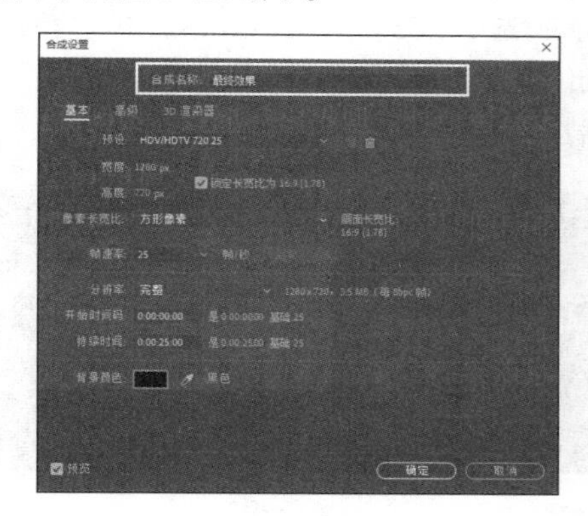

图 6-20

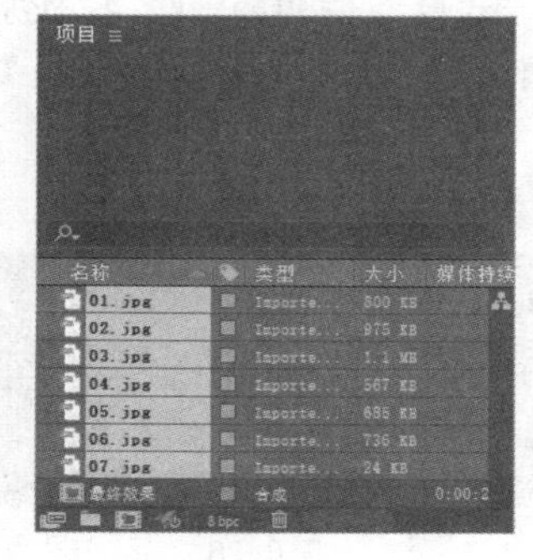

图 6-21

STEP 3 在“项目”面板中，选中“01.jpg～05.jpg”文件，并将它们拖曳到“时间轴”面板中，图层的排列如图 6-22 所示。将时间标签放置在 3s 的位置，如图 6-23 所示。

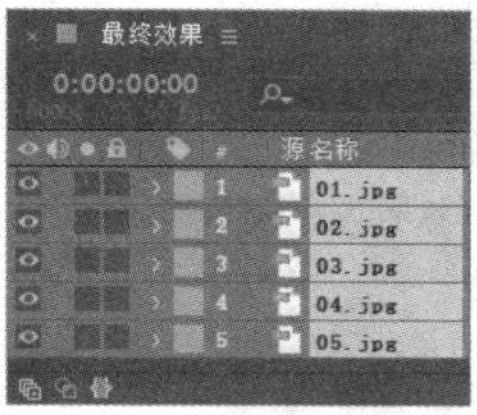

图 6-22

图 6-23

STEP 4 选中“01.jpg”图层，按 Alt+] 组合键，设置动画的出点，“时间轴”面板如图 6-24 所示。用相同的方法分别设置“03.jpg”“04.jpg”“05.jpg”图层的出点，“时间轴”面板如图 6-25 所示。

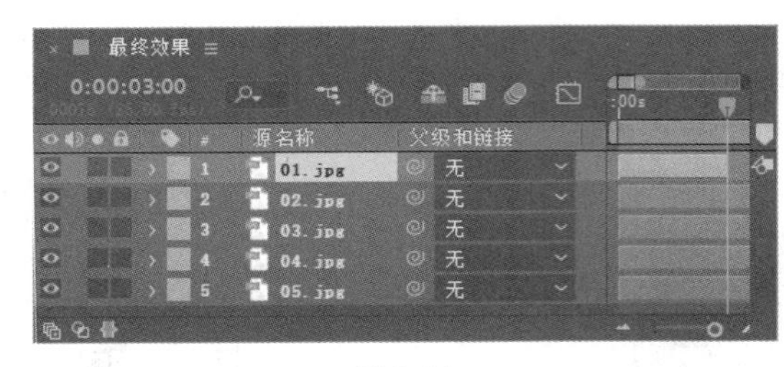

图 6-24

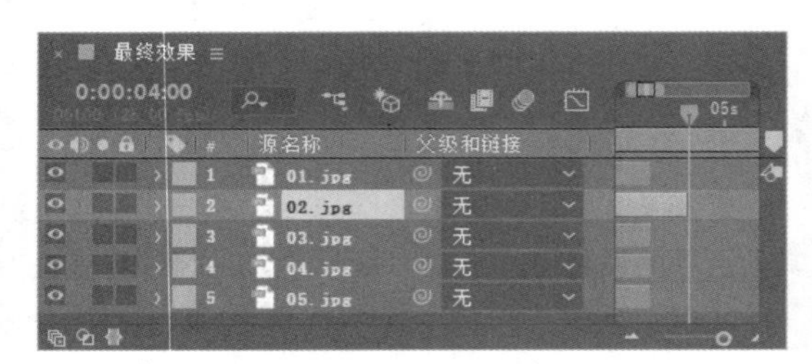

图 6-25

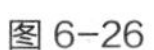STEP 5 将时间标签放置在 4s 的位置，如图 6-26 所示。选中“02.jpg”图层，按 Alt+] 组合键，设置动画的出点，“时间轴”面板如图 6-27 所示。

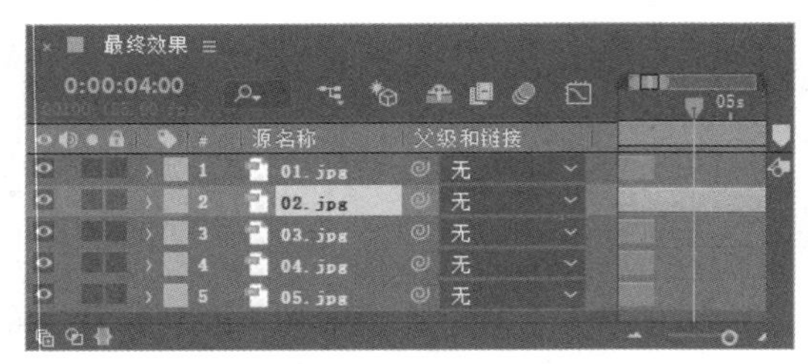

图 6-26

图 6-27

STEP 6 选中“01.jpg”图层，按住 Shift 键的同时选中“05.jpg”图层，两层中间的图层将被选中，选择“动画 > 关键帧辅助 > 序列图层”命令，弹出“序列图层”对话框，取消选中“重叠”复选框，如图 6-28 所示，单击“确定”按钮，各个图层将依次排序，首尾相接，如图 6-29 所示。

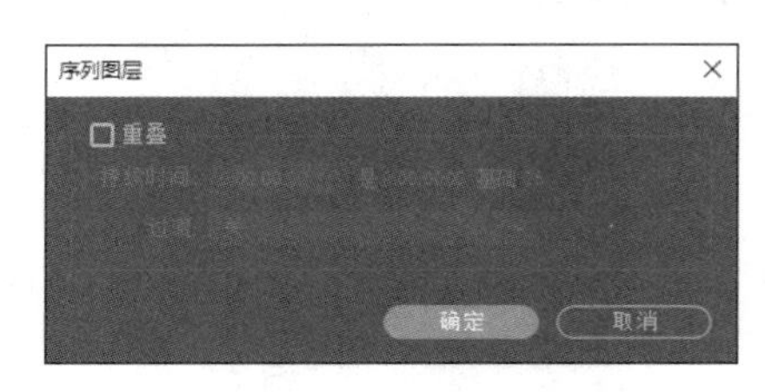

图 6-28

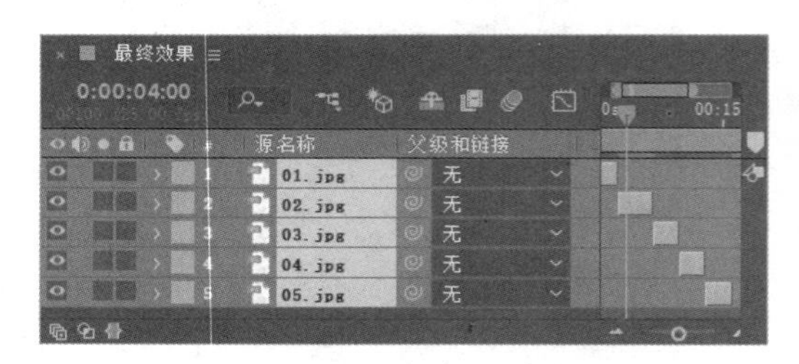

图 6-29

STEP 7 选择“图层 > 新建 > 调整图层”命令，在“时间轴”面板中新增 1 个调整图层，如图 6-30 所示。

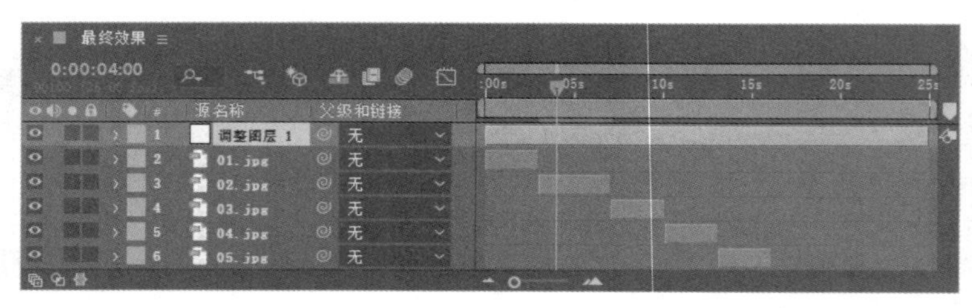

图 6-30

2．制作图像闪白

STEP 1 选中“调整图层 1”图层，选择“效果 > 模糊和锐化 > 快速方框模糊”命令，在“效果控件”面板中进行参数设置，如图 6-31 所示。“合成”面板中的效果如图 6-32 所示。

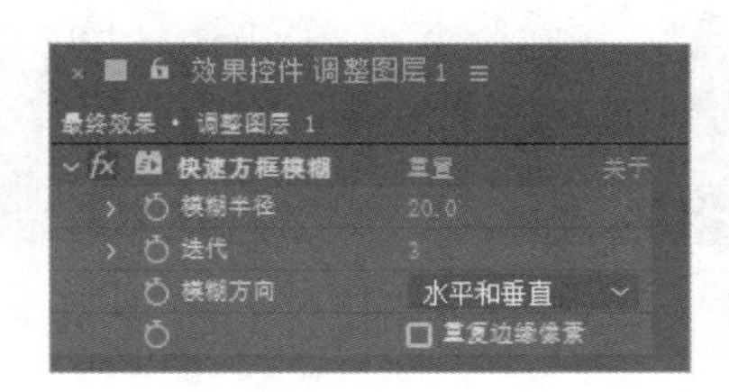

图 6-31

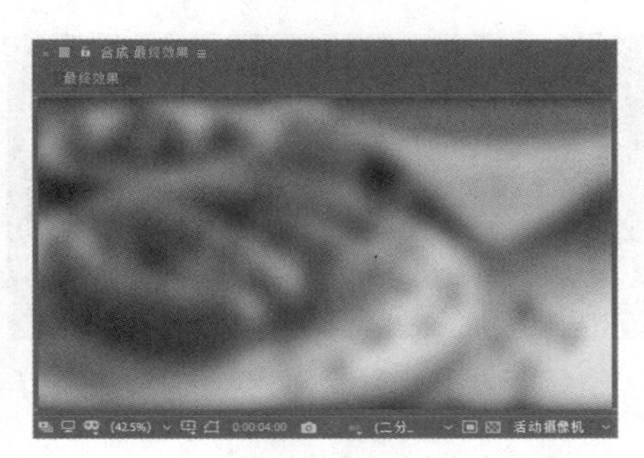

图 6-32

STEP 2 选择“效果 > 颜色校正 > 色阶”命令，在“效果控件”面板中进行参数设置，如图 6-33 所示。“合成”面板中的效果如图 6-34 所示。

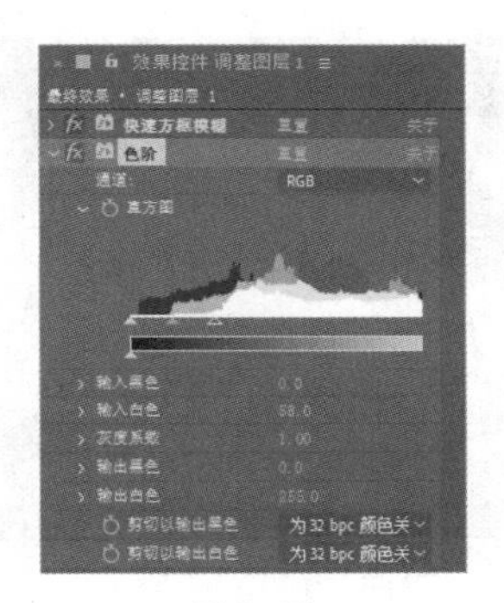

图 6-33

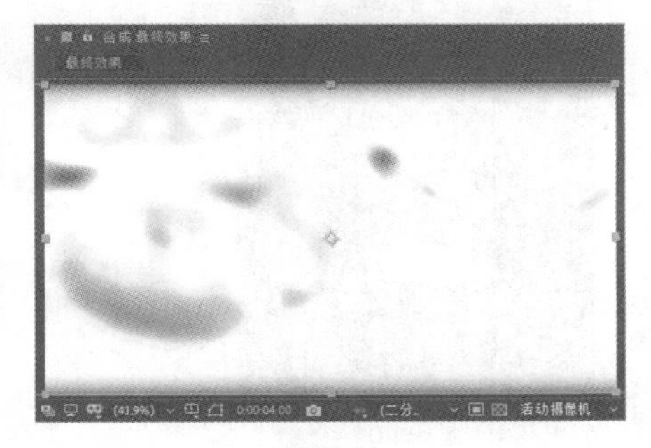

图 6-34

STEP 3 将时间标签放置在 0s 的位置，在“效果控件”面板中，分别单击“快速方框模糊”效果中的“模糊半径”选项和“色阶”效果中的“直方图”选项左侧的“关键帧自动记录器”按钮，记录第 1 个关键帧，如图 6-35 所示。

STEP 4 将时间标签放置在 0:06s 的位置，在“效果控件”面板中，设置“模糊半径”选项的数值为 0，“输入白色”选项的数值为 255，如图 6-36 所示，记录第 2 个关键帧。“合成”面板中的效果如图 6-37 所示。

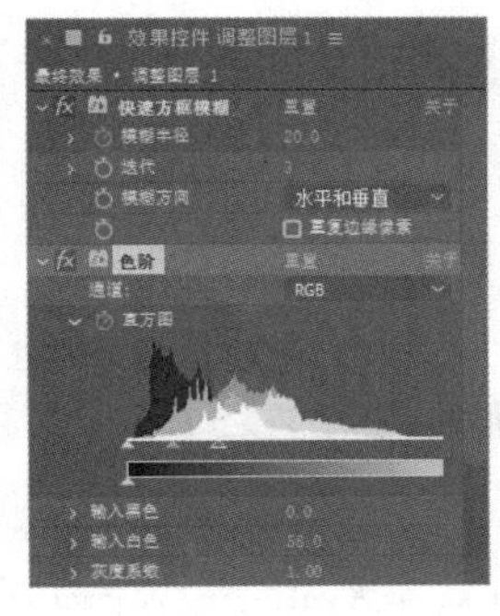

图 6-35

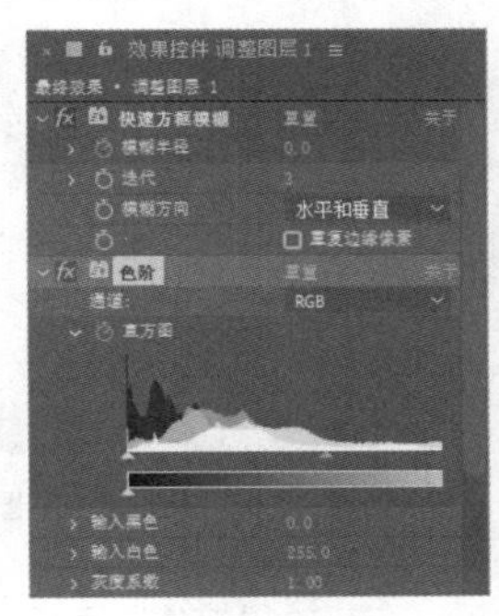

图 6-36

图 6-37

STEP 5 将时间标签放置在 2:04s 的位置，按 U 键，展开所有关键帧，如图 6-38 所示。单击“时间轴”面板中“模糊半径”选项和“直方图”选项左侧的“在当前时间添加或移除关键帧”按钮，记录第 3 个关键帧，如图 6-39 所示。

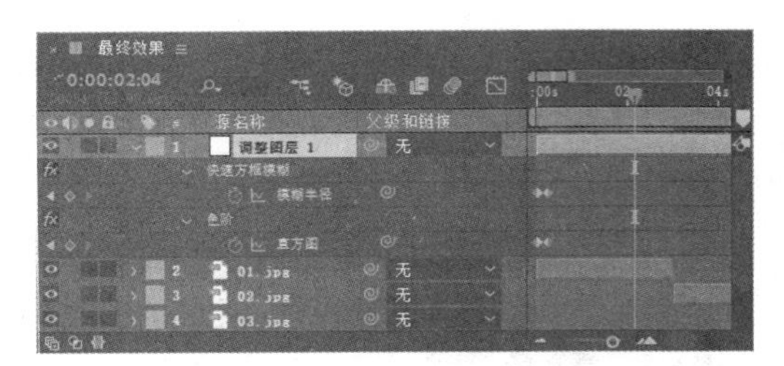
图 6-38

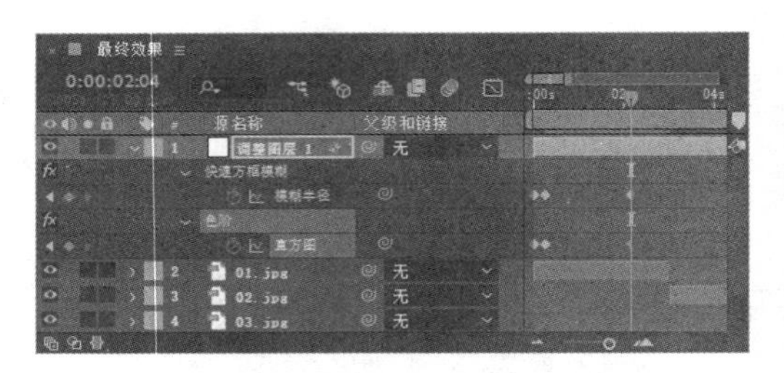
图 6-39

STEP 6 将时间标签放置在 2:14s 的位置，在“效果控件”面板中，设置“模糊半径”选项的数值为 7，“输入白色”选项的数值为 94，如图 6-40 所示，记录第 4 个关键帧。“合成”面板中的效果如图 6-41 所示。

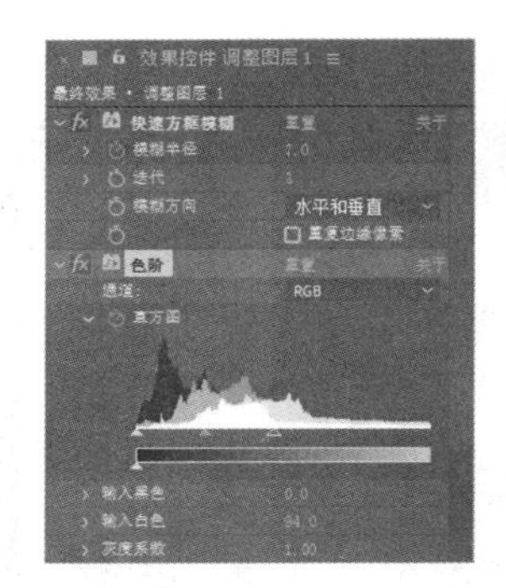
图 6-40

图 6-41

STEP 7 将时间标签放置在 3:08s 的位置，在“效果控件”面板中，设置“模糊半径”选项的数值为 20，“输入白色”选项的数值为 58，如图 6-42 所示，记录第 5 个关键帧。“合成”面板中的效果如图 6-43 所示。

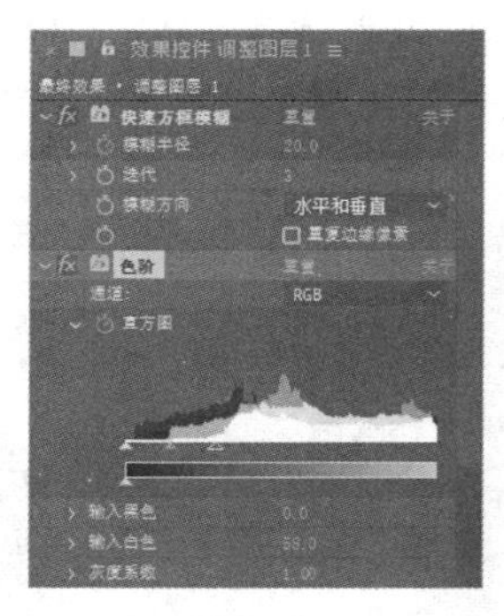
图 6-42

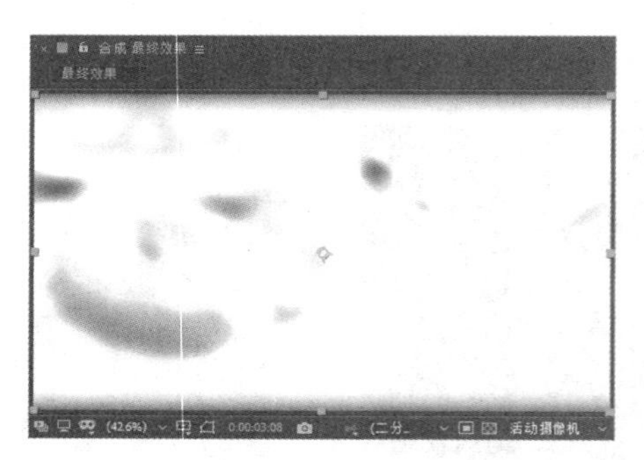
图 6-43

STEP 8 将时间标签放置在 3:18s 的位置，在“效果控件”面板中，设置“模糊半径”选项的数值为 0，“输入白色”选项的数值为 255，如图 6–44 所示，记录第 6 个关键帧。“合成”面板中的效果如图 6–45 所示。

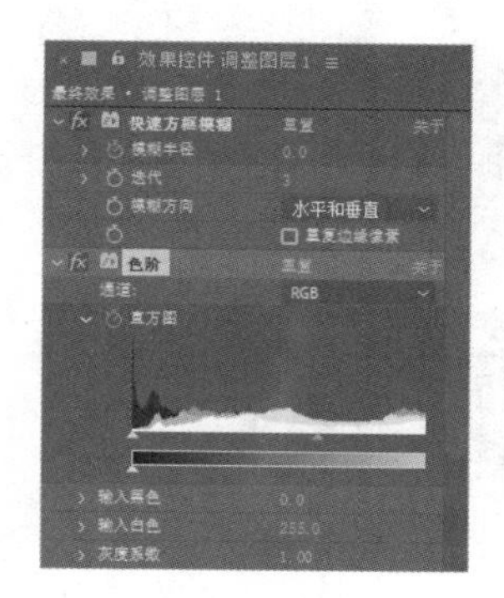

图 6–44

图 6–45

STEP 9 至此，制作完成了第一段素材与第二段素材之间的闪白动画。用同样的方法制作其他素材之间的闪白动画，如图 6–46 所示。

图 6–46

3. 编辑文字

STEP 1 在“项目”面板中，选中“06.jpg”文件并将其拖曳到“时间轴”面板中，图层的排列如图 6–47 所示。将时间标签放置在 15:23s 的位置，按 Alt+ [组合键，设置动画的入点，“时间轴”面板如图 6–48 所示。

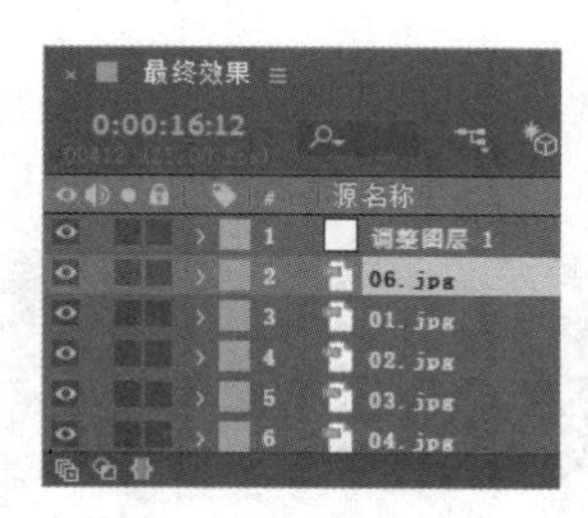

图 6–47

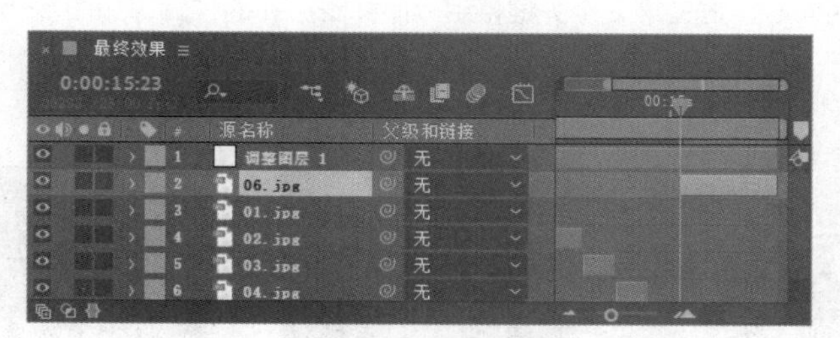

图 6–48

STEP 2 将时间标签放置在 20s 的位置，选择“横排文字”工具 T，在“合成”面板中输入文字“爱上西餐厅”。选中文字，在“字符”面板中，设置“填充颜色”为青绿色（其 R、G、B 的值分别为 76、244、255），在“段落”面板中设置对齐方式为文字居中，其他参数设置如图 6–49 所示。“合成”面板中的效果如图 6–50 所示。

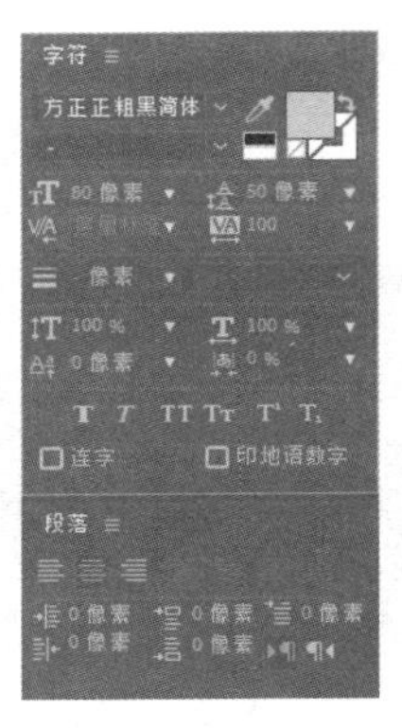

图 6-49

图 6-50

STEP 3 选中文字图层，把该图层拖曳到调整图层的下面，选择“效果 > 透视 > 投影”命令，在“效果控件”面板中进行参数设置，如图 6-51 所示。“合成”面板中的效果如图 6-52 所示。

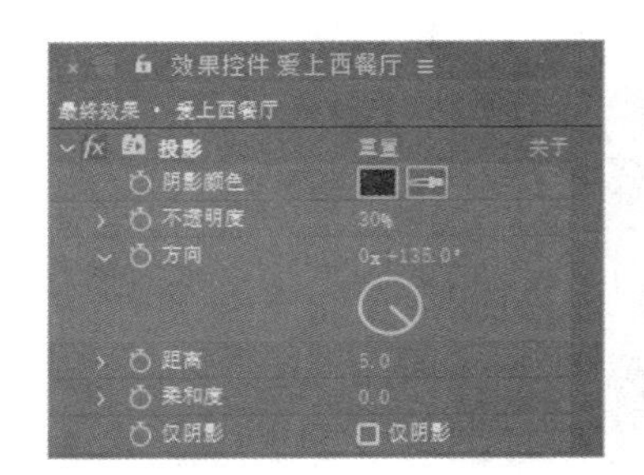

图 6-51

图 6-52

STEP 4 将时间标签放置在 16:16s 的位置，选择“窗口 > 效果和预设”命令，打开“效果和预设”面板，展开“动画预设”选项，双击“Text > Animate In > 解码淡入”选项，“文字”图层会自动添加动画效果。“合成”面板中的效果如图 6-53 所示。

STEP 5 将时间标签放置在 18:05s 的位置，选中文字图层，按 U 键展开所有关键帧，按住 Shift 键的同时，拖曳第 2 个关键帧到时间标签所在的位置，如图 6-54 所示。

图 6-53

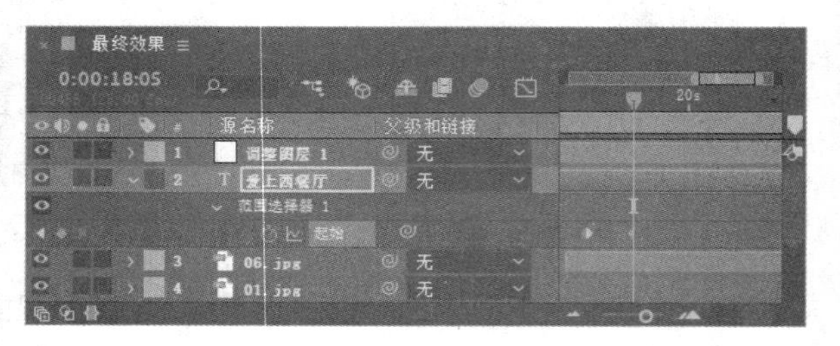

图 6-54

STEP 6 在“项目”面板中，选中“07.jpg”文件并将其拖曳到“时间轴”面板中，设置图层的混合模式为“屏幕”，图层的排列如图 6-55 所示。将时间标签放置在 18:13s 的位置，选中“07.jpg”图层，按 Alt+ [组合键，设置动画的入点，“时间轴”面板如图 6-56 所示。

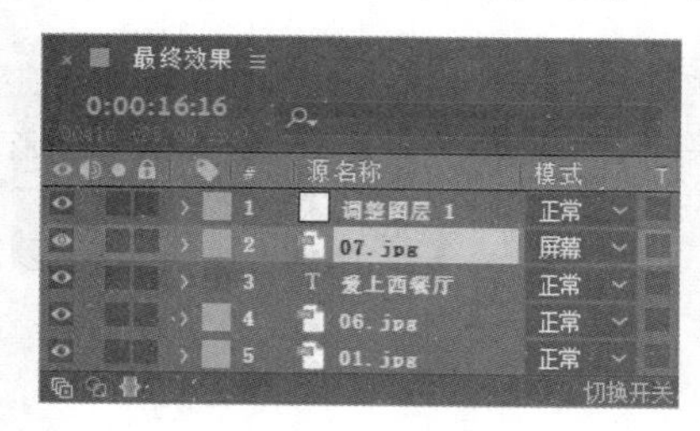
图 6-55

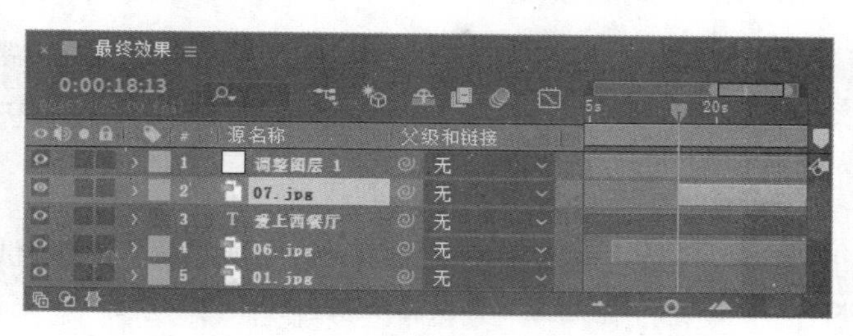
图 6-56

STEP 7 选中“07.jpg”图层，按 P 键，展开“位置”属性，设置“位置”选项的数值为 1122、380，单击“位置”选项左侧的“关键帧自动记录器”按钮，如图 6-57 所示，记录第 1 个关键帧。将时间标签放置在 20s 的位置，设置“位置”选项的数值为-208、380，记录第 2 个关键帧，如图 6-58 所示。

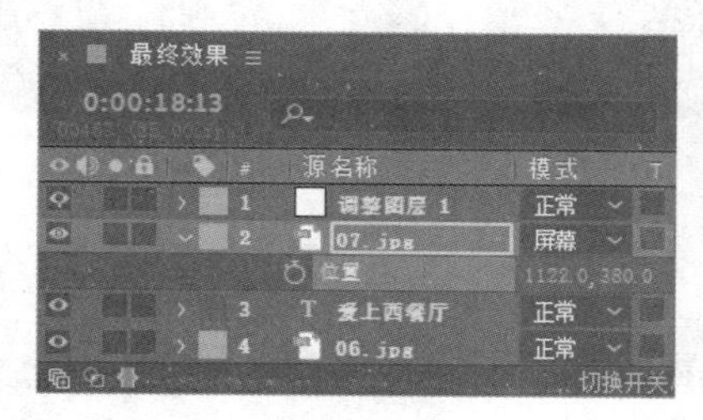
图 6-57

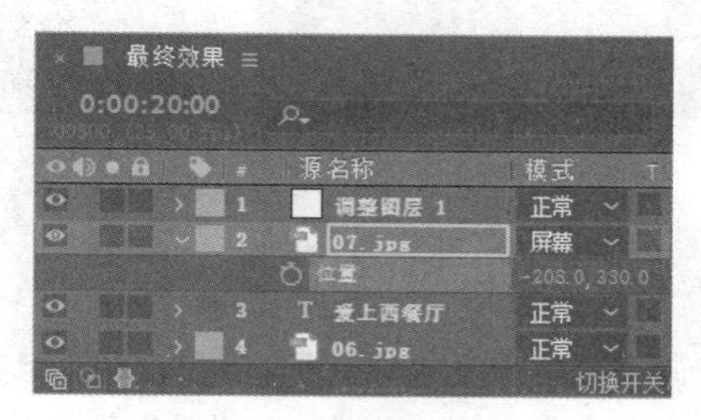
图 6-58

STEP 8 选中“07.jpg”图层，按 Ctrl+D 组合键复制图层，按 U 键，展开所有关键帧，将时间标签放置在 18:13s 的位置，设置“位置”选项的数值为 159、380，如图 6-59 所示。将时间标签放置在 20s 的位置，设置“位置”选项的数值为 1606、380，如图 6-60 所示。

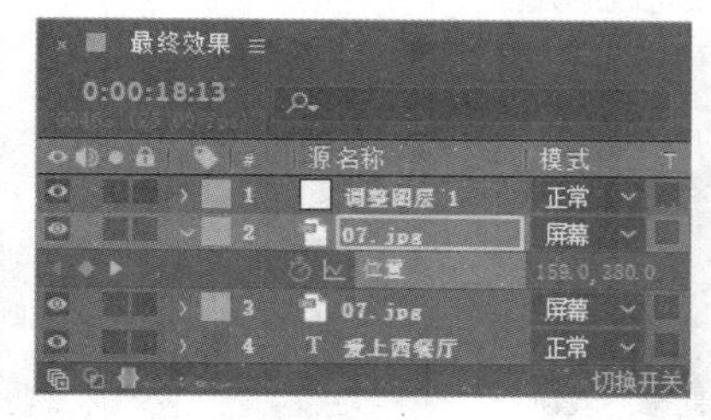
图 6-59

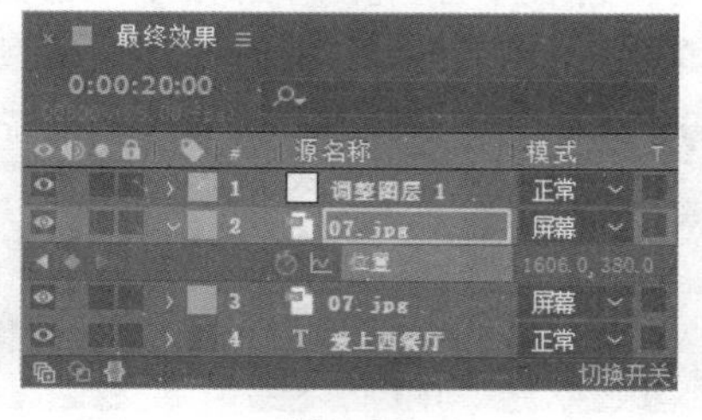
图 6-60

STEP 9 闪白效果制作完成，如图 6-61 所示。

图 6-61

6.2.2　高斯模糊

高斯模糊效果用于模糊和柔化图像，可以去除杂点。高斯模糊能产生更细腻的模糊效果，尤其是单独使用时，其参数设置如图 6–62 所示。

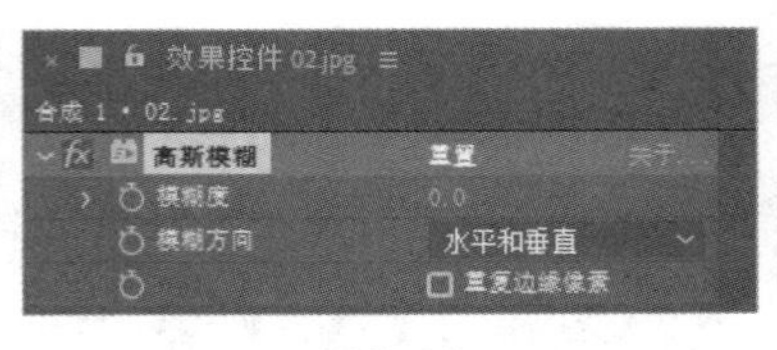

图 6–62

模糊度：用于调整图像的模糊程度。

模糊方向：用于设置模糊的方向。其右侧的下拉列表中提供了水平、垂直、水平和垂直 3 种模糊方向。

高斯模糊效果演示如图 6–63～图 6–65 所示。

图 6–63

图 6–64

图 6–65

6.2.3　定向模糊

定向模糊也称为方向模糊。这是一种十分具有动感的模糊效果，可以产生任何方向的运动视觉。当图层为草稿质量时，应用图像边缘的平均值；为最高质量时，应用高斯模式的模糊，这样可产生平滑、渐变的模糊效果。定向模糊的参数设置如图 6–66 所示。

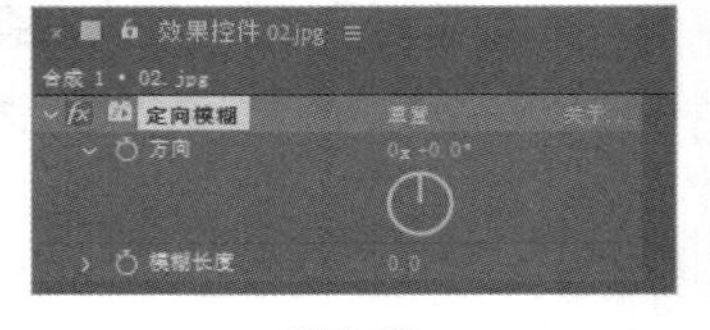

图 6–66

方向：用于调整模糊的方向。

模糊长度：用于调整滤镜的模糊程度，数值越大，模糊的程度也就越大。

定向模糊特效演示如图 6–67～图 6–69 所示。

图 6–67

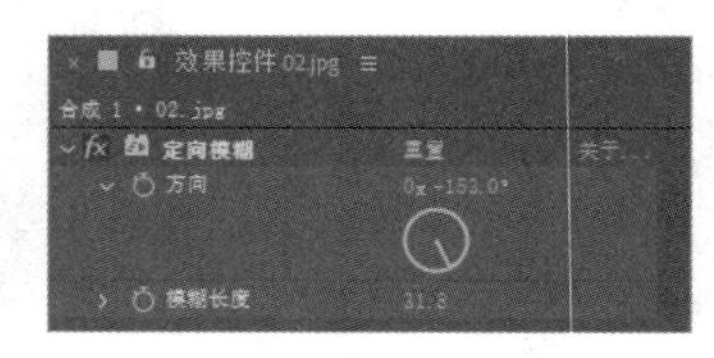

图 6–68

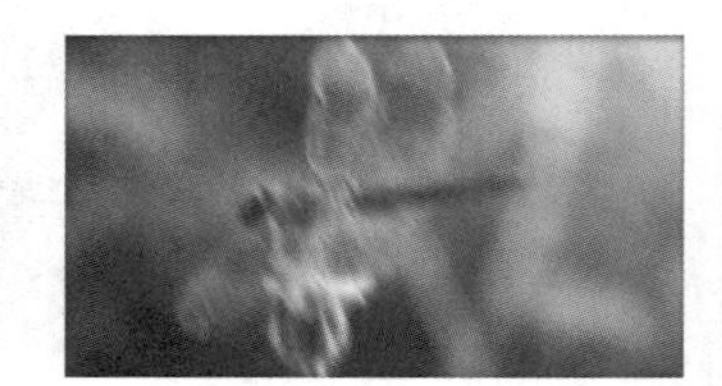
图 6–69

6.2.4　径向模糊

径向模糊效果可以在图层中围绕特定点为图像增加移动或旋转模糊的效果，径向模糊效果的参数设置如图 6–70 所示。

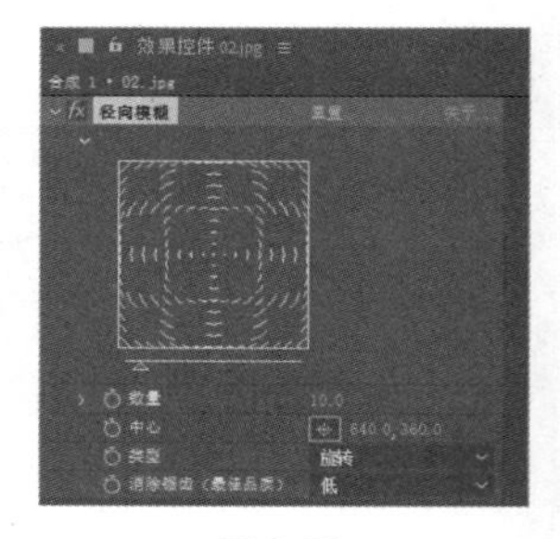

图 6–70

数量：用于控制图像的模糊程度。模糊程度的大小取决于模糊量，在旋转类型状态下，模糊量表示旋转模糊程度；而在缩放类型状态下，模糊量表示缩放模糊程度。

中心：用于调整模糊中心点的位置。可以通过单击按钮在合成面板中指定中心点位置。

类型：用于设置模糊类型。其中提供了旋转和缩放两种模糊类型。

消除锯齿（最佳品质）：该功能只在图像的最高品质下起作用。

径向模糊效果演示如图6-71～图6-73所示。

图6-71

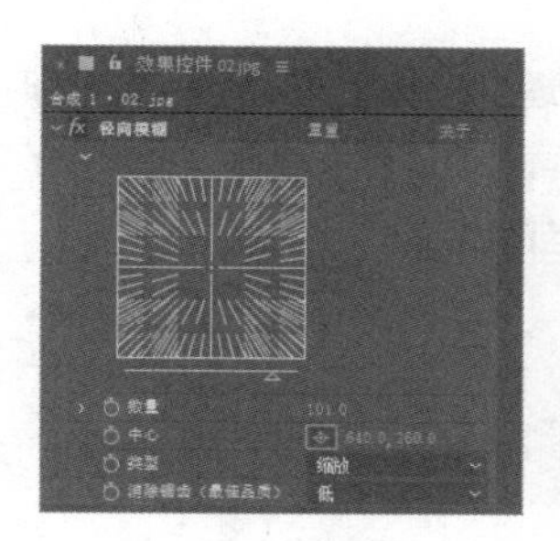

图6-72

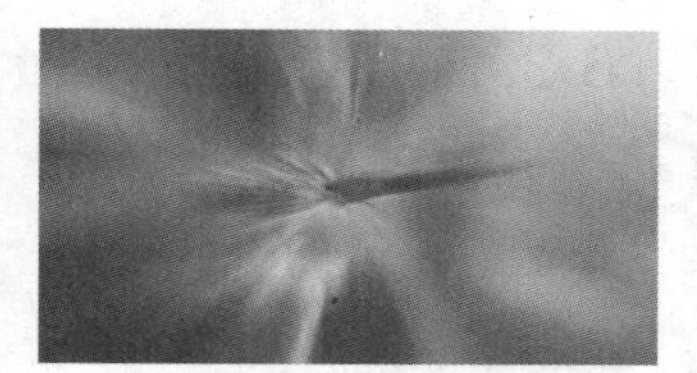

图6-73

6.2.5 快速方框模糊

快速方框模糊效果用于设置图像的模糊程度，它和高斯模糊十分类似，而它在大面积应用的时候实现速度更快，效果更明显。其参数设置如图6-74所示。

图6-74

模糊半径：用于设置模糊程度。

迭代：用于设置模糊效果连续应用到图像的次数。

模糊方向：用于设置模糊方向，有水平、垂直、水平和垂直 3 种模糊方向。

重复边缘像素：选中此复选框，可让图像边缘保持清晰度。

快速方框模糊演示如图6-75～图6-77所示。

图6-75

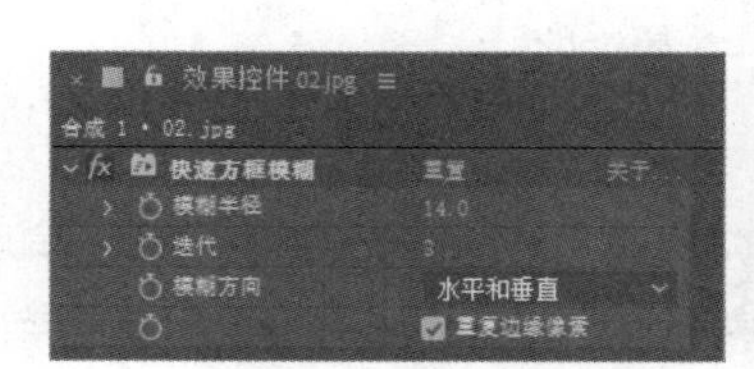

图6-76

图6-77

6.2.6 锐化滤镜

锐化效果用于锐化图像，在图像颜色发生变化的地方提高图像的对比度。其参数设置如图6-78所示。

图6-78

锐化量：用于设置锐化的程度。

锐化效果演示如图6-79～图6-81所示。

图6-79

图6-80

图6-81

6.3 颜色校正

在视频制作过程中，画面颜色的处理是一项很重要的内容，有时直接影响制作的成败。颜色校正效果组下的众多效果可以用来修正色彩不好的画面的颜色，也可以用来调节色彩正常画面的颜色，使其更加精彩。

6.3.1 课堂案例——水墨画效果

案例学习目标

学习使用“色相/饱和度”与“曲线”命令。

案例知识要点

使用“查找边缘”命令、“色相/饱和度”命令、“曲线”命令、“高斯模糊”命令，制作水墨画效果。水墨画效果如图6-82所示。

效果所在位置

资源包 > Ch06 > 水墨画效果 > 水墨画效果.aep。

图6-82

水墨画效果

1. 导入并编辑素材

STEP 1 按Ctrl+N组合键，弹出“合成设置”对话框，在“合成名称”文本框中输入“最终效果”，其他选项的设置如图6-83所示，单击“确定”按钮，创建一个新的合成“最终效果”。

STEP 2 选择“文件 > 导入 > 文件”命令，在弹出的“导入文件”对话框中，选择资源包中的“Ch06 > 水墨画效果 > (Footage) > 01.mp4”文件，单击“导入”按钮，视频被导入“项目”面板中，如图6-84所示。

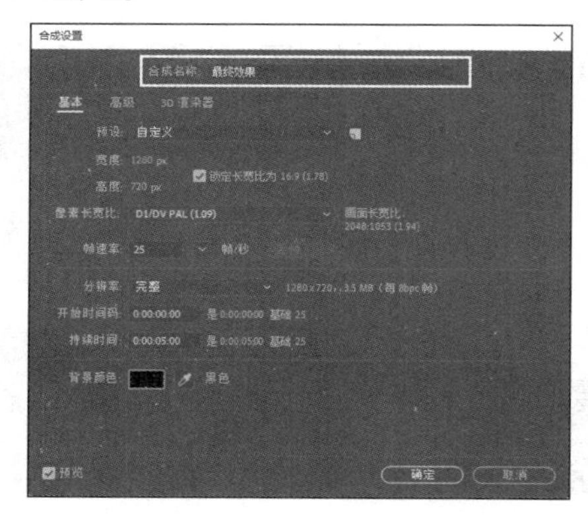

图6-83

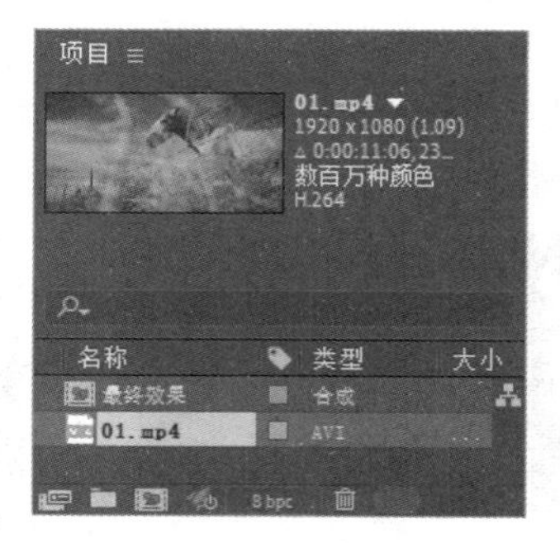

图6-84

STEP 3 在“项目”面板中，选中“01.mp4”文件并将其拖曳到“时间轴”面板中。按S键，展开“缩放”属性，设置“缩放”选项的数值为70%，如图6-85所示。“合成”面板中的效果如图6-86所示。

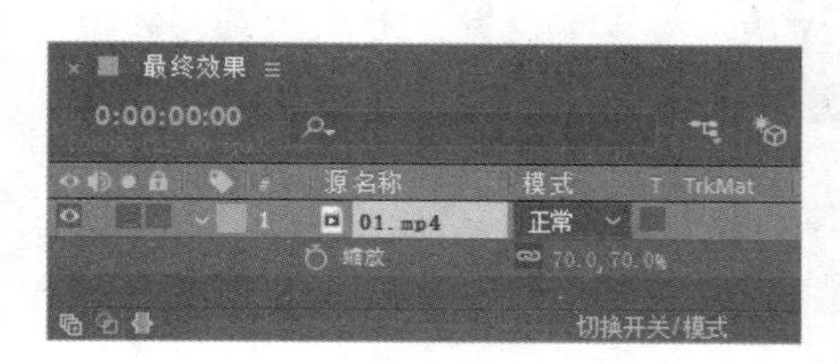

图6-85

图6-86

STEP 4 按Ctrl+D组合键复制图层，如图6-87所示，单击新复制图层左侧的眼睛按钮，关闭该图层的可视性，如图6-88所示。

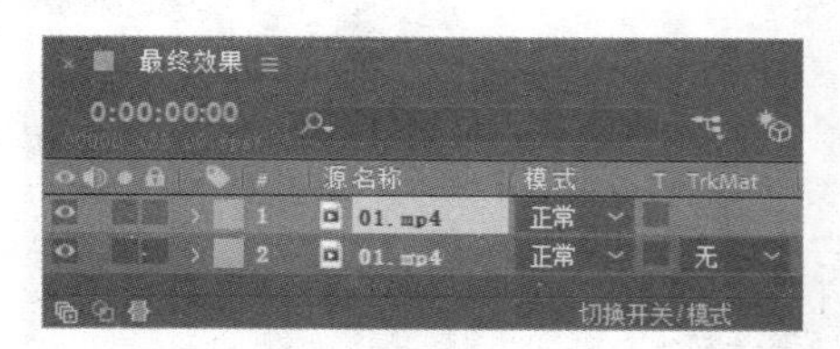

图6-87

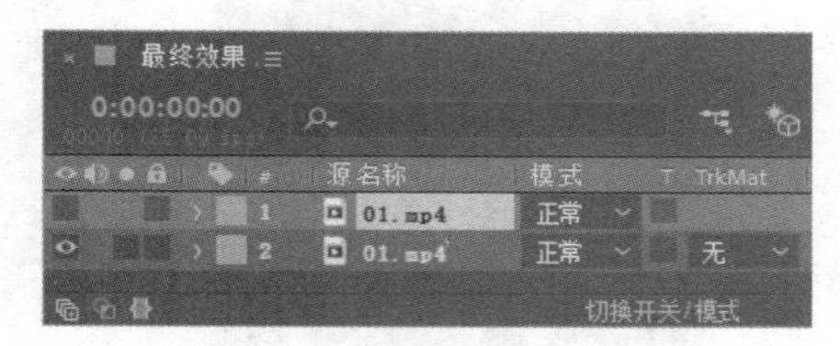

图6-88

STEP 5 选中“图层2”图层，选择“效果 > 风格化 > 查找边缘”命令，在“效果控件”面板中进行参数设置，如图6-89所示。“合成”面板中的效果如图6-90所示。

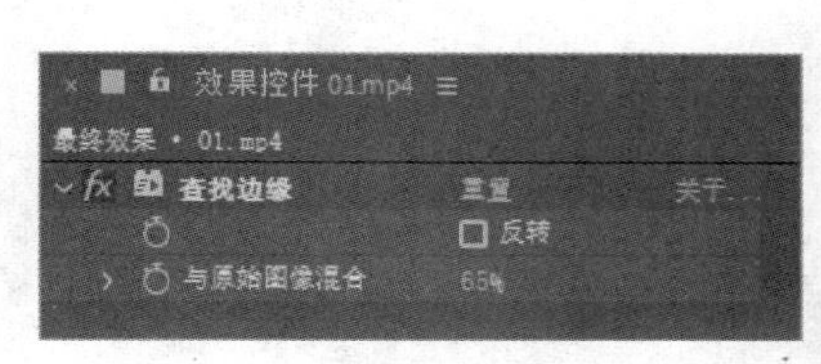

图6-89

图6-90

STEP 6 选择“效果> 颜色校正 > 色相/饱和度”命令，在“效果控件”面板中进行参数设置，如图6-91所示。“合成”面板中的效果如图6-92所示。

STEP 7 选择“效果 > 颜色校正 > 曲线”命令，在“效果控件”面板中调整曲线，如图6-93所示。“合成”面板中的效果如图6-94所示。

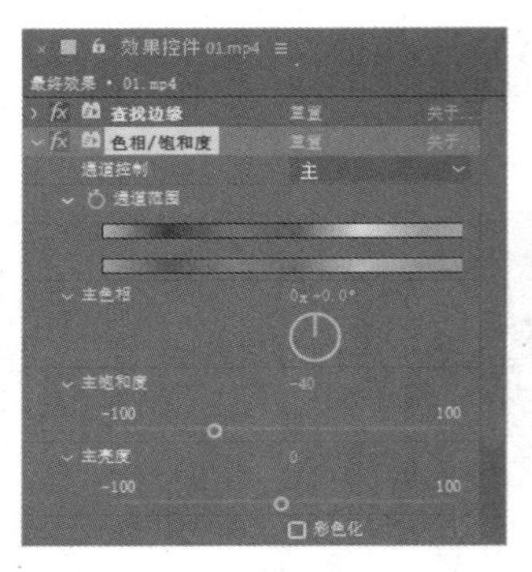

图 6-91

图 6-92

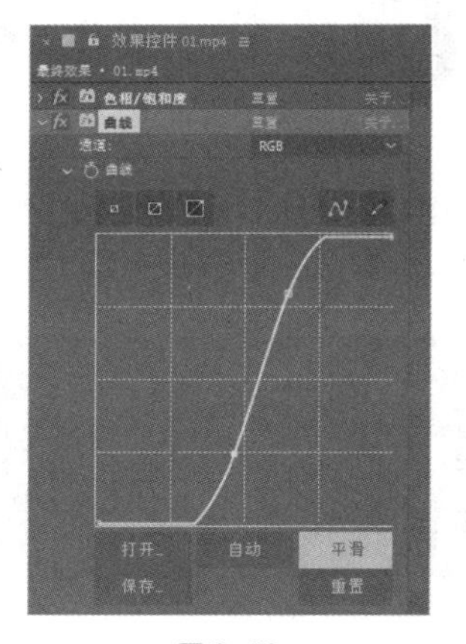

图 6-93

图 6-94

STEP 8 选择“效果 > 模糊和锐化 > 高斯模糊”命令，在“效果控件”面板中进行参数设置，如图 6-95 所示。“合成”面板中的效果如图 6-96 所示。

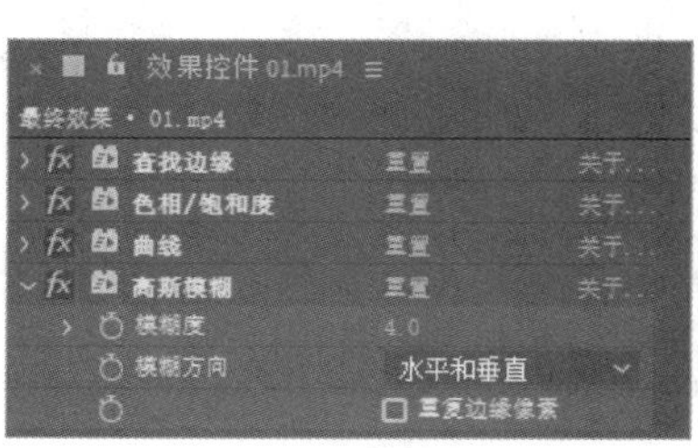

图 6-95

图 6-96

2. 制作水墨画效果

STEP 1 在“时间轴”面板中，单击“图层 1”图层左侧的按钮，打开该图层的可视性。按 T 键，展开“不透明度”属性，设置“不透明度”选项的数值为 70%，图层的混合模式为“相乘”，如图 6-97 所示。“合成”面板中的效果如图 6-98 所示。

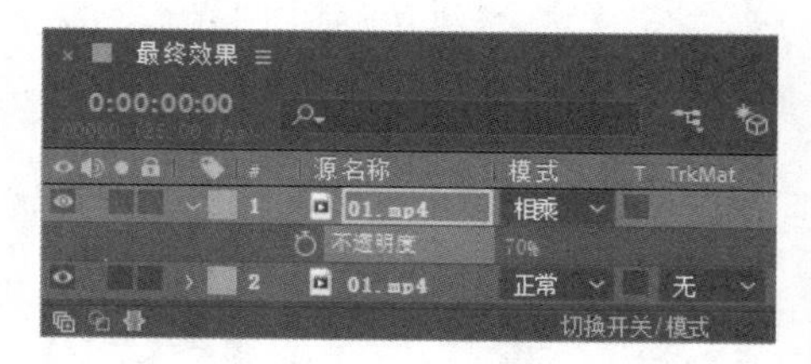

图 6-97

图 6-98

STEP 2 选择“效果 > 风格化 > 查找边缘”命令，在“效果控件”面板中进行参数设置，如图 6-99 所示。“合成”面板中的效果如图 6-100 所示。

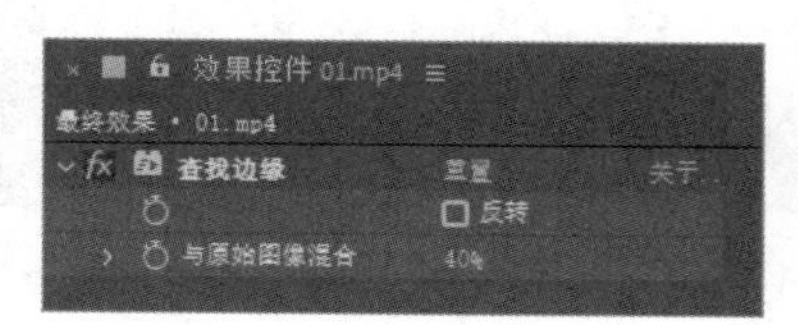

图 6-99

图 6-100

STEP 3 选择“效果 > 颜色校正 > 色相/饱和度”命令，在“效果控件”面板中进行参数设置，如图 6-101 所示。“合成”面板中的效果如图 6-102 所示。

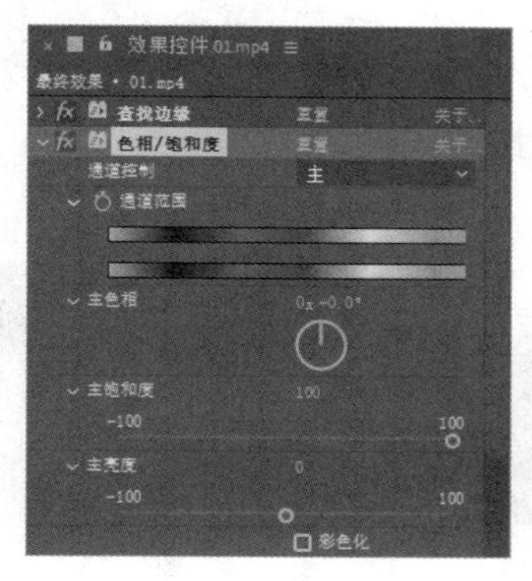

图 6-101

图 6-102

STEP 4 选择“效果 > 颜色校正 > 曲线”命令，在“效果控件”面板中调整曲线，如图 6-103 所示。“合成”面板中的效果如图 6-104 所示。

STEP 5 选择“效果 > 模糊和锐化 > 快速方框模糊”命令，在“效果控件”面板中进行参数设置，如图 6-105 所示。“合成”面板中的效果如图 6-106 所示。水墨画效果制作完成。

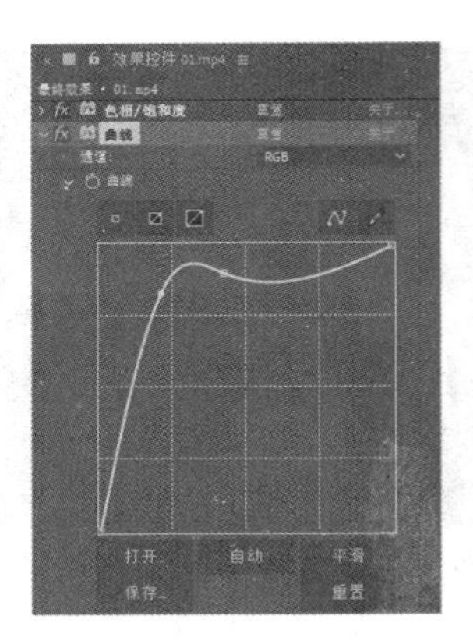

图 6-103

图 6-104

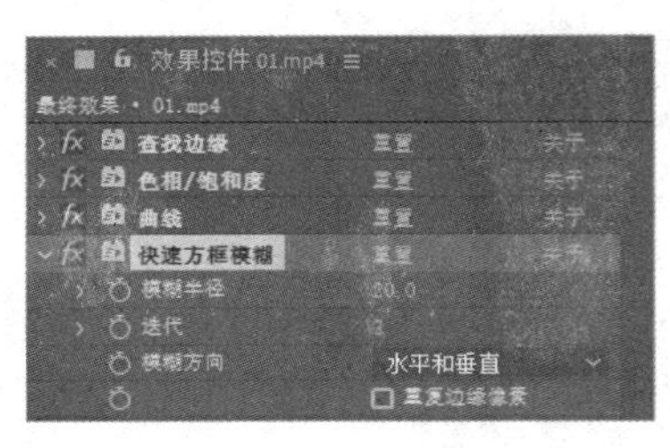

图 6-105

图 6-106

6.3.2 亮度和对比度

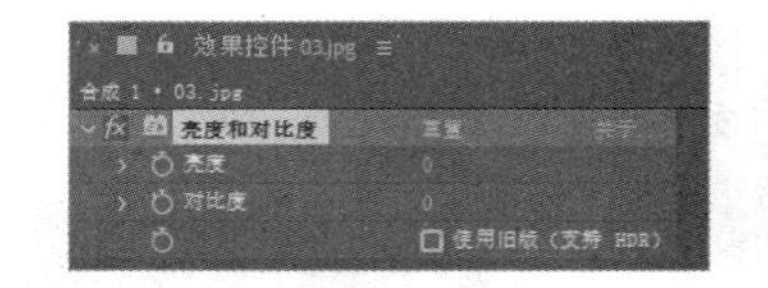

图 6-107

亮度和对比度效果用于调整画面的亮度和对比度，可以同时调整所有像素的高亮、暗部和中间色，操作简单有效，但不能调节单一通道。亮度和对比度效果的参数设置如图 6-107 所示。

亮度：用于调整亮度值。正值增加亮度，负值降低亮度。

对比度：用于调整对比度值。正值增加对比度，负值降低对比度。

亮度和对比度效果演示如图 6-108～图 6-110 所示。

图 6-108

图 6-109

图 6-110

6.3.3 曲线

After Effects 中的曲线控制与 Photoshop 中的曲线控制功能类似，可对图像的各个通道进行控制，调节图像色调范围，可以用 0～255 的灰阶调节颜色。用色阶也可以完成同样的工作，并且曲线控制能力更强。曲线效果控件是 After Effects 中非常重要的一个调色工具，如图 6-111 所示。

在曲线图表中，可以调整图像的阴影部分、中间色调区域和高亮区域。

通道：用于选择进行调控的通道，可以选择 RGB、红、绿、蓝和 Alpha 通道分别进行调控。需要在通道下拉列表中指定图像通道。可以同时调节图像的 RGB 通道，也可以对红、绿、蓝和 Alpha 通道分别进行调节。

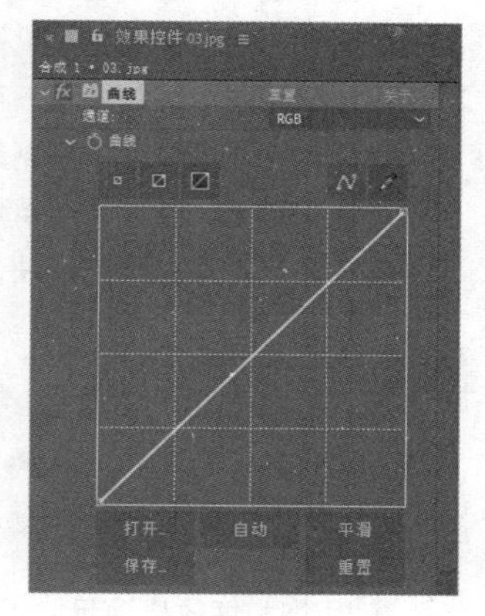

图 6-111

曲线：用来调整校正值，即输入（原始亮度）和输出的对比度。

曲线工具：选中此工具并单击曲线，可以在曲线上增加控制点。如果要删除控制点，可在曲线上选中要删除的控制点，将其拖曳至坐标区域外即可。按住鼠标左键拖曳控制点，可对曲线进行编辑。

铅笔工具：选中此工具，在坐标区域中拖曳鼠标，可以绘制一条曲线。

“平滑”按钮：单击此按钮，可以平滑曲线。

“自动”按钮：单击此按钮，可以自动调整图像的对比度。

“打开”按钮：单击此按钮，可以打开存储的曲线调节文件。

“保存”按钮：单击此按钮，可以将调节完成的曲线存储为一个.amp 或.acv 文件，以供再次使用。

曲线效果演示如图 6-112～图 6-114 所示。

图 6-112

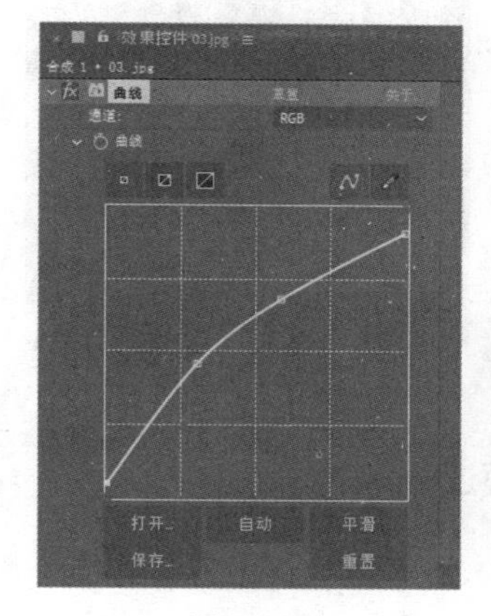

图 6-113

图 6-114

6.3.4　色相/饱和度

色相/饱和度效果用于调整图像的色调、饱和度和亮度。其应用的效果和色彩平衡一样，但其利用颜色相应的调整轮来进行控制。其参数设置如图 6-115 所示。

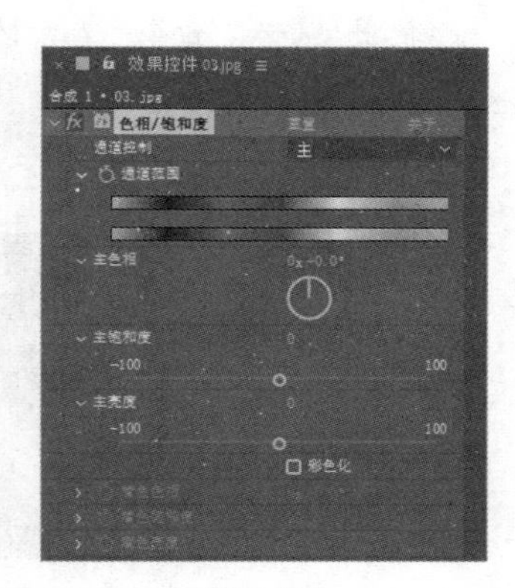

图 6-115

通道控制：用于选择颜色通道，选择“主”时，对所有颜色应用效果，如果分别选择红、黄、绿、青、蓝和品红通道，则对所选颜色应用效果。

通道范围：显示颜色映射的谱线，用于控制通道范围。上面的色条表示调节前的颜色，下面的色条表示在满饱和度的情况下进行调节来影响整个色调。当对单独的通道进行调节时，下面的色条会显示控制滑杆。拖曳竖条可调节颜色范围，拖曳三角可调整羽化量。

主色相：控制所调节的颜色通道色调，可利用颜色控制轮盘（代表色轮）改变总色调。

主饱和度：用于调整主饱和度。通过调节滑块，控制所调节颜色通道的饱和度。

主亮度：用于调整主亮度。通过调节滑块，控制所调节颜色通道的亮度。

彩色化：选中该复选框，可以将灰阶图转换为带有色调的双色图。

着色色相：通过颜色控制轮盘，控制彩色化图像后的色调。

着色饱和度：通过调节滑块，控制彩色化图像后的饱和度。

着色亮度：通过调节滑块，控制彩色化图像后的亮度。

提示

色相/饱和度效果是 After Effects 非常重要的一个调色工具，在更改对象色相属性时很方便。在调节颜色的过程中，可以使用色轮来预测图像中相应颜色区域的改变效果，并了解这些更改如何在 RGB 色彩模式间转换。

色相/饱和度效果演示如图 6-116～图 6-118 所示。

图 6-116

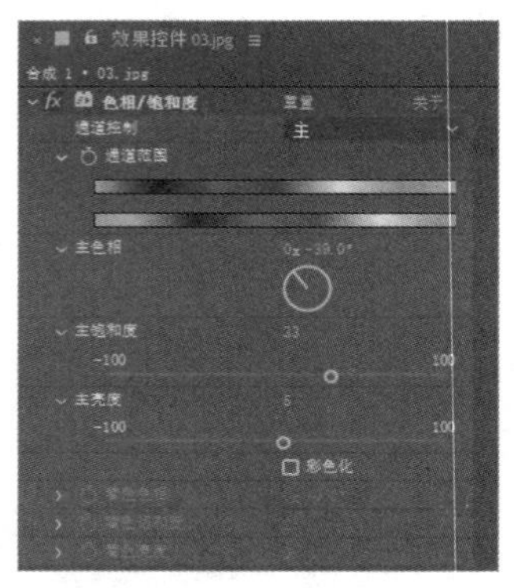

图 6-117

图 6-118

6.3.5 课堂案例——修复逆光照片

案例学习目标

学习使用色阶调整图片。

案例知识要点

使用“导入”命令导入素材；使用“色阶”命令调整图像的亮度。修复逆光照片效果如图 6-119 所示。

效果所在位置

资源包 > Ch06 > 修复逆光照片 > 修复逆光照片.aep。

图 6-119

修复逆光照片

STEP 1 按 Ctrl+N 组合键，弹出“合成设置”对话框，在“合成名称”文本框中输入“最终效果”，其他选项的设置如图 6-120 所示，单击“确定”按钮，创建一个新的合成“最终效果”。

STEP 2 选择“文件 > 导入 > 文件”命令，在弹出的“导入文件”对话框中，选择资源包中的“Ch06 > 修复逆光照片 > (Footage) > 01.jpg”文件，单击“打开”按钮，图片被导入“项目”面板中，将其拖曳到“时间轴”面板中，如图 6-121 所示。

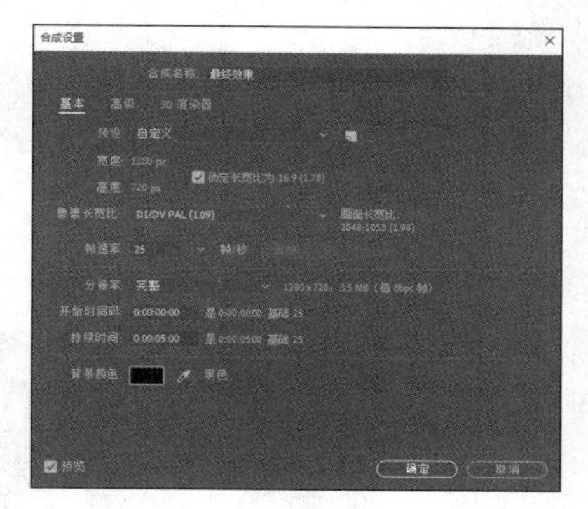

图 6-120

图 6-121

STEP 3 选中“01.jpg”图层，选择“效果 > 颜色校正 > 色阶”命令，在“效果控件”面板中进行参数设置，如图 6-122 所示。修复逆光照片效果制作完成，如图 6-123 所示。

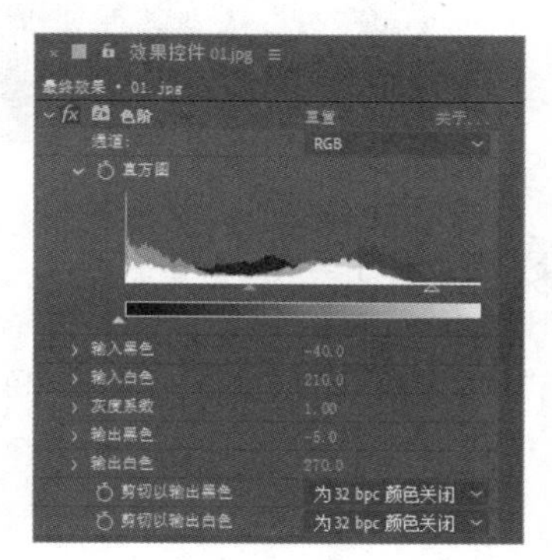

图 6-122

图 6-123

6.3.6 颜色平衡

颜色平衡效果用于调整图像的色彩平衡。通过对图像的红、绿、蓝通道分别进行调节，可调节颜色在暗部、中间色调和高亮部分的强度。颜色平衡效果的参数设置如图 6-124 所示。

阴影红色/绿色/蓝色平衡：用于调整 RGB 彩色的阴影范围平衡。

中间调红色/绿色/蓝色平衡：用于调整 RGB 彩色的中间亮度范围平衡。

高光红色/绿色/蓝色平衡：用于调整 RGB 彩色的高光范围平衡。

保持发光度：用于保持图像的平均亮度，进而保持图像的整体平衡。

颜色平衡效果演示如图 6-125～图 6-127 所示。

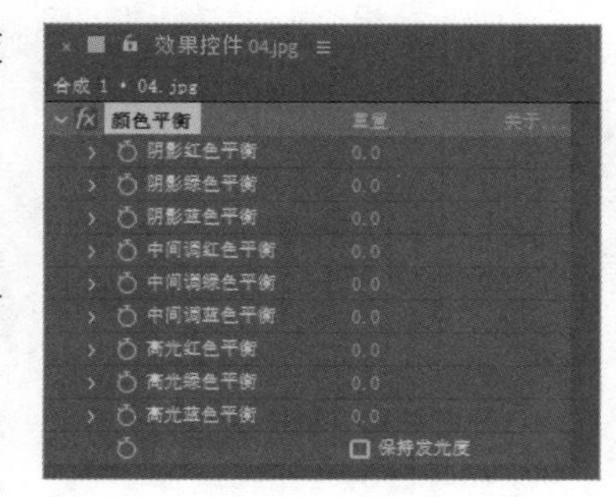

图 6-124

图 6-125

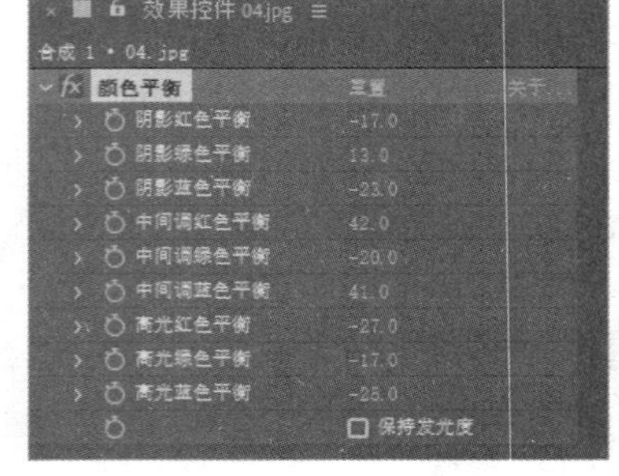

图 6-126

图 6-127

6.3.7 色阶

色阶效果是常用的调色特效工具，用于将输入的颜色范围重新映射到输出的颜色范围，还可以改变 Gamma 校正曲线。色阶效果主要用于调整基本的影像质量，其参数设置如图 6-128 所示。

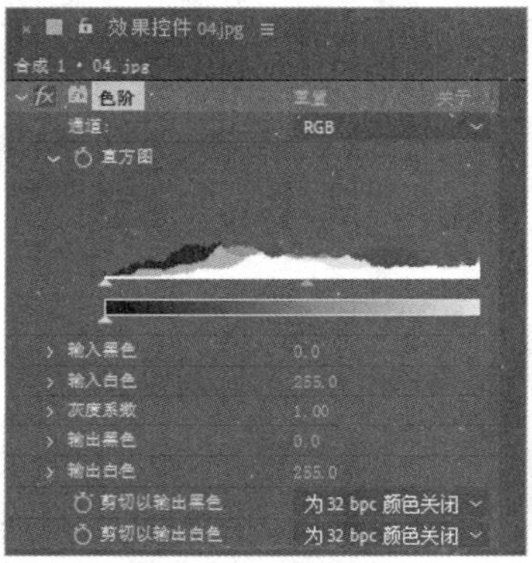

通道：用于选择要调控的通道。可以分别调控 RGB 彩色通道、Red 红色通道、Green 绿色通道、Blue 蓝色通道和 Alpha 透明通道。

直方图：可以通过该图了解像素在图像中的分布情况。水平方向表示亮度值，垂直方向表示该亮度值的像素值。像素值不会比输入黑色值更低，也不会比输入白色值更高。

输入黑色：用于限定输入图像黑色值的阈值。

输入白色：用于限定输入图像白色值的阈值。

灰度系数：设置伽马值，用于调整输入输出对比度。

图 6-128

输出黑色：用于限定输出图像黑色值的阈值，黑色输出在图下方灰阶条中。

输出白色：用于限定输出图像白色值的阈值，白色输出在图下方灰阶条中。

剪切以输出黑色和剪切以输出白色：用于确定明亮度值小于“输入黑色”值或大于“输入白色”值的像素的结果。

色阶效果演示如图 6-129～图 6-131 所示。

图 6-129

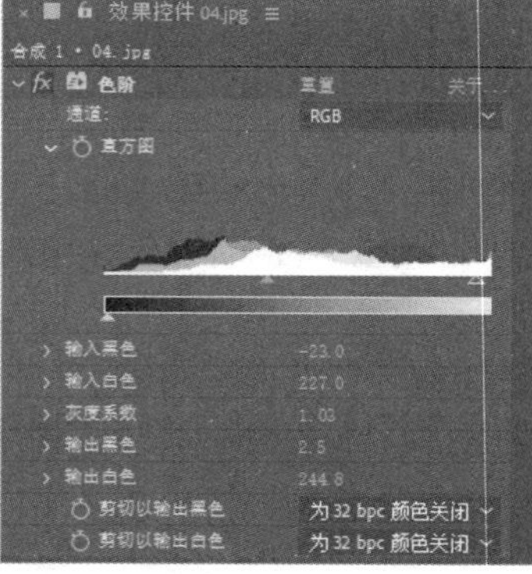

图 6-130

图 6-131

6.4 生成

生成效果组包含很多特效，可用于创造一些原画面中没有的效果，这些效果在制作动画中有广泛的应用。

6.4.1 课堂案例——动感模糊文字

案例学习目标

学习使用镜头光晕效果。

案例知识要点

使用“卡片擦除”命令，制作动感文字；使用“定向模糊”命令、“色阶”命令、“Shine”命令，制作文字发光并改变发光颜色；使用“镜头光晕”命令，添加镜头光晕效果。动感模糊文字效果如图 6-132 所示。

效果所在位置

资源包 > Ch06 > 动感模糊文字 > 动感模糊文字.aep。

图 6-132

动感模糊文字

1. 输入文字

STEP 1 按 Ctrl+N 组合键，弹出“合成设置”对话框，在“合成名称”文本框中输入“最终效果”，其他选项的设置如图 6-133 所示，单击“确定”按钮，创建一个新的合成“最终效果”。

STEP 2 选择“文件 > 导入 > 文件”命令，在弹出的“导入文件”对话框中，选择资源包中的“Ch06 > 动感模糊文字 > (Footage) > 01.mp4”文件，单击“导入”按钮，视频被导入“项目”面板中；将视频拖曳到“时间轴”面板中，如图 6-134 所示。

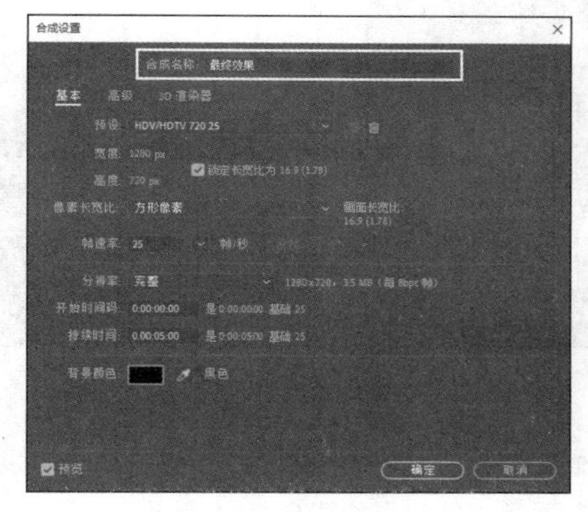

图 6-133

图 6-134

STEP 3 选择“横排文字”工具，在“合成”面板中输入文字“博文学佳教育”。选中文字，在“字符”面板中，设置“填充颜色”为蓝色（其R、G、B的值分别为3、161、213），其他参数设置如图6-135所示。“合成”面板中的效果如图6-136所示。

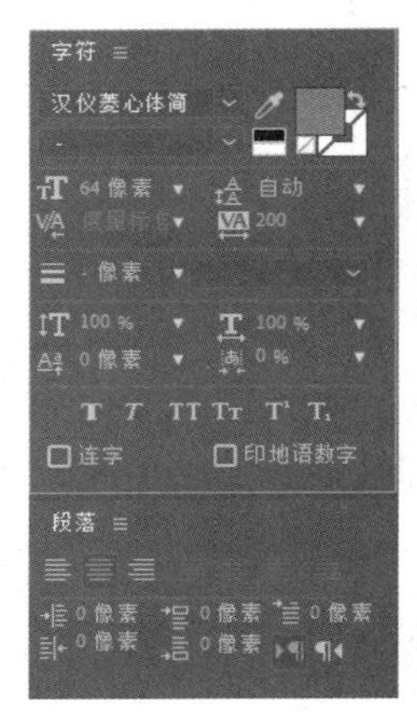

图6-135

图6-136

2. 添加文字特效

STEP 1 选中文字图层，选择“效果> 过渡 > 卡片擦除”命令，在“效果控件”面板中进行参数设置，如图6-137所示。“合成”面板中的效果如图6-138所示。

STEP 2 将时间标签放置在0s的位置。在“效果控件”面板中，单击“过渡完成”选项左侧的“关键帧自动记录器”按钮，如图6-139所示，记录第1个关键帧。

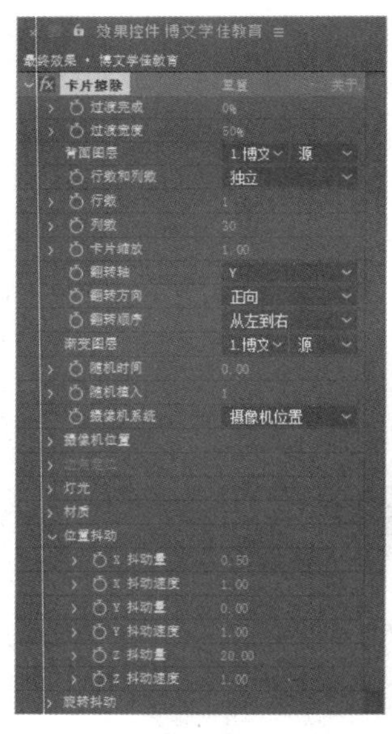

图6-137

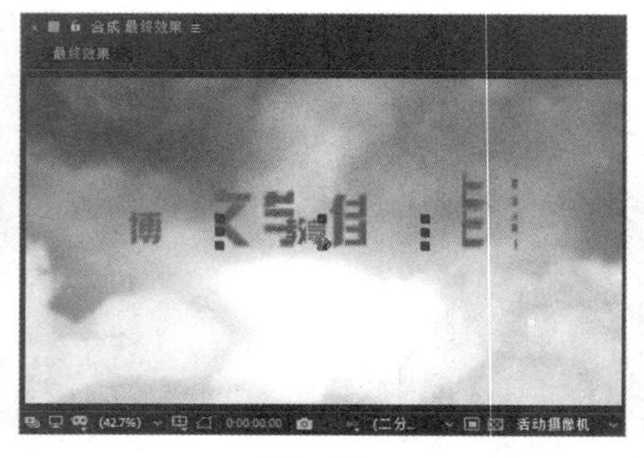

图6-138

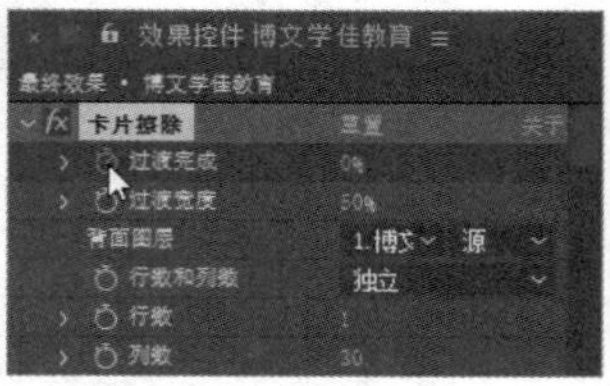

图6-139

STEP 3 将时间标签放置在2s的位置，在“效果控件”面板中，设置“过渡完成”选项的数值为100%，如图6-140所示，记录第2个关键帧。“合成”面板中的效果如图6-141所示。

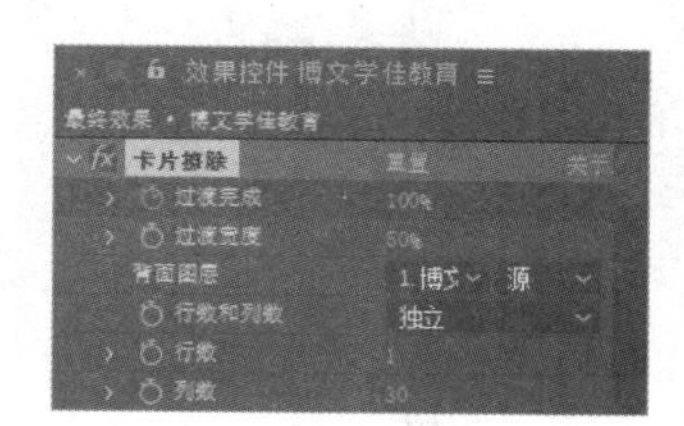

图 6-140

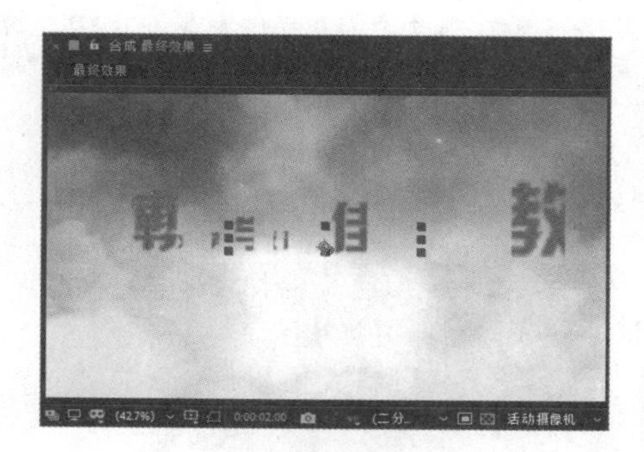

图 6-141

STEP 4 将时间标签放置在 0s 的位置，在“效果控件”面板中，展开“摄像机位置”选项，设置“Y 轴旋转”选项的数值为 100、0，“Z 位置”选项的数值为 1。分别单击“摄像机位置”下的“Y 轴旋转”和“Z 位置”、“位置抖动”下的“X 抖动量”和“Z 抖动量”选项前面的“关键帧自动记录器”按钮，如图 6-142 所示。

STEP 5 将时间标签放置在 2s 的位置，设置“Y 轴旋转”选项的数值为 0、0，“Z 位置”选项的数值为 2，“X 抖动量”选项的数值为 0，“Z 抖动量”选项的数值为 0，如图 6-143 所示。“合成”面板中的效果如图 6-144 所示。

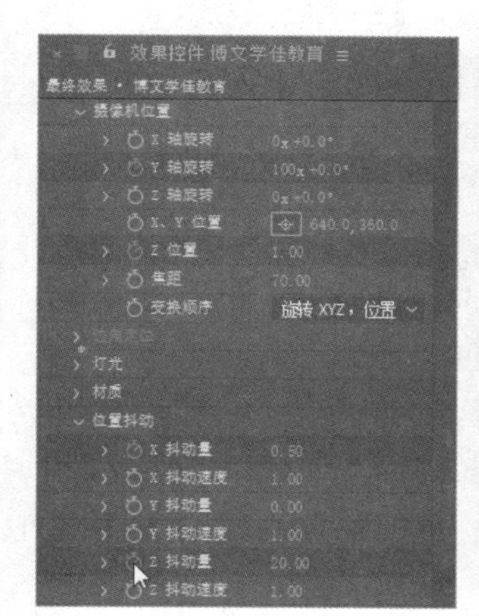

图 6-142

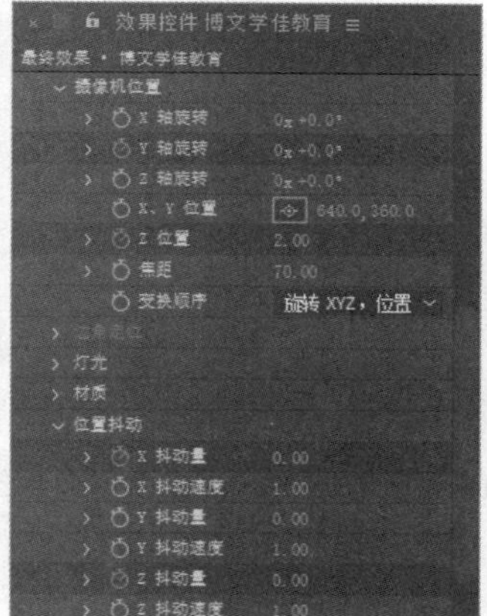

图 6-143

图 6-144

3. 添加文字动感效果

STEP 1 选中文字图层，按 Ctrl+D 组合键复制图层，如图 6-145 所示。在“时间轴”面板中，设置新复制图层的混合模式为“相加”，如图 6-146 所示。

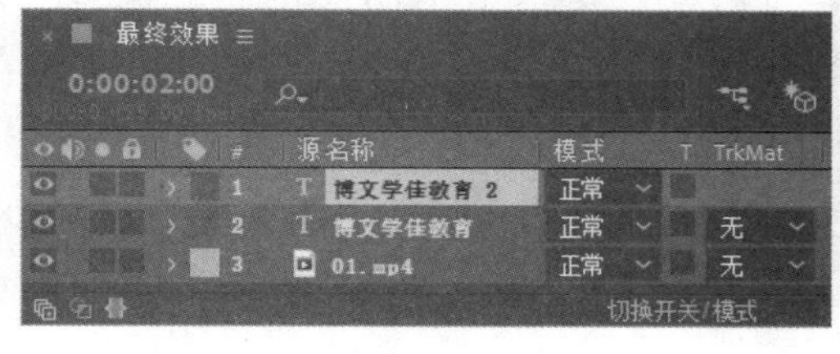

图 6-145

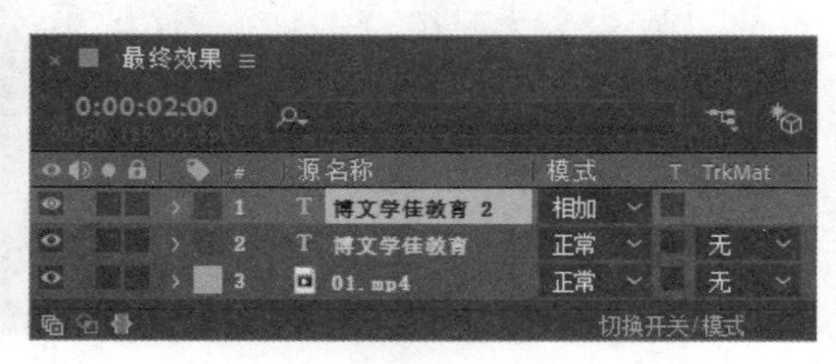

图 6-146

STEP 2 选中“博文学佳教育 2”图层，选择“效果 > 模糊和锐化 > 定向模糊”命令，在“效果控件”面板中进行参数设置，如图 6-147 所示。“合成”面板中的效果如图 6-148 所示。

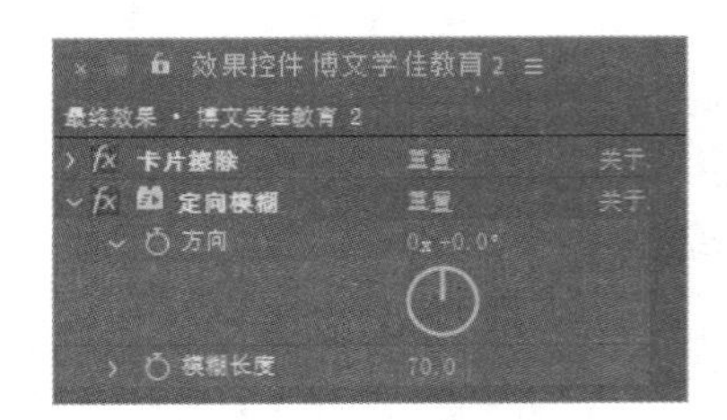

图 6-147

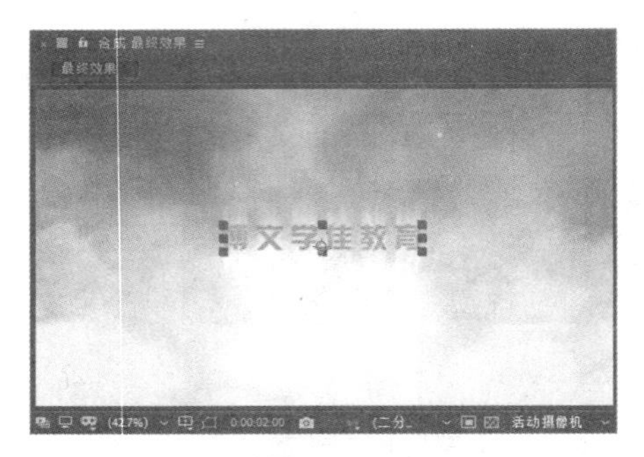

图 6-148

STEP 3 将时间标签放置在 0s 的位置，在“效果控件”面板中，单击“模糊长度”选项左侧的“关键帧自动记录器”按钮，记录第 1 个关键帧。将时间标签放置在 1s 的位置，在“效果控件”面板中，设置“模糊长度”选项的数值为 100，如图 6-149 所示，记录第 2 个关键帧。“合成”面板中的效果如图 6-150 所示。

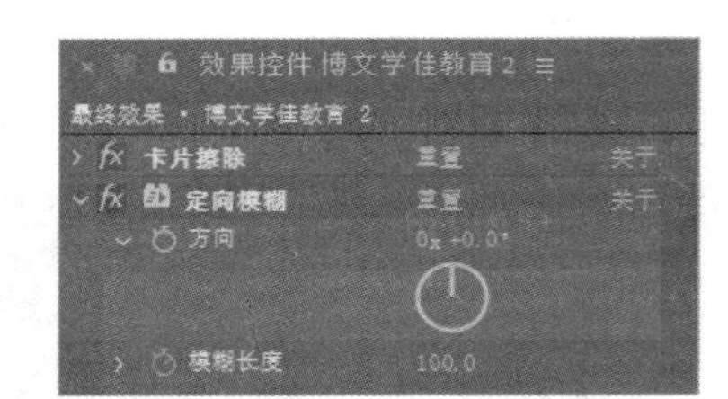

图 6-149

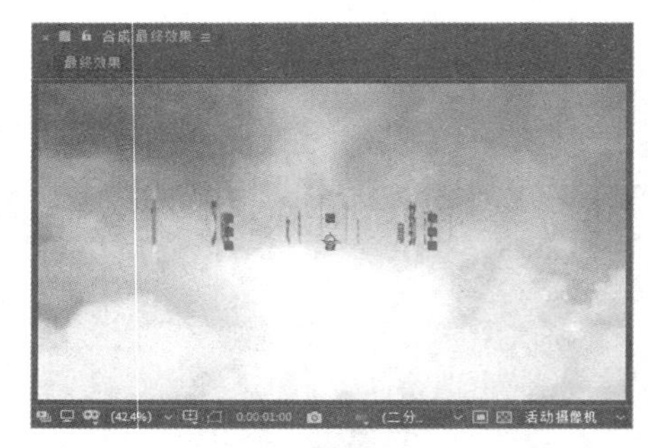

图 6-150

STEP 4 将时间标签放置在 2s 的位置，按 U 键，展开“博文学佳教育 2”图层中的所有关键帧，单击“模糊长度”选项左侧的“在当前时间添加或移除关键帧”按钮，记录第 3 个关键帧，如图 6-151 所示。

STEP 5 将时间标签放置在 2:05s 的位置，在“效果控件”面板中，设置“模糊长度”选项的数值为 150，如图 6-152 所示，记录第 4 个关键帧。

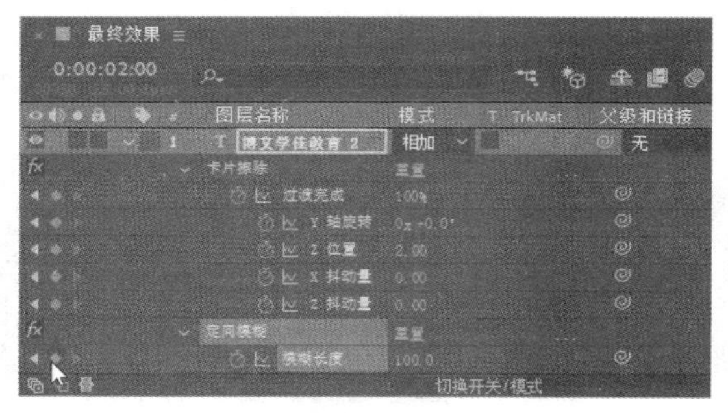

图 6-151

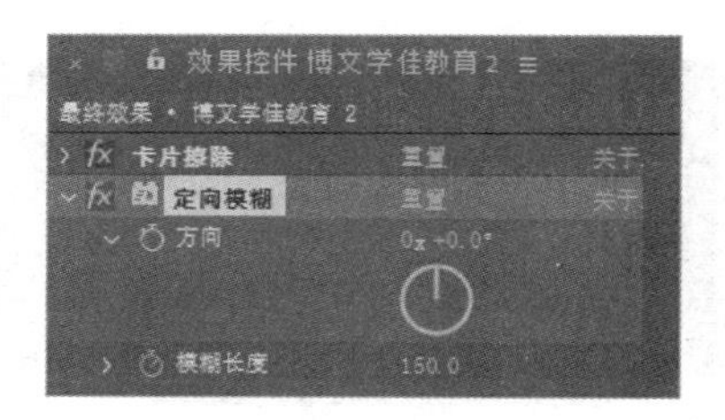

图 6-152

STEP 6 选择“效果 > 颜色校正 > 色阶”命令，在“效果控件”面板中进行参数设置，如图 6-153 所示。选择“效果 > Trapcode > Shine”命令，在“效果控件”面板中进行参数设置，如图 6-154 所示。“合成”面板中的效果如图 6-155 所示。

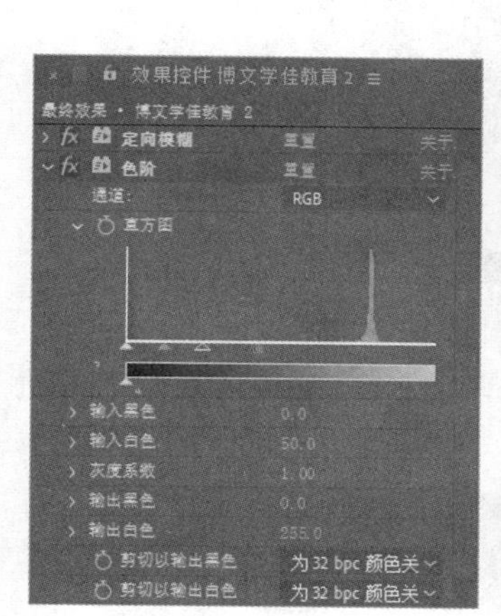
图 6-153

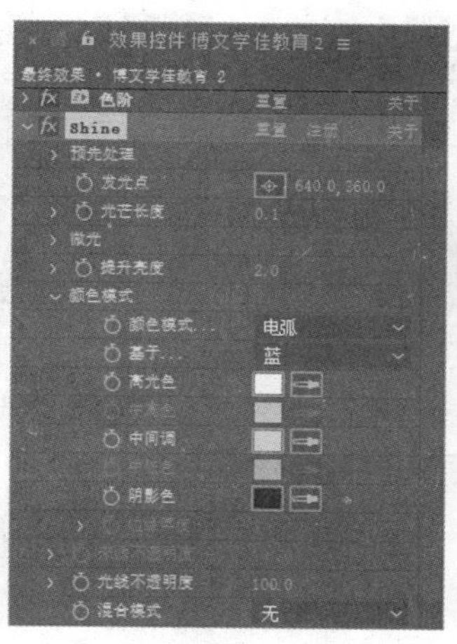
图 6-154

图 6-155

STEP 7 在当前合成中建立一个新的黑色纯色图层“遮罩”。按 P 键，展开“位置”属性，将时间标签放置在 2s 的位置，设置“位置”选项的数值为 640、360，单击“位置”选项左侧的“关键帧自动记录器”按钮，如图 6-156 所示，记录第 1 个关键帧。将时间标签放置在 3s 的位置，设置“位置”选项的数值为 1560、360，如图 6-157 所示，记录第 2 个关键帧。

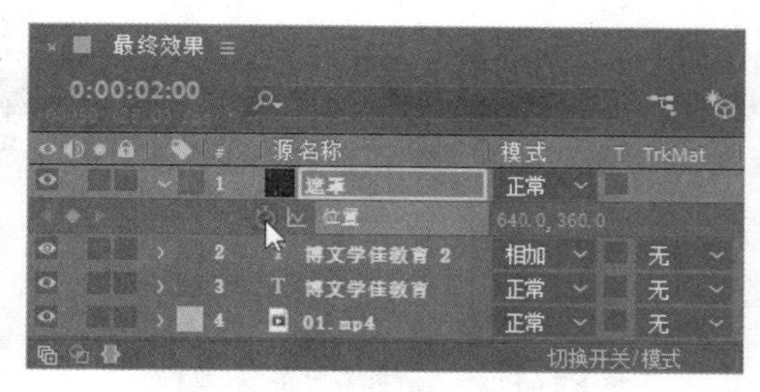
图 6-156

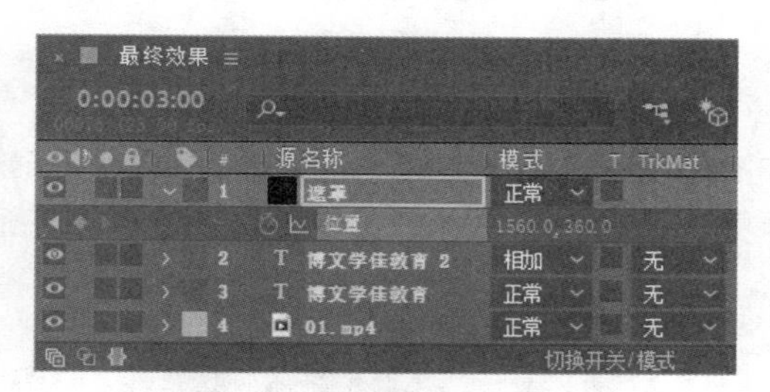
图 6-157

STEP 8 选中“博文学佳教育 2”图层，将图层的“T TrkMat”选项设置为“Alpha 遮罩‘遮罩’”，如图 6-158 所示。“合成”面板中的效果如图 6-159 所示。

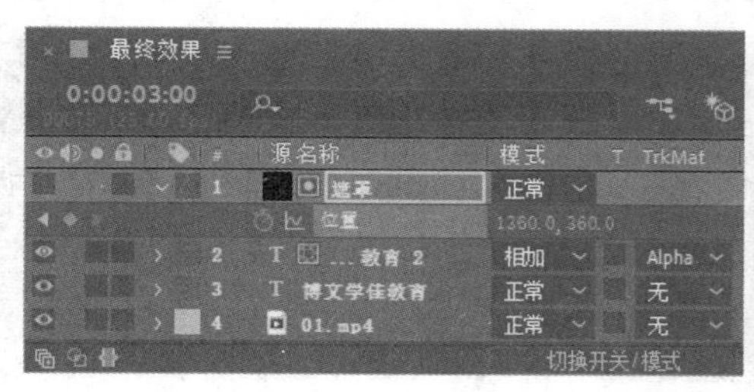
图 6-158

图 6-159

4．添加镜头光晕

STEP 1 将时间标签放置在 2s 的位置，在当前合成中建立一个新的黑色纯色图层“光晕”，如图 6-160 所示。在“时间轴”面板中，设置“光晕”图层的混合模式为“相加”，如图 6-161 所示。

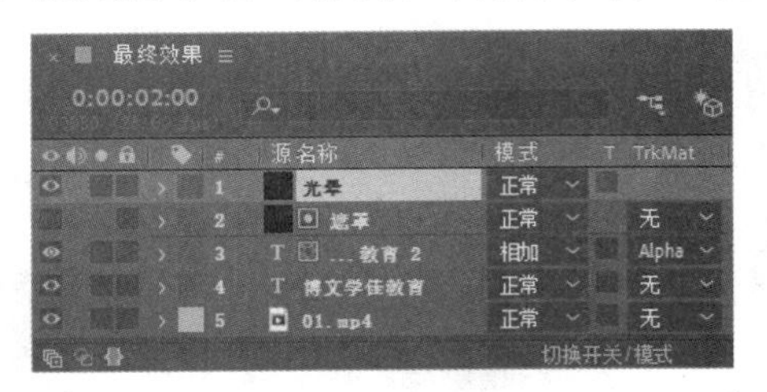

图 6-160

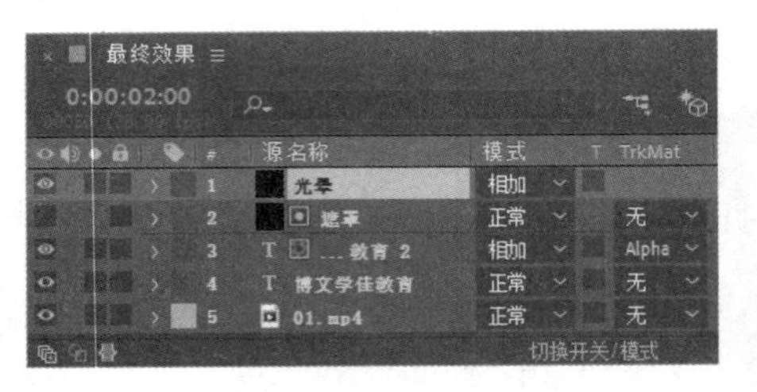

图 6-161

STEP 2 选中“光晕”图层，选择“效果 > 生成 > 镜头光晕”命令，在“效果控件”面板中进行参数设置，如图 6-162 所示。“合成”面板中的效果如图 6-163 所示。

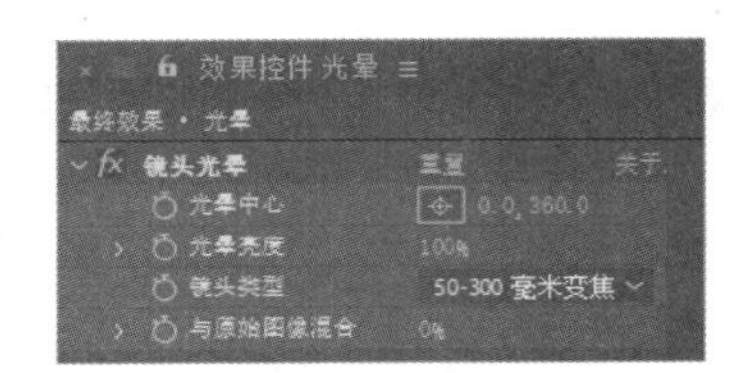

图 6-162

图 6-163

STEP 3 在“效果控件”面板中，单击“光晕中心”选项左侧的“关键帧自动记录器”按钮，如图 6-164 所示，记录第 1 个关键帧。将时间标签放置在 3s 的位置，在“效果控件”面板中，设置“光晕中心”选项的数值为 1280、260，如图 6-165 所示，记录第 2 个关键帧。

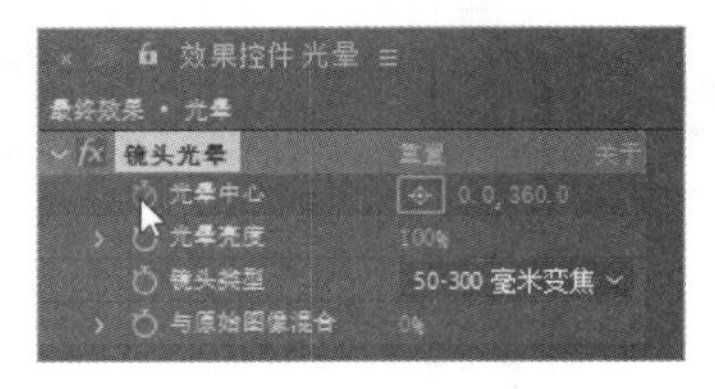

图 6-164

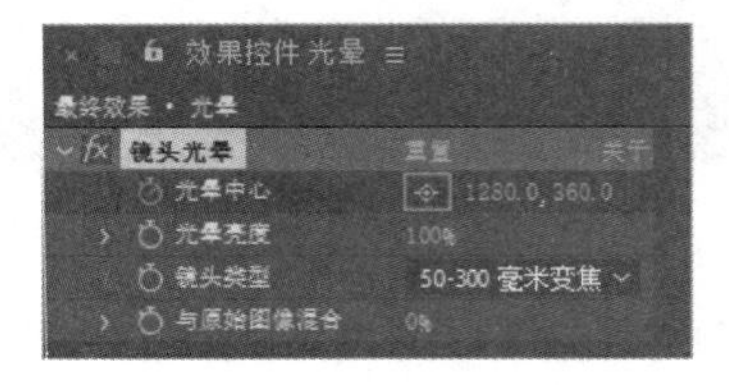

图 6-165

STEP 4 选中“光晕”图层，将时间标签放置在 2s 的位置，按 Alt+ [组合键设置入点，如图 6-166 所示。将时间标签放置在 3s 的位置，按 Alt+] 组合键设置出点，如图 6-167 所示。动感模糊文字效果制作完成。

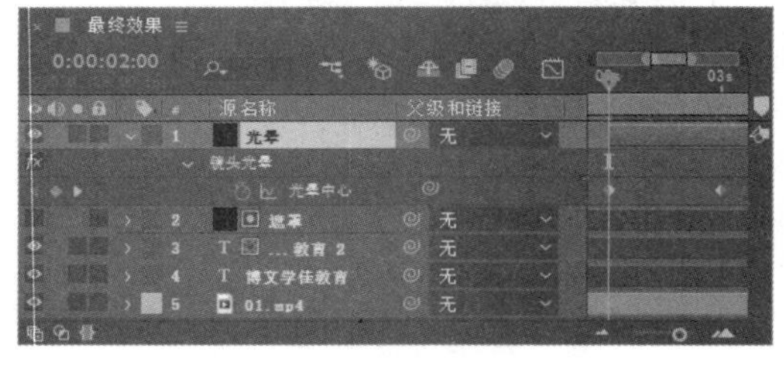

图 6-166

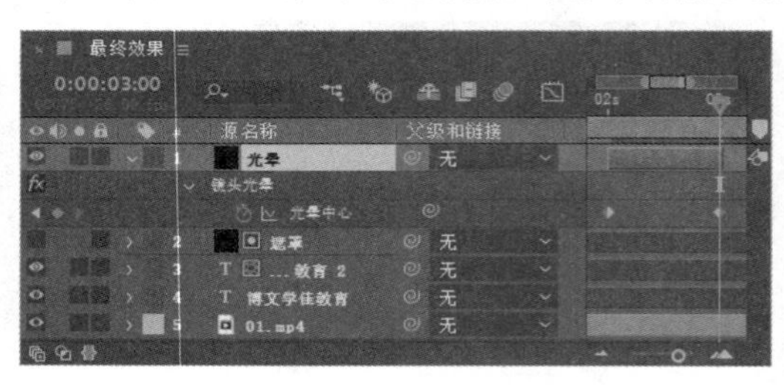

图 6-167

6.4.2 高级闪电

高级闪电效果可以用来模拟真实的闪电和放电效果，并自动设置动画，其参数设置如图 6-168 所示。

闪电类型：用于设置闪电的种类。

源点：用于设置闪电的起始位置。

方向：用于设置闪电的结束位置。

传导率状态：用于设置闪电主干的变化。

核心半径：用于设置闪电主干的宽度。

核心不透明度：用于设置闪电主干的不透明度。

核心颜色：用于设置闪电主干的颜色。

发光半径：用于设置闪电光晕的大小。

发光不透明度：用于设置闪电光晕的不透明度。

发光颜色：用于设置闪电光晕的颜色。

Alpha 障碍：用于设置闪电障碍的大小。

湍流：用于设置闪电的流动变化。

分叉：用于设置闪电的分叉数量。

衰减：用于设置闪电的衰减数量。

主核心衰减：用于设置闪电的主核心衰减量。

在原始图像上合成：选中此复选框可以直接针对图片设置闪电。

复杂度：用于设置闪电的复杂程度。

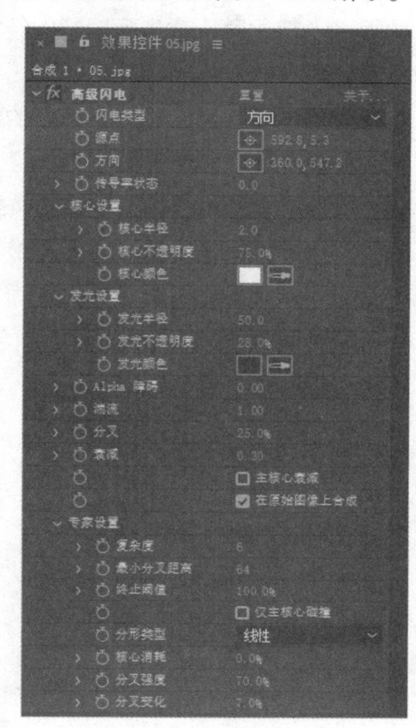

图 6-168

最小分叉距离：用于设置分叉之间的距离。值越大，分叉越少。

终止阈值：为低值时闪电更容易终止。

仅主核心碰撞：选中该复选框，只有主核心会受到 Alpha 障碍的影响，从主核心衍生出的分叉不会受到影响。

分形类型：用于设置闪电主干的线条样式。

核心消耗：用于设置闪电主干的渐隐结束。

分叉强度：用于设置闪电分叉的强度。

分叉变化：用于设置闪电分叉的变化。

高级闪电效果演示如图 6-169～图 6-171 所示。

图 6-169

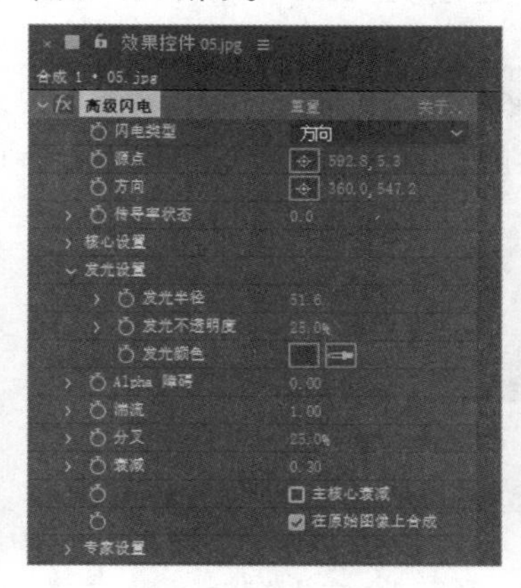

图 6-170

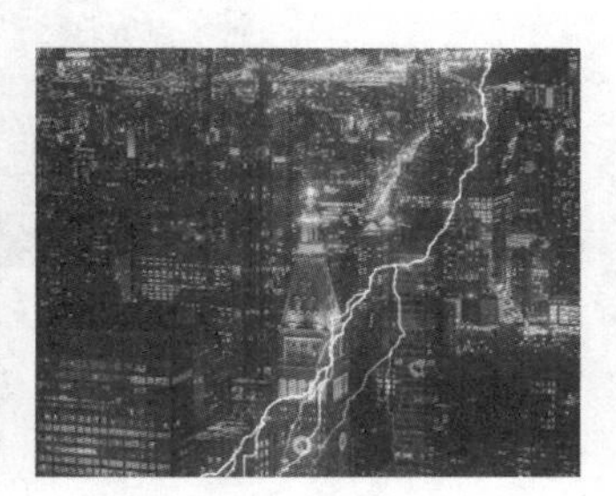

图 6-171

6.4.3 镜头光晕

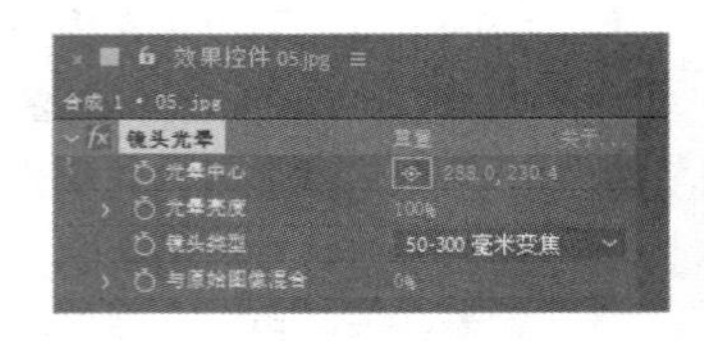

图 6-172

镜头光晕效果可以模拟镜头拍摄到发光物体时，经过多片镜头而产生的很多光环效果，这是后期制作经常使用的提升画面效果的手法。其参数设置如图 6-172 所示。

光晕中心：用于设置发光点的中心位置。

光晕亮度：用于设置光晕的亮度。

镜头类型：用于设置镜头的类型，有“50-300 毫米变焦”“35 毫米定焦”“105 毫米定焦” 3 个选项可供用户选择。

与原始图像混合：用于设置当前图层和原素材图像的混合程度。

镜头光晕效果演示如图 6-173～图 6-175 所示。

图 6-173

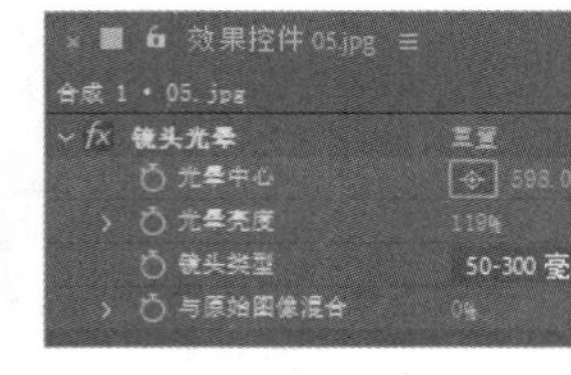

图 6-174

图 6-175

6.4.4 课堂案例——透视光芒

案例学习目标

学习使用、编辑单元格特效。

案例知识要点

使用“单元格图案”命令、“亮度和对比度”命令、“快速方框模糊”命令、“发光”命令，制作光芒形状；使用“3D 图层”编辑透视效果。透视光芒效果如图 6-176 所示。

效果所在位置

资源包 > Ch06 > 透视光芒 > 透视光芒.aep。

图 6-176

透视光芒

1. 调整视频的色调

STEP 1 按 Ctrl+N 组合键，弹出“合成设置”对话框，在“合成名称”文本框中输入“最终效果”，其他选项的设置如图 6–177 所示，单击“确定”按钮，创建一个新的合成“最终效果”。

STEP 2 选择“文件 > 导入 > 文件”命令，在弹出的“导入文件”对话框中，选择资源包中的“Ch06 > 透视光芒 > (Footage) > 01.avi”文件，单击“导入”按钮，导入视频。在“项目”面板中选中“01.avi”文件并将其拖曳到“时间轴”面板中，如图 6–178 所示。

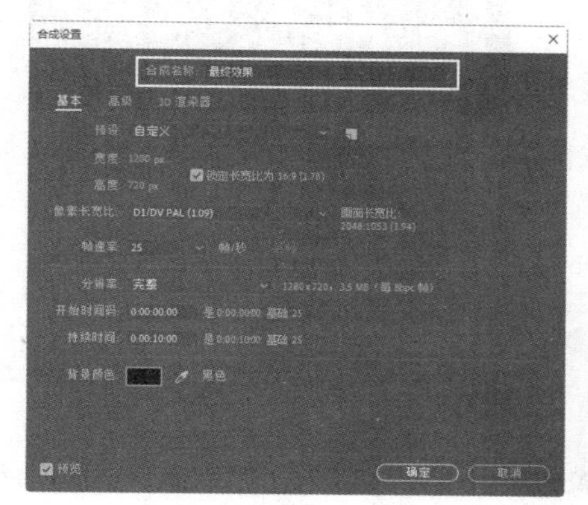

图 6–177

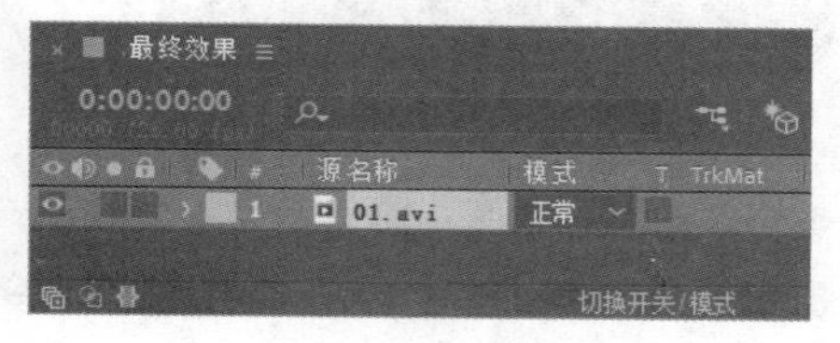

图 6–178

STEP 3 选中“01.avi”图层，按 S 键，展开“缩放”属性，设置“缩放”选项的数值为 75%，如图 6–179 所示。“合成”面板中的效果如图 6–180 所示。

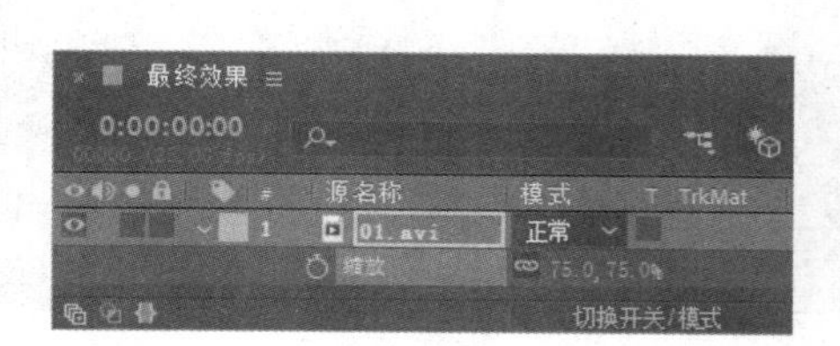

图 6–179

图 6–180

STEP 4 选择“效果 > 颜色校正 > 色阶”命令，在“效果控件”面板中进行参数设置，如图 6–181 所示。“合成”面板中的效果如图 6–182 所示。

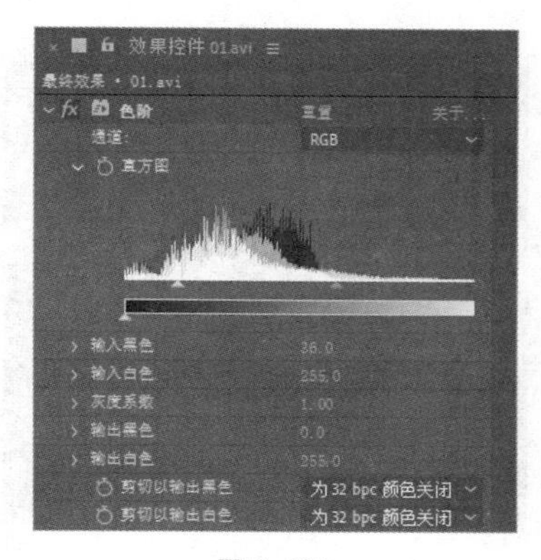

图 6–181

图 6–182

STEP 5 选择“效果 > 颜色校正 > 自然饱和度”命令，在“效果控件”面板中进行参数设置，如图 6-183 所示。“合成”面板中的效果如图 6-184 所示。

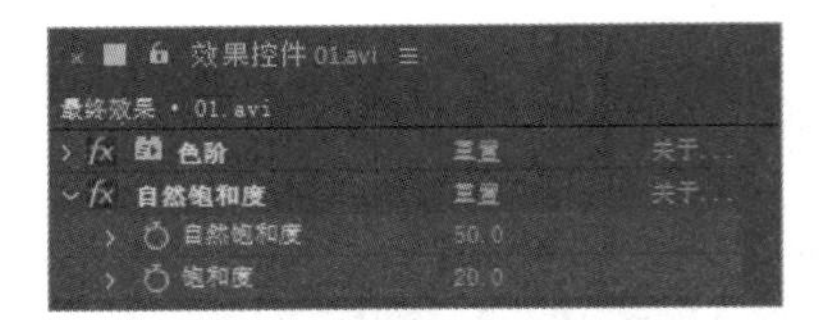

图 6-183

图 6-184

2. 编辑单元格形状

STEP 1 选择“图层 > 新建 > 纯色”命令，弹出“纯色设置”对话框，在“名称”文本框中输入“光芒”，将“颜色”设置为黑色，单击“确定”按钮，在“时间轴”面板中新增一个黑色纯色图层，如图 6-185 所示。

STEP 2 选中“光芒”图层，选择“效果 > 生成 > 单元格图案”命令，在“效果控件”面板中进行参数设置，如图 6-186 所示。“合成”面板中的效果如图 6-187 所示。

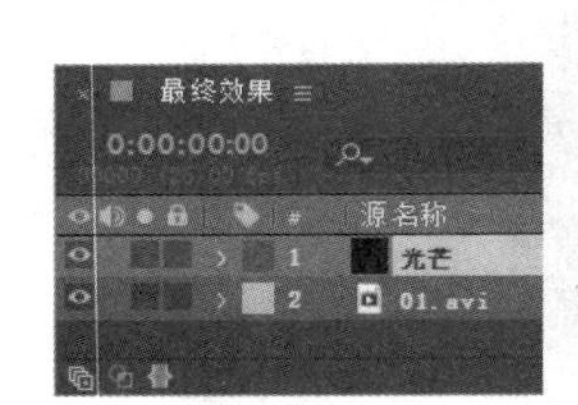

图 6-185

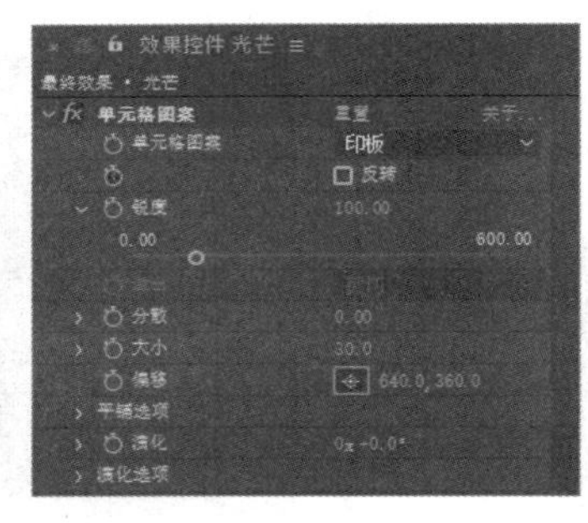

图 6-186

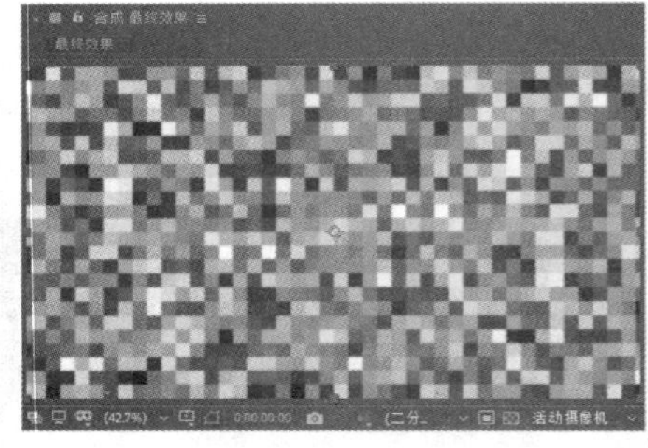

图 6-187

STEP 3 在“效果控件”面板中，单击“演化”选项左侧的“关键帧自动记录器”按钮，如图 6-188 所示，记录第 1 个关键帧。将时间标签放置在 9:24s 的位置，在“效果控件”面板中，设置“演化”选项的数值为 7、0，如图 6-189 所示，记录第 2 个关键帧。

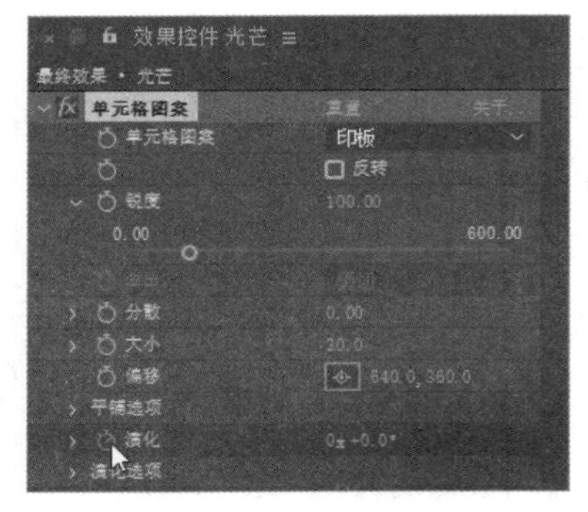

图 6-188

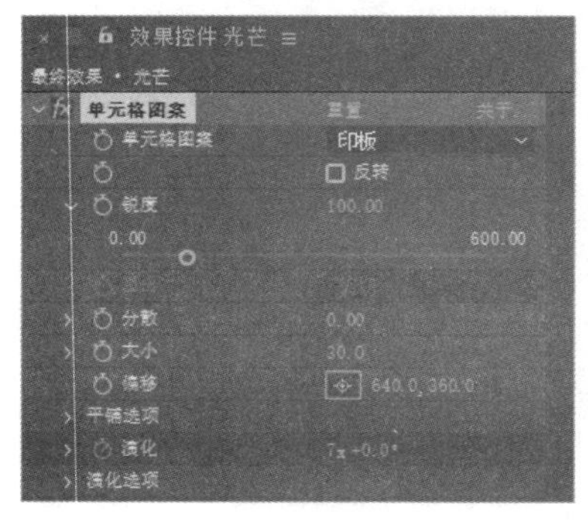

图 6-189

STEP 4 选择“效果 > 颜色校正 > 亮度和对比度”命令，在“效果控件”面板中进行参数设置，如图 6-190 所示。“合成”面板中的效果如图 6-191 所示。

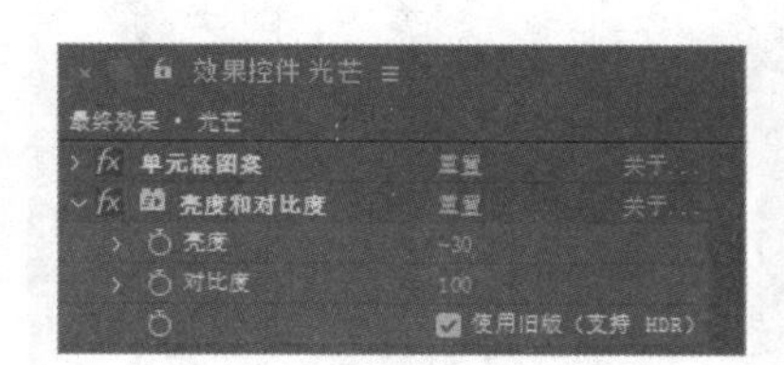

图 6-190

图 6-191

STEP 5 选择“效果 > 模糊和锐化 > 快速方框模糊”命令，在“效果控件”面板中进行参数设置，如图 6-192 所示。“合成”面板中的效果如图 6-193 所示。

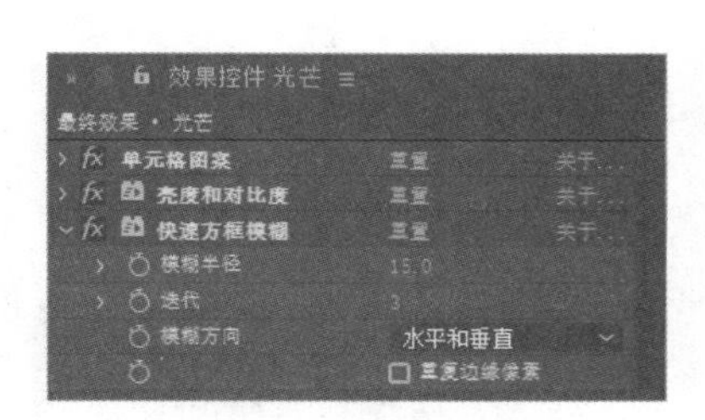

图 6-192

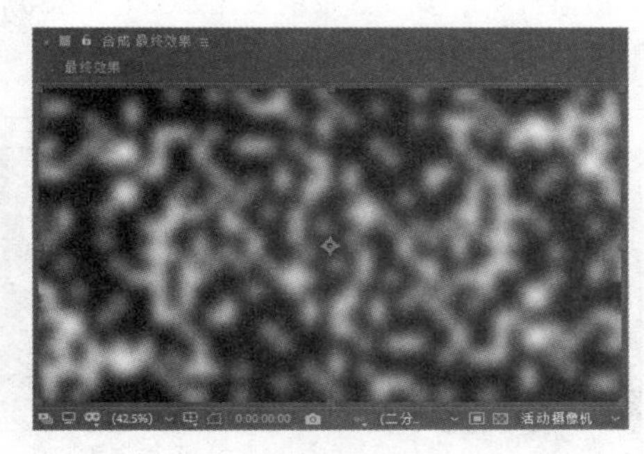

图 6-193

STEP 6 选择“效果 > 风格化 > 发光”命令，在“效果控件”面板中，设置“颜色 A”为黄色（其 R、G、B 的值分别为 255、228、0），“颜色 B”为红色（其 R、G、B 的值分别为 255、0、0），其他参数设置如图 6-194 所示。“合成”面板中的效果如图 6-195 所示。

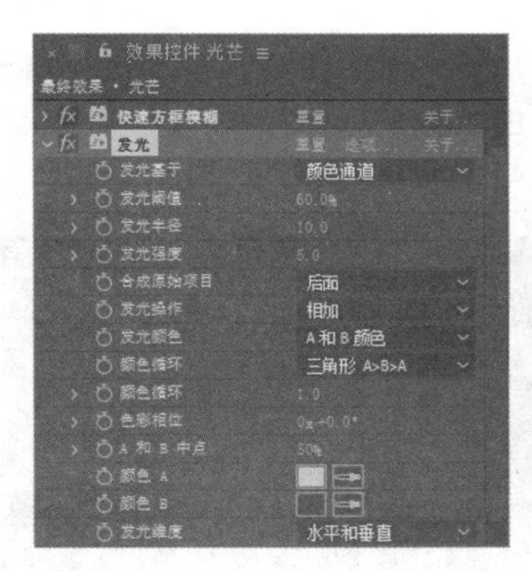

图 6-194

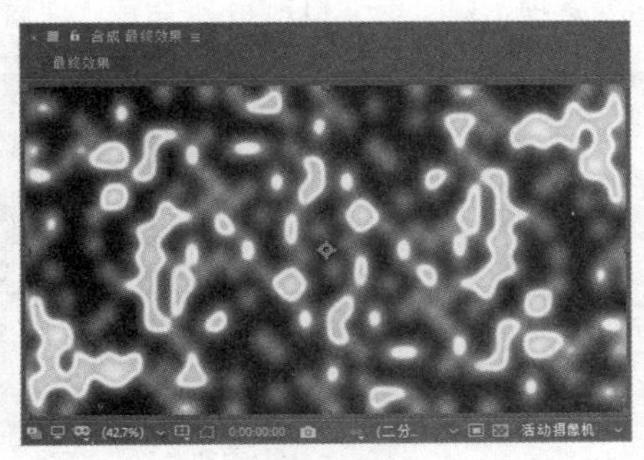

图 6-195

3. 添加透视效果

STEP 1 选择“矩形”工具，在“合成”面板中拖曳鼠标绘制一个矩形蒙版，选中“光芒”图层，按两次 M 键，展开蒙版属性，设置“蒙版不透明度”选项的数值为 100%，“蒙版羽化”选项的数值为 233，如图 6-196 所示。“合成”面板中的效果如图 6-197 所示。

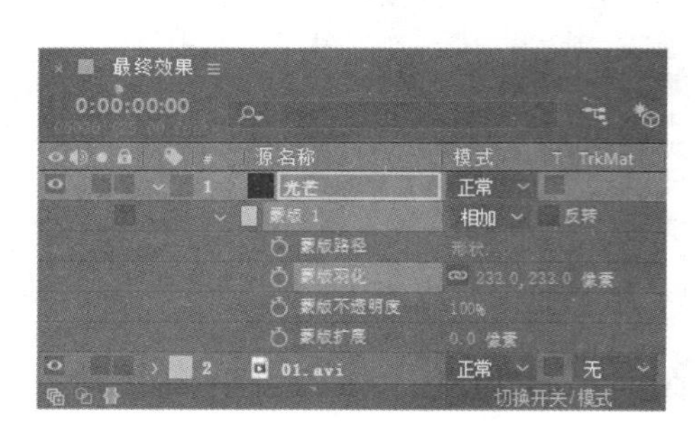

图 6-196

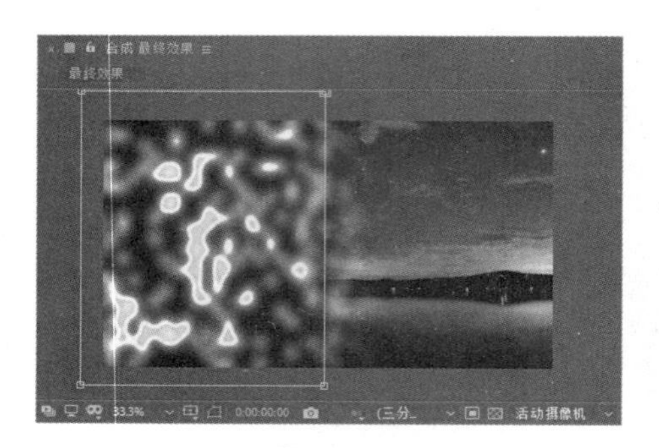

图 6-197

STEP 2 选择“图层 > 新建 > 摄像机”命令，弹出“摄像机设置”对话框，在“名称”文本框中输入“摄像机 1”，其他选项的设置如图 6-198 所示，单击“确定”按钮，在“时间轴”面板中新增一个“摄像机 1”图层，如图 6-199 所示。

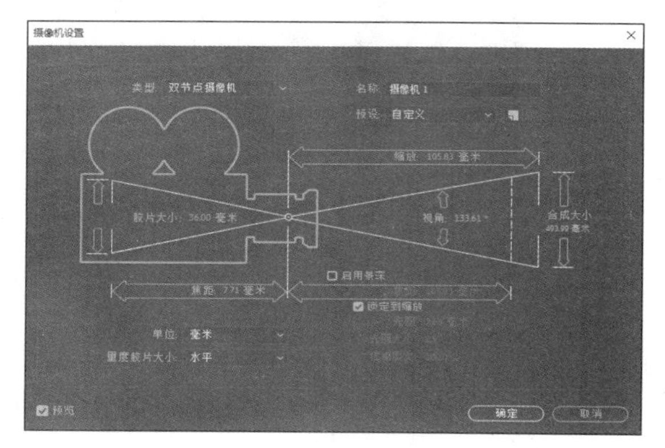

图 6-198

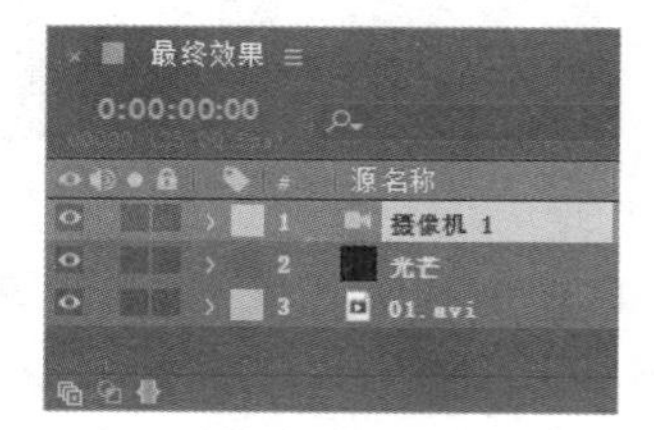

图 6-199

STEP 3 选中“光芒”图层，单击“光芒”图层右侧的“3D 图层”按钮，打开三维属性，设置“变换”选项，如图 6-200 所示。“合成”面板中的效果如图 6-201 所示。

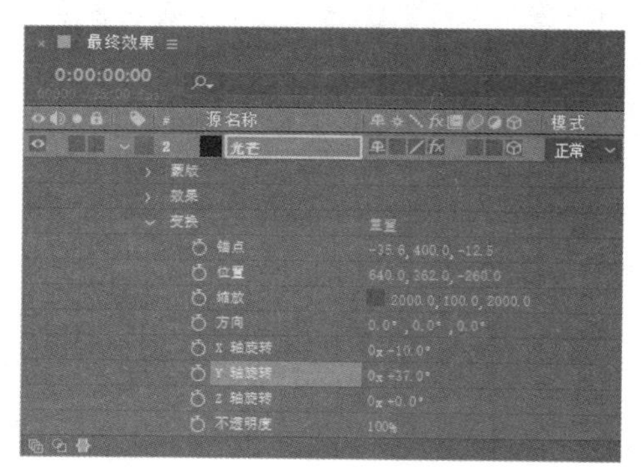

图 6-200

图 6-201

STEP 4 将时间标签放置在 0s 的位置，单击“锚点”选项左侧的“关键帧自动记录器”按钮，如图 6-202 所示，记录第 1 个关键帧。将时间标签放置在 9:24s 的位置，设置“锚点”选项的数值为 884.8、400、-12.5，记录第 2 个关键帧，如图 6-203 所示。

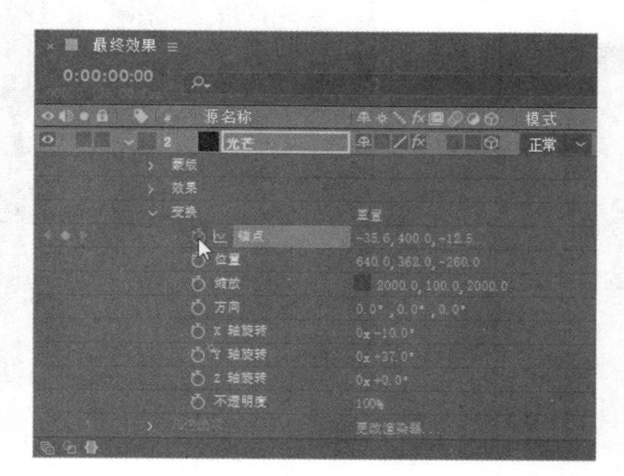

图 6-202

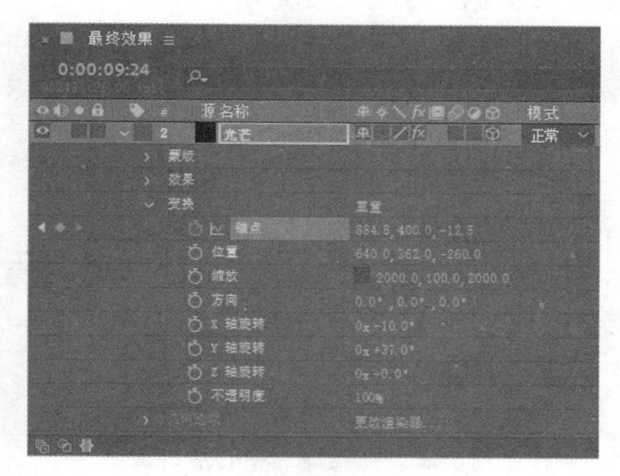

图 6-203

STEP 5 在“时间轴”面板中，设置“光芒”图层的混合模式为“线性减淡”，如图 6-204 所示。“合成”面板中的效果如图 6-205 所示。

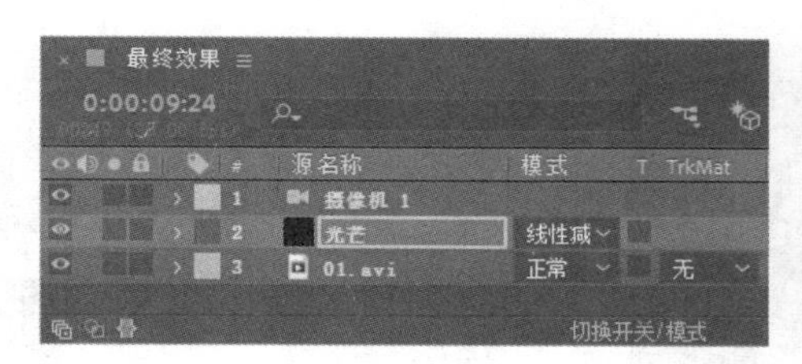

图 6-204

图 6-205

STEP 6 将时间标签放置在 0s 的位置，选中“摄像机 1”图层，展开“变换”选项，设置参数如图 6-206 所示。“合成”面板中的效果如图 6-207 所示。透视光芒制作完成。

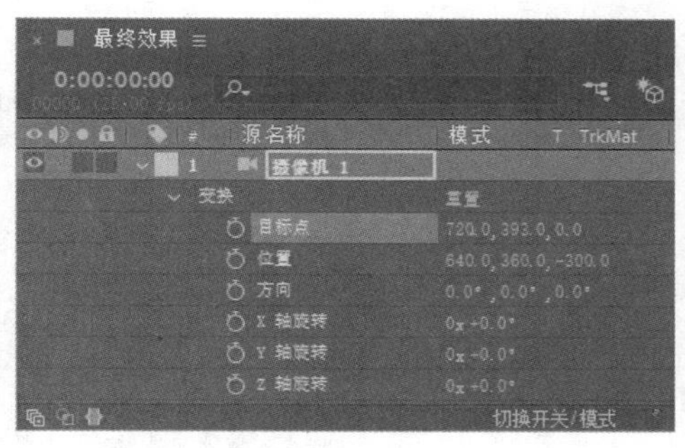

图 6-206

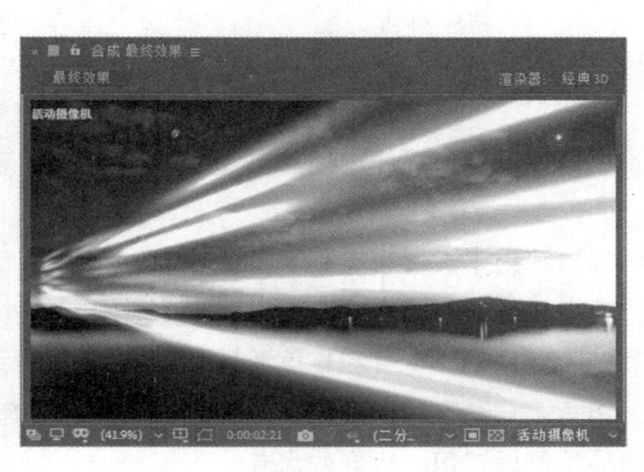

图 6-207

6.4.5 单元格图案

单元格图案效果可以创建多种类型的类似细胞图案的单元图案拼合效果。其参数设置如图 6-208 所示。

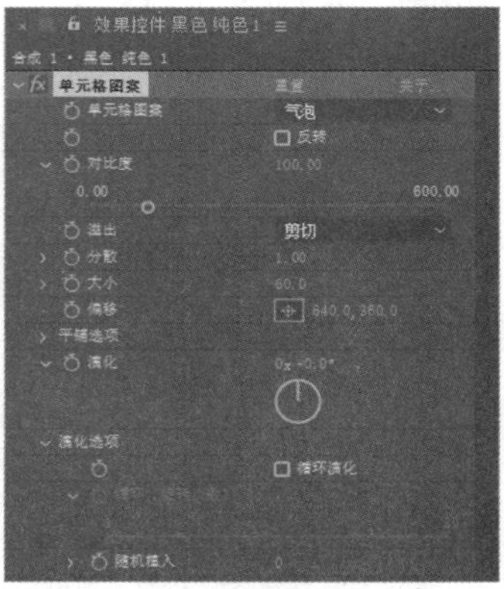

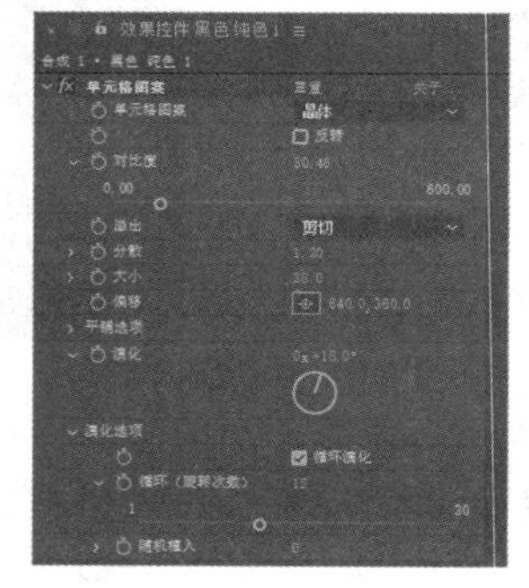

图 6-208

单元格图案：用于设置图案的类型，可供选择的图案类型有“气泡”“晶体”“印板”“静态板”“晶格化”“枕状”“晶体 HQ”“印板 HQ”“静态板 HQ”“晶格化 HQ”“混合晶体”“管状”。

反转：选中此复选框可实现反转图案效果。

对比度：用于设置单元格的颜色对比度。

溢出：用于设置效果重映射超出 0～255 灰度范围的值的方式。包括“修剪”“柔和夹住”“背面包围”。

分散：用于设置图案的分散程度。

大小：用于设置单个图案的大小。

偏移：用于设置图案偏离中心点的量。

平铺选项：在该选项下选中“启用平铺”复选框后，可以设置水平单元格和垂直单元格的数值。

演化：为这个参数设置关键帧，可以记录运动变化的动画效果。

演化选项：用于设置图案的各种扩展变化。

循环（旋转次数）：用于设置图案的循环次数。

循环演化：选中此复选框可以使创建的“演化”状态返回其起点的循环。

随机植入：用于设置图案的随机植入速度。

单元格图案效果演示如图 6-209～图 6-211 所示。

图 6-209

图 6-210

图 6-211

6.4.6 棋盘

棋盘效果能在图像上创建棋盘格的图案效果。其参数设置如图 6-212 所示。

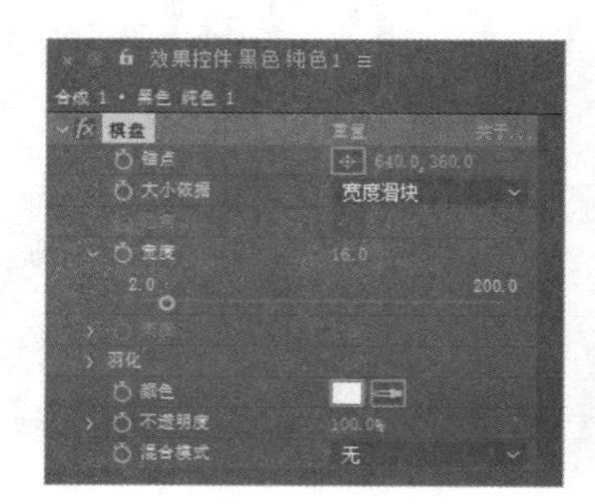

图 6-212

锚点：用于设置棋盘格的位置。

大小依据：用于设置棋盘的尺寸类型，其右边的下拉列表中有“边角点”“宽度滑块”“宽度和高度滑块”3 个选项可供用户选择。

边角：只有在“大小依据”中选中“角点”选项，才能激活此选项，此选项用于设置每个矩形的尺寸。

宽度：只有在“大小依据”中选中“宽度滑块”或“宽度和高度滑块”

选项，才能激活此选项，此选项用于设置矩形块为正方形。

高度：只有在“大小依据”中选中“宽度滑块”或“宽度和高度滑块”选项，才能激活此选项，此选项用于设置矩形块为长方形。

羽化：用于设置棋盘格子水平或垂直边缘的羽化程度。

颜色：用于设置格子的颜色。

不透明度：用于设置棋盘的不透明度。

混合模式：用于设置棋盘与原图的混合方式。

棋盘效果演示如图 6-213～图 6-215 所示。

图 6-213

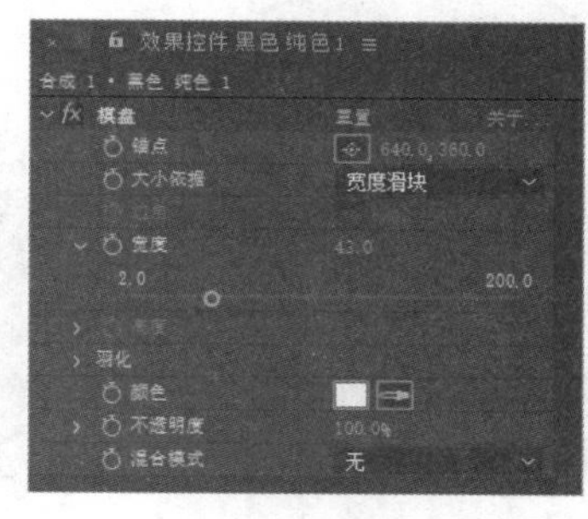

图 6-214

图 6-215

6.5 扭曲

扭曲效果主要用来对图像进行扭曲变形，它是很重要的一类画面特技，可以校正画面的形状，还可以使平常的画面变形为特殊的效果。

6.5.1 课堂案例——放射光芒

案例学习目标

学习利用扭曲效果制作放射光芒效果。

案例知识要点

使用“分形杂色”命令、“定向模糊”命令、“色相/饱和度”命令、“发光”命令、“极坐标”命令，制作光芒特效。放射光芒效果如图 6-216 所示。

效果所在位置

资源包 > Ch06 > 放射光芒 > 放射光芒.aep。

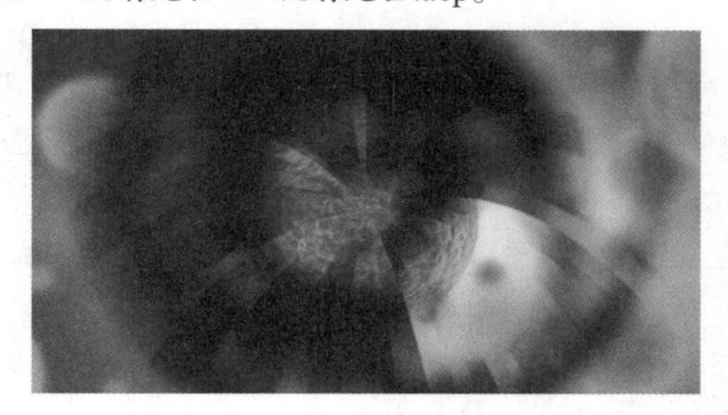

图 6-216

放射光芒

STEP 1 按 Ctrl+N 组合键，弹出“合成设置”对话框，在“合成名称”文本框中输入“最终效果”，其他选项的设置如图 6-217 所示，单击“确定”按钮，创建一个新的合成“最终效果”。

STEP 2 选择“文件 > 导入 > 文件”命令，在弹出的“导入文件”对话框中，选择资源包中的“Ch06 > 放射光芒 > (Footage) > 01.jpg”文件，单击“打开”按钮，导入素材到“项目”面板中，如图 6-218 所示。

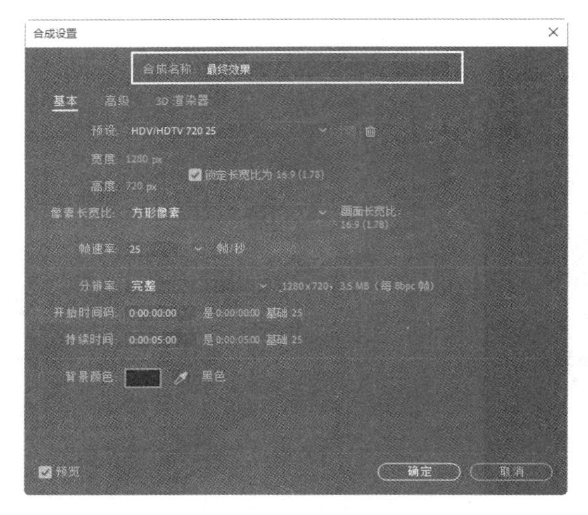

图 6-217

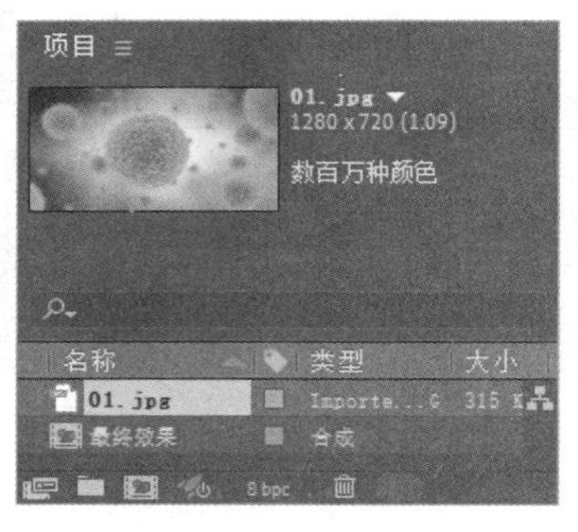

图 6-218

STEP 3 在“项目”面板中，选中“01.jpg”文件，将其拖曳到“时间轴”面板中，如图 6-219 所示。“合成”面板中的效果如图 6-220 所示。

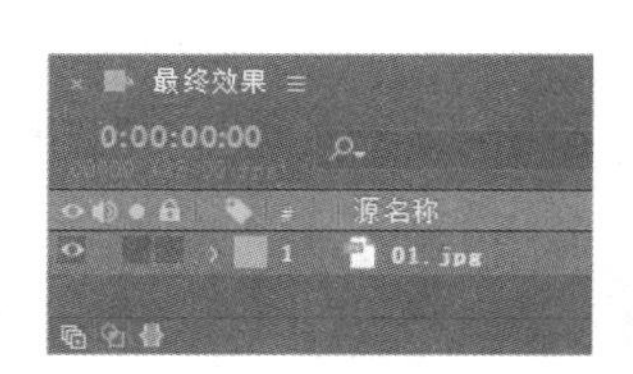

图 6-219

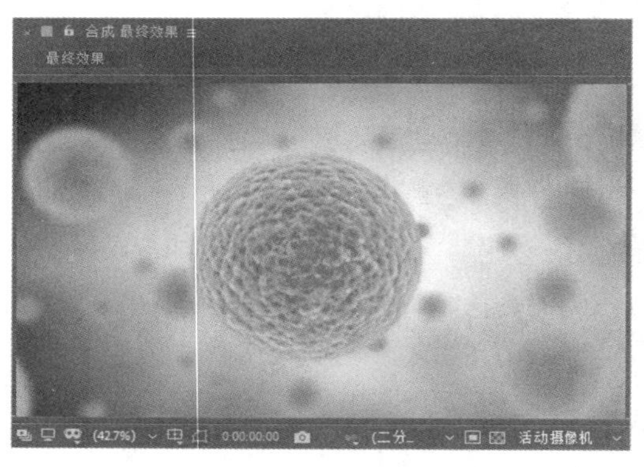

图 6-220

STEP 4 选择“图层 > 新建 > 纯色”命令，弹出“纯色设置”对话框，在“名称”文本框中输入“放射光芒”，将“颜色”设置为黑色，单击“确定”按钮，在“时间轴”面板中新增一个黑色纯色图层，如图 6-221 所示。

STEP 5 选中“放射光芒”图层，选择“效果 > 杂波和颗粒 > 分形杂色”命令，在“效果控件”面板中进行参数设置，如图 6-222 所示。“合成”面板中的效果如图 6-223 所示。

STEP 6 将时间标签放置在 0s 的位置，在“效果控件”面板中，单击“演化”选项左侧的“关键帧自动记录器”按钮，如图 6-224 所示，记录第 1 个关键帧。将时间标签放置在 4:24s 的位置，在“效果控件”面板中，设置“演化”选项的数值为 10、0，如图 6-225 所示，记录第 2 个关键帧。

图 6-221

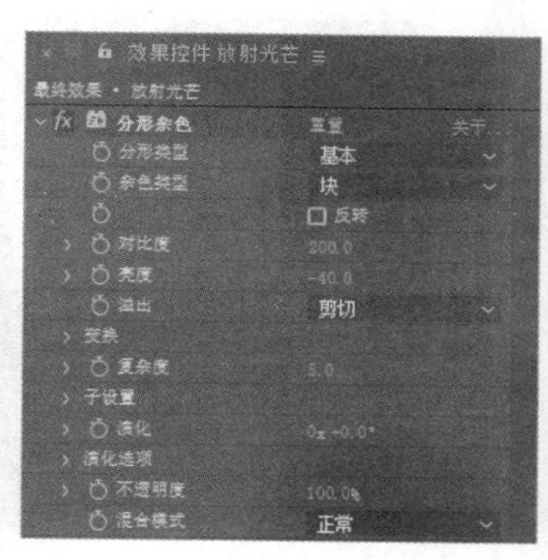

图 6-222

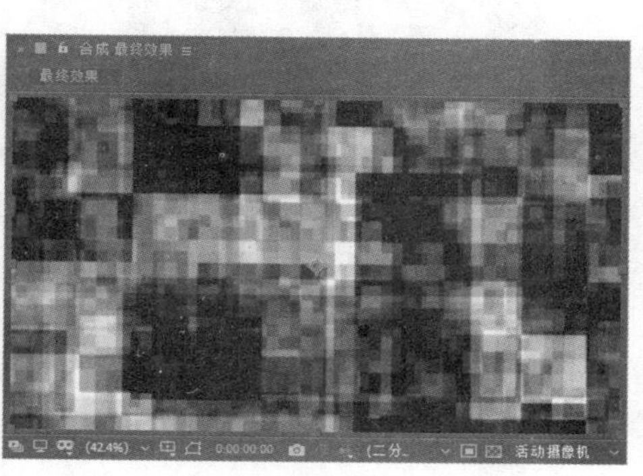

图 6-223

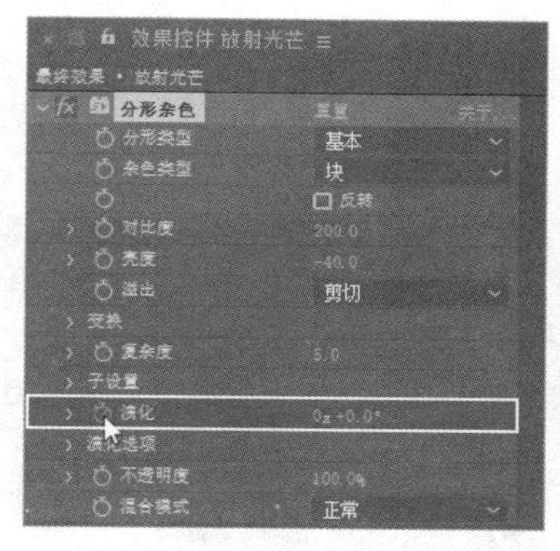

图 6-224

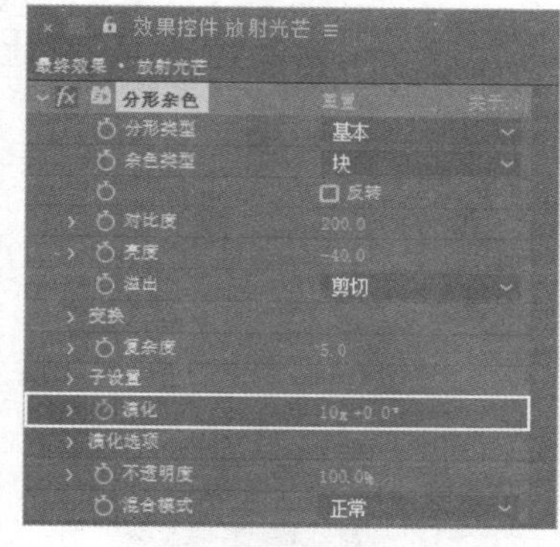

图 6-225

STEP 7 将时间标签放置在 0s 的位置，选中“放射光芒”图层，选择“效果 > 模糊和锐化 > 定向模糊”命令，在“效果控件”面板中进行参数设置，如图 6-226 所示。“合成”面板中的效果如图 6-227 所示。

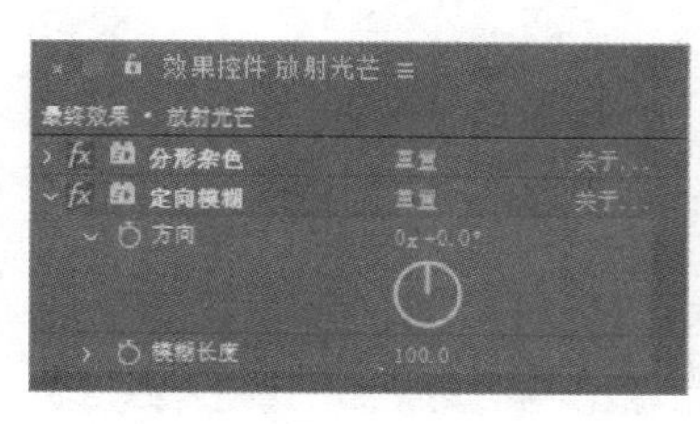

图 6-226

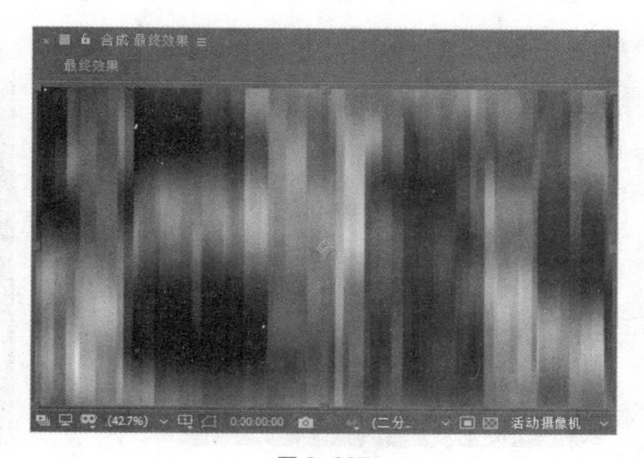

图 6-227

STEP 8 选择“效果 > 颜色校正 > 色相/饱和度”命令，在“效果控件”面板中进行参数设置，如图 6-228 所示。“合成”面板中的效果如图 6-229 所示。

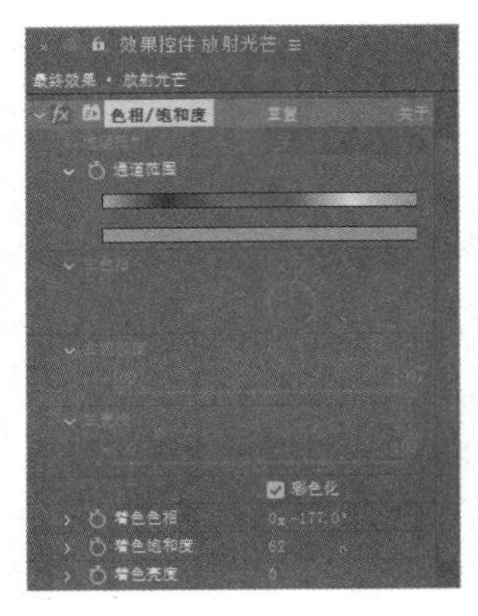

图 6-228

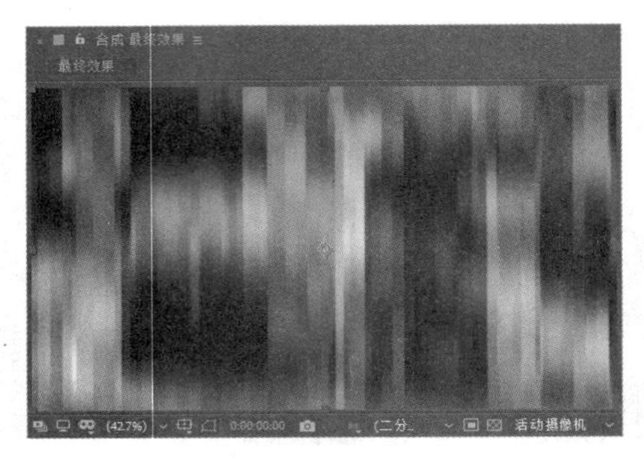

图 6-229

STEP 9 选择“效果 > 风格化 > 发光”命令，在“效果控件”面板中，设置“颜色 A”为蓝色（其 R、G、B 的值分别为 36、98、255），“颜色 B”为黄色（其 R、G、B 的值分别为 255、234、0），其他参数设置如图 6-230 所示。“合成”面板中的效果如图 6-231 所示。

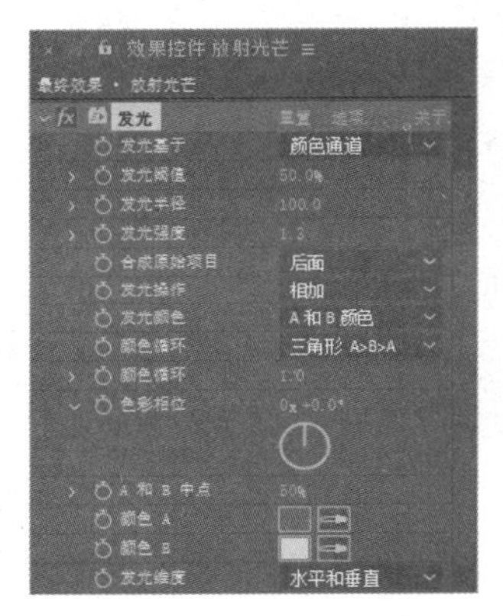

图 6-230

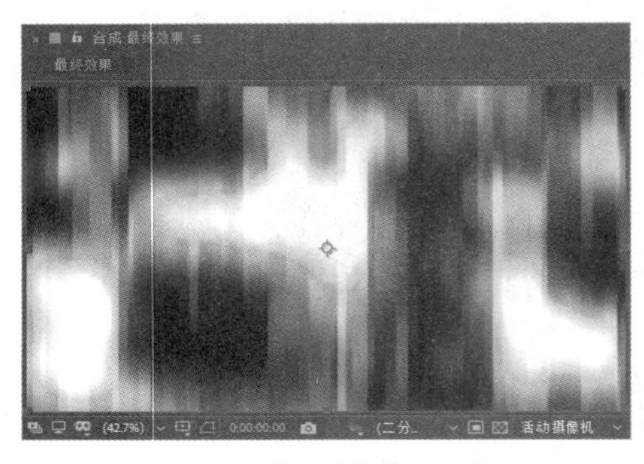

图 6-231

STEP 10 选择“效果 > 扭曲 > 极坐标”命令，在“效果控件”面板中进行参数设置，如图 6-232 所示。“合成”面板中的效果如图 6-233 所示。

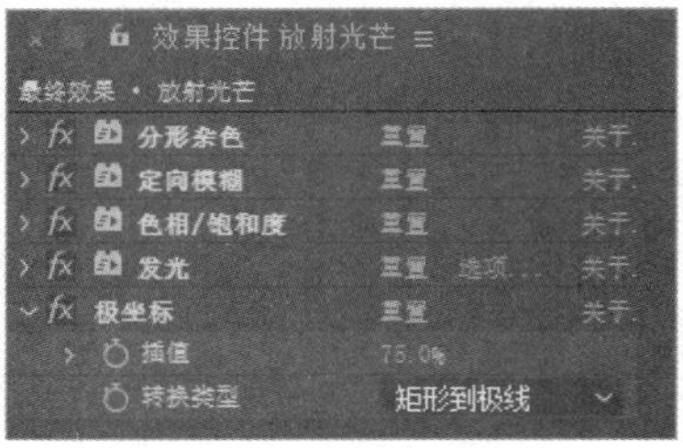

图 6-232

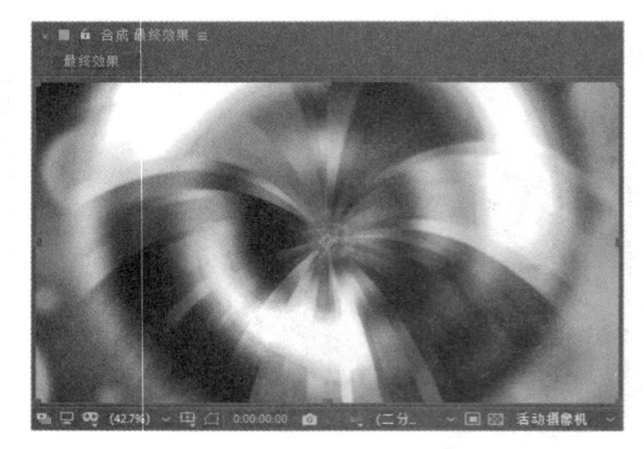

图 6-233

STEP 11 在“时间轴”面板中，设置“放射光芒”图层的混合模式为“相乘”，如图 6-234 所示。放射光芒效果制作完成，如图 6-235 所示。

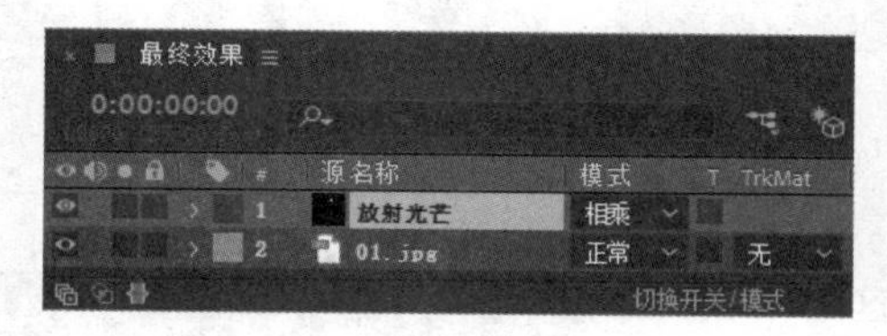

图 6-234

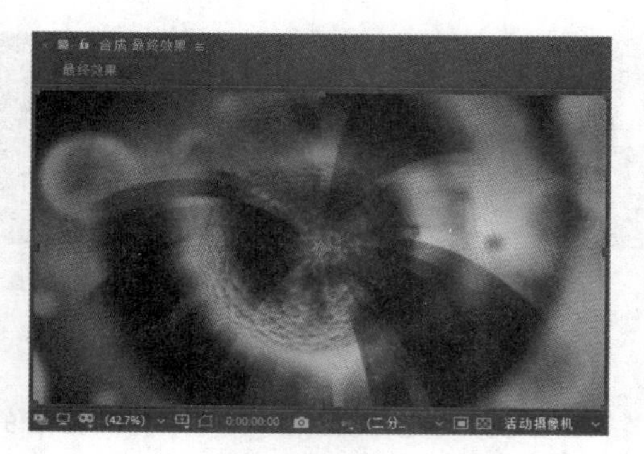

图 6-235

6.5.2　凸出

凸出特效可以模拟图像透过气泡或放大镜时产生的放大效果。其参数设置如图 6-236 所示。

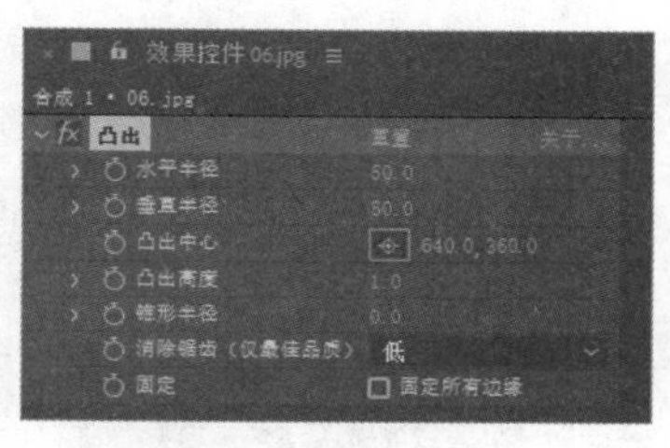

图 6-236

水平半径：用于设置膨胀效果的水平半径。

垂直半径：用于设置膨胀效果的垂直半径。

凸出中心：用于设置膨胀效果的中心定位点。

凸出高度：用于设置膨胀程度。正值为膨胀，负值为收缩。

锥形半径：用于设置膨胀边界的锐利程度。

消除锯齿（仅最佳品质）：用于设置反锯齿，只用于最高质量。

固定所有边缘：选中该复选框可以固定住所有边界。

凸出特效演示如图 6-237～图 6-239 所示。

图 6-237

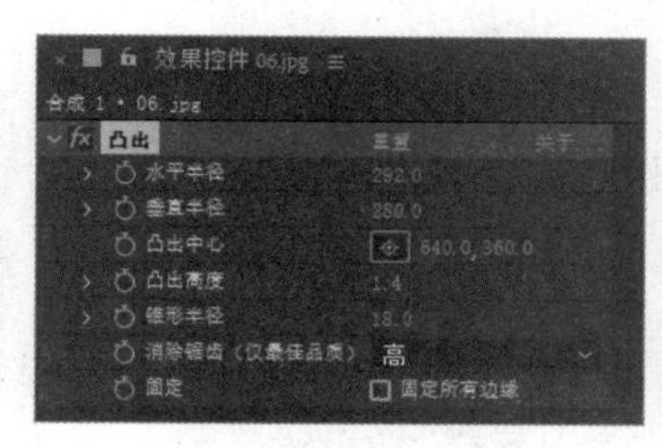

图 6-238

图 6-239

6.5.3　边角定位

边角定位效果通过改变 4 个角的位置来使图像变形，可根据用户需要进行定位。其可以拉伸、收缩、倾斜和扭曲图形，可以用来模拟透视效果，还可以和运动蒙版图层相结合，形成画中画的效果。其参数设置如图 6-240 所示。

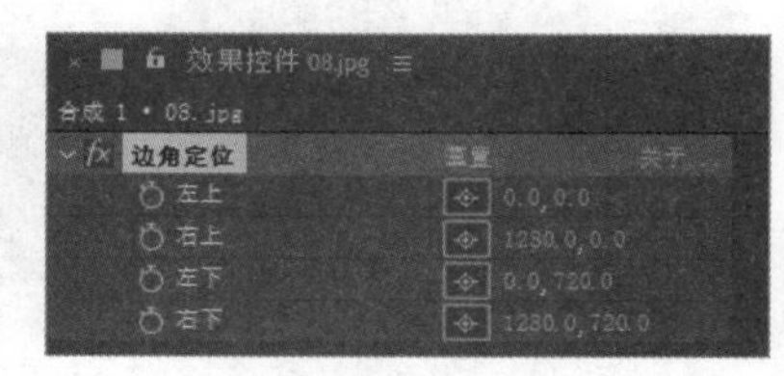

图 6-240

左上：用于设置左上定位点。

右上：用于设置右上定位点。

左下：用于设置左下定位点。

右下：用于设置右下定位点。

边角定位效果演示如图 6-241～图 6-243 所示。

图 6-241

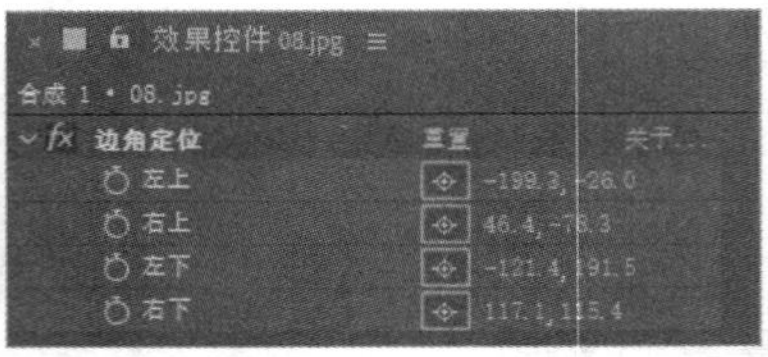

图 6-242

图 6-243

6.5.4 网格变形

网格变形效果使用网格化的曲线切片控制图像的变形区域。对于控制网格变形的效果，在确定好网格数量之后，更多的是在合成图像中通过鼠标拖曳网格的节点来完成。其参数设置如图 6-244 所示。

图 6-244

行数：用于设置行数。

列数：用于设置列数。

品质：用于设置图像遵循曲线定义形状近似程度。

扭曲网格：用于制作扭曲动画。

网格变形效果演示如图 6-245～图 6-247 所示。

图 6-245

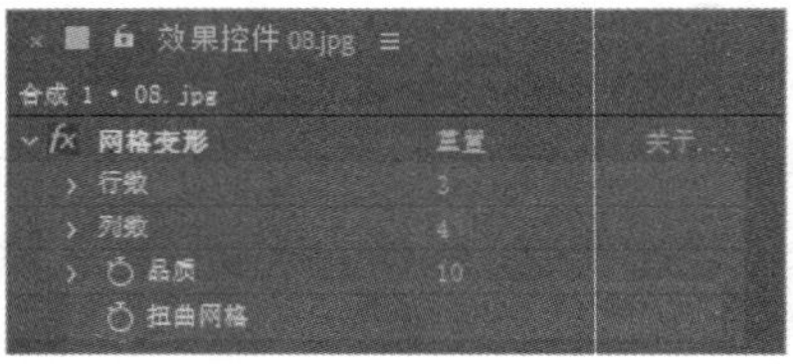

图 6-246

图 6-247

6.5.5 极坐标

极坐标效果用来将图像的直角坐标转化为极坐标，以产生扭曲效果。其参数设置如图 6-248 所示。

图 6-248

插值：用于设置扭曲程度。

转换类型：用于设置转换类型。“极线到矩形”表示将极坐标转化为直角坐标，“矩形到极线”表示将直角坐标转化为极坐标。

极坐标效果演示如图 6-249～图 6-251 所示。

图 6-249

图 6-250

图 6-251

6.5.6 置换图

置换图效果是用另一张作为映射层的图像的像素来置换原图像的像素，通过映射的像素颜色值使本层变形，变形分为水平和垂直两个方向。其参数设置如图 6-252 所示。

置换图层：用于设置作为映射层的图像名称。

用于水平置换/用于垂直置换：用于调节水平或垂直方向的通道。

最大水平置换/最大垂直置换：用于调节映射层的水平或垂直位置，在水平方向上，数值为负数表示向左移动，正数为向右移动；在垂直方向上，数值为负数表示向下移动，正数是向上移动；数值范围为-100～100。

置换图特性：用于设置映射方式。

边缘特性：用于设置边缘行为。

像素回绕：选中此复选框可锁定边缘像素。

扩展输出：用于设置特效伸展到原图像边缘外。

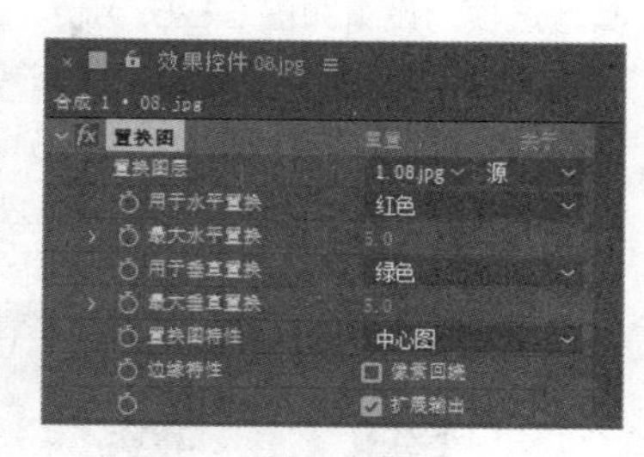

图6-252

置换图效果演示如图6-253～图6-255所示。

图6-253

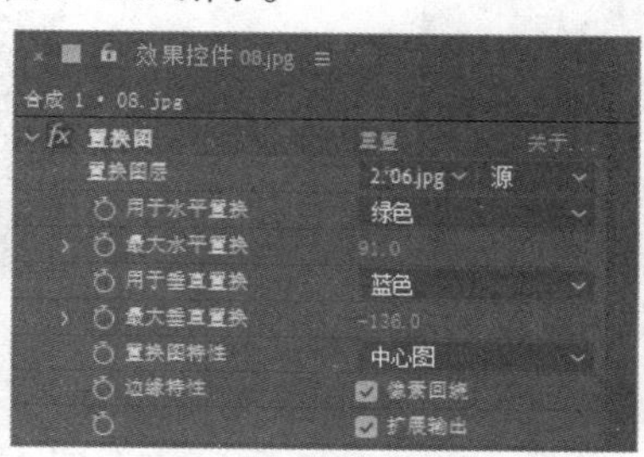

图6-254

图6-255

6.6 杂色和颗粒

杂色和颗粒效果可以为素材设置噪波或颗粒效果，分散素材或使素材的形状发生变化。

6.6.1 课堂案例——降噪

案例学习目标

学习使用杂色和颗粒效果制作降噪。

案例知识要点

使用“移除颗粒”命令、“色阶”命令，修饰图片；使用“曲线”命令，调整图片曲线。降噪效果如图6-256所示。

效果所在位置

资源包 > Ch06 > 降噪 > 降噪. aep。

图6-256

降噪

STEP 1 按 Ctrl+N 组合键，弹出“合成设置”对话框，在“合成名称”文本框中输入“最终效果”，其他选项的设置如图 6-257 所示，单击“确定”按钮，创建一个新的合成“最终效果”。

STEP 2 选择“文件 > 导入 > 文件”命令，在弹出的“导入文件”对话框中，选择资源包中的“Ch06 > 降噪 > (Footage) > 01.jpg”文件，单击“导入”按钮，导入素材到“项目”面板中，并将其拖曳到“时间轴”面板中，如图 6-258 所示。

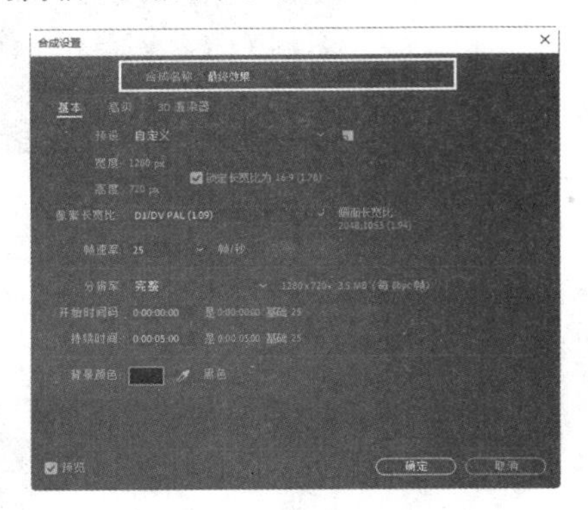

图 6-257

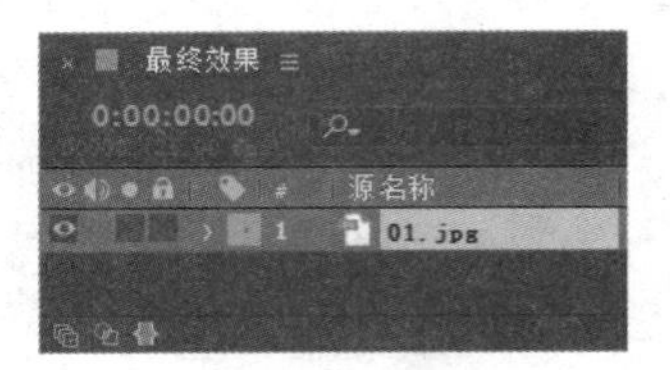

图 6-258

STEP 3 选中“01.jpg”图层，选择“效果 > 杂波和颗粒 > 移除颗粒”命令，在“效果控件”面板中进行参数设置，如图 6-259 所示。“合成”面板中的效果如图 6-260 所示。

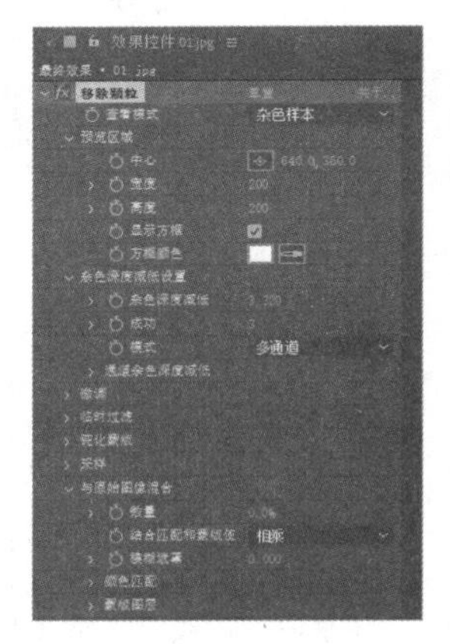

图 6-259

图 6-260

STEP 4 在“效果控件”面板中的“查看模式”下拉列表中选择“最终输出”选项，如图 6-261 所示。“合成”面板中的效果如图 6-262 所示。

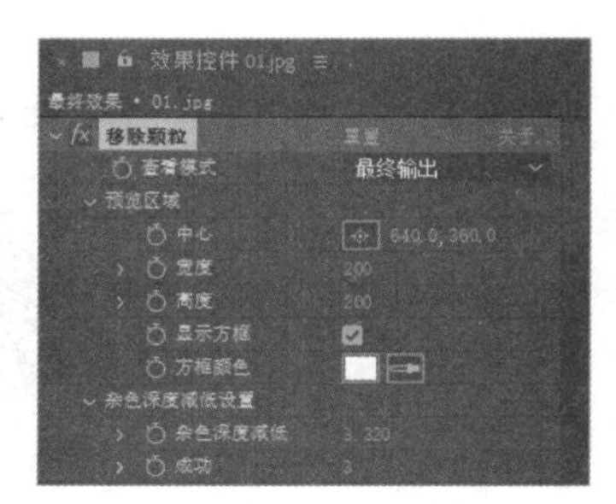

图 6-261

图 6-262

STEP 5 选择“效果 > 颜色校正 > 色阶”命令，在“效果控件”面板中进行参数设置，如图6-263所示。“合成”面板中的效果如图6-264所示。

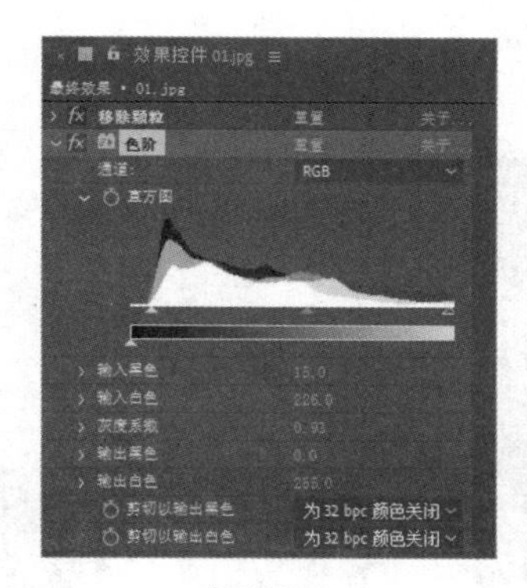

图6-263

图6-264

STEP 6 选择“效果 > 颜色校正 > 曲线”命令，在“效果控件”面板中调整曲线，如图6-265所示。降噪制作完成，如图6-266所示。

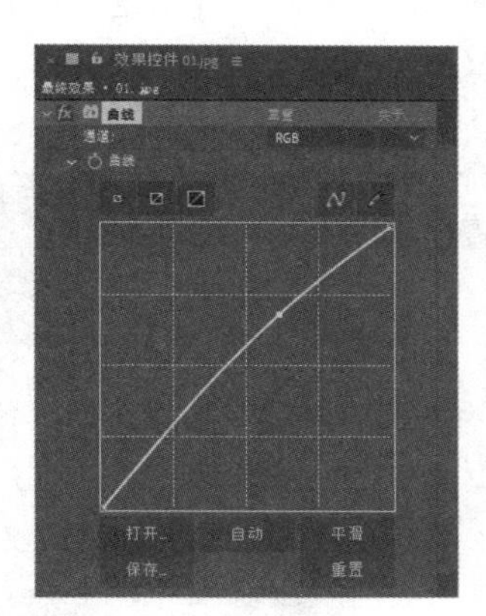

图6-265

图6-266

6.6.2 分形杂色

分形杂色效果可以模拟烟、云、水流等纹理图案。其参数设置如图6-267所示。

分形类型：用于设置分形类型。

杂色类型：用于设置杂波类型。

反转：用于反转图像的颜色，将黑色和白色反转。

对比度：用于调节生成杂波图像的对比度。

亮度：用于调节生成杂波图像的亮度。

溢出：选择杂波图案的比例、旋转和偏移等。

变换：用于旋转、缩放和定位染色图层的设置。

复杂度：用于设置杂波图案的复杂程度。

子设置：杂波的子分形变化的相关设置（如子分形影响力、子分形缩放等）。

演化：用于控制杂波的分形变化相位。

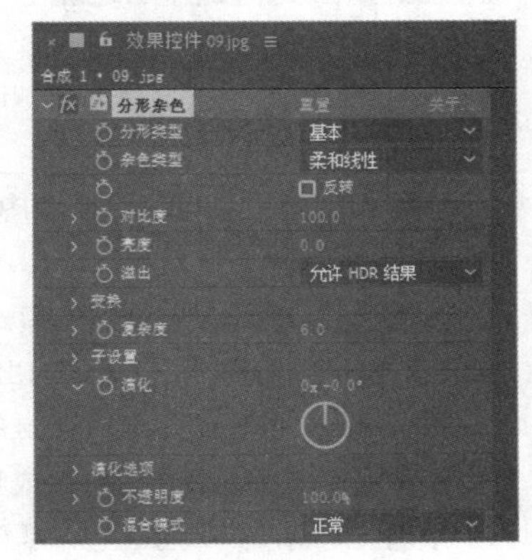

图6-267

演化选项：控制分形变化的一些设置（循环、随机种子等）。

不透明度：用于设置生成的杂波图像的不透明度。

混合模式：用于设置生成的杂波图像与原素材图像的叠加模式。

分形杂色效果演示如图 6-268～图 6-270 所示。

图 6-268

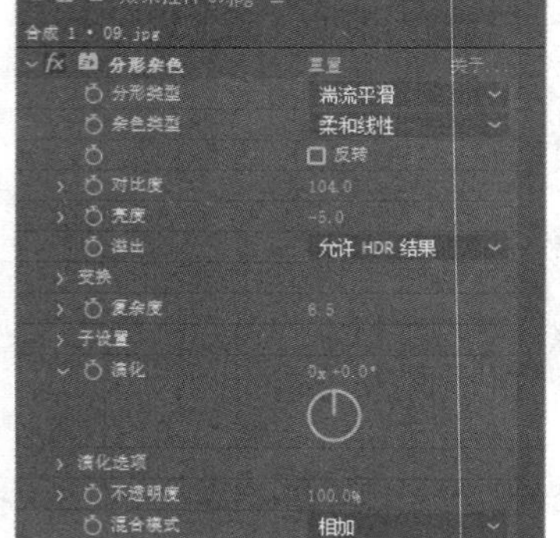

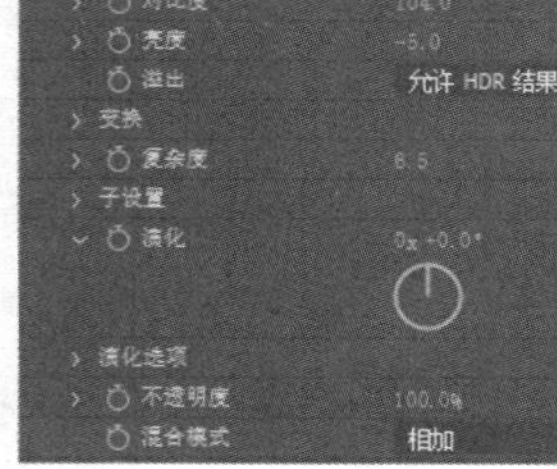

图 6-269

图 6-270

6.6.3 中间值（旧版）

中间值是使用指定半径范围内像素的平均值来取代像素值的一种特效。取较低数值时，该效果可以用来减少画面中的杂点；取较高数值时，会产生一种绘画效果。其参数设置如图 6-271 所示。

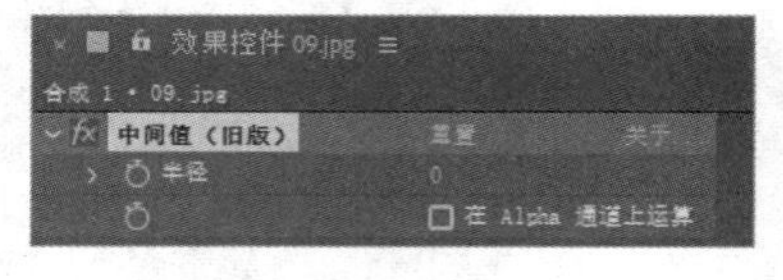

图 6-271

半径：用于指定像素半径。

在 Alpha 通道上运算：选中此复选框，表示将特效应用于 Alpha 通道。

中间值效果演示如图 6-272～图 6-274 所示。

图 6-272

图 6-273

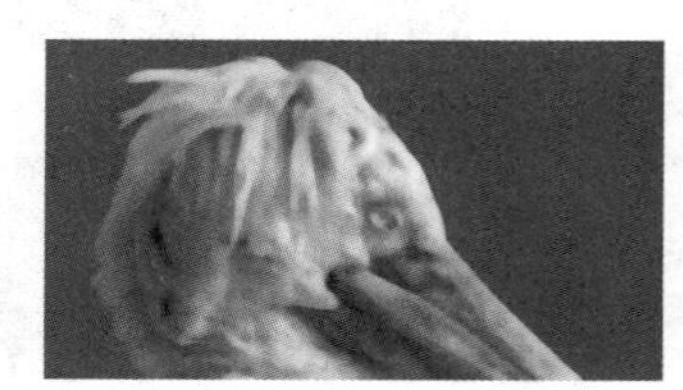

图 6-274

6.6.4 移除颗粒

移除颗粒效果可以移除图像中的杂点或颗粒。其参数设置如图 6-275 所示。

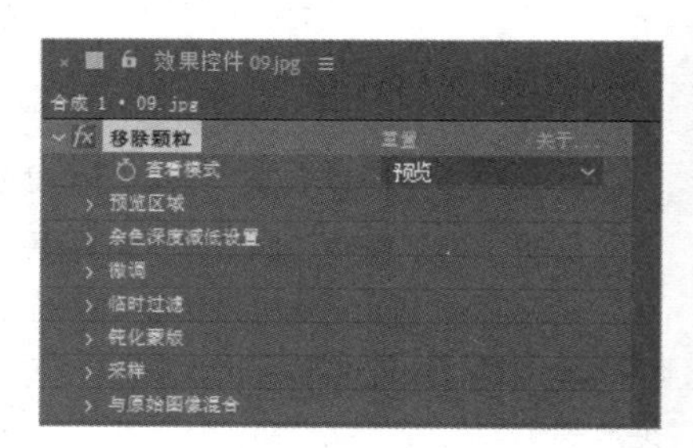

图 6-275

查看模式：用于设置查看的模式，其右侧下拉列表中有“预览”“杂波取样”“混合蒙版”“最终输出”4 个选项可供用户选择。

预览区域：用于设置预览区域的大小、位置等。

杂色深度减低设置：对杂点或噪波进行设置。

微调：对材质、尺寸、色泽等进行精细的设置。

临时过滤：在此选项下可设置是否开启实时过滤。

钝化蒙版：用于设置反锐化蒙版。

采样：用于设置各种采样情况、采样点等。

与原始图像混合：用于设置混合原始图像。

移除颗粒效果演示如图 6-276～图 6-278 所示。

图 6-276

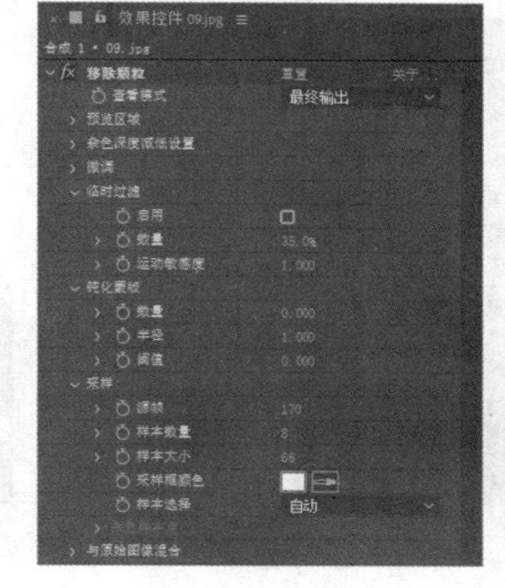

图 6-277

图 6-278

6.7 模拟

模拟组特效有卡片动画、焦散、泡沫、碎片和粒子运动场，这些特效功能强大，可以用来设置多种逼真的效果，不过其参数项较多，设置也比较复杂。

6.7.1 课堂案例——气泡效果

案例学习目标

学习使用粒子空间效果制作气泡。

案例知识要点

使用“泡沫”命令制作气泡并编辑属性。气泡效果如图 6-279 所示。

效果所在位置

资源包 > Ch06 > 气泡效果 > 气泡效果.aep。

图 6-279

气泡效果

STEP 1 按 Ctrl+N 组合键，弹出“合成设置”对话框，在“合成名称”文本框中输入“最终效果”，其他选项的设置如图 6-280 所示，单击“确定”按钮，创建一个新的合成“最终效果”。

STEP 2 选择“文件 > 导入 > 文件”命令，在弹出的“导入文件”对话框中，选择资源包中的“Ch06 > 气泡效果 > (Footage) > 01.jpg”文件，单击“导入”按钮，导入背景图片到“项目”面板中，并将其拖曳到“时间轴”面板中。选中“01.jpg”图层，按 Ctrl+D 组合键复制图层，如图 6-281 所示。

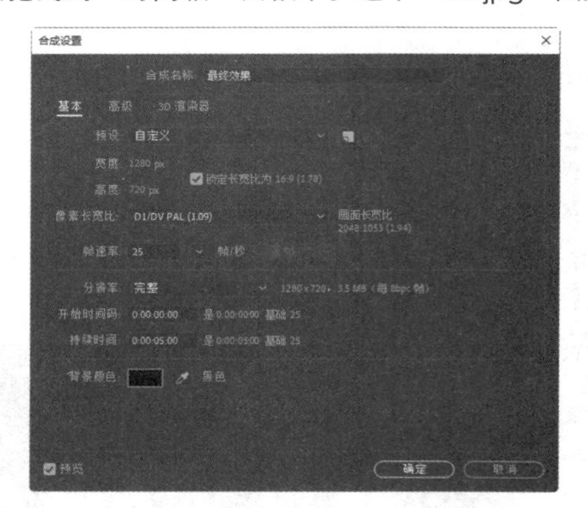

图 6-280

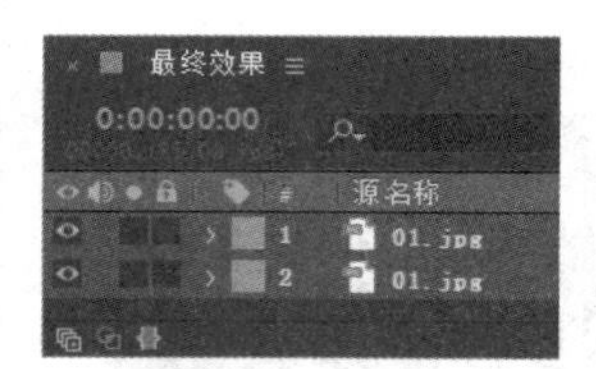

图 6-281

STEP 3 选中“图层 1”图层，选择“效果 > 模拟 > 泡沫”命令，在“效果控件”面板中进行参数设置，如图 6-282 所示。

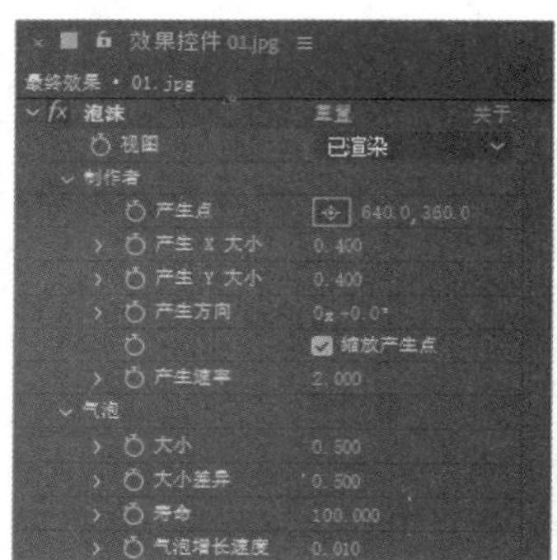

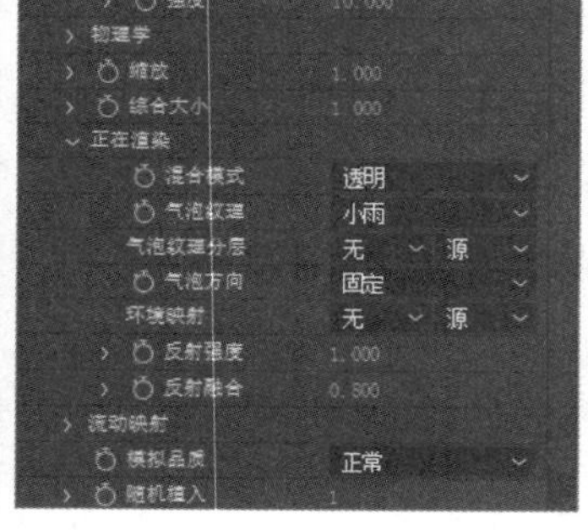

图 6-282

STEP 4 将时间标签放置在 0s 的位置，在“效果控件”面板中，单击“强度”选项左侧的“关键帧自动记录器”按钮，如图 6-283 所示，记录第 1 个关键帧。将时间标签放置在 4:24s 的位置，在“效果控件”面板中，设置“强度”选项的数值为 0，如图 6-284 所示，记录第 2 个关键帧。

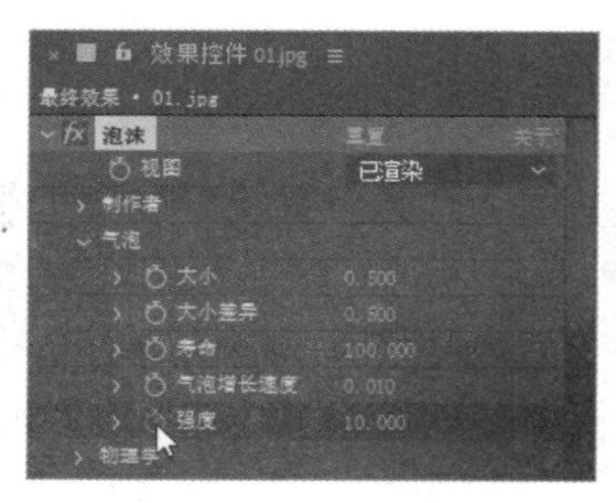

图 6-283

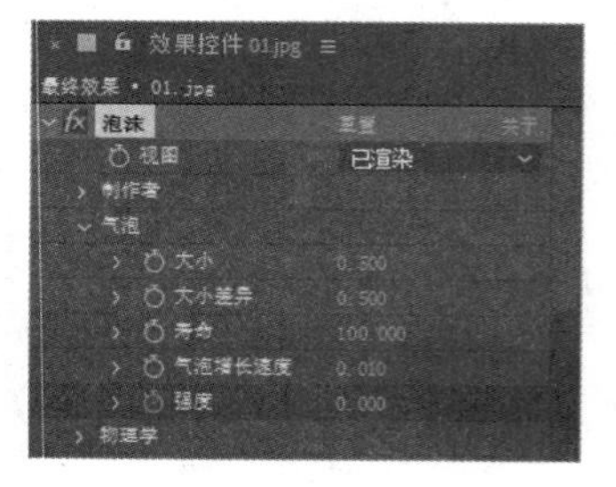

图 6-284

STEP 5 气泡效果制作完成，如图 6-285 所示。

图 6-285

6.7.2 泡沫

泡沫效果可生成流动、粘附和弹出的气泡。泡沫特效参数设置如图 6-286 所示。

视图：在其右侧的下拉列表中，可以选择气泡效果的显示方式。“草图”方式以草图模式渲染气泡效果，虽然不能在该方式下看到气泡的最终效果，但是可以预览气泡的运动方式和设置状态，该方式计算速度非常快。为特效指定影响通道后，使用“草图+流动映射”方式可以看到指定的影响对象。在“已渲染”方式下可以预览气泡的最终效果，但是计算速度相对较慢。

制作者：用于设置气泡的粒子发射器的相关参数，如图 6-287 所示。

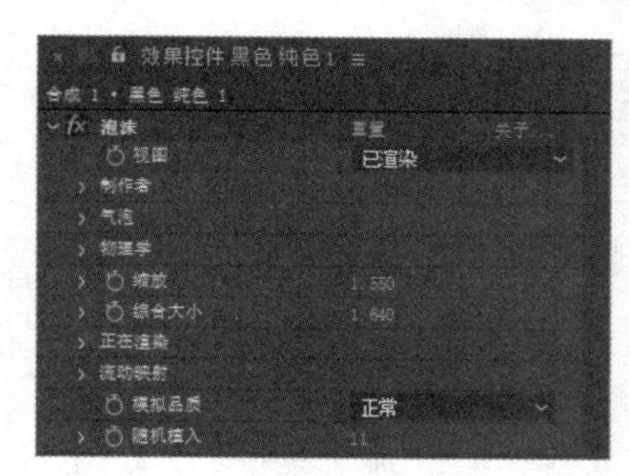

图 6-286

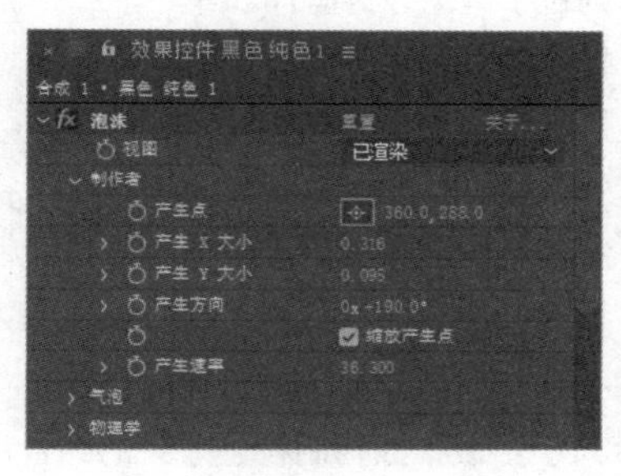

图 6-287

- 产生点：用于控制发射器的位置。所有的气泡粒子都由发射器产生，就好像在水枪中喷出气泡一样。
- 产生 X/Y 大小：用于控制发射器的大小。在“草稿”或者“草稿+流动映射”方式下预览效果时，可以观察发射器。
- 产生方向：用于旋转发射器，使气泡产生旋转效果。
- 缩放产生点：可缩放发射器位置。如果不选中此复选框，则系统默认以发射效果点为中心缩放发射器的位置。
- 产生速率：用于控制发射速度。一般情况下，数值越高，发射速度越快，单位时间内产生的气泡粒子也越多。当数值为 0 时，不发射粒子。系统发射粒子时，在特效的开始位置，粒子数目为 0。

气泡：可对气泡粒子的尺寸、生命以及强度进行控制，如图 6-288 所示。

- 大小：用于控制气泡粒子的尺寸。数值越大，每个气泡粒子越大。
- 大小差异：用于控制粒子的大小差异。数值越高，每个粒子的大小差异越大。数值为 0 时，每个粒子的最终大小相同。
- 寿命：用于控制每个粒子的生命值。每个粒子在发射产生后，最终都会消失。生命值即粒子从产生到消亡的时间。

- 气泡增长速度：用于控制每个粒子生长的速度，即粒子从产生到最终大小的时间。
- 强度：用于控制粒子效果的强度。

物理学：该参数影响粒子运动因素，如初始速度、风速、混乱度及活力等。其设置如图 6-289 所示。

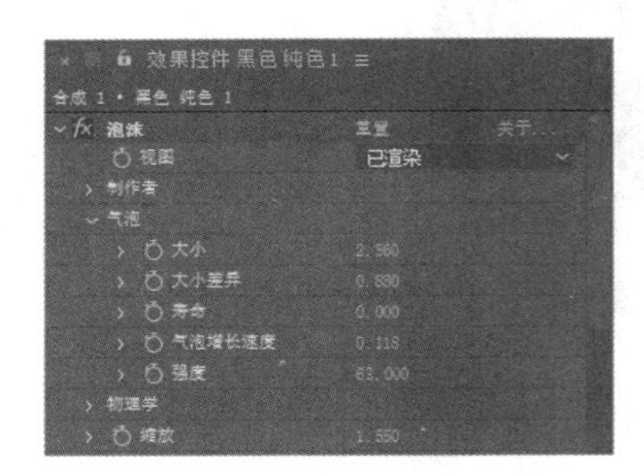

图 6-288

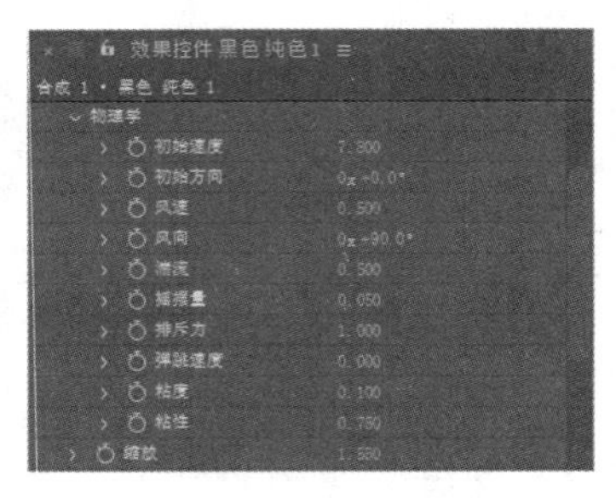

图 6-289

- 初始速度：用于控制粒子特效的初始速度。
- 初始方向：用于控制粒子特效的初始方向。
- 风速：用于控制影响粒子的风速，就好像一股风吹动粒子一样。
- 风向：用于控制风的方向。
- 湍流：用于控制粒子的混乱度。该数值越大，粒子运动越混乱，同时向四面八方发散；数值较小，则粒子运动较为有序和集中。
- 摇摆量：用于控制粒子的摇摆强度。参数较大时，粒子会产生摇摆变形。
- 排斥力：用于在粒子间产生排斥力。数值越高，粒子间的排斥性越强。
- 弹跳速度：用于控制粒子的总速率。
- 粘度：用于控制粒子的粘度。数值越小，粒子堆砌得越紧密。
- 粘性：用于控制粒子间的粘着程度。

缩放：用于对粒子效果进行缩放。

综合大小：该参数控制粒子效果的综合尺寸。在“草图”或者“草图+流动映射”方式下预览效果时，可以观察综合尺寸范围框。

正在渲染：该参数控制粒子的渲染属性，如“混合模式”下的粒子纹理及反射效果等。该参数的设置效果仅在渲染模式下才能看到。其设置如图 6-290 所示。

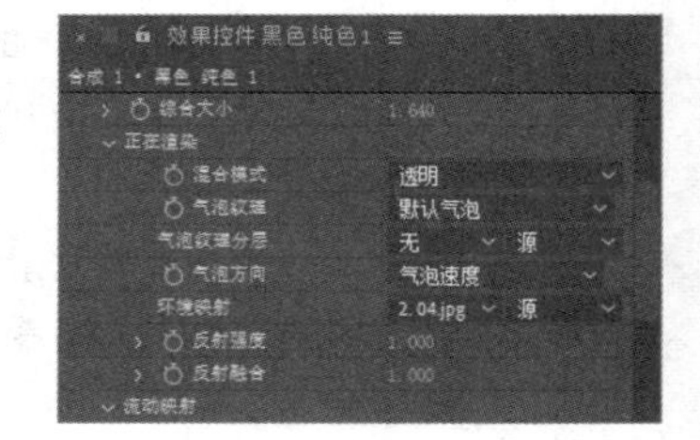

图 6-290

- 混合模式：用于控制粒子间的融合模式。在“透明”方式下，粒子与粒子间进行透明叠加。
- 气泡纹理：可在其右侧的下拉列表中选择气泡粒子的材质。
- 气泡纹理分层：用于指定用作气泡图像的图层。
- 气泡方向：可在该下拉列表中设置气泡的方向。可以使用默认的坐标，也可以使用物理参数控制方向，还可以根据气泡速率进行控制。
- 环境映射：所有的气泡粒子都可以对周围的环境进行反射，可以在“环境映射”右侧的下拉列表中指定气泡粒子的反射层。
- 反射强度：用于控制反射的强度。
- 反射融合：用于控制反射的聚集度。

流动映射：可以在该参数中指定一个图层来影响粒子效果。在“流动映射”右侧的下拉列表中，可以选择对粒子效果产生影响的目标图层。选择目标图层后，在“草图+流动映射”方式下可以看到流动映射，如图 6-291 所示。流动映射用于控制参考图对粒子的影响。

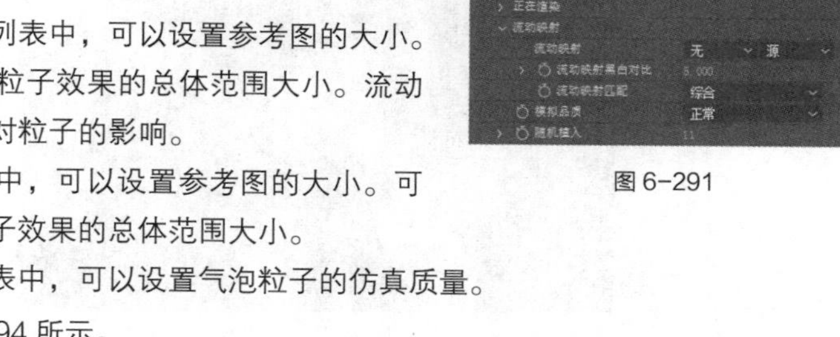

图 6-291

- 流动映射黑白对比：在该下拉列表中，可以设置参考图的大小。可以使用合成图像屏幕大小和粒子效果的总体范围大小。流动映射黑白对比用于控制参考图对粒子的影响。
- 流动映射匹配：在该下拉列表中，可以设置参考图的大小。可以使用合成图像屏幕大小和粒子效果的总体范围大小。
- 模拟品质：在其右侧的下拉列表中，可以设置气泡粒子的仿真质量。

气泡效果演示如图 6-292～图 6-294 所示。

图 6-292

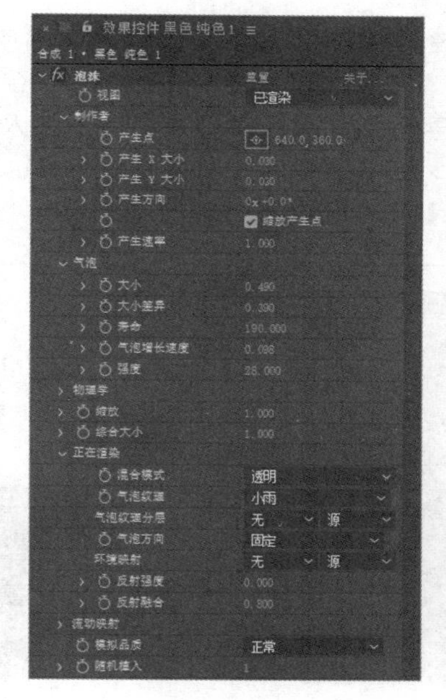

图 6-293

图 6-294

6.8 风格化

风格化效果可以模拟一些实际的绘画效果，或为画面提供某种风格化效果。

6.8.1 课堂案例——手绘效果

案例学习目标

学习使用浮雕、查找边缘效果制作手绘风格。

案例知识要点

使用滤镜特效“查找边缘”命令、“色阶”命令、“色相位/饱和度”命令、“笔触”命令制作手绘效果；使用“钢笔”工具绘制蒙版形状。手绘效果如图 6-295 所示。

效果所在位置

资源包 > Ch06 > 手绘效果 > 手绘效果.aep。

图 6-295

手绘效果

STEP 1 按 Ctrl+N 组合键，弹出“合成设置”对话框，在“合成名称”文本框中输入“最终效果”，其他选项的设置如图 6-296 所示，单击“确定”按钮，创建一个新的合成“最终效果”。

STEP 2 选择“文件 > 导入 > 文件”命令，在弹出的“导入文件”对话框中，选择资源包中的“Ch06 > 手绘效果 > (Footage) > 01.jpg”文件，单击“打开”按钮，导入图片。在“项目”面板中选中“01.jpg”文件并将其拖曳到“时间轴”面板中，如图 6-297 所示。

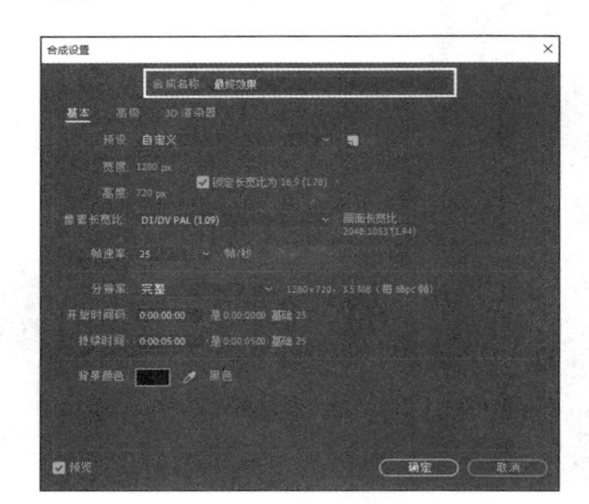

图 6-296

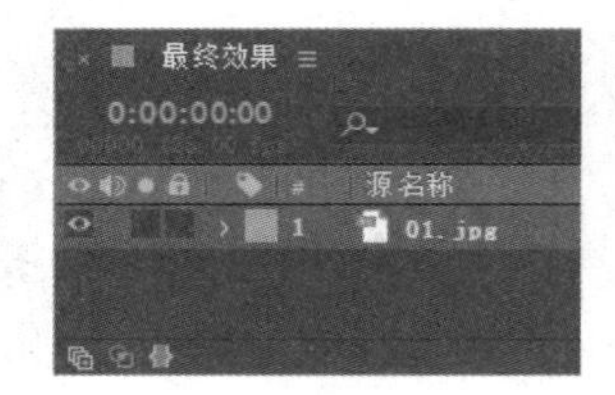

图 6-297

STEP 3 选中“01.jpg”图层，按 Ctrl+D 组合键，复制图层，如图 6-298 所示。选择“图层 1”图层，按 T 键，展开“不透明度”属性，设置“不透明度”选项的数值为 70%，如图 6-299 所示。

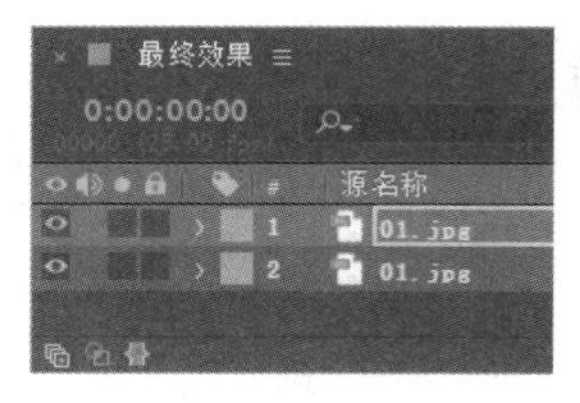

图 6-298

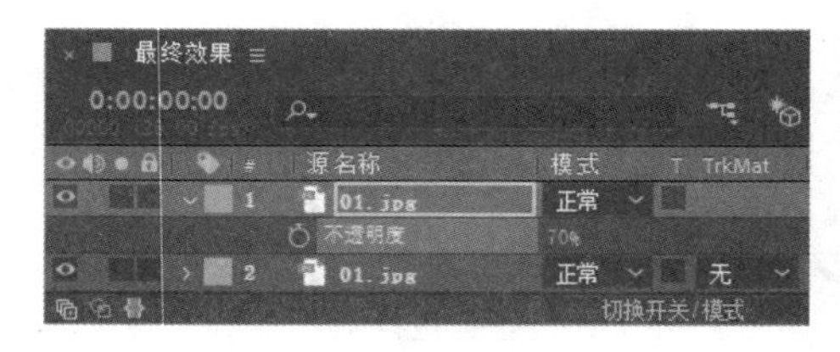

图 6-299

STEP 4 选中“图层 2”图层，选择“效果 > 风格化 > 查找边缘”命令，在“效果控件”面板中进行参数设置，如图 6-300 所示。“合成”面板中的效果如图 6-301 所示。

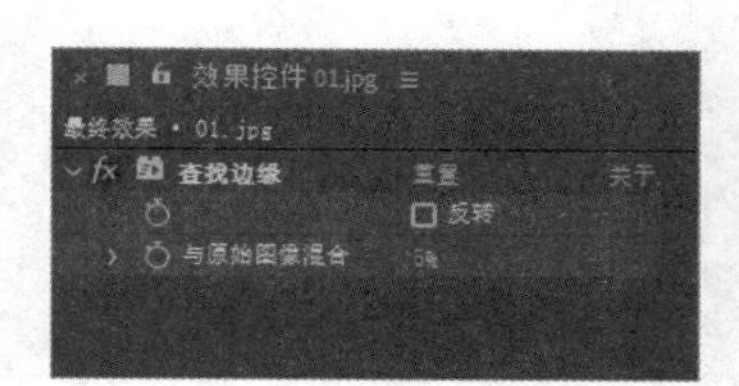

图 6-300

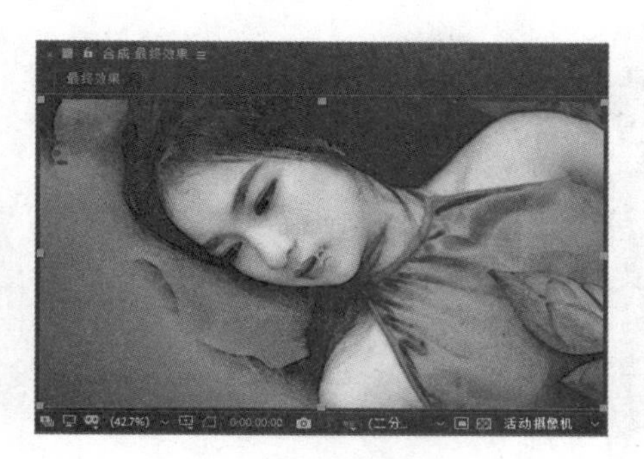

图 6-301

STEP 5 选择“效果 > 颜色校正 > 色阶”命令，在“效果控件”面板中进行参数设置，如图 6-302 所示。“合成”面板中的效果如图 6-303 所示。

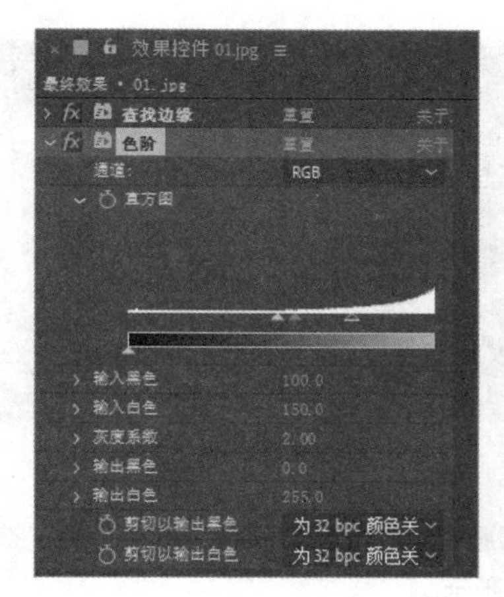

图 6-302

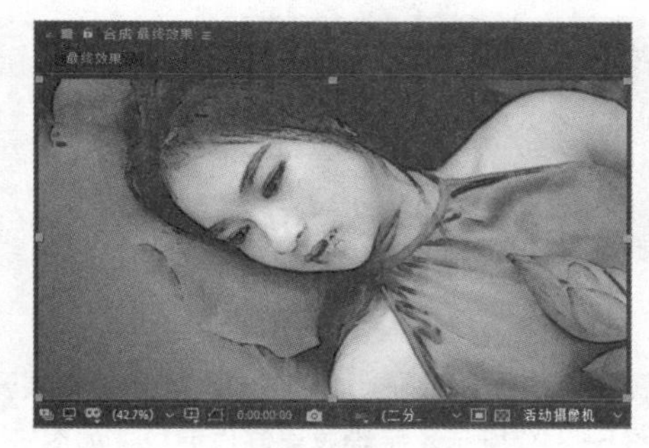

图 6-303

STEP 6 选择“效果 > 颜色校正 > 色相/饱和度”命令，在“效果控件”面板中进行参数设置，如图 6-304 所示。“合成”面板中的效果如图 6-305 所示。

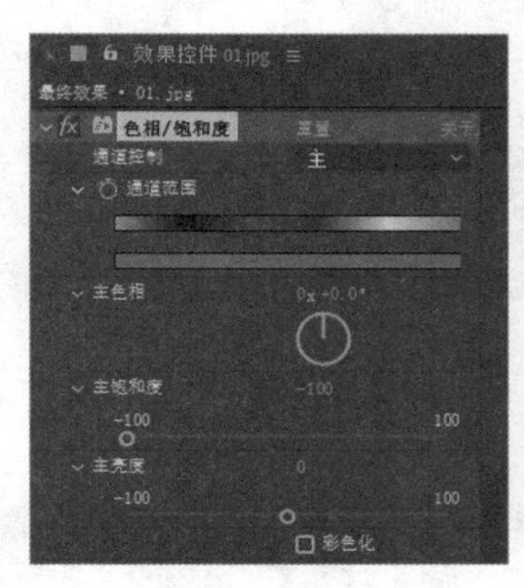

图 6-304

图 6-305

STEP 7 选择“效果 > 风格化 > 画笔描边”命令，在“效果控件”面板中进行参数设置，如图 6-306 所示。“合成”面板中的效果如图 6-307 所示。

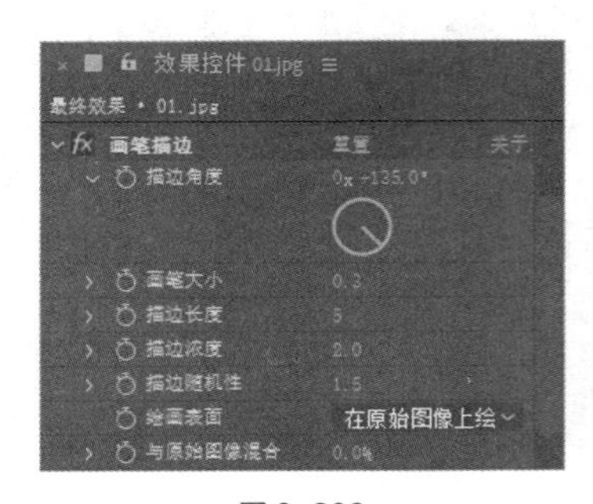

图 6-306

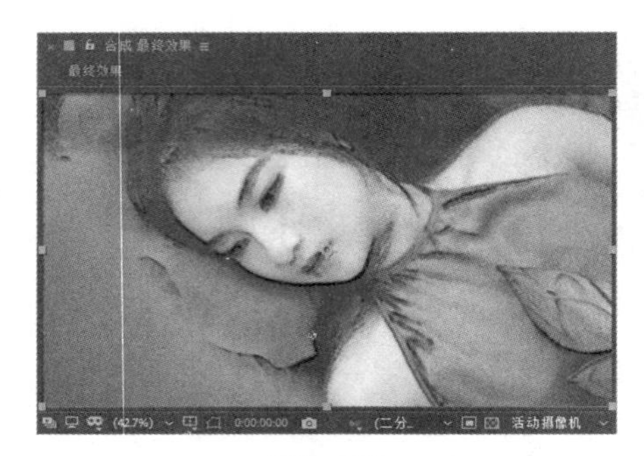

图 6-307

STEP 8 在“项目”面板中选择“01.jpg”文件并将其拖曳到“时间轴”面板中的最顶部，如图 6-308 所示。选中“图层 1”图层，选择“钢笔”工具，在“合成”面板中绘制一个蒙版形状，如图 6-309 所示。

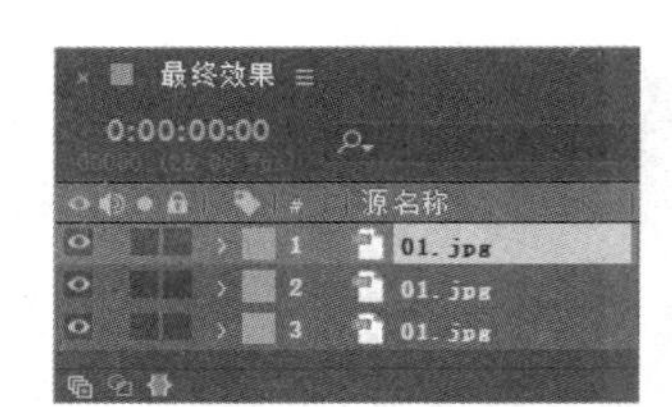

图 6-308

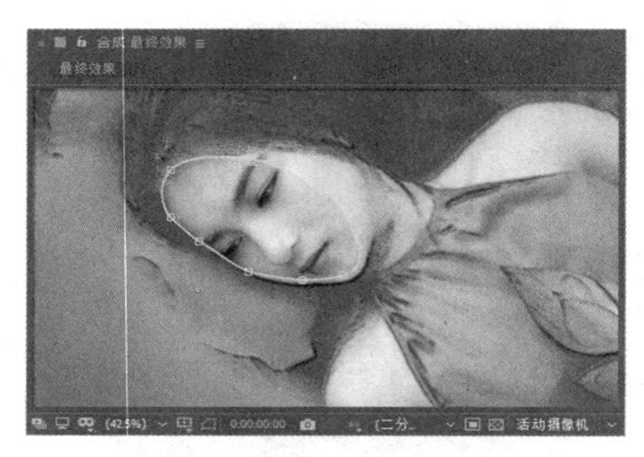

图 6-309

STEP 9 选中“图层 1”图层，按 F 键，展开“蒙版羽化”属性，设置“蒙版羽化”选项的数值为 30，如图 6-310 所示。手绘效果制作完成，如图 6-311 所示。

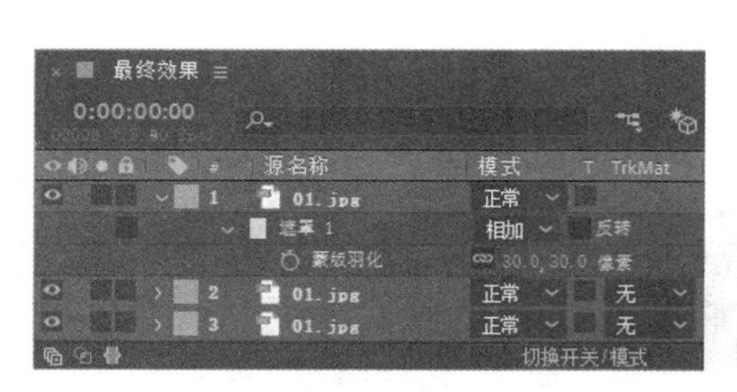

图 6-310

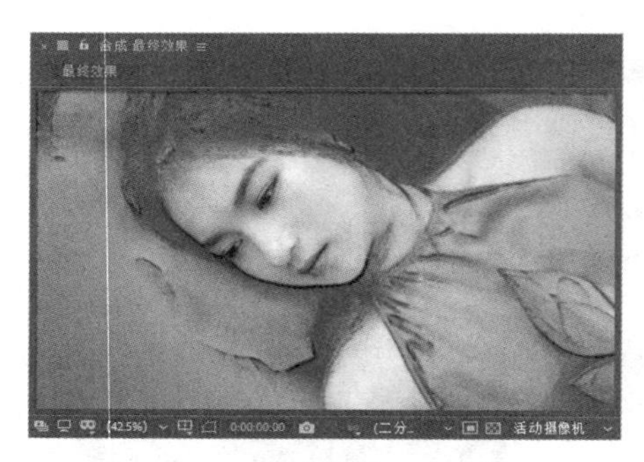

图 6-311

6.8.2 查找边缘

查找边缘效果通过强化过渡像素来产生彩色线条。其参数设置如图 6-312 所示。

反转：选中此复选框可产生反向勾边效果。

与原始图像混合：用于设置和原始素材图像的混合比例。

查找边缘效果演示如图 6-313～图 6-315 所示。

图 6-312

图 6-313

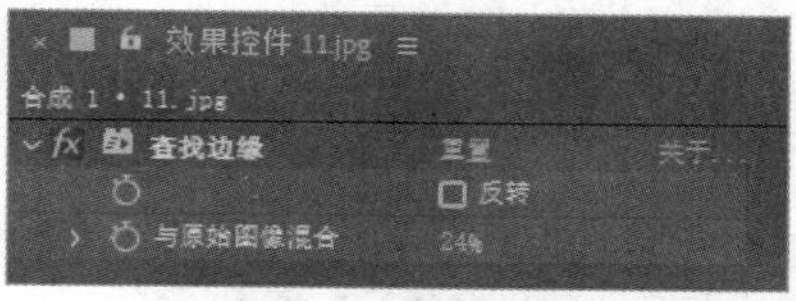

图 6-314

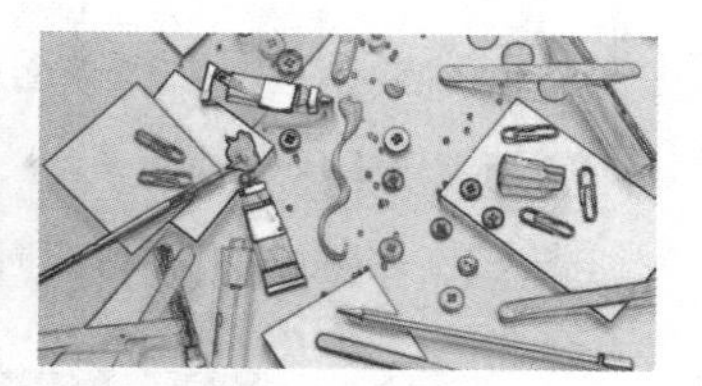

图 6-315

6.8.3　发光

发光效果经常用于图像中的文字和带有 Alpha 通道的图像，用于制作发光或光晕效果，其参数设置如图 6-316 所示。

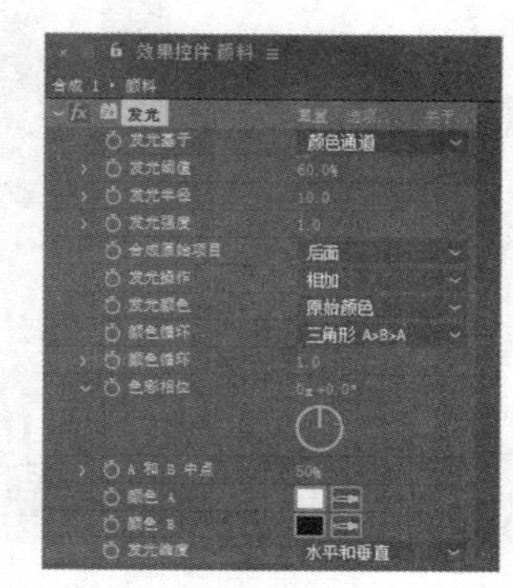

图 6-316

发光基于：用于控制发光效果基于哪一种通道方式。

发光阈值：用于设置发光的阈值，影响到辉光的覆盖面。

发光半径：用于设置发光的发光半径。

发光强度：用于设置发光的发光强度，影响到辉光的亮度。

合成原始项目：用于设置与原始素材图像的合成方式。

发光操作：用于设置发光的发光模式。

发光颜色：用于设置发光的颜色。

颜色循环：用于设置发光颜色的循环方式。

颜色循环：用于设置发光颜色循环的次数。

色彩相位：用于设置发光的颜色相位。

A 和 B 中点：用于设置发光颜色 A 和 B 的中点百分比。

颜色 A：用于设置颜色 A 的颜色。

颜色 B：用于设置颜色 B 的颜色。

发光维度：用于设置发光的方向是水平的、垂直的还是二者兼有。

发光效果演示如图 6-317～图 6-319 所示。

图 6-317

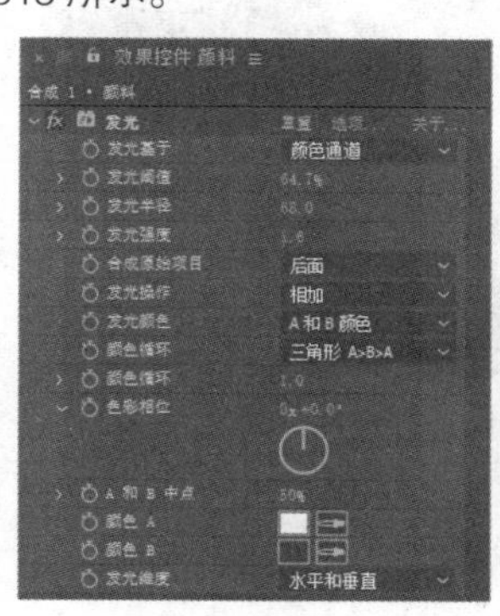

图 6-318

图 6-319

6.9　课堂练习——保留颜色

练习知识要点

使用“曲线”命令、“保留颜色”命令、“色相/饱和度”命令，调整图片局部颜色效果；使用“横排文字”工具，输入文字。保留颜色效果如图 6-320 所示。

效果所在位置

资源包 > Ch06 > 保留颜色 > 保留颜色.aep。

图 6-320

保留颜色

6.10 课后习题——随机线条

习题知识要点

使用“照片滤镜”命令和“自然饱和度”命令，调整视频的色调；使用“分形杂色”命令，制作随机线条效果。随机线条效果如图 6-321 所示。

效果所在位置

资源包 > Ch06 > 随机线条 > 随机线条.aep。

图 6-321

随机线条

第 7 章
跟踪与表达式

本章对 After Effects CC 2019 中的“跟踪与表达式”进行介绍，重点讲解运动跟踪中的单点跟踪和多点跟踪，以及表达式中的创建表达式和编写表达式。通过对本章的学习，读者可以制作影片自动生成的动画，完成最终的影片效果。

课堂学习目标

- 熟练掌握运动跟踪操作方法
- 熟练掌握表达式使用技巧

7.1 跟踪运动

跟踪运动是对影片中发生运动的物体进行追踪。应用跟踪运动时，合成文件中应该至少有两个图层：一个是追踪目标图层；另一个是连接到追踪点的图层。当导入影片素材后，在菜单栏中选择“动画 > 跟踪运动”命令增加跟踪运动，如图 7-1 所示。

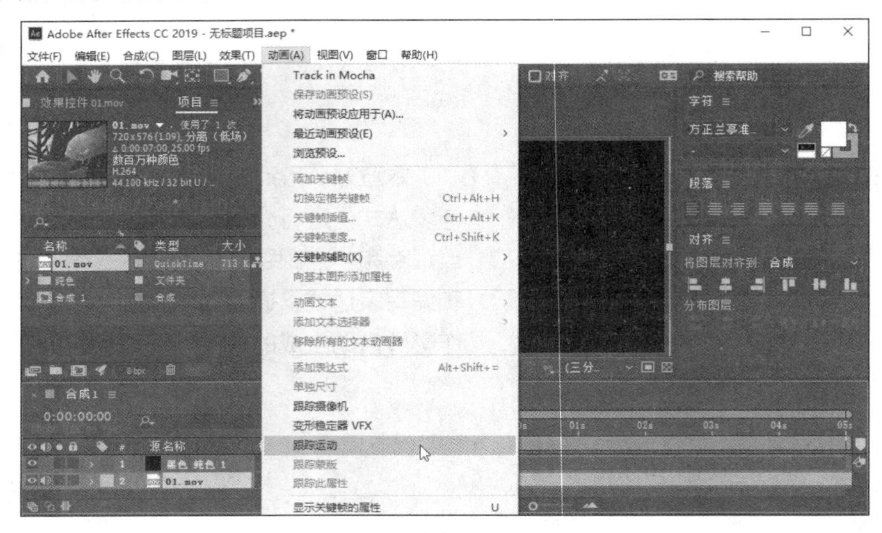

图 7-1

7.1.1 课堂案例——单点跟踪

案例学习目标

学习使用单点跟踪的相关命令。

案例知识要点

使用“跟踪器”命令，添加跟踪点；使用“空对象”命令，新建空图层。单点跟踪效果如图 7-2 所示。

效果所在位置

资源包 > Ch07 > 单点跟踪 > 单点跟踪. aep。

图 7-2

单点跟踪

STEP 1 按 Ctrl+N 组合键，弹出“合成设置”对话框，在“合成名称”文本框中输入“最终效果”，其他选项的设置如图 7–3 所示，单击“确定”按钮，创建一个新的合成“最终效果”。选择“文件 > 导入 > 文件”命令，在弹出的“导入文件”对话框中，选择资源包中的“Ch07 > 单点跟踪 > (Footage) > 01.avi”文件，单击“导入”按钮，导入视频文件到“项目”面板中，如图 7–4 所示。

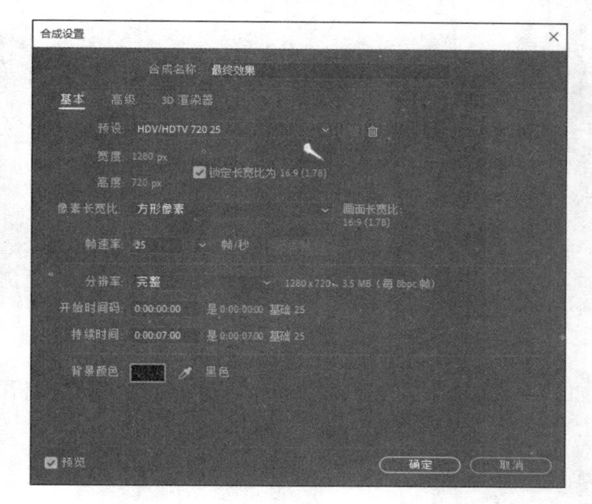

图 7–3

图 7–4

STEP 2 在“项目”面板中，选中“01.avi”文件并将其拖曳到“时间轴”面板中，按 S 键，展开“缩放”属性，设置“缩放”选项的数值为 67%，如图 7–5 所示。“合成”面板中的效果如图 7–6 所示。

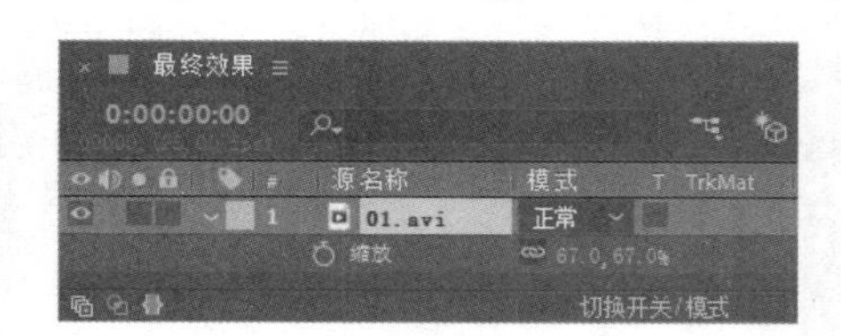

图 7–5

图 7–6

STEP 3 选择“图层 > 新建 > 空对象”命令，在“时间轴”面板中新增一个“空 1”图层，如图 7–7 所示。按 S 键，展开“缩放”属性，设置“缩放”选项的数值为 67%；按住 Shift 键的同时，按 A 键，展开“锚点”属性，设置“锚点”选项的数值为 48、52，如图 7–8 所示。

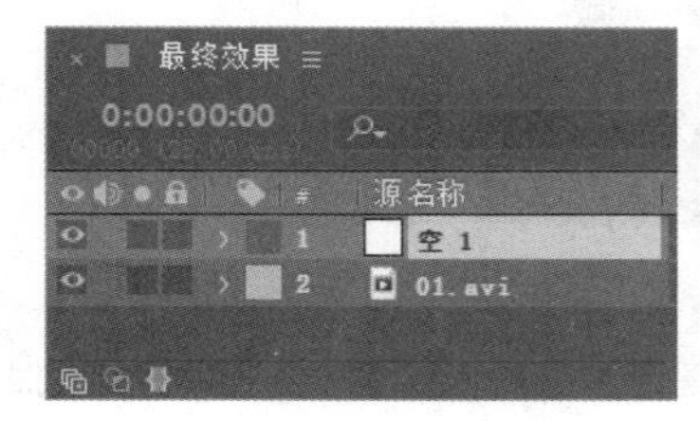

图 7–7

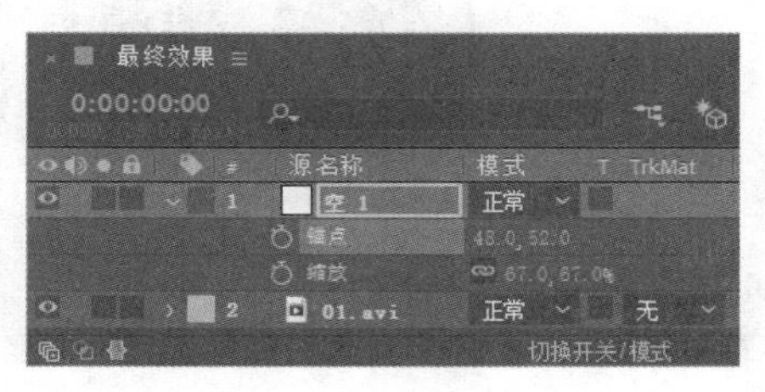

图 7–8

STEP 4 选择“窗口 > 跟踪器”命令，打开“跟踪器”面板，如图 7-9 所示。选中“01.avi”图层，在“跟踪器”面板中，单击“跟踪运动”按钮，面板处于激活状态，如图 7-10 所示。“合成”面板中的效果如图 7-11 所示。

图 7-9

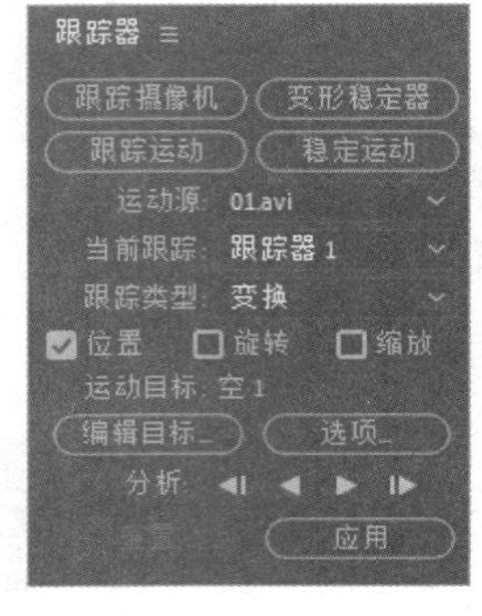

图 7-10

图 7-11

STEP 5 拖曳控制点到眉心的位置，如图 7-12 所示。在“跟踪器”面板中单击“向前分析”按钮▶自动跟踪计算，如图 7-13 所示。

图 7-12

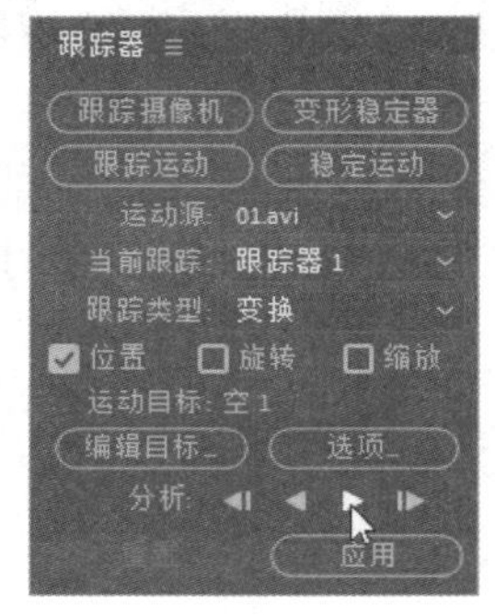

图 7-13

STEP 6 在“跟踪器”面板中单击“应用”按钮，如图 7-14 所示，弹出“动态跟踪器应用选项”对话框，单击“确定”按钮，如图 7-15 所示。

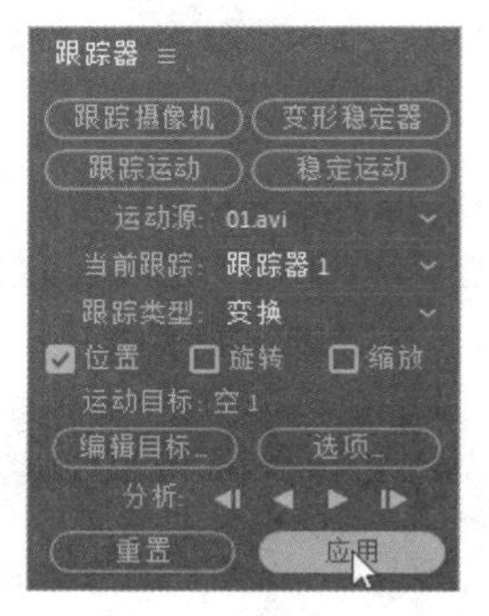

图 7-14

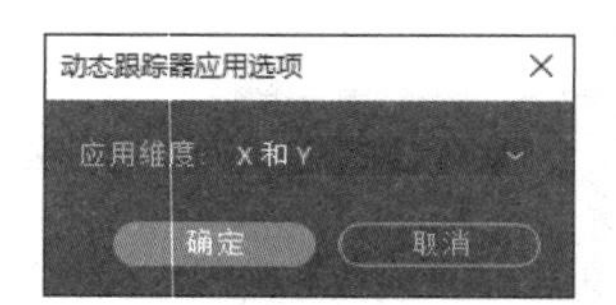

图 7-15

STEP 7 选中“01.avi”图层，按 U 键，展开所有关键帧，可以看到刚才的控制点经过跟踪计算后所产生的一系列关键帧，如图 7-16 所示。

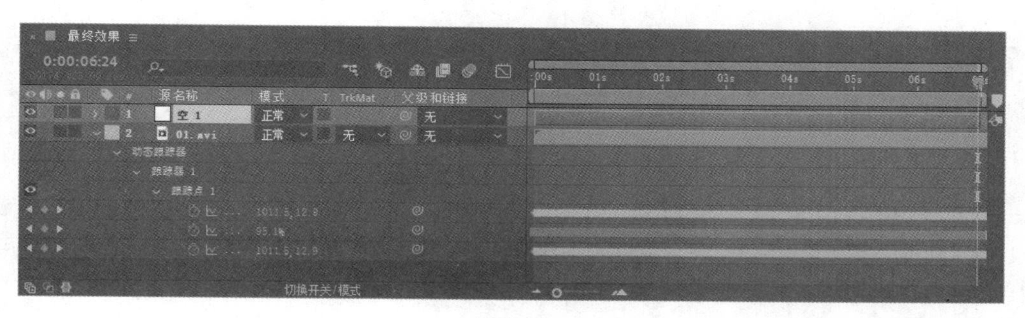

图 7-16

STEP 8 选中“空 1”图层，按 U 键，展开所有关键帧，同样可以看到由于跟踪所产生的一系列关键帧，如图 7-17 所示。单点跟踪效果制作完成。

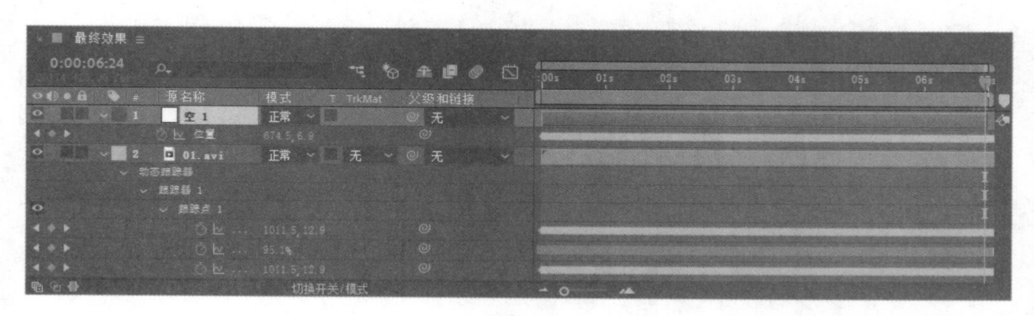

图 7-17

7.1.2　单点跟踪

在某些合成效果中可能需要将某种效果跟踪另外一个物体运动，从而创建出想要得到的最佳效果。例如，动态跟踪通过追踪鱼单独一个点的运动轨迹，使调节层与鱼的运动轨迹相同，完成后合成效果如图 7-18 所示。

选择“动画 > 跟踪运动”或“窗口 > 跟踪器”命令，打开“跟踪器”面板，在“图层”视图中显示当前图层。设置“跟踪类型”为“变换”，制作单点跟踪效果。在该面板中还可以设置“跟踪摄像机”“变形稳定器”“跟踪运动”“稳定运动”“运动源”“当前跟踪”“跟踪类型”“位置”“旋转”“缩放”“编辑目标”“选项”“分析”“重置”“应用”等，与“图层”视图相结合，可以设置单点跟踪，如图 7-19 所示。

图 7-18

图 7-19

7.1.3 课堂案例——跟踪对象运动

案例学习目标

学习使用多点跟踪制作四点跟踪效果。

案例知识要点

使用“导入”命令导入视频文件；使用“跟踪器”命令编辑多个跟踪点，改变不同的位置。跟踪对象运动效果如图7-20所示。

效果所在位置

资源包 > Ch07 > 跟踪对象运动 > 跟踪对象运动.aep。

图 7-20

跟踪对象运动

STEP 1 按 Ctrl+N 组合键，弹出“合成设置”对话框，在“合成名称”文本框中输入“最终效果”，其他选项的设置如图 7-21 所示，单击“确定”按钮，创建一个新的合成“最终效果”。选择“文件 > 导入 > 文件”命令，弹出“导入文件”对话框，选择资源包中的“Ch07 > 跟踪对象运动 > (Footage) > 01.mp4 和 02.mp4”文件，单击“导入”按钮，导入文件到“项目”面板中，如图 7-22 所示。

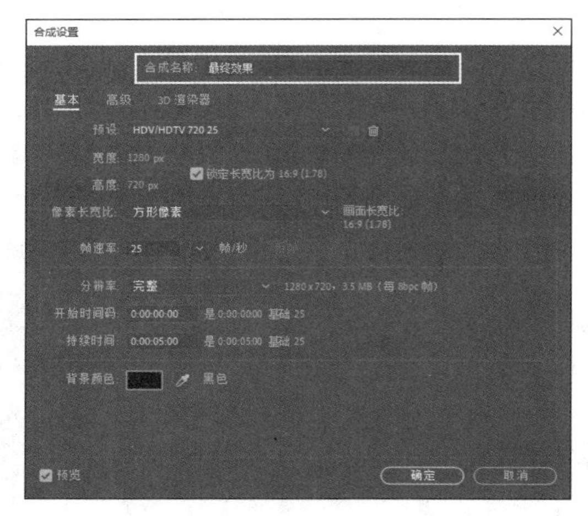

图 7-21

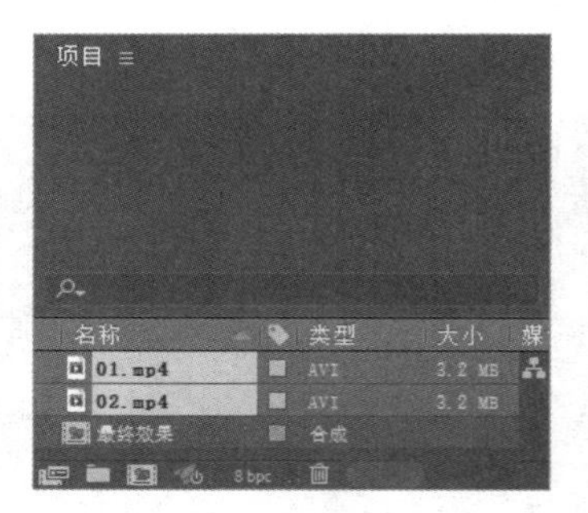

图 7-22

STEP 2 在“项目”面板中选中“01.mp4”文件，并将其拖曳到“时间轴”面板中，按 S 键，展开“缩放”属性，设置“缩放”选项的数值为 67%，如图 7-23 所示。“合成”面板中的效果如图 7-24 所示。

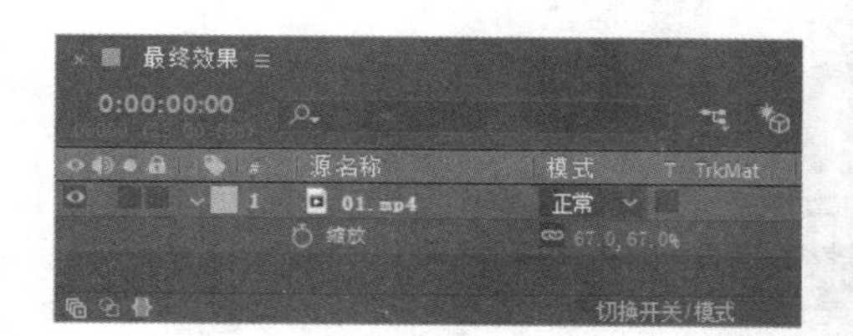

图 7-23

图 7-24

STEP 3 在“项目”面板中选中“02.mp4”文件，并将其拖曳到“时间轴”面板中，按 S 键，展开“缩放”属性，设置“缩放”选项的数值为 37%，如图 7-25 所示。“合成”面板中的效果如图 7-26 所示。

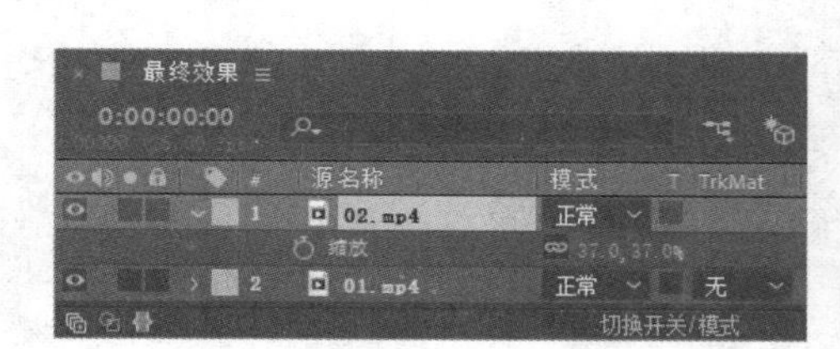

图 7-25

图 7-26

STEP 4 选择“窗口 > 跟踪器”命令，打开“跟踪器”面板，如图 7-27 所示。选中“01.mp4”图层，在“跟踪器”面板中单击“跟踪运动”按钮，面板处于激活状态，如图 7-28 所示。“合成”面板中的效果如图 7-29 所示。

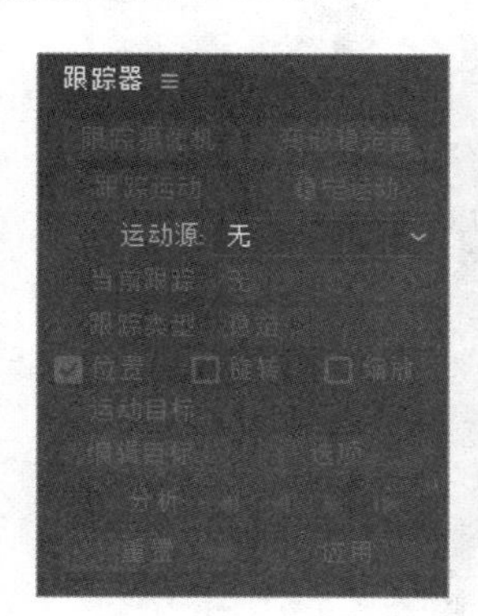

图 7-27

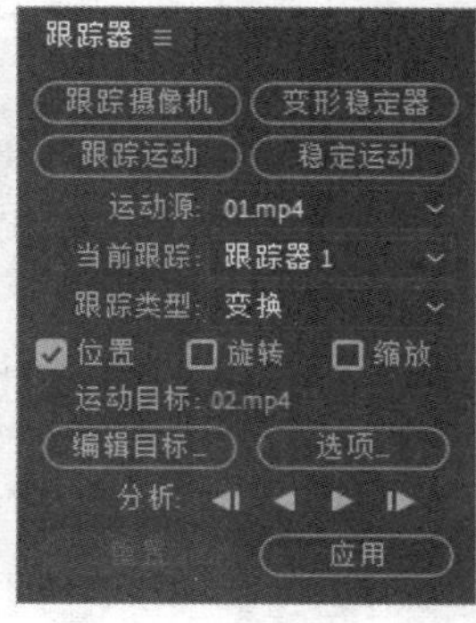

图 7-28

图 7-29

STEP 5 在“跟踪器”面板的“跟踪类型”下拉列表中选择“透视边角定位”选项，如图 7-30 所示。“合成”面板中的效果如图 7-31 所示。

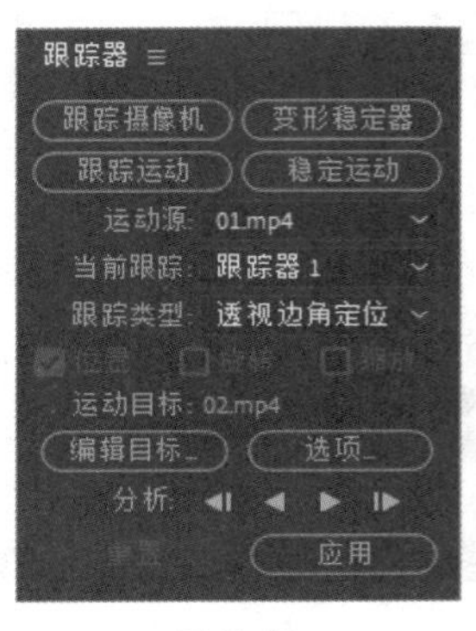

图 7-30

图 7-31

STEP 6 用鼠标分别拖曳 4 个控制点到画面的四角，如图 7-32 所示。在“跟踪器”面板中单击“向前分析”按钮▶自动跟踪计算，如图 7-33 所示。单击“应用”按钮，如图 7-34 所示。完成跟踪的设置。

图 7-32

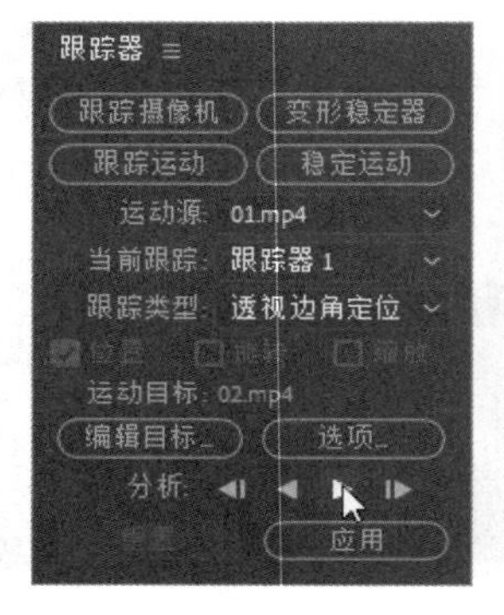

图 7-33

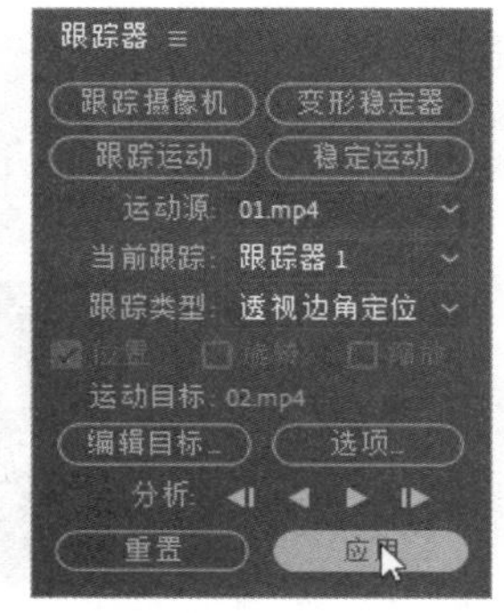

图 7-34

STEP 7 选中“01.mp4”图层，按 U 键，展开所有关键帧，可以看到刚才的控制点经过跟踪计算后所产生的一系列关键帧，如图 7-35 所示。

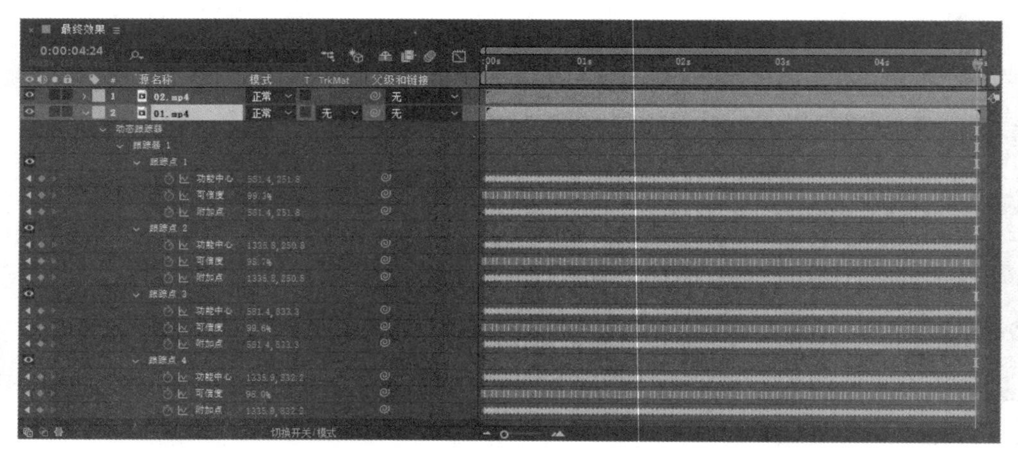

图 7-35

STEP 8 选中“02.mp4”图层，按 U 键，展开所有关键帧，同样可以看到由于跟踪所产生的一系列关键帧，如图 7–36 所示。

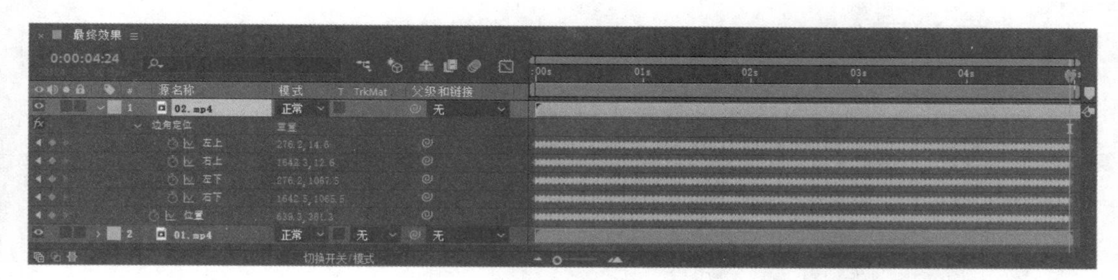

图 7–36

STEP 9 跟踪对象运动效果制作完成，如图 7–37 所示。

图 7–37

7.1.4　多点跟踪

在某些影片的合成过程中，经常需要将动态影片中的某一部分图像置换成其他图像，并生成跟踪效果，制作出想要的效果。例如，将一段影片与另一指定的图像进行置换合成，动态跟踪标牌上 4 个点的运动轨迹，使指定置换的图像与标牌的运动轨迹相同，完成合成效果。合成前与合成后的效果分别如图 7–38 和图 7–39 所示。

多点跟踪效果的设置与单点跟踪效果的设置大部分相同，只是在“跟踪类型”设置中选择类型为“透视边角定位”，指定类型以后“图层”视图中会由原来的 1 个跟踪点变成定义 4 个跟踪点制作多点跟踪效果，如图 7–40 所示。

图 7–38

图 7–39

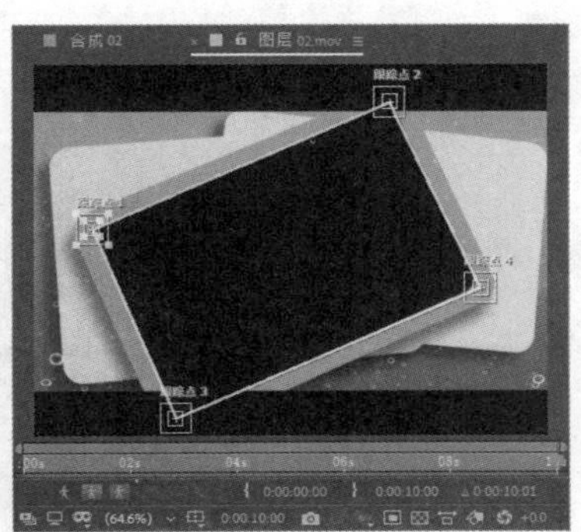

图 7–40

7.2 表达式

表达式可用于创建图层属性或一个属性关键帧到另一图层或另一个属性关键帧的联系。当要创建一个复杂的动画，但又不愿意手动创建几十、几百个关键帧时，可以试着用表达式代替。在 After Effects 中给一个图层增加表达式，需要先给该图层增加一个表达式控制效果，如图 7-41 所示。

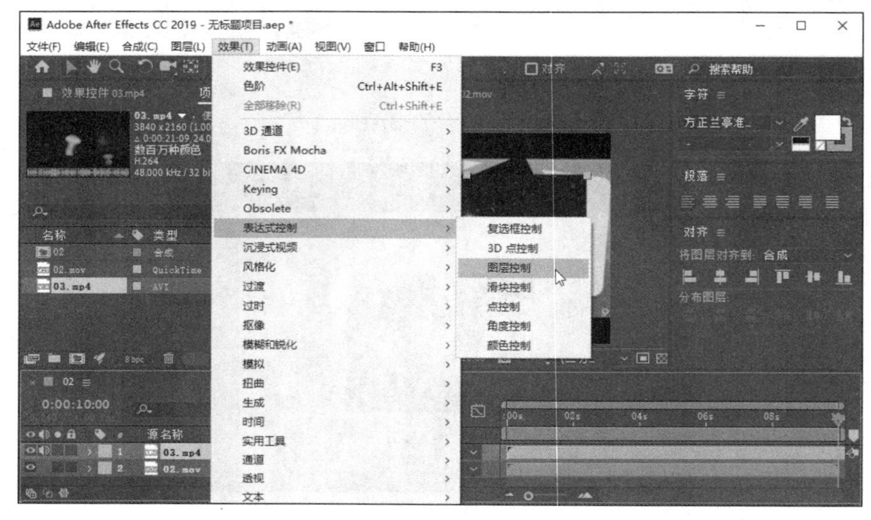

图 7-41

7.2.1 课堂案例——放大镜效果

案例学习目标

学习使用表达式制作放大镜效果。

案例知识要点

使用“导入”命令导入图片；使用“向后平移（锚点）”工具改变中心点位置效果；使用“球面化”命令制作球面效果；使用“添加表达式”命令制作放大效果。放大镜效果如图 7-42 所示。

效果所在位置

资源包 > Ch07 > 放大镜效果 > 放大镜效果.aep。

图 7-42

放大镜效果

STEP 1 按 Ctrl+N 组合键，弹出“合成设置”对话框，在“合成名称”文本框中输入“最终效果”，其他选项的设置如图 7-43 所示，单击“确定”按钮，创建一个新的合成“最终效果”。

STEP 2 选择“导入 > 文件 > 导入”命令，在弹出的“导入文件”对话框中，选择资源包中的“Ch07 > 放大镜效果 > (Footage) > 01.png 和 02.jpg”文件，单击“导入”按钮，导入图片到“项目”面板中，如图 7-44 所示。

STEP 3 在“项目”面板中，选中“01.png”和“02.jpg”文件并将它们拖曳到“时间轴”面板中，图层的排列如图 7-45 所示。

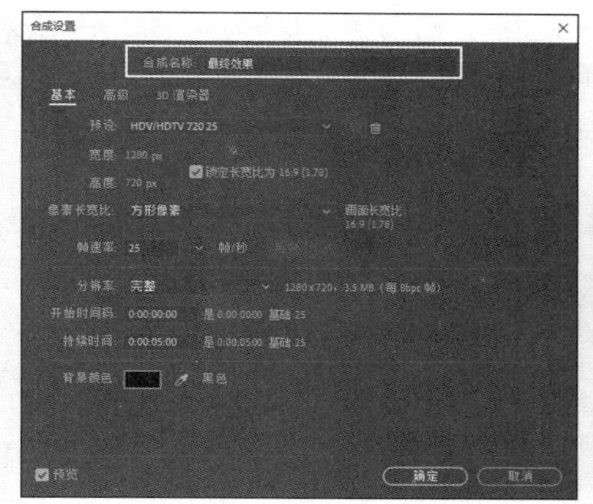

图 7-43

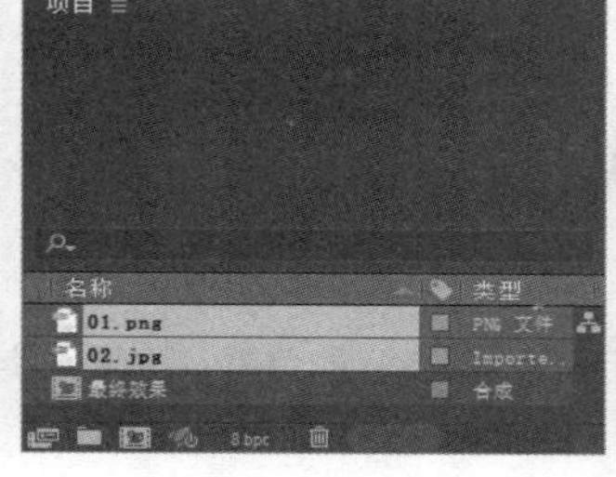

图 7-44

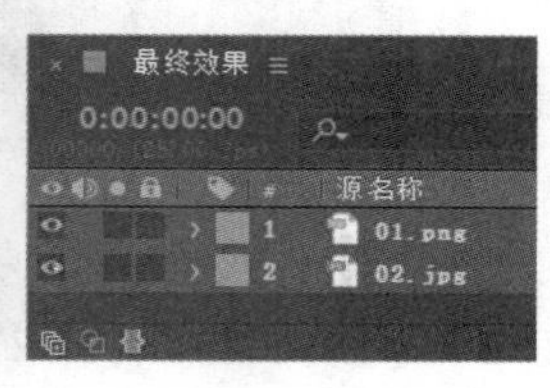

图 7-45

STEP 4 选中“01.png”图层，选择“向后平移（锚点）”工具，在“合成”面板中按住鼠标左键，调整放大镜的中心点位置，如图 7-46 所示。

STEP 5 将时间标签放置在 0s 的位置，按 P 键，展开“位置”属性，设置“位置”选项的数值为 318.5、194.7，单击“位置”选项左侧的“关键帧自动记录器”按钮，如图 7-47 所示，记录第 1 个关键帧。

图 7-46

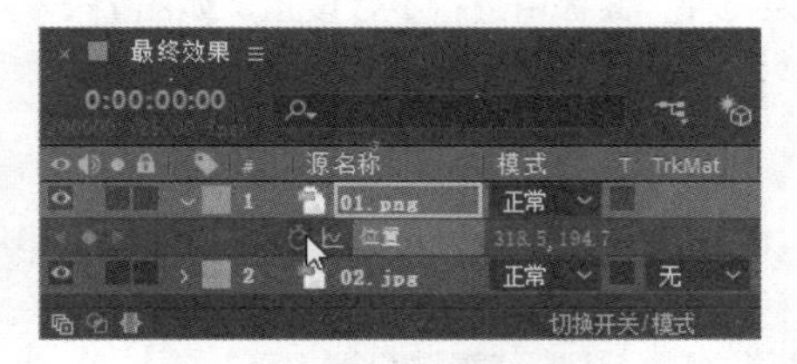

图 7-47

STEP 6 将时间标签放置在 2s 的位置，设置“位置”选项的数值为 496.8、591，如图 7-48 所示，记录第 2 个关键帧。将时间标签放置在 4s 的位置，设置“位置”选项的数值为 769.4、293.8，如图 7-49 所示，记录第 3 个关键帧。

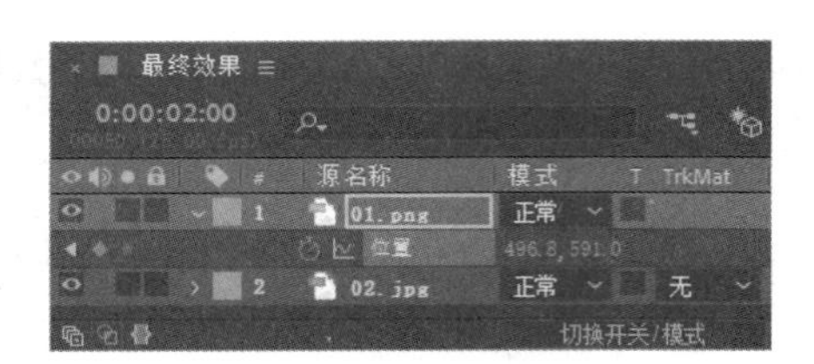
图 7-48

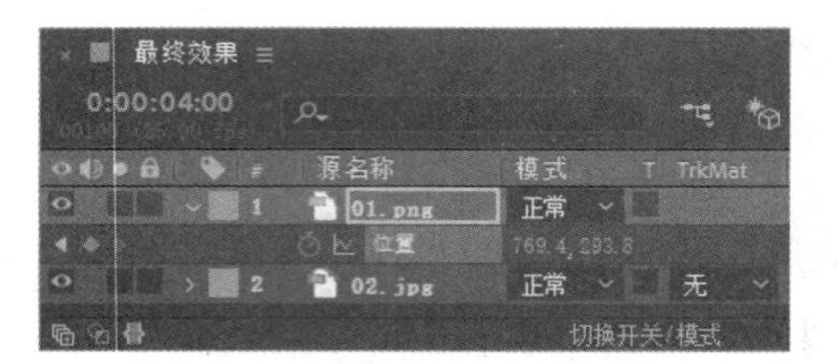
图 7-49

STEP 7 将时间标签放置在 0s 的位置，选中“01.png”图层，按 R 键，展开“旋转”属性，单击“旋转”选项左侧的“关键帧自动记录器”按钮，记录第 1 个关键帧，如图 7-50 所示。将时间标签放置在 2s 的位置，设置“旋转”选项的数值为 0、48，记录第 2 个关键帧，如图 7-51 所示。

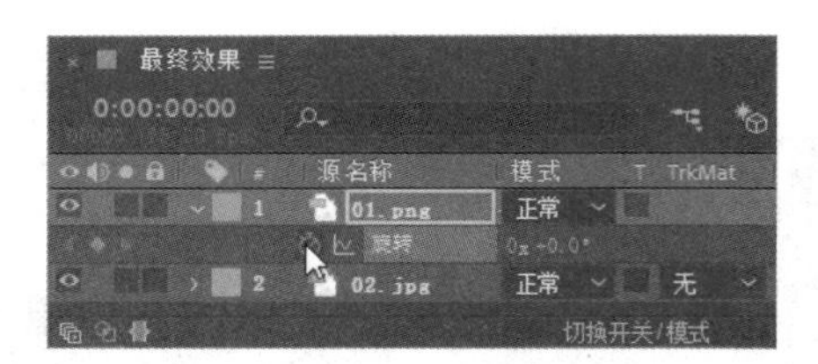
图 7-50

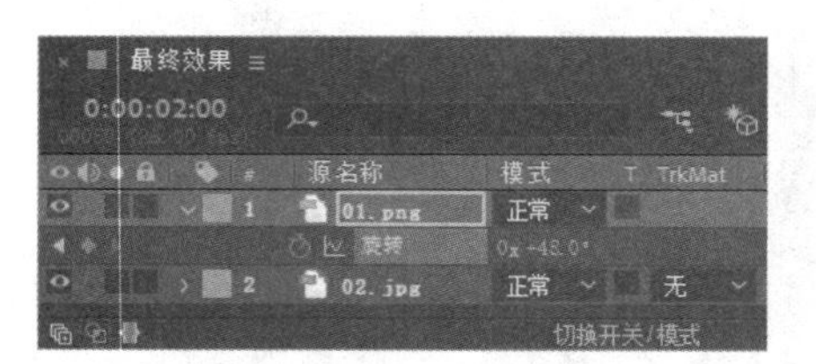
图 7-51

STEP 8 将时间标签放置在 4s 的位置，设置“旋转”选项的数值为 0、-39，如图 7-52 所示，记录第 3 个关键帧。“合成”面板中的效果如图 7-53 所示。

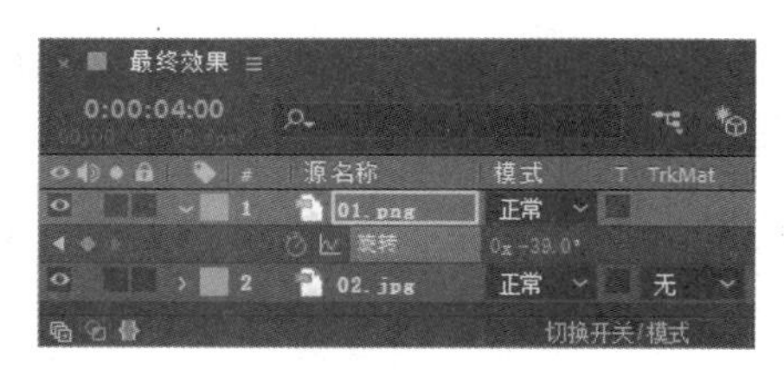
图 7-52

图 7-53

STEP 9 将时间标签放置在 0s 的位置，选中“02.jpg”图层，选择“效果 > 扭曲 > 球面化”命令，在“效果控件”面板中进行参数设置，如图 7-54 所示。“合成”面板中的效果如图 7-55 所示。

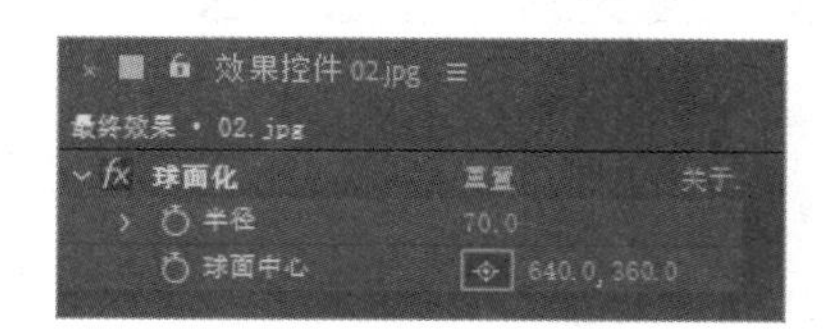
图 7-54

图 7-55

STEP 10 在“时间轴”面板中，展开“球面化”属性，选中“球面中心”选项，选择“动画 > 添加表达式”命令，为“球体中心”属性添加一个表达式。在“时间轴”面板右侧输入表达式代码“thisComp.layer("01.png").position”，如图 7-56 所示。

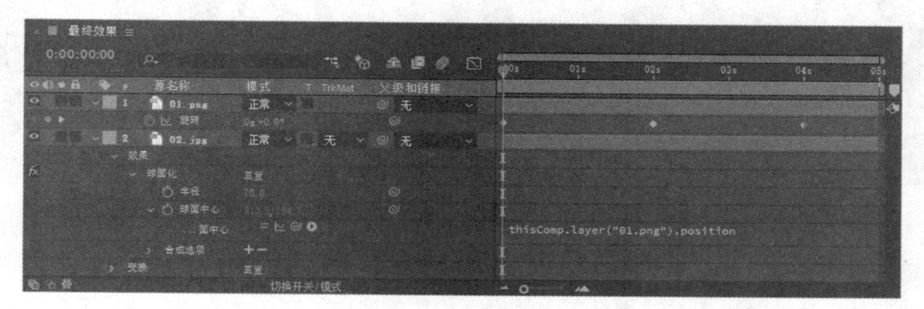

图 7-56

STEP 11 放大镜效果制作完成，如图 7-57 所示。

图 7-57

7.2.2　创建表达式

在“时间轴”面板中选择一个需要增加表达式的控制属性，在菜单栏中选择“动画 > 添加表达式”命令激活该属性，如图 7-58 所示。属性被激活后可以在该属性条中直接输入表达式覆盖现有的文字，增加了表达式的属性中会自动增加启用开关、显示图表、表达式拾取和语言菜单等工具，如图 7-59 所示。

图 7-58

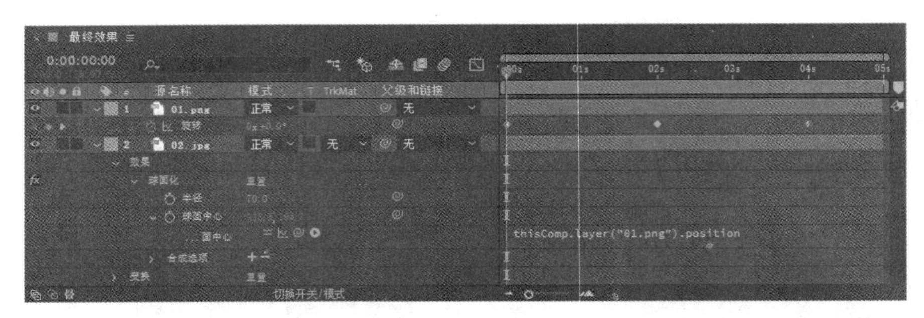

图 7-59

编写、增加表达式的工作都在“时间轴”面板中完成，当增加一个图层属性的表达式到“时间轴”面板时，一个默认的表达式就出现在该属性下方的表达式编辑区中，在这个表达式编辑区中可以输入新的表达式或修改表达式的值。许多表达式依赖于图层属性名，如果改变了一个表达式所在图层的属性名或图层名，这个表达式可能产生一个错误提示信息。

7.2.3 编写表达式

可以在“时间轴”面板的表达式编辑区中直接写表达式，或通过其他文本工具编写。如果在其他文本工具中编写表达式，只需将表达式复制粘贴到表达式编辑区中即可。在编写表达式时，可能需要用到一些 JavaScript 语法知识和数学基础知识。

编写表达式需要注意以下事项：JavaScript 语句区分大小写；在一段或一行程序后需要加“;”符号，忽略词间空格。

在 After Effects 中，可以用表达式访问属性值。访问属性值时，用“.”符号将对象连接起来，连接的对象在图层水平。例如，连接图层 A 的 Opacity 属性到图层 B 的高斯模糊的 Blurriness 属性，可以在图层 A 的 Opacity 属性下面输入以下表达式。

thisComp.layer("layer B").effect("Gaussian Blur") ("Blurriness")

表达式的默认对象是表达式中对应的属性，接着是图层中内容的表达，因此，没有必要指定属性。例如，在图层的位置属性上写摆动表达式可以用以下两种方法。

wiggle(5,10)；

position.wiggle(5,10)。

表达式中可以包括图层及其属性。例如，将图层 B 的 Opacity 属性与图层 A 的 Position 属性相连的表达式如下。

thisComp.layer(layerA).position[0].wiggle(5,10)

将一个表达式加到属性后，可以连续对属性进行编辑、增加关键帧。编辑或创建的关键帧的值将在表达式以外的地方被使用。当表达式存在时，可以创建关键帧，表达式仍将保持有效。

写好表达式后，可以存储它以便将来复制粘贴，还可以在记事本中编辑。但是，表达式是针对图层写的，不允许将表达式简单地存储和装载到一个项目。如果要存储表达式以便用于其他项目，可能要加注解或存储整个项目文件。

7.3 课堂练习——跟踪老鹰飞行

练习知识要点

使用“导入”命令导入视频文件；使用“跟踪器”命令制作单点跟踪。跟踪老鹰飞行效果如图 7-60 所示。

效果所在位置

资源包 > Ch07 > 跟踪老鹰飞行 > 跟踪老鹰飞行. aep。

图 7-60

跟踪老鹰飞行

7.4 课后习题——四点跟踪

习题知识要点

使用“导入”命令，导入视频文件；使用“跟踪器”命令，添加跟踪点。四点跟踪效果如图 7-61 所示。

效果所在位置

资源包 > Ch07 > 四点跟踪 > 四点跟踪. aep。

图 7-61

四点跟踪

After Effects CC

Chapter

8

第8章 抠像

本章对 After Effects 中的抠像功能进行详细讲解，包括颜色差值抠像、颜色抠像、颜色范围抠像、差值遮罩抠像、提取抠像、内部/外部抠像、线性颜色抠像、亮度抠像、高级溢出抑制器，以及外挂抠像等内容。通过对本章的学习，读者可以自如地应用抠像功能进行实际创作。

课堂学习目标

- 熟练掌握抠像效果的操作方法
- 熟练掌握外挂抠像的操作方法

8.1 抠像效果

抠像效果可指定一种颜色，然后将与其近似的像素抠像，使其透明。此功能相对简单，对于拍摄质量好、背景比较单纯的素材有不错的效果，但是不适合处理复杂图像。

8.1.1 课堂案例——促销广告

案例学习目标

学习使用键控命令制作抠像效果。

案例知识要点

使用"颜色差值键"命令，修复图片效果；使用"缩放"属性和"位置"属性，编辑图片的大小及位置。促销广告效果如图 8-1 所示。

效果所在位置

资源包 > Ch08 > 促销广告 > 促销广告.aep。

图 8-1

促销广告

STEP 1 按 Ctrl+N 组合键，弹出"合成设置"对话框，在"合成名称"文本框中输入"抠像"，其他选项的设置如图 8-2 所示，单击"确定"按钮，创建一个新的合成"抠像"。选择"文件 > 导入 > 文件"命令，在弹出的"导入文件"对话框中，选择资源包中的"Ch08 > 促销广告 > (Footage) > 01.jpg 和 02.jpg"文件，单击"导入"按钮，导入素材文件到"项目"面板中，如图 8-3 所示。

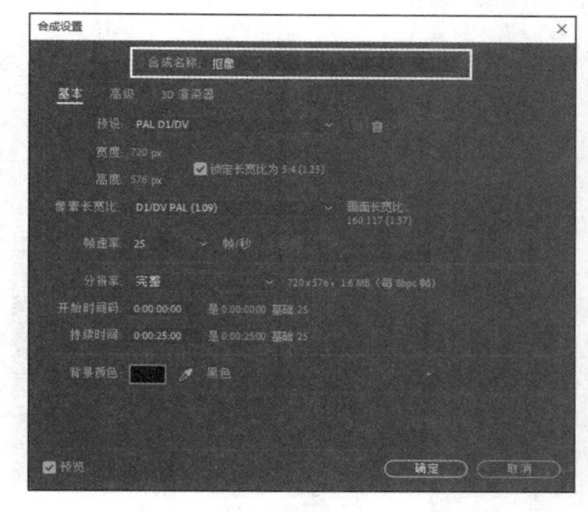

图 8-2

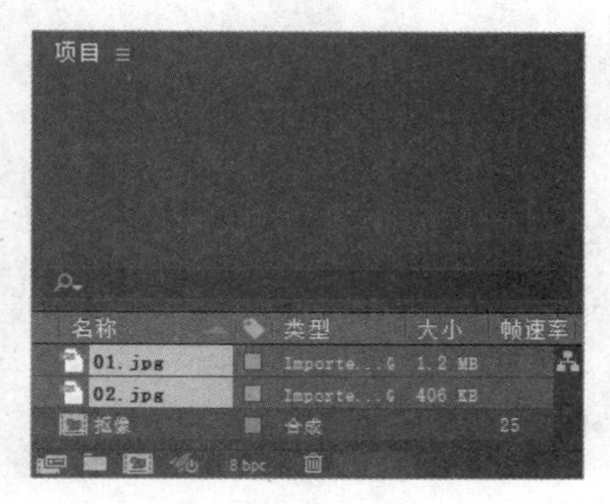

图 8-3

STEP 2 在“项目”面板中，选中“01.jpg”文件并将其拖曳到“时间轴”面板中，按S键，展开“缩放”属性，设置“缩放”选项的数值为25%，如图8-4所示。“合成”面板中的效果如图8-5所示。

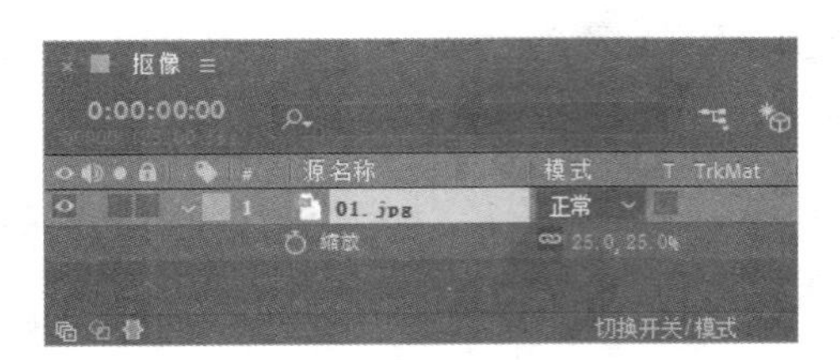

图8-4

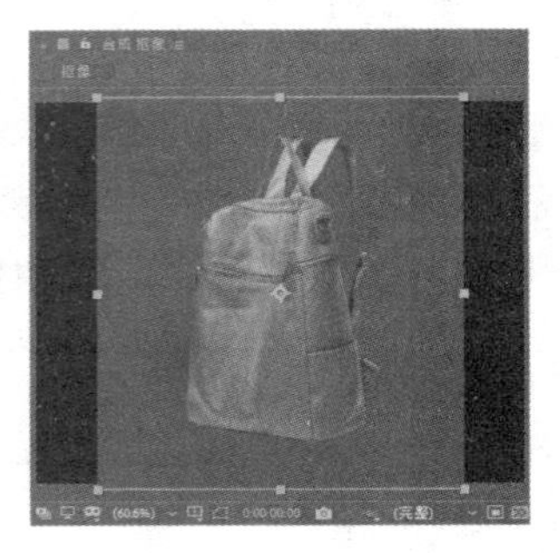

图8-5

STEP 3 选中“01.jpg”图层，选择“效果 > 抠像 > 颜色差值键”命令，在“效果控件”面板中进行设置，如图8-6所示。“合成”面板中的效果如图8-7所示。

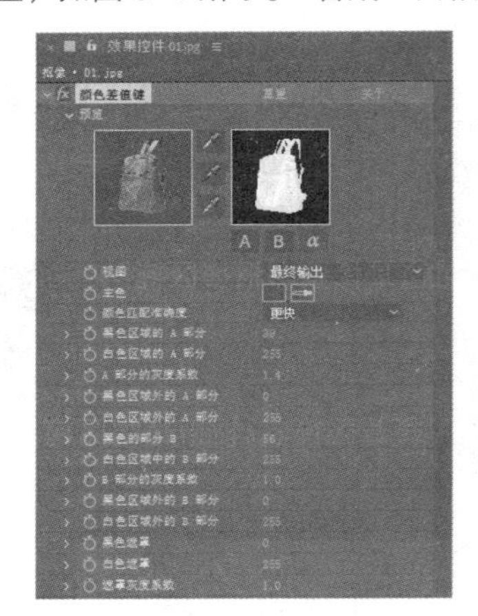

图8-6

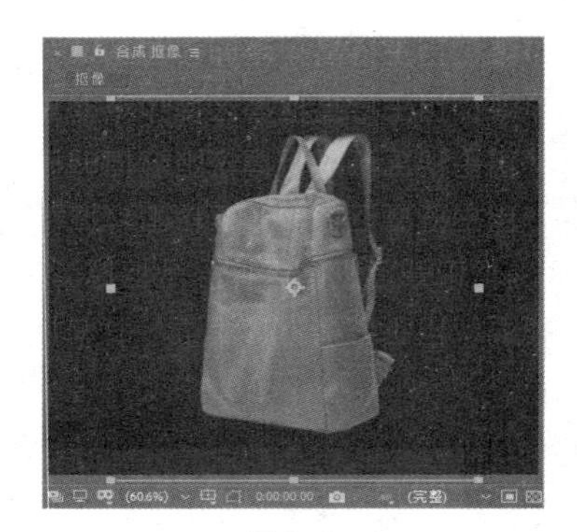

图8-7

STEP 4 按Ctrl+N组合键，弹出“合成设置”对话框，在“合成名称”文本框中输入“最终效果”，其他选项的设置如图8-8所示，单击“确定”按钮，创建一个新的合成“最终效果”。在“项目”面板中，选中“02.jpg”文件并将其拖曳到“时间轴”面板中，如图8-9所示。

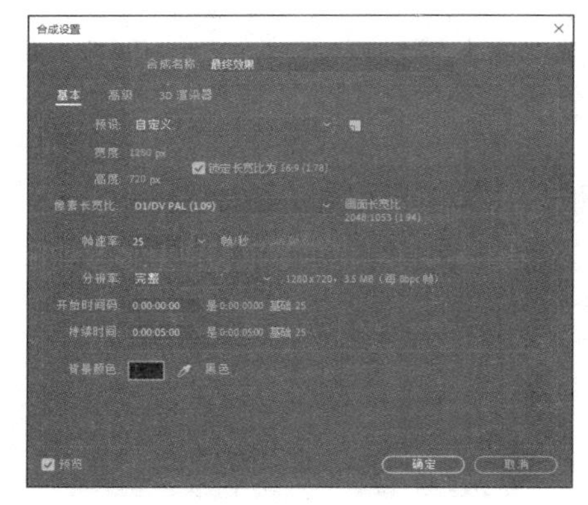

图8-8

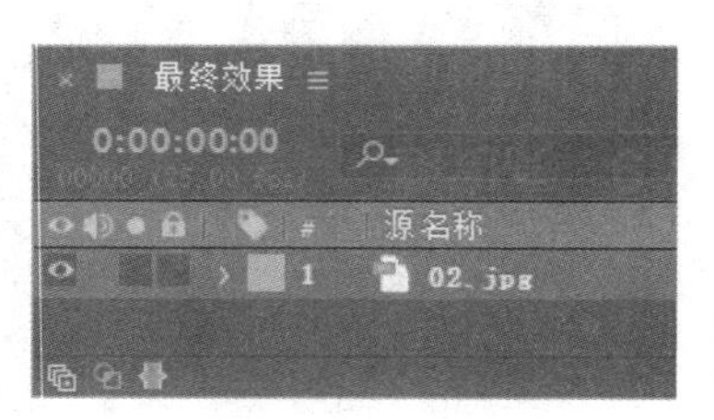

图8-9

STEP 5 在“项目”面板中，选中“抠像”合成并将其拖曳到“时间轴”面板中，如图 8-10 所示。“合成”面板中的效果如图 8-11 所示。

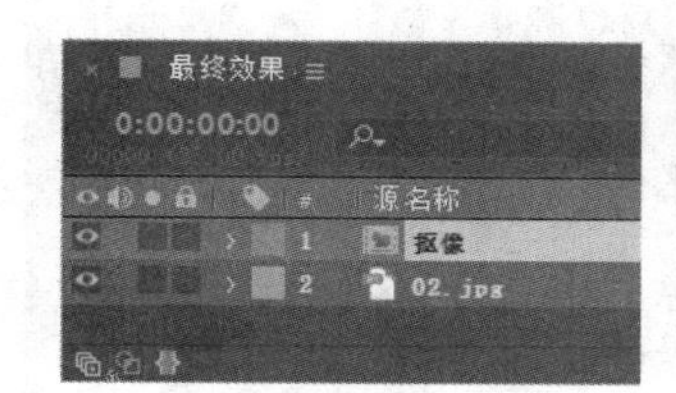

图 8-10

图 8-11

STEP 6 选中“抠像”图层，按 P 键，展开“位置”属性，设置“位置”选项的数值为 863、362，如图 8-12 所示。“合成”面板中的效果如图 8-13 所示。

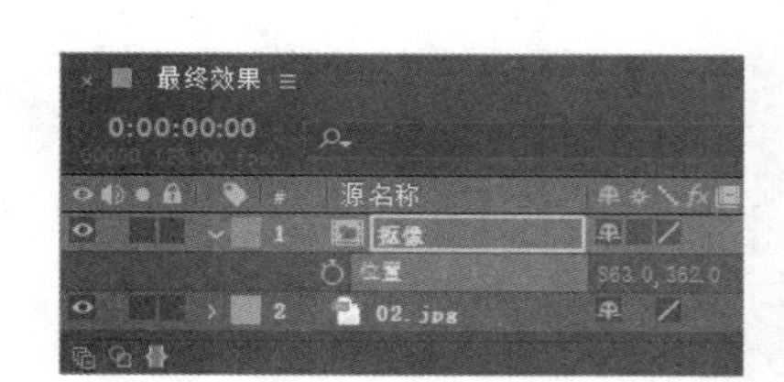

图 8-12

图 8-13

STEP 7 选择“效果 > 透视 > 投影”命令，在“效果控件”面板中进行设置，如图 8-14 所示。促销广告效果制作完成，如图 8-15 所示。

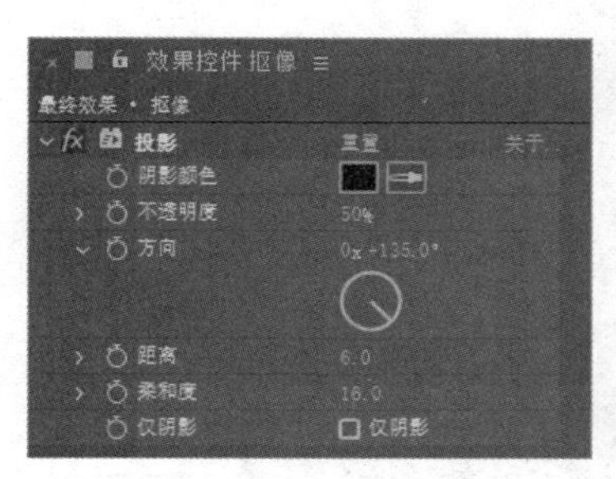

图 8-14

图 8-15

8.1.2 颜色差值键

颜色差值键把图像处理为两个蒙版透明效果。局部蒙版 B 使指定的抠像颜色变为透明，局部蒙版 A 使图像中不包含第二种不同颜色的区域变为透明。这两种蒙版效果联合起来就得到最终的第三种蒙版效果，即背景变为透明。

颜色差异抠像的左侧缩略图表示原始图像，右侧缩略图表示蒙版效果，吸管工具用于在原始图像缩略图中拾取抠像颜色，吸管工具用于在蒙版缩略图中拾取透明区域的颜色，吸管工具用于在蒙版缩略图中拾取不透明区域颜色，如图 8-16 所示。

图 8-16

视图：用于指定合成视图中显示的合成效果。

主色：通过吸管拾取透明区域的颜色。

颜色匹配准确度：用于控制匹配颜色的精确度。图像上不包含主色调时会得到较好的效果。

蒙版控制：用于调整通道中的白色、黑色和蒙版灰度参数值，从而修改图像蒙版的透明度。

8.1.3　颜色键

颜色键可抠出与指定的主色相似的所有图像像素。颜色键参数设置如图 8-17 所示。

图 8-17

主色：通过吸管工具拾取透明区域的颜色。

颜色容差：用于调节与抠像颜色相匹配的颜色范围。该参数值越高，抠掉的颜色范围就越大；该参数值越低，抠掉的颜色范围就越小。

薄化边缘：用于减少所选区域边缘的像素值。

羽化边缘：用于设置抠像区域的边缘以产生柔和的羽化效果。

8.1.4 颜色范围

颜色范围效果可以通过去除 Lab、YUV 或 RGB 模式中指定的颜色范围来创建透明效果。对由多种颜色组成的背景屏幕图像，如不均匀光照并且包含同种颜色阴影的蓝色或绿色背景屏幕图像，可以应用该滤镜特效，如图 8-18 所示。

图 8-18

模糊：用于设置选区边缘的模糊量。

色彩空间：用于设置颜色之间的距离，有“Lab”“YUV”“RGB”3 个选项，每个选项对颜色的不同变化有不同的反映。

最大/最小值：用于对图层的透明区域进行微调。

8.1.5 差值遮罩

差值遮罩可以通过对比源图层和对比图层的颜色值，将源图层中与对比图层颜色相同的像素删除，从而创建透明效果。该滤镜特效的典型应用是将一个复杂背景中的移动物体合成到其他场景中，通常情况下，对比图层采用源图层的背景图像。差值遮罩的参数设置如图 8-19 所示。

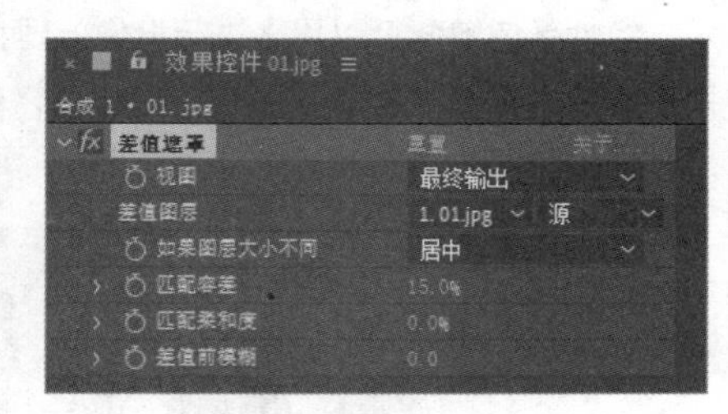

图 8-19

差值图层：用于设置哪一图层将作为对比图层。如果图层大小不同，对比图层与源图层的大小匹配方式有“居中”和“拉伸”两种。

如果图层大小不同：用于设置对比图层与源图层的大小匹配方式，有居中和拉伸进行适配两种方式。

差值前模糊：细微模糊两个控制层中的颜色噪点。

8.1.6 提取

提取通过图像的亮度范围来创建透明效果。如图 8-20 所示，设置提取后，图像中所有与指定的亮度范围相近的像素都被删除。对于具有黑色或白色背景的图像，或是包含多种颜色的黑暗或明亮的背景图像，是最适合创建透明效果的。提取还可以用来删除影片中的阴影。

图 8-20

8.1.7 内部/外部键

内部/外部键通过图层的遮罩路径来确定要隔离的物体边缘，从而把前景物体从它的背景中隔离出来。利用该滤镜特效可以将具有不规则边缘的物体从它的背景中分离出来，这里使用的遮罩路径可以十分粗略，不一定正好在物体的四周边缘，如图 8-21 所示。

图 8-21

8.1.8 线性颜色键

线性颜色键既可以用来进行抠像处理，如图 8-22 所示，又可以用来保护其他被误删的颜色区域。如果在图像中抠出的物体包含被抠像颜色，当对其进行抠像时，这些区域可能也会变成透明区域，对图像应用线性颜色键效果，然后在“效果控件”面板中设置“主要操作 > 主色”，可找回不该删除的部分。

图 8-22

8.1.9　亮度键

亮度键是根据图层的亮度对图像进行抠像处理的，可以将图像中具有指定亮度的所有像素都删除，从而创建透明效果，而图层质量设置不会影响抠像效果，如图 8-23 所示。

图 8-23

键控类型：用于设置抠像类型，其右侧的下拉列表中有“抠出较亮区域”“抠出较暗区域”“抠出亮度相似区域”“抠出亮度不同区域”等抠像类型可供用户选择。

阈值：用于设置抠像的亮度极限数值。

容差：用于指定接近抠像极限数值的像素范围，数值的大小可以直接影响抠像区域。

薄化边缘：用于设置抠像区域边缘的宽度。

羽化边缘：用于设置边缘的柔和程度。

8.1.10　高级溢出抑制器

高级溢出抑制器可以去除键控后图像残留的键控色的痕迹，消除图像边缘溢出的键控色，这些溢出的键控色常常是由背景的反射造成的，如图 8-24 所示。

图 8-24

8.2 外挂抠像

根据设计制作任务的需要，可以安装外挂抠像插件。例如，Keylight（1.2）插件是为专业的高端电影开发的抠像软件，用于精细去除影像中任何一种指定的颜色。

8.2.1 课堂案例——复杂抠像

案例学习目标

学习使用外挂抠像命令制作复杂抠像效果。

案例知识要点

使用“缩放”属性改变图片大小；使用“Keylight”命令修复图片效果。复杂抠像效果如图 8-25 所示。

效果所在位置

资源包 > Ch08 > 复杂抠像 > 复杂抠像. aep。

图 8-25

复杂抠像

STEP 1 按 Ctrl+N 组合键，弹出“合成设置”对话框，在“合成名称”文本框中输入“抠像”，其他选项的设置如图 8-26 所示，单击“确定”按钮，创建一个新的合成“抠像”。

STEP 2 选择“文件 > 导入 > 文件”命令，在弹出的“导入文件”对话框中，选择资源包中的“Ch08 > 复杂抠像 > (Footage) > 01.jpg～03.jpg”文件，单击“打开”按钮，导入图片到“项目”面板中，如图 8-27 所示。

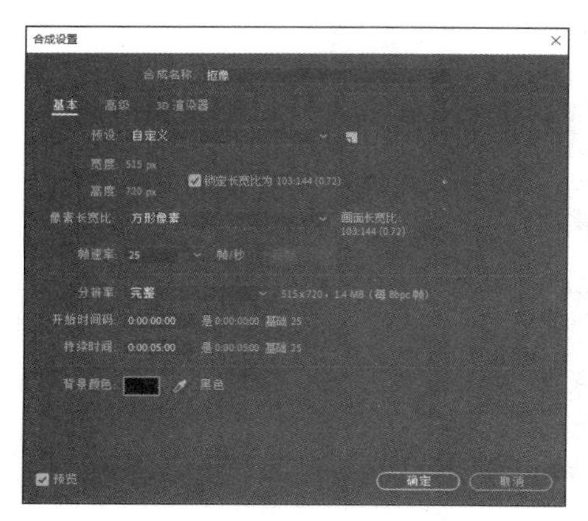

图 8-26

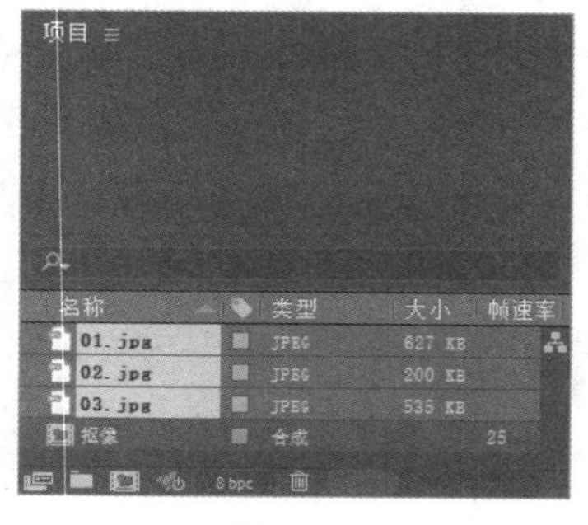

图 8-27

STEP 3 在“项目”面板中，选中“02.jpg”文件并将其拖曳到“时间轴”面板中，如图 8-28 所示。“合成”面板中的效果如图 8-29 所示。

STEP 4 选择“效果 > Keylight > Keylight(1.2)”命令，在“效果控件”面板中单击“Screen Colour”选项右侧的吸管工具，如图 8-30 所示，在“合成”面板中的蓝色背景上单击鼠标吸取颜色，效果如图 8-31 所示。

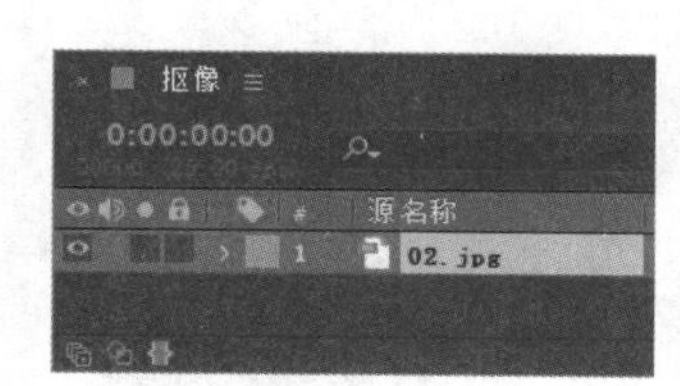

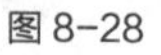
图 8-28

图 8-29

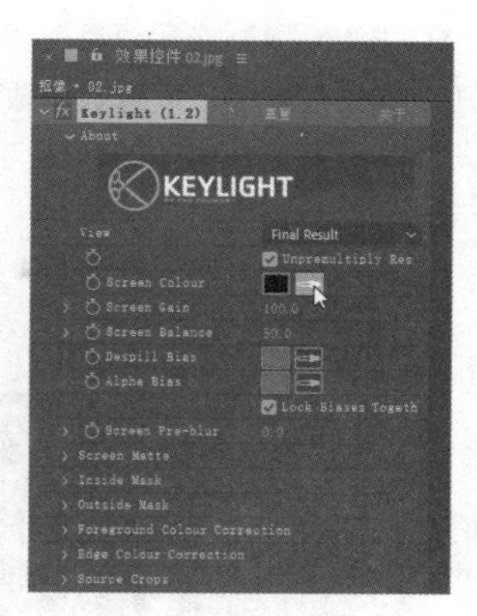

图 8-30

STEP 5 按 Ctrl+N 组合键，弹出“合成设置”对话框，在“合成名称”文本框中输入“最终效果”，其他选项的设置如图 8-32 所示，单击“确定”按钮，创建一个新的合成“最终效果”。在“项目”面板中，选中“01.jpg”文件和“抠像”合成并将其拖曳到“时间轴”面板中，图层的排列顺序如图 8-33 所示。

图 8-31

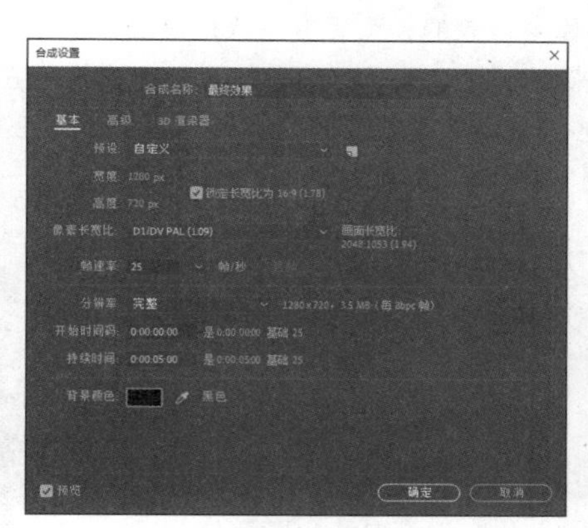

图 8-32

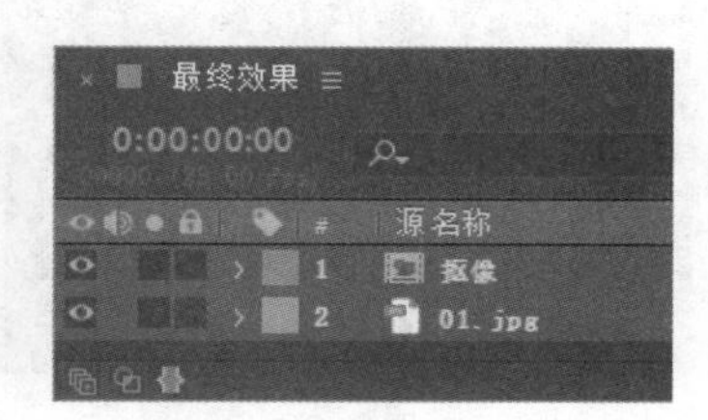

图 8-33

STEP 6 选中“抠像”图层，按 P 键，展开“位置”属性，设置“位置”选项的数值为 655、362，如图 8-34 所示。“合成”面板中的效果如图 8-35 所示。

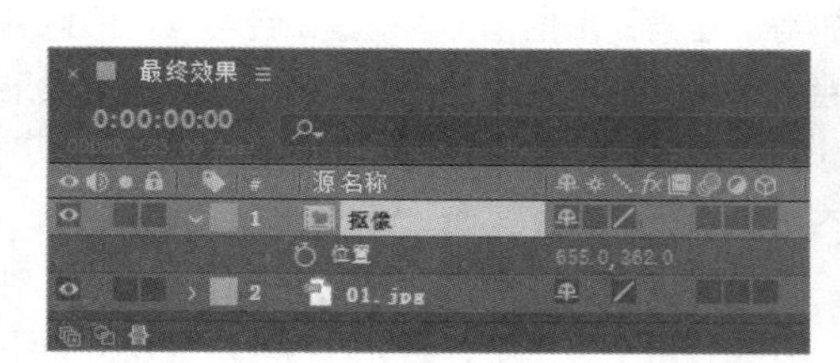

图 8-34

图 8-35

STEP 7 在“项目”面板中，选中“03.jpg”文件并将其拖曳到“时间轴”面板中，按S键，展开“缩放”属性，设置“缩放”选项的数值为29%；按住Shift键的同时，按P键，展开“位置”属性，设置“位置”选项的数值为647.3、436.2，如图8-36所示。复杂抠像效果制作完成，如图8-37所示。

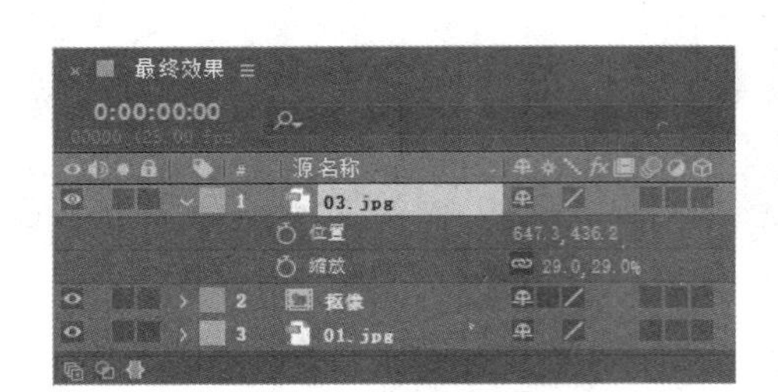

图8-36

图8-37

8.2.2 Keylight（1.2）

“抠像”一词是从早期电视制作中得来的，意思就是吸取画面中的某一种颜色作为透明色，将它从画面中删除，从而使背景透出来，形成两层画面的叠加合成。这样，在室内拍摄的人物经抠像后与各景物叠加在一起，便形成了各种奇特效果。原图如图8-38和图8-39所示，叠加合成后的效果如图8-40所示。

图8-38

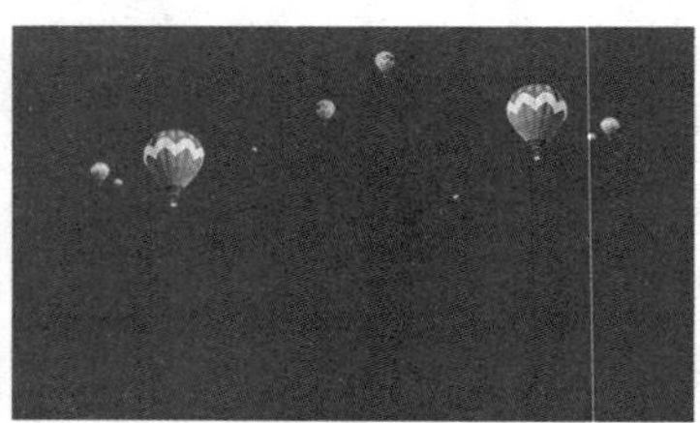

图8-39

图8-40

After Effects中，实现抠图的滤镜都放置在“键控”分类中，根据滤镜的原理和用途，这些滤镜又可以分为3类：二元键出、线性键出和高级键出。其含义如下。

二元键出：诸如“颜色键”和“亮度键”等。这是一种比较简单的键出抠像，只能产生透明与不透明效果，对于半透明效果的抠像就力不从心了，适合前期拍摄较好的高质量视频，有明确的边缘，背景平整且颜色无太大变化。

线性键出：诸如“线性颜色键”“差值遮罩”“提取”等。这类键出抠像可以对键出色与画面颜色进行比较，当二者不完全相同时，自动抠去键出色；当键出色与画面颜色不完全符合时，将产生半透明效果，但是此类滤镜产生的半透明效果是线性分布的，虽然其满足大部分抠像要求，但对于烟雾、玻璃之类更为细腻的半透明抠像仍有局限，这类抠像需要借助更高级的抠像滤镜。

高级键出：诸如“颜色差值键”和“颜色范围”等。此类键出滤镜适合复杂的抠像操作，尤其是对于透明、半透明的物体抠像十分适合，即使是实际拍摄时，存在背景不够平整、蓝屏或者绿屏亮度分布不均匀且带有阴影等情况，也能得到不错的键出抠像效果。

8.3 课堂练习——洗衣机广告

练习知识要点

使用“颜色键”命令，去除图片背景；使用“投影”命令，为图片添加投影；使用“位置”属性，改变图片位置。洗衣机广告效果如图 8-41 所示。

效果所在位置

资源包 > Ch08 > 洗衣机广告 > 洗衣机广告.aep。

图 8-41

洗衣机广告

8.4 课后习题——运动鞋广告

习题知识要点

使用“Keylight”命令，修复图片效果；使用“缩放”属性和“不透明度”属性，制作运动鞋动画。运动鞋广告效果如图 8-42 所示。

效果所在位置

资源包 > Ch08 > 运动鞋广告 > 运动鞋广告. aep。

图 8-42

运动鞋广告

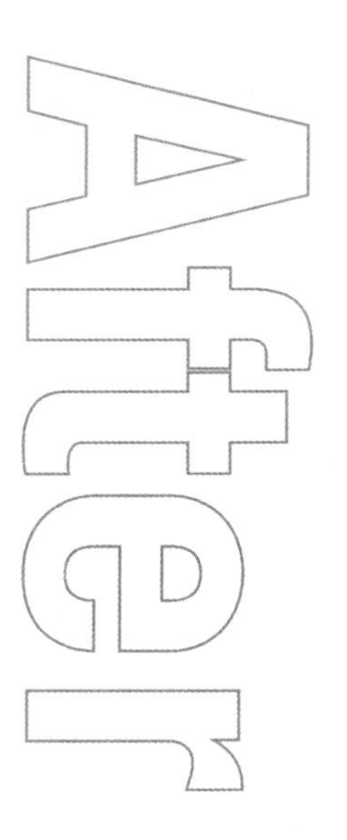

第 9 章 添加声音效果

本章对声音的导入和声音效果面板进行详细讲解，具体包括声音的导入与监听、声音长度的缩放、声音的淡入淡出、声音的倒放、低音和高音、声音的延迟、变调与合声、高通/低通、调制器等内容。读者通过对本章的学习，可以完全掌握 After Effects 的声音效果制作。

课堂学习目标

- 熟练掌握将声音导入影片的操作方法
- 熟练掌握声音效果面板的使用方法

9.1 将声音导入影片

音乐是影片的引导者，没有声音的影片无论多么精彩，都不会使观众陶醉。下面介绍将声音导入影片中及设置动态音量的方法。

9.1.1 课堂案例——为女孩短片添加背景音乐

案例学习目标

学习将声音导入影片，为女孩短片添加背景音乐。

案例知识要点

使用“导入”命令，导入声音、视频文件；使用“音频电平”选项，制作背景音乐效果。为女孩短片添加背景音乐效果如图 9-1 所示。

效果所在位置

资源包 > Ch09 > 为女孩短片添加背景音乐 > 为女孩短片添加背景音乐.aep。

图 9-1

为女孩短片添加背景音乐

STEP 1 按 Ctrl+N 组合键，弹出“合成设置”对话框，在“合成名称”文本框中输入“最终效果”，其他选项的设置如图 9-2 所示，单击“确定”按钮，创建一个新的合成“最终效果”。选择“文件 > 导入 > 文件”命令，弹出“导入文件”对话框，选择资源包中的“Ch09 > 为女孩短片添加背景音乐 > (Footage) > 01.avi、02.wma”文件，单击“导入”按钮，导入文件至“项目”面板中，如图 9-3 所示。

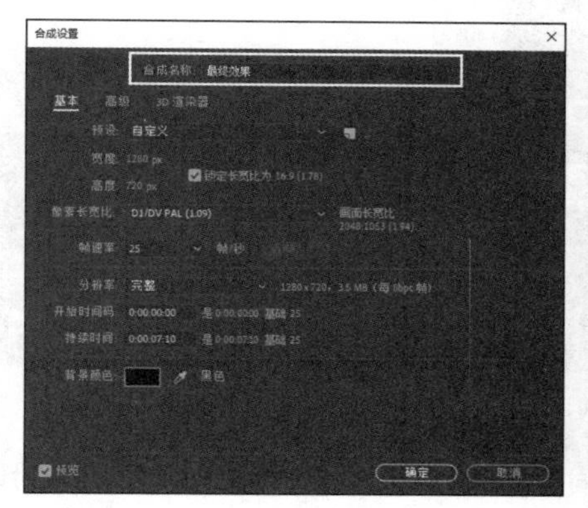

图 9-2

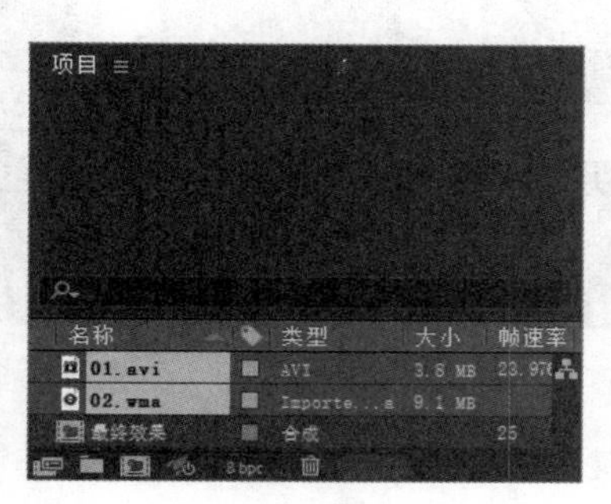

图 9-3

STEP 2 在“项目”面板中选中“01.avi”和“02.wma”文件，并将它们拖曳到“时间轴”面板中，图层的排列如图9-4所示。将时间标签放置在6s的位置，如图9-5所示。

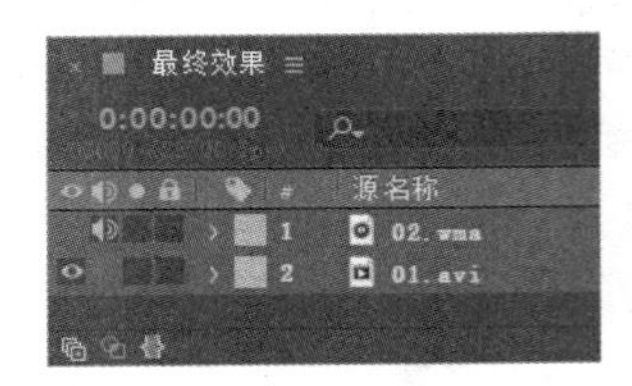

图9-4

图9-5

STEP 3 选中“02.wma”图层，展开“音频”属性，单击“音频电平”选项左侧的“关键帧自动记录器”按钮，记录第1个关键帧，如图9-6所示。

STEP 4 将时间标签放置在7s的位置，在“时间轴”面板中，设置“音频电平”选项的数值为-26，如图9-7所示，记录第2个关键帧。为女孩短片添加背景音乐制作完成。

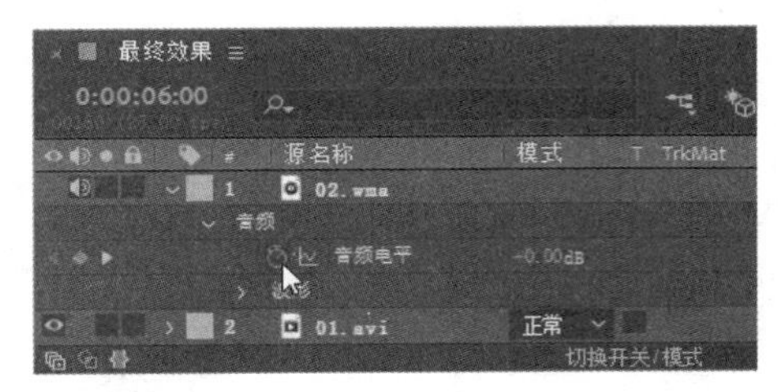

图9-6

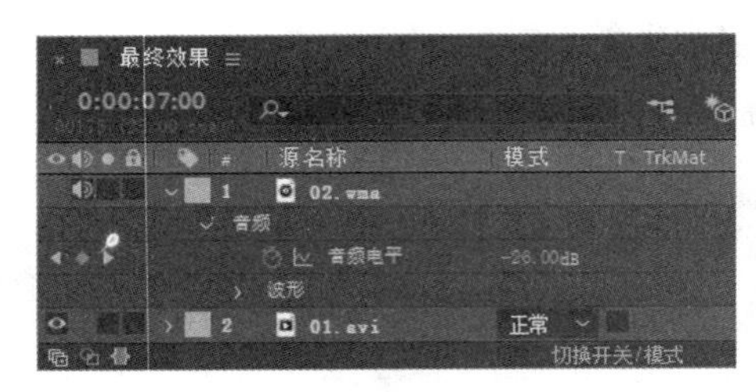

图9-7

9.1.2 声音的导入与监听

启动After Effects，选择“文件 > 导入 >文件”命令，在弹出的对话框中，选择资源包中的“基础素材 > Ch09 > 01.mp4”文件，单击“打开”按钮，在“项目”面板中选择该视频素材，观察到预览窗口下方出现了声波图形，如图9-8所示，这说明该视频素材携带声道。从“项目”面板中将“01.mp4”文件拖曳到“时间轴”面板中。

选择“窗口 > 预览”命令，在弹出的“预览”面板中确定图标为弹起状态，如图9-9所示。在“时间轴”面板中同样确定图标为弹起状态，如图9-10所示。

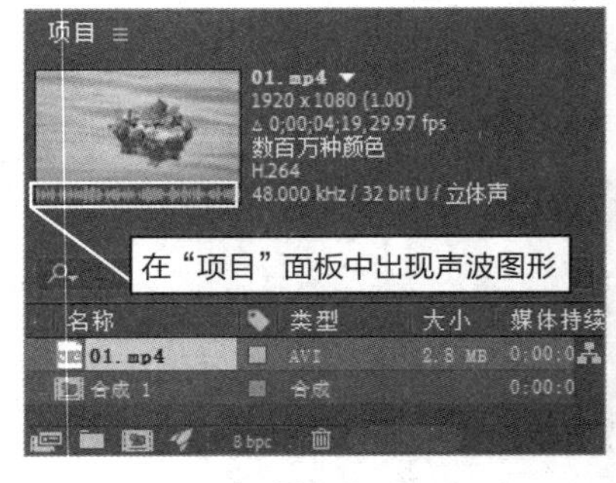

图9-8

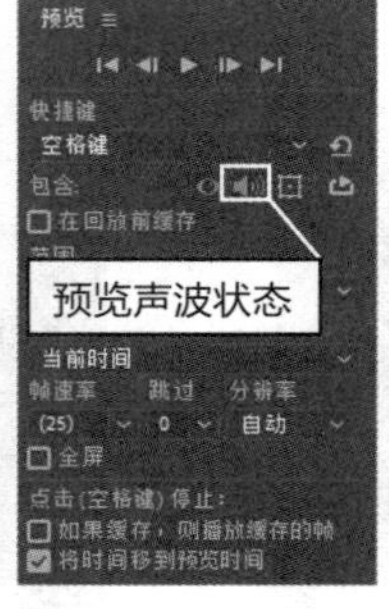

图9-9

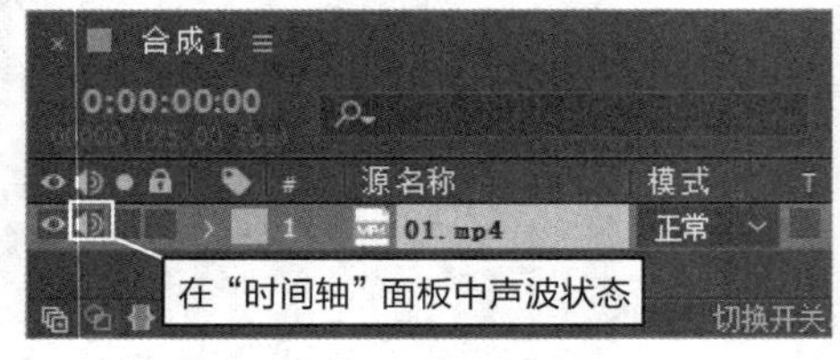

图9-10

按0键即可监听影片的声音，在按住Ctrl键的同时，拖曳时间指针，可以实时听到当前时间指针位置的音频。

选择“窗口 > 音频”命令，或按 Ctrl+4 组合键，弹出“音频”面板，在该面板中拖曳滑块可以调整声音素材的总音量或分别调整左右声道的音量，如图 9-11 所示。

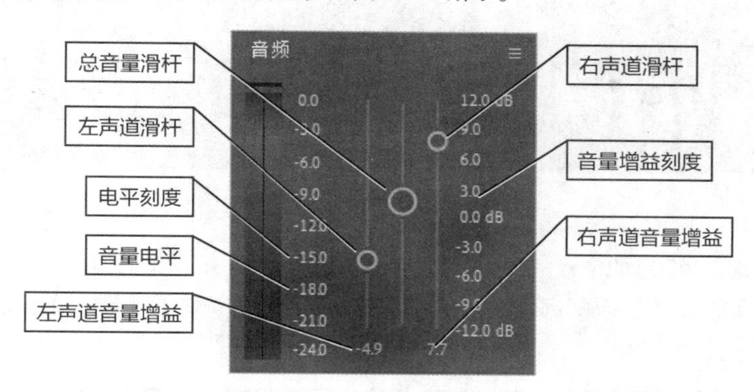

图 9-11

在“时间轴”面板中打开“波形”卷展栏，可以在其中显示声音的波形，调整“音频电平”右侧的参数可以调整声音的音量，如图 9-12 所示。

图 9-12

9.1.3　声音长度的缩放

在“时间轴”面板底部单击按钮，将控制区域完全显示出来。在“持续时间”选项可以设置声音的播放长度，在“伸缩”选项可以设置播放时长与原始素材时长的百分比，如图 9-13 所示。例如，将“伸缩”参数设置为 200.0%后，声音的实际播放时长是原始素材时长的 2 倍。但通过这两个参数缩短或延长声音的播放时长后，声音的音调也同时升高或降低。

图 9-13

9.1.4　声音的淡入淡出

将时间标签放置在 0s 的位置，在“时间轴”面板中单击“音频电平”选项前面的“关键帧自动记录器”按钮，添加关键帧。输入参数值-100.00；将时间标签放置在 1s 的位置，输入参数值 0.00，可观察到在“时间轴”上增加了两个关键帧，如图 9-14 所示。此时按住 Ctrl 键不放拖曳时间标签，可以听到声音由小变大的淡入效果。

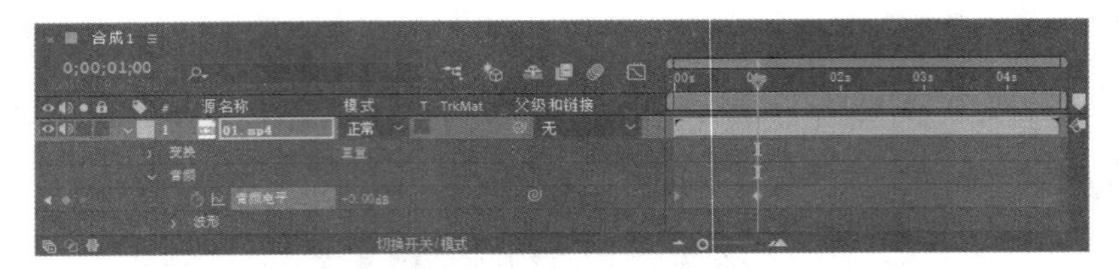

图 9-14

将时间标签放置在 3:20s 的位置，输入“音频电平”参数值 0.10；拖曳时间标签到结束位置，输入“音频电平”参数值-100.00，“时间轴”面板的状态如图 9-15 所示。按住 Ctrl 键不放拖曳时间标签，可以听到声音的淡出效果。

图 9-15

9.2 声音效果面板

为声音添加效果就像为视频添加效果一样，只要在效果面板中单击相应的命令完成需要的操作即可。

9.2.1 课堂案例——为青春短片添加背景音乐

案例学习目标

学习使用声音效果。

案例知识要点

使用“导入”命令，导入视频和音乐文件；使用“低音和高音”命令和“变调与合声”命令，编辑音乐文件。为青春短片添加背景音乐效果如图 9-16 所示。

效果所在位置

资源包 > Ch09 > 为青春短片添加背景音乐 > 为青春短片添加背景音乐.aep。

图 9-16

为青春短片添加背景音乐

STEP 1 按 Ctrl+N 组合键，弹出“合成设置”对话框，在“合成名称”文本框中输入“最终效果”，其他选项的设置如图 9-17 所示，单击“确定”按钮，创建一个新的合成“最终效果”。

STEP 2 选择“文件 > 导入 > 文件”命令，在弹出的“导入文件”对话框中，选择资源包中的“Ch09 > 为青春短片添加背景音乐 > (Footage) > 01.mp4、02.wma”文件，单击“打开”按钮，导入视频和声音文件，并将它们拖曳到“时间轴”面板中，图层的排列如图 9-18 所示。

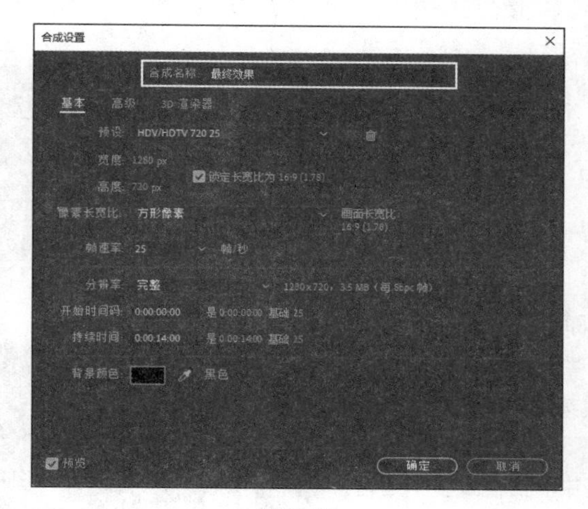

图 9-17

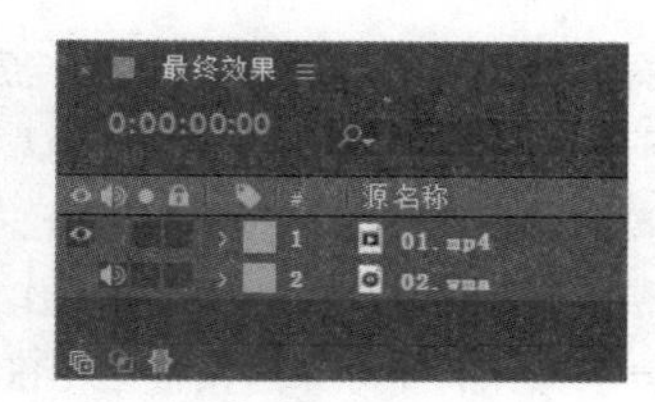

图 9-18

STEP 3 选中“02.wma”图层，选择“效果 > 音频 > 低音和高音”命令，在“效果控件”面板中进行参数设置，如图 9-19 所示。选择“效果 > 音频 > 变调与合声”命令，在“效果控件”面板中进行参数设置，如图 9-20 所示。为青春短片添加背景音乐制作完成。

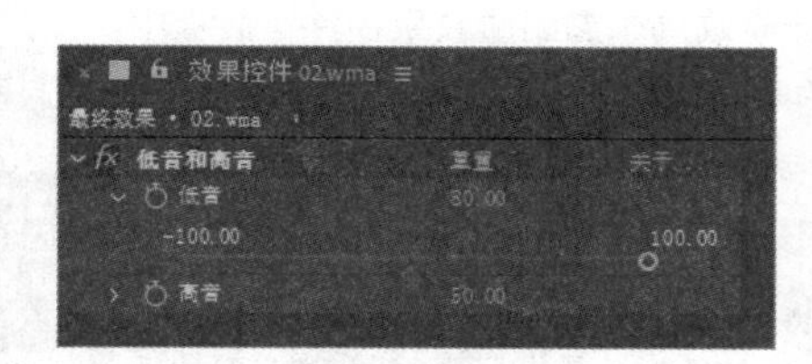

图 9-19

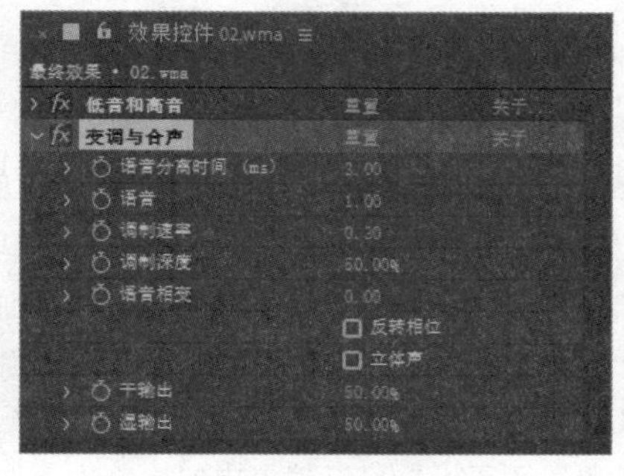

图 9-20

9.2.2　倒放

选择“效果 > 音频 > 倒放”命令，即可将倒放效果添加到“效果控件”面板中。这个效果可以倒放音频素材，即从最后一秒向第一秒播放。选中“互换声道”复选框可以交换左、右声道中的音频，如图 9-21 所示。

图 9-21

9.2.3　低音和高音

选择“效果 > 音频 > 低音和高音”命令，即可将低音和高音效果添加到“效果控件”面板中。拖曳低音和高音滑块可以增加或减少音频中低音和高音的音量，如图 9-22 所示。

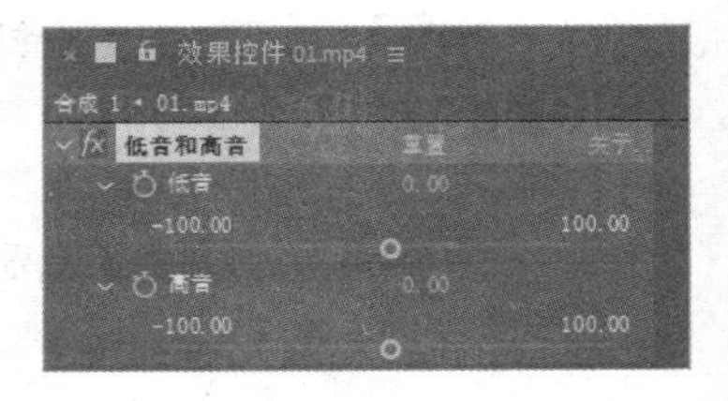

图 9-22

9.2.4 延迟

选择“效果 > 音频 > 延迟”命令，即可将延迟效果添加到“效果控件”面板中。它可通过将声音素材进行多层延迟来模仿回声效果，例如，制造墙壁的回声或空旷山谷中的回音。“延迟时间”参数用于设定原始声音和其回音之间的时间间隔，单位为毫秒；“延迟量”参数用于设置延迟音频的音量；“反馈”参数用于设置由回音产生的后续回音的音量；“干输出”参数用于设置声音素材的电平；“湿输出”参数用于设置最终输出声波的电平，如图 9-23 所示。

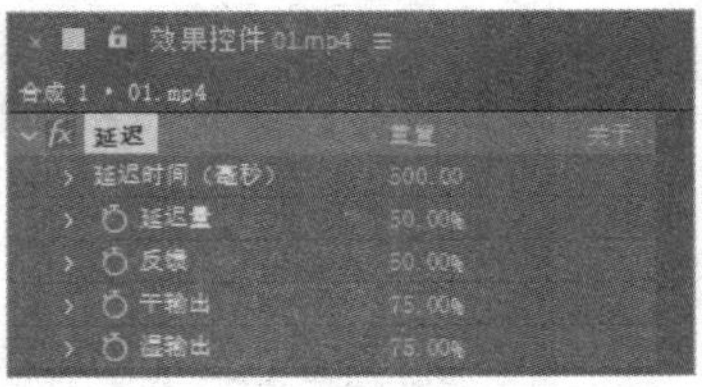

图 9-23

9.2.5 变调与合声

选择“效果 > 音频 > 变调与合声”命令，即可将变调与合声效果添加到“效果控件”面板中。“变调”效果的产生原理是将声音素材的一个副本稍作延迟后与原声音混合，这样就造成某些频率的声波产生叠加或相减，这在声音物理学中被称作“梳状滤波”，它会产生一种“干瘪”的声音效果，该效果经常被应用在电吉他独奏中。当混入多个延迟的副本声音后，将产生乐器的“合声”效果。

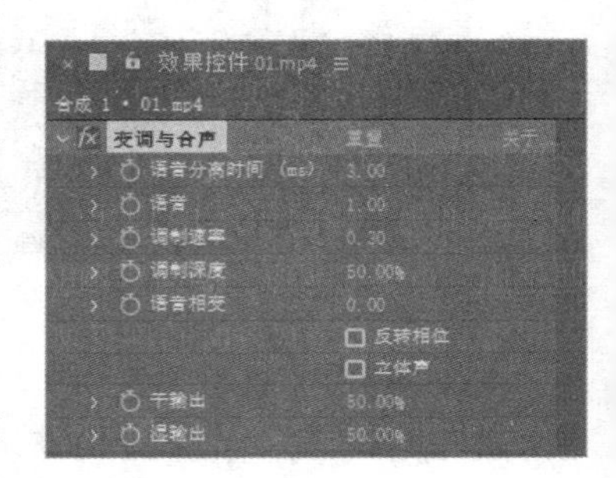

图 9-24

变调与合声效果的参数设置如图 9-24 所示。“语音分离时间”用于设置延迟的副本声音的数量，增大此值将使卷边效果减弱而使合唱效果增强。“语音”用于设置副本声音的混合深度。“调制速率”用于设置副本声音相位的变化程度。“干输出/湿输出”用于设置最终输出中的原始（干）声音量和延迟（湿）声音量。

9.2.6 高通/低通

选择“效果 > 音频 > 高通/低通”命令，即可将高通/低通效果添加到“效果控件”面板中。该声音效果只允许设定的频率通过，通常用于滤去低频率或高频率的噪声，如电流声、嗞嗞声等。在“滤镜选项”右侧的下拉列表中可以选择使用“高通”或“低通”方式；“屏蔽频率”用于设置滤波器的分界频率，选择“高通”方式滤波时，低于该频率的声音被滤除，选择“低通”方式滤波时，高于该频率的声音被滤除；“干输出/湿输出”用于设置最终输出中的原始（干）声音量和延迟（湿）声音量，如图 9-25 所示。

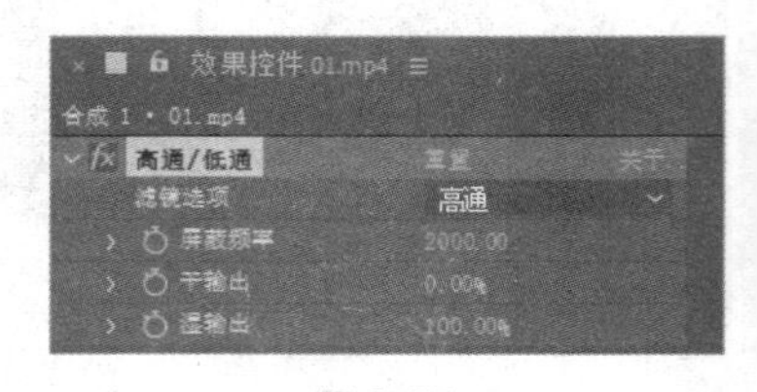

图 9-25

9.2.7 调制器

选择“效果 > 音频 > 调制器”命令，即可将调制器效果添加到“效果控件”面板中。该声音效果可以为声音素材加入颤音效果。“调制类型”用于设定颤音的波形；“调制速率”参数以 Hz 为单位，用于设定颤音调制的频率；“调制深度”参数以调制频率的百分比为单位，用于设定颤音频率的变化范围；“振幅变调”用于设定颤音的强弱，如图 9-26 所示。

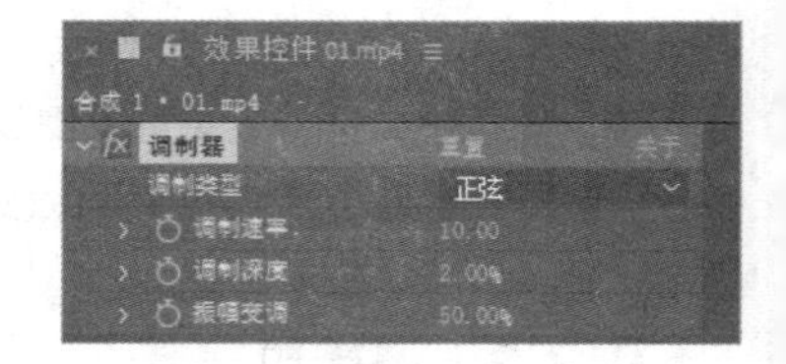

图 9-26

9.3 课堂练习——为影片添加声音特效

练习知识要点

使用“导入”命令导入声音、视频文件；使用“音频电平”选项制作背景音乐效果。为影片添加声音特效如图 9-27 所示。

效果所在位置

资源包 > Ch09 > 为影片添加声音特效 > 为影片添加声音特效.aep。

图 9-27

为影片添加声音特效

9.4 课后习题——为桥影片添加背景音乐

习题知识要点

使用“低音和高音”命令制作声音文件特效；使用“高通/低通”命令调整高低音效果。为桥影片添加背景音乐效果如图 9-28 所示。

效果所在位置

资源包 > Ch09 > 为桥影片添加背景音乐 > 为桥影片添加背景音乐.aep。

图 9-28

为桥影片添加背景音乐

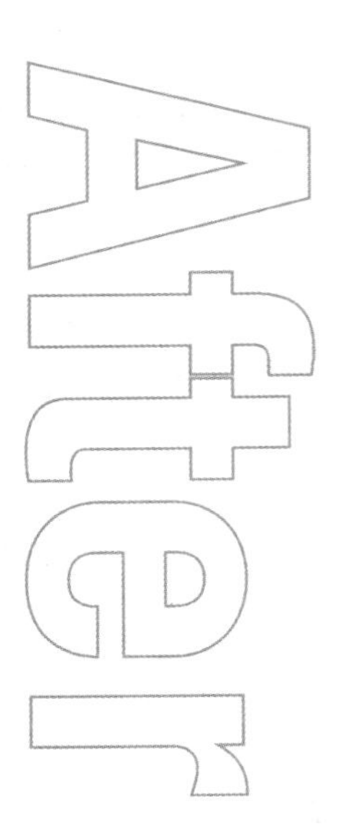

Chapter 10

第10章 制作三维合成效果

随着After Effects版本的升级，After Effects CC 2019不仅可以用于创建二维空间的合成效果，而且其创建三维立体空间的合成与动画功能也越来越强大。在After Effects CC 2019中，对于三维空间，用户可以丰富图层的运动样式，创建更逼真的灯光、投射阴影、材质效果和摄像机运动效果。读者通过对本章的学习，可以掌握制作三维合成效果的方法和技巧。

课堂学习目标

- 掌握三维合成的方法和技巧
- 掌握灯光和摄像机的使用方法

10.1 三维合成

After Effects CC 2019 可以在三维图层中显示图层，当图层被指定为三维时，After Effects CC 2019 会添加一个 z 轴用于控制该图层的深度。当增加 z 轴值时，该图层在空间中会移动到更远处；当减小 z 轴值时，则该图层会移动到更近处。

10.1.1 课堂案例——特卖广告

案例学习目标

学习使用三维合成制作三维空间效果。

案例知识要点

使用“导入”命令，导入素材文件；使用“位置”属性，设置图片的位置；使用“3D 图层”按钮，将二维图层转换为三维图层；使用“变换”属性，制作动画效果。特卖广告效果如图 10-1 所示。

效果所在位置

资源包 > Ch10 > 特卖广告 > 特卖广告.aep。

图 10-1

特卖广告

STEP 1 按 Ctrl+N 组合键，弹出“合成设置”对话框，在“合成名称”文本框中输入“最终效果”，设置“背景颜色”为淡黄色（其 R、G、B 的值分别为 255、237、46），其他选项的设置如图 10-2 所示，单击“确定”按钮，创建一个新的合成“最终效果”。

STEP 2 选择“文件 > 导入 > 文件”命令，弹出“导入文件”对话框，选择资源包中的“Ch10 > 特卖广告 > (Footage) > 01.png 和 02.png”文件，单击“导入”按钮，导入文件到“项目”面板，如图 10-3 所示。

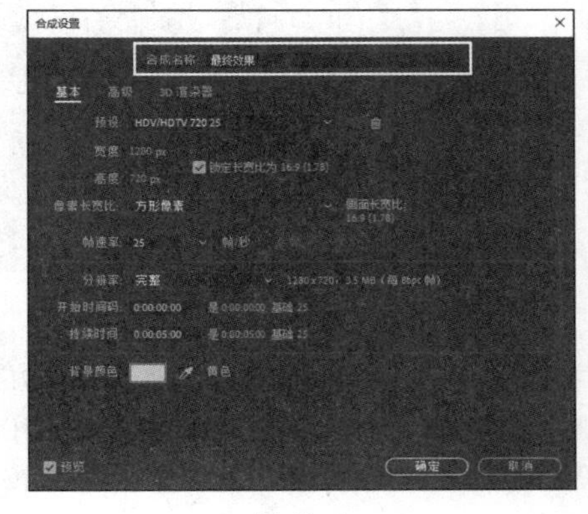

图 10-2

图 10-3

STEP 3 在“项目”面板中，选中“01.png”文件，并将其拖曳到“时间轴”面板中，如图 10-4 所示。按 P 键，展开“位置”属性，设置“位置”选项的数值为-289、458.5，如图 10-5 所示。

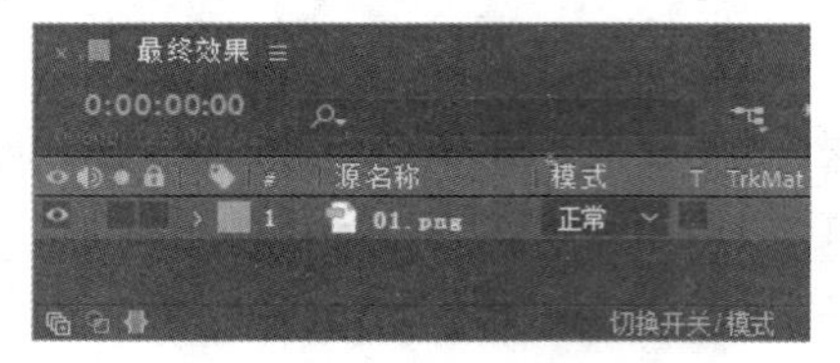

图 10-4

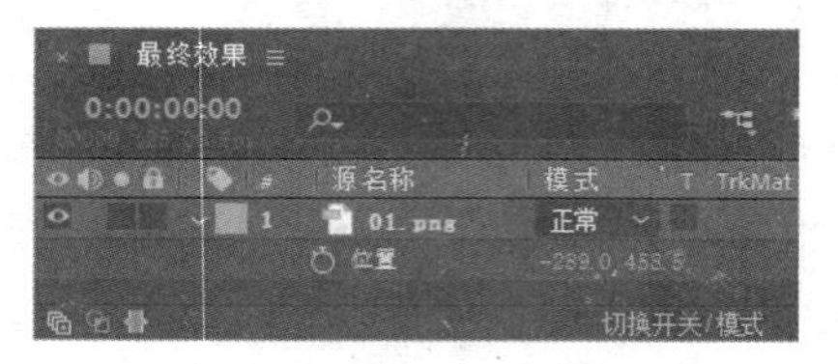

图 10-5

STEP 4 保持时间标签在 0s 的位置，单击“位置”选项左侧的“关键帧自动记录器”按钮，如图 10-6 所示，记录第 1 个关键帧。将时间标签放置在 1s 的位置，设置“位置”选项的数值为 285、458.5，如图 10-7 所示，记录第 2 个关键帧。

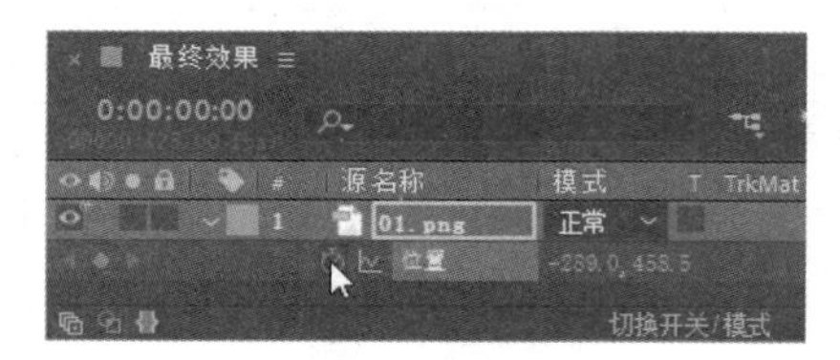

图 10-6

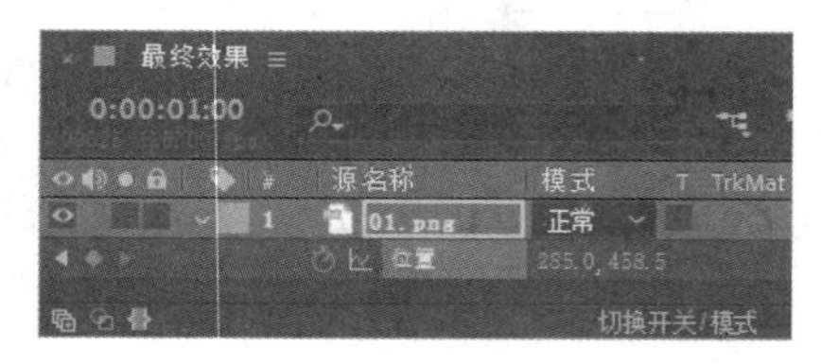

图 10-7

STEP 5 在“项目”面板中，选中“02.png”文件，并将其拖曳到“时间轴”面板中，按 P 键，展开“位置”属性，设置“位置”选项的数值为 957、363，如图 10-8 所示。“合成”面板中的效果如图 10-9 所示。

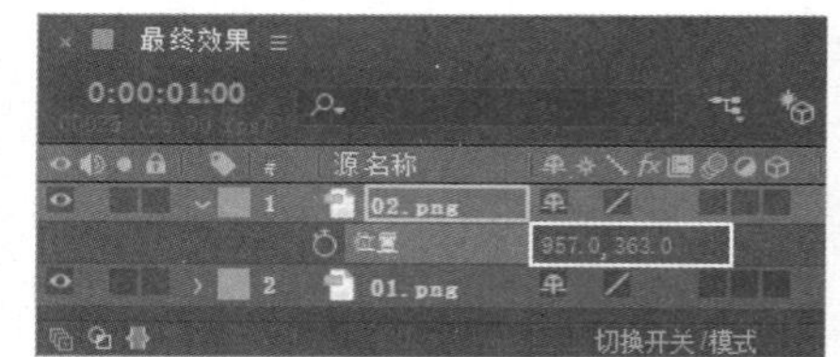

图 10-8

STEP 6 单击“02.png”图层右侧的“3D 图层”按钮，打开三维属性，如图 10-10 所示。单击“Y 轴旋转”选项左侧的“关键帧自动记录器”按钮，如图 10-11 所示，记录第 1 个关键帧。将时间标签放置在 2s 的位置，设置“Y 轴旋转”选项的数值为 2、0，如图 10-12 所示，记录第 2 个关键帧。

图 10-9

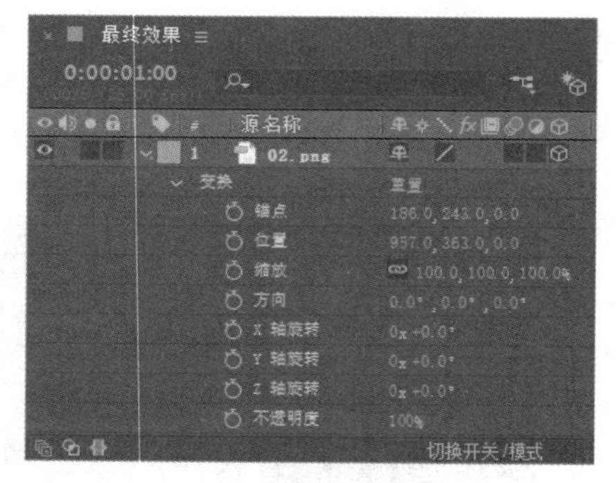

图 10-10

STEP 7 将时间标签放置在 0s 的位置，选中“02.png”图层，按 S 键，展开“缩放”属性，设置“缩放”选项的数值为 0%，单击“缩放”选项左侧的“关键帧自动记录器”按钮，如图 10-13 所示，记录第 1 个关键帧。将时间标签放置在 1s 的位置，设置“缩放”选项的数值为 100%，如图 10-14 所示，记录第 2 个关键帧。

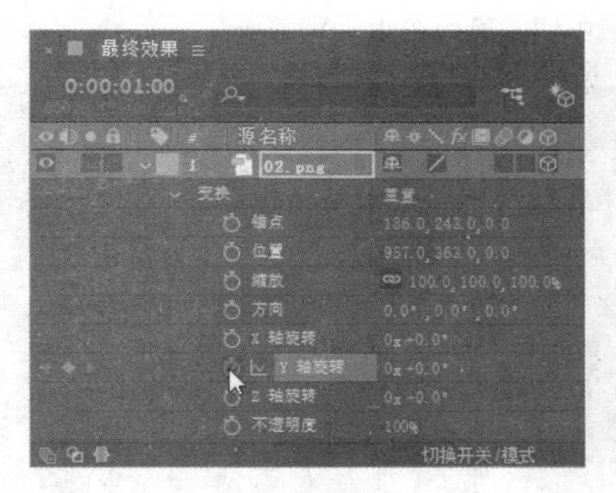

图 10-11

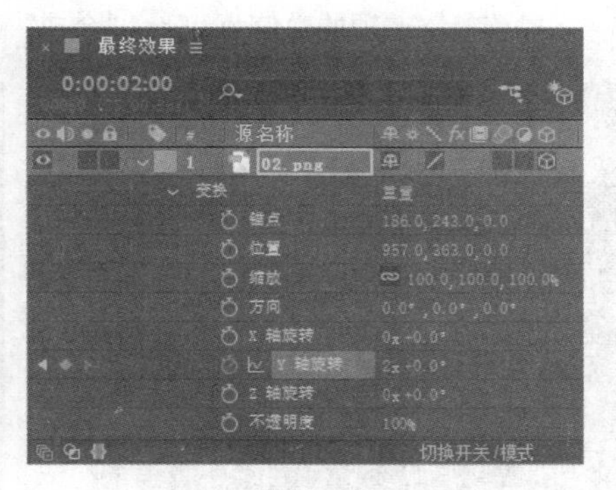

图 10-12

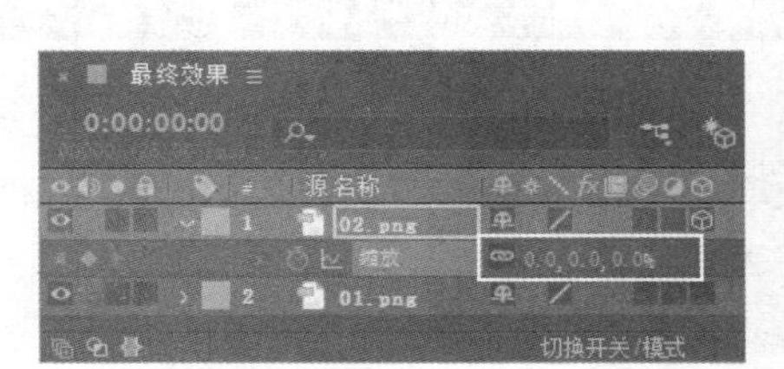

图 10-13

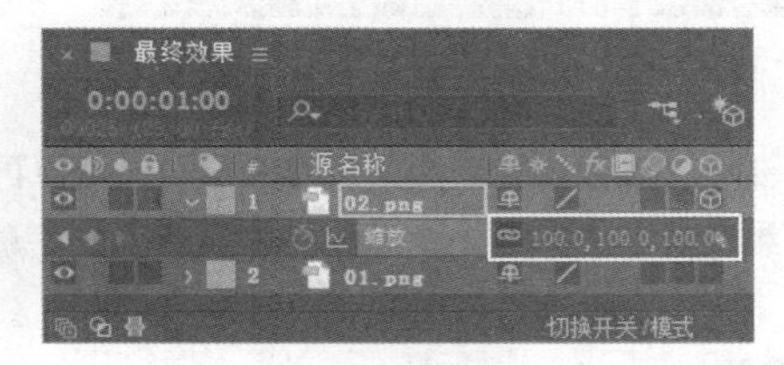

图 10-14

STEP 8 将时间标签放置在 2s 的位置，在“时间轴”面板中，单击“缩放”选项左侧的“在当前时间添加或移除关键帧”按钮，如图 10-15 所示，记录第 3 个关键帧。将时间标签放置在 4:24s 的位置，设置“缩放”选项的数值为 110%，如图 10-16 所示，记录第 4 个关键帧。特卖广告效果制作完成，如图 10-17 所示。

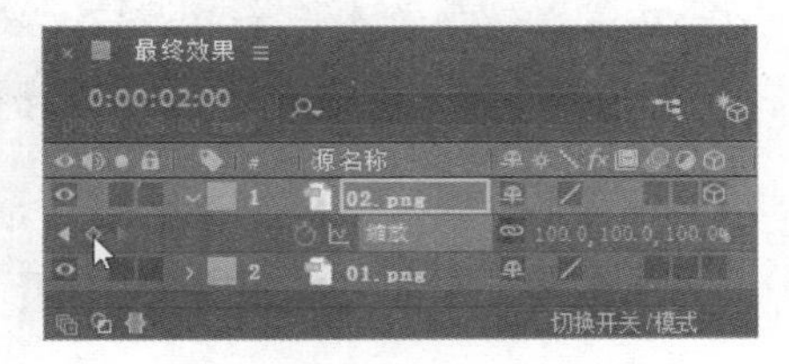

图 10-15

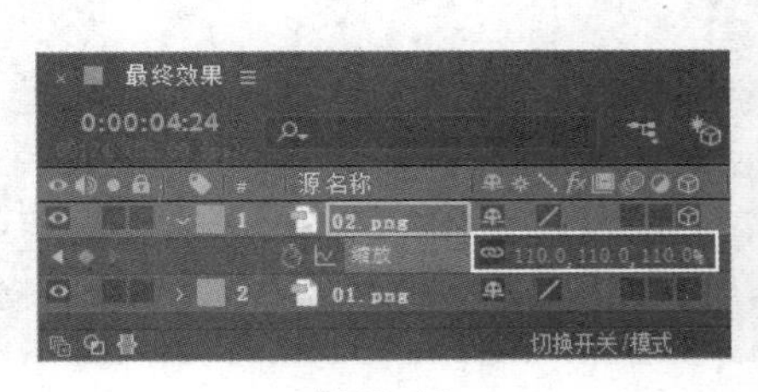

图 10-16

图 10-17

10.1.2　转换成三维图层

除声音以外，所有素材图层都有可以实现三维图层的功能。将一个普通的二维图层转换为三维图层非常简单，只需要在图层右侧单击“3D 图层”按钮即可，展开图层属性就会发现变换属性中无论是“锚点”属性、“位置”属性、“缩放”属性、“方向”属性，还是“旋转”属性，都出现了 z 轴向参数信息，另外还添加了一个“材质选项”属性，如图 10-18 所示。

调节“Y 轴旋转”选项的数值为 45°。“合成”面板中的效果如图 10-19 所示。

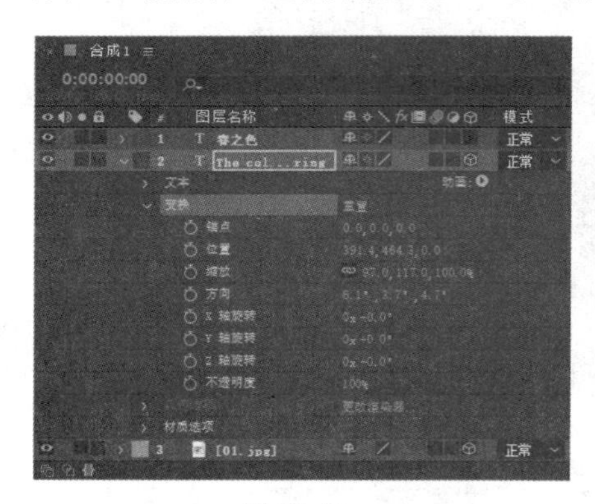

图 10-18

图 10-19

如果要将三维图层重新变回二维图层，只需要再次单击图层右侧的“3D 图层”按钮，关闭三维属性即可，三维图层当中的 *z* 轴信息和“材质选项”信息将丢失。

提示

虽然很多效果可以模拟三维空间效果（如“效果 > 扭曲 >凸出”效果），不过这些都是实实在在的二维效果，也就是说，即使这些效果当前作用的是三维图层，它们也只是模拟三维效果，而不会对三维图层轴产生任何影响。

10.1.3 变换三维图层的位置

三维图层的“位置”属性由 *x*、*y*、*z* 三个维度的参数控制，如图 10-20 所示。

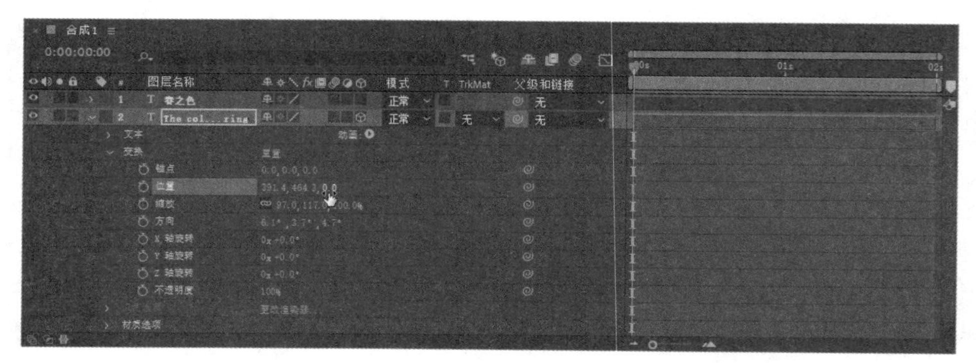

图 10-20

STEP 1 打开 After Effects 软件，选择“文件 > 打开项目”命令，选择资源包中的“基础素材 > Ch10 > 三维图层.aep”文件，单击“打开”按钮打开此文件。

STEP 2 在“时间轴”面板中，选择某个三维图层、摄像机图层或者灯光图层，选中图层的坐标轴会显示出来，其中红色坐标代表 *x* 轴向，绿色坐标代表 *y* 轴向，蓝色坐标代表 *z* 轴向。

STEP 3 在“工具”面板中选择“选取”工具，在“合成”面板中，将鼠标指针停留在各个轴向上，观察鼠标指针的变化，当鼠标指针变成 $_x$ 时，表示移动锁定在 *x* 轴向上；当鼠标指针变成 $_y$ 时，表

示移动锁定在 y 轴向上；当鼠标指针变成$_z$时，表示移动锁定在 z 轴向上。

提示

鼠标指针如果没有呈现任何坐标轴信息，则可以在空间中全方位地移动三维对象。

10.1.4　变换三维图层的旋转属性

1. 使用“方向”属性旋转

STEP 1 选择“文件 > 打开项目”命令，选择资源包中的“基础素材 > Ch10 > 三维图层.aep”文件，单击“打开”按钮打开此文件。

STEP 2 在“时间轴”面板中，选择某个三维图层、摄像机图层或者灯光图层。

STEP 3 在“工具”面板中，选择“旋转”工具，在坐标系选项的右侧下拉列表中选择“方向”选项，如图 10-21 所示。

图 10-21

STEP 4 在“合成”面板中，将鼠标指针放置在某个坐标轴上，当鼠标指针出现“X”时，进行 x 轴向旋转；当鼠标指针出现“Y”时，进行 y 轴向旋转；当鼠标指针出现“Z”时，进行 z 轴向旋转；在没有出现任何信息时，可以全方位旋转三维对象。

STEP 5 在“时间轴”面板中，展开当前三维图层的“变换”属性，观察 3 组“旋转”属性值的变化，如图 10-22 所示。

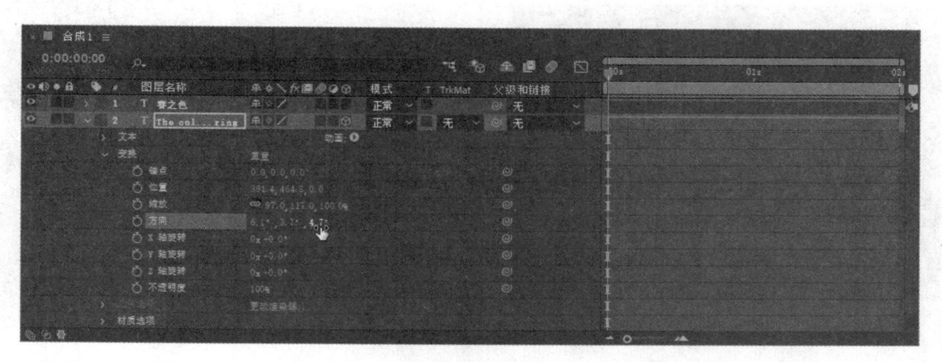

图 10-22

2. 使用“旋转”属性旋转

STEP 1 继续上面的素材案例，选择“文件 > 返回”命令，还原到项目文件的上次存储状态。

STEP 2 在“工具”面板中，选择“旋转”工具，在坐标系选项的右侧下拉列表中选择“旋转”选项，如图 10-23 所示。

图 10-23

STEP 3 在“合成”面板中，将鼠标指针放置在某坐标轴上，当鼠标指针出现“X”时，进行 *x* 轴向旋转；当鼠标指针出现“Y”时，进行 *y* 轴向旋转；当鼠标指针出现“Z”时，进行 *z* 轴向旋转；在没有出现任何信息时，可以全方位旋转三维对象。

STEP 4 在“时间轴”面板中，展开当前三维图层的“变换”属性，观察3组“旋转”属性值的变化，如图10-24所示。

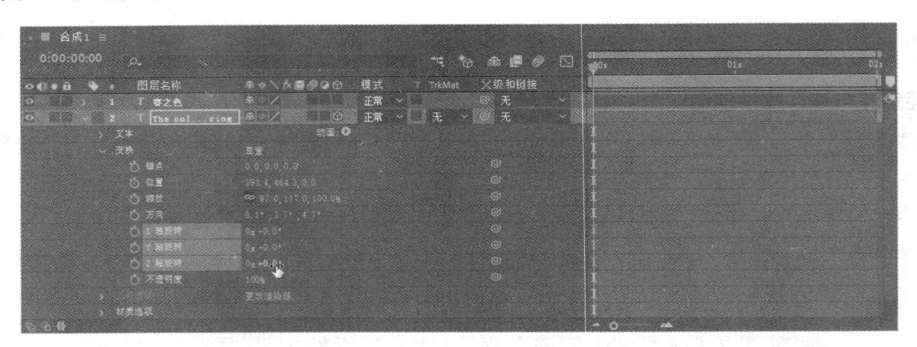

图10-24

10.1.5 三维视图

虽然人们对三维空间的感知并不需要通过专业的训练，它是任何人都具备的本能感应，但是在制作过程中，人们往往会由于各种原因（场景过于复杂等因素）产生视觉错觉，人们无法仅仅通过观察透视图正确判断当前三维对象的具体空间状态，因此往往需要借助更多的视图作为参照，如正面、左侧、顶部、活动摄像机等，从而准确感知空间位置信息。正面、左侧、顶部、活动摄像机视图的显示效果分别如图10-25～图10-28所示。

图10-25

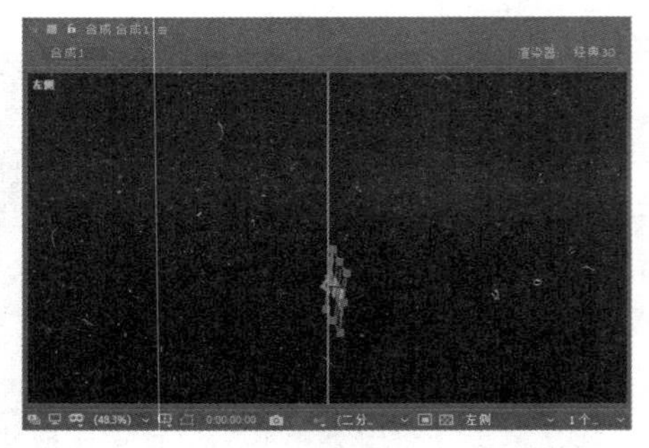

图10-26

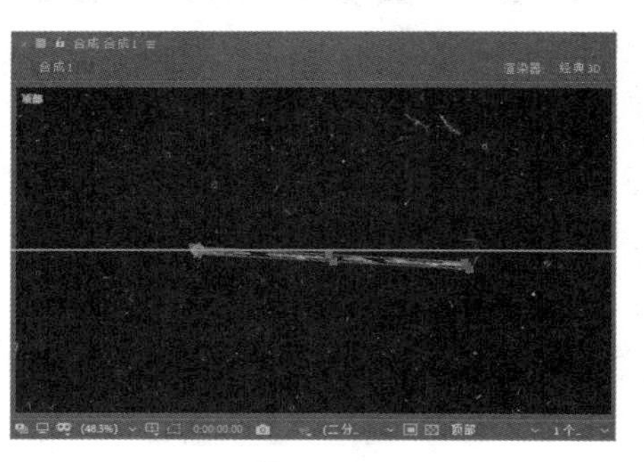

图10-27

图10-28

在“合成”面板中，可以在 活动摄像机 （3D 视图）下拉列表中选择视图，这些视图大致分为 3 类：正交视图、摄像机视图和自定义视图。

1. 正交视图

正交视图包括正面、左侧、顶部、背面、右侧和底部，其实就是以垂直正交的方式观看空间中的 6 个面，在正交视图中，长度尺寸和距离以原始数据的方式呈现，从而忽略了透视所导致的大小变化，这也意味着在正交视图观看立体物体时没有透视感，如图 10-29 所示。

2. 摄像机视图

摄像机视图是从摄像机的角度，通过镜头去观察空间。与正交视图不同的是，摄像机视图描绘出的空间和物体是带有透视变化的视觉空间，能非常真实地再现近大远小、近长远短的透视关系，设置镜头的特殊属性，还能对此进行夸张显示，如图 10-30 所示。

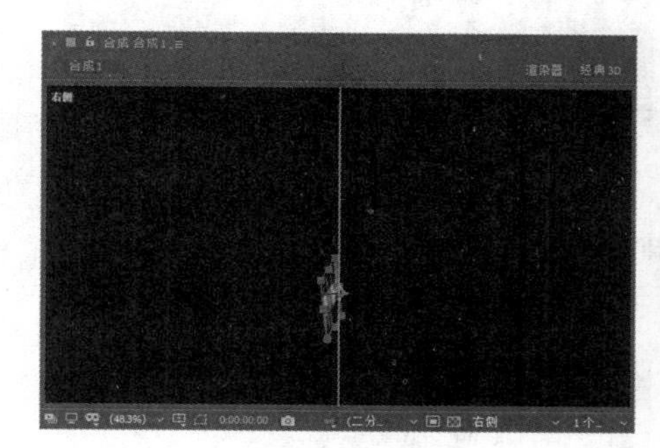

图 10-29

图 10-30

3. 自定义视图

自定义视图是从几个默认的角度观看当前空间，可以通过“工具”面板中的摄像机视图工具调整视图角度。同摄像机视图一样，自定义视图同样是遵循透视的规律来呈现当前空间的，不过自定义视图并不要求合成项目中必须有摄像机才能打开，当然也不具备通过镜头设置带来的景深、广角、长焦之类的观看空间方式，可以仅仅理解为 3 个可自定义的标准透视视图。

活动摄像机 （3D 视图）下拉列表中自定义视图的具体选项如图 10-31 所示。

- 活动摄像机：当前激活的摄像机视图，也就是在当前时间位置打开的摄像机图层的视图。
- 正面：前视图，从正前方观看合成空间，不带透视效果。
- 左侧：左视图，从正左方观看合成空间，不带透视效果。
- 顶部：顶视图，从正上方观看合成空间，不带透视效果。
- 背面：背视图，从后方观看合成空间，不带透视效果。
- 右侧：右视图，从正右方观看合成空间，不带透视效果。
- 底部：底视图，从正底部观看合成空间，不带透视效果。

活动摄像机
正面
左侧
顶部
背面
右侧
底部
自定义视图 1
自定义视图 2
自定义视图 3
活动摄像机

图 10-31

自定义视图 1～自定义视图 3：3 个自定义视图，从 3 个默认的角度观看合成空间，含有透视效果，可以通过“工具”面板中的摄像机位置工具移动视角。

10.1.6　以多视图方式观测三维空间

在进行三维创作时，虽然可以通过“3D 视图”下拉列表方便地切换各个不同视图，但是仍然不利于各个视图的参照对比，而且来回频繁地切换视图也导致创作效率低下。庆幸的是，After Effects 提供了多视图方式，可以同时以多角度观看三维空间，用户可在“合成”面板的“选定视图方案”下拉列表中进行选择。

- 1 个视图：仅显示一个视图，如图 10-32 所示。
- 2 个视图——水平：同时显示两个视图，左右排列，如图 10-33 所示。

图 10-32

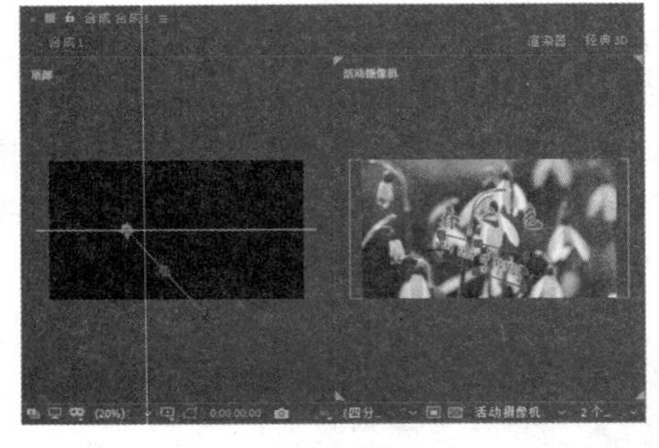

图 10-33

- 2 个视图——纵向：同时显示两个视图，上下排列，如图 10-34 所示。
- 4 个视图：同时显示 4 个视图，如图 10-35 所示。

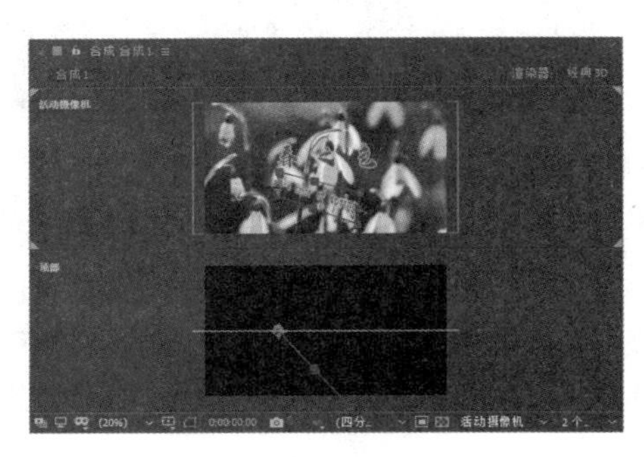

图 10-34

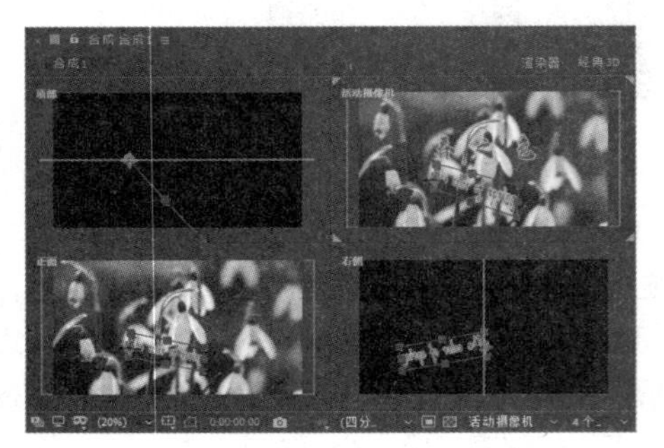

图 10-35

- 4 个视图——左侧：同时显示 4 个视图，其中主视图在右边，如图 10-36 所示。
- 4 个视图——右侧：同时显示 4 个视图，其中主视图在左边，如图 10-37 所示。

图 10-36

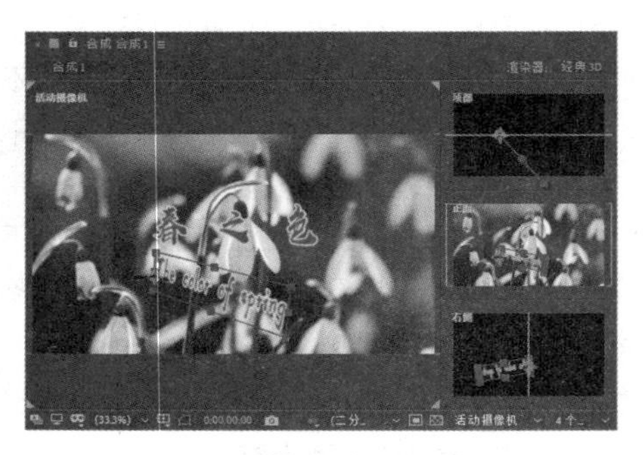

图 10-37

- 4 个视图——顶部：同时显示 4 个视图，其中主视图在下边，如图 10-38 所示。

- 4 个视图——底部：同时显示 4 个视图，其中主视图在上边，如图 10-39 所示。

图 10-38

图 10-39

其中每个分视图都可以在激活后，用“3D 视图”下拉列表更换具体观测角度，或者设置视图显示参数等。

另外，选中“共享视图选项”选项，可以让多视图共享同样的视图设置，如“安全框显示”选项、“网格显示”选项、“通道显示”选项等。

提 示

通过上下滚动鼠标的滚轴，可以在不激活视图的情况下，对视图进行缩放操作。

10.1.7　坐标体系

在控制三维对象的时候，需要依据某种坐标体系进行轴向定位，After Effects 提供了 3 种轴向坐标：本地坐标系、世界坐标系和视图坐标系。坐标系的切换是通过“工具”面板中的“本地坐标系”按钮、“世界坐标系”按钮和“视图坐标系”按钮实现的。

1. 本地坐标系

本地坐标系采用被选择物体本身的坐标轴向作为变换的依据，这对物体的方位与世界坐标系不同时很有帮助，如图 10-40 所示。

2. 世界坐标系

世界坐标系使用合成空间中的绝对坐标系作为定位，坐标系轴向不会随着物体的旋转而改变，属于一种绝对值。无论在哪一个视图，x 轴向始终往水平方向延伸，y 轴向始终往垂直方向延伸，z 轴向始终往纵深方向延伸，如图 10-41 所示。

图 10-40

图 10-41

3. 视图坐标系

视图坐标系同当前所处的视图有关，也可以称之为屏幕坐标系，对于正交视图和自定义视图，x 轴向和 y 轴向仍然始终平行于视图，其纵深轴 z 轴向始终垂直于视图；对于摄像机视图，x 轴向和 y 轴向仍然始终平行于视图，但 z 轴向有一定的变动，如图 10-42 所示。

图 10-42

10.1.8 三维图层的材质属性

当普通的二维图层转换为三维图层时，将添加一个全新的属性——“材质选项”属性，可以通过设置此属性的各项，来决定三维图层如何响应灯光光照系统，如图 10-43 所示。

图 10-43

选中某个三维素材图层，连续按两次 A 键，展开“材质选项”属性。

- 投影：是否投射阴影，其中包括“开”“关”“仅”3 种模式，如图 10-44～图 10-46 所示。

图 10-44

图 10-45

图 10-46

- 透光率：透光程度，可以体现半透明物体在灯光下的照射效果，主要效果体现在阴影上，如图 10-47（照明传输值为 0%）和图 10-48（照明传输值为 40%）所示。

图 10-47

图 10-48

- 接受阴影：是否接受阴影，此属性不能制作关键帧动画。
- 接受灯光：是否接受光照，此属性不能制作关键帧动画。
- 环境：调整三维图层受“环境”类型灯光影响的程度。“环境”类型灯光的设置如图 10-49 所示。
- 漫射：调整图层漫反射的程度。如果设置为 100%，将反射大量的光；如果设置为 0%，则不反射大量的光。
- 镜面强度：调整图层镜面反射的程度。
- 镜面反光度：设置“镜面强度”的区域，值越小，“镜面强度”区域就越小。在“镜面强度”值为 0 的情况下，此设置将不起作用。
- 金属质感：调节由“镜面高光”反射的光的颜色。值越接近 100%，就越接近图层的颜色；值越接近 0%，就越接近灯光的颜色。

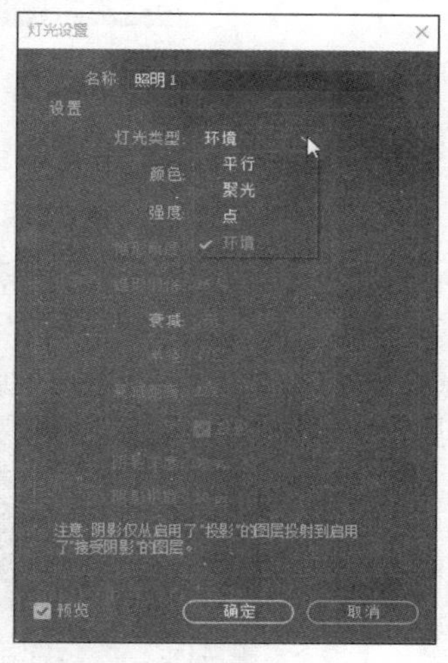

图 10-49

10.2 应用灯光和摄像机

After Effects 中的三维图层具有“材质选项”属性，但要得到满意的合成效果，还必须在场景中创建和设置灯光，图层的投影、环境和反射等特性都是在一定的灯光照射下才发挥作用的。

在三维空间的合成中，除灯光和图层材质赋予的多种多样的效果以外，摄像机的功能也是相当重要的，因为不同视角得到的光影效果是不同的，而且摄像机的功能增强了动画控制的灵活性和多样性，丰富了图像合成的视觉效果。

10.2.1 课堂案例——星光碎片

案例学习目标

学习使用摄像机制作星光碎片。

案例知识要点

使用“渐变”命令制作背景渐变和彩色渐变效果；使用“分形噪波”命令制作发光特效；使用“闪光灯”命令制作闪光灯效果；使用“矩形遮罩”工具制作矩形遮罩效果；使用“碎片”命令制作碎片效果；使用“摄像机”命令添加摄像机图层并制作关键帧动画；使用“位置”属性改变摄像机图层的位置动画；使用“启用时间重置”命令改变时间。星光碎片效果如图 10-50 所示。

效果所在位置

资源包 > Ch10 > 星光碎片 > 星光碎片.aep。

图 10-50

星光碎片 1

1. 制作渐变效果

STEP 1 按 Ctrl+N 组合键，弹出“合成设置”对话框，在“合成名称”文本框中输入“渐变”，其他选项的设置如图 10-51 所示，单击“确定”按钮，创建一个新的合成“渐变”。

STEP 2 选择“图层 > 新建 > 纯色”命令，弹出“纯色设置”对话框，在“名称”文本框中输入“渐变”，将“颜色”设置为黑色，单击“确定”按钮，在“时间轴”面板中新增一个黑色纯色图层，如图 10-52 所示。

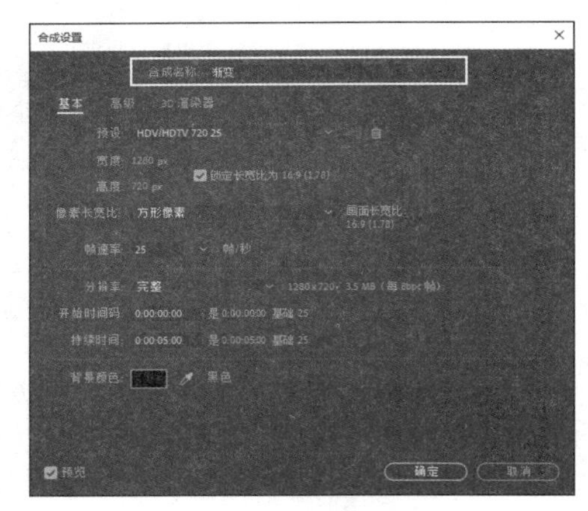

图 10-51

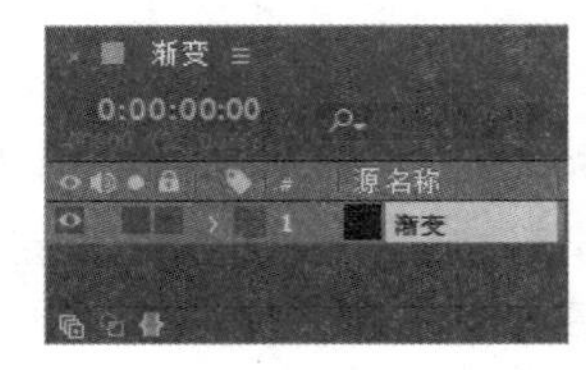

图 10-52

STEP 3 选中“渐变”图层，选择“效果 > 生成 > 梯度渐变”命令，在“效果控件”面板中，设置“起始颜色”为黑色，“结束颜色”为白色，其他参数设置如图 10-53 所示，设置完成后，“合成”面板中的效果如图 10-54 所示。

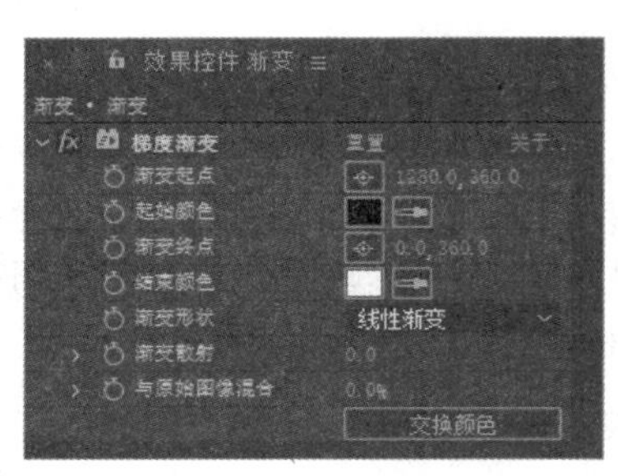

图 10-53

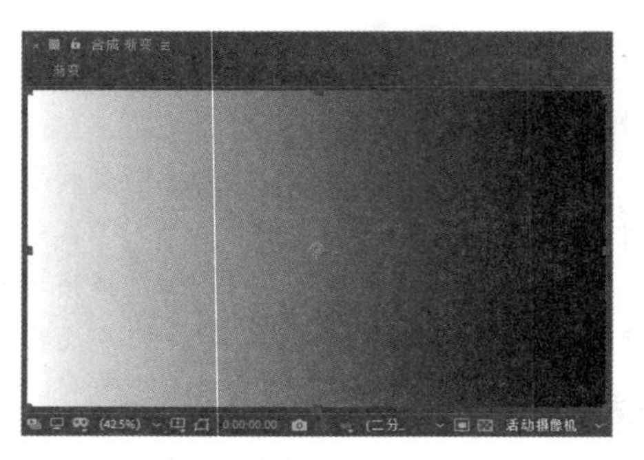

图 10-54

STEP 4 再次创建一个新的合成并命名为“星光”。在当前合成中新建一个纯色图层“噪波”。选中“噪波”图层，选择“效果 > 杂色和颗粒 > 分形杂色”命令，在“效果控件”面板中进行参数设置，如图 10-55 所示。“合成”面板中的效果如图 10-56 所示。

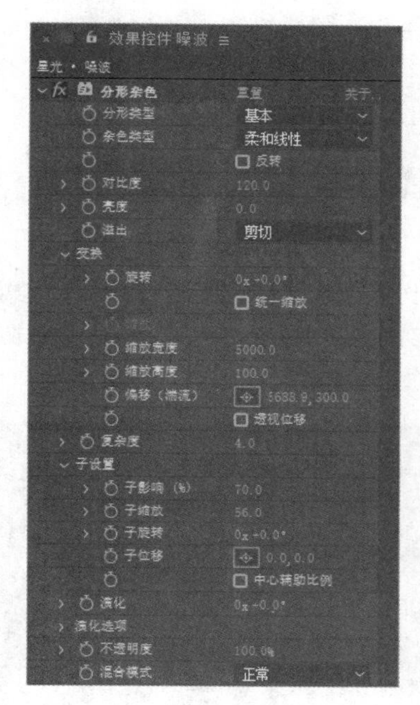

图 10-55

图 10-56

STEP 5 将时间标签放置在 0s 的位置，在“效果控件”面板中，分别单击“变换”下的“偏移（湍流）”和“演化”选项左侧的“关键帧自动记录器”按钮，如图 10-57 所示，记录第 1 个关键帧。

STEP 6 将时间标签放置在 4:24s 的位置，在“效果控件”面板中，设置“偏移（湍流）”选项的数值为-5689、300，“演化”选项的数值为 1、0，如图 10-58 所示，记录第 2 个关键帧。

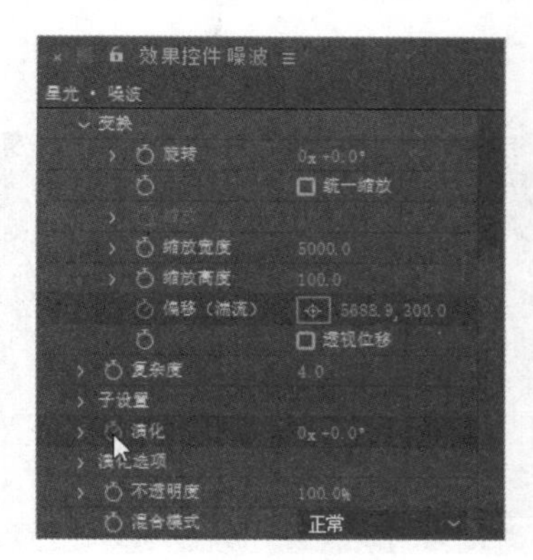

图 10-57

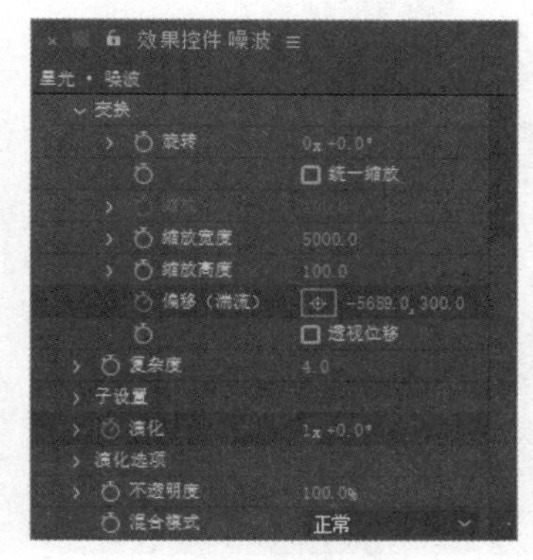

图 10-58

STEP 7 选择“效果 > 风格化 > 闪光灯”命令，在“效果控件”面板中进行参数设置，如图 10-59 所示。“合成”面板中的效果如图 10-60 所示。

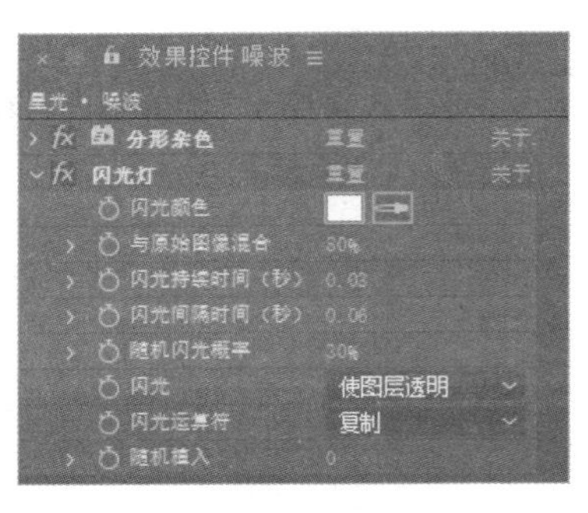

图 10-59

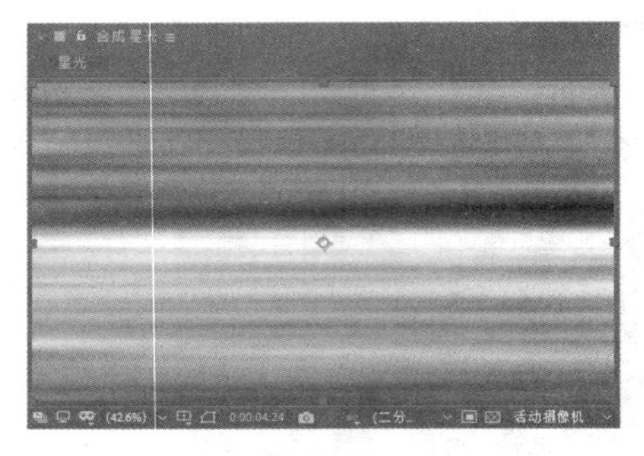

图 10-60

STEP 8 在“项目”面板中，选中“渐变”合成并将其拖曳到“时间轴”面板中。将“噪波”图层的“轨道蒙版”选项设置为“亮度遮罩‘渐变’”，如图 10-61 所示。隐藏“渐变”图层，“合成”面板中的效果如图 10-62 所示。

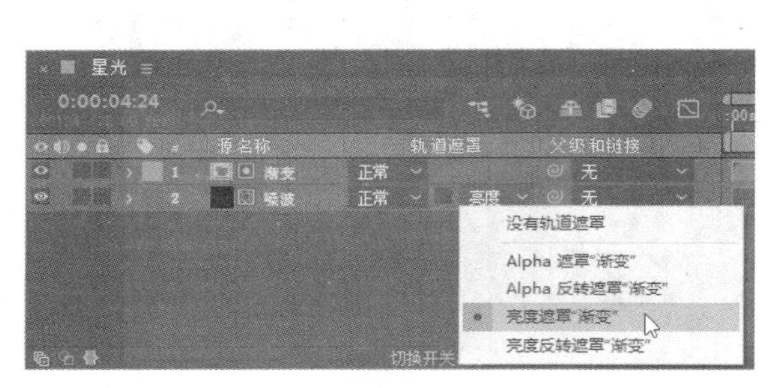

图 10-61

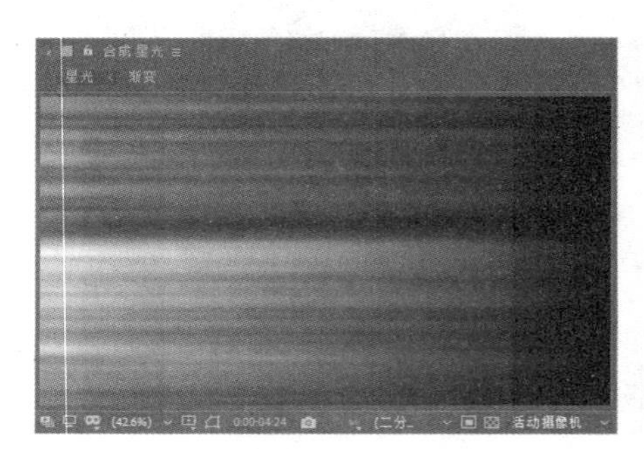

图 10-62

2. 制作彩色发光效果

STEP 1 在当前合成中建立一个新的纯色图层“彩色光芒”。选择“效果 > 生成 > 梯度渐变”命令，在“效果控件”面板中，设置“起始颜色”为黑色，“结束颜色”为白色，其他参数设置如图 10-63 所示，设置完成后，“合成”面板中的效果如图 10-64 所示。

星光碎片 2

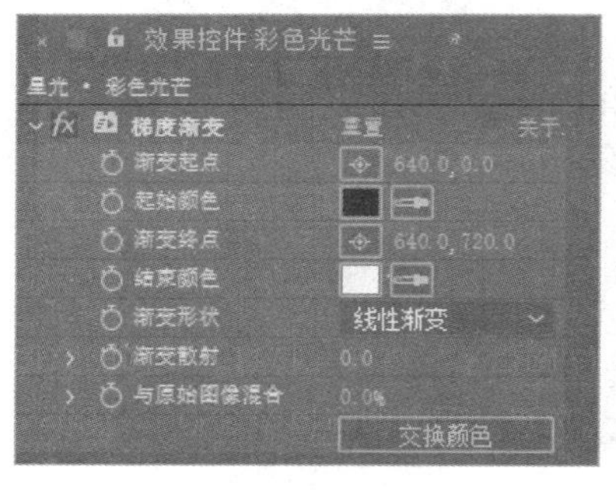

图 10-63

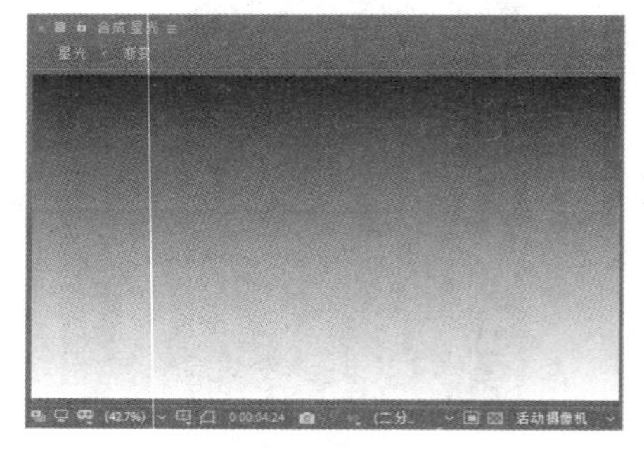

图 10-64

STEP 2 选择“效果 > 颜色校正 > 色光”命令，在“效果控件”面板中进行参数设置，如图 10-65 所示。“合成”面板中的效果如图 10-66 所示。

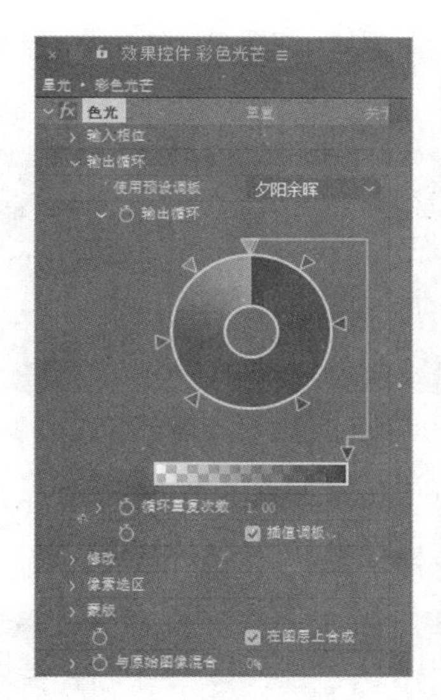

图 10-65

图 10-66

STEP 3 在“时间轴”面板中，设置“彩色光芒”图层的混合模式为“颜色”，如图 10-67 所示。“合成”面板中的效果如图 10-68 所示。

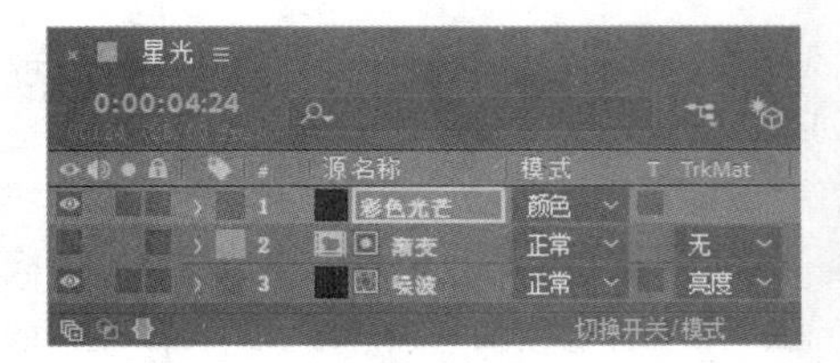

图 10-67

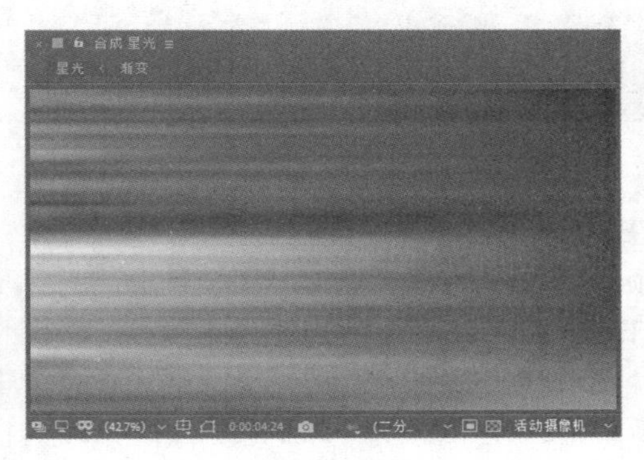

图 10-68

STEP 4 在当前合成中建立一个新的纯色图层“蒙版”，如图 10-69 所示。选择“矩形”工具，在“合成”面板中拖曳鼠标绘制一个矩形蒙版图形，如图 10-70 所示。

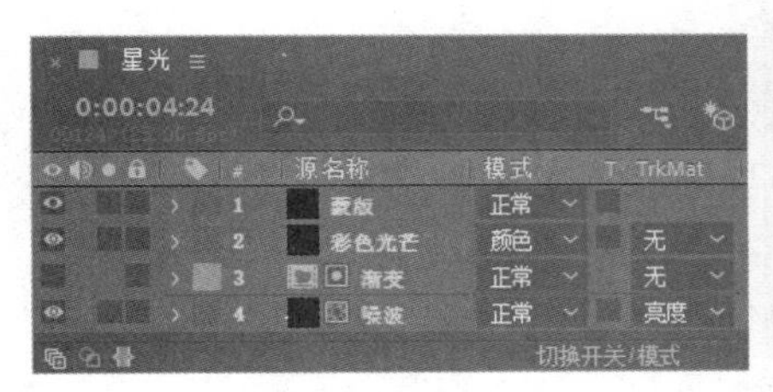

图 10-69

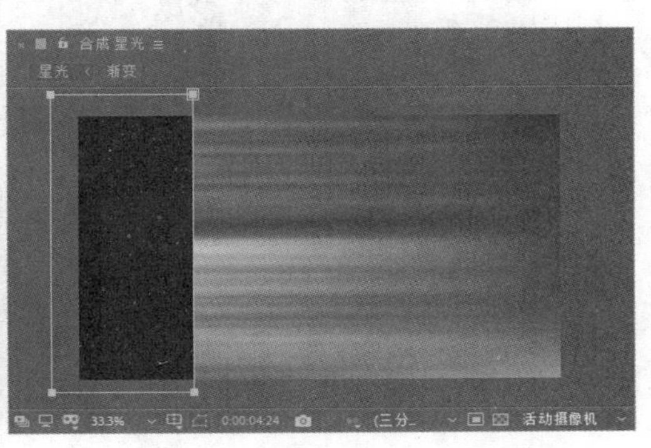

图 10-70

STEP 5 选中“蒙版”图层，按 F 键，展开“蒙版羽化”属性，如图 10-71 所示，设置“蒙版羽化”选项的数值为 200，如图 10-72 所示。

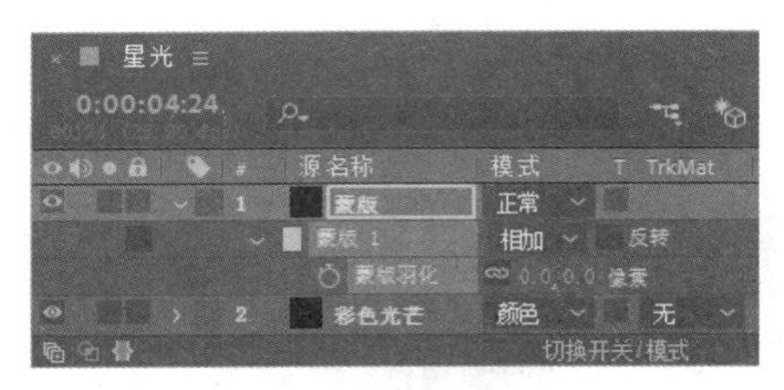

图 10-71

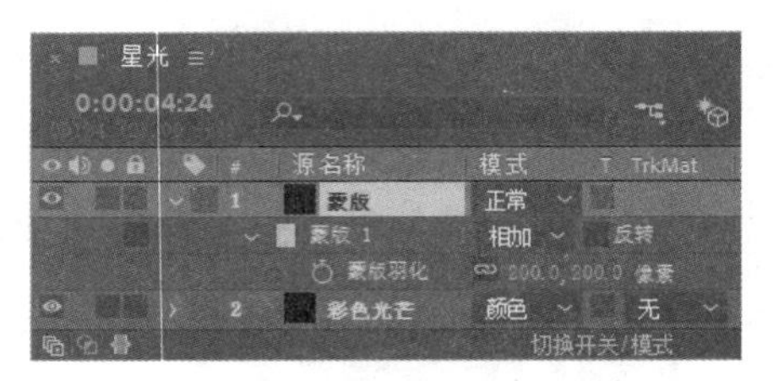

图 10-72

STEP 6 选中“彩色光芒”图层，将“彩色光芒”图层的“轨道蒙版”设置为“Alpha 遮罩‘蒙版’”，如图 10-73 所示。自动隐藏“蒙版”图层，“合成”面板中的效果如图 10-74 所示。

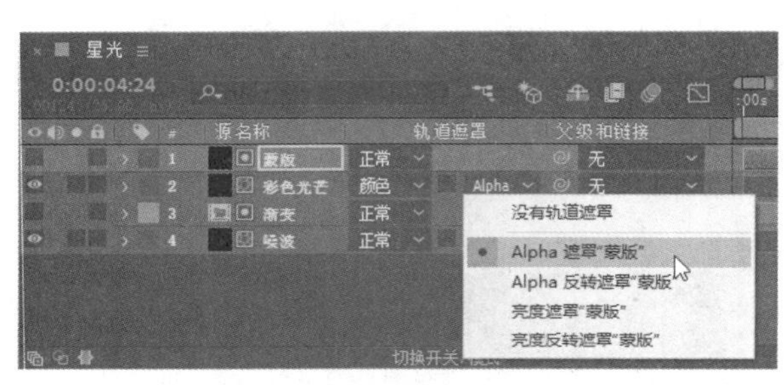

图 10-73

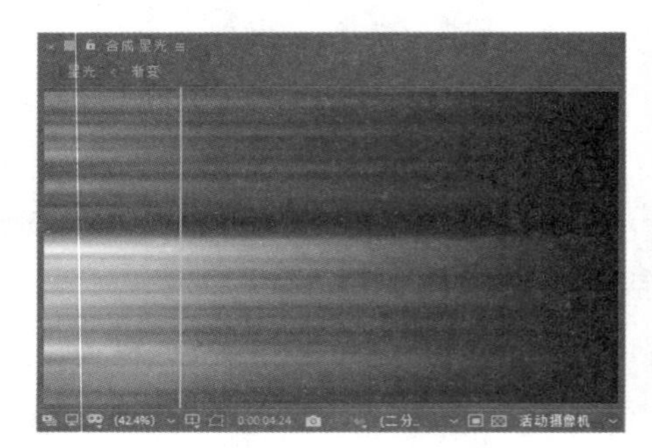

图 10-74

STEP 7 按 Ctrl+N 组合键，弹出“合成设置”对话框，在“合成名称”文本框中输入“碎片”，其他选项的设置如图 10-75 所示，单击“确定”按钮，创建一个新的合成“碎片”。

STEP 8 选择“文件 > 导入 > 文件”命令，在弹出的“导入文件”对话框中，选择资源包中的“Ch10 > 星光碎片 > (Footage) > 01.jpg”文件，单击“导入”按钮，导入图片。在“项目”面板中，选中“渐变”合成和“01.jpg”文件，将它们拖曳到“时间轴”面板中，同时单击“渐变”图层左侧的“眼睛”按钮，关闭该图层的可视性，如图 10-76 所示。

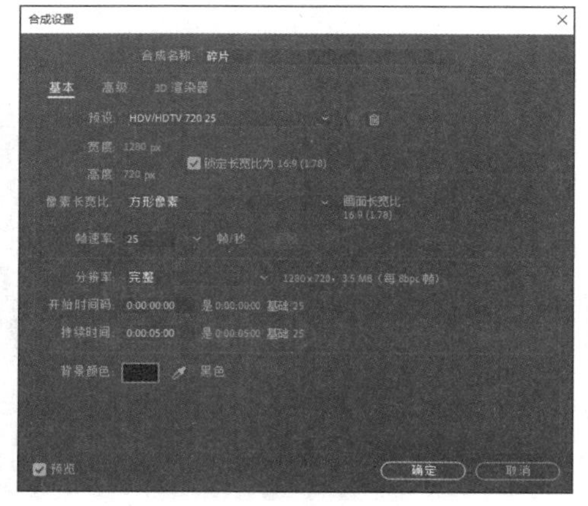

图 10-75

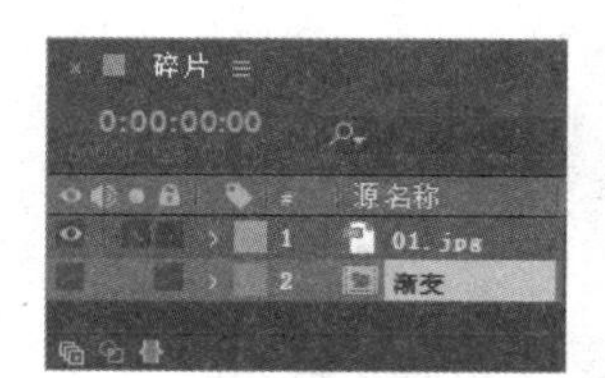

图 10-76

STEP 9 选择“图层 > 新建 > 摄像机”命令，弹出“摄像机设置”对话框，在“名称”文本框中输入“摄像机 1”，其他选项的设置如图 10-77 所示，单击“确定”按钮，在“时间轴”面板中新增一个摄像机图层，如图 10-78 所示。

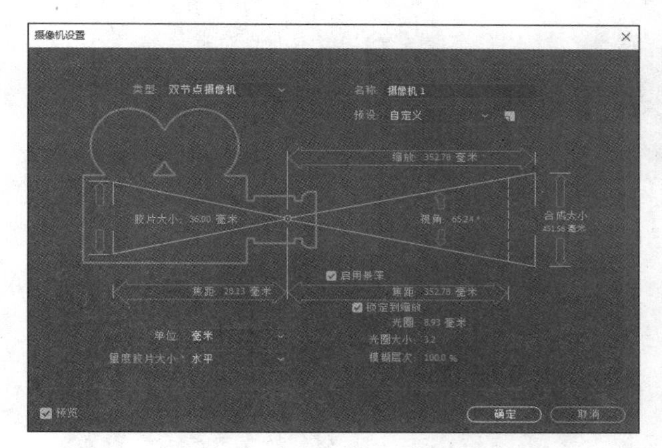

图 10-77

图 10-78

STEP 10 选中“01.jpg”图层，选择“效果 > 模拟 > 碎片”命令，在“效果控件”面板中，将“视图”改为“已渲染”模式，展开“形状”属性，在“效果控件”面板中进行参数设置，如图 10-79 所示。展开“作用力 1”和“作用力 2”属性，在“效果控件”面板中进行参数设置，如图 10-80 所示。展开“渐变”和“物理学”属性，在“效果控件”面板中进行参数设置，如图 10-81 所示。

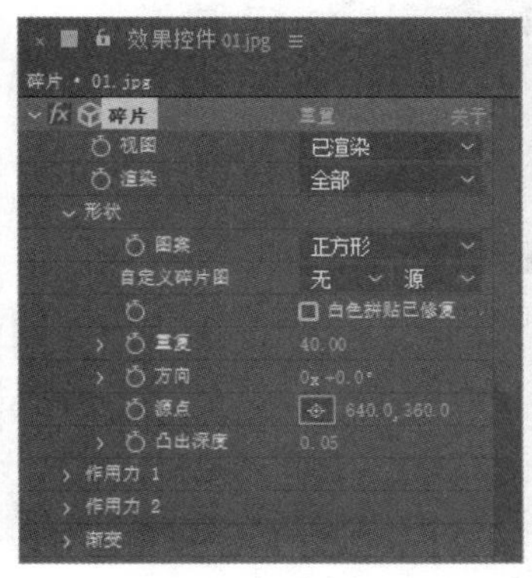

图 10-79

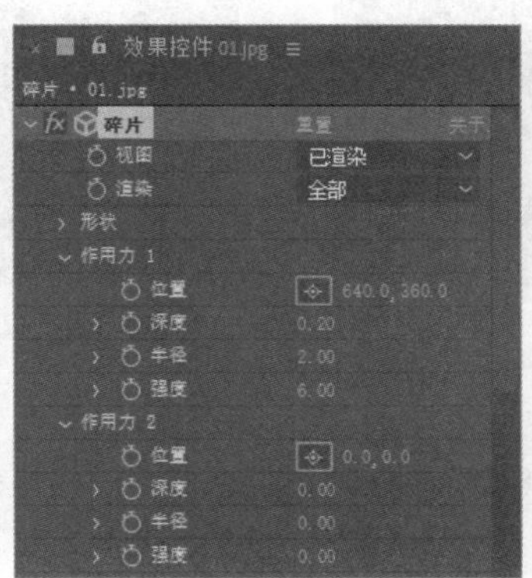

图 10-80

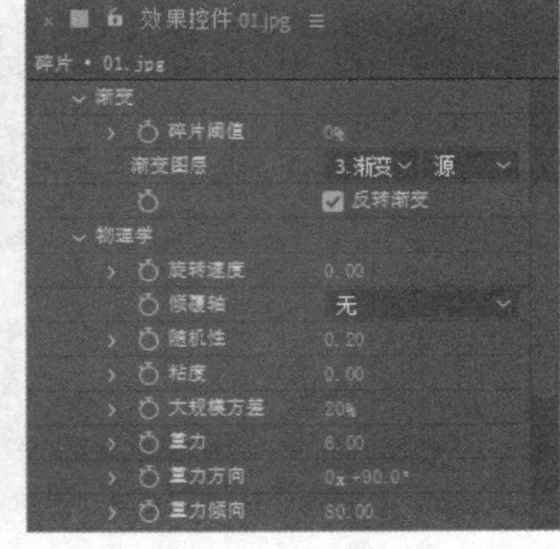

图 10-81

STEP 11 将时间标签放置在 2s 的位置，在“效果控件”面板中，单击“渐变”选项下的“碎片阈值”选项左侧的“关键帧自动记录器”按钮，如图 10-82 所示，记录第 1 个关键帧。将时间标签放置在 3:18s 的位置，在“效果控件”面板中，设置“碎片阈值”选项的数值为 100%，如图 10-83 所示，记录第 2 个关键帧。

STEP 12 在当前合成中建立一个新的红色纯色图层“参考层”，如图 10-84 所示。单击“参考层”右侧的“3D 图层”按钮，打开三维属性，单击“参考层”左侧的“眼睛”按钮，关闭该图层的可视性。设置“摄像机 1”的“父级”关系为“1.参考层”，如图 10-85 所示。

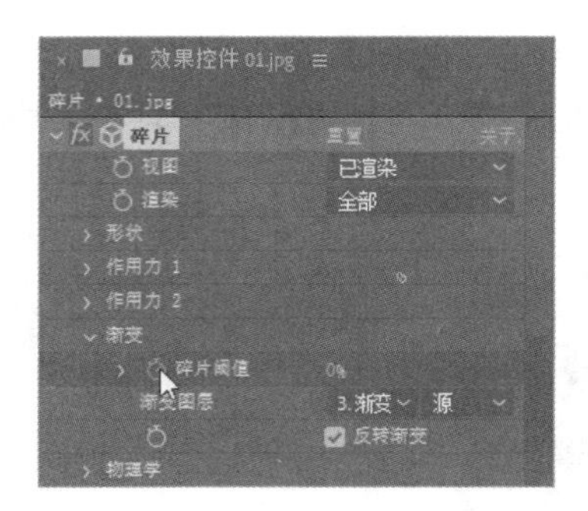

图 10-82

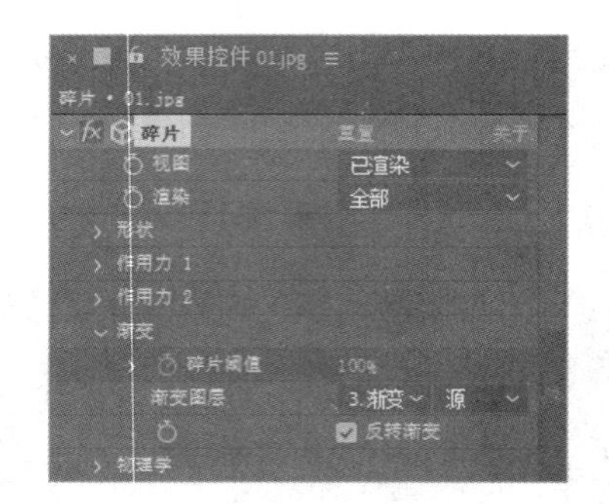

图 10-83

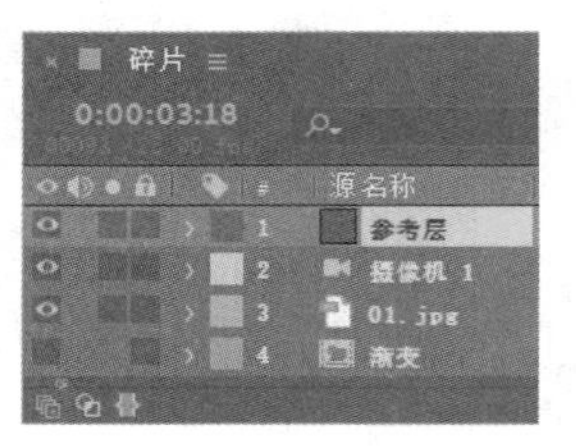

图 10-84

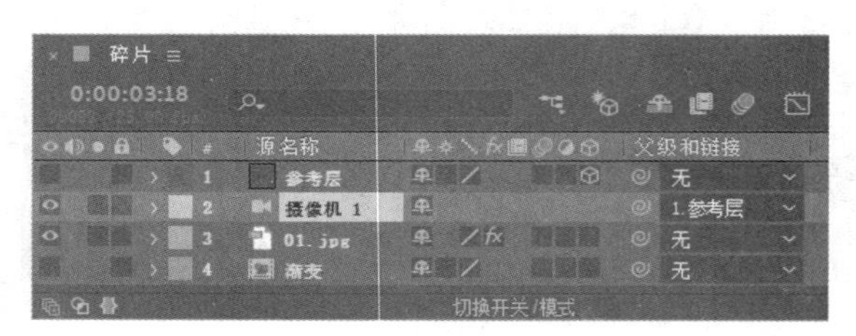

图 10-85

STEP 13 选中“参考层”图层，按 R 键，展开“旋转”属性，设置“方向”选项的数值为 90、0、0，如图 10-86 所示。将时间标签放置在 1:06s 的位置，单击“Y 轴旋转”选项左侧的“关键帧自动记录器”按钮，如图 10-87 所示，记录第 1 个关键帧。

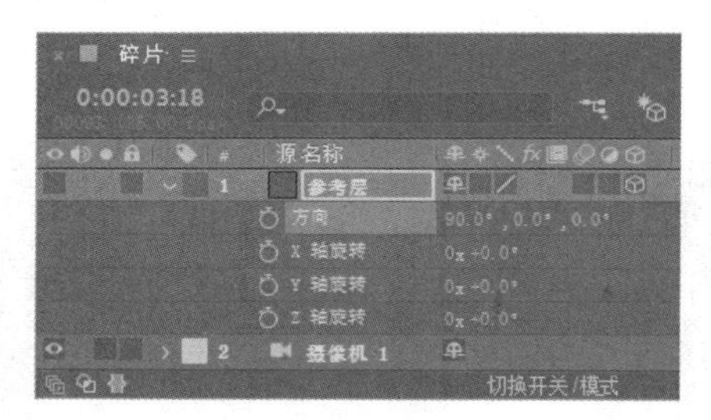

图 10-86

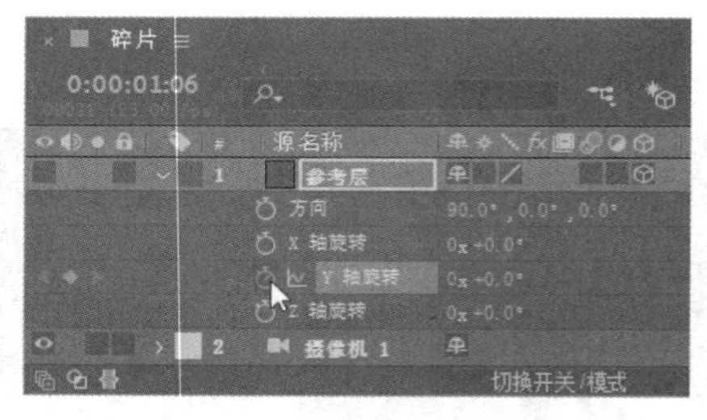

图 10-87

STEP 14 将时间标签放置在 04:24s 的位置，设置“Y 轴旋转”选项的数值为 0、120，如图 10-88 所示，记录第 2 个关键帧。将时间标签放置在 0s 的位置，选中“摄像机 1”图层，展开“变换”属性，设置“目标点”选项的数值为 360、288、0，“位置”选项的数值为 320、-900、-50，单击“位置”选项左侧的“关键帧自动记录器”按钮，如图 10-89 所示，记录第 1 个关键帧。

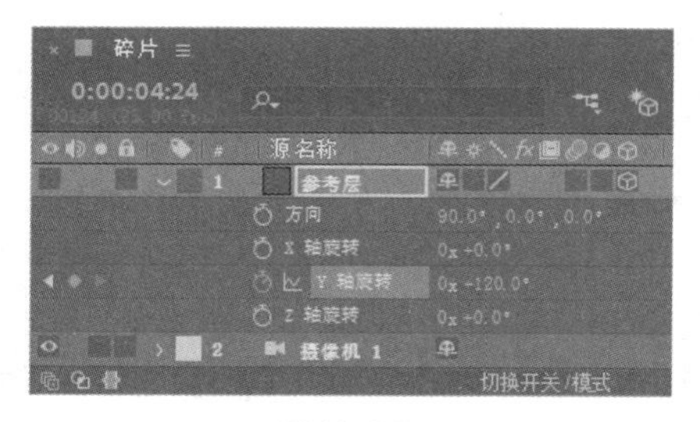

图 10-88

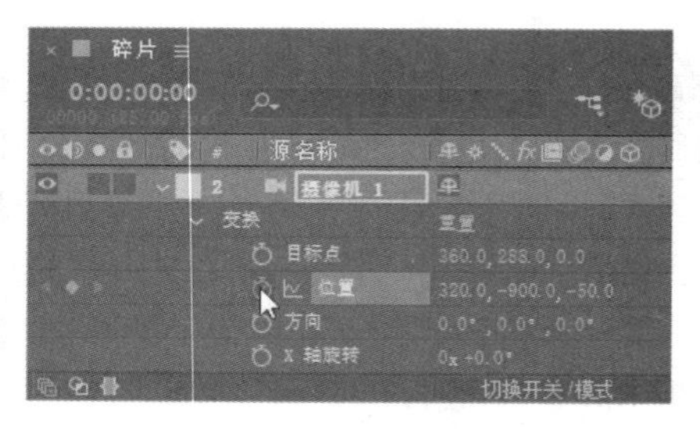

图 10-89

STEP 15 将时间标签放置在 1:10s 的位置，设置“位置”选项的数值为 320、-700、-250，如图 10-90 所示，记录第 2 个关键帧。将时间标签放置在 4:24s 的位置，设置“位置”选项的数值为 320、-560、-1000，如图 10-91 所示，记录第 3 个关键帧。

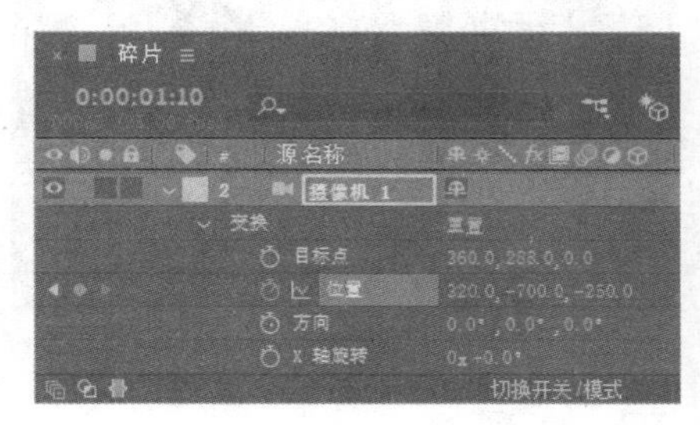

图 10-90

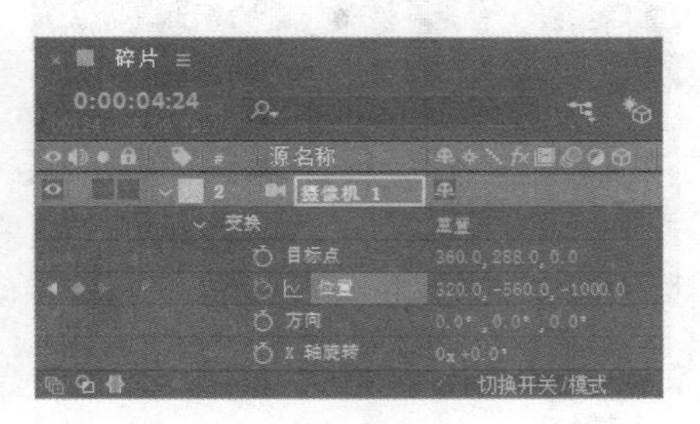

图 10-91

STEP 16 在“项目”面板中，选中“星光”合成，将其拖曳到“时间轴”面板中，并放置在“摄像机 1”图层的下方，如图 10-92 所示。单击该图层右侧的“3D 图层”按钮，打开三维属性，设置该图层的混合模式为“相加”，如图 10-93 所示。

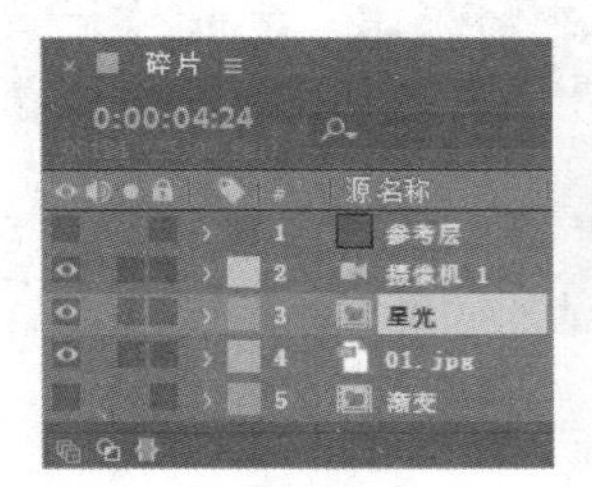

图 10-92

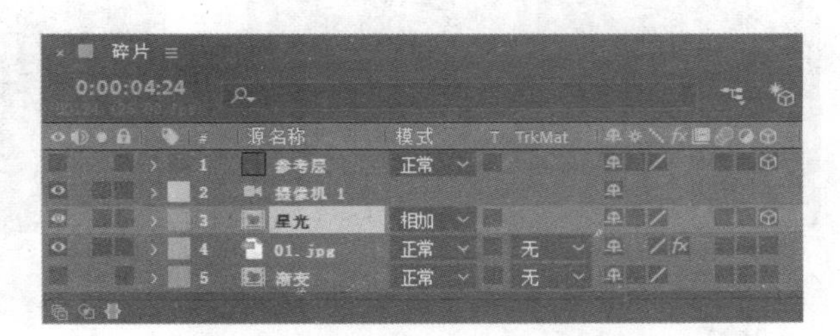

图 10-93

STEP 17 将时间标签放置在 1:22s 的位置，选中“星光”图层，按 A 键，展开“锚点”属性，设置“锚点”选项的数值为 0、360、0；按住 Shift 键的同时，按 P 键，展开“位置”属性，设置“位置”选项的数值为 1000、360、0；按住 Shift 键的同时，按 R 键，展开“旋转”属性，设置“方向”选项的数值为 0、90、0，单击“位置”选项左侧的“关键帧自动记录器”按钮，如图 10-94 所示，记录第 1 个关键帧。将时间标签放置在 3:24s 的位置，设置“位置”选项的数值为 288、360、0，如图 10-95 所示，记录第 2 个关键帧。

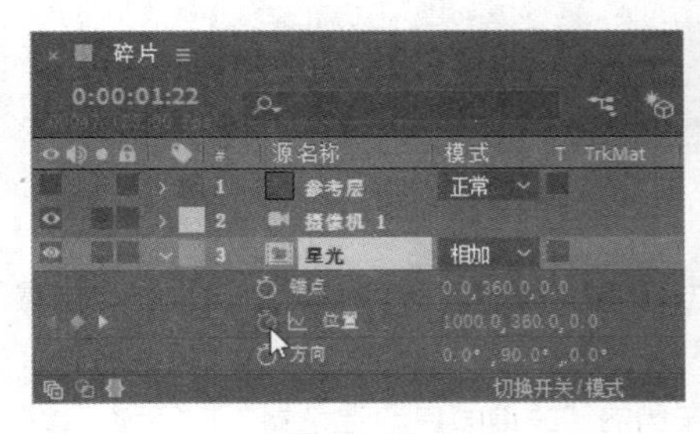

图 10-94

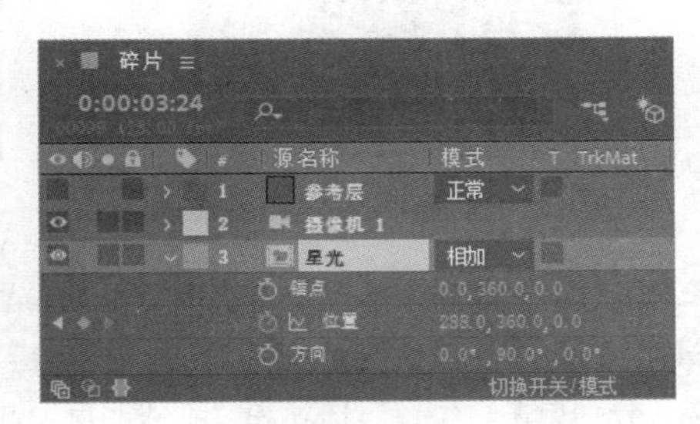

图 10-95

STEP 18 将时间标签放置在 1:11s 的位置，按 T 键，展开“不透明度”属性，设置“不透明度”选项的数值为 0%，单击“不透明度”选项左侧的“关键帧自动记录器”按钮，如图 10-96 所示，记录第 1 个关键帧。将时间标签放置在 1:22s 的位置，设置“不透明度”选项的数值为 100%，如图 10-97 所示，记录第 2 个关键帧。

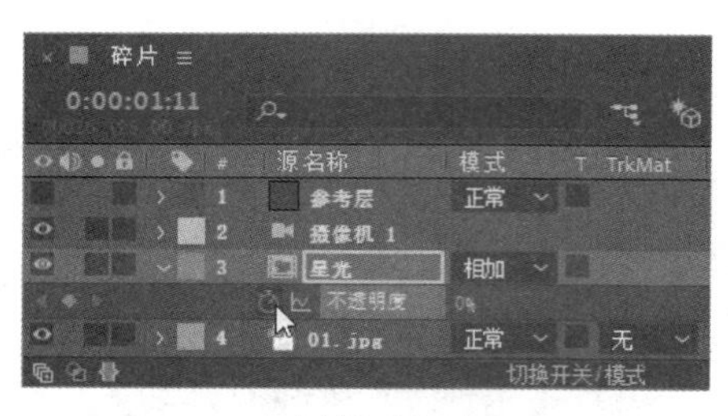

图 10-96

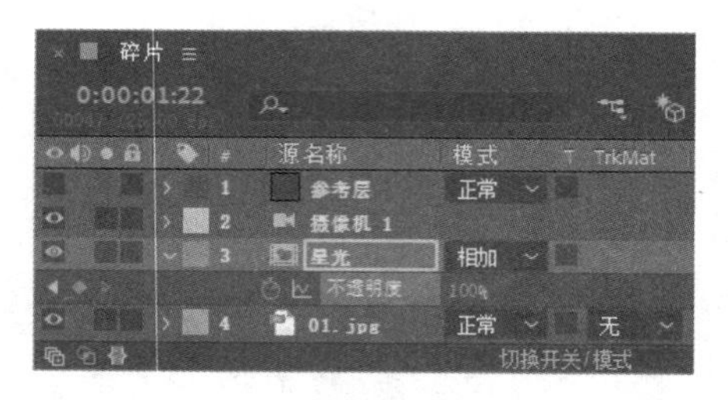

图 10-97

STEP 19 将时间标签放置在 3:24s 的位置，在“时间轴”面板中，单击“不透明度”选项左侧的“在当前时间添加或移除关键帧”按钮，如图 10-98 所示，记录第 3 个关键帧。将时间标签放置在 4:11s 的位置，设置“不透明度”选项的数值为 0%，如图 10-99 所示，记录第 4 个关键帧。

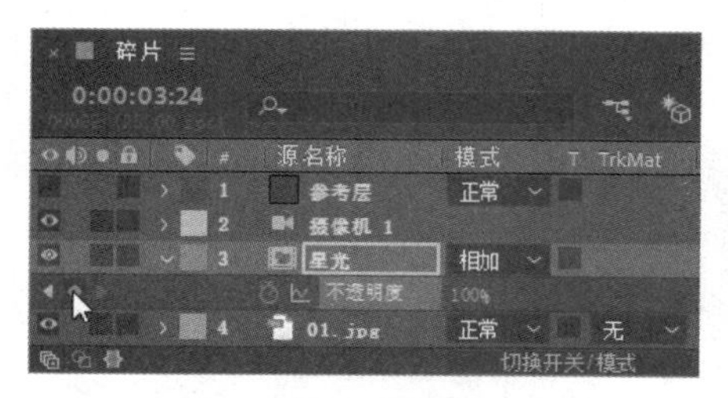

图 10-98

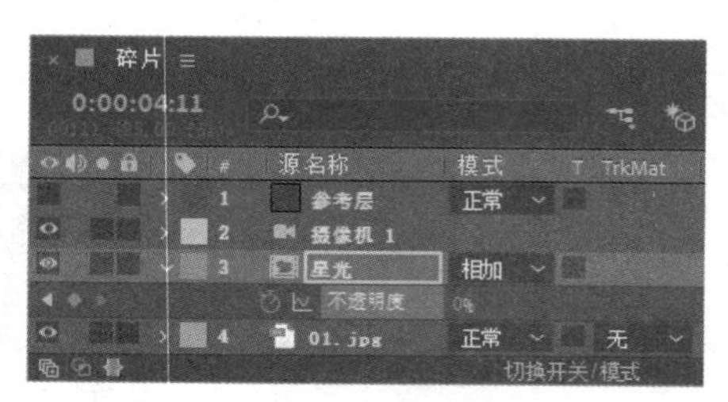

图 10-99

STEP 20 选择“图层 > 新建 > 纯色”命令，弹出“纯色设置”对话框，在“名称”文本框中输入“底板”，将“颜色”设置为灰色（其 R、G、B 的值均为 175），单击“确定”按钮，在当前合成中建立一个新的灰色纯色图层，将其拖曳到最底层，如图 10-100 所示。单击“底板”图层右侧的“3D 图层”按钮，打开三维属性，如图 10-101 所示。

图 10-100

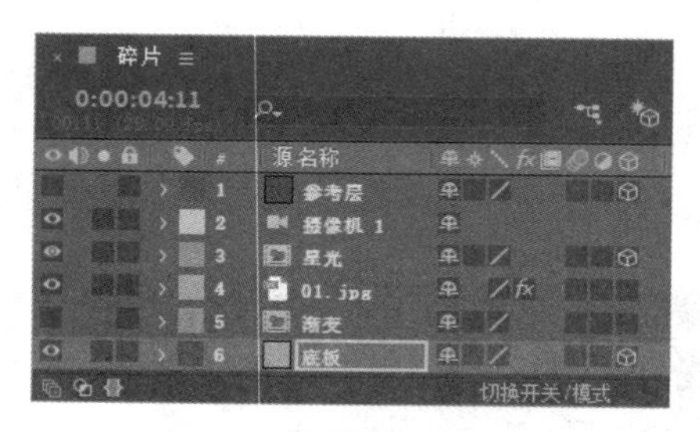

图 10-101

STEP 21 将时间标签放置在 3:24s 的位置，按 P 键，展开“位置”属性，设置“位置”选项的数值为 640、360、0；按住 Shift 键的同时，按 T 键，展开“不透明度”属性，设置“不透明度”选项的数值为 50%；分别单击“位置”选项和“不透明度”选项左侧的“关键帧自动记录器”按钮，如图 10-102 所示，记录第 1 个关键帧。

STEP 22 将时间标签放置在 4:24s 的位置，设置“位置”选项的数值为-270、360、0，“不透明度”选项的数值为 0%，如图 10-103 所示，记录第 2 个关键帧。

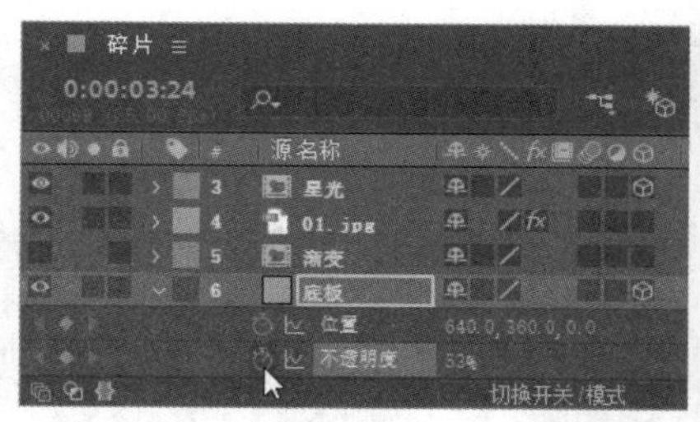

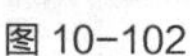
图 10-102

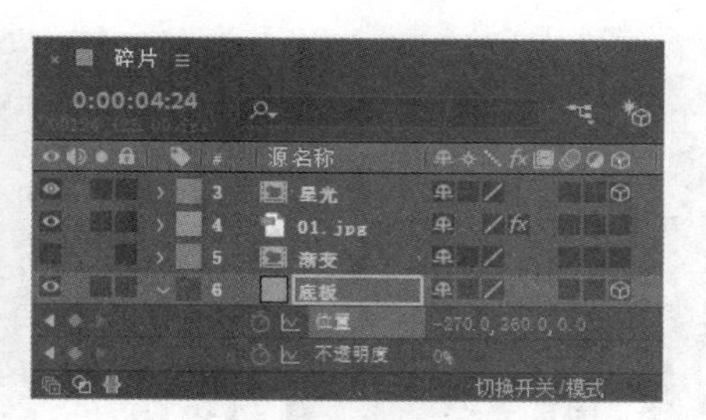

图 10-103

STEP 23 按 Ctrl+N 组合键，弹出“合成设置”对话框，在“合成名称”文本框中输入“最终效果”，其他选项的设置如图 10-104 所示，单击“确定”按钮，创建一个新的合成“最终效果”。在“项目”面板中选中“碎片”合成，将其拖曳到“时间轴”面板中，如图 10-105 所示。

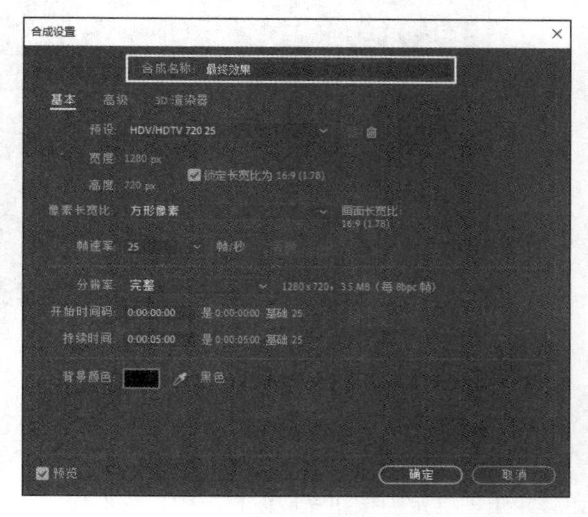

图 10-104

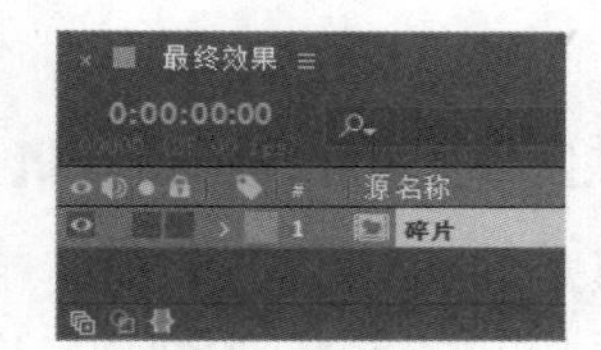

图 10-105

STEP 24 选中“碎片”图层，选择“图层 > 时间 > 启用时间重映射”命令，将时间标签放置在 0s 的位置，在“时间轴”面板中，设置“时间重映射”选项的数值为 04:24，如图 10-106 所示，记录第 1 个关键帧。将时间标签放置在 4:24s 的位置，在“时间轴”面板中，设置“时间重映射”选项的数值为 0，如图 10-107 所示，记录第 2 个关键帧。

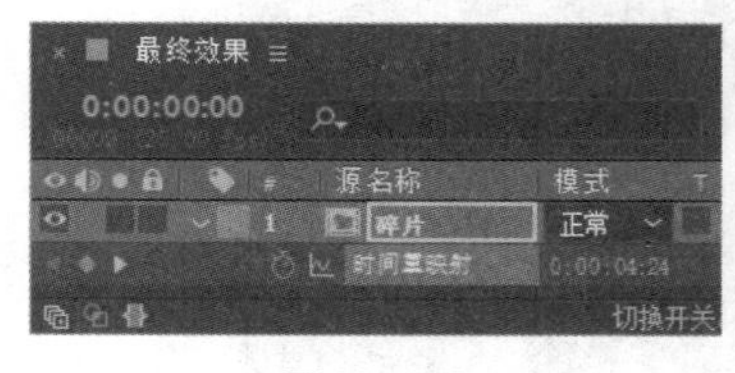

图 10-106

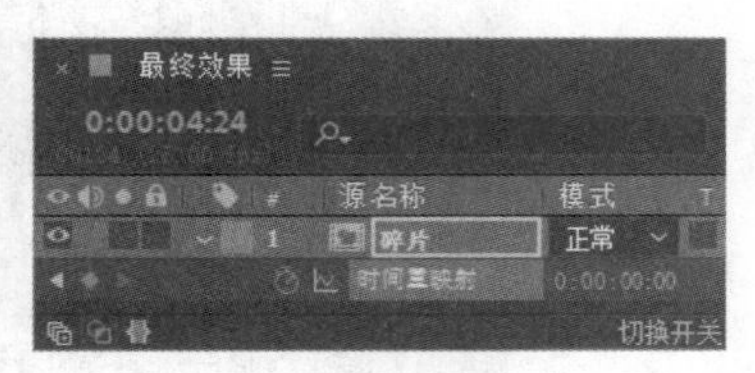

图 10-107

STEP 25 选择“效果 > Trapcode > Starglow”命令，在“效果控件”面板中进行参数设置，如图 10-108 所示。将时间标签放置在 0s 的位置，单击“阈值”选项左侧的“关键帧自动记录器”按钮，如图 10-109 所示，记录第 1 个关键帧。

STEP 26 将时间标签放置在 4:24s 的位置，在“效果控件”面板中，设置“阈值”选项的数值为 480，如图 10-110 所示，记录第 2 个关键帧。星光碎片制作完成，如图 10-111 所示。

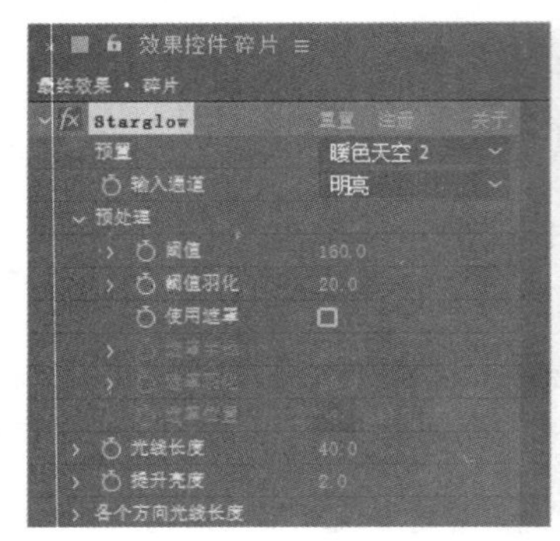

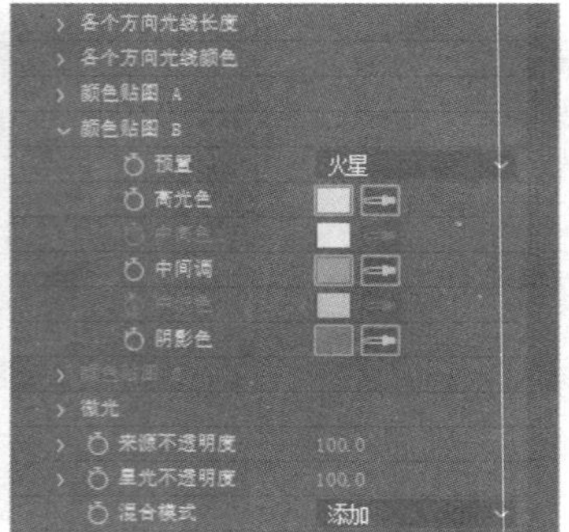

图 10-108

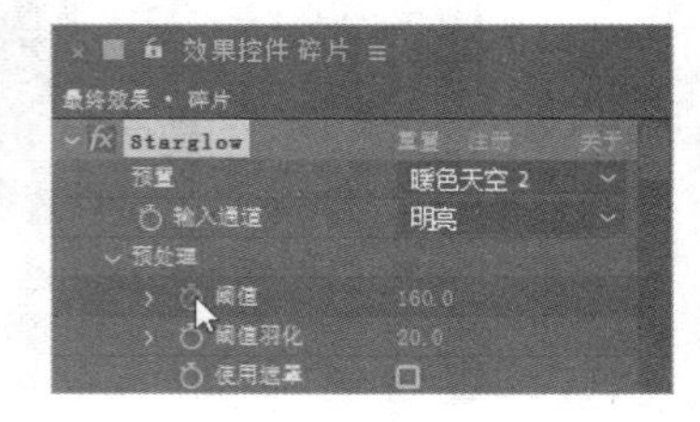

图 10-109

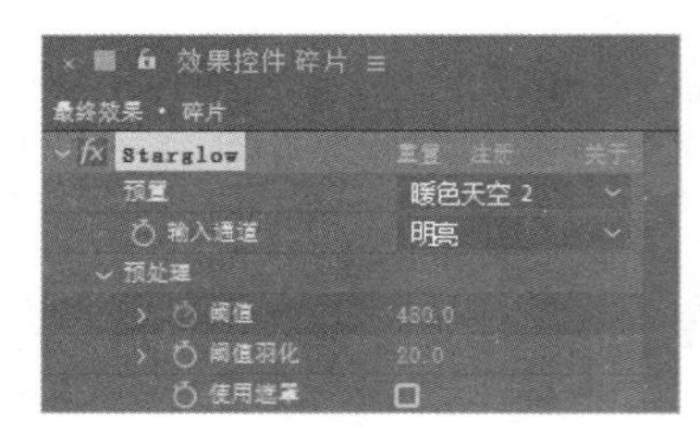

图 10-110

图 10-111

10.2.2 创建和设置摄像机

创建摄像机的方法很简单，选择“图层 > 新建 > 摄像机”命令，或按 Ctrl+Shift+Alt+C 组合键，在弹出的对话框中进行设置，如图 10-112 所示，单击“确定”按钮完成设置。

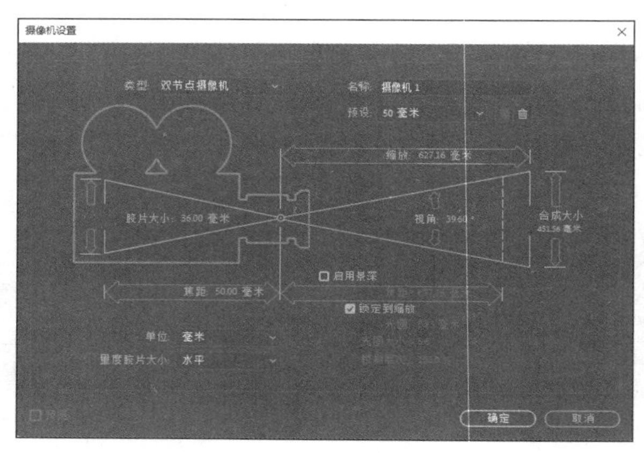

图 10-112

- 名称：设定摄像机名称。
- 预设：摄像机预设，此下拉列表中包含了 9 种常用的摄像机镜头，有标准的“35 毫米”镜头、“15 毫米”广角镜头、“200 毫米”长焦镜头以及自定义镜头等。
- 类型：用于设置单节点摄像机或双节点摄像机。

- 胶片大小：用于设置胶片曝光区域的大小，它直接与合成大小相关。
- 锁定到缩放：选中此复选框，可以使“焦点距离”值与“焦距”值匹配。
- 单位：确定在“摄像机设置”对话框中使用的参数单位，有“像素”“英寸”“毫米”3个选项。
- 量度胶片大小：可以改变“胶片尺寸”的基准方向，有“水平”“垂直”“对角”3个选项。
- 缩放：设置摄像机到图像的距离。“缩放”值越大，通过摄像机显示的图层就会越大，视野也就相应地减小。
- 视角：视角设置。角度越大，视野越宽，相当于广角镜头；角度越小，视野越窄，相当于长焦镜头。调整此参数时，会和“焦长”“胶片尺寸”“变焦”3个值互相影响。
- 焦距：焦距设置，指的是胶片和镜头之间的距离。焦距短，就是广角效果；焦距长，就是长焦效果。
- 启用景深：用于决定是否打开景深功能。配合“焦距”“光圈”“光圈大小”“模糊层次”参数使用。
- 焦距：焦点距离，确定从摄像机开始，到图像最清晰位置的距离。
- 光圈：设置光圈大小。不过在 After Effects 中，光圈大小与曝光没有关系，只影响景深的大小。设置的值越大，前后图像清晰的范围就会越小。
- 光圈大小：快门速度，此参数与“光圈”是互相影响的，同样影响景深模糊程度。
- 模糊层次：控制景深模糊程度，值越大越模糊，为0%则不进行模糊处理。

10.2.3　利用工具移动摄像机

在“工具”面板中有4个移动摄像机的工具，在当前摄像机移动工具上按住鼠标左键不放，弹出其他摄像机移动工具的选项，或按C键在这4个工具之间切换，如图10-113所示。

- 统一摄像机工具：使用3键鼠标的不同按键可以灵活变换操作，鼠标左键为旋转，中键为平移，右键为推拉。
- 轨道摄像机工具：以目标为中心点旋转摄像机的工具。
- 跟踪XY摄像机工具：在垂直方向或水平方向平移摄像机的工具。
- 跟踪Z摄像机工具：将摄像机镜头拉近、推远的工具，也就是让摄像机在 z 轴向上平移的工具。

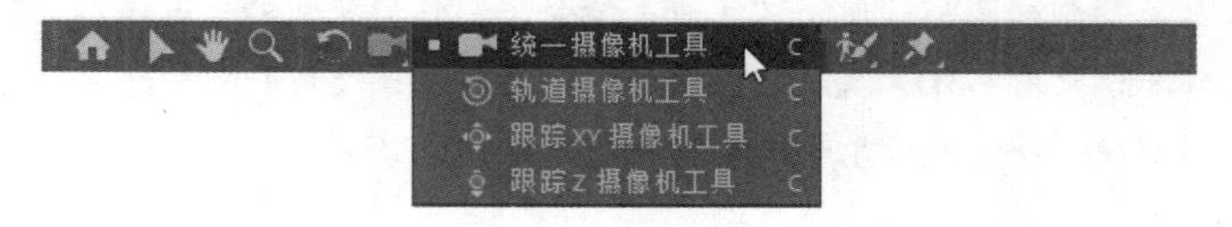

图10-113

10.2.4　摄像机和灯光的入点与出点

在“时间轴”默认状态下，新建摄像机和灯光的入点和出点就是合成项目的入点和出点，即新建摄像机和灯光作用于整个合成项目。为了使多个摄像机或者多个灯光在不同时间段起到作用，可以修改摄像机或者灯光的入点和出点，改变其持续时间，就像对待其他普通素材图层一样，从而方便多个摄像机或者多个灯光在时间上的切换，如图10-114所示。

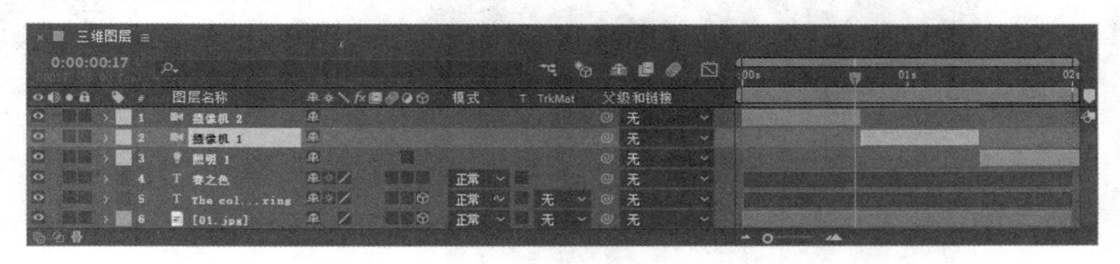

图10-114

10.3 课堂练习——旋转文字

练习知识要点

使用“导入”命令，导入图片；使用“3D”属性，制作三维效果；使用“Y轴旋转”属性和“缩放”属性，制作文字动画。旋转文字效果如图10-115所示。

效果所在位置

资源包 > Ch10 > 旋转文字 > 旋转文字.aep。

图10-115

旋转文字

10.4 课后习题——冲击波

习题知识要点

使用“椭圆”工具，绘制椭圆形；使用“毛边”命令，制作形状粗糙化并添加关键帧；使用“Shine”命令，制作形状发光效果；使用“3D”属性，调整形状空间效果；使用“缩放”选项与“不透明度”选项，编辑形状的大小与不透明度。冲击波效果如图10-116所示。

效果所在位置

资源包 > Ch10 > 冲击波 > 冲击波.aep。

图10-116

冲击波

After Effects CC

Chapter 11

第 11 章 渲染与输出

对于制作完成的影片，可以通过渲染与输出的方式，将影片制作成可以在不同的媒介设备上都能播放的影片，方便用户的作品在各种媒介中传播。本章主要讲解 After Effects 中的渲染与输出功能。读者通过对本章的学习，可以掌握渲染与输出的方法和技巧。

课堂学习目标

- 熟练掌握渲染的设置方法
- 掌握输出的方法

11.1 渲染

渲染在整个影视制作过程中是最后一步，也是相当关键的一步。即使前面制作得再精妙，不成功的渲染也会直接导致作品失败。渲染方式影响影片最终呈现的效果。

After Effects 可以将合成项目渲染输出成视频文件、音频文件或者序列图片等。输出的方式有两种：一种是选择“文件 > 导出”命令直接输出单个的合成项目；另一种是选择“合成 > 添加到渲染队列”命令，将一个或多个合成项目添加到“渲染队列”面板中，逐一批量输出，如图 11-1 所示。

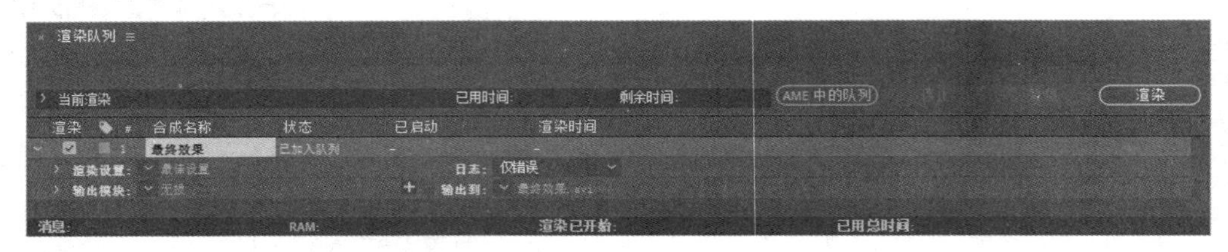

图 11-1

其中，通过“文件 > 导出”命令输出时，可选的格式和解码较少；通过“合成 > 添加到渲染队列”命令进行输出，可以进行非常高级的专业控制，并支持多种格式和解码。因此，在这里主要探讨如何使用“渲染队列”面板进行输出，掌握了这个方法，就会使用“文件 > 导出”方式输出影片了。

11.1.1 “渲染队列”面板

在“渲染队列”面板中可以控制整个渲染进程，调整各个合成项目的渲染顺序，设置每个合成项目的渲染质量、输出格式和路径等。当新添加项目到“渲染队列”面板中时，“渲染队列”面板将自动打开，如果不小心关闭了，也可以通过“窗口 > 渲染队列”命令，再次打开此面板。

单击“当前渲染”左侧的小箭头按钮，显示的信息如图 11-2 所示，主要包括当前正在渲染的合成项目的进度、正在执行的操作、当前输出的路径、文件大小、预测的最终文件、剩余的硬盘空间等。

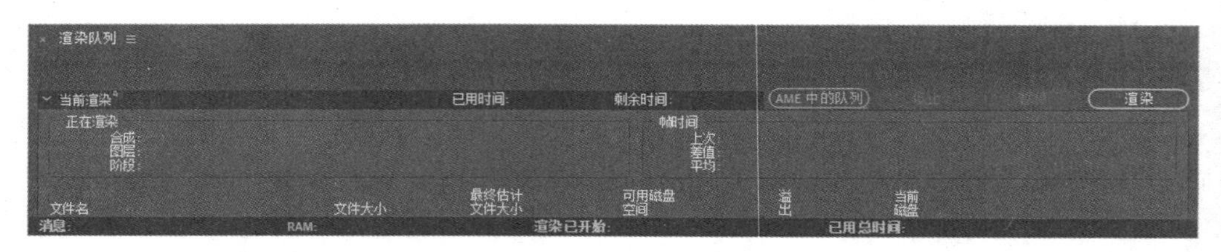

图 11-2

渲染队列区如图 11-3 所示。

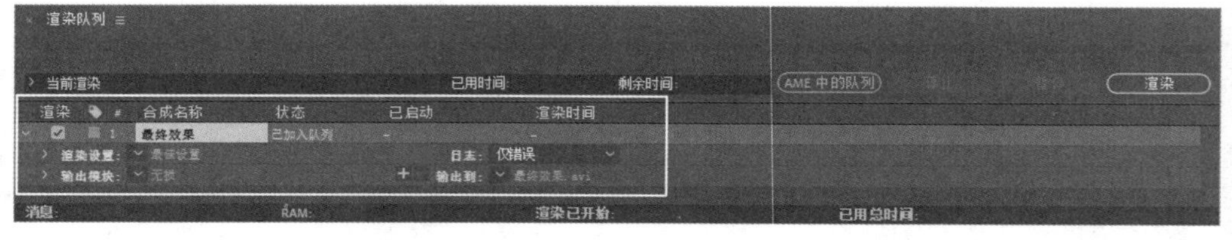

图 11-3

需要渲染的合成项目都将逐一排列在渲染队列中，在此可以设置项目的“渲染设置”、“输出模块”（输出模式、格式和解码等）、“输出到”（文件名和路径）等。

渲染：是否进行渲染操作，只有选中的合成项目才会被渲染。

：选择标签颜色，用于区分不同类型的合成项目，方便用户识别。

#：队列序号，决定渲染的顺序，可以在合成项目上按住鼠标左键并上下拖曳，以改变渲染的先后顺序。

合成名称：合成项目名称。

状态：当前状态。

已启动：渲染开始的时间。

渲染时间：渲染所花费的时间。

单击“渲染队列”面板中的小箭头按钮展开具体设置信息，如图 11-4 所示。单击按钮可以选择已有的设置预置，单击当前设置标题，可以打开具体的设置对话框。

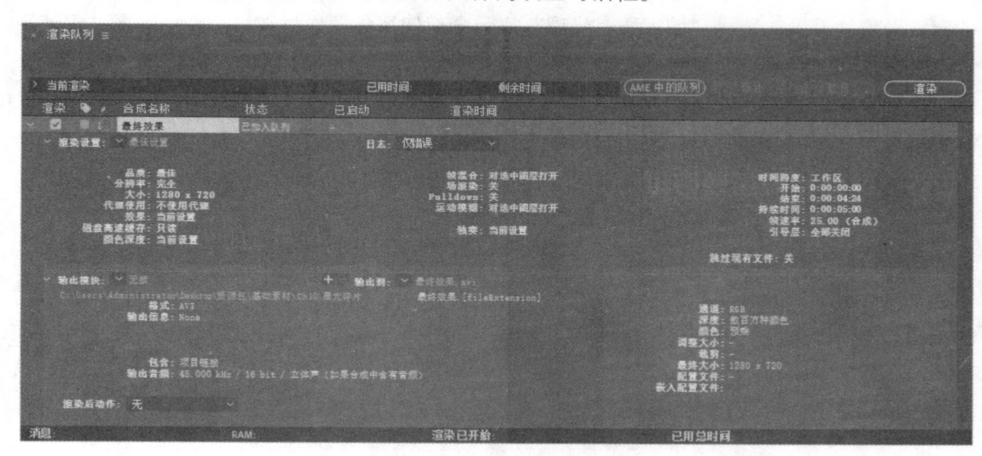

图 11-4

11.1.2 渲染设置选项

渲染设置的方法为：单击“渲染设置”右侧的按钮，在弹出的列表中选择“最佳设置”预置，单击右侧文字“最佳设置”，打开“渲染设置”对话框，如图 11-5 所示。

（1）“合成”设置区如图 11-6 所示。

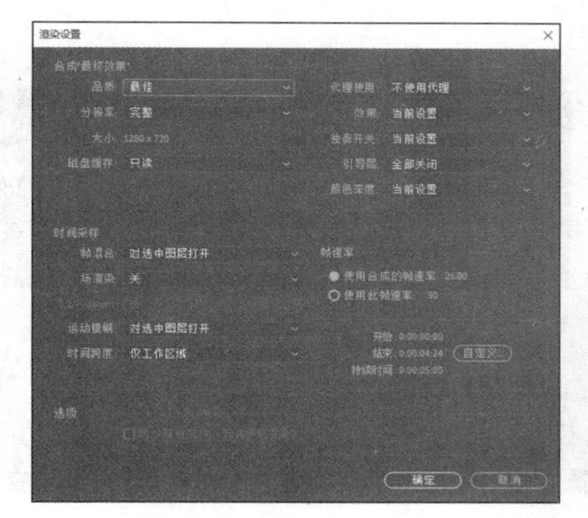

图 11-5

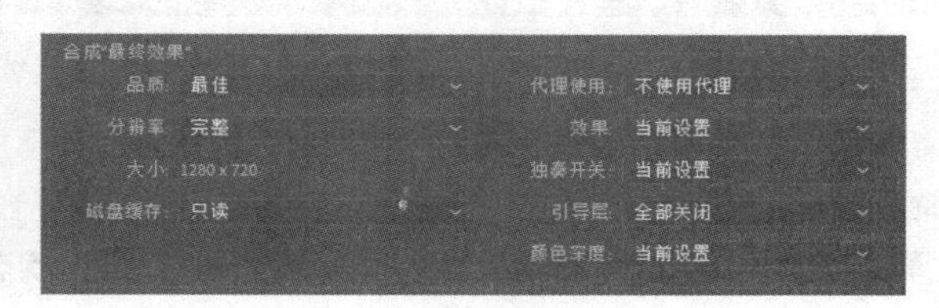

图 11-6

品质：用于设置图层质量，其下拉列表中，“当前设置”表示采用各图层当前设置，即根据“时间轴”面板中各图层属性开关面板上的图层画质设定而定；“最佳”表示全部采用最好的质量（忽略各图层的质量设置）；“草图”表示全部采用粗略质量（忽略各图层的质量设置）；“线框”表示全部采用线框模式（忽略各图层的质量设置）。

分辨率：像素采样质量，其下拉列表中有“完整”“二分之一”“三分之一”“四分之一”等选项可供选择；另外，还可以选择“自定义”命令，在弹出的“自定义分辨率”对话框中自定义分辨率。

大小：用于显示合成的尺寸。

磁盘缓存：用于设置是否采用“首选项”对话框（可使用“编辑 > 首选项”命令打开）中的“媒体和磁盘缓存”中的内存缓存设置，如图 11-7 所示。在“磁盘缓存”下拉列表中，选择“只读”表示不采用“首选项”对话框的设置，而且在渲染过程中，不会有任何新的帧被写入内存缓存中；选择“当前设置”表示采用“首选项”对话框中的设置进行渲染。

代理使用：用于设置是否使用代理素材，在其下拉列表中，选择“当前设置”表示采用当前“项目”面板中各素材当前的设置；选择“使用所有代理”表示全部使用代理素材进行渲染；选择“仅使用合成代理”表示只对合成项目使用代理素材；选择“不使用代理”表示全部不使用代理素材。

效果：用于设置是否采用效果，在其下拉列表中，选择“当前设置”表示采用当前“时间轴”中各个效果当前的设置；选择“全部开启”表示启用所有的效果，即使某些效果处于暂时关闭状态；选择“全部关闭”表示关闭所有效果。

独奏开关：用于指定是否只渲染“时间轴”中“独奏”开关开启的图层，如果设置为“全部关闭”，则表示不考虑“独奏”开关。

引导层：用于指定是否只渲染参考图层。

颜色深度：用于选择色深，如果是标准版的 After Effects，则设有“每通道 8 位”“每通道 16 位”“每通道 32 位”这 3 个选项。

（2）“时间采样”设置区如图 11-8 所示。

图 11-7

图 11-8

帧混合：用于设置是否采用“帧混合”模式，在其下拉列表中，选择“当前设置”表示根据当前“时间轴”面板中“帧混合开关”的状态和各个图层“帧混合模式”的状态，来决定是否使用帧混合功能；选择“对选中图层打开”表示忽略“帧混合开关”的状态，对所有设置了“帧混合模式”的图层应用帧混合功能；选择“对所有图层关闭”则表示不启用帧混合功能。

场渲染：用于指定是否采用场渲染方式，在其下拉列表中，选择“关”表示渲染成不含场的视频影片；选择“高场优先”表示渲染成上场优先的含场的视频影片；选择“低场优先”表示渲染成下场优先的含场的视频影片。

3：2 Pulldown：用于设置是否采用 3：2 下拉的引导相位法。

运动模糊：用于设置是否采用运动模糊，在其下拉列表中，选择“当前设置”表示根据当前“时间轴”面板中“运动模糊开关”的状态和各个图层“运动模糊”的状态，来决定是否使用运动模糊功能；选择“对选中图层打开”表示忽略“运动模糊开关”的状态，对所有设置了“运动模糊”的图层应用运动模糊功能；选择“对所有图层关闭”则表示不启用运动模糊功能。

时间跨度：用于定义当前合成项目的渲染的时间范围，在其下拉列表中，选择“合成长度”表示渲染整个合成项目，也就是合成项目设置了多长的持续时间，输出的影片就有多长时间；选择“仅工作区域”表示根据时间轴中设置的工作环境范围来设定渲染的时间范围（按 B 键，工作范围开始；按 N 键，工作范围结束）；选择“自定义”表示自定义渲染的时间范围。

使用合成的帧速率：若选中此项，则表示使用合成项目中设置的帧速率。

使用此帧速率：若选中此项，则表示使用此处设置的帧速率。

图 11-9

（3）“选项”设置区如图 11-9 所示。

跳过现有文件（允许多机渲染）：选中此复选框将自动忽略已存在的序列图片，也将忽略已经渲染过的序列帧图片，此功能主要用于网络渲染。

11.1.3　设置输出模块

“渲染设置”完成后，开始设置输出模块，主要是设定输出的格式和解码方式等。单击“输出模块”选项右侧的按钮，在弹出的列表中可以选择系统预置的一些格式和解码，单击右侧的文字标题，弹出“输出模块设置”对话框，如图 11-10 所示。

（1）基础设置区如图 11-11 所示。

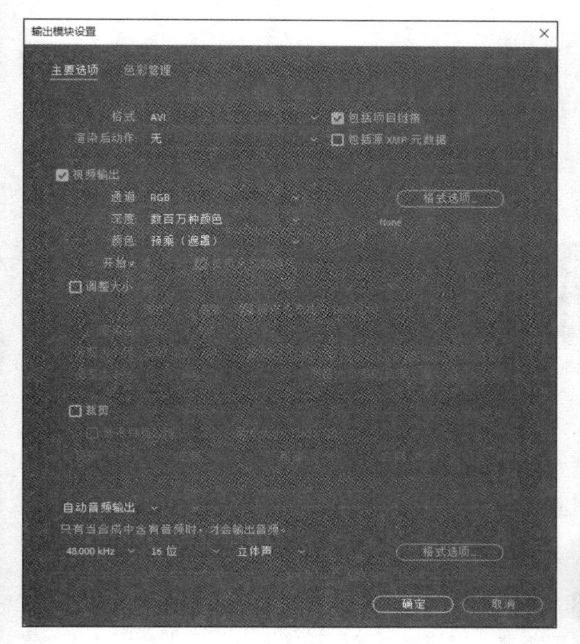

图 11-10

图 11-11

格式：设置输出的文件格式，可选项非常丰富，如“QuickTime Movie”“AVI”“JPEG 序列”“WAV”等。

渲染后动作：用于指定 After Effects 软件是否使用刚渲染的文件作为素材或者代理素材，在其下拉列表中，选择“导入”表示渲染完成后自动作为素材置入当前项目中；选择“导入和替换用法”表示渲染完成后自动置入项目中替代合成项目，包括这个合成项目被嵌入其他合成项目中的情况；选择“设置代理”表示渲染完成后作为代理素材置入项目中。

（2）视频设置区如图 11-12 所示。

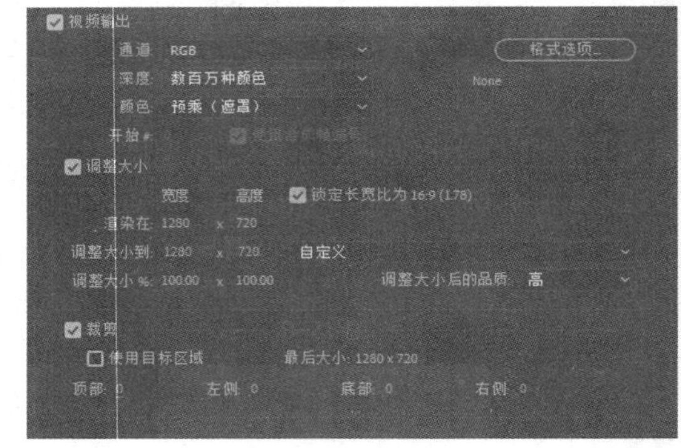

图 11-12

视频输出：是否输出视频信息。

通道：选择输出的通道，包括“RGB”（3 个色彩通道）、“Alpha”（仅输出 Alpha 通道）和“RGB+ Alpha”（三色通道和 Alpha 通道）。

深度：色深选择。

颜色：指定输出的视频包含的 Alpha 通道为哪种模式——“直通（无遮罩）”模式还是“预乘（遮罩）”模式。

开始#：当输出的格式选择的是序列图时，在这里可以指定序列图的文件名序列数；为了将来识别方便，也可以选中“使用合成帧编号”复选框，让输出的序列图片数字就是其帧数字。

格式选项：对视频的编码方式进行选择。虽然之前确定了输出的格式，但是每种文件格式中又有多种编码方式，使用不同的编码方式会生成不同质量的影片，最后产生的文件大小也会有所不同。

调整大小：缩放的具体高宽尺寸，也可以从右侧的预置列表中选择。

调整大小到：是否对画面进行缩放处理。

调整大小%：设置缩放的高度比。

调整大小后的品质：对缩放质量进行选择。

锁定长宽比：指定是否强制高宽比为特殊比例。

裁剪：指定是否裁切画面。

使用目标区域：仅采用“合成”面板中的“目标区域”工具确定的画面区域。

顶部、左侧、底部、右侧：这 4 个选项分别用于设置上、左、下、右被裁切掉的像素尺寸。

（3）音频设置区如图 11-13 所示。

图 11-13

音频输出：是否输出音频信息。

格式选项：音频的编码方式，也就是用什么压缩方式压缩音频信息。

音频质量设置：包括赫兹、比特、立体声或单声道设置。

11.1.4 渲染和输出的预置

虽然 After Effects 提供了众多的“渲染设置”和“输出模块”预置，不过可能还是不能满足更多的个性化需求。用户可以将常用的一些设置存储为自定义的预置，以后进行输出操作时，不需要一遍遍地反复设置，只需要单击“渲染设置”选项和“输出模块”选项右侧的按钮，在弹出的列表中选择即可。

使用“渲染设置模板”和“输出模块模板”对话框，如图 11–14 和图 11–15 所示，可以选择预设的“渲染设置”和“输出模块”的设置，调出对话框的方法是使用“编辑 > 模板 > 渲染设置”和“编辑 > 模板 > 输出模块”命令。

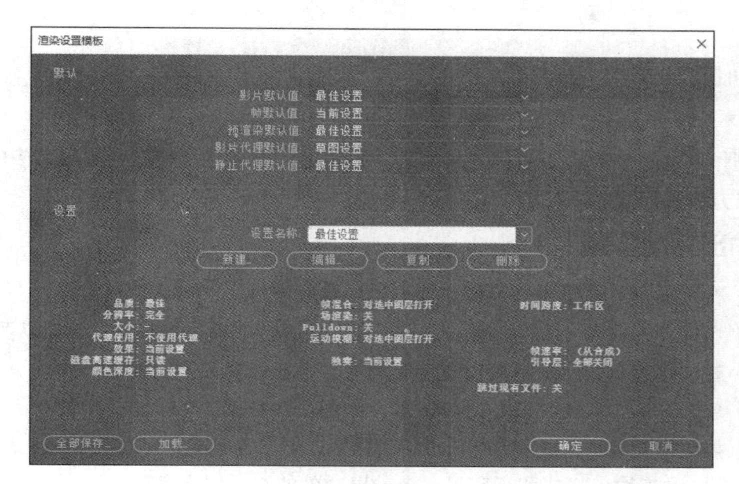

图 11–14

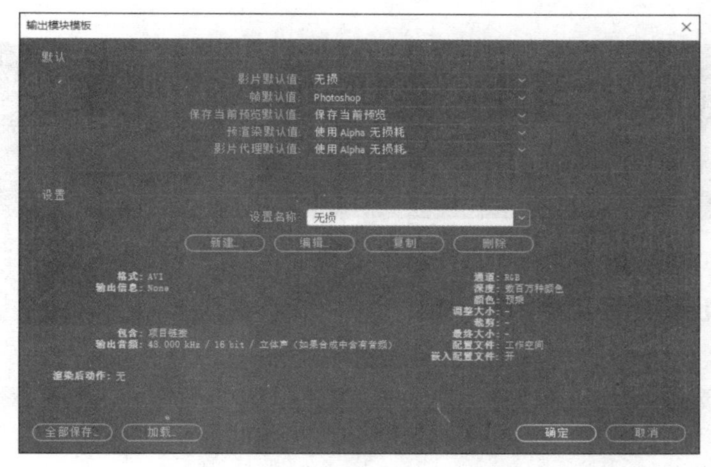

图 11–15

11.1.5　编码和解码问题

完全不压缩的视频和音频数据量是非常庞大的，因此在输出时需要通过特定的压缩技术对数据进行压缩处理，以减小最终的文件大小，便于传输和存储。这样就需要在输出时选择恰当的编码器，在播放时使用同样的解码器解压还原画面。

目前视频流传输中较为重要的编码标准有国际电信联盟的 H.261、H.263，运动静止图像专家组的 M–JPEG，以及国际标准化组织运动图像专家组的 MPEG 系列标准。此外，互联网上广泛应用的还有 Real–Networks 的 RealVideo、微软公司的 WMT 以及苹果公司的 QuickTime 等。

就文件的格式来讲，对于.avi 微软视窗系统中的通用视频格式，现在流行的编码和解码方式有 Xvid、

MPEG-4、DivX、Microsoft DV 等；对于.mov 苹果公司的 QuickTime 视频格式，比较流行的编码和解码方式有 MPEG-4、H.263、Sorenson Video 等。

在输出时，最好选择使用普遍的编码器和文件格式，或者是目标客户平台共有的编码器和文件格式；否则在其他播放环境中播放时，有可能因为缺少解码器或相应的播放器而无法看见视频或者听到声音。

11.2 输出

可以将设计制作好的视频效果以多种方式输出，如输出标准视频和输出合成项目中的某一帧。下面具体介绍视频的输出方法和形式。

11.2.1 输出标准视频

STEP 1 在“项目”面板中，选择需要输出的合成项目。

STEP 2 选择“合成 > 添加到渲染队列”命令，将合成项目添加到“渲染队列”面板中。

STEP 3 在“渲染队列”面板中设置渲染属性、输出格式和输出路径。

STEP 4 单击“渲染”按钮开始渲染运算，如图 11-16 所示。

STEP 5 如果需要将此合成项目渲染成多种格式或者多种解码，可以在步骤 3 之后，选择“合成 > 添加输出模块”命令，添加输出格式和指定另一个输出文件的路径以及名称，这样可以做到一次创建，任意发布。

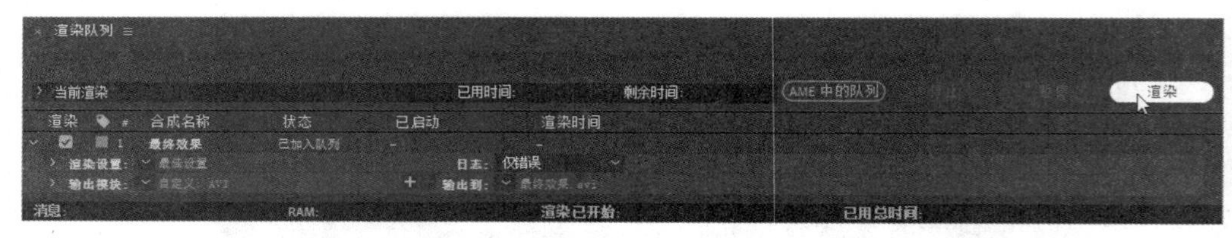

图 11-16

11.2.2 输出合成项目中的某一帧

STEP 1 在“时间轴”面板中，移动时间标签到目标帧。

STEP 2 选择“合成 > 帧另存为 > 文件”命令，或按 Ctrl+Alt+S 组合键，添加渲染任务到“渲染队列”面板中。

STEP 3 单击“渲染”按钮开始渲染运算。

STEP 4 如果选择“合成 > 帧另存为 > Photoshop 图层”命令，则直接打开文件存储对话框，选择好路径和文件名，即可完成单帧画面的输出。

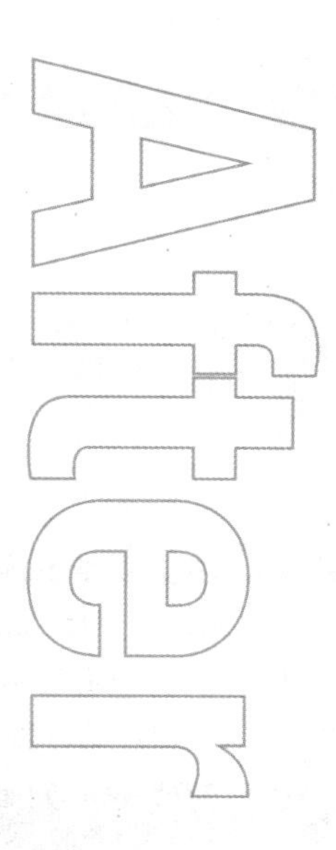

Chapter

12

第 12 章 商业案例实训

本章结合多个应用领域的商业案例，通过案例分析、案例设计、案例制作，进一步详细讲解After Effects 的强大功能和使用技巧。读者在学习本章介绍的商业案例后，可以快速掌握 After Effects 的视频特效和各种功能的技术要点，设计制作出专业作品。

课堂学习目标

- 进一步掌握 After Effects 的使用方法
- 了解 After Effects 的应用领域
- 掌握 After Effects 在不同应用领域的使用技巧

12.1 制作汽车广告

12.1.1 案例分析

阿莱顿·马克是一家跑车生产制造公司，以生产敞篷旅行车、赛车和限量跑车为主，现推出新款小火神 V7 系列跑车，需要一个宣传广告，宣传广告在设计上要求突出跑车性能及特点，展现出品牌品质。

在设计制作过程中，使用深色调作为背景颜色，烘托出低调奢华的感觉。整体设计力求简洁明了，能够表现出宣传主题。设计风格要具有特色且时尚新潮，在细节的处理上要细致独特，突出产品特色。

本案例将使用“导入”命令，导入素材文件；使用“卡片擦除”命令，制作图像过渡；使用“位置”属性、“不透明度”属性，制作动画效果。

图 12-1

12.1.2 案例设计

本案例的效果如图 12-1 所示。

12.1.3 案例制作

1. 制作页面 1 动画效果

制作汽车广告 1

STEP 1 按 Ctrl+N 组合键，弹出“合成设置”对话框，在“合成名称”文本框中输入“页面 1”，设置“背景颜色”为白色，其他选项的设置如图 12-2 所示，单击“确定”按钮，创建一个新的合成“页面 1”。

STEP 2 选择“文件 > 导入 > 文件”命令，弹出“导入文件”对话框，选择资源包中的“Ch12 > 制作汽车广告 > (Footage) > 01.jpg、02.png～13.png、14.mp3”文件，单击“导入”按钮，导入文件到“项目”面板中，如图 12-3 所示。在“项目”面板中，选中“01.jpg”文件，并将其拖曳到“时间轴”面板中，如图 12-4 所示。

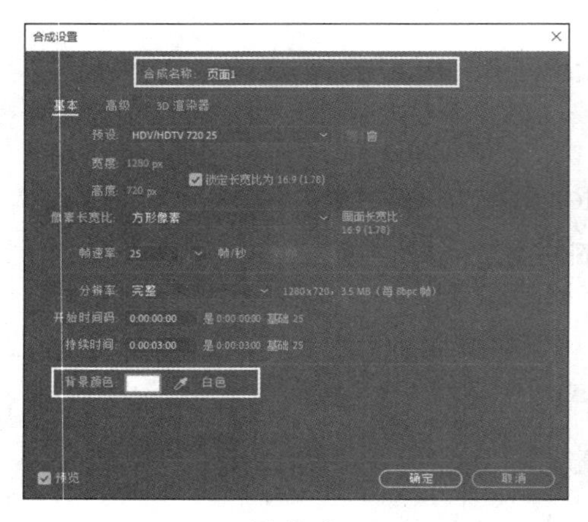
图 12-2

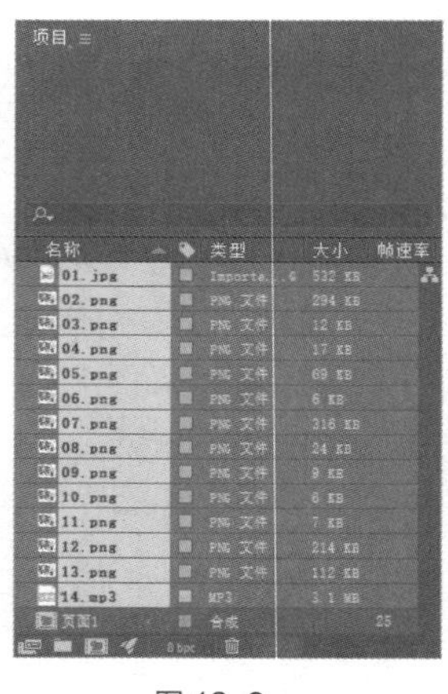
图 12-3

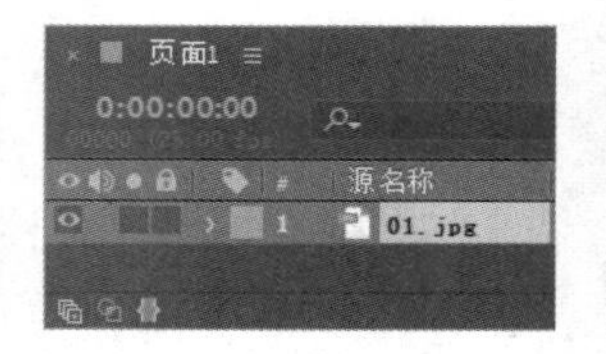
图 12-4

STEP 3 选中“01.jpg”图层，选择“效果 > 过渡 > 卡片擦除”命令，在“效果控件”面板中进行参数设置，如图 12-5 所示。

STEP 4 将时间标签放置在 2:13s 的位置，在“效果控件”面板中，单击“过渡完成”选项左侧的“关键帧自动记录器”按钮，如图 12-6 所示，记录第 1 个关键帧。将时间标签放置在 2:24s 的位置，设置“过渡完成”选项的数值为 100%，如图 12-7 所示，记录第 2 个关键帧。

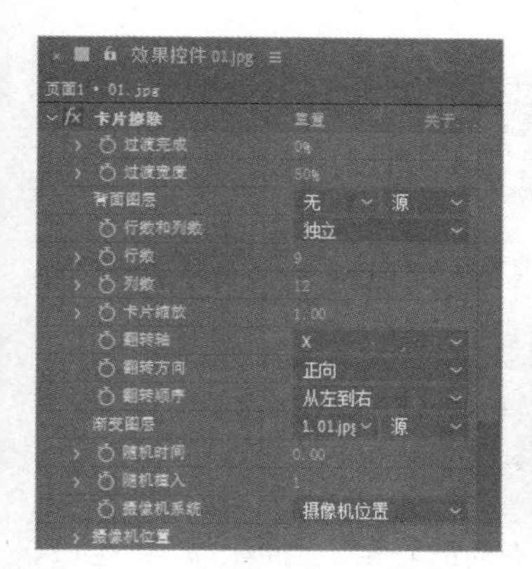

图 12-5

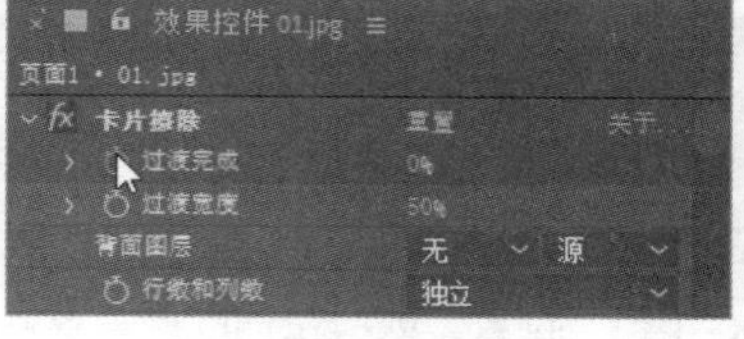

图 12-6

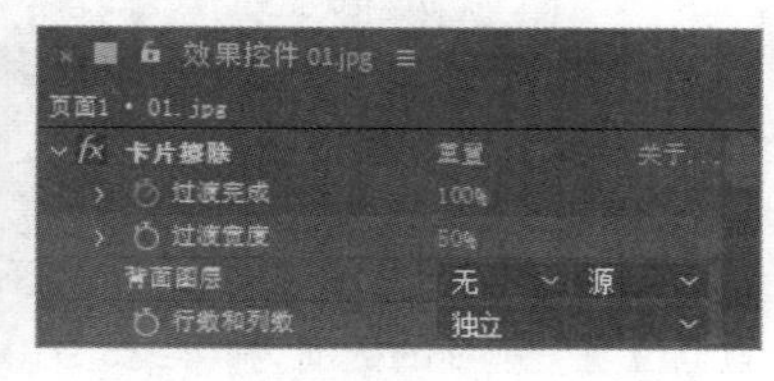

图 12-7

STEP 5 在“项目”面板中，选中“02.png～06.png”文件，并将它们拖曳到“时间轴”面板中，图层的排列如图 12-8 所示。选中“05.png”图层，按 P 键，展开“位置”属性，设置“位置”选项的数值为 578.2、454，如图 12-9 所示。

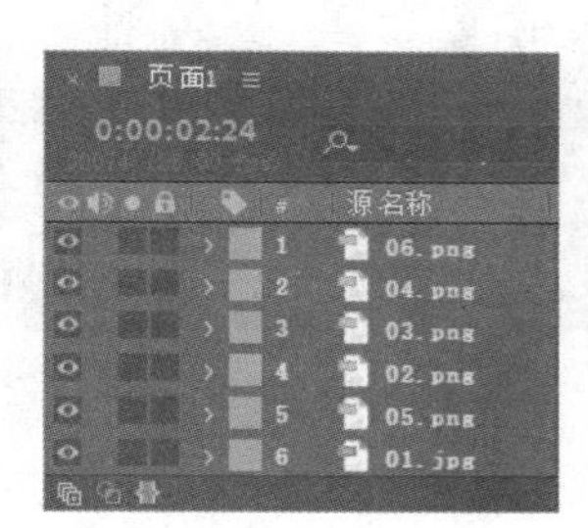

图 12-8

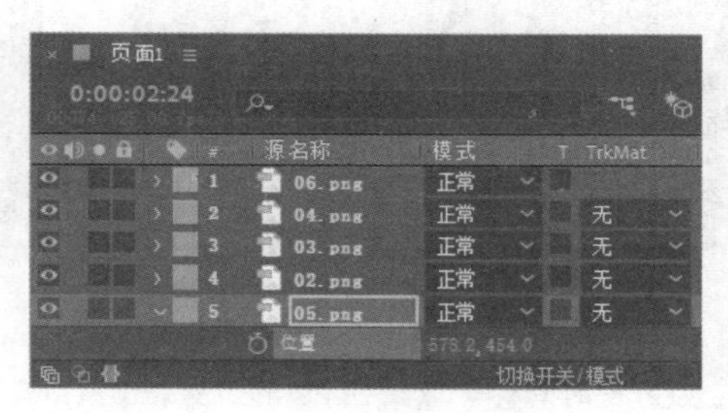

图 12-9

STEP 6 将时间标签放置在 0:13s 的位置，按 T 键，展开“不透明度”属性，设置“不透明度”选项的数值为 0%，单击“不透明度”选项左侧的“关键帧自动记录器”按钮，如图 12-10 所示，记录第 1 个关键帧。将时间标签放置在 1s 的位置，设置“不透明度”选项的数值为 100%，如图 12-11 所示，记录第 2 个关键帧。

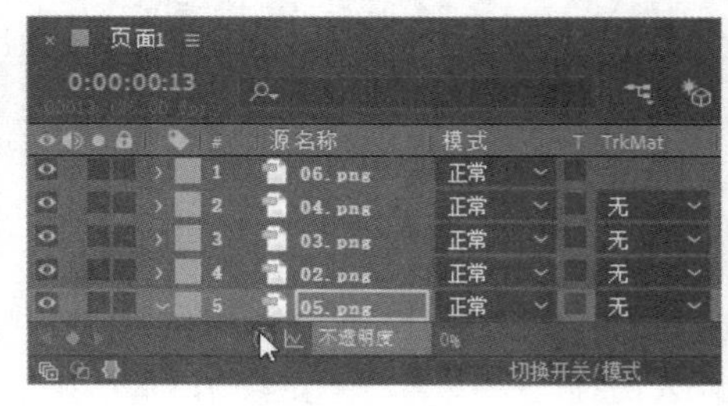

图 12-10

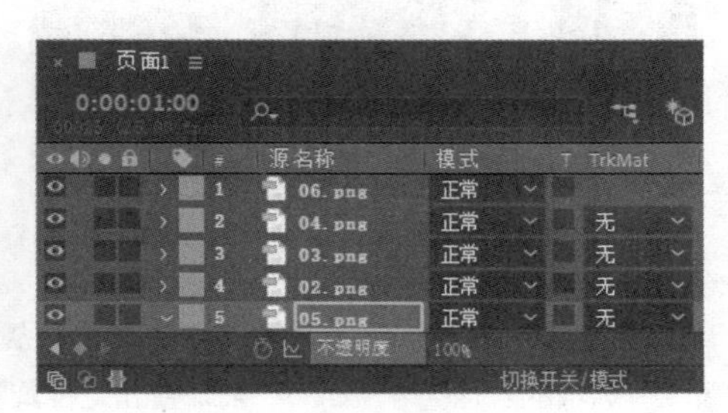

图 12-11

STEP 7 将时间标签放置在 2s 的位置，单击“不透明度”选项左侧的“在当前时间添加或移除关键帧”按钮◆，如图 12-12 所示，记录第 3 个关键帧。将时间标签放置在 2:13s 的位置，设置“不透明度”选项的数值为 0%，如图 12-13 所示，记录第 4 个关键帧。

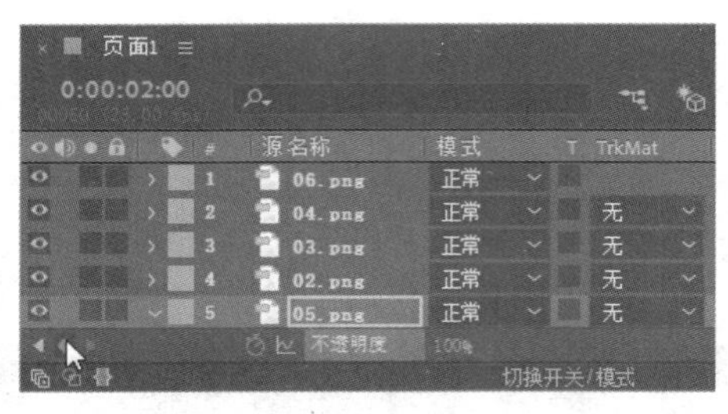

图 12-12

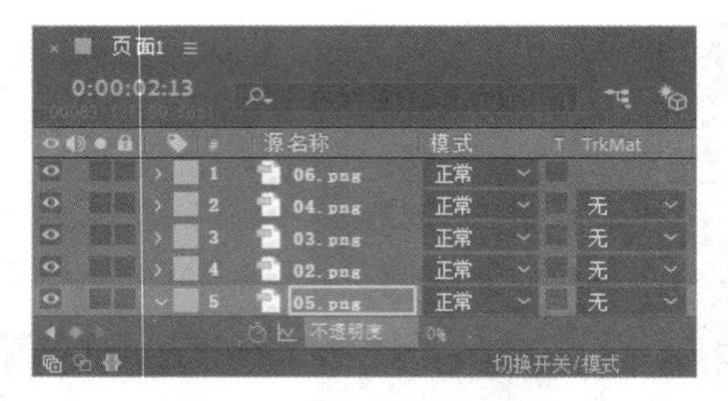

图 12-13

STEP 8 将时间标签放置在 0s 的位置，选中“02.png”图层，按 P 键，展开“位置”属性，设置“位置”选项的数值为 1492、910，单击“位置”选项左侧的“关键帧自动记录器”按钮⏱，如图 12-14 所示，记录第 1 个关键帧。将时间标签放置在 0:13s 的位置，设置“位置”选项的数值为 880.1、491.9，如图 12-15 所示，记录第 2 个关键帧。

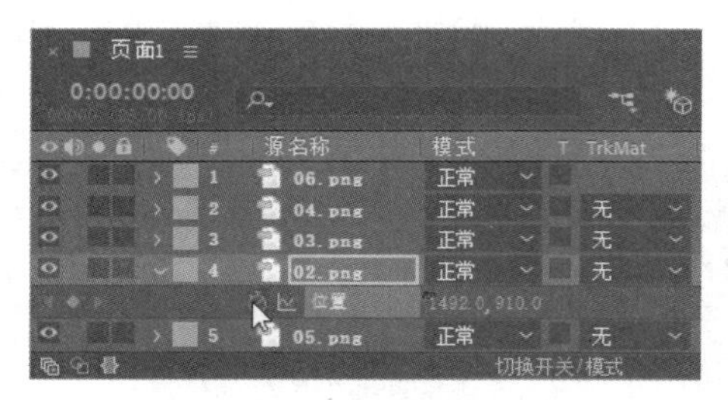

图 12-14

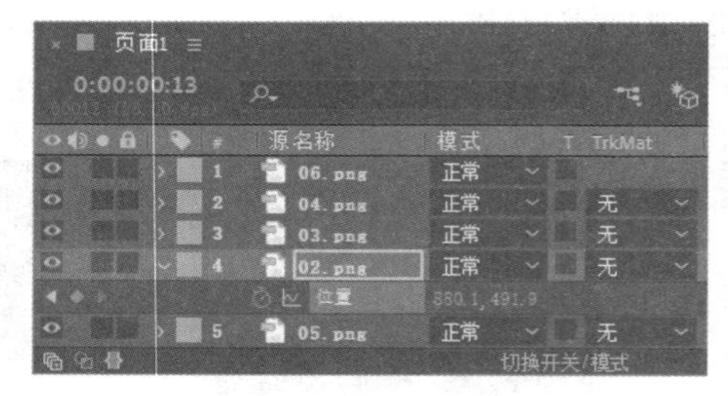

图 12-15

STEP 9 将时间标签放置在 2s 的位置，设置“位置”选项的数值为 708、376，如图 12-16 所示，记录第 3 个关键帧。将时间标签放置在 2:13s 的位置，设置“位置”选项的数值为-172、-246，如图 12-17 所示，记录第 4 个关键帧。

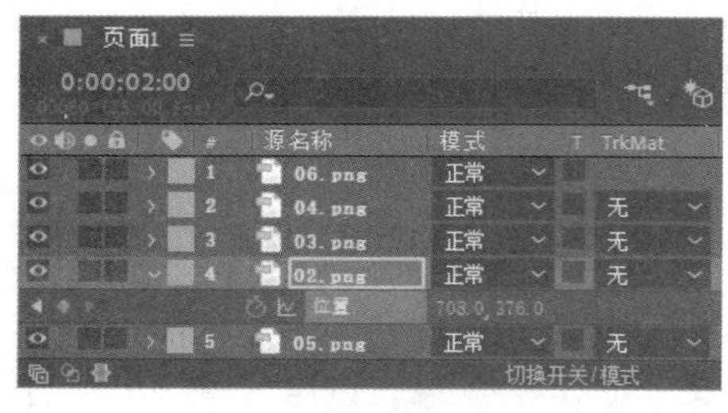

图 12-16

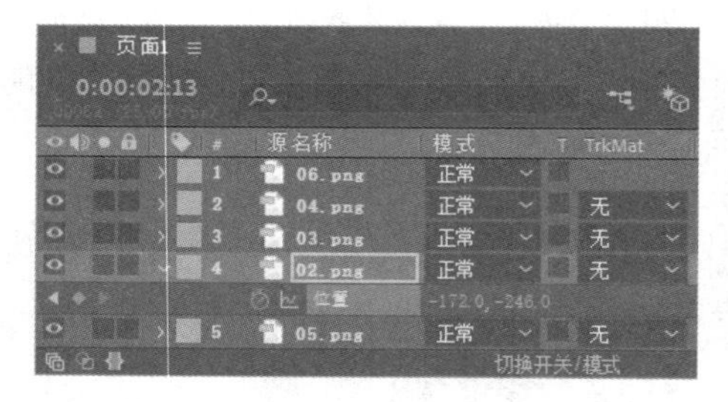

图 12-17

STEP 10 将时间标签放置在 0:13s 的位置，选中“03.png”图层，按 P 键，展开“位置”属性，设置“位置”选项的数值为 1360、719.3，单击“位置”选项左侧的“关键帧自动记录器”按钮⏱，如图 12-18 所示，记录第 1 个关键帧。将时间标签放置在 1s 的位置，设置“位置”选项的数值为 585.3、187.4，如图 12-19 所示，记录第 2 个关键帧。

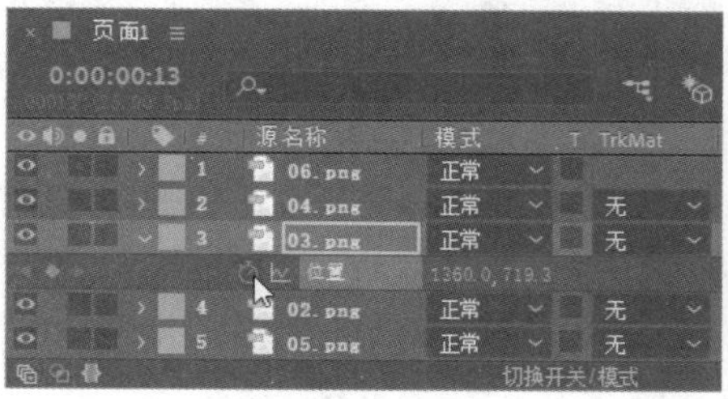

图 12-18 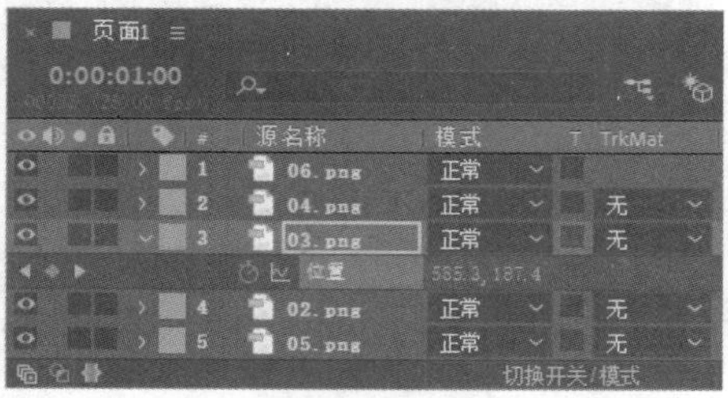　　图 12-19

STEP 11 将时间标签放置在 2s 的位置，设置“位置”选项的数值为 371.9、41.4，如图 12-20 所示，记录第 3 个关键帧。将时间标签放置在 2:13s 的位置，设置“位置”选项的数值为 36.5、−181.8，如图 12-21 所示，记录第 4 个关键帧。

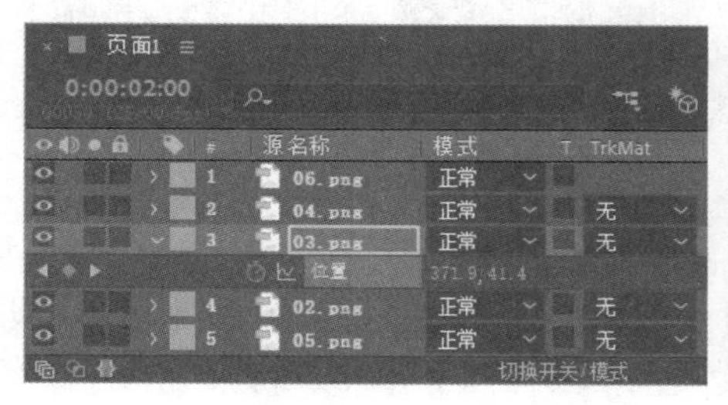

图 12-20

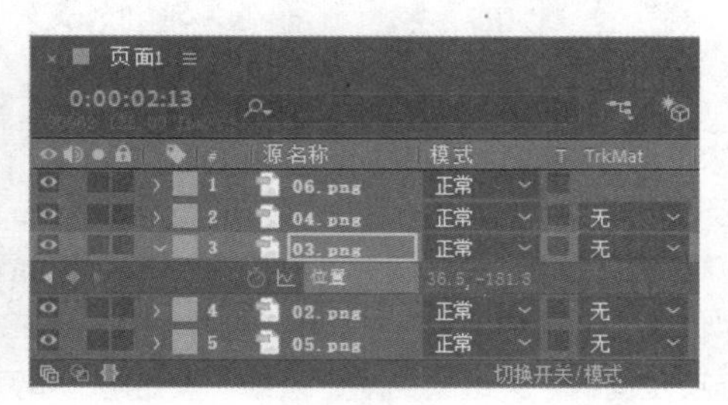

图 12-21

STEP 12 将时间标签放置在 0:13s 的位置，选中“04.png”图层，按 P 键，展开“位置”属性，设置“位置”选项的数值为 429.5、483.5；按住 Shift 键的同时，按 T 键，展开“不透明度”属性，设置“不透明度”选项的数值为 0%，单击“不透明度”选项左侧的“关键帧自动记录器”按钮，如图 12-22 所示，记录第 1 个关键帧。将时间标签放置在 1s 的位置，设置“不透明度”选项的数值为 100%，如图 12-23 所示，记录第 2 个关键帧。

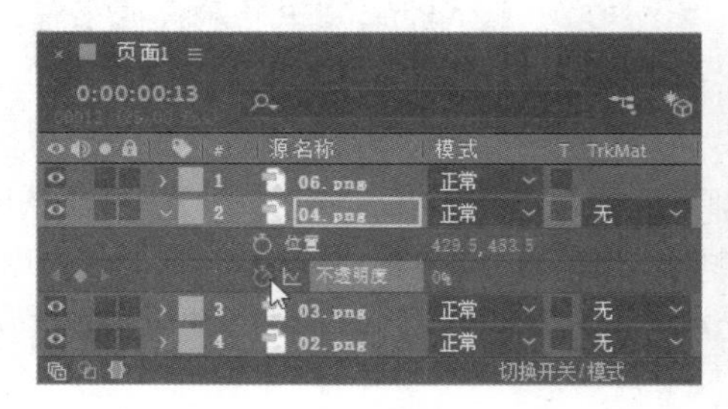

图 12-22

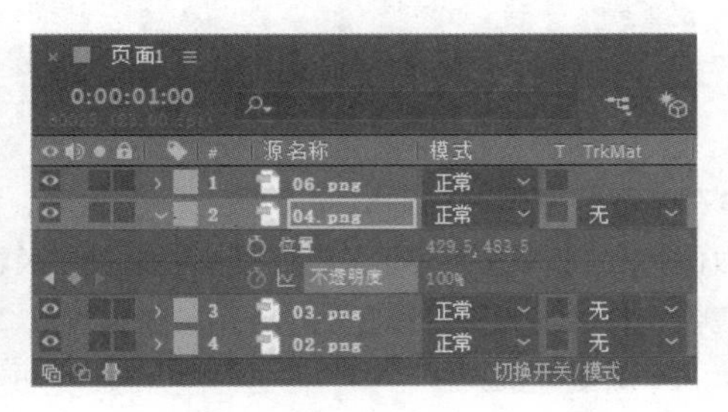

图 12-23

STEP 13 将时间标签放置在 2s 的位置，单击“不透明度”选项左侧的“在当前时间添加或移除关键帧”按钮，如图 12-24 所示，记录第 3 个关键帧。将时间标签放置在 2:13s 的位置，设置“不透明度”选项的数值为 0%，如图 12-25 所示，记录第 4 个关键帧。

STEP 14 将时间标签放置在 0:20s 的位置，按 S 键，展开“缩放”属性，单击“缩放”选项左侧的“关键帧自动记录器”按钮，如图 12-26 所示，记录第 1 个关键帧。将时间标签放置在 2s 的位置，设置“缩放”选项的数值为 110%，如图 12-27 所示，记录第 2 个关键帧。

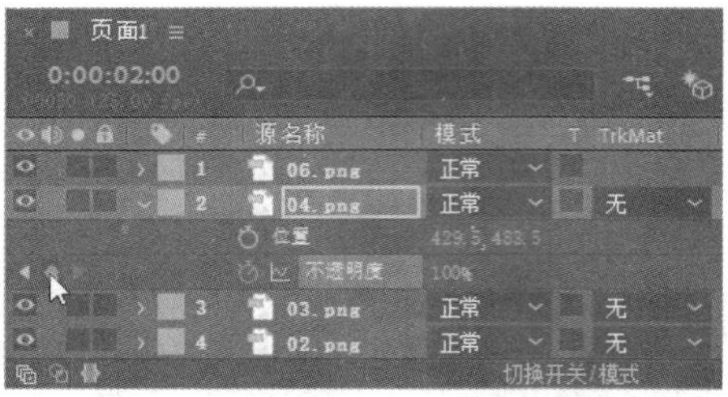

图 12-24

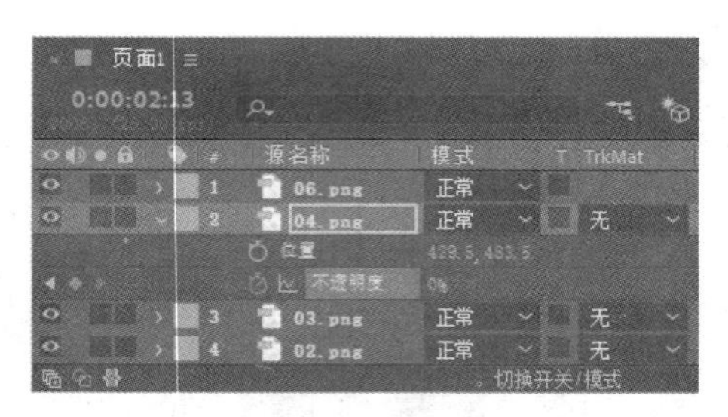

图 12-25

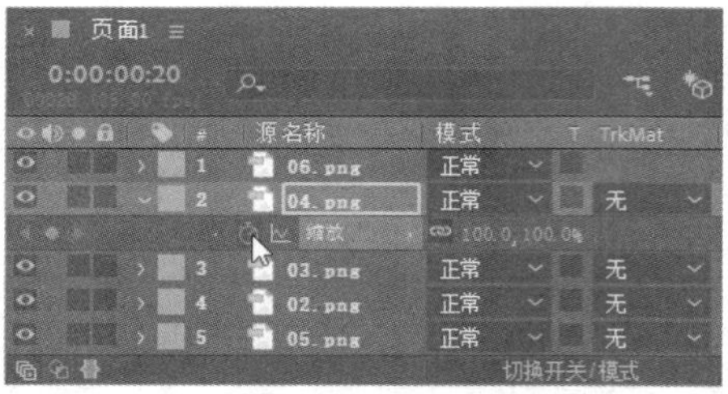

图 12-26

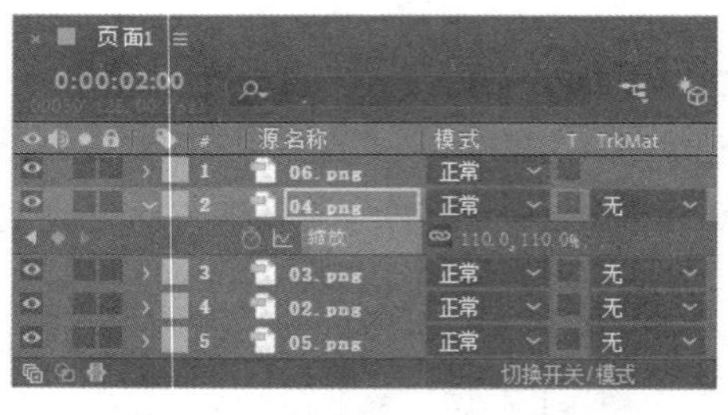

图 12-27

STEP 15 将时间标签放置在 1:14s 的位置，选中“06.png”图层，按 P 键，展开“位置”属性，设置“位置”选项的数值为 1164.9、541.1；按住 Shift 键的同时，按 S 键，展开“缩放”属性，单击“缩放”选项左侧的“关键帧自动记录器”按钮，如图 12-28 所示，记录第 1 个关键帧。将时间标签放置在 2:07s 的位置，设置“缩放”选项的数值为 110%，如图 12-29 所示，记录第 2 个关键帧。

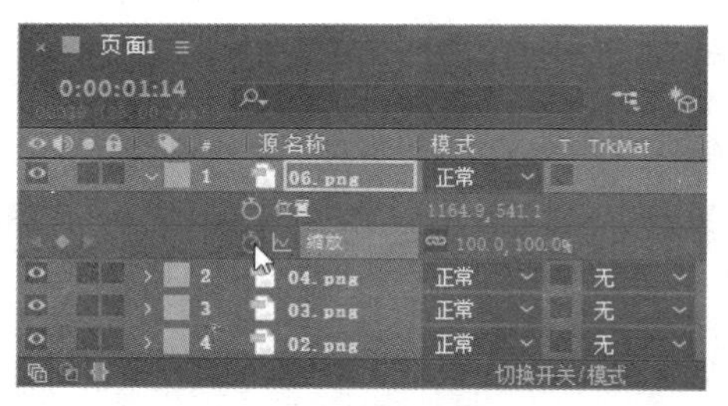

图 12-28

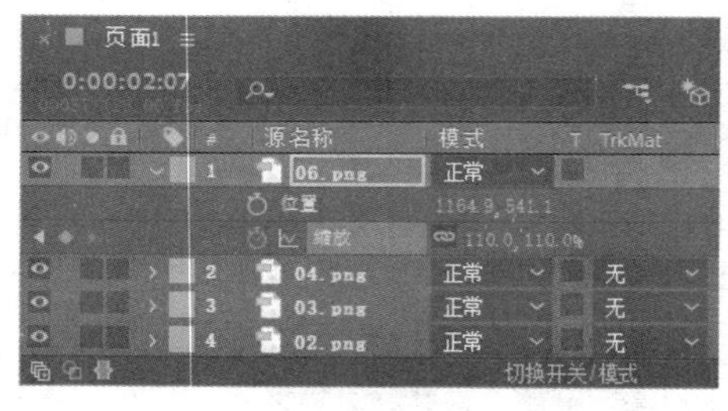

图 12-29

STEP 16 将时间标签放置在 1s 的位置，按 T 键，展开“不透明度”属性，设置“不透明度”选项的数值为 0%，单击“不透明度”选项左侧的“关键帧自动记录器”按钮，如图 12-30 所示，记录第 1 个关键帧。将时间标签放置在 1:14s 的位置，设置“不透明度”选项的数值为 100%，如图 12-31 所示，记录第 2 个关键帧。

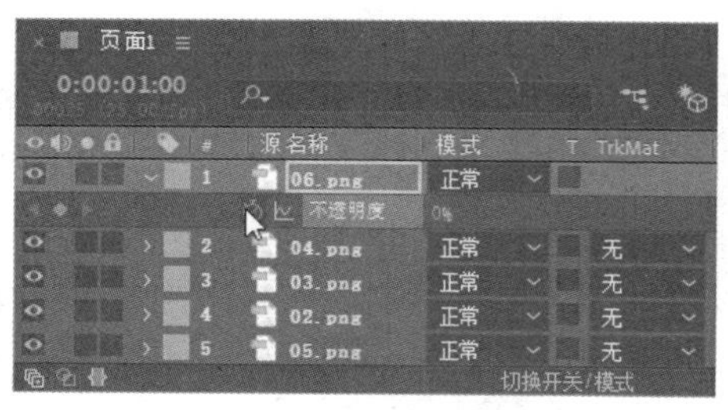

图 12-30

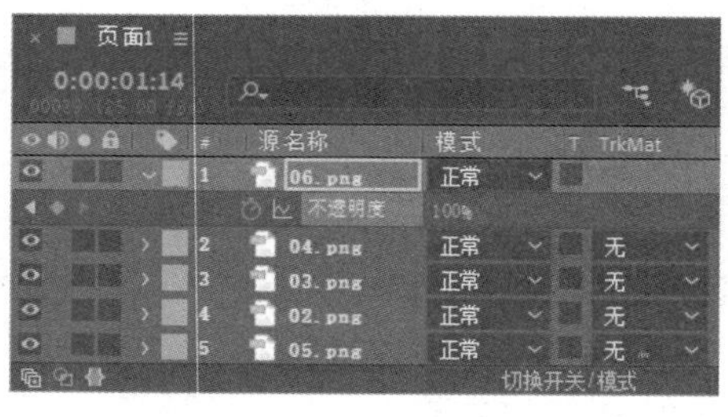

图 12-31

STEP 17 将时间标签放置在 2s 的位置，设置“不透明度”选项的数值为 54%，如图 12-32 所示，记录第 3 个关键帧。将时间标签放置在 2:13s 的位置，设置“不透明度”选项的数值为 0%，如图 12-33 所示，记录第 4 个关键帧。

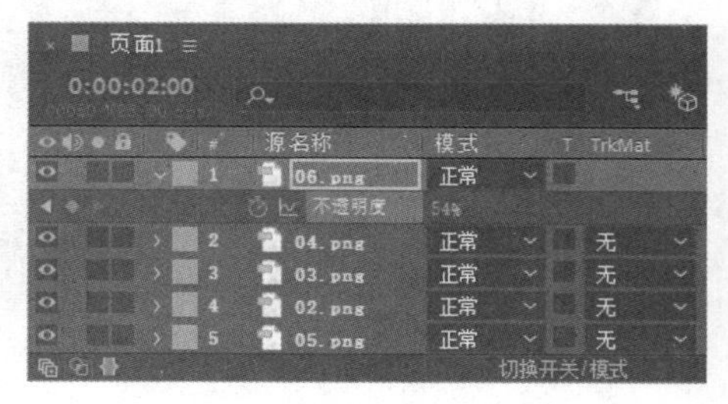

图 12-32

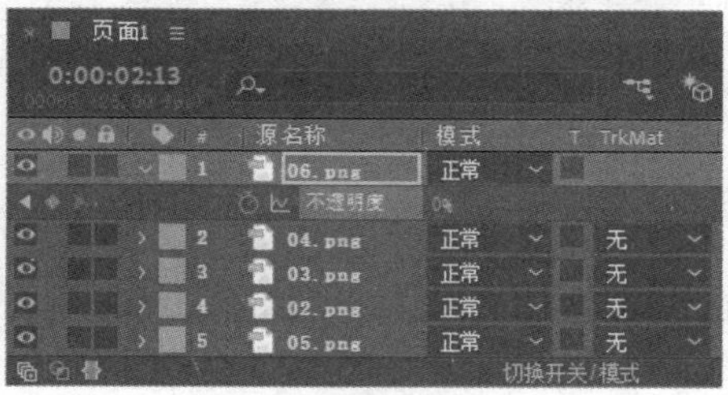

图 12-33

2. 制作页面 2 动画效果

STEP 1 按 Ctrl+N 组合键，弹出“合成设置”对话框，在“合成名称”文本框中输入“页面 2”，设置“背景颜色”为白色，其他选项的设置如图 12-34 所示，单击“确定”按钮，创建一个新的合成“页面 2”。

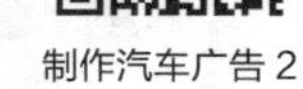

制作汽车广告 2

STEP 2 选择“图层 > 新建 > 纯色”命令，弹出“纯色设置”对话框，在“名称”文本框中输入“底色”，将“颜色”设置为深绿色（其 R、G、B 的值分别为 40、66、64），单击“确定”按钮，在“时间轴”面板中新增一个深绿色纯色图层，如图 12-35 所示。

STEP 3 在“项目”面板中，选中“07.png～13.png”文件，并将它们拖曳到“时间轴”面板中，图层的排列如图 12-36 所示。

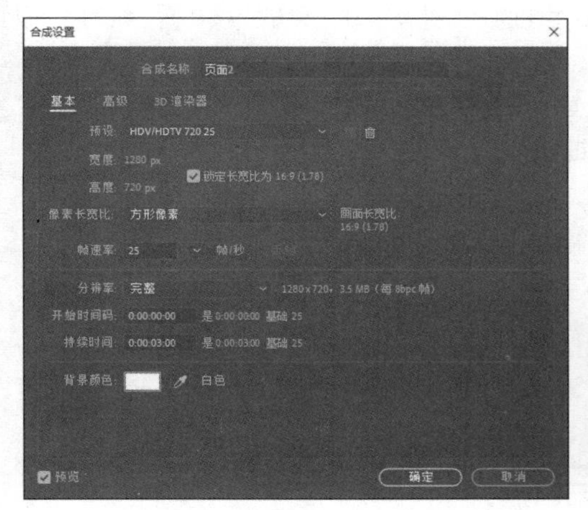

图 12-34

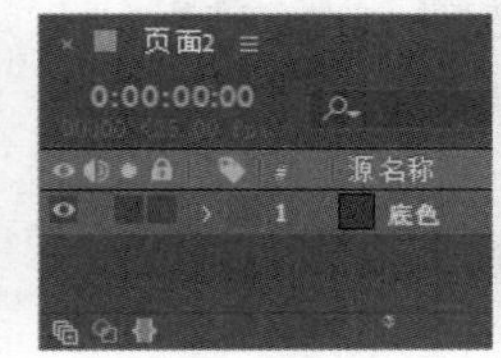

图 12-35

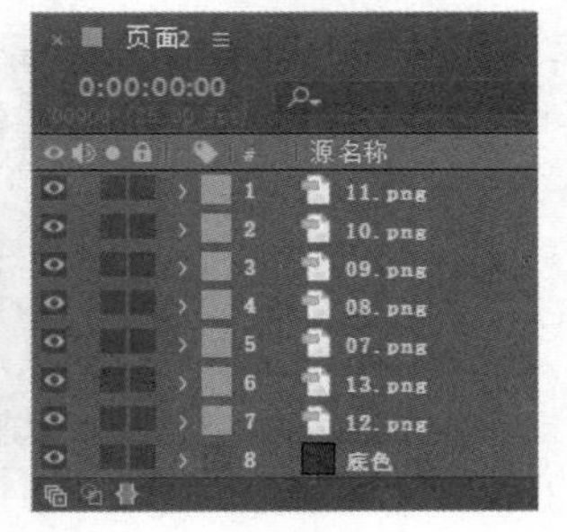

图 12-36

STEP 4 将时间标签放置在 0:04s 的位置，选中“12.png”图层，按 P 键，展开“位置”属性，设置“位置”选项的数值为-516、555.7，单击“位置”选项左侧的“关键帧自动记录器”按钮，如图 12-37 所示，记录第 1 个关键帧。将时间标签放置在 0:07s 的位置，设置“位置”选项的数值为 508.1、340.4，如图 12-38 所示，记录第 2 个关键帧。

STEP 5 将时间标签放置在 0:04s 的位置，选中“13.png”图层，按 P 键，展开“位置”属性，设置“位置”选项的数值为 1659、-10，单击“位置”选项左侧的“关键帧自动记录器”按钮，如图 12-39

所示，记录第 1 个关键帧。将时间标签放置在 0:07s 的位置，设置“位置”选项的数值为 689.1、216.8，如图 12-40 所示，记录第 2 个关键帧。

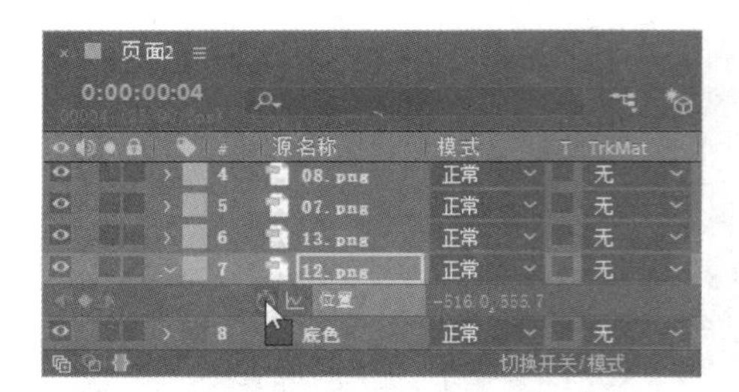

图 12-37

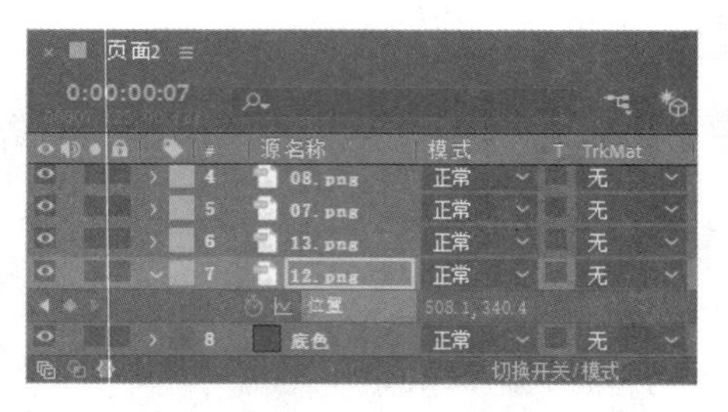

图 12-38

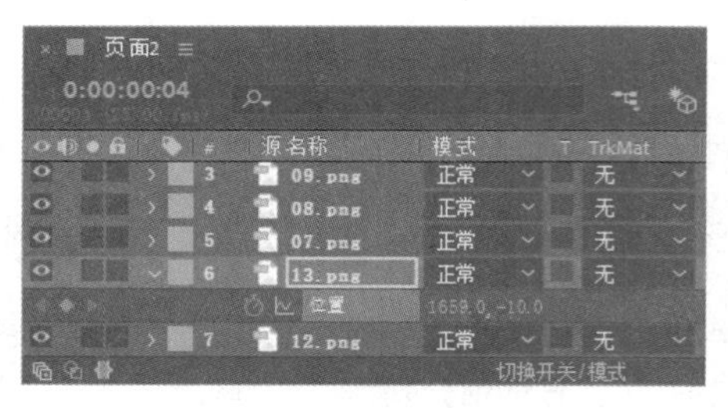

图 12-39

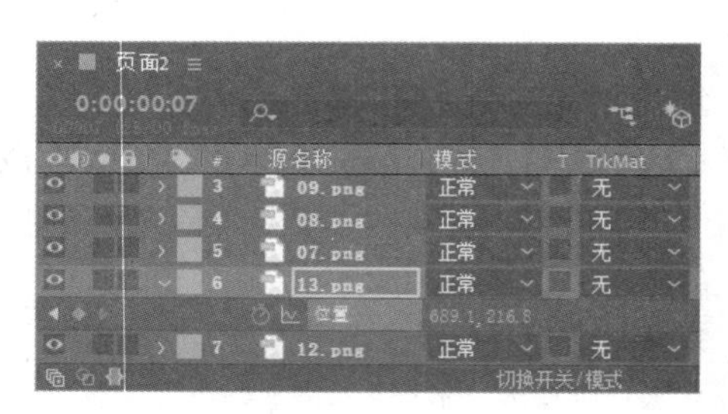

图 12-40

STEP 6 将时间标签放置在 0s 的位置，选中“07.png”图层，按 P 键，展开“位置”属性，设置“位置”选项的数值为-364.6、216.9；按住 Shift 键的同时，按 S 键，展开“缩放”属性，设置“缩放”选项的数值为 0%；分别单击“位置”选项和“缩放”选项左侧的“关键帧自动记录器”按钮，如图 12-41 所示，记录第 1 个关键帧。

STEP 7 将时间标签放置在 0:05s 的位置，设置“位置”选项的数值为 641.4、504.6，“缩放”选项的数值为 100%，如图 12-42 所示，记录第 2 个关键帧。

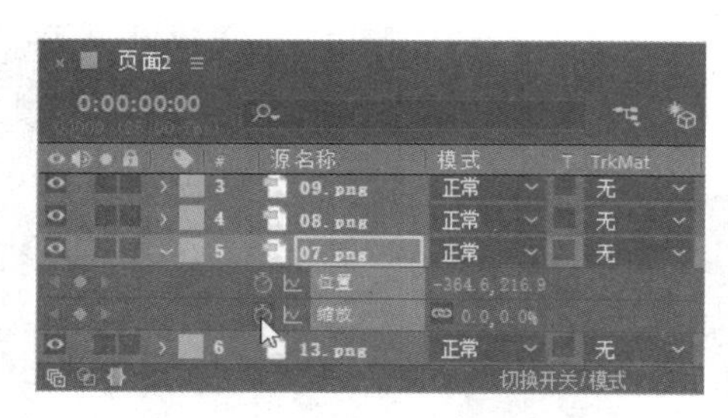

图 12-41

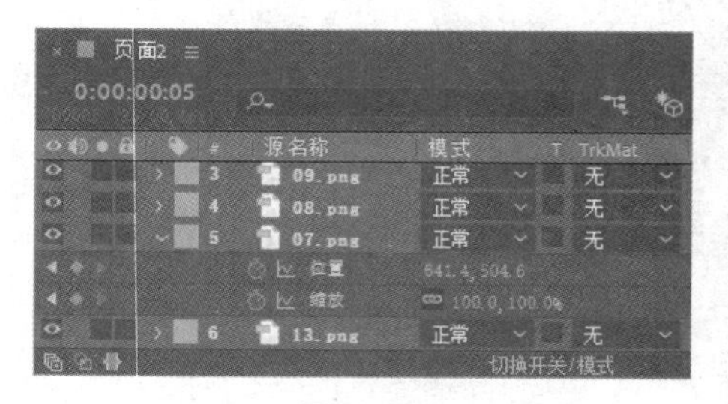

图 12-42

STEP 8 选中“08.png”图层，按 P 键，展开“位置”属性，设置“位置”选项的数值为 703.2、528.4，如图 12-43 所示。“合成”面板中的效果如图 12-44 所示。

STEP 9 将时间标签放置在 0:20s 的位置，按 T 键，展开“不透明度”属性，设置“不透明度”选项的数值为 0%，单击“不透明度”选项左侧的“关键帧自动记录器”按钮，如图 12-45 所示，记录第 1 个关键帧。将时间标签放置在 0:22s 的位置，设置“不透明度”选项的数值为 100%，如图 12-46 所示，记录第 2 个关键帧。

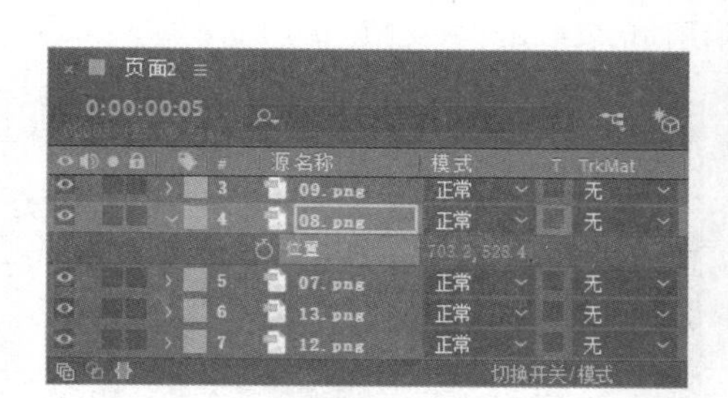

图 12-43

图 12-44

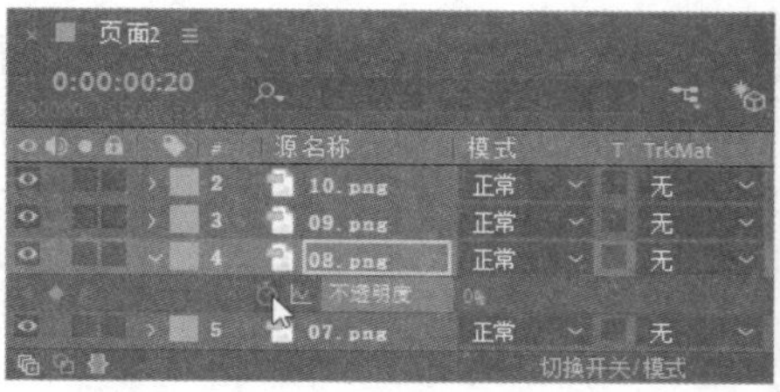

图 12-45

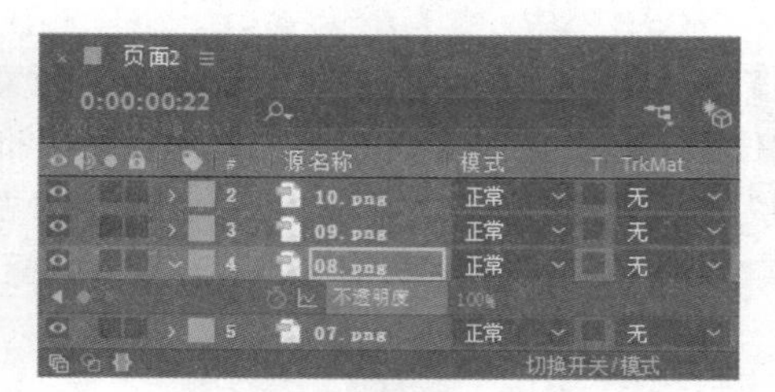

图 12-46

STEP 10 用相同的方法在其他位置添加不透明度关键帧，如图 12-47 所示。

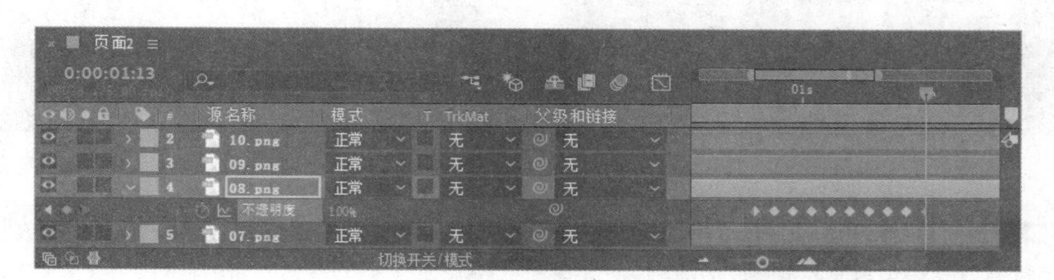

图 12-47

STEP 11 将时间标签放置在 0:09s 的位置，选中“09.png”图层，按 P 键，展开“位置”属性，设置“位置”选项的数值为 405.9、171.4；按住 Shift 键的同时，按 T 键，展开“不透明度”属性，设置“不透明度”选项的数值为 0%，单击“不透明度”选项左侧的“关键帧自动记录器”按钮，如图 12-48 所示，记录第 1 个关键帧。将时间标签放置在 0:12s 的位置，设置“不透明度”选项的数值为 100%，如图 12-49 所示，记录第 2 个关键帧。

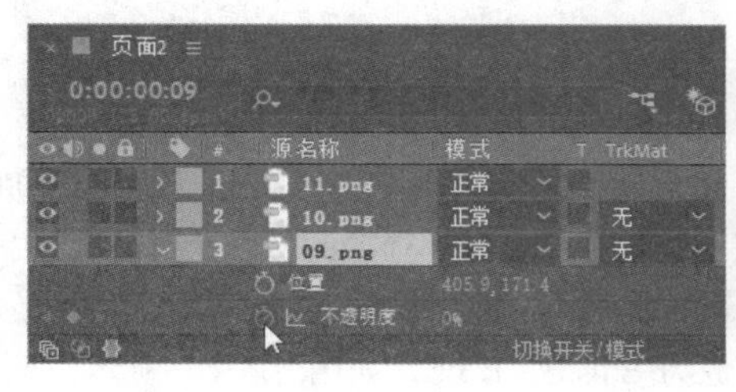

图 12-48

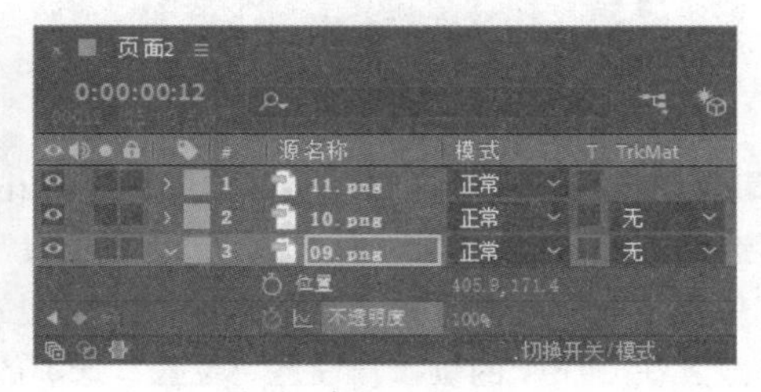

图 12-49

STEP 12 按S键，展开“缩放”属性，设置“缩放”选项的数值为60%，单击“缩放”选项左侧的“关键帧自动记录器”按钮，如图12-50所示，记录第1个关键帧。将时间标签放置在0:20s的位置，设置“缩放”选项的数值为110%，如图12-51所示，记录第2个关键帧。

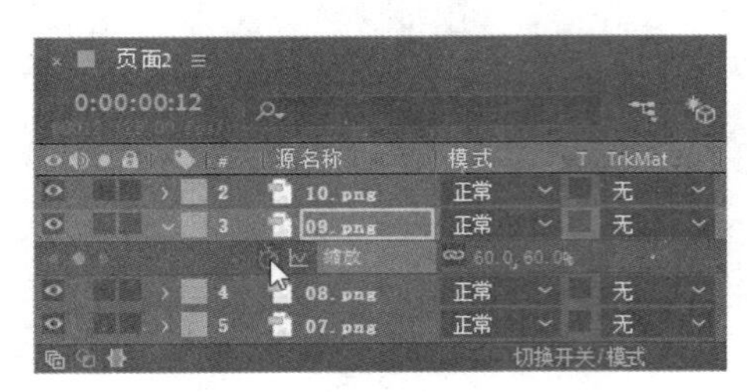
图12-50

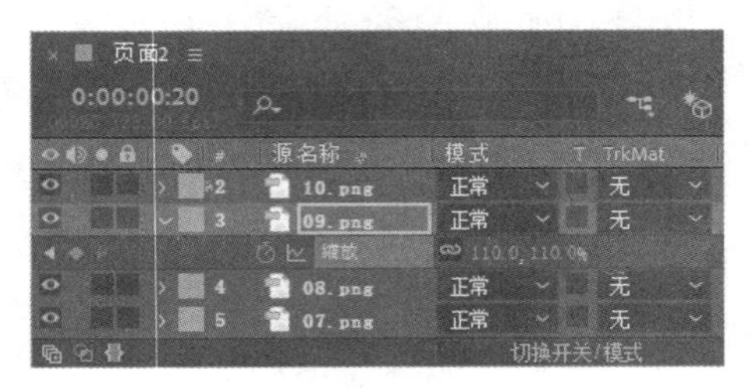
图12-51

STEP 13 将时间标签放置在0:09s的位置，选中“10.png”图层，按P键，展开“位置”属性，设置“位置”选项的数值为998.1、317.6；按住Shift键的同时，按T键，展开“不透明度”属性，设置“不透明度”选项的数值为0%，单击“不透明度”选项左侧的“关键帧自动记录器”按钮，如图12-52所示，记录第1个关键帧。将时间标签放置在0:12s的位置，设置“不透明度”选项的数值为100%，如图12-53所示，记录第2个关键帧。

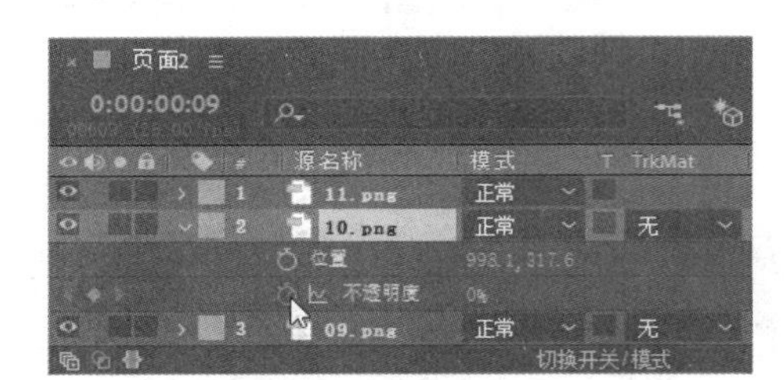
图12-52

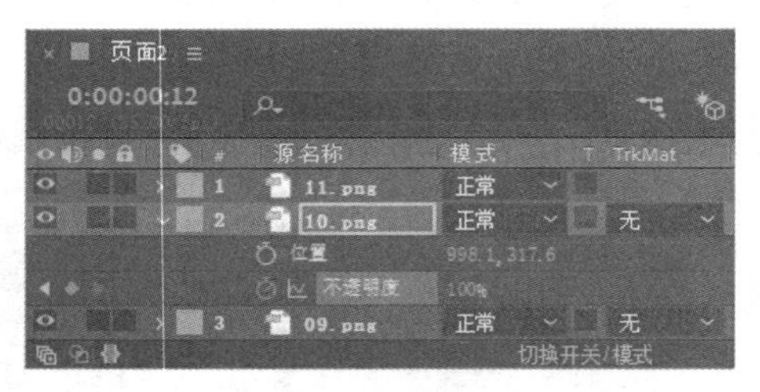
图12-53

STEP 14 按S键，展开“缩放”属性，设置“缩放”选项的数值为60%，单击“缩放”选项左侧的“关键帧自动记录器”按钮，如图12-54所示，记录第1个关键帧。将时间标签放置在0:20s的位置，设置“缩放”选项的数值为110%，如图12-55所示，记录第2个关键帧。

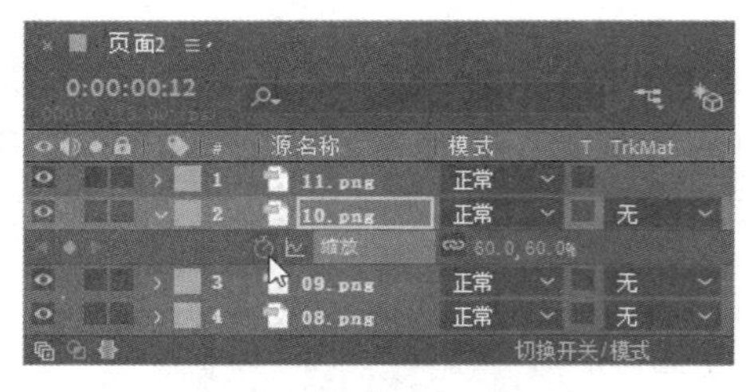
图12-54

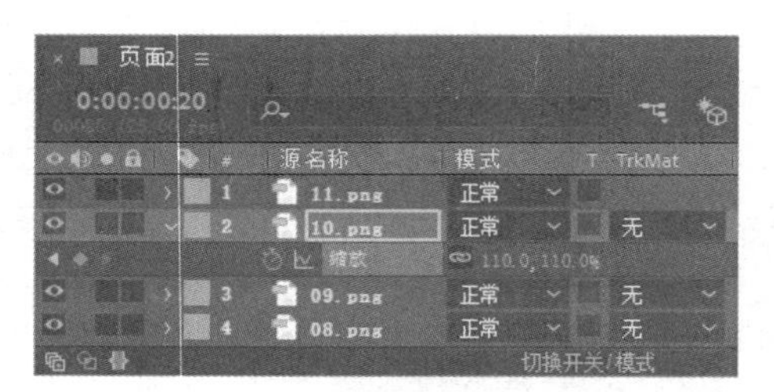
图12-55

STEP 15 选中“11.png”图层，按Ctrl+D组合键，复制图层。将时间标签放置在0:07s的位置，选中“图层2”图层，按P键，展开“位置”属性，设置“位置”选项的数值为1515.5、-75.9，单击“位置”选项左侧的“关键帧自动记录器”按钮，如图12-56所示，记录第1个关键帧。将时间标签放置在0:09s的位置，设置“位置”选项的数值为816.8、83.5，如图12-57所示，记录第2个关键帧。

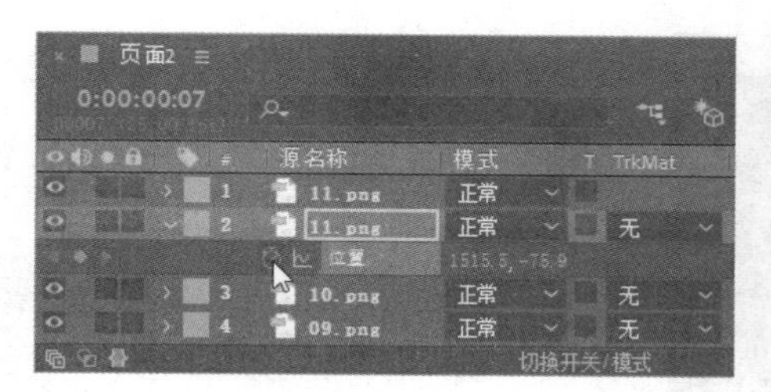

图 12-56

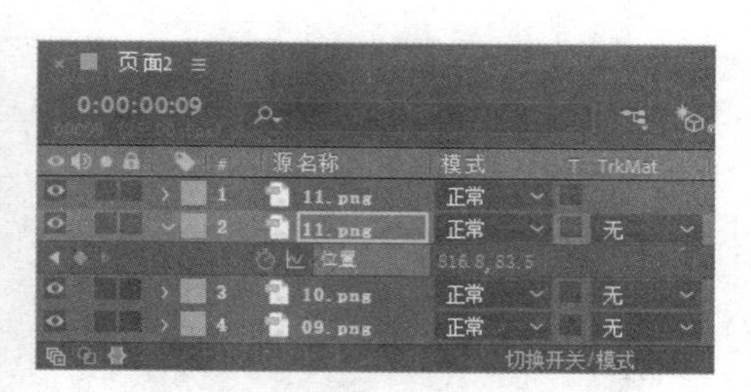

图 12-57

STEP 16 选中“图层 1”图层，按 S 键，展开“缩放”属性，设置“缩放”选项的数值为 49%；按住 Shift 键的同时，按 R 键，展开“旋转”属性，设置“旋转”选项的数值为 0、−180，如图 12-58 所示。“合成”面板中的效果如图 12-59 所示。

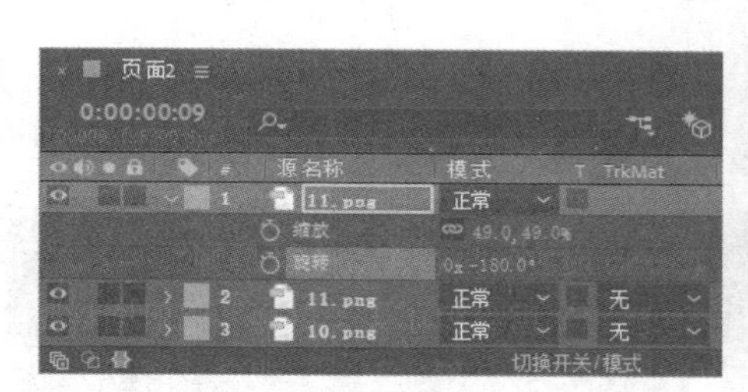

图 12-58

图 12-59

STEP 17 将时间标签放置在 0:07s 的位置，按 P 键，展开“位置”属性，设置“位置”选项的数值为−112.1、571.9，单击“位置”选项左侧的“关键帧自动记录器”按钮，如图 12-60 所示，记录第 1 个关键帧。将时间标签放置在 0:09s 的位置，设置“位置”选项的数值为 88.4、524.2，如图 12-61 所示，记录第 2 个关键帧。

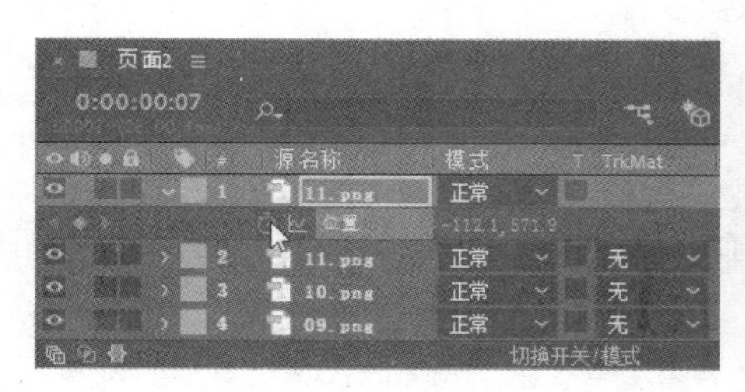

图 12-60

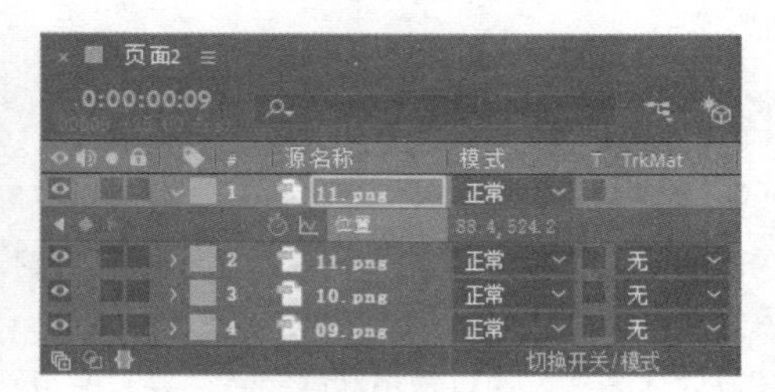

图 12-61

3. 制作合成动画效果

STEP 1 按 Ctrl+N 组合键，弹出“合成设置”对话框，在“合成名称”文本框中输入“合成效果”，设置“背景颜色”为深绿色（其 R、G、B 的值分别为 40、66、64），其他选项的设置如图 12-62 所示，单击“确定”按钮，创建一个新的合成“合成效果”。

制作汽车广告 3

STEP 2 在“项目”面板中，选中“页面 1”“页面 2”合成和“14.mp3”文件，并将它们拖曳到“时间轴”面板中，图层的排列如图 12-63 所示。

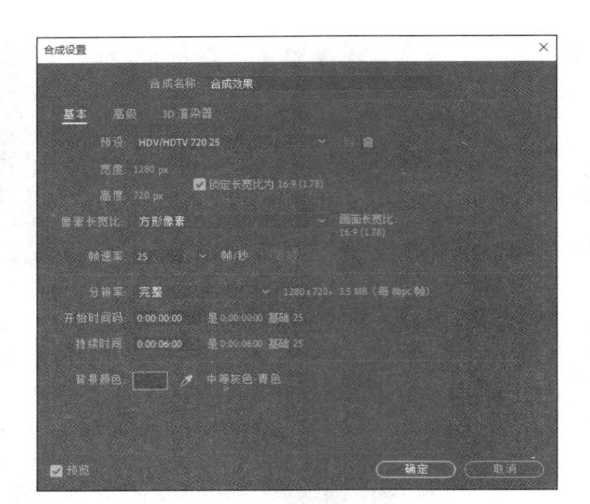

图 12-62

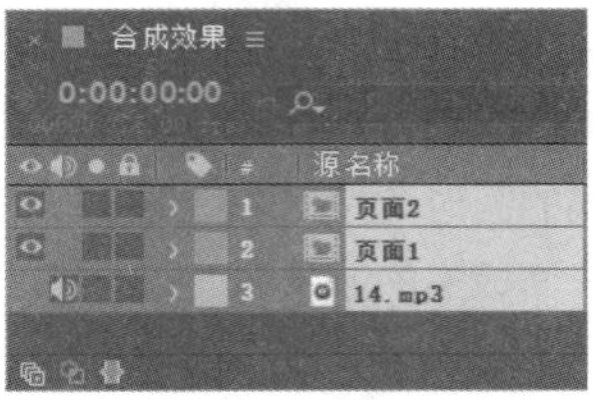

图 12-63

STEP 3 将时间标签放置在 3s 的位置，如图 12-64 所示。选中“页面 2”图层，按[键，设置动画的入点时间，如图 12-65 所示。汽车广告制作完成。

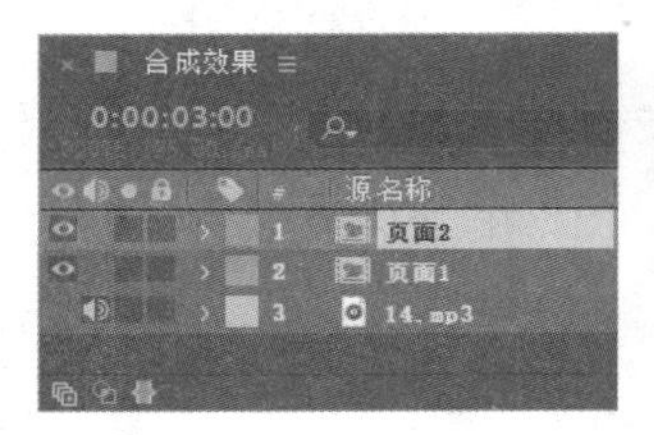

图 12-64

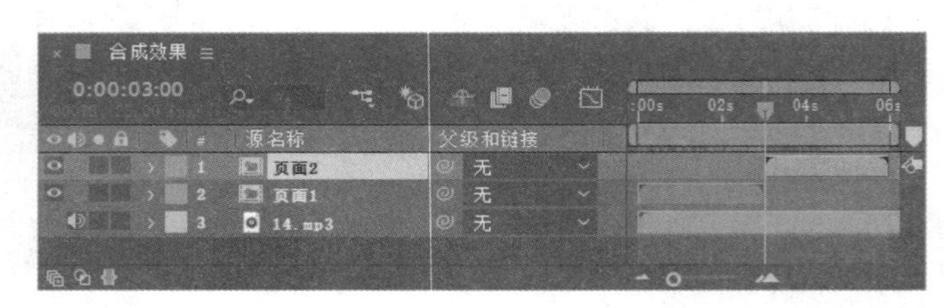

图 12-65

12.2 制作科技片头

12.2.1 案例分析

《科学部落》是一个科技类栏目，其融汇科技资讯、传播科学知识，及时准确报道科技要闻、科技新品，满足用户对不同类型资讯的需求。现要求为此栏目制作节目片头，在设计上要求具有特色，能够体现出栏目性质及特点。

在设计思路上，通过使用动静结合、具有冲击感的背景，营造出浩瀚无际、神秘莫测的氛围；主体图片与环境和主题完美结合，让人一目了然；画面色彩搭配适宜，整体对比感强烈，能迅速吸引人的注意力。

本案例将使用“导入”命令导入素材文件；使用“位置”属性和“效果和预设”面板，制作文字动画效果；使用“位置”属性、“不透明度”属性、“缩放”属性，制作动画效果。

12.2.2 案例设计

本案例的效果如图 12-66 所示。

图 12-66

12.2.3 案例制作

1. 制作页面 1 动画效果

STEP 1 按 Ctrl+N 组合键，弹出“合成设置”对话框，在“合成名称”文本框中输入“文字动画”，设置“背景颜色”为黑色，其他选项的设置如图 12-67 所示，单击“确定”按钮，创建一个新的合成“文字动画”。

制作科技片头 1

STEP 2 选择“文件 > 导入 > 文件”命令，弹出“导入文件”对话框，选择资源包中的“Ch12 > 制作科技片头 > (Footage) > 01.jpg、02.png～06.png、07.mp3”文件，单击“导入”按钮，导入文件到“项目”面板中，如图 12-68 所示。在“项目”面板中，选中“05.png”和“06.png”文件，并将它们拖曳到“时间轴”面板中，图层的排列如图 12-69 所示。

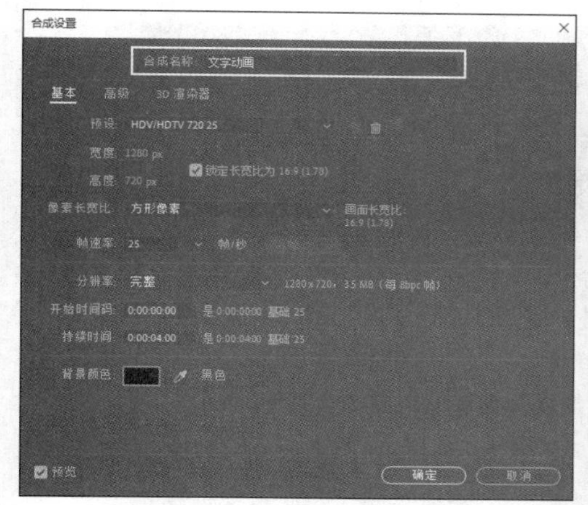

图 12-67

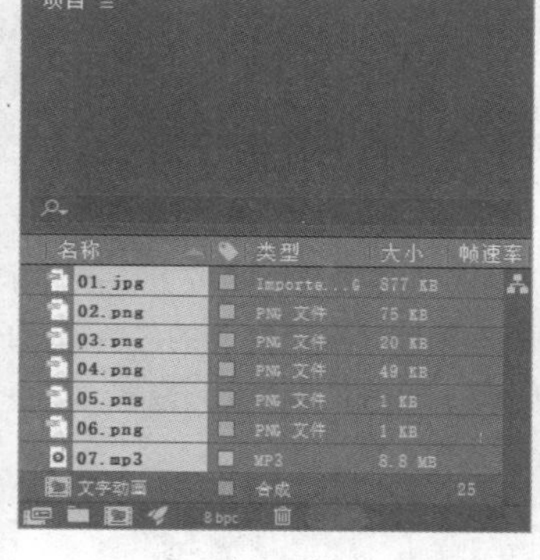

图 12-68

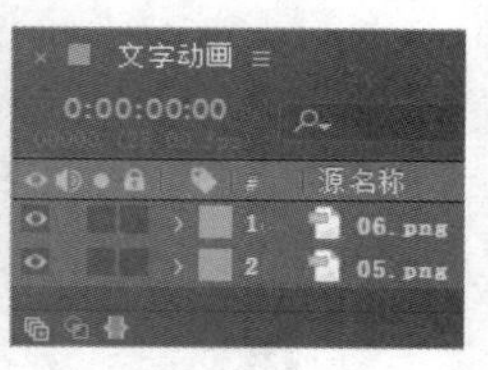

图 12-69

STEP 3 选中“05.png”图层，按 P 键，展开“位置”属性，设置“位置”选项的数值为 520、-9，单击“位置”选项左侧的“关键帧自动记录器”按钮，如图 12-70 所示，记录第 1 个关键帧。将时间标签放置在 0:10s 的位置，设置“位置”选项的数值为 520、312，如图 12-71 所示，记录第 2 个关键帧。

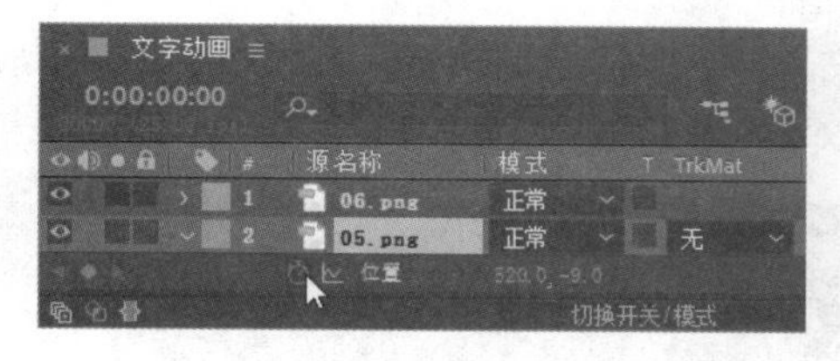

图 12-70

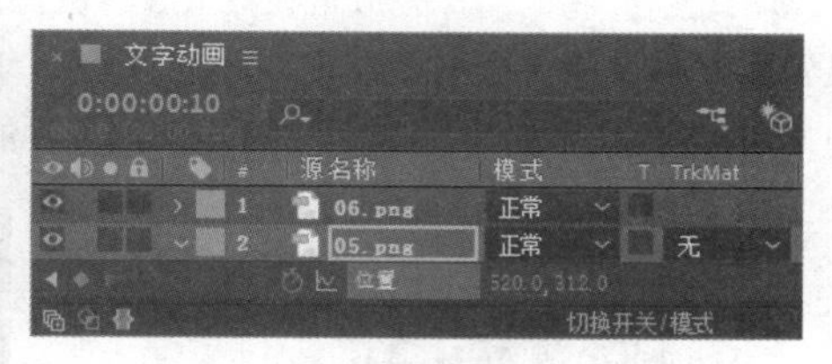

图 12-71

STEP 4 将时间标签放置在 0s 的位置，按 T 键，展开“不透明度”属性，设置“不透明度”选项的数值为 0%，单击“不透明度”选项左侧的“关键帧自动记录器”按钮，如图 12-72 所示，记录第 1 个关键帧。将时间标签放置在 0:05s 的位置，设置“不透明度”选项的数值为 100%，如图 12-73 所示，记录第 2 个关键帧。

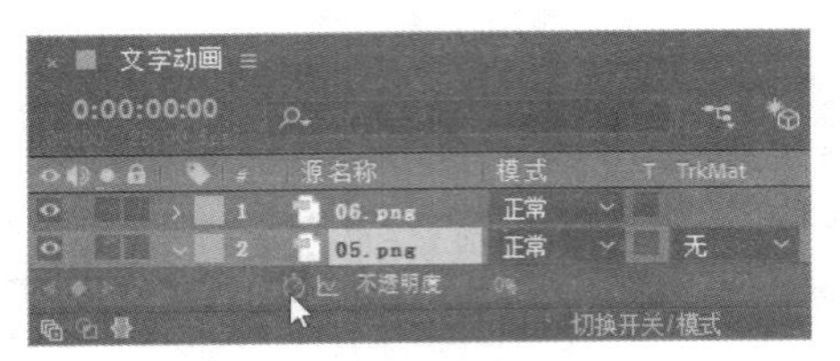

图 12-72

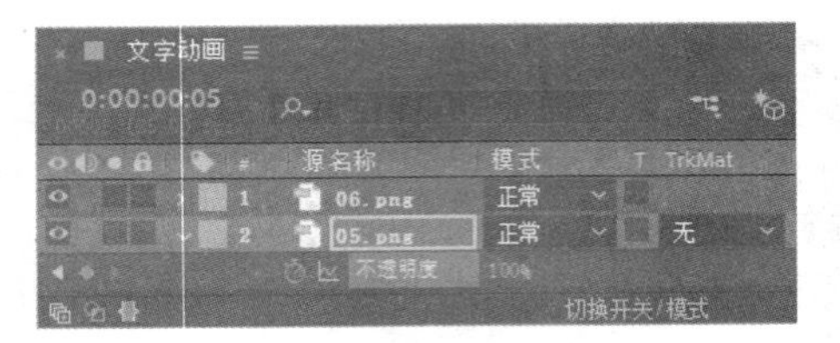

图 12-73

STEP 5 将时间标签放置在 0s 的位置，选中“06.png”图层，按 P 键，展开“位置”属性，设置“位置”选项的数值为 810、555，单击“位置”选项左侧的“关键帧自动记录器”按钮，如图 12-74 所示，记录第 1 个关键帧。将时间标签放置在 0:10s 的位置，设置“位置”选项的数值为 810、312，如图 12-75 所示，记录第 2 个关键帧。

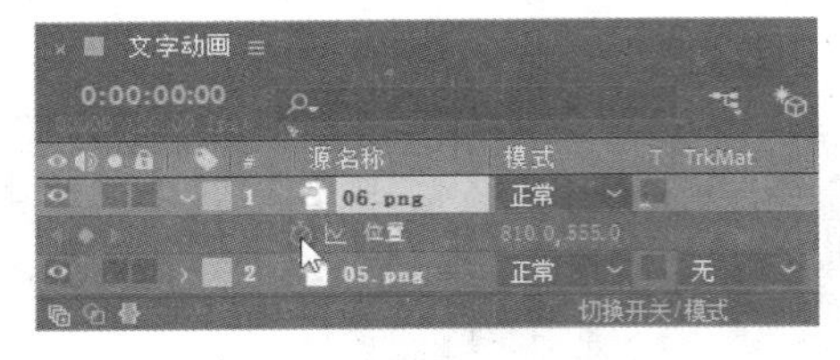

图 12-74

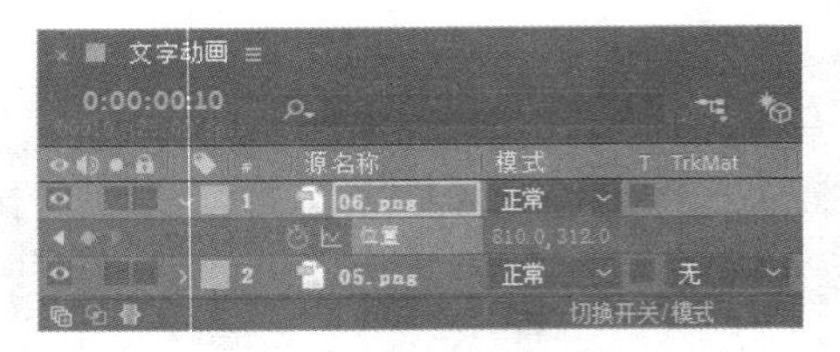

图 12-75

STEP 6 将时间标签放置在 0s 的位置，按 T 键，展开“不透明度”属性，设置“不透明度”选项的数值为 0%，单击“不透明度”选项左侧的“关键帧自动记录器”按钮，如图 12-76 所示，记录第 1 个关键帧。将时间标签放置在 0:05s 的位置，设置“不透明度”选项的数值为 100%，如图 12-77 所示，记录第 2 个关键帧。

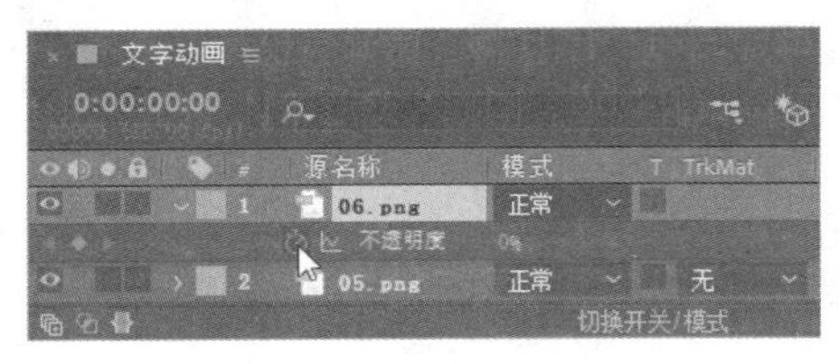

图 12-76

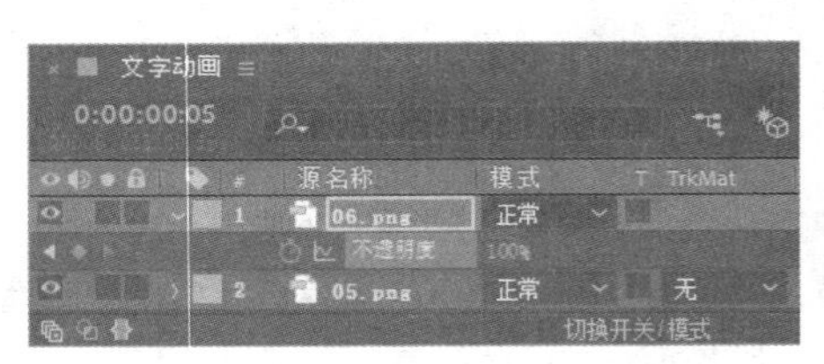

图 12-77

STEP 7 将时间标签放置在 0:15s 的位置，选择“横排文字”工具，在“合成”面板中输入文字“科学”。选中文字，在“字符”面板中，设置“填充颜色”为白色，其他参数设置如图 12-78 所示。用相同的方法再次输入文字“部落”，“合成”面板中的效果如图 12-79 所示。

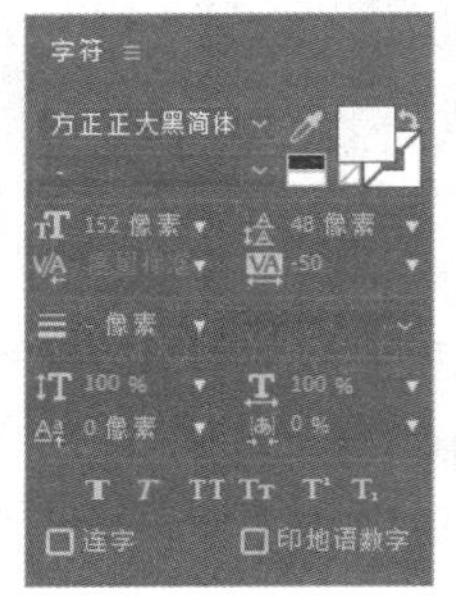

图 12-78

图 12-79

STEP 8 选中“科学”图层，选择“窗口 > 效果和预设”命令，打开“效果和预设”面板，单击“动画预设”文件夹左侧的小箭头按钮将其展开，双击“Text > Animate In > 伸缩进入每行”命令，如图 12-80 所示，应用效果。“合成”面板中的效果如图 12-81 所示。

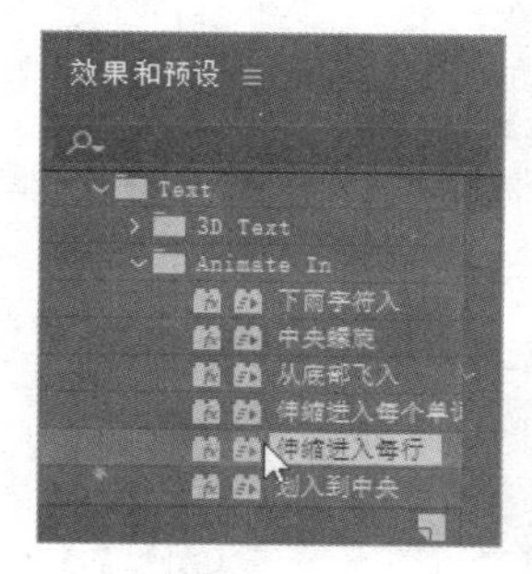

图 12-80

图 12-81

STEP 9 选中“科学”图层，按 U 键，展开所有关键帧，将时间标签放置在 1s 的位置，按住 Shift 键的同时拖曳第 2 个关键帧到时间标签所在的位置，如图 12-82 所示。

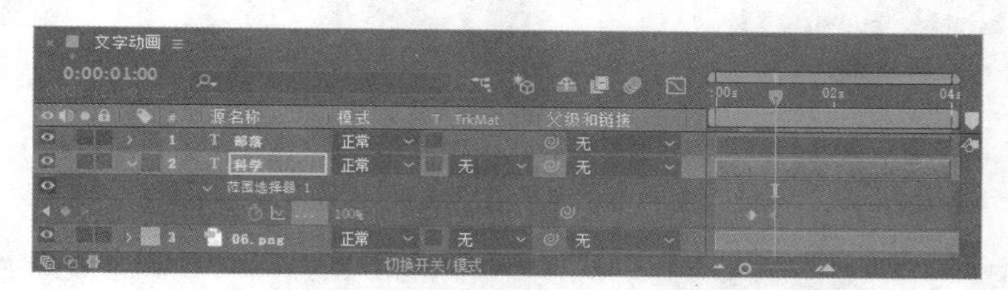

图 12-82

STEP 10 选中“部落”图层，在“效果和预设”面板中，双击“Text > Animate In > 伸缩进入每行”命令，如图 12-83 所示，应用效果。“合成”面板中的效果如图 12-84 所示。

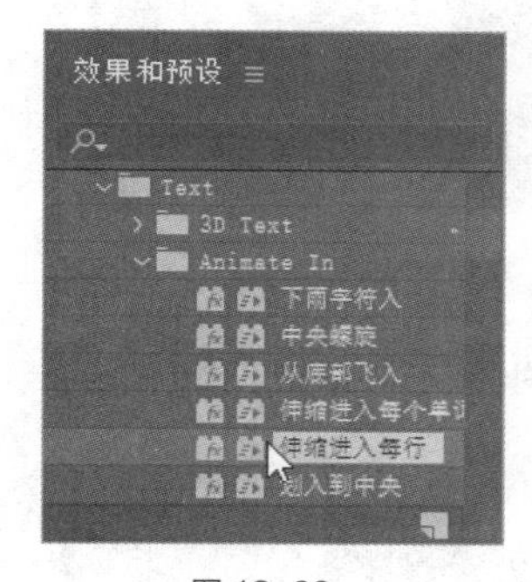

图 12-83

图 12-84

STEP 11 选中“部落”图层，按 U 键，展开所有关键帧，将时间标签放置在 1:10s 的位置，按住 Shift 键的同时拖曳第 2 个关键帧到时间标签所在的位置，如图 12-85 所示。

STEP 12 将时间标签放置在 1:15s 的位置，选择“横排文字”工具，在“合成”面板中输入英文“SCIENTIFIC TRIBES”。选中英文，在“字符”面板中，设置“填充颜色”为白色，其他参数设置如图 12-86 所示。“合成”面板中的效果如图 12-87 所示。

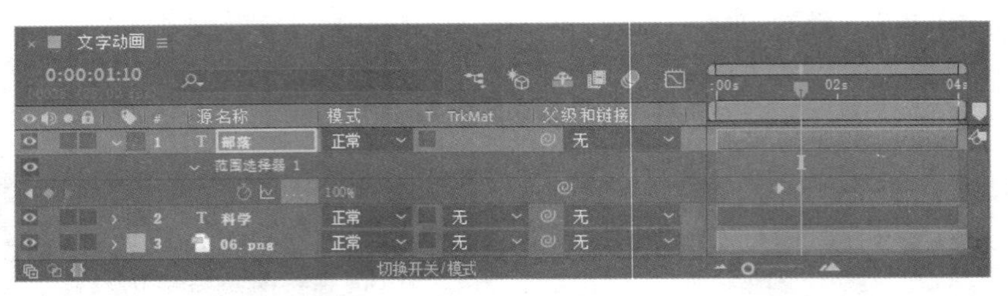

图 12-85

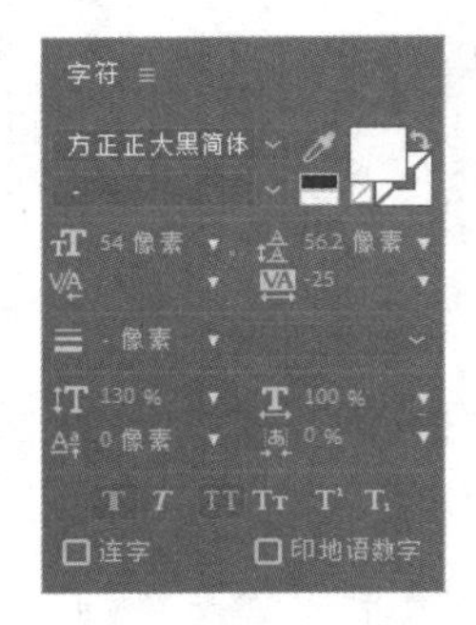

图 12-86

图 12-87

STEP 13 选中英文图层，在“效果和预设”面板中，双击“Text ＞ Animate In ＞ 下雨字符入”命令，如图 12-88 所示，应用效果。“合成”面板中的效果如图 12-89 所示。

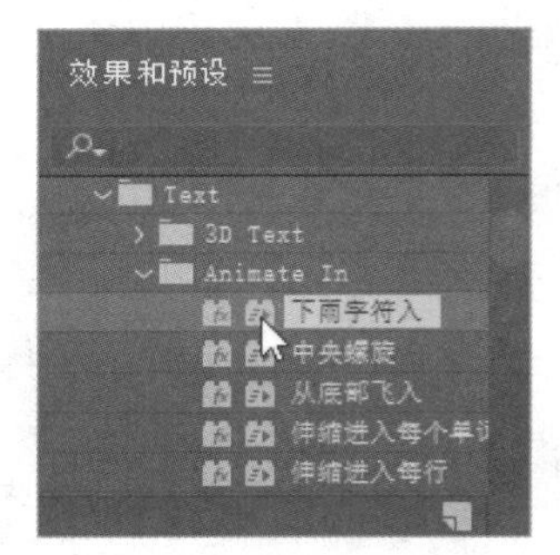

图 12-88

图 12-89

STEP 14 选中英文图层，按 U 键，展开所有关键帧，将时间标签放置在 2s 的位置，按住 Shift 键的同时拖曳第 2 个关键帧到时间标签所在的位置，如图 12-90 所示。

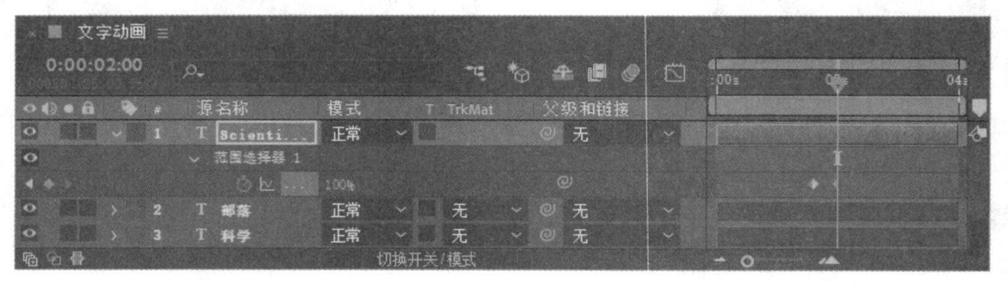

图 12-90

2. 制作最终效果

制作科技片头 2

STEP 1 按 Ctrl+N 组合键，弹出“合成设置”对话框，在“合成名称”文本框中输入“最终效果”，设置“背景颜色”为黑色，其他选项的设置如图 12-91 所示，单击“确定”按钮，创建一个新的合成“最终效果”。

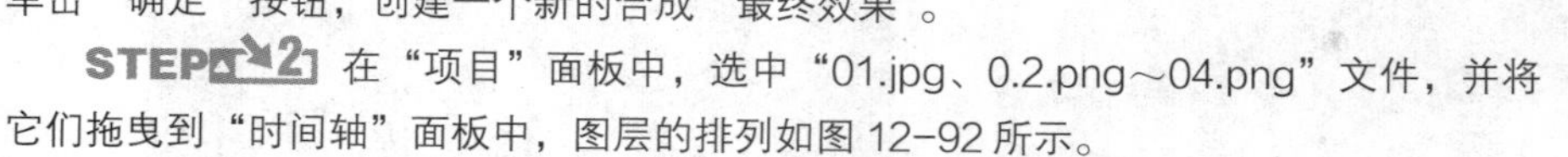

STEP 2 在“项目”面板中，选中“01.jpg、0.2.png～04.png”文件，并将它们拖曳到“时间轴”面板中，图层的排列如图 12-92 所示。

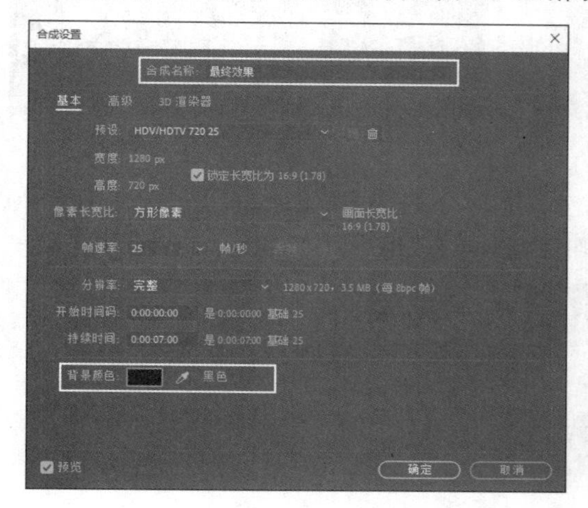

图 12-91

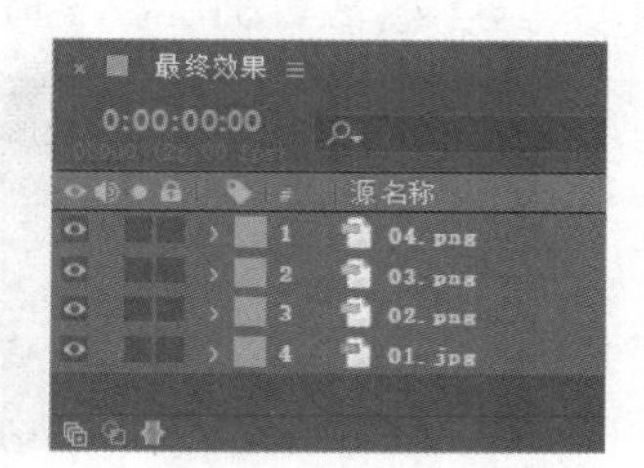

图 12-92

STEP 3 选中“01.jpg”图层，按 S 键，展开“缩放”属性，单击“缩放”选项左侧的“关键帧自动记录器”按钮，如图 12-93 所示，记录第 1 个关键帧。将时间标签放置在 6:24s 的位置，设置“缩放”选项的数值为 120%，如图 12-94 所示，记录第 2 个关键帧。

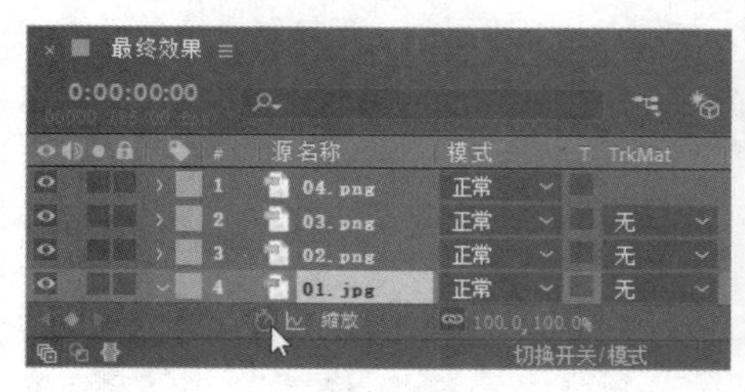

图 12-93

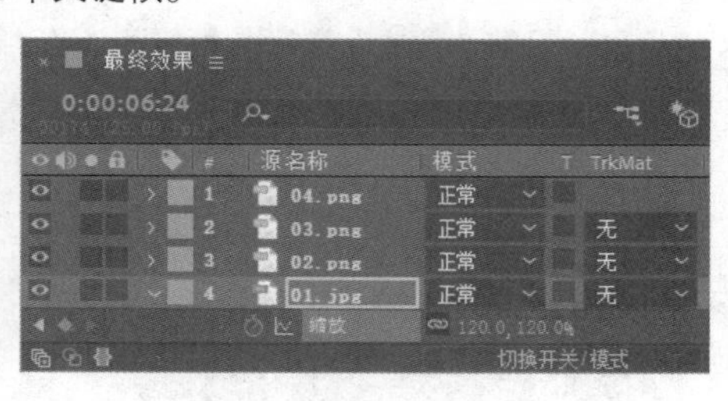

图 12-94

STEP 4 将时间标签放置在 0s 的位置，选中“02.png”图层，按 P 键，展开“位置”属性，单击“位置”选项左侧的“关键帧自动记录器”按钮，如图 12-95 所示，记录第 1 个关键帧。将时间标签放置在 0:10s 的位置，设置“位置”选项的数值为 640、370，如图 12-96 所示，记录第 2 个关键帧。

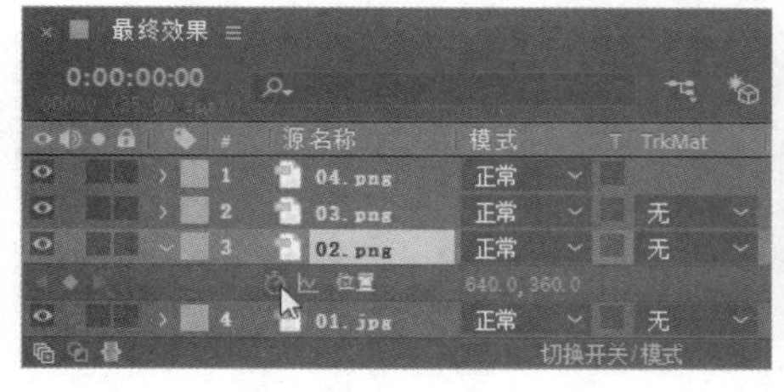

图 12-95

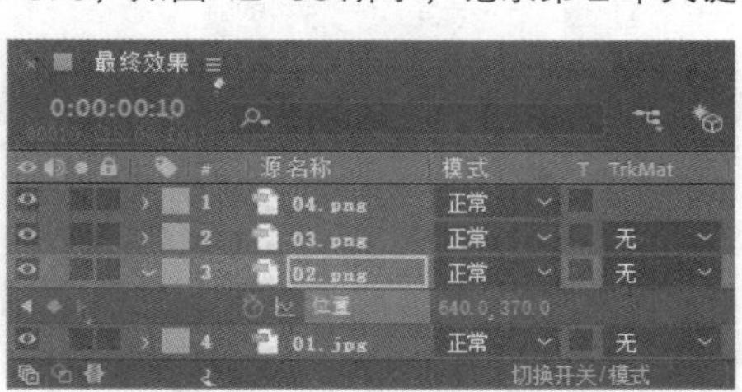

图 12-96

STEP 5 将时间标签放置在 0:20s 的位置，设置“位置”选项的数值为 640、360，如图 12-97 所示，记录第 3 个关键帧。将时间标签放置在 1:05s 的位置，设置“位置”选项的数值为 640、350，如图 12-98 所示，记录第 4 个关键帧。

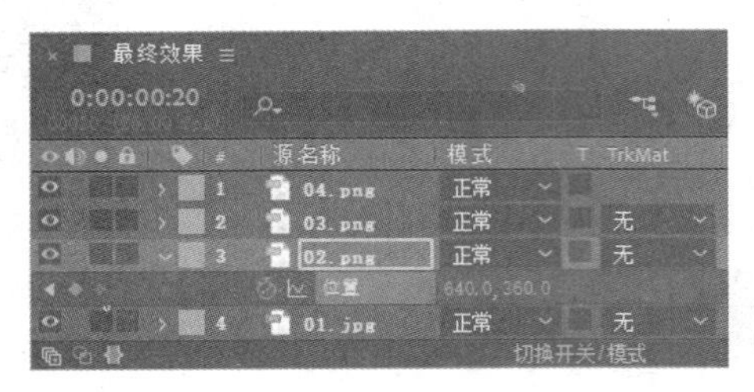

图 12-97

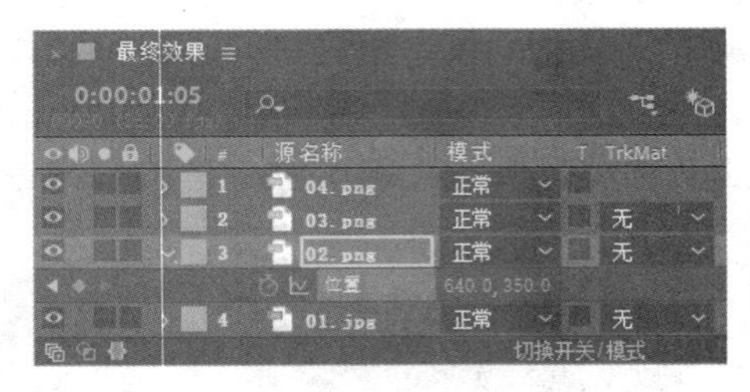

图 12-98

STEP 6 将时间标签放置在 1:10s 的位置，按 Alt+]组合键，设置动画的出点时间。选中“03.png”图层，按 Alt+[组合键，设置动画的入点时间。用相同的方法设置“04.png”图层的入点时间，如图 12-99 所示。

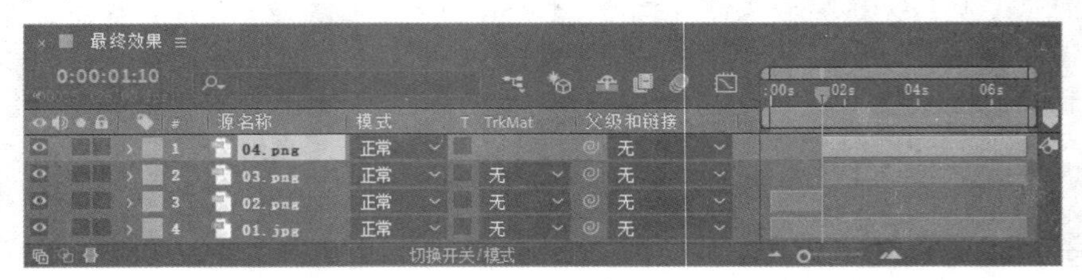

图 12-99

STEP 7 选中“03.png”图层，按 T 键，展开“不透明度”属性，设置“不透明度”选项的数值为 46%；按住 Shift 键的同时，按 P 键，展开“位置”属性，设置“位置”选项的数值为-146、888，单击“位置”选项左侧的“关键帧自动记录器”按钮，如图 12-100 所示，记录第 1 个关键帧。将时间标签放置在 2s 的位置，设置“位置”选项的数值为 148、543，如图 12-101 所示，记录第 2 个关键帧。

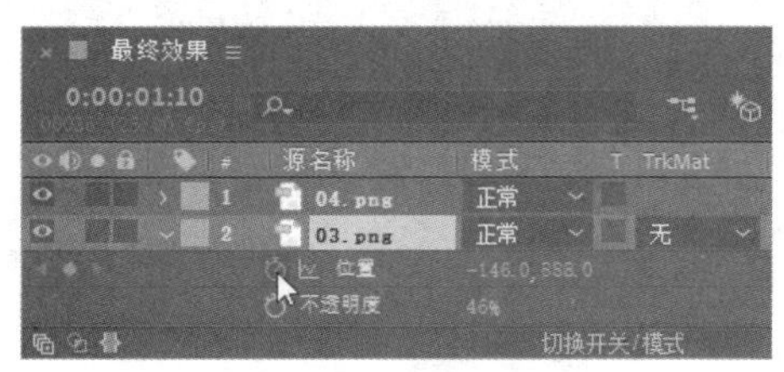

图 12-100

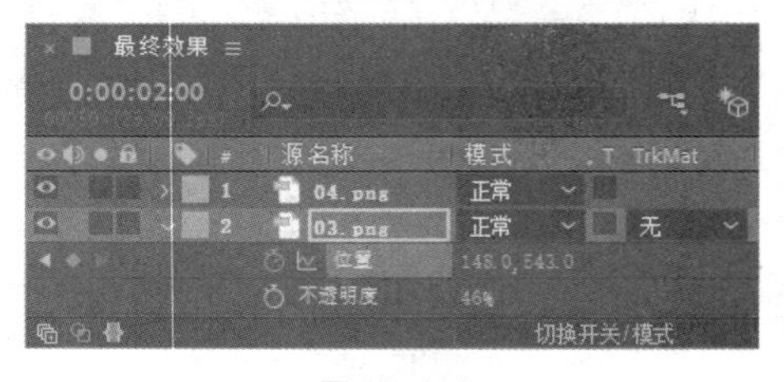

图 12-101

STEP 8 按 S 键，展开“缩放”属性，单击“缩放”选项左侧的“关键帧自动记录器”按钮，如图 12-102 所示，记录第 1 个关键帧。将时间标签放置在 2:10s 的位置，设置“缩放”选项的数值为 110%，如图 12-103 所示，记录第 2 个关键帧。

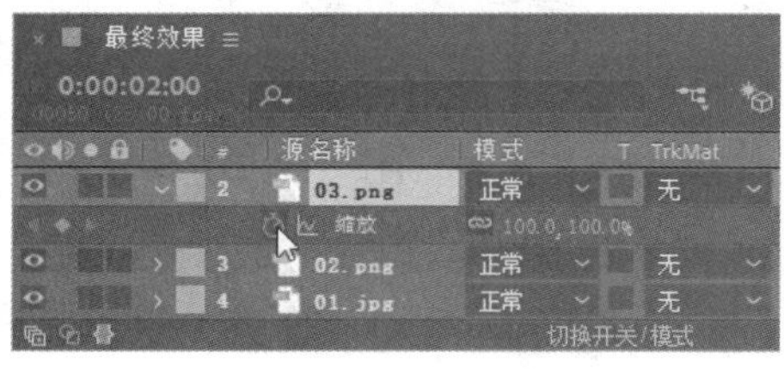

图 12-102

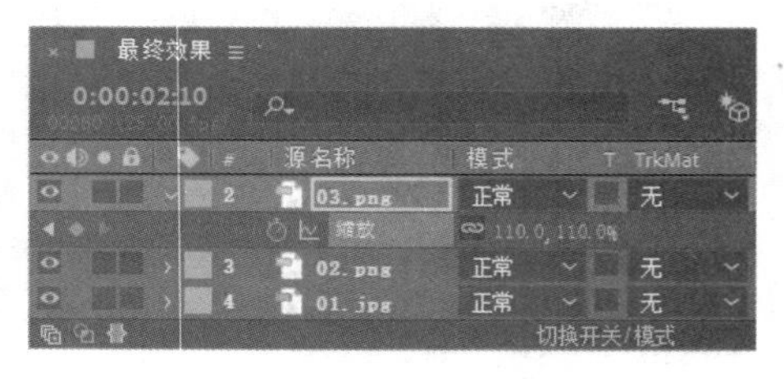

图 12-103

STEP 9 将时间标签放置在 2:20s 的位置，设置“缩放”选项的数值为 100%，如图 12-104 所示，记录第 3 个关键帧。“合成”面板中的效果如图 12-105 所示。

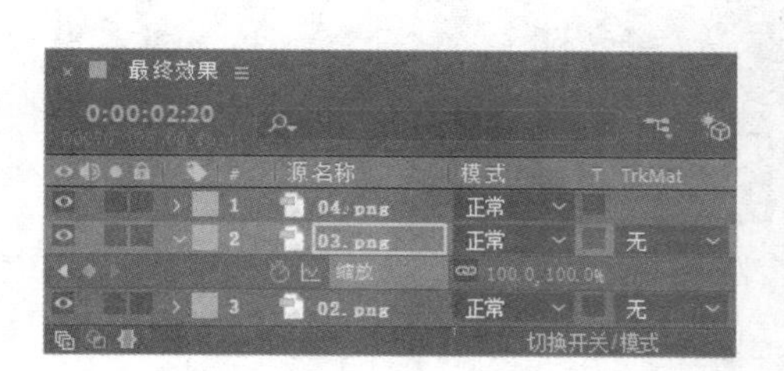

图 12-104

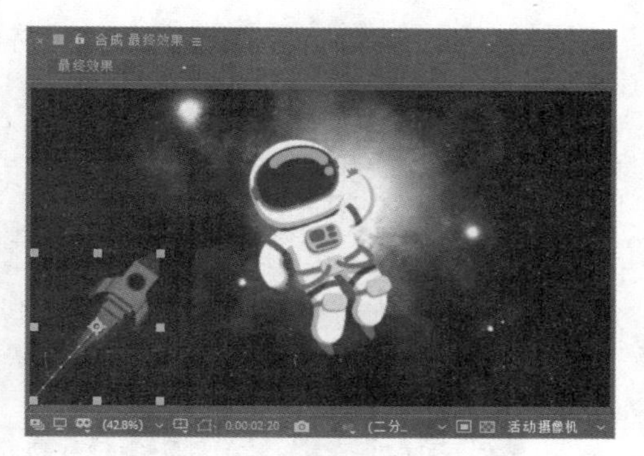

图 12-105

STEP 10 将时间标签放置在 1:10s 的位置，选中“04.png”图层，按 T 键，展开“不透明度”属性，设置“不透明度”选项的数值为 46%；按住 Shift 键的同时，按 P 键，展开“位置”属性，设置“位置”选项的数值为 1195、180，单击“位置”选项左侧的“关键帧自动记录器”按钮，如图 12-106 所示，记录第 1 个关键帧。将时间标签放置在 2s 的位置，设置“位置”选项的数值为 1195、339，如图 12-107 所示，记录第 2 个关键帧。

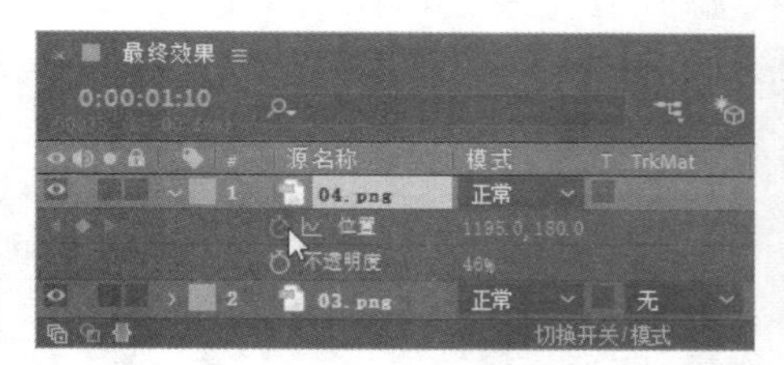

图 12-106

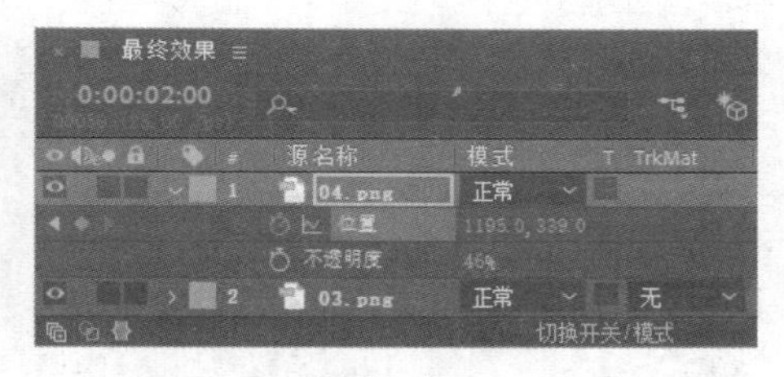

图 12-107

STEP 11 按 S 键，展开“缩放”属性，单击“缩放”选项左侧的“关键帧自动记录器”按钮，如图 12-108 所示，记录第 1 个关键帧。将时间标签放置在 2:10s 的位置，设置“缩放”选项的数值为 110%，如图 12-109 所示，记录第 2 个关键帧。

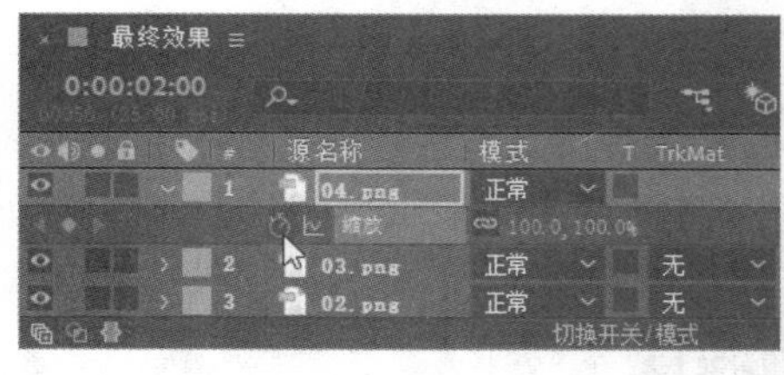

图 12-108

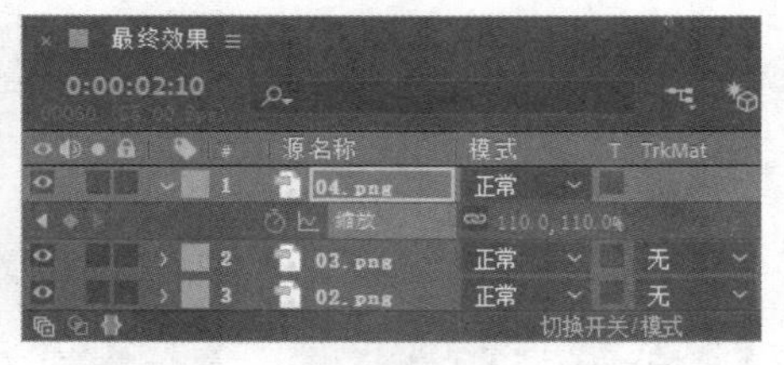

图 12-109

STEP 12 将时间标签放置在 2:20s 的位置，设置“缩放”选项的数值为 100%，如图 12-110 所示，记录第 3 个关键帧。“合成”面板中的效果如图 12-111 所示。

STEP 13 在“项目”面板中，选中“文字动画”合成，并将其拖曳到“时间轴”面板中。将时间标签放置在 3s 的位置，按[键，设置动画的入点时间，如图 12-112 所示。

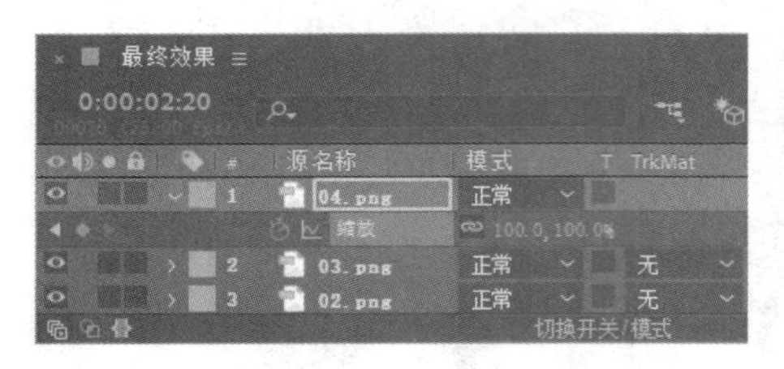

图 12-110

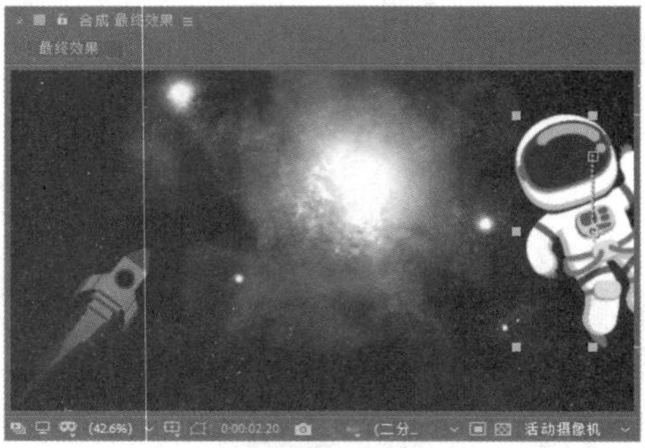

图 12-111

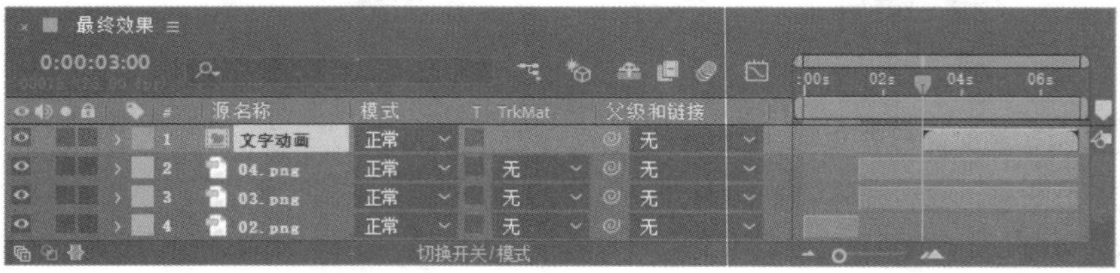

图 12-112

STEP 14 选择“图层 > 新建 > 纯色”命令，弹出“纯色设置”对话框，在“名称”文本框中输入“光晕”，将“颜色”设置为黑色，单击“确定”按钮，在“时间轴”面板中新增一个黑色纯色图层，如图 12-113 所示。设置“光晕”图层的混合模式为“相加”，如图 12-114 所示。

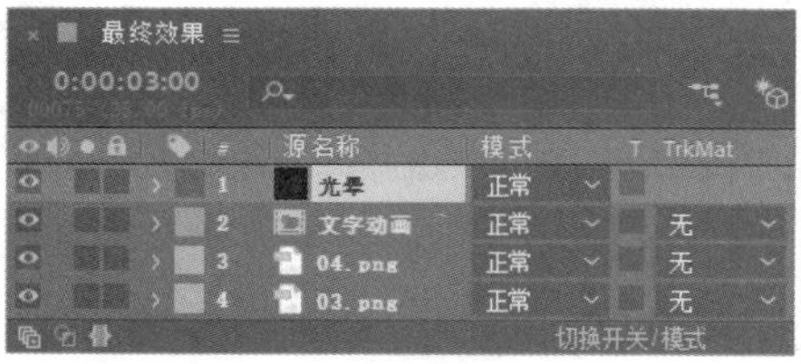

图 12-113

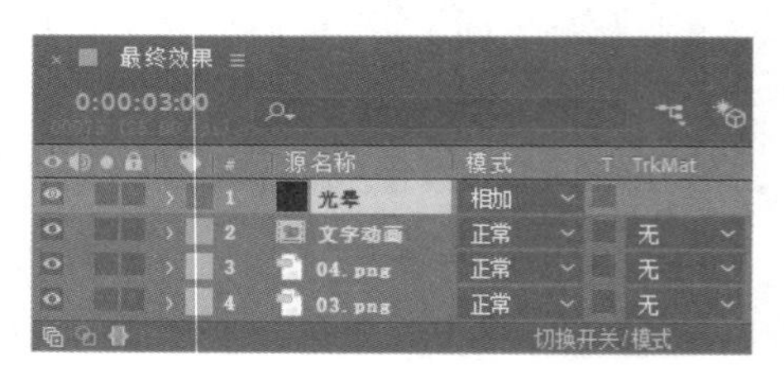

图 12-114

STEP 15 选择“效果 > 生成 > 镜头光晕”命令，在“效果控件”面板中进行参数设置，如图 12-115 所示。“合成”面板中的效果如图 12-116 所示。

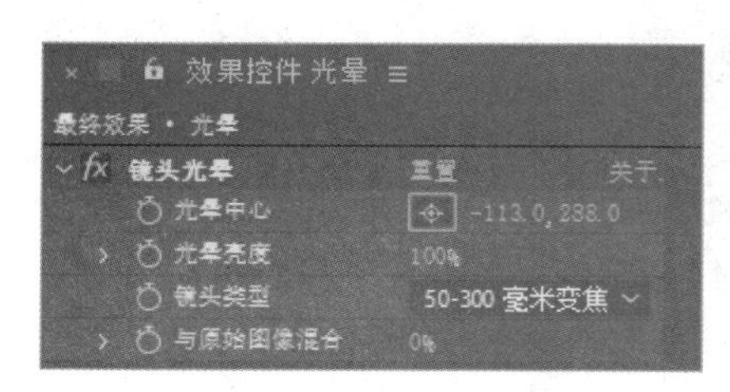

图 12-115

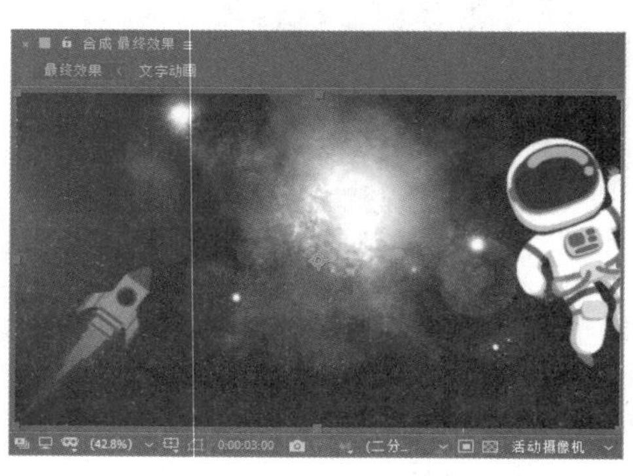

图 12-116

STEP 16 将时间标签放置在 5:10s 的位置，在“效果控件”面板中，单击“光晕中心”左侧的“关键帧自动记录器”按钮，如图 12-117 所示，记录第 1 个关键帧。将时间标签放置在 6s 的位置，设置“光晕中心”选项的数值为 1410、288，如图 12-118 所示，记录第 2 个关键帧。

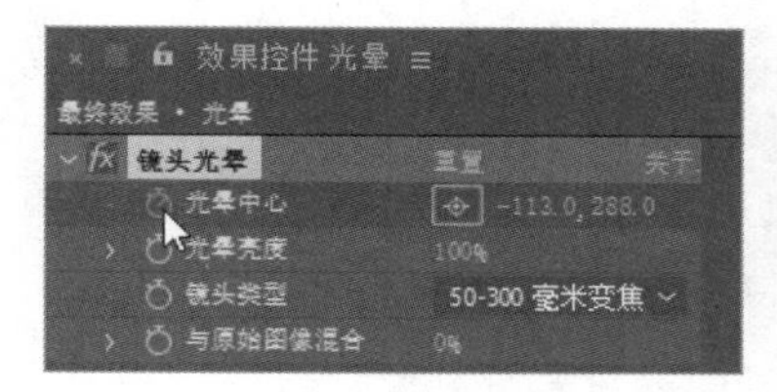

图 12-117

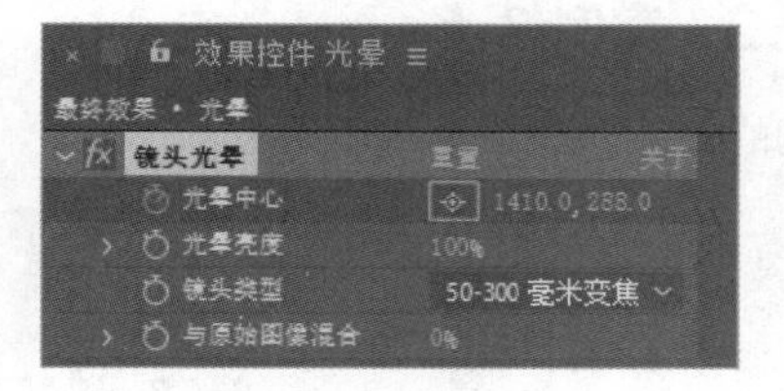

图 12-118

STEP 17 将时间标签放置在 5:10s 的位置，选中“光晕”图层，按 Alt+[组合键，设置动画的入点时间，如图 12-119 所示。

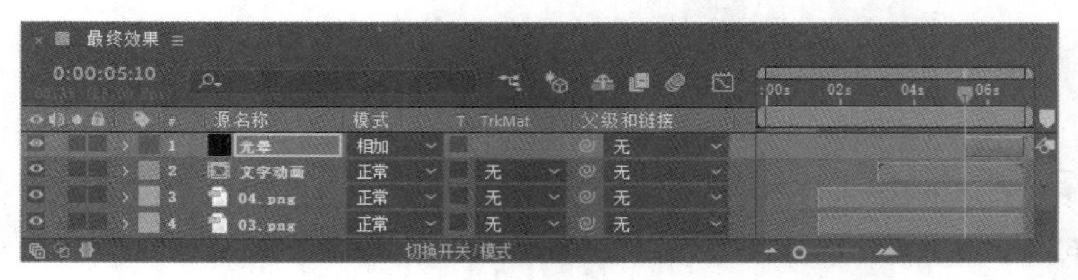

图 12-119

STEP 18 在“项目”面板中，选中“07.mp3”文件，并将其拖曳到“时间轴”面板中，如图 12-120 所示。科技片头制作完成，如图 12-121 所示。

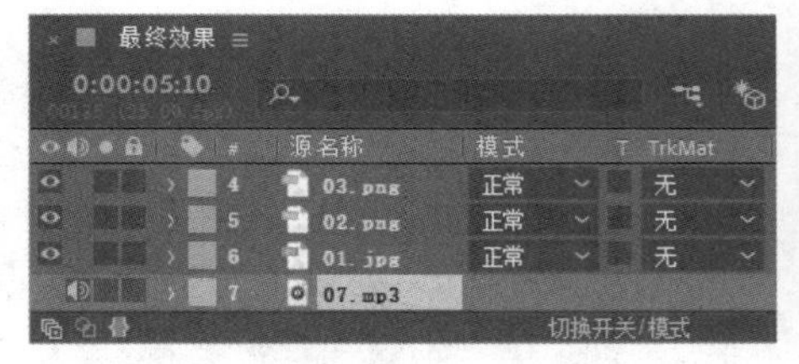

图 12-120

图 12-121

12.3 制作端午节宣传片

12.3.1 案例分析

时尚生活电视台是全方位介绍人们的衣、食、住、行等资讯的时尚生活类电视台。在端午节来临之际，电视台要求制作端午节宣传片，宣传片要能体现出端午节的特点和丰富多彩的娱乐活动。

在制作过程中以粽子作为画面主体，体现宣传片的主题。画面色彩对比强烈，添加的纹理装饰使画面更具传统特色。整体设计简洁明晰，在表现出宣传主题的同时充满了浓厚的中国韵味。

本案例将使用“导入”命令导入素材文件；使用“位置”属性、“不透明度”属性，制作动画效果；使用“卡片擦除”命令制作图像过渡效果。

12.3.2 案例设计

本案例的效果如图 12-122 所示。

图 12-122

12.3.3 案例制作

1. 制作文字动画效果

STEP 1 按 Ctrl+N 组合键，弹出“合成设置”对话框，在“合成名称”文本框中输入“文字”，设置“背景颜色”为黑色，其他选项的设置如图 12-123 所示，单击“确定”按钮，创建一个新的合成“文字”。

制作端午节宣传片 1

STEP 2 选择“文件 > 导入 > 文件”命令，弹出“导入文件”对话框，选择资源包中的“Ch12 > 制作端午节宣传片 > (Footage) > 01.jpg、02.png～04.png、05.jpg、06.png～09.png、10.mp3”文件，单击“导入”按钮，导入文件到“项目”面板中，如图 12-124 所示。

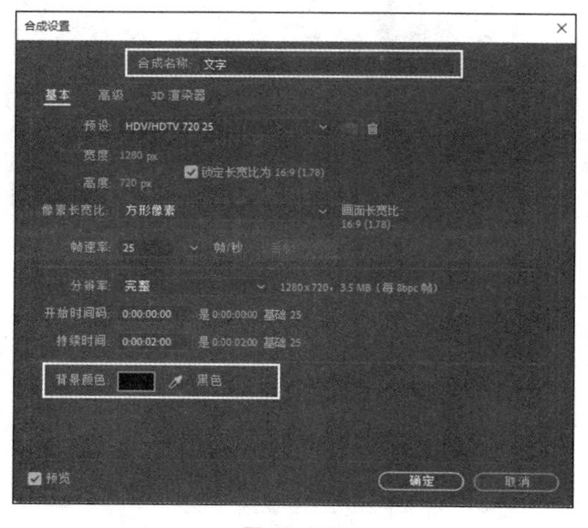

图 12-123

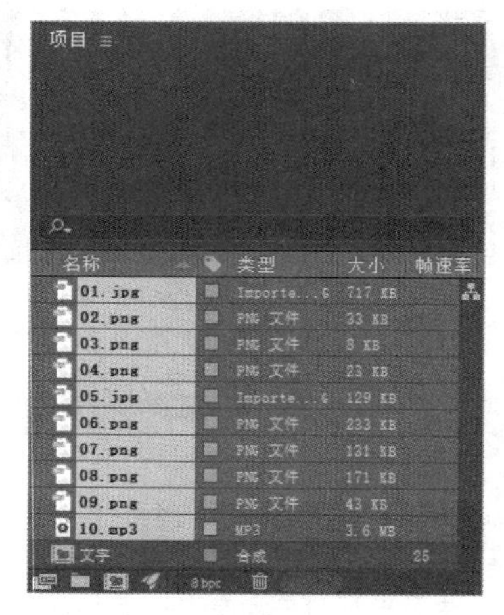

图 12-124

STEP 3 选择“横排文字”工具 T，在“合成”面板中输入文字“端午节”。选中文字，在“字符”面板中，设置“填充颜色”为白色，其他参数设置如图 12-125 所示。“合成”面板中的效果如图 12-126 所示。

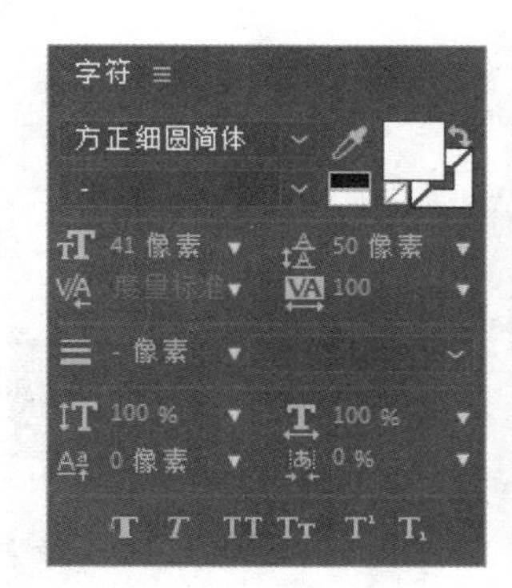

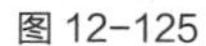
图 12-125

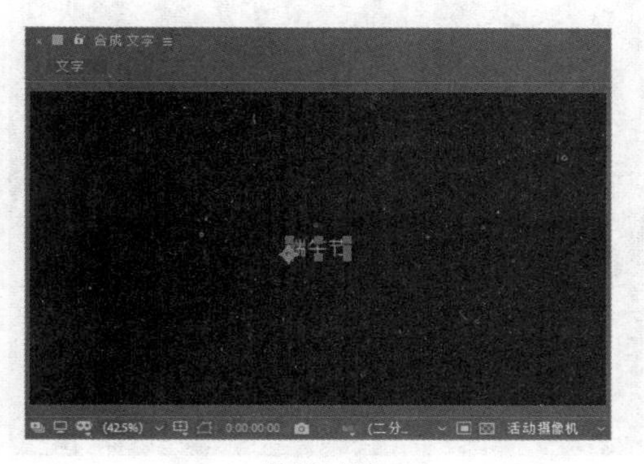
图 12-126

STEP 4 按 T 键，展开“不透明度”属性，设置“不透明度”选项的数值为 0%，单击“不透明度”选项左侧的“关键帧自动记录器”按钮，如图 12-127 所示，记录第 1 个关键帧。将时间标签放置在 0:05s 的位置，设置“不透明度”选项的数值为 100%，如图 12-128 所示，记录第 2 个关键帧。

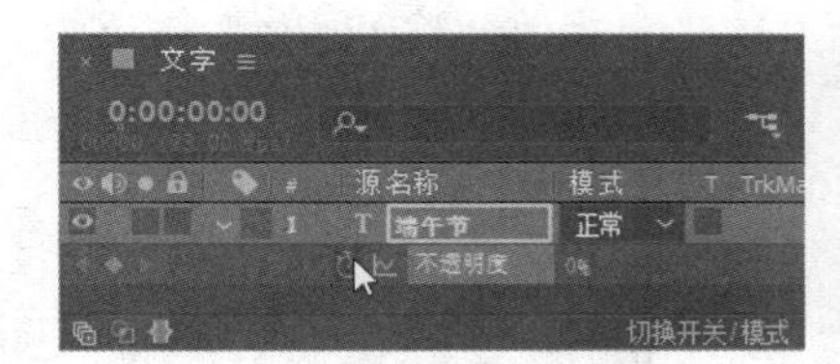

图 12-127

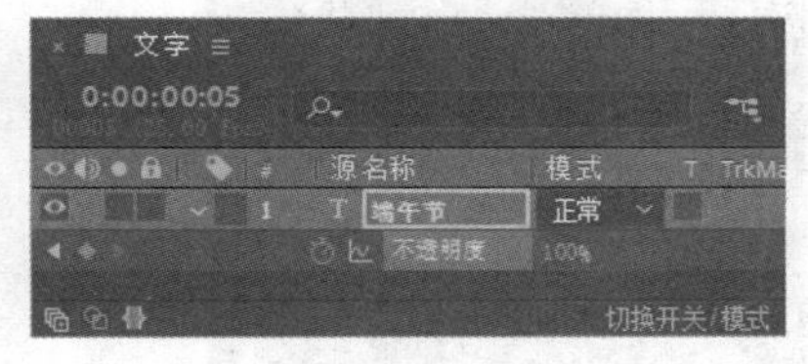

图 12-128

STEP 5 将时间标签放置在 0:20s 的位置，单击“不透明度”选项左侧的“在当前时间添加或移除关键帧”按钮，如图 12-129 所示，记录第 3 个关键帧。将时间标签放置在 1s 的位置，设置“不透明度”选项的数值为 0%，如图 12-130 所示，记录第 4 个关键帧。

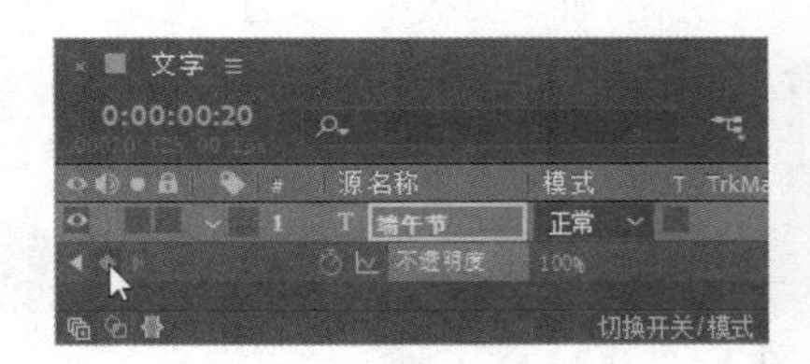

图 12-129

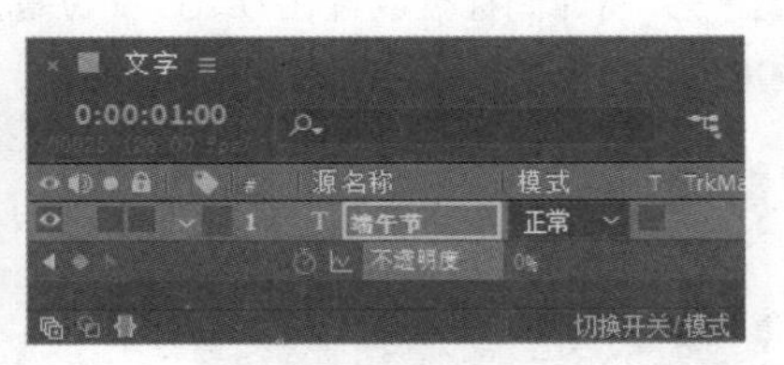

图 12-130

2. 制作画面一动画效果

STEP 1 按 Ctrl+N 组合键，弹出“合成设置”对话框，在“合成名称”文本框中输入“画面一”，设置“背景颜色”为黑色，其他选项的设置如图 12-131 所示，单击“确定”按钮，创建一个新的合成“画面一”。

制作端午节宣传片 2

STEP 2 在“项目”面板中，选中“01.jpg”文件，并将其拖曳到“时间轴”面板中，如图 12-132 所示。

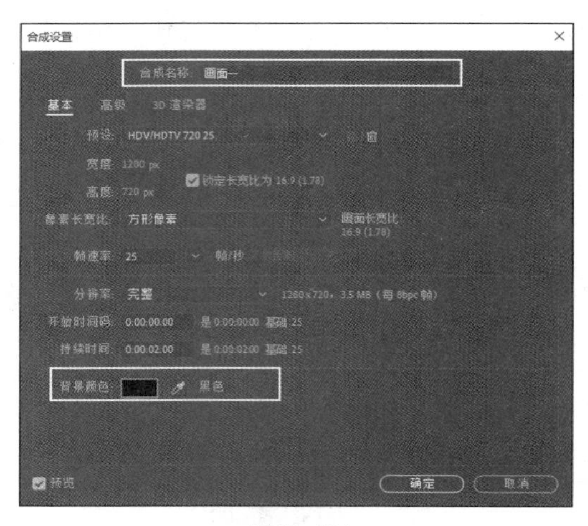

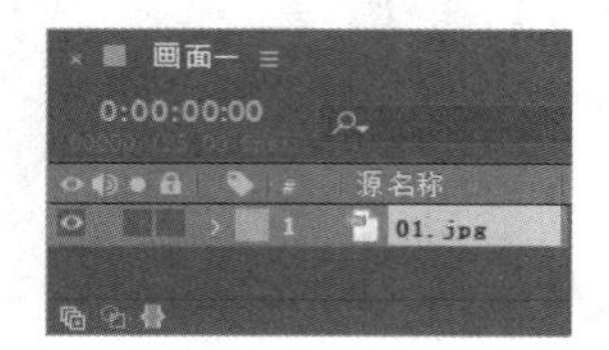

图 12-131

图 12-132

STEP 3 选择“效果 > 过渡 > 卡片擦除”命令，在“效果控件”面板中进行参数设置，如图 12-133 所示。单击“过渡完成”选项左侧的“关键帧自动记录器”按钮，如图 12-134 所示，记录第 1 个关键帧。

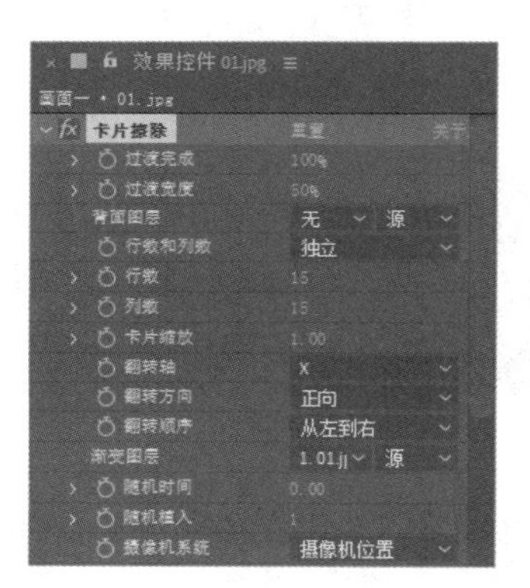

图 12-133

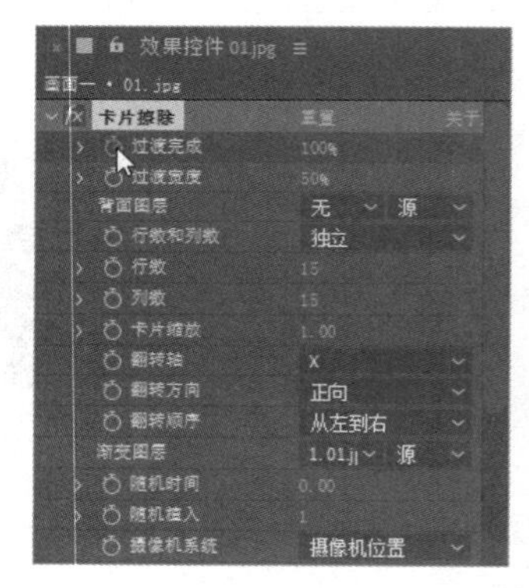

图 12-134

STEP 4 将时间标签放置在 0:10s 的位置，在“效果控件”面板中，设置“过渡完成”选项的数值为 0%，如图 12-135 所示，记录第 2 个关键帧。“合成”面板中的效果如图 12-136 所示。

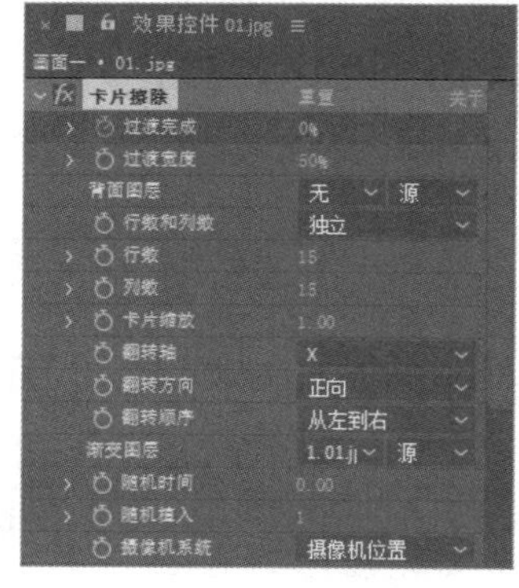

图 12-135

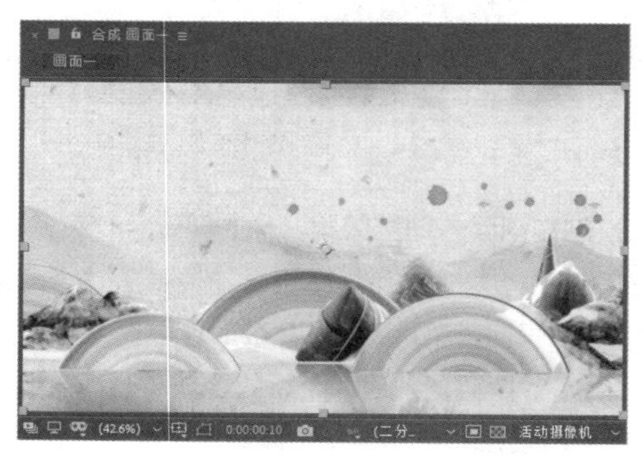

图 12-136

STEP 5 在“项目”面板中，选中“02.png”文件，并将其拖曳到“时间轴”面板中，按 P 键，展开“位置”属性，设置“位置”选项的数值为 1084、356，如图 12-137 所示。“合成”面板中的效果如图 12-138 所示。

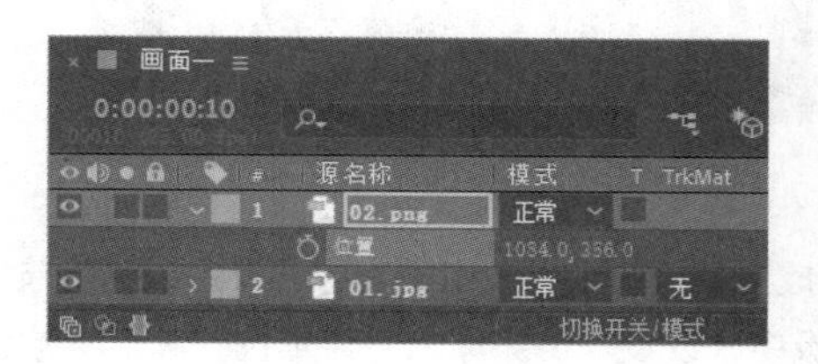

图 12-137

图 12-138

STEP 6 按 Alt+[组合键，设置动画的入点时间。选择“效果 > 模糊和锐化 > 高斯模糊”命令，在“效果控件”面板中进行参数设置，如图 12-139 所示。“合成”面板中的效果如图 12-140 所示。

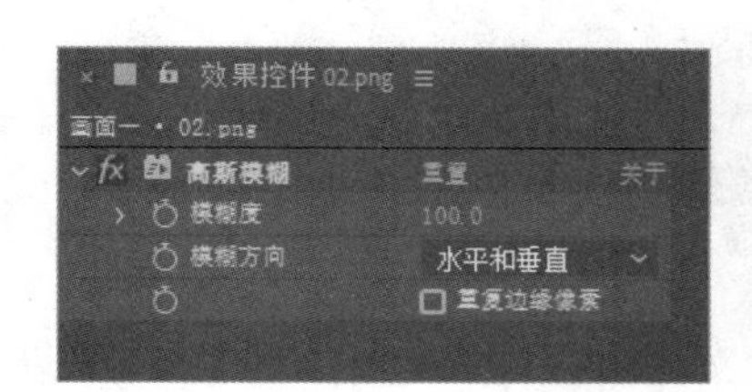

图 12-139

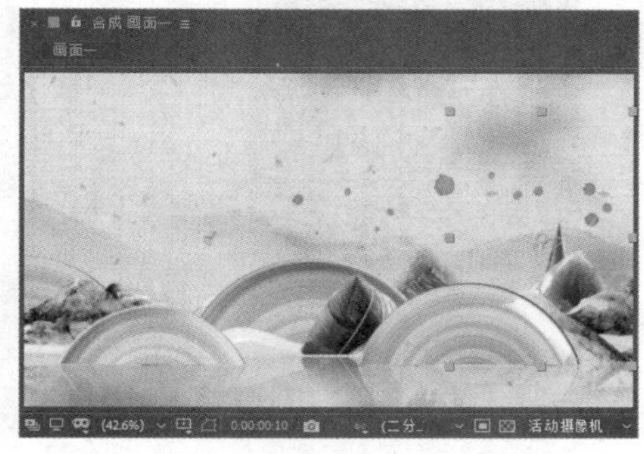

图 12-140

STEP 7 在“效果控件”面板中，单击“模糊度”选项左侧的“关键帧自动记录器”按钮，如图 12-141 所示，记录第 1 个关键帧。将时间标签放置在 0:20s 的位置，在“效果控件”面板中，设置“模糊度”选项的数值为 0，如图 12-142 所示，记录第 2 个关键帧。

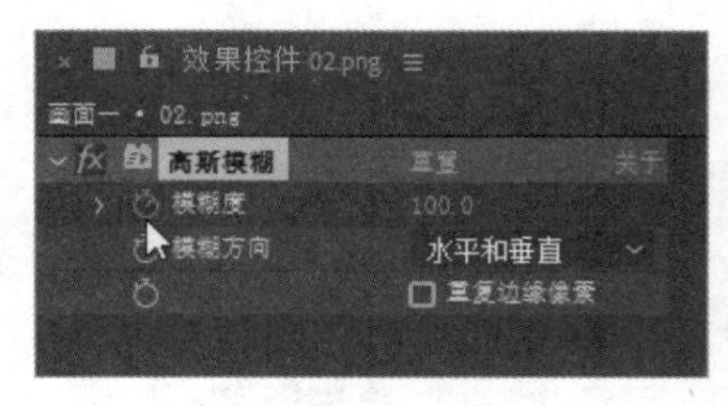

图 12-141

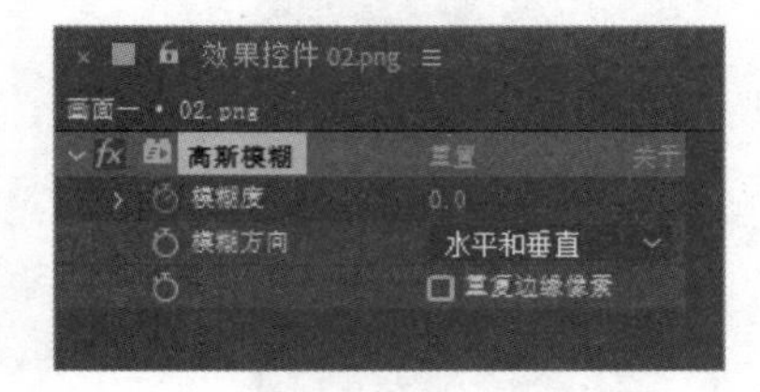

图 12-142

STEP 8 用相同的方法将“项目”面板中的“03.png”文件拖曳到“时间轴”面板中，添加“高斯模糊”效果，并添加关键帧动画。

STEP 9 将时间标签放置在 0:10s 的位置。在“项目”面板中，选中“04.png”文件，并将其拖曳到“时间轴”面板中，按 P 键，展开“位置”属性，设置“位置”选项的数值为 760、648，单击“位置”选项左侧的“关键帧自动记录器”按钮，如图 12-143 所示，记录第 1 个关键帧。将时间标签放置在 1:10s 的位置，设置“位置”选项的数值为 584、648，如图 12-144 所示，记录第 2 个关键帧。

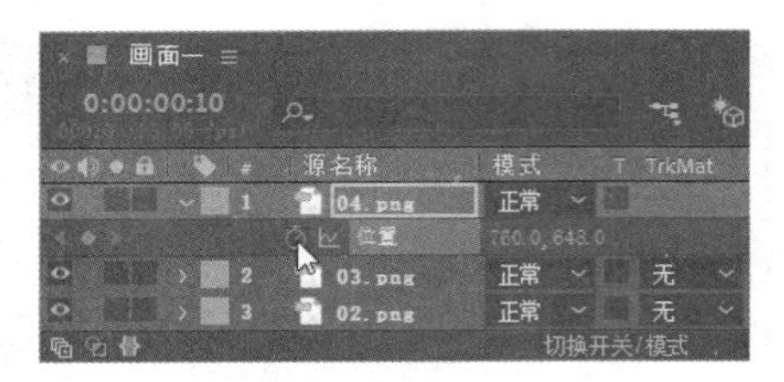

图 12-143

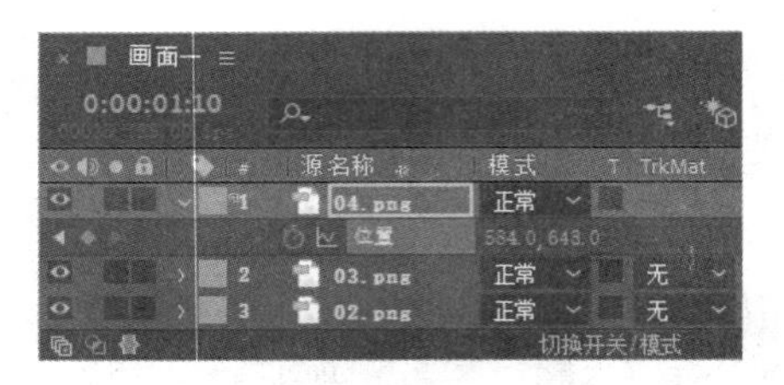

图 12-144

STEP 10 选择“横排文字”工具，在“合成”面板中输入文字“宫衣亦有名，端午被恩荣。细葛含风软，香罗迭雪轻。”选中文字，在“字符”面板中，设置“填充颜色”为黑色，其他参数设置如图 12-145 所示。“合成”面板中的效果如图 12-146 所示。

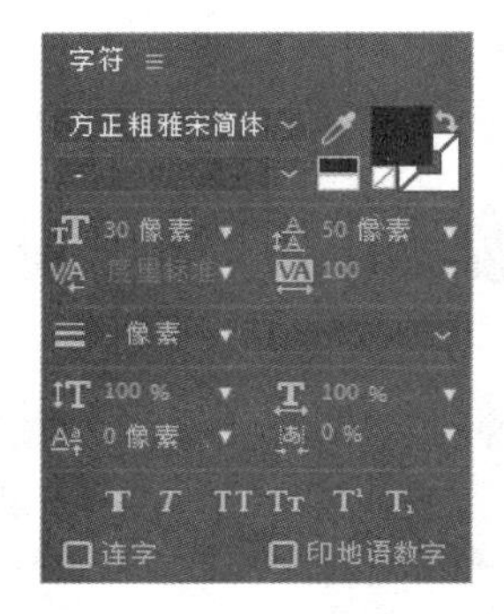

图 12-145

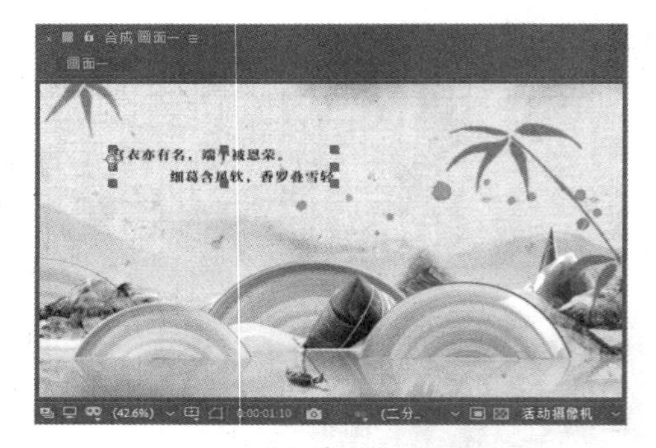

图 12-146

STEP 11 将时间标签放置在 0:10s 的位置，选中文字图层，选择“窗口 > 效果和预设”命令，打开“效果和预设”面板，单击“动画预设”文件夹左侧的小箭头按钮将其展开，双击“Text > Animate In > 解码淡入”命令，如图 12-147 所示，应用效果。“合成”面板中的效果如图 12-148 所示。

图 12-147

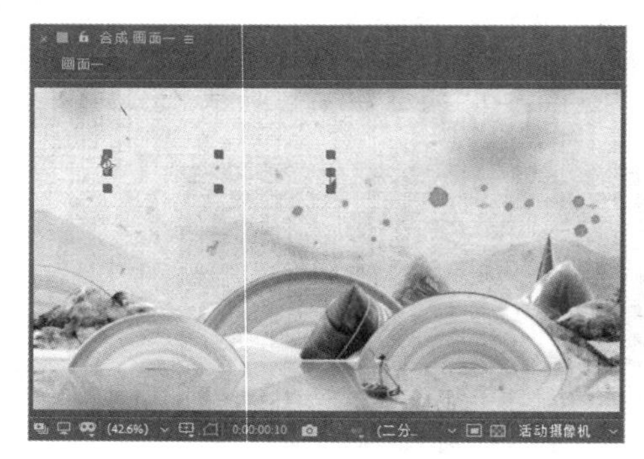

图 12-148

STEP 12 选中文字图层，按 U 键，展开所有关键帧，如图 12-149 所示，将时间标签放置在 1:10s 的位置，在“时间轴”面板中，设置“起始”选项的数值为 100%，如图 12-150 所示。

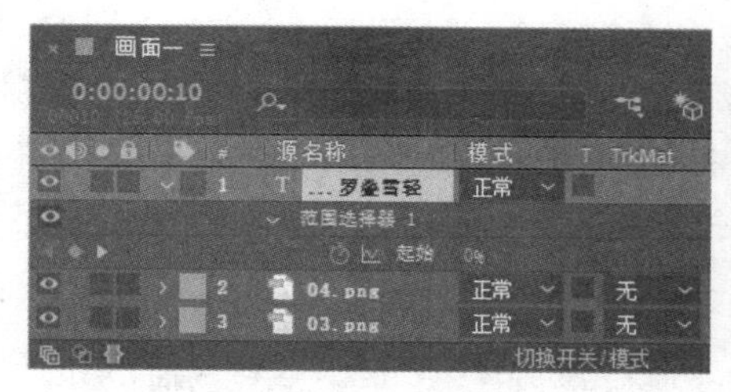

图 12-149

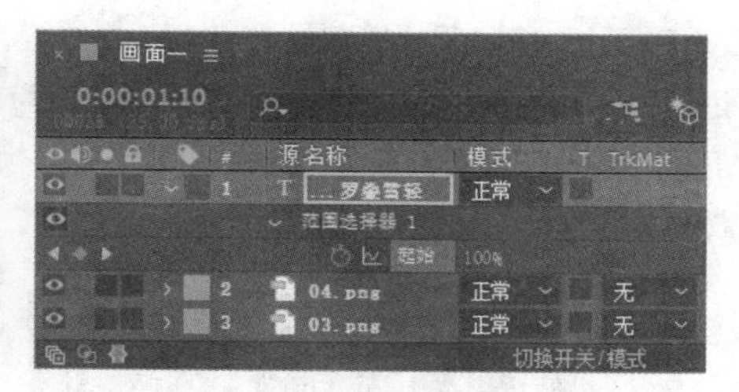

图 12-150

3. 制作画面二动画效果

STEP 1 按 Ctrl+N 组合键，弹出“合成设置”对话框，在“合成名称”文本框中输入“画面二”，设置“背景颜色”为黑色，其他选项的设置如图 12-151 所示，单击“确定”按钮，创建一个新的合成“画面二”。在“项目”面板中，选中“05.jpg”文件，并将其拖曳到“时间轴”面板中，如图 12-152 所示。

制作端午节宣传片 3

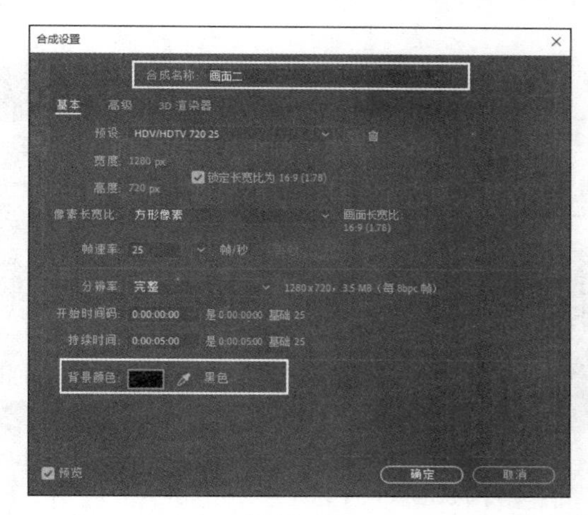

图 12-151

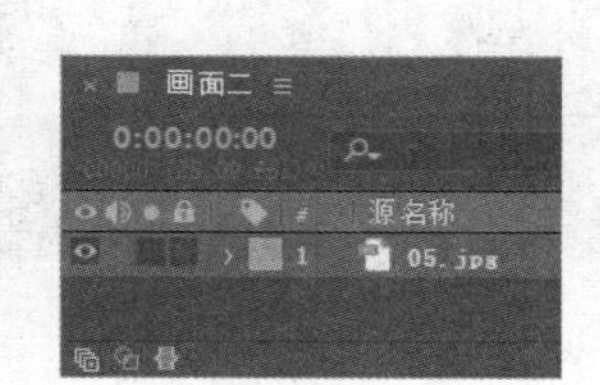

图 12-152

STEP 2 在“项目”面板中，选中“06.png”文件，并将其拖曳到“时间轴”面板中，按 P 键，展开“位置”属性，设置“位置”选项的数值为 1006.6、380，如图 12-153 所示。“合成”面板中的效果如图 12-154 所示。

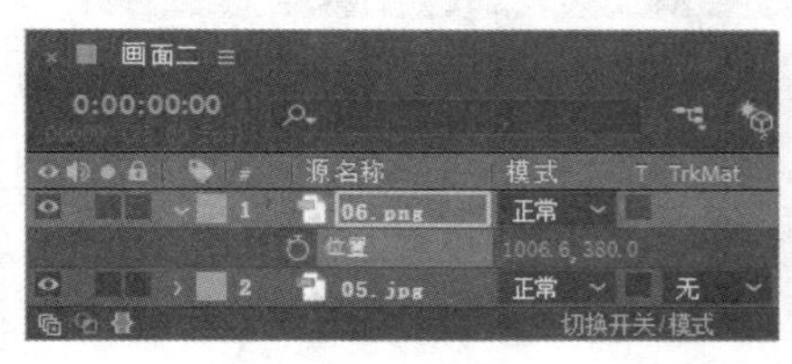

图 12-153

图 12-154

STEP 3 将时间标签放置在 0:13s 的位置，按 Alt+[组合键，设置动画的入点时间。按 T 键，展开“不透明度”属性，设置“不透明度”选项的数值为 0%，单击“不透明度”选项左侧的“关键帧自动记录器”按钮，如图 12-155 所示，记录第 1 个关键帧。将时间标签放置在 0:23s 的位置，设置“不透明度”选项的数值为 100%，如图 12-156 所示，记录第 2 个关键帧。

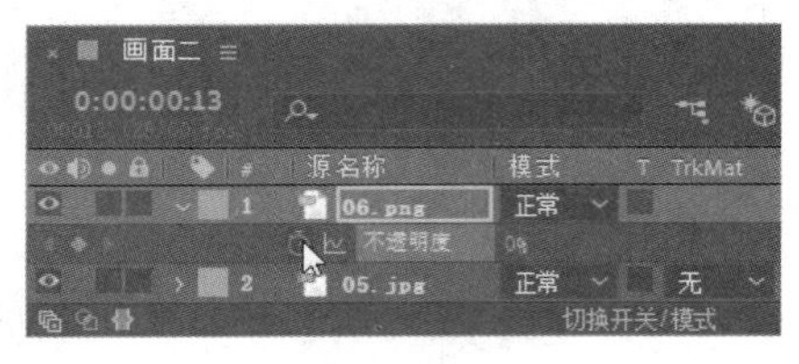

图 12-155

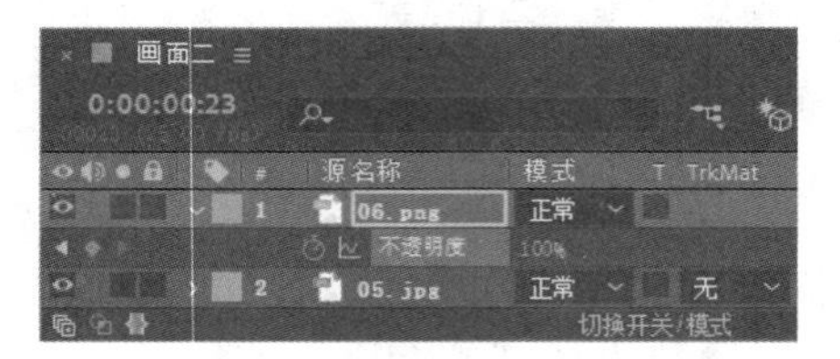

图 12-156

STEP 4 在“项目”面板中，选中“07.png”文件，并将其拖曳到“时间轴”面板中，按 P 键，展开“位置”属性，设置“位置”选项的数值为 305.5、520.3，如图 12-157 所示。“合成”面板中的效果如图 12-158 所示。

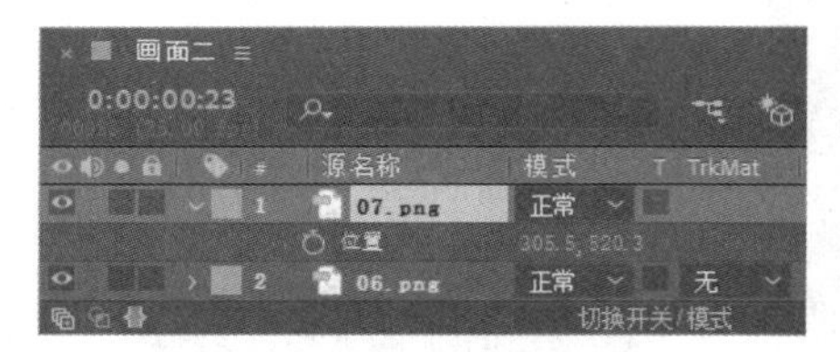

图 12-157

图 12-158

STEP 5 将时间标签放置在 0:13s 的位置，按 Alt+[组合键，设置动画的入点时间。按 T 键，展开“不透明度”属性，设置“不透明度”选项的数值为 0%，单击“不透明度”选项左侧的“关键帧自动记录器”按钮，如图 12-159 所示，记录第 1 个关键帧。将时间标签放置在 0:23s 的位置，设置“不透明度”选项的数值为 100%，如图 12-160 所示，记录第 2 个关键帧。

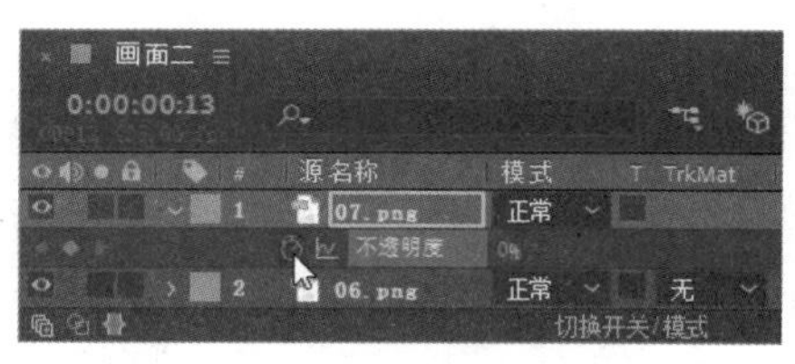

图 12-159

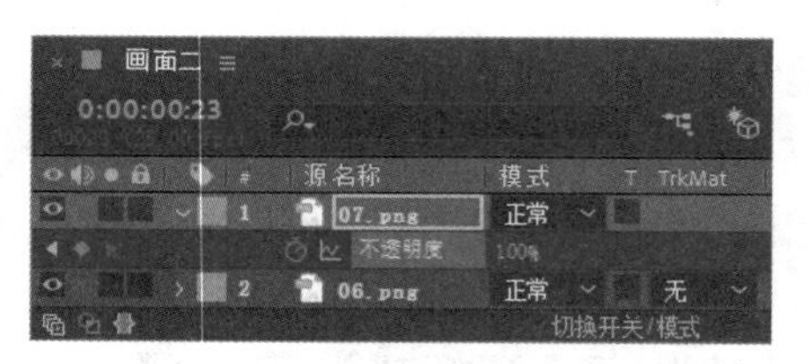

图 12-160

STEP 6 在“项目”面板中，选中“08.png”文件，并将其拖曳到“时间轴”面板中，如图 12-161 所示。按 P 键，展开“位置”属性，设置“位置”选项的数值为 527.8、422.1，如图 12-162 所示。

STEP 7 按 T 键，展开“不透明度”属性，设置“不透明度”选项的数值为 0%，单击“不透明度”选项左侧的“关键帧自动记录器”按钮，如图 12-163 所示，记录第 1 个关键帧。将时间标签放置在 1:08s 的位置，设置“不透明度”选项的数值为 100%，如图 12-164 所示，记录第 2 个关键帧。

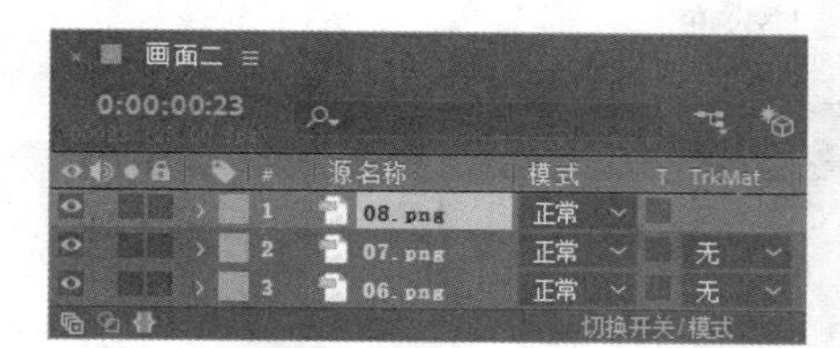

图 12-161

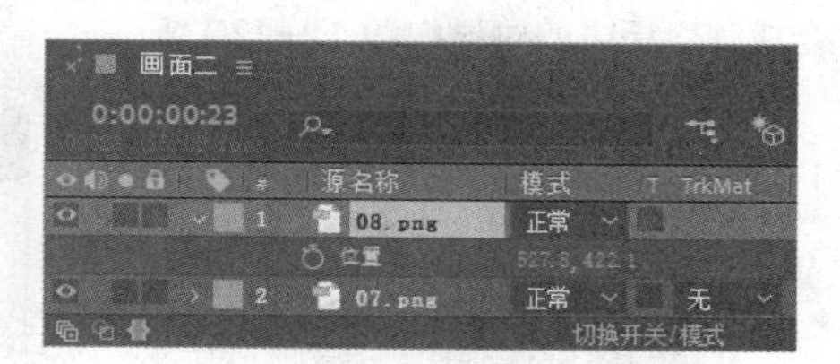

图 12-162

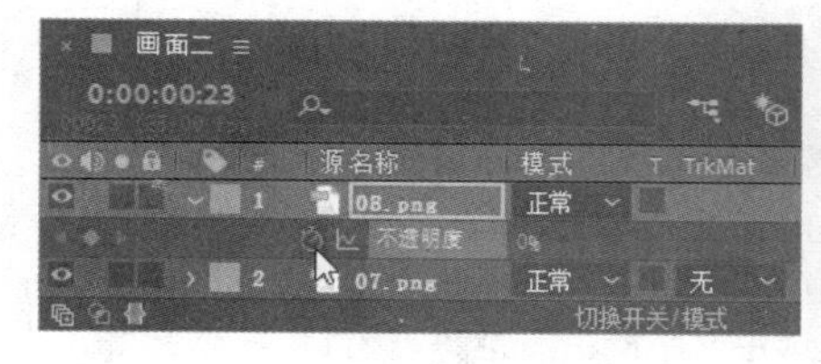

图 12-163

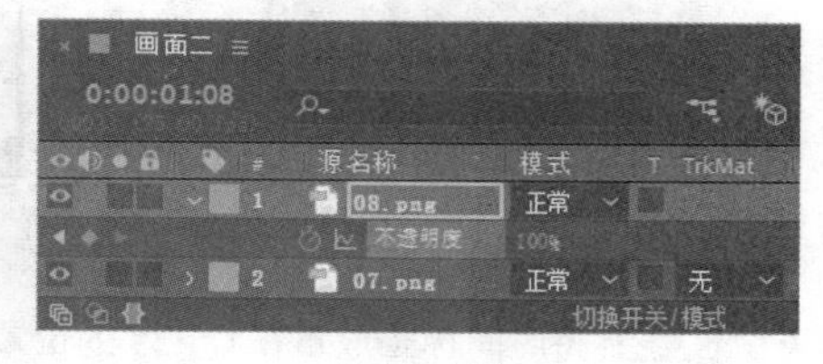

图 12-164

STEP 8 在“项目”面板中，选中“09.png”文件，并将其拖曳到“时间轴”面板中，按 P 键，展开“位置”属性，设置“位置”选项的数值为 838.3、121.6，如图 12-165 所示。“合成”面板中的效果如图 12-166 所示。

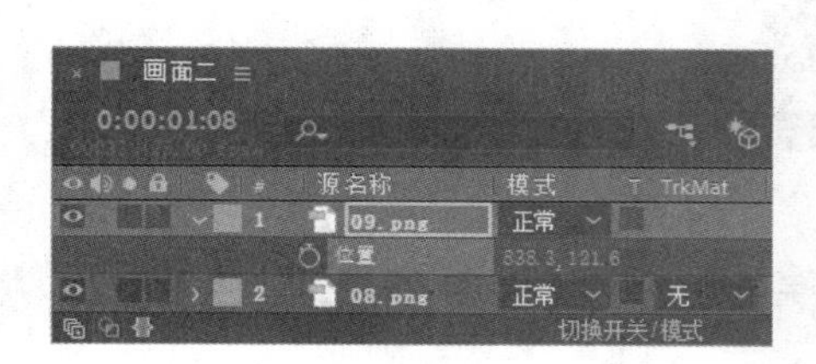

图 12-165

图 12-166

STEP 9 将时间标签放置在 0:23s 的位置，按 T 键，展开“不透明度”属性，设置“不透明度”选项的数值为 0%，单击“不透明度”选项左侧的“关键帧自动记录器”按钮，如图 12-167 所示，记录第 1 个关键帧。将时间标签放置在 1:08s 的位置，设置“不透明度”选项的数值为 100%，如图 12-168 所示，记录第 2 个关键帧。

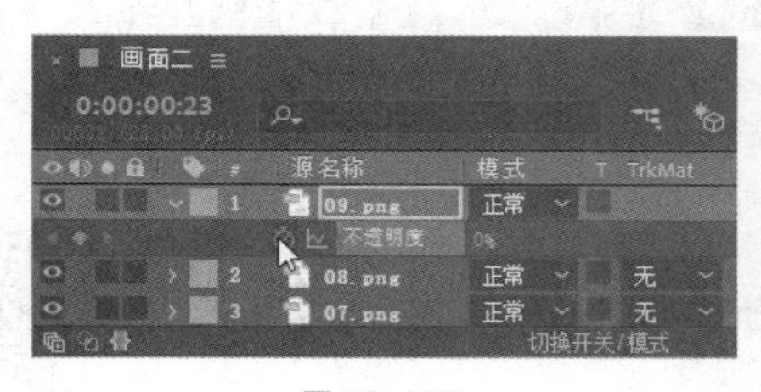

图 12-167

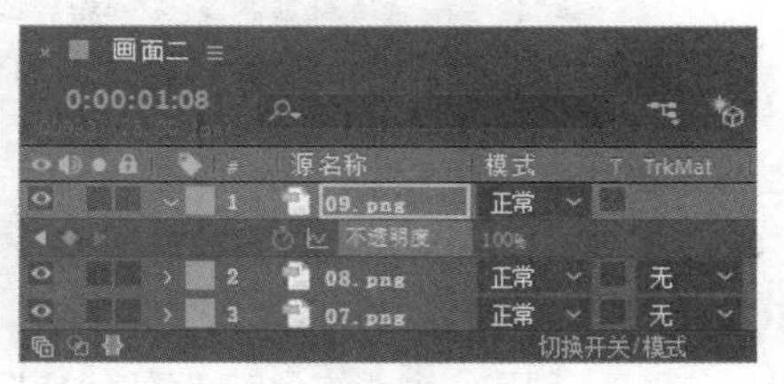

图 12-168

STEP 10 选择“横排文字”工具，在“合成”面板中输入文字“自天题处湿，当暑著来清。意内称长短，终身荷圣情。”选中文字，在“字符”面板中，设置“填充颜色”为黑色，其他参数设置如图 12-169 所示。“合成”面板中的效果如图 12-170 所示。

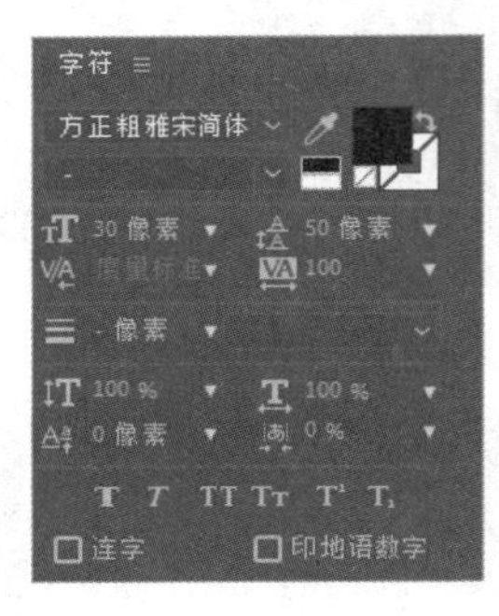

图 12-169

图 12-170

STEP 11 将时间标签放置在 0:23s 的位置，选中文字图层，选择“窗口 > 效果和预设”命令，打开“效果和预设”面板，单击“动画预设”文件夹左侧的小箭头按钮将其展开，双击“Text > Animate In > 解码淡入”命令，如图 12-171 所示，应用效果。“合成”面板中的效果如图 12-172 所示。

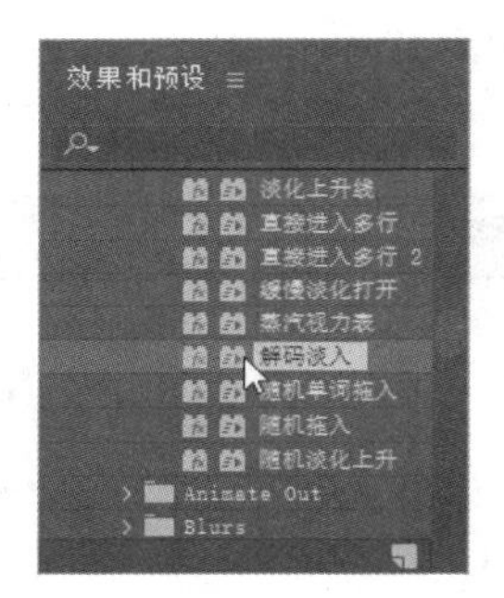

图 12-171

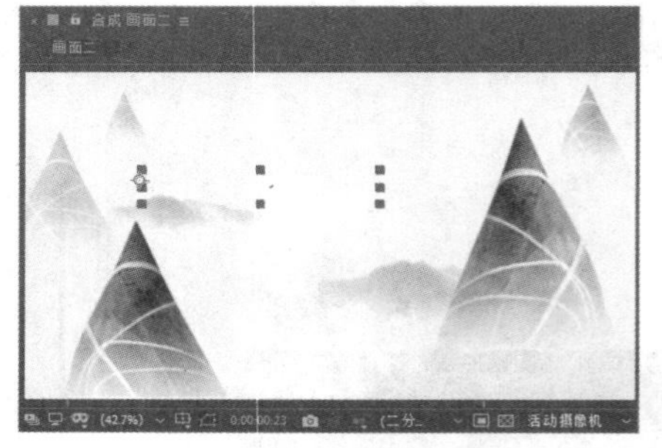

图 12-172

STEP 12 选中文字图层，按 U 键，展开所有关键帧，将时间标签放置在 1:23s 的位置，将第 2 个关键帧拖曳到时间标签所在的位置，如图 12-173 所示。

图 12-173

4. 制作最终效果

STEP 1 按 Ctrl+N 组合键，弹出“合成设置”对话框，在“合成名称”文本框中输入“最终效果”，设置“背景颜色”为黑色，其他选项的设置如图 12-174 所示，单击“确定”按钮，创建一个新的合成“最终效果”。

制作端午节宣传片 4

STEP 2 在“项目”面板中，选中“文字”“画面一”“画面二”合成，并将它们拖曳到“时间轴”面板中，图层的排列如图 12-175 所示。

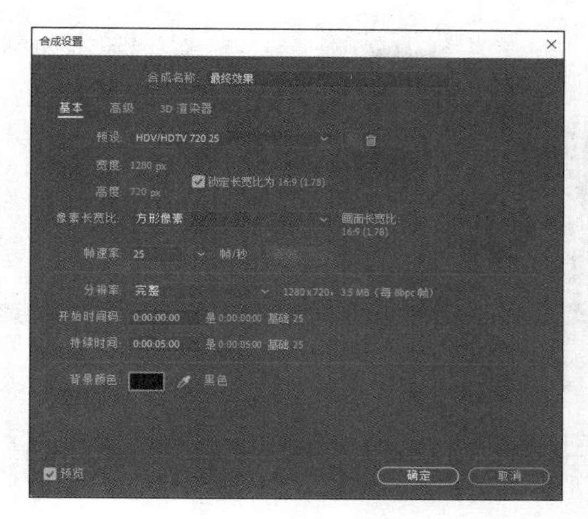

图 12-174

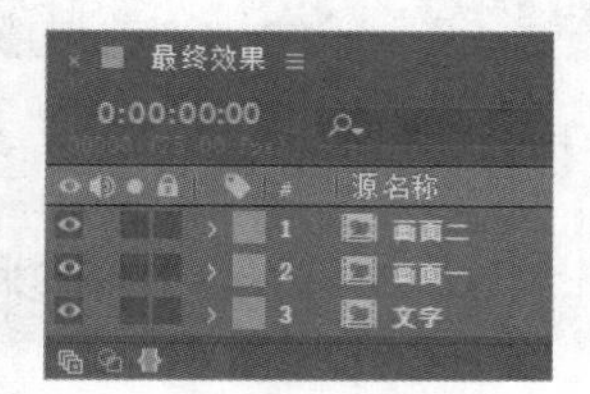

图 12-175

STEP 3 将时间标签放置在 1:03s 的位置，选中“画面一”图层，按[键，设置动画的入点时间。将时间标签放置在 2:15s 的位置，按 P 键，展开“位置”属性，单击“位置”选项左侧的“关键帧自动记录器”按钮，如图 12-176 所示，记录第 1 个关键帧。将时间标签放置在 3:03s 的位置，设置“位置”选项的数值为 640、720，如图 12-177 所示，记录第 2 个关键帧。

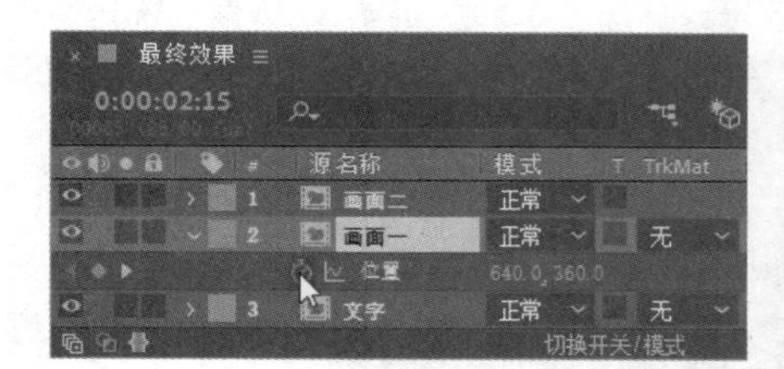

图 12-176

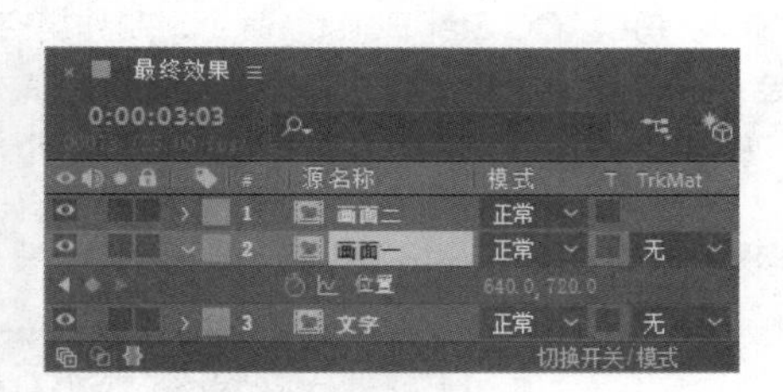

图 12-177

STEP 4 将时间标签放置在 2:15s 的位置，选中“画面二”图层，按[键，设置动画的入点时间。按 P 键，展开“位置”属性，设置“位置”选项的数值为 640、−360，单击“位置”选项左侧的“关键帧自动记录器”按钮，如图 12-178 所示，记录第 1 个关键帧。将时间标签放置在 3s 的位置，设置“位置”选项的数值为 640、360，如图 12-179 所示，记录第 2 个关键帧。

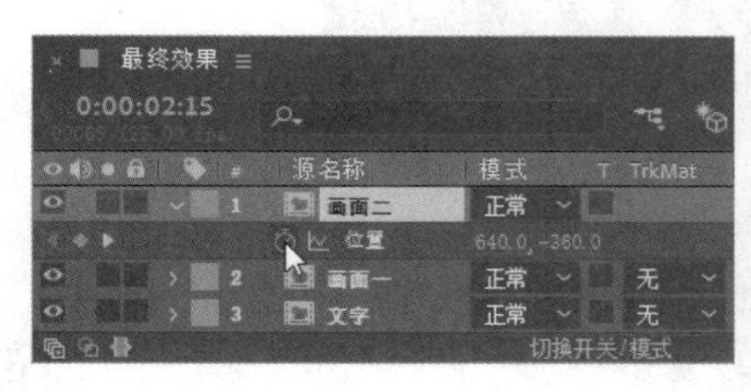

图 12-178

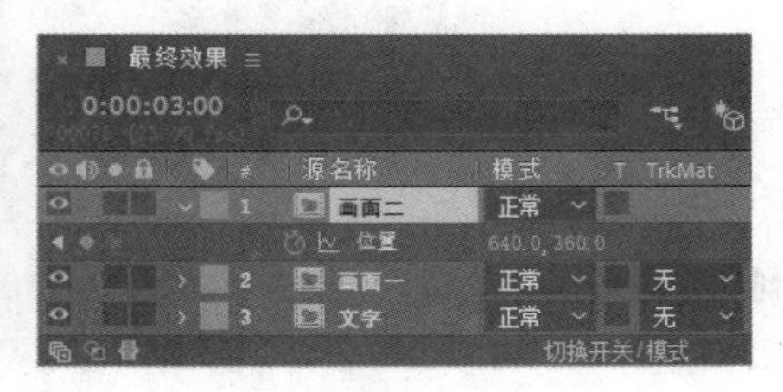

图 12-179

STEP 5 在“项目”面板中，选中“10.mp3”文件，并将其拖曳到“时间轴”面板中，图层的排列如图 12-180 所示。端午节宣传片制作完成，效果如图 12-181 所示。

图 12-180

图 12-181

12.4 制作探索太空栏目

12.4.1 案例分析

探索太空是一档科技类电视栏目，它以直观的形式为观众演绎人类如何探索神秘和多彩的未知世界，遨游充满着无限生机的宇宙太空。现要求为该档栏目设计宣传片，在设计上希望能表现出宇宙的神秘感。

在设计制作过程中设计风格要求直观醒目，充满现代感。图文搭配要恰当，让画面显得既合理又美观。整体设计要能够彰显出太空的神秘和科技的魅力。

本案例将使用“CC Star Burst”命令，制作星空效果；使用“发光”命令、“摄像机镜头模糊”命令、“蒙版”命令，制作地球和太阳动画效果；使用“填充”命令、“斜面 Alpha”命令，制作文字动画效果。

12.4.2 案例设计

本案例的效果如图 12-182 所示。

图 12-182

12.4.3 案例制作

1. 制作太阳和地球动画

STEP 1 按 Ctrl+N 组合键，弹出“合成设置”对话框，在“合成名称”文本框中输入“合成”，设置“背景颜色”为黑色，其他选项的设置如图 12-183 所示，单击“确定”按钮，创建一个新的合成“合成”。

制作探索太空栏目 1

STEP 2 选择“文件 > 导入 > 文件”命令，弹出“导入文件”对话框，选择资源包中的“Ch12 > 探索太空栏目 > (Footage) > 01.jpg、02.aep”文件，单击

“打开”按钮，导入文件，“项目”面板如图 12-184 所示。

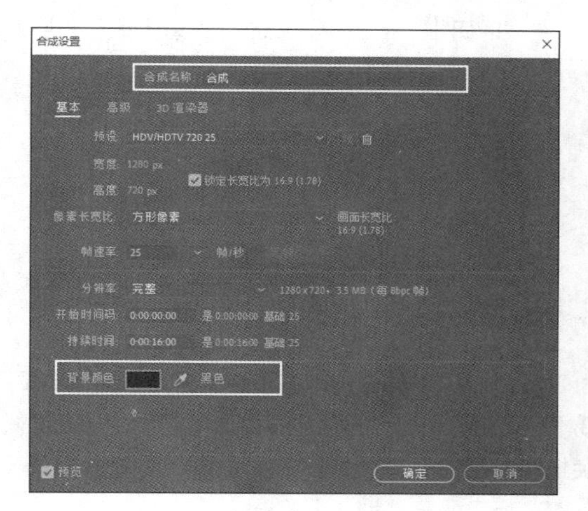

图 12-183

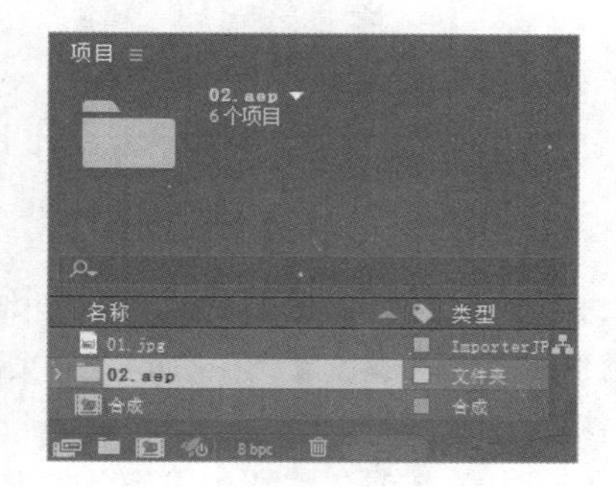

图 12-184

STEP 3 选择“图层 > 新建 > 纯色”命令，弹出“纯色设置”对话框，在“名称”文本框中输入文字“星空”，将“颜色”选项设为深灰色（其 R、G、B 的值均为 53），其他设置如图 12-185 所示，单击“确定”按钮，在“时间轴”面板中新增一个纯色图层，如图 12-186 所示。

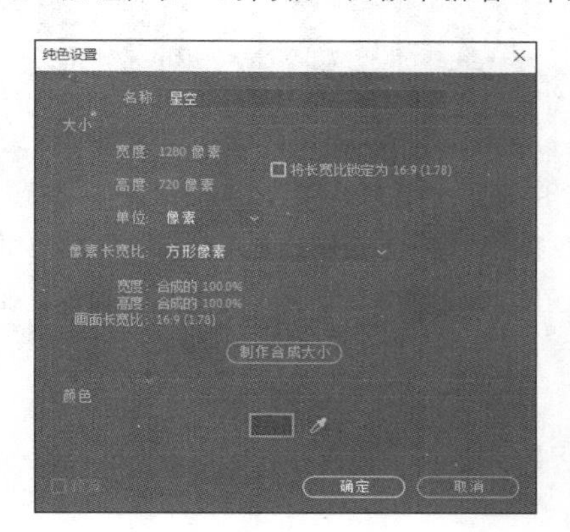

图 12-185

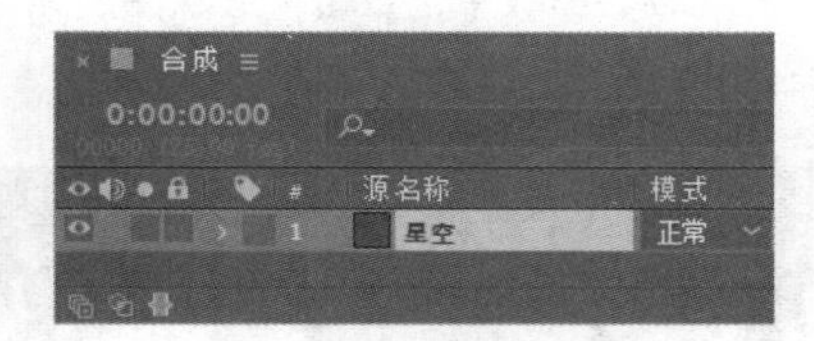

图 12-186

STEP 4 选中“星空”图层，选择“效果 > 模拟 > CC Star Burst”命令，在“效果控件”面板中进行设置，如图 12-187 所示。“合成”面板中的效果如图 12-188 所示。

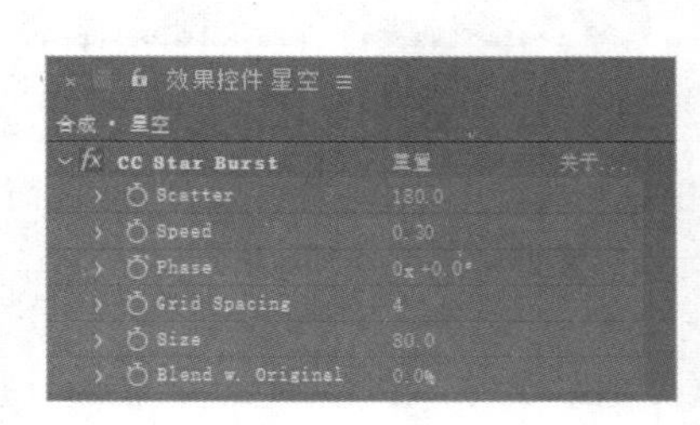

图 12-187

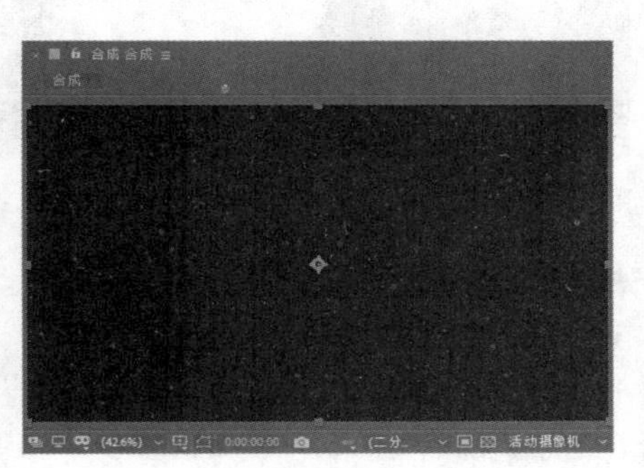

图 12-188

STEP 5 在“项目”面板中，展开“02.aep”文件夹，选中该文件夹中的“放射光线”合成并将其拖曳到“时间轴”面板中，如图 12-189 所示。在“时间轴”面板中，设置“放射光线”图层的混合模式为“相加”，如图 12-190 所示。

图 12-189

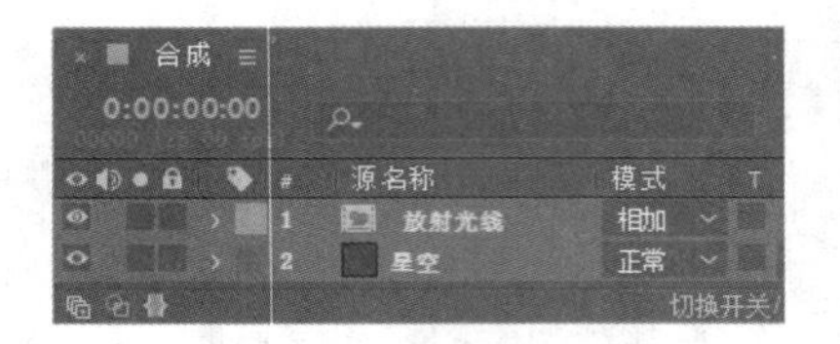

图 12-190

STEP 6 选中“放射光线”图层，将时间标签放在 0s 的位置，按 T 键，展开“不透明度”属性，在“时间轴”面板中，设置“不透明度”选项的数值为 0%，单击“不透明度”选项左侧的“关键帧自动记录器”按钮，如图 12-191 所示，记录第 1 个关键帧。将时间标签放在 2s 的位置，在“时间轴”面板中，设置“不透明度”选项的数值为 100%，如图 12-192 所示，记录第 2 个关键帧。

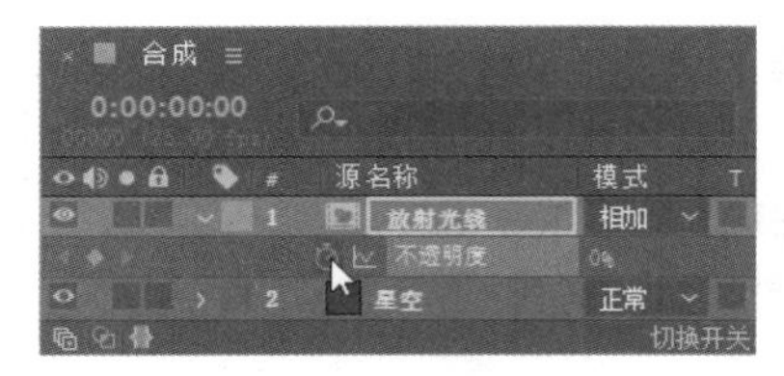

图 12-191

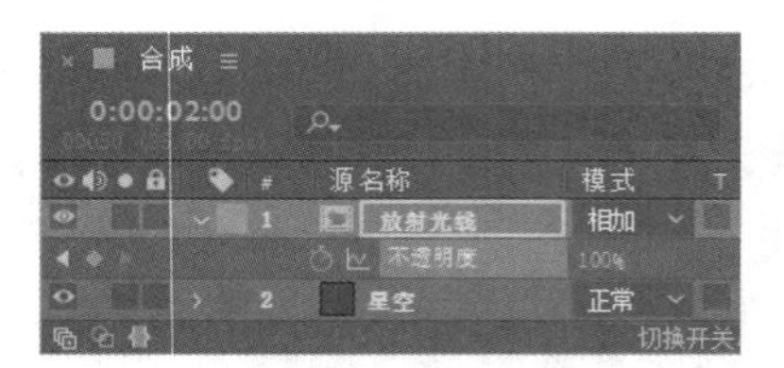

图 12-192

STEP 7 选择“椭圆”工具，在“工具栏”中设置“填充颜色”选项为白色，“描边”选项为白色，“描边宽度”选项的数值为 15，按住 Shift 键的同时，在“合成”面板中绘制 1 个圆形蒙版，如图 12-193 所示。在“时间轴”面板中，右击“形状图层 1”图层，在弹出的菜单中选择“重命名”命令，在文本框中输入“太阳”，如图 12-194 所示。

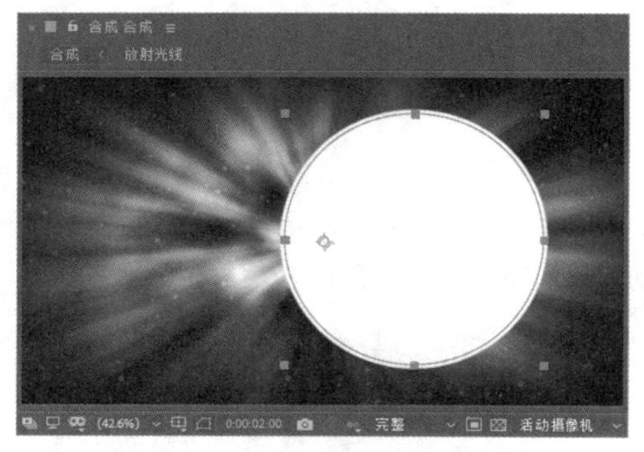
图 12-193

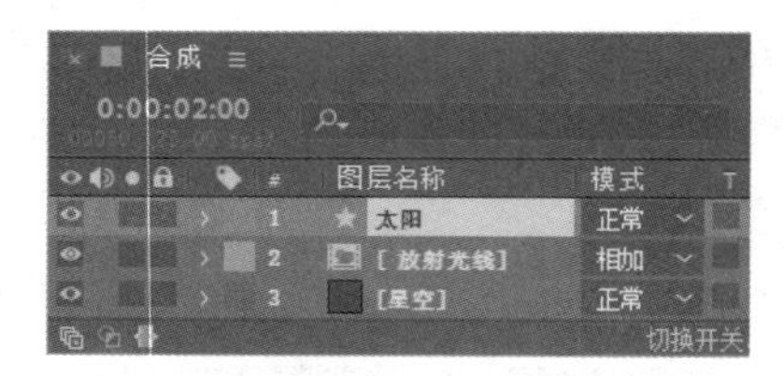

图 12-194

STEP 8 选中“太阳”图层，选择“效果 > 风格化 > 发光”命令，在“效果控件”面板中，将“颜色 A”选项设为白色，“颜色 B”选项设为黑色，其他选项的设置如图 12-195 所示。“合成”面板中的效果如图 12-196 所示。

STEP 9 选择“效果 > 模糊和锐化 > 摄像机镜头模糊”命令，在“效果控件”面板中进行设置，如图 12-197 所示。“合成”面板中的效果如图 12-198 所示。

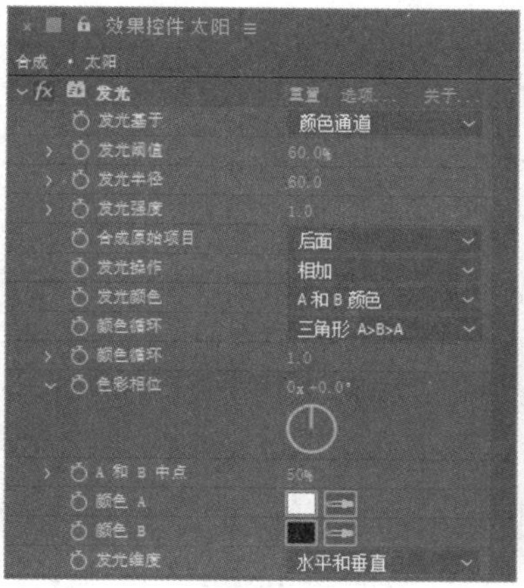

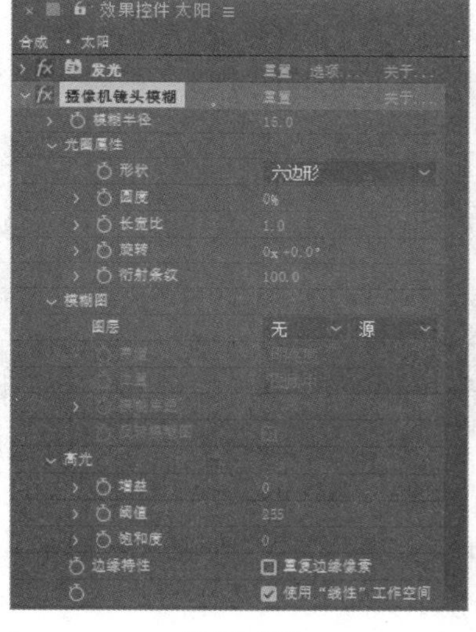

图 12-195

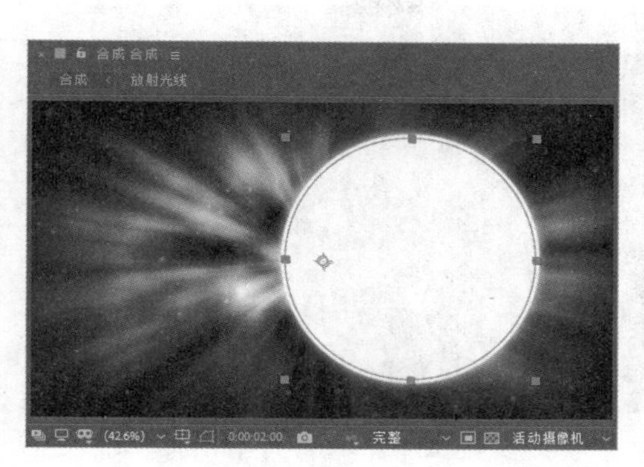

图 12-196

图 12-197

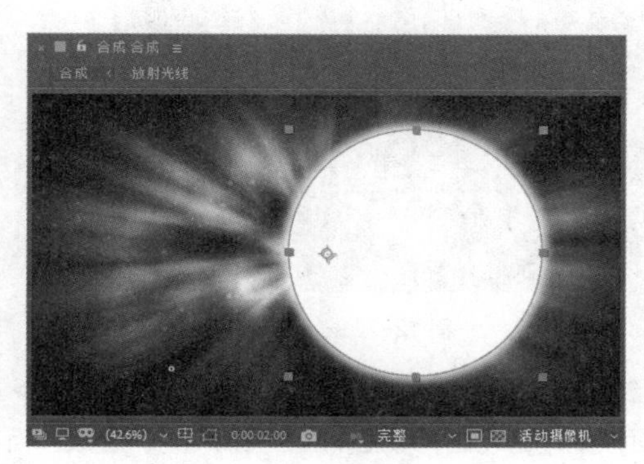

图 12-198

STEP 10 选中“太阳”图层，将时间标签放在 0s 的位置，按 P 键，展开“位置”属性，单击“位置”选项左侧的“关键帧自动记录器”按钮，如图 12-199 所示，记录第 1 个关键帧。将时间标签放在 5s 的位置，在“时间轴”面板中，设置“位置”选项的数值为 613、360，如图 12-200 所示，记录第 2 个关键帧。

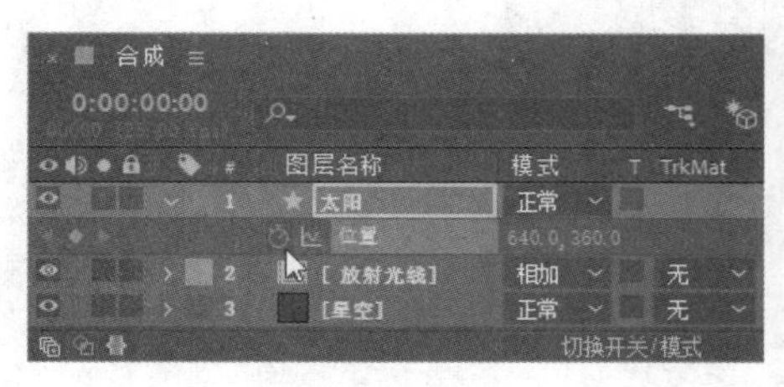

图 12-199

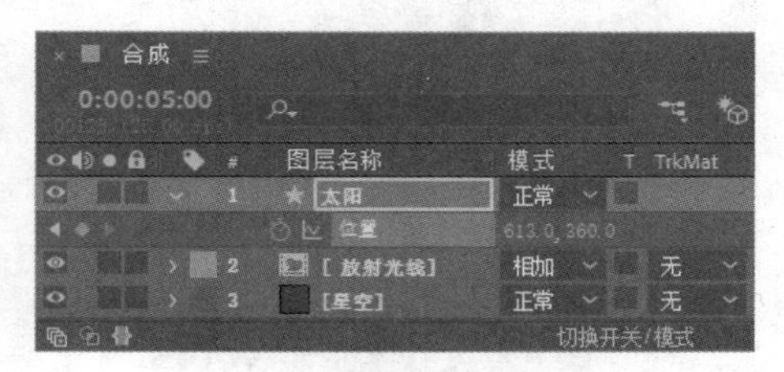

图 12-200

STEP 11 选择“椭圆”工具，在“工具栏”中设置“填充颜色”选项为黑色，“描边宽度”选项为 0，按住 Shift 键的同时，在“合成”面板中绘制 1 个圆形蒙版，如图 12-201 所示。在“时间轴”面板中，右击“形状图层 1”图层，在弹出的菜单中选择“重命名”命令，在文本框中输入“地球”，如图 12-202 所示。

图 12-201

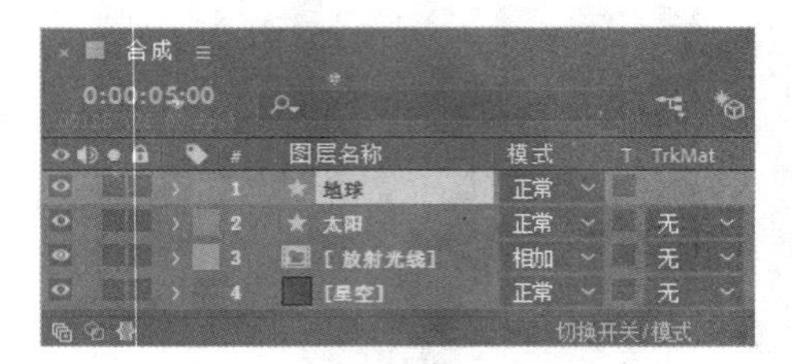

图 12-202

STEP 12 选中“地球”图层，按 P 键，展开“位置”属性，在“时间轴”面板中，设置“位置”选项的数值为 640、360，如图 12-203 所示。“合成”面板中的效果如图 12-204 所示。

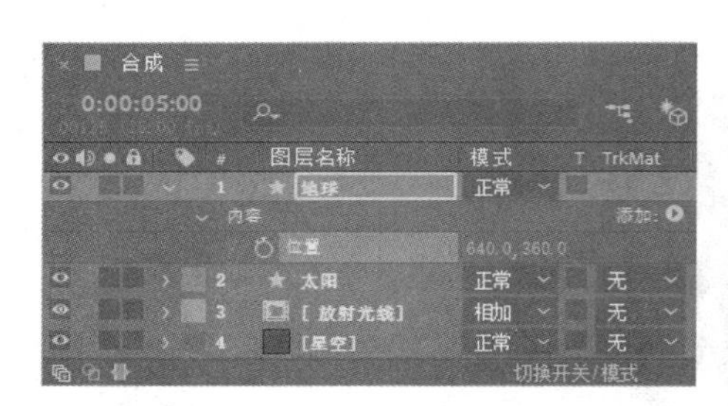

图 12-203

图 12-204

STEP 13 选中“地球”图层，选择“效果 > 模糊和锐化 > 摄像机镜头模糊”命令，在“效果控件”面板中进行设置，如图 12-205 所示。“合成”面板中的效果如图 12-206 所示。

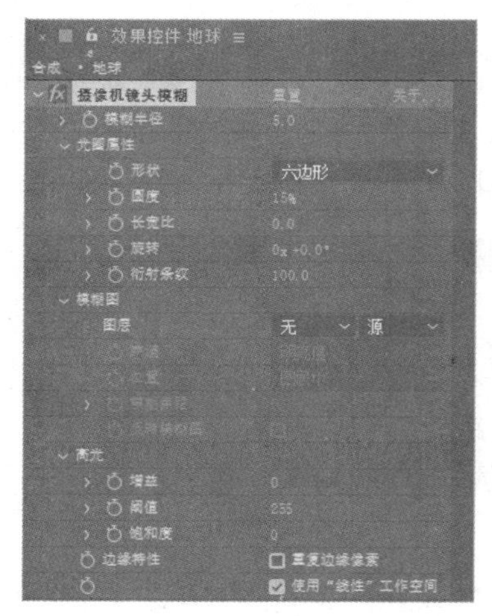

图 12-205

图 12-206

2. 制作光晕和文字动画

制作探索太空栏目 2

STEP 1 在“项目”面板中，选中“点光”合成并将其拖曳到“时间轴”面板中，如图 12-207 所示。在“时间轴”面板中，设置“点光”图层的混合模式为“屏幕”，如图 12-208 所示。

图 12-207

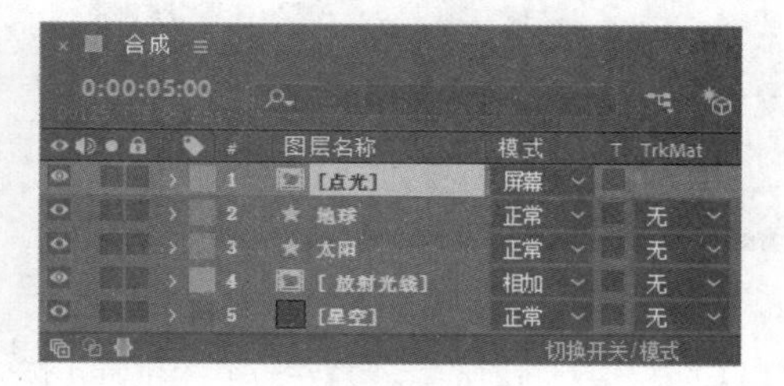

图 12-208

STEP 2 选中“点光”图层，将时间标签放在 2s 的位置，按 P 键，展开“位置”属性，在“时间轴”面板中，设置“位置”选项的数值为 525、360，单击“位置”选项左侧的“关键帧自动记录器”按钮，如图 12-209 所示，记录第 1 个关键帧。将时间标签放在 5s 的位置，在“时间轴”面板中，设置“位置”选项的数值为 535、360，如图 12-210 所示，记录第 2 个关键帧。

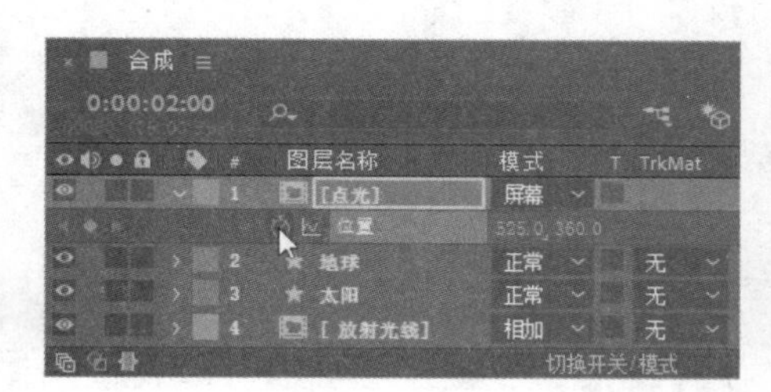

图 12-209

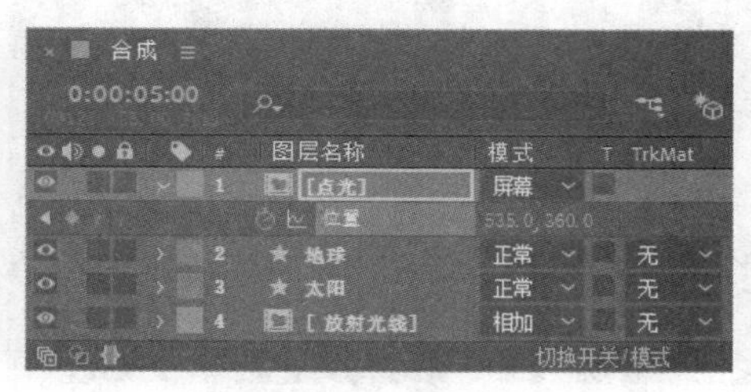

图 12-210

STEP 3 将时间标签放在 2:10s 的位置，按 S 键，展开“缩放”属性，单击“缩放”选项左侧的“关键帧自动记录器”按钮，如图 12-211 所示，记录第 1 个关键帧。将时间标签放在 5s 的位置，在“时间轴”面板中，设置“缩放”选项的数值为 200%，如图 12-212 所示，记录第 2 个关键帧。

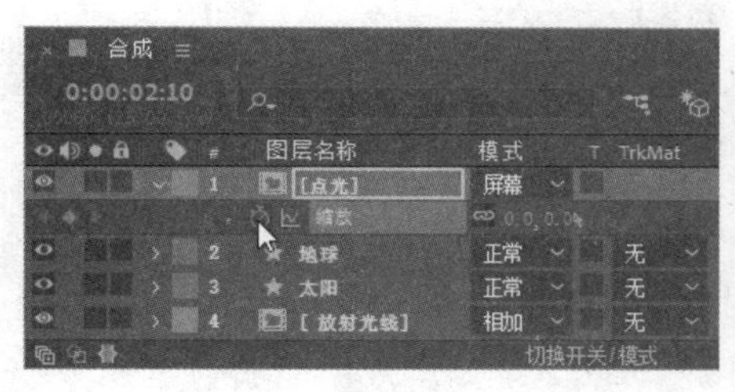

图 12-211

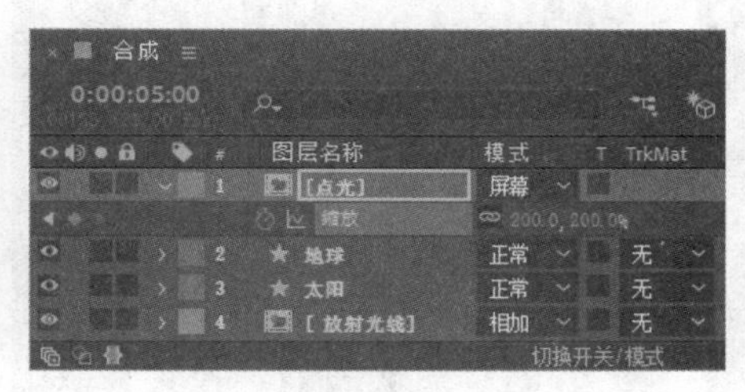

图 12-212

STEP 4 在“项目”面板中，选中“文字”合成并将其拖曳到“时间轴”面板中，如图 12-213 所示。单击“文字”图层右侧的“3D 图层”按钮，打开三维属性，并在“变换”选项中设置参数，如图 12-214 所示。

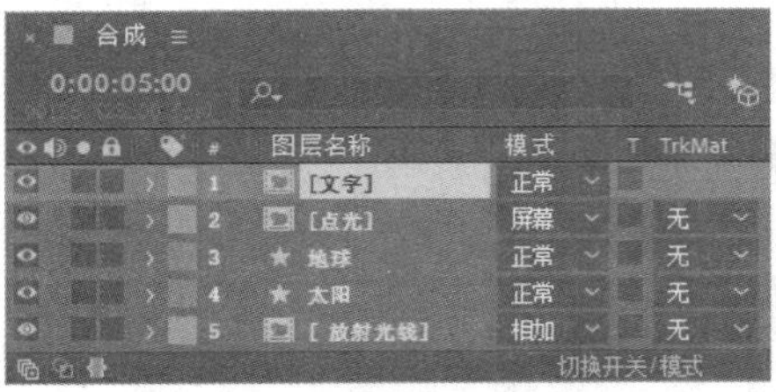

图 12-213

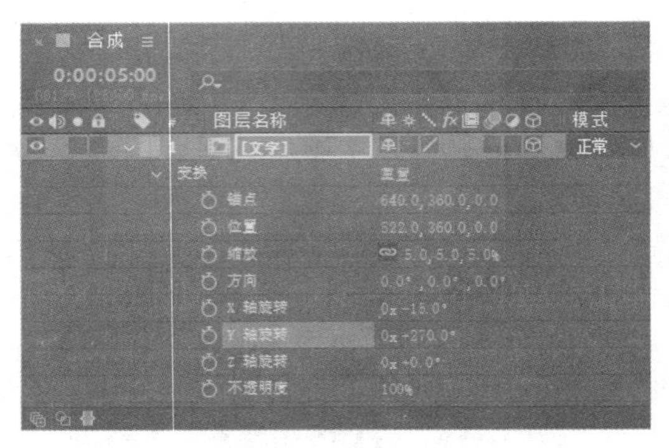

图 12-214

STEP 5 将时间标签放在 7s 的位置，选中“文字”图层，在“时间轴”面板中，分别单击“位置”“缩放”“X 轴旋转”“Y 轴旋转”选项左侧的“关键帧自动记录器”按钮，如图 12-215 所示，记录第 1 个关键帧。将时间标签放在 9s 的位置，在“时间轴”面板中，设置“缩放”选项的数值为 110%，“X 轴旋转”选项的数值为 0、0，“Y 轴旋转”选项的数值为 0、30，如图 12-216 所示，记录第 2 个关键帧。

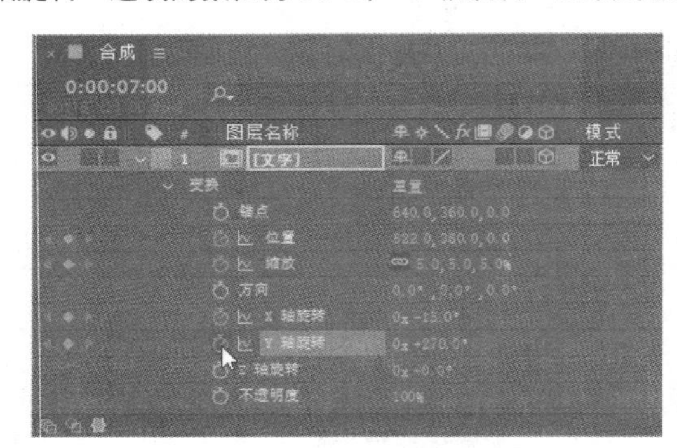

图 12-215

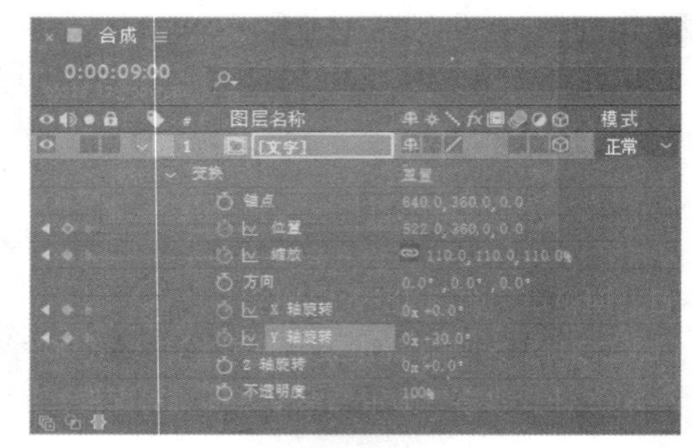

图 12-216

STEP 6 将时间标签放在 10s 的位置，在“时间轴”面板中，设置“位置”选项的数值为 635、360、0，“缩放”选项的数值为 100%，“Y 轴旋转”选项的数值为 0、0，如图 12-217 所示，记录第 3 个关键帧。“合成”面板中的效果如图 12-218 所示。

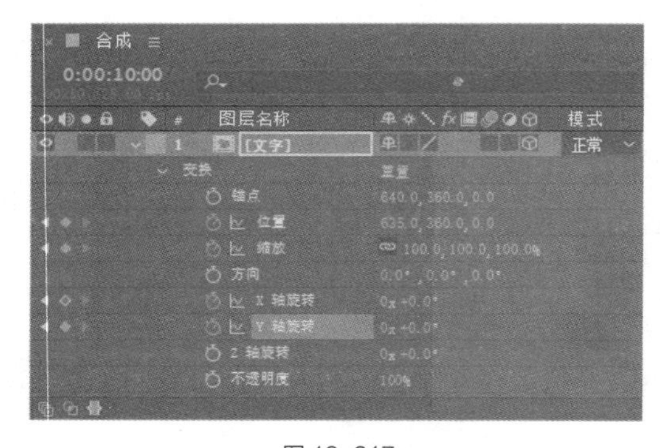

图 12-217

图 12-218

STEP 7 将时间标签放在 7s 的位置，选中“文字”图层，按 Alt + [组合键，设置入点时间，如图 12-219 所示。

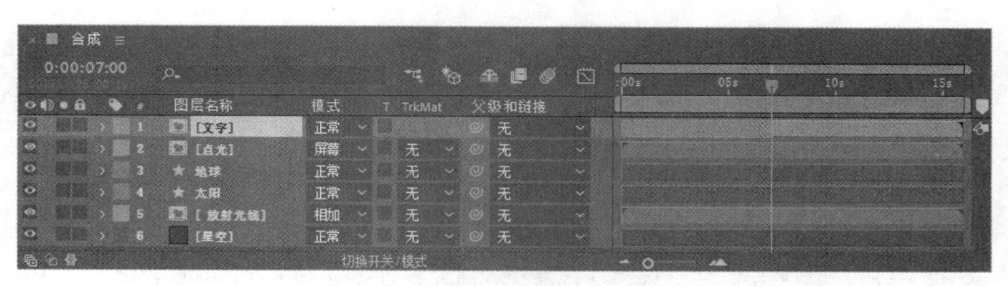

图 12-219

3. 制作最终效果

制作探索太空栏目 3

STEP 1 按 Ctrl+N 组合键，弹出“合成设置”对话框，在“合成名称”文本框中输入“最终效果”，设置“背景颜色”为黑色，其他选项的设置如图 12-220 所示，单击“确定”按钮，创建一个新的合成“最终效果”。在“项目”面板中，选中“01.jpg”文件并将其拖曳到“时间轴”面板中，如图 12-221 所示。

图 12-220

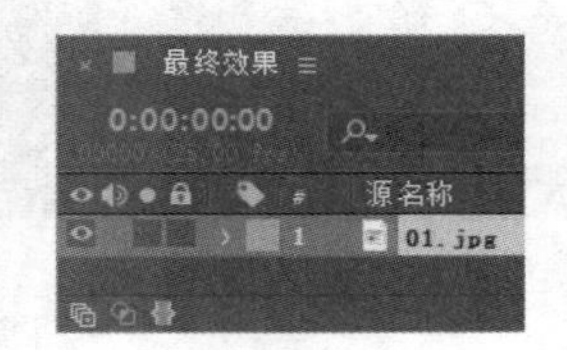

图 12-221

STEP 2 将时间标签放在 8s 的位置，选中“01.jpg”图层，按 Alt + [组合键，设置入点时间，如图 12-222 所示。

图 12-222

STEP 3 选中“01.jpg”图层，按 T 键，展开“不透明度”属性，在“时间轴”面板中，设置“不透明度”选项的数值为 0%，单击“不透明度”选项左侧的“关键帧自动记录器”按钮，如图 12-223 所示，记录第 1 个关键帧。将时间标签放在 10s 的位置，在“时间轴”面板中，设置“不透明度”选项的数值为 100%，如图 12-224 所示，记录第 2 个关键帧。

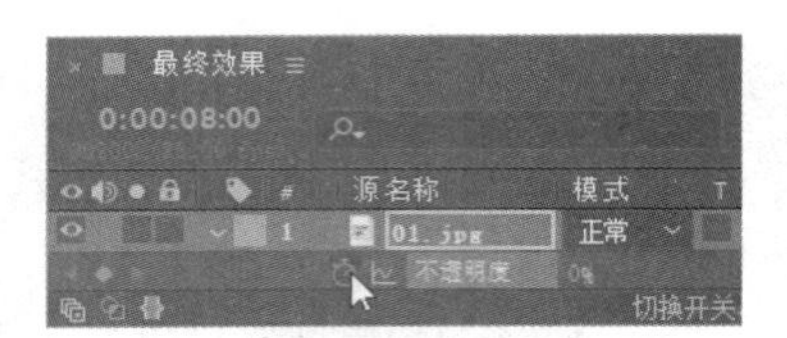

图 12-223

图 12-224

STEP 4 在“项目”面板中，选中“合成”合成并将其拖曳到“时间轴”面板中，如图 12-225 所示。选中“合成”图层，将时间标签放在 10s 的位置，按 T 键，展开“不透明度”属性，单击“不透明度”选项左侧的“关键帧自动记录器”按钮，如图 12-226 所示，记录第 1 个关键帧。

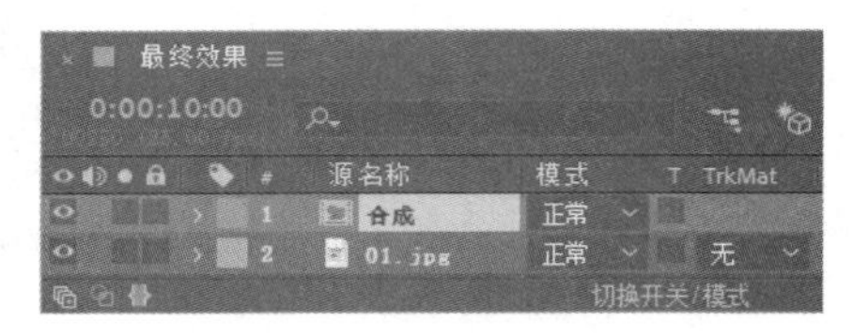

图 12-225

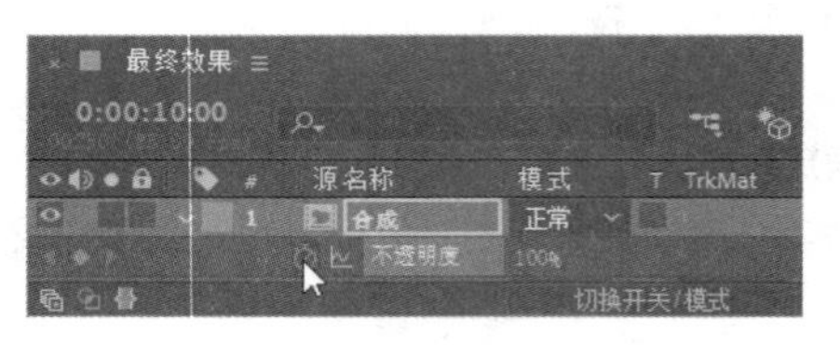

图 12-226

STEP 5 将时间标签放在 10:20s 的位置，在“时间轴”面板中，设置“不透明度”选项的数值为 0%，如图 12-227 所示。在“项目”面板中，选中“文字”合成并将其拖曳到“时间轴”面板中，如图 12-228 所示。

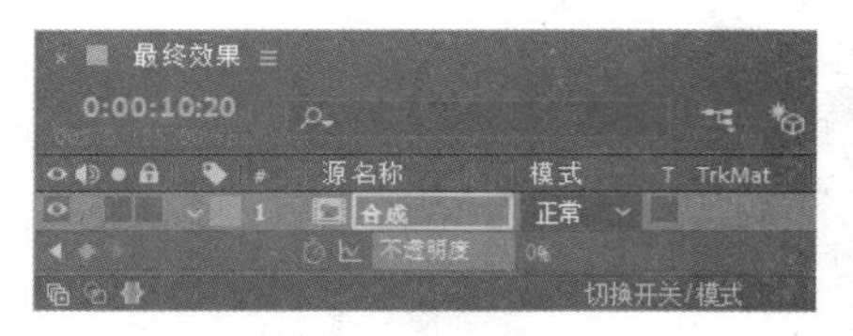

图 12-227

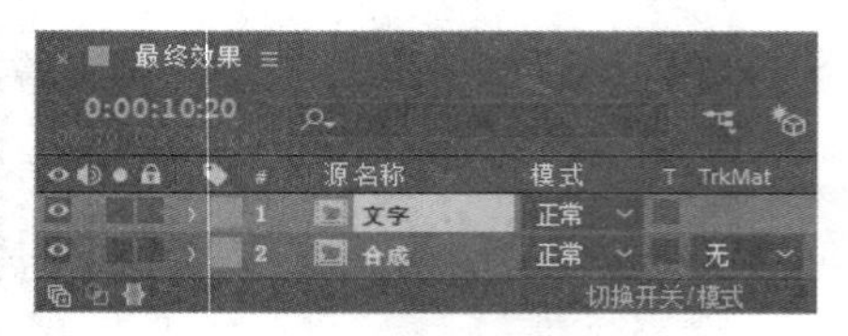

图 12-228

STEP 6 将时间标签放在 10s 的位置，按 Alt + [组合键，设置入点时间，如图 12-229 所示。

图 12-229

STEP 7 选中“文字”图层，选择“效果 > 生成 > 填充”命令，在“效果控件”面板中，将“颜色”选项设为白色，如图 12-230 所示。“合成”面板中的效果如图 12-231 所示。

STEP 8 在“效果控件”面板中，单击“颜色”选项左侧的“关键帧自动记录器”按钮，如图 12-232 所示，记录第 1 个关键帧。将时间标签放在 12:02s 的位置，在“效果控件”面板中将“颜色”选项设为青绿色（其 R、G、B 的值分别为 0、255、246），如图 12-233 所示，记录第 2 个关键帧。

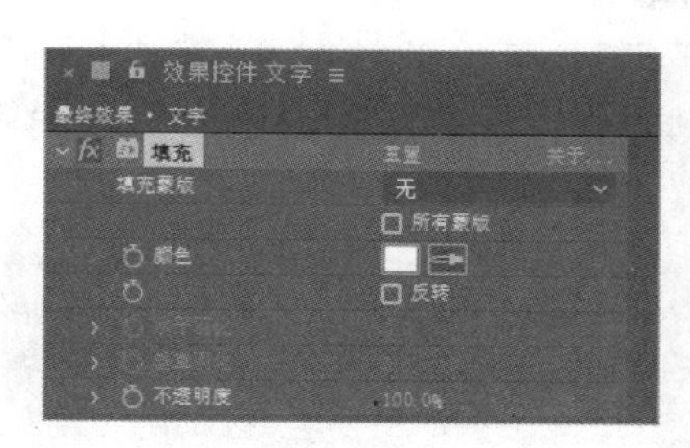

图 12-230

图 12-231

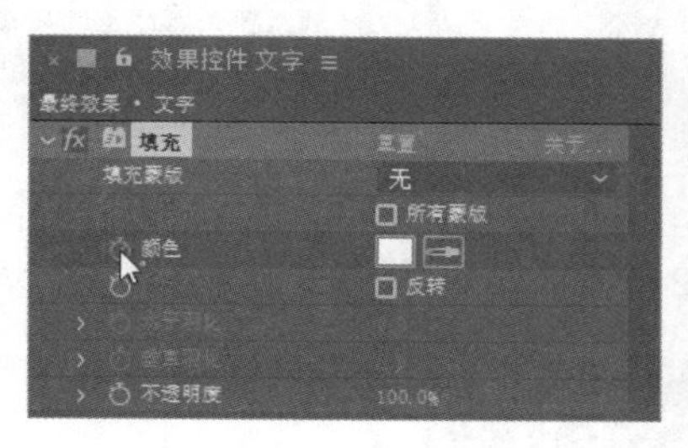

图 12-232

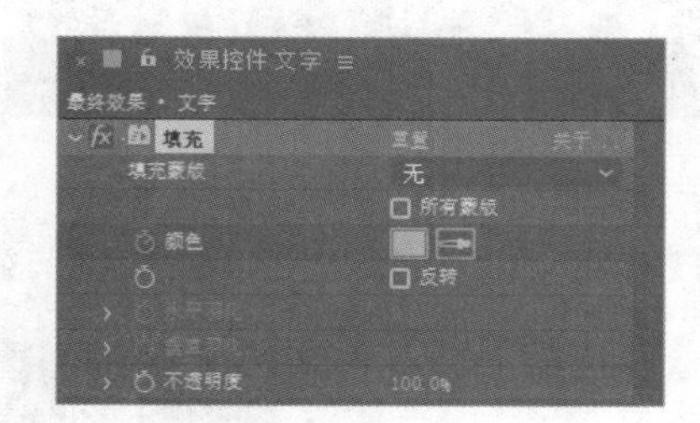

图 12-233

STEP 9 选中“文字”图层，选择“效果 > 透视 > 斜面 Alpha”命令，在“效果控件”面板中进行设置，如图 12-234 所示。“合成”面板中的效果如图 12-235 所示。

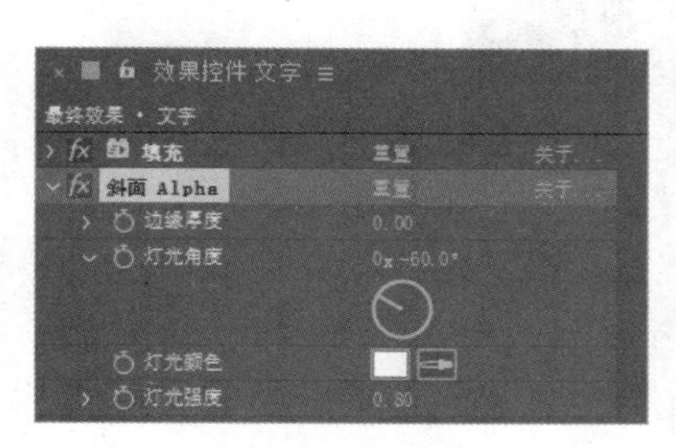

图 12-234

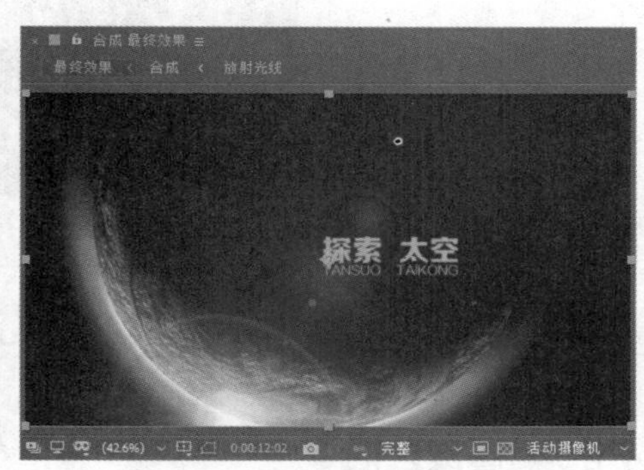

图 12-235

STEP 10 将时间标签放在 10:20s 的位置，在“效果控件”面板中，单击“边缘厚度”选项左侧的“关键帧自动记录器”按钮，如图 12-236 所示，记录第 1 个关键帧。将时间标签放在 12:02s 的位置，在“效果控件”面板中，设置“边缘厚度”选项的数值为 1.94，如图 12-237 所示，记录第 2 个关键帧。

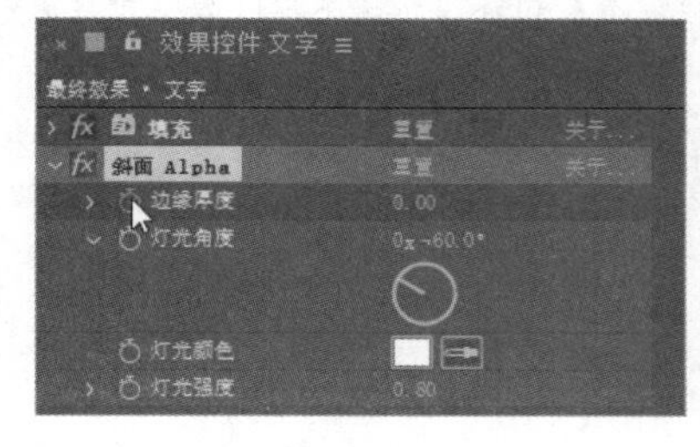

图 12-236

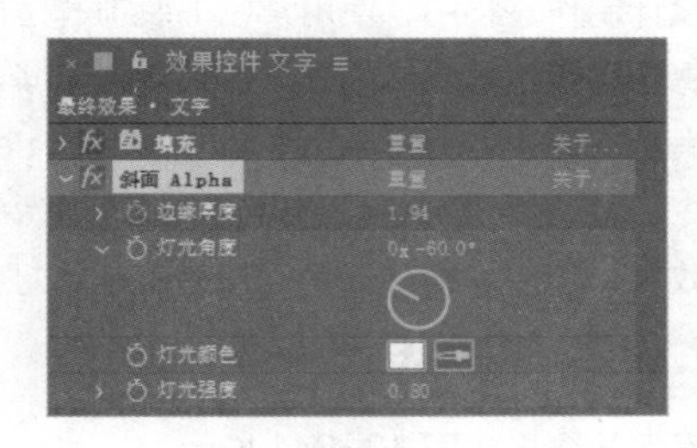

图 12-237

STEP 11 选中“文字”图层，将时间标签放在10:20s的位置，按P键，展开“位置”属性，按住Shift键的同时，按S键，展开“缩放”属性，分别单击“位置”“缩放”选项左侧的“关键帧自动记录器”按钮，如图12-238所示，记录第1个关键帧。将时间标签放在12:02s的位置，在“时间轴”面板中设置“位置”选项的数值为431、360，“缩放”选项的数值为161%，如图12-239所示，记录第2个关键帧。

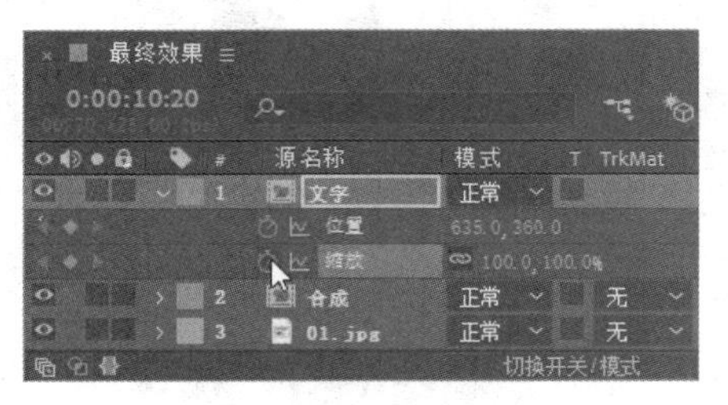

图12-238

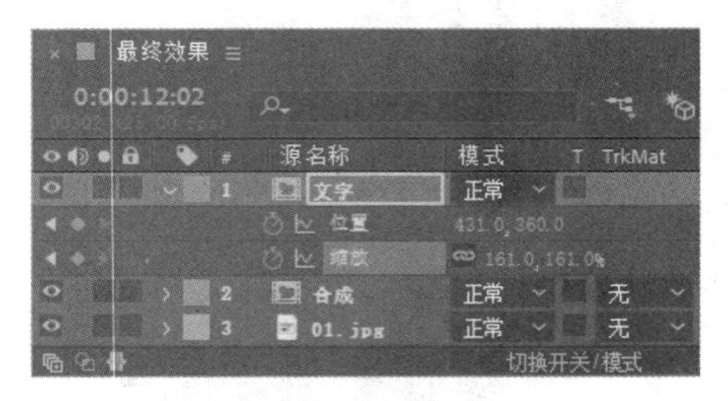

图12-239

STEP 12 探索太空栏目制作完成，效果如图12-240所示。

图12-240

12.5 制作城市夜生活纪录片

12.5.1 案例分析

澄石生活网是一个生活信息整合平台，为人们提供餐饮、购物、娱乐、健身、医院、银行等生活信息的一站式查询服务。现在需要为澄石生活网的都市夜景栏目设计纪录片，要求体现出神秘、炫目的气氛，让人产生积极参与的欲望。

在设计制作过程中，使用紫色调装饰和渲染出都市夜晚丰富迷人的魅力；使用“打板”元素进行装饰，体现出每个场景不同状态的画面，体现出繁华多姿的夜生活，突出宣传主题，表现出纪录片特色。

本案例将使用“分形杂色”命令、“CC Lens”命令、“圆形”命令、“CC Toner”命令、“快速方框模糊”命令、“发光”命令、“色相/饱和度”命令，制作动态线条效果；使用“应用动画预置”面板，制作文字动画效果；使用“镜头光晕”命令，制作灯光动画效果。

12.5.2 案例设计

本案例的效果如图12-241所示。

图 12-241

12.5.3 案例制作

1. 制作动态线条

制作城市夜生活纪录片 1

制作城市夜生活纪录片 2

制作城市夜生活纪录片 3

STEP 1 按 Ctrl+N 组合键，弹出“合成设置”对话框，在“合成名称”文本框中输入“最终效果”，设置“背景颜色”为黑色，其他选项的设置如图 12-242 所示，单击“确定”按钮，创建一个新的合成“最终效果”。选择“文件 > 导入 > 文件”命令，弹出“导入文件”对话框，选择资源包中的“Ch12 > 制作城市夜生活纪录片 > (Footage) > 04.aep”文件，单击“打开”按钮，导入文件到“项目”面板中，如图 12-243 所示。

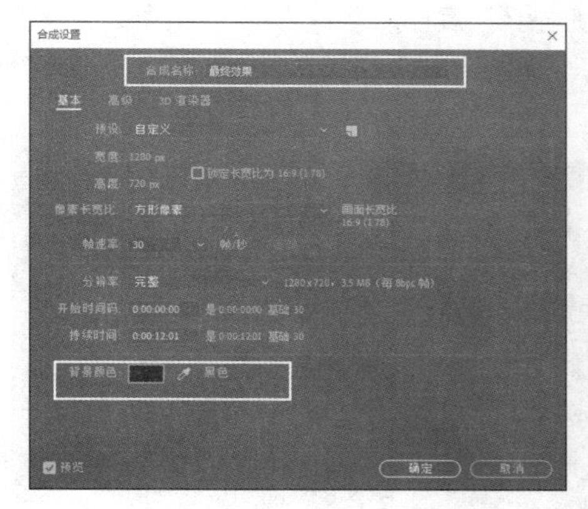

图 12-242

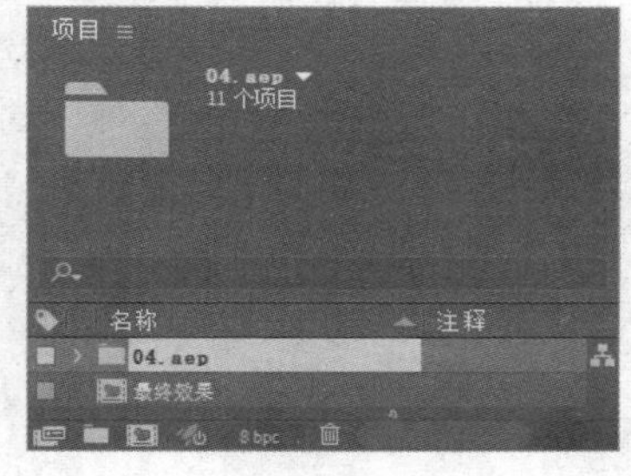

图 12-243

STEP 2 选择“图层 > 新建 > 纯色”命令，弹出“纯色设置”对话框，在“名称”文本框中输入文字“动态线条”，将“颜色”选项设置为黑色，其他选项的设置如图 12-244 所示，单击“确定”按钮，在“时间轴”面板中新增一个固态层，如图 12-245 所示。

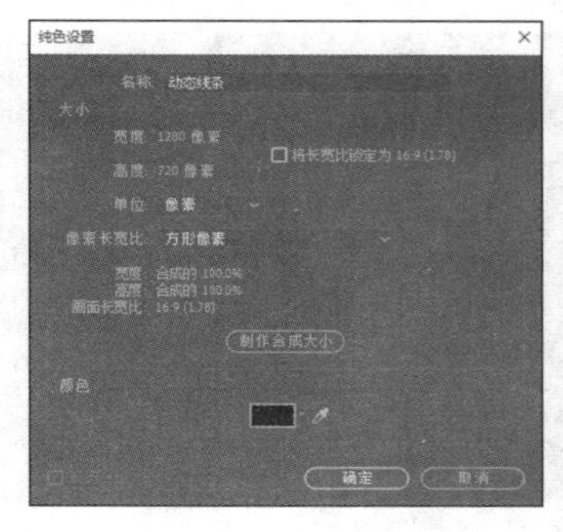

图 12-244

图 12-245

STEP 3 选中“动态线条”图层，选择“效果 > 杂色和颗粒 > 分形杂色”命令，在“效果控件”面板中进行设置，如图 12-246 所示。“合成”面板中的效果如图 12-247 所示。

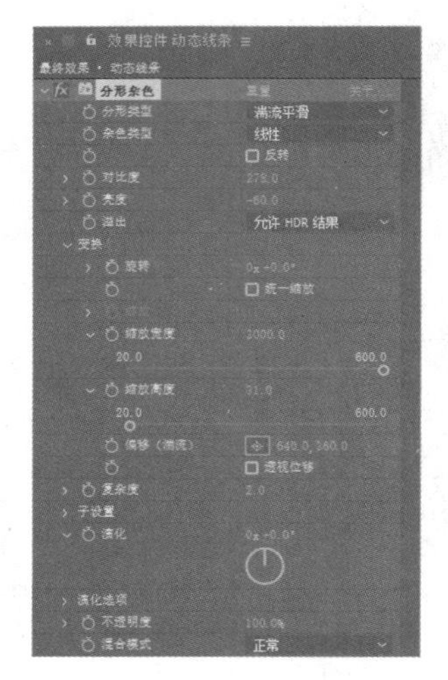
图 12-246

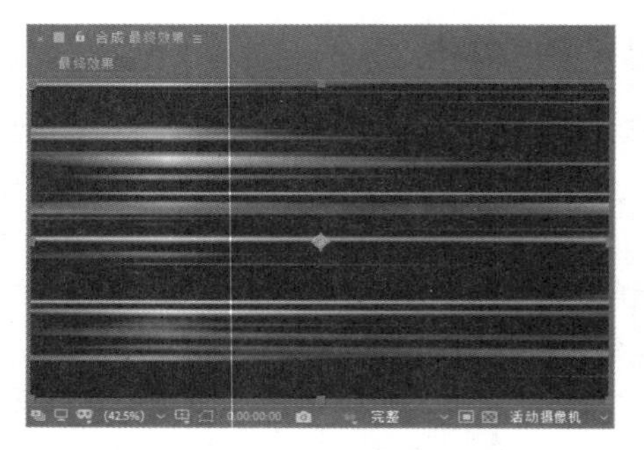
图 12-247

STEP 4 在“时间轴”面板中，展开“分形杂色”属性，选中“演化”选项，选择“动画 > 添加表达式”命令，为“演化”属性添加一个表达式，在“时间轴”面板右侧输入表达式代码“time*80”，如图 12-248 所示。

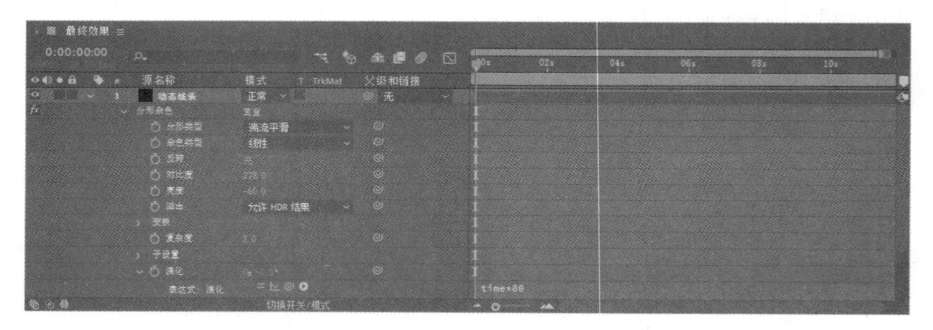
图 12-248

STEP 5 选中“动态线条”图层，选择“效果 > 扭曲 > CC Lens”命令，在“效果控件”面板中进行设置，如图 12-249 所示。“合成”面板中的效果如图 12-250 所示。

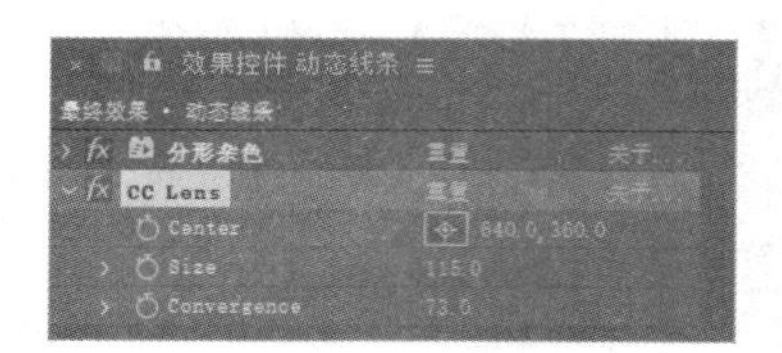
图 12-249

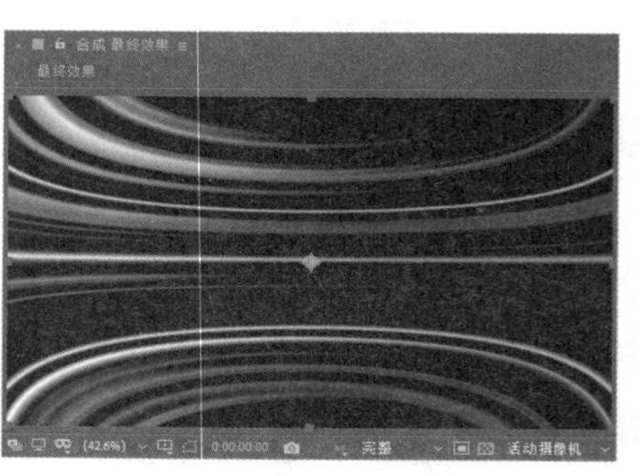
图 12-250

STEP 6 选择“效果 > 生成 > 圆形”命令，在“效果控件”面板中设置“颜色”为黑色，其他选项的设置如图 12-251 所示。“合成”面板中的效果如图 12-252 所示。

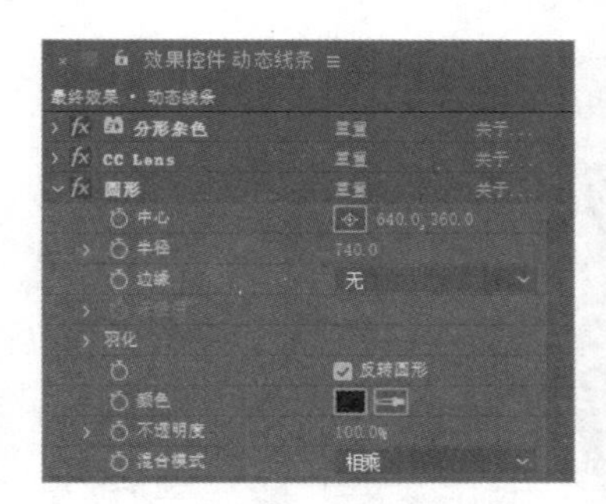

图 12-251

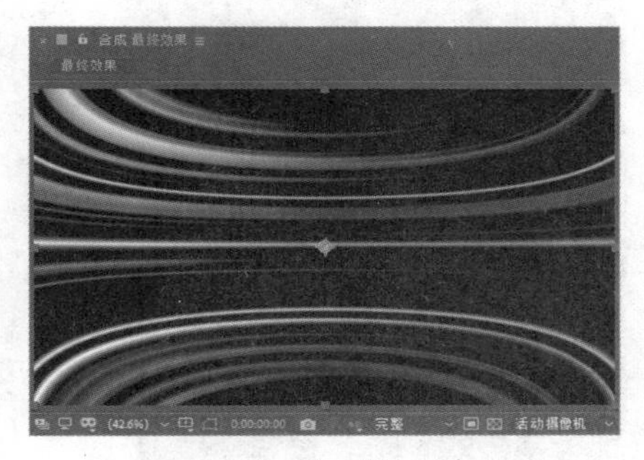

图 12-252

STEP 7 选择“效果 > 颜色校正 > CC Toner”命令，在“效果控件”面板中进行设置，如图 12-253 所示。“合成”面板中的效果如图 12-254 所示。

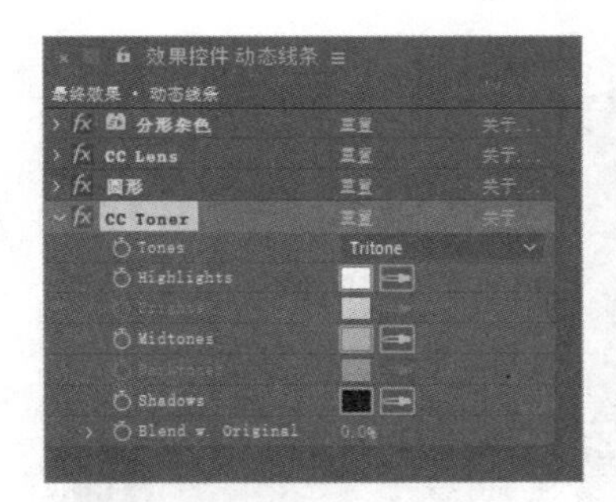

图 12-253

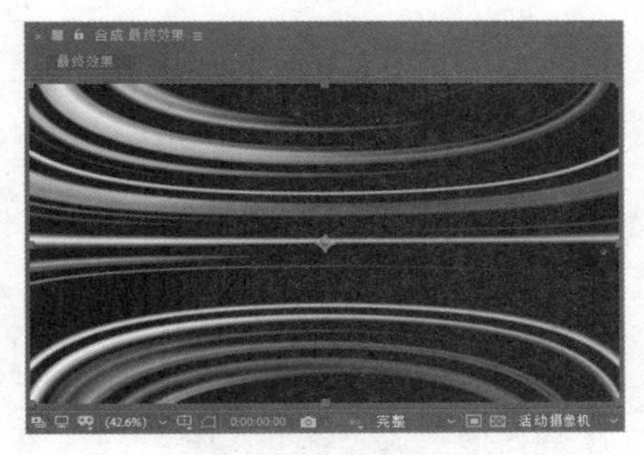

图 12-254

STEP 8 选择“效果 > 模糊和锐化 > 快速方框模糊”命令，在“效果控件”面板中进行设置，如图 12-255 所示。“合成”面板中的效果如图 12-256 所示。

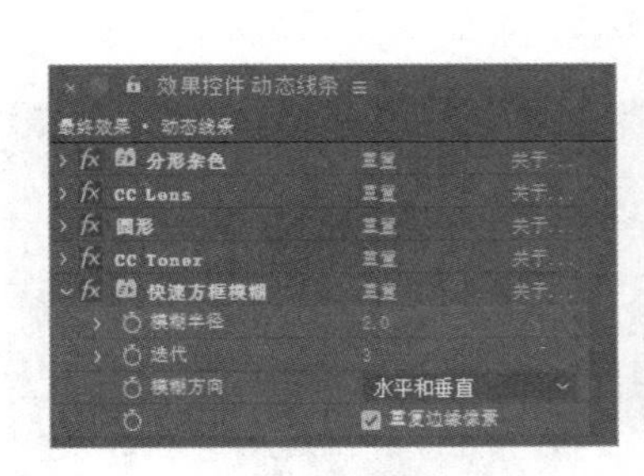

图 12-255

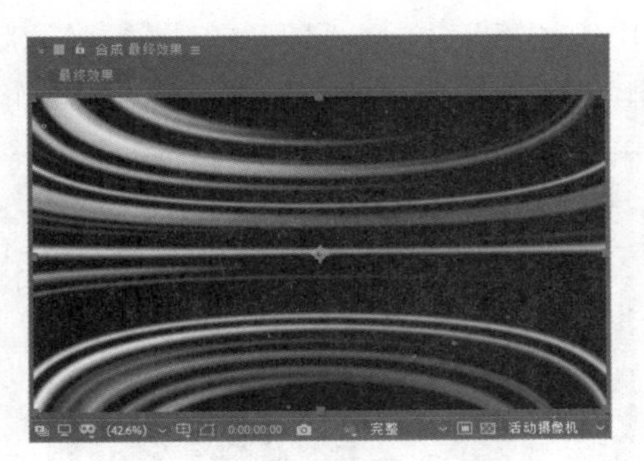

图 12-256

STEP 9 选择“效果 > 风格化 > 发光”命令，在“效果控件”面板中进行设置，如图 12-257 所示。“合成”面板中的效果如图 12-258 所示。

STEP 10 选择“效果 > 颜色校正 > 色相/饱和度”命令，在“效果控件”面板中进行设置，如图 12-259 所示。“合成”面板中的效果如图 12-260 所示。

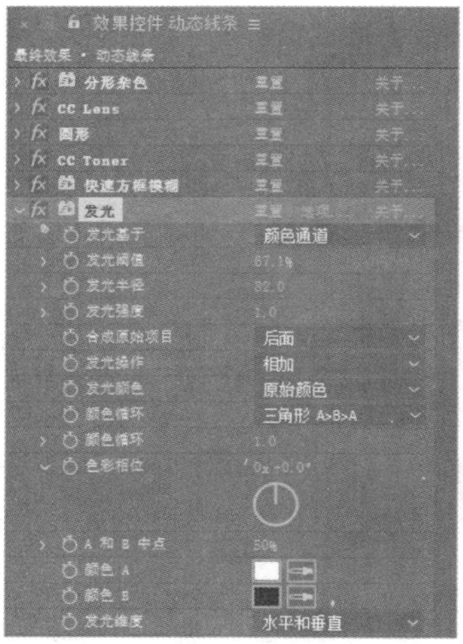

图 12-257

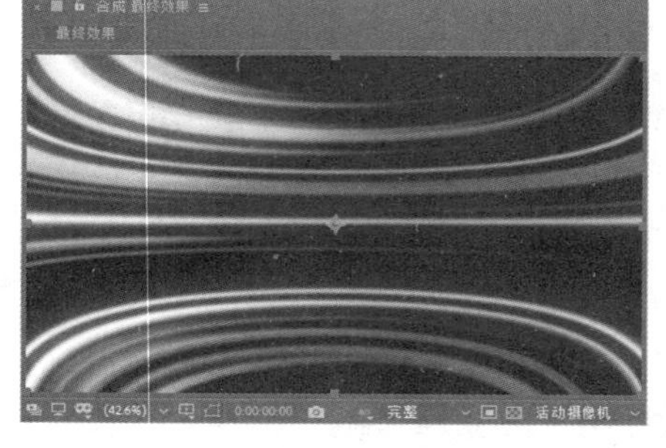

图 12-258

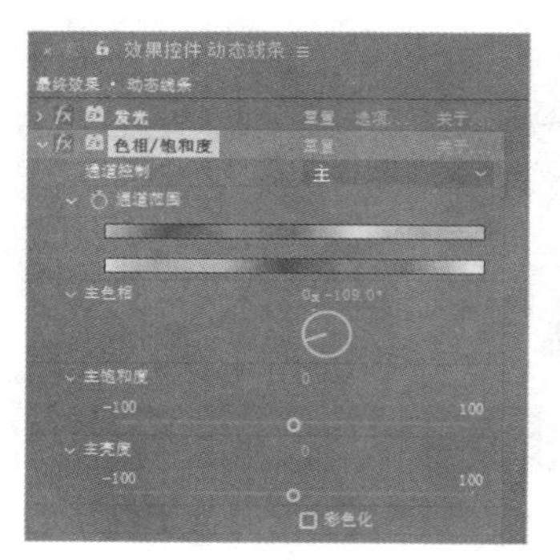

图 12-259

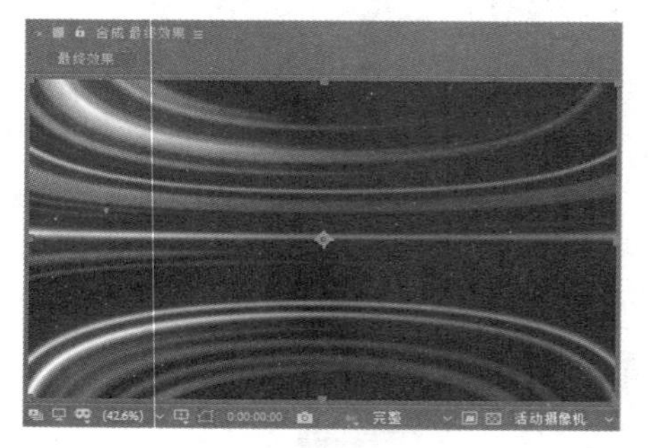

图 12-260

STEP 11 选中“动态线条”图层，选择“矩形”工具，在“合成”面板中绘制1个矩形遮罩，如图12-261所示。选择“选取”工具，在蒙版边线上双击鼠标左键，出现蒙版控制框，将鼠标指针放在控制框的右上角，鼠标指针变为，拖曳到适当的位置，将其旋转，如图12-262所示。

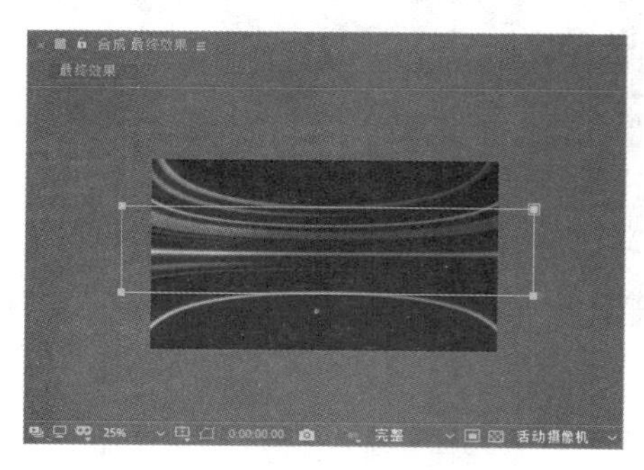

图 12-261

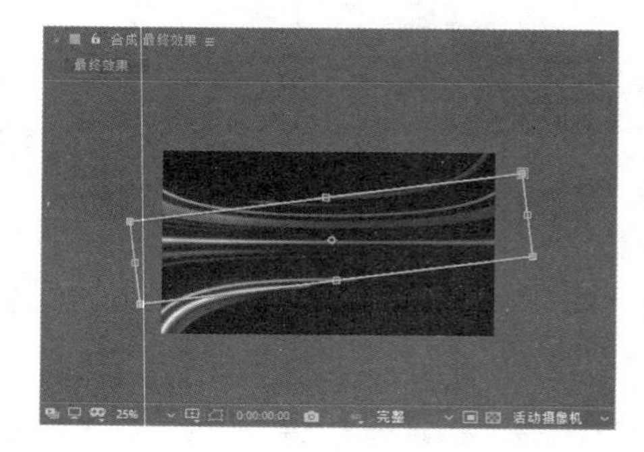

图 12-262

STEP 12 选中“动态线条”图层，按两次M键，展开蒙版属性，在“时间轴”面板中进行设置，如图12-263所示。单击“动态线条”图层右侧的“3D图层”按钮，打开三维属性，并在“变换”选项中设置参数，如图 12-264 所示。

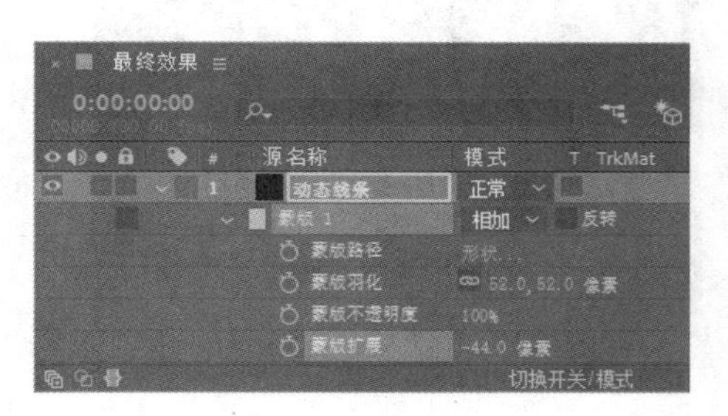

图 12-263

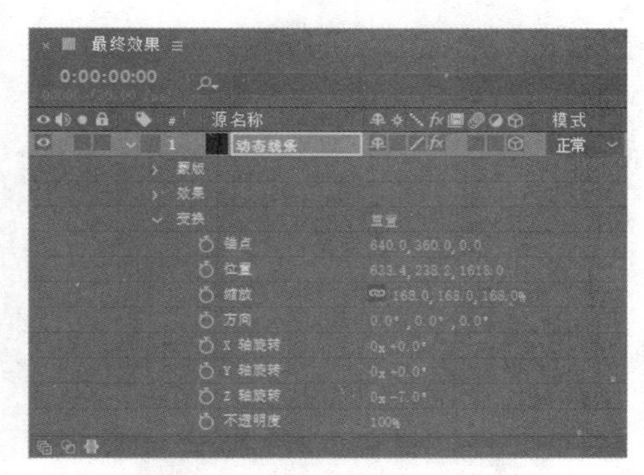

图 12-264

2．制作投影效果

STEP 1 在“项目”面板中，选中“合成效果”合成并将其拖曳到“时间轴”面板中，如图 12-265 所示。单击“合成效果”图层右侧的“3D 图层”按钮，打开三维属性，并在“变换”选项中设置参数，如图 12-266 所示。

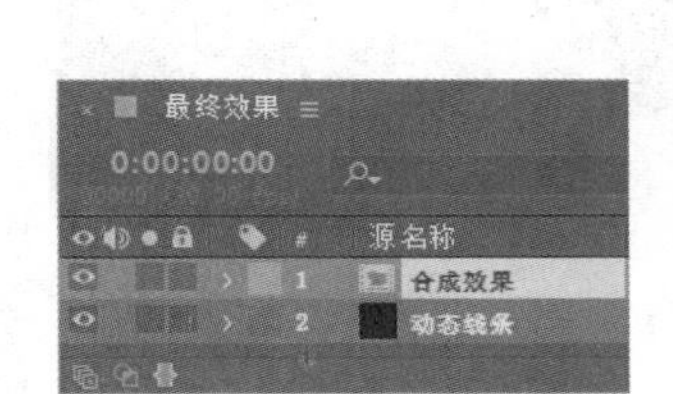

图 12-265

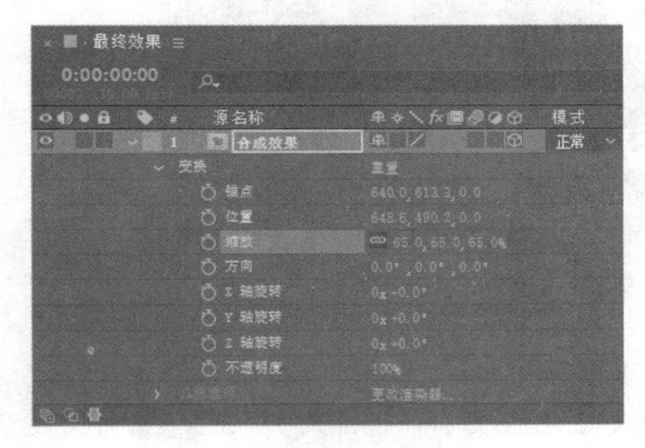

图 12-266

STEP 2 在“项目”面板中，选中“合成效果”合成，将其拖曳到“时间轴”面板中，并重命名为“投影”，如图 12-267 所示。单击“投影”图层右侧的“3D 图层”按钮，打开三维属性，并在“变换”选项中设置参数，如图 12-268 所示。

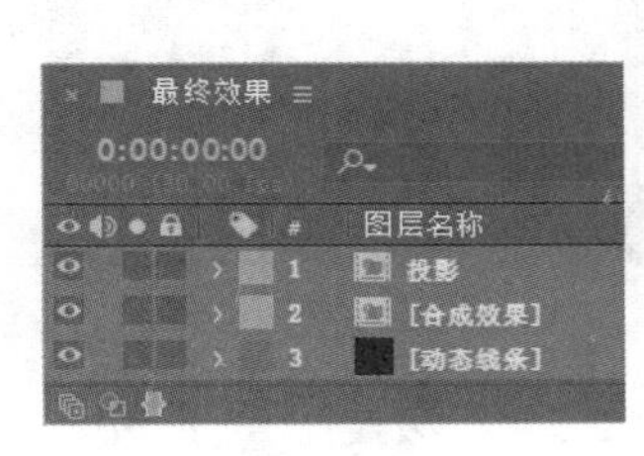

图 12-267

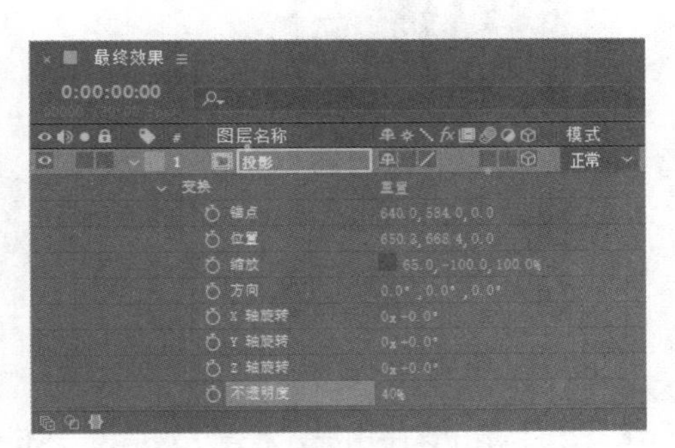

图 12-268

STEP 3 选中“投影”图层，选择“效果 > 模糊和锐化 > 快速方框模糊”命令，在“效果控件”

面板中进行设置，如图 12-269 所示。“合成”面板中的效果如图 12-270 所示。

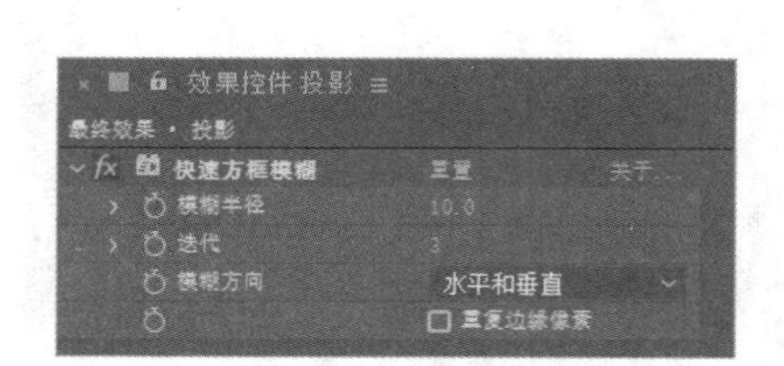

图 12-269

图 12-270

STEP 4 选中“投影”图层，选择“效果 > 过渡 > 线性擦除”命令，在“效果控件”面板中进行设置，如图 12-271 所示。“合成”面板中的效果如图 12-272 所示。

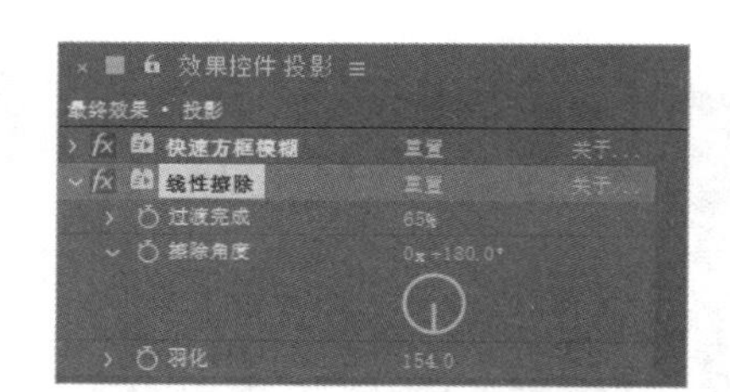

图 12-271

图 12-272

3. 制作文字动画

STEP 1 选择“横排文字”工具，在“合成”面板中输入文字“霓虹灯点亮了都市的奢华”。选中文字，在“字符”面板中设置“填充颜色”为白色，其他选项的设置如图 12-273 所示。“合成”面板中的效果如图 12-274 所示。

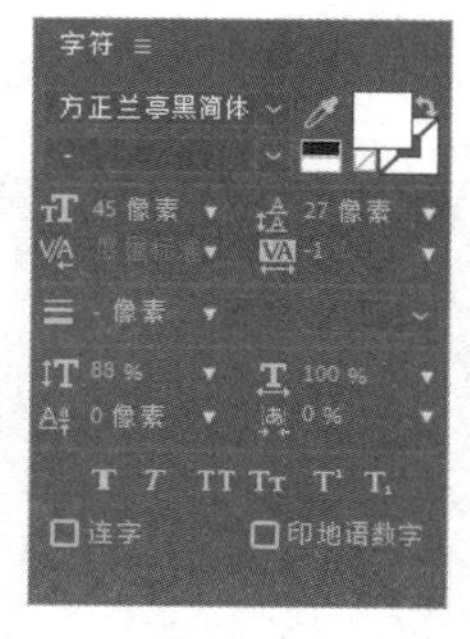

图 12-273

图 12-274

STEP 2 选中文字图层，选择“效果 > 风格化 > 发光”命令，在“效果控件”面板中，将“颜色 A”选项设置为白色，“颜色 B”选项设置为黑色，其他选项的设置如图 12-275 所示。“合成”面板中的效果如图 12-276 所示。

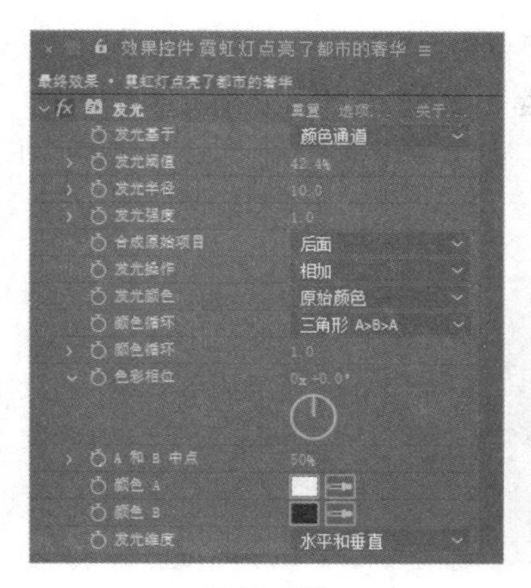
图 12-275

图 12-276

STEP 3　选中文字图层，将时间标签放在 1s 的位置，选择“窗口 > 效果和预设”命令，打开“效果和预设”面板，单击“动画预设”文件夹左侧的小箭头按钮 将其展开，双击“Text > Blurs > 按单词模糊”命令，如图 12-277 所示，应用效果。“合成”面板中的效果如图 12-278 所示。

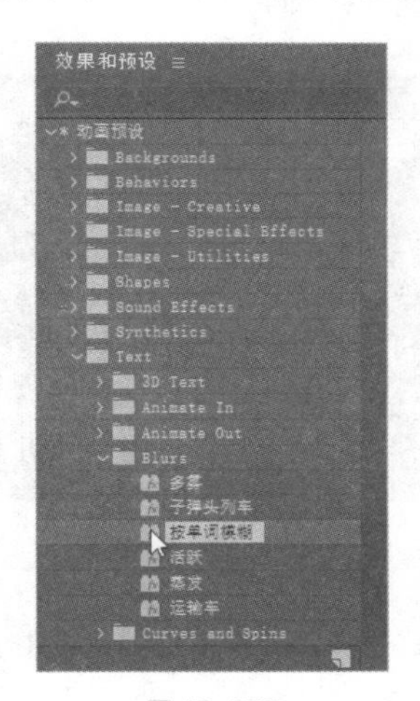
图 12-277

图 12-278

STEP 4　选中文字图层，按 U 键，展开所有关键帧，可以看到“按单词模糊”动画的所有关键帧，如图 12-279 所示。

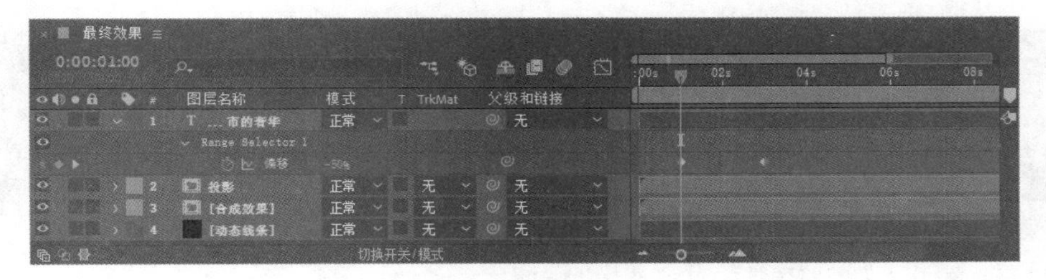
图 12-279

STEP 5　选中文字图层，将时间标签放在 9:28s 的位置，按 T 键，展开“不透明度”属性，在“时间轴”面板中，设置“不透明度”选项的数值为 62%，单击“不透明度”选项左侧的“关键帧自动记录器”按钮，记录第 1 个关键帧，如图 12-280 所示。

STEP 6 将时间标签放在 11:09s 的位置，在“时间轴”面板中设置“不透明度”选项的数值为 0%，如图 12-281 所示，记录第 2 个关键帧。

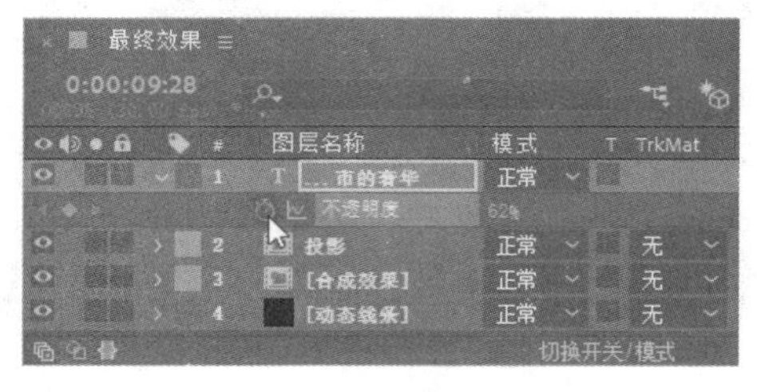

图 12-280

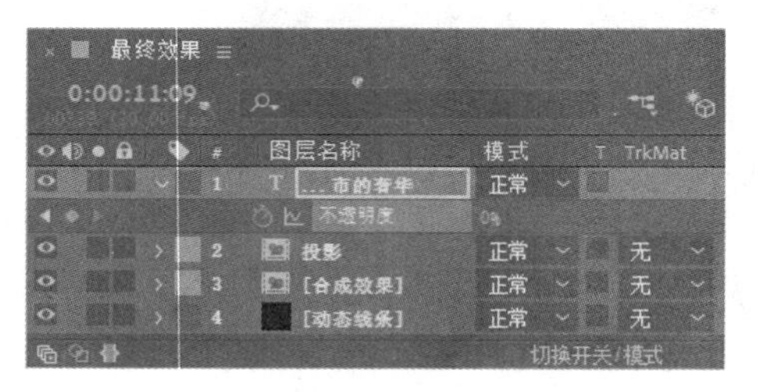

图 12-281

STEP 7 选择“图层 > 新建 > 纯色”命令，在“时间轴”面板中创建一个黑色纯色图层“镜头光晕”，如图 12-282 所示。选中“镜头光晕”图层，选择“效果 > 生成 > 镜头光晕”命令，在“效果控件”面板中进行设置，如图 12-283 所示。“合成”面板中的效果如图 12-284 所示。

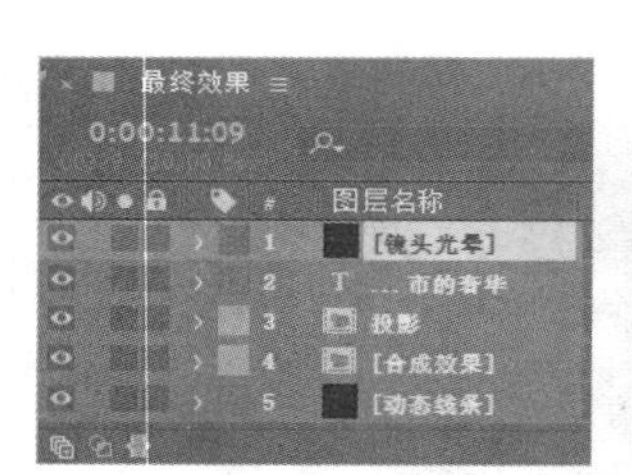

图 12-282

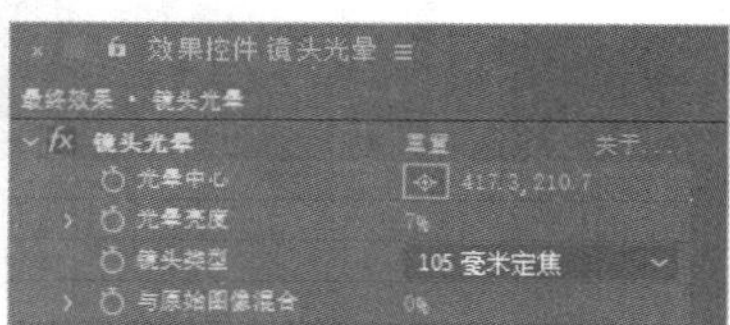

图 12-283

图 12-284

STEP 8 将时间标签放在 0:25s 的位置，在“效果控件”面板中，分别单击“光晕中心”和“光晕亮度”选项左侧的“关键帧自动记录器”按钮，记录第 1 个关键帧，如图 12-285 所示。将时间标签放在 1:08s 的位置，在“效果控件”面板中，设置“光晕亮度”选项的数值为 100%，如图 12-286 所示，记录第 2 个关键帧。将时间标签放在 12:01s 的位置，在“效果控件”面板中设置“光晕中心”选项的数值为 856.7、210.7，如图 12-287 所示，记录第 3 个关键帧。

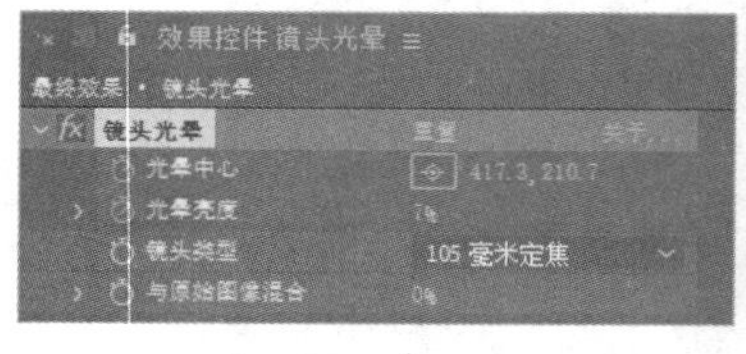

图 12-285

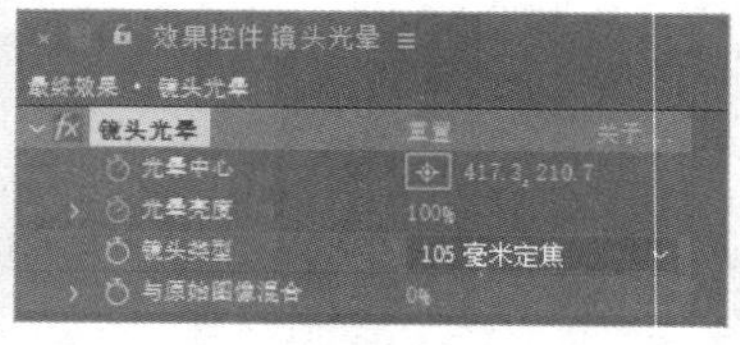

图 12-286

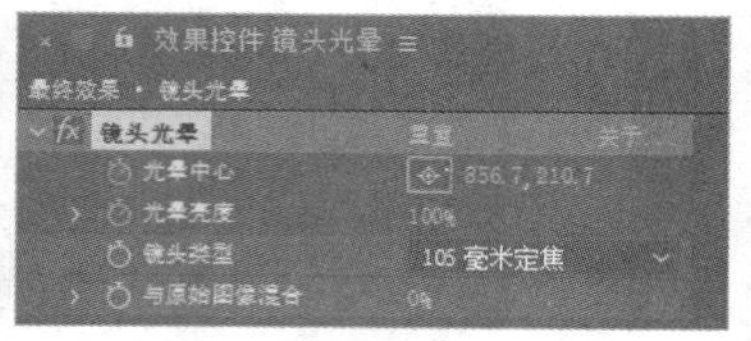

图 12-287

STEP 9 选择“效果 > 模糊和锐化 > 快速方框模糊”命令，在“效果控件”面板中进行设置，如图 12-288 所示。“合成”面板中的效果如图 12-289 所示。

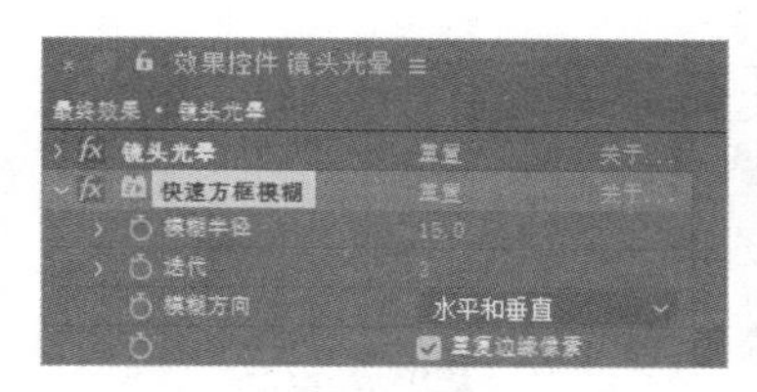

图 12-288

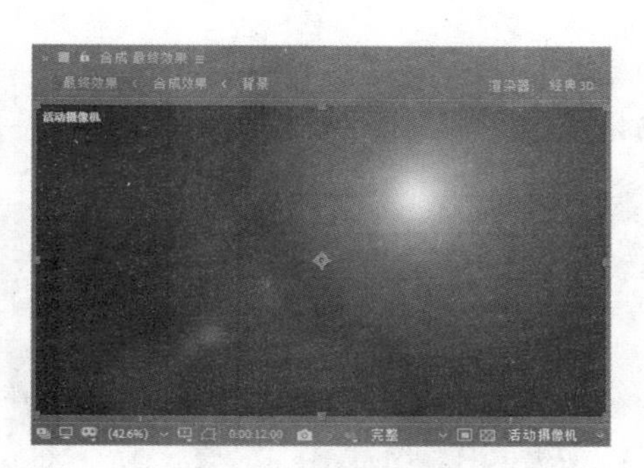

图 12-289

STEP 10 选择“效果 > 颜色校正 > 色相/饱和度”命令，在“效果控件”面板中进行设置，如图 12-290 所示。“合成”面板中的效果如图 12-291 所示。

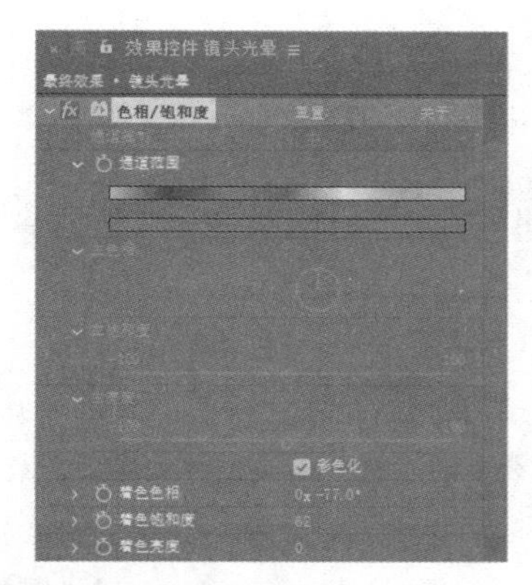

图 12-290

图 12-291

STEP 11 在“时间轴”面板中，设置“镜头光晕”图层的混合模式为“屏幕”，设置文字图层的混合模式为“相加”，如图 12-292 所示。城市夜生活纪录片制作完成，效果如图 12-293 所示。

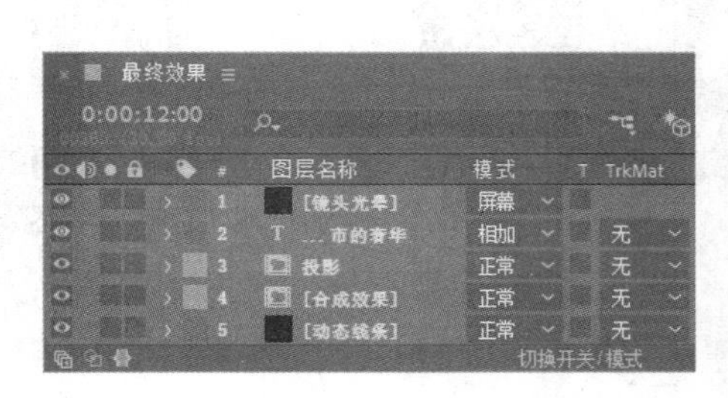

图 12-292

图 12-293

12.6 课堂练习——制作体育运动短片

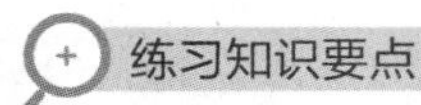

练习知识要点

使用“CC Grid Wipe”命令、“CC Radial ScaleWipe”命令、“CC Image Wipe”命令和“百页窗”命令

制作视频过渡效果；使用“低音和高音”命令为音乐添加特效；使用“边角定位”命令扭曲视频的角度。制作的体育运动短片的效果如图 12-294 所示。

效果所在位置

资源包 > Ch12 > 制作体育运动短片 > 制作体育运动短片.aep。

图 12-294

制作体育运动短片

12.7 课后习题——制作 MG 风动画

习题知识要点

使用“导入”命令导入素材文件；使用“位置”属性、“缩放”属性、“不透明度”属性和“旋转”属性制作动画效果；使用“梯度渐变”命令制作渐变背景；使用“效果和预设”面板制作文字动画效果。制作的 MG 风动画的效果如图 12-295 所示。

效果所在位置

资源包 > Ch12 > 制作 MG 风动画 > 制作 MG 风动画.aep。

图 12-295

制作 MG 风动画 1

制作 MG 风动画 2

制作 MG 风动画 3

制作 MG 风动画 4